生物化学习题解析

（第四版）

陈钧辉　杨荣武　郑伟娟　焦瑞清　张冬梅　编

科学出版社
北　京

内 容 简 介

本书配合南京大学生物化学国家精品课程的课堂教学，在第三版的基础上作了全面修订和补充。内容基本上按陈钧辉教授和张冬梅副教授主编的“十二五”普通高等教育本科国家级规划教材《普通生物化学》（第五版）的体系编排，全书共 18 章，每章章前有学习指导，根据其内容的难度，分为基础题和提高题，并有详尽的参考答案。题型有填充题，是非题，选择题（单选题、多选题），名词解释，问答题和计算题 6 种类型。书后有近年中国科学院和兄弟院校硕士研究生入学考试试题、南京大学硕士研究生入学考试试题及参考答案，为欲报考研究生的学生作自我评价之用。

本书内容丰富，习题设计新颖，富有启发性。适合作为高等院校生命科学类专业的教师和学生的参考用书，也十分适合报考研究生的学生作自测和复习之用。

图书在版编目（CIP）数据

生物化学习题解析／陈钧辉等编．—4 版．北京：科学出版社，2015.6

ISBN 978-7-03-044925-2

Ⅰ.①生…　Ⅱ.①陈…　Ⅲ.①生物化学-高等学校-题解　Ⅳ.①Q5-44

中国版本图书馆 CIP 数据核字（2015）第 126921 号

责任编辑：刘　丹／责任校对：郑金红

责任印制：赵　博／封面设计：铭轩堂

科学出版社 出版

北京东黄城根北街 16 号

邮政编码：100717

http://www.sciencep.com

三河市骏杰印刷有限公司印刷

科学出版社发行　各地新华书店经销

*

2001 年 9 月第 二 版　开本：787×1092　1/16

2009 年 12 月第 三 版　印张：25

2015 年 6 月第 四 版　字数：593 000

2025年7月第三十三次印刷

定价：69.80 元

（如有印装质量问题，我社负责调换）

前　言

本书自1986年出第一版、2001年出第二版、2009年出第三版以来，均受到许多学生和教师的欢迎。转眼间6年时间过去了，在这期间生物化学的发展十分迅速，一些新进展、新成果不断涌现，加上学科之间的相互交叉和渗透，使生物化学的内容越来越丰富。为了帮助学生学习，使学生更好地掌握现代生物化学知识和技术，提高分析问题和解决问题的能力，我们在第三版的基础上作了全面修订和补充，在每章习题前增加了学习指导，帮助学生了解本章的基本内容、学习重点和难点。在习题的设置上，根据内容难度将题目分为基础题和提高题，以满足不同专业学生学习的需要。书后有近年中国科学院和兄弟院校硕士研究生入学考试试题、南京大学硕士研究生入学考试试题及参考答案，便于学生学习和自我评价。

本书共18章，其中第一章、第二章和第三章由陈钧辉教授修订；第四章、第五章、第六章和第七章由杨荣武教授修订；第十四章、第十五章和第十六章由郑伟娟教授修订；第八章、第十三章、第十七章和第十八章由焦瑞清副教授修订；第九章、第十章、第十一章和第十二章由张冬梅副教授修订；全书的统稿工作由陈钧辉教授完成。

在本书第四版出版之际，对参加第一版和第二版编写的荣翠琴、王新昌和杨肃三位老师致以深深的谢意，对提供生物化学考研试题的中国科学院和兄弟院校表示衷心的感谢。在本书修订过程中，得到了沈萍萍教授、丁益教授、臧宇辉副教授和李俊老师的支持和帮助。本书是南京大学生物化学国家精品课程的配套辅助教材，在修订过程中得到国家精品课程建设经费的资助，在此一并致谢。

由于编者水平有限，虽然力求严谨和正确，但书中不足仍属难免，敬请读者批评指正。

陈钧辉
南京大学生命科学学院
2015年3月于南京

目　　录

第一章 糖类化学

学习指导

1. 掌握典型单糖（葡萄糖和果糖）的分子结构，能判断单糖的D-型与L-型、α-型与β-型，并能将链状结构转换成环状结构。
2. 了解单糖的理化性质，特别是变旋现象和还原性。
3. 掌握蔗糖、麦芽糖、乳糖的组成、糖苷键和主要的理化性质。
4. 掌握淀粉、糖原、纤维素的结构和性质。
5. 了解糖的定性测定和定量测定。
6. 了解糖缀合物的分类、结构和功能。

基础题

一、填充题

1. 糖类是具有________结构的一大类化合物。根据其分子大小可分为________、________和________三大类。
2. 判断一个糖的D-型和L-型是以________碳原子上羟基的位置作依据。
3. 糖类物质的主要生物学作用为________、________、________和________。
4. 在单糖环化时，它的羰基碳称为________。
5. 糖苷是指糖的________原子上的羟基与其他分子的羟基、氨基等脱水缩合后形成的产物。
6. 蔗糖由一分子________和一分子________组成，它们之间通过________糖苷键相连。
7. 麦芽糖由两分子________组成，它们之间通过________糖苷键相连。
8. 乳糖由一分子________和一分子________组成，它们之间通过________糖苷键相连。
9. 纤维素由________组成，它们之间通过________糖苷键相连。
10. 直链淀粉的构象为________，纤维素的构象为________。
11. 糖胺聚糖是一类含________和________的杂多糖，其代表性化合物有________、________和________等。
12. 肽聚糖的基本结构是以________与________组成的多糖链为骨干，并与________肽连接而成的杂多糖。
13. 蛋白聚糖是由________和________共价结合形成的复合物。
14. 自然界较重要的乙酰氨基糖有________、________和________。
15. 鉴别糖的普通方法为________试验。
16. 糖肽的主要连接键有________和________。
17. 直链淀粉遇碘呈________色，支链淀粉遇碘呈________色，糖原遇碘呈________色。
18. 血糖主要是指血中所含的________。

19. 在糖缀合物中,糖与________或________共价连接。
20. 单糖与浓酸脱水生成________,后者皆能与________化合物产生有色物质,用来鉴别几种糖类。

二、是非题

1. 同一种单糖的 α-型和 β-型是对映体。
2. 糖的变旋现象是由于糖在溶液中起了化学作用。
3. D-葡萄糖、D-甘露糖和 D-果糖生成同一种糖脎。
4. 葡萄糖分子中有醛基,它和一般的醛类一样,能和席夫(Schiff)试剂反应。
5. 从热力学上讲,葡萄糖的船式构象比椅式构象更稳定。
6. 肽聚糖分子中不仅有 L-型氨基酸,而且有 D-型氨基酸。
7. 一切有旋光性的糖都有变旋现象。
8. α-D-葡萄糖和 α-D-半乳糖结构很相似,它们是差向异构体。
9. D-葡萄糖和 D-半乳糖生成同一种糖脎。
10. 磷壁酸是一种细菌多糖,属于杂多糖。
11. 脂多糖、糖脂、糖蛋白和蛋白聚糖都是复合糖。
12. 棉子糖是非还原性三糖。
13. 因为蔗糖没有游离的或潜在的异头碳,所以没有变旋现象。

三、选择题

(一) 单项选择题(下列各题均有五个备选项,其中一个是正确的,请将其代码填入括号内)

1. 环状结构的己醛糖其立体异构体的数目为(　　)。
   A. 4　B. 3　C. 16　D. 32　E. 64
2. 下列哪种糖无还原性?(　　)
   A. 麦芽糖　B. 蔗糖　C. 阿拉伯糖　D. 木糖　E. 果糖
3. 葡萄糖和甘露糖是(　　)。
   A. 异头体　B. 差向异构体　C. 对映体
   D. 顺反异构体　E. 非对映异构体但不是差向异构体
4. 右图的结构式代表哪种糖?(　　)
   A. α-D-吡喃葡萄糖　B. β-D-吡喃葡萄糖
   C. α-D-呋喃葡萄糖　D. β-L-呋喃葡萄糖
   E. α-D-呋喃果糖

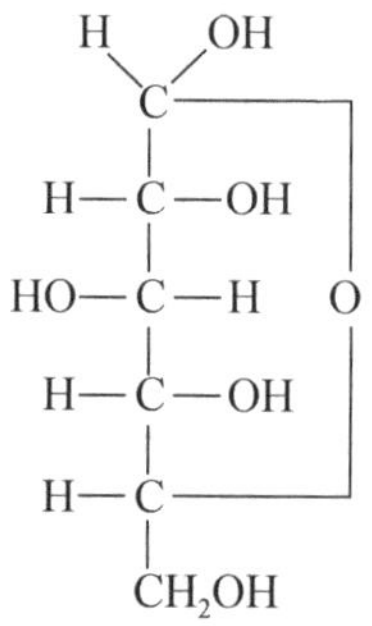

5. 下列哪种糖不能生成糖脎?(　　)
   A. 葡萄糖　B. 果糖　C. 蔗糖
   D. 乳糖　E. 麦芽糖
6. 下列物质中哪种不是糖胺聚糖?(　　)
   A. 果胶　B. 硫酸软骨素
   C. 透明质酸　D. 肝素
   E. 硫酸黏液素

7. 右图的结构式代表哪种糖？(　　)

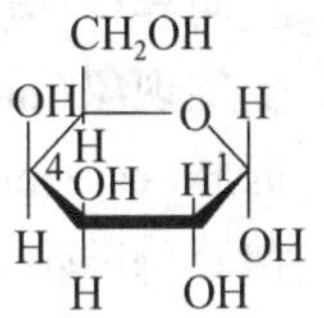

A. α-D-葡萄糖　　B. β-D-葡萄糖

C. α-D-半乳糖　　D. β-D-半乳糖

E. α-D-果糖

8. 目前已知最甜的糖为(　　)。

A. 葡萄糖　B. 果糖　C. 甘露糖　D. 蔗糖　E. 转化糖

9. 异麦芽糖是由 2 分子 D-葡萄糖组成的二糖,它们之间通过什么样的糖苷键相连？(　　)

A. α-1,2　B. α-1,4　C. α-1,6　D. β-1,2　E. β-1,4

10. 下列不属于糖胺聚糖的化合物是(　　)。

A. 透明质酸　B. 琼胶　C. 肝素

D. 硫酸角质素　E. 硫酸软骨素

(二) 多项选择题(下列各题均有四个备选项,其中两个或两个以上为正确选项,请将正确选项的代码填入括号内)

1. 下列化合物中哪些是糖类化合物？(　　)

A. 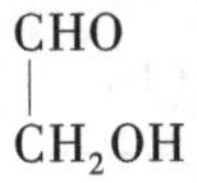　B. 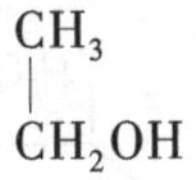　C. 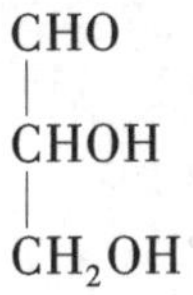　D. 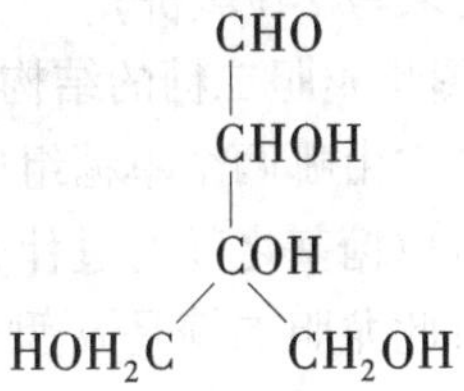

2. 下列单糖中哪些是酮糖？(　　)

A. 核糖　B. 核酮糖　C. 葡萄糖　D. 果糖

3. 下列的单糖分类中,哪些是正确的？(　　)

A. 甘油醛——三碳糖　B. 赤藓糖——四碳糖

C. 核糖——五碳糖　D. 果糖——六碳糖

4. 下列哪些糖没有变旋现象？(　　)

A. 果糖　B. 蔗糖　C. 甘露糖　D. 淀粉

5. 有关糖原结构的下列叙述哪些是正确的？(　　)

A. 有 α-1,4 糖苷键　B. 有 α-1,6 糖苷键

C. 糖原由 α-D-葡萄糖组成　D. 糖原是没有分支的分子

6. 下列有关多糖的叙述,哪些是正确的？(　　)

A. 它们是生物的主要能源　B. 它们以线状或分支形式存在

C. 它们是细菌细胞壁的重要结构单元　D. 它们都具有还原性

7. 糖蛋白中糖链与肽链之间通过下列哪些糖苷键相连？(　　)

A. *C*-糖苷键　B. *O*-糖苷键　C. *S*-糖苷键　D. *N*-糖苷键

8. 蛋白聚糖中的糖胺聚糖与蛋白质之间的连接有(　　)。

A. *C*-糖苷键　B. *O*-糖苷键　C. *S*-糖苷键　D. *N*-糖苷键

四、名词解释

1. 异头碳(anomeric carbon)和异头物(anomer)

2. 差向异构体(epimer)
3. 变旋现象(mutarotation)
4. 糖脎(osazone)
5. 糖苷(glycoside)和糖苷键(glycosidic bond)
6. Molisch 试验(Molisch's test)
7. Seliwanoff 试验(Seliwanoff's test)
8. Tollen 试验(Tollen's test)
9. Bial 试验(Bial's test)
10. NAG、NAM 和 NAN
11. 同多糖(homopolysaccharide)和杂多糖(heteropolysaccharide)
12. 肽聚糖(peptidoglycan)

五、问答题

1. 写出 D-果糖的链状结构式,然后从链状写成费歇尔(Fischer)式和哈沃氏(Haworth)式(要求写 2-5 氧桥)。
2. 右图是龙胆二糖的结构式,试问:
(1)它由哪两个单糖组成?
(2)单糖基之间通过什么键相连?
(3)此龙胆二糖是 α-型还是 β-型?

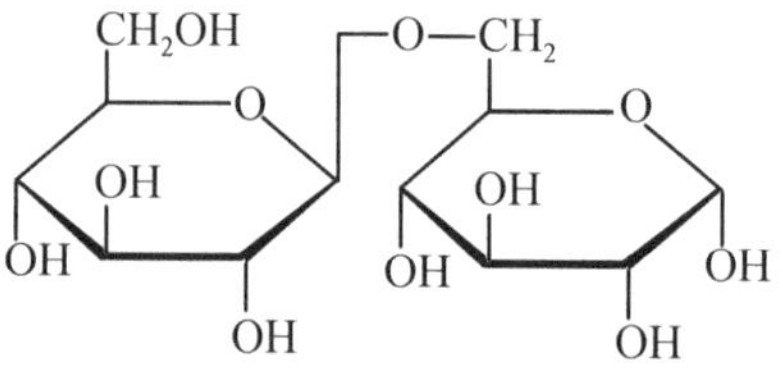

3. 五只试剂瓶中分别装的是核糖、葡萄糖、果糖、蔗糖和淀粉溶液,但不知哪只瓶中装的是哪种糖液,可用什么最简便的化学方法鉴别?
4. 为什么有些人在饮用牛奶后出现腹部不适,如腹胀、腹痛,甚至腹泻等症状?
5. 蔗糖常用来保存水果,为什么葡萄糖不适合作为这类食品保存剂?

六、计算题

1. 已知 α-D-半乳糖的$[\alpha]_D^{25}$为+150.7°,β-D-半乳糖的$[\alpha]_D^{25}$为+52.8°。现有一个 D-半乳糖溶液,平衡时的$[\alpha]_D^{25}$为+80.2°,求此溶液中 α-D-半乳糖和 β-D-半乳糖的百分含量。
2. 将 80ml 新配制的 10% α-D-葡萄糖溶液与 20ml 新配制的 10% β-D-葡萄糖溶液混合,试计算:
(1)此混合液最初的比旋光度(α-D-葡萄糖$[\alpha]_D^{20}$=+112.2°,β-D-葡萄糖$[\alpha]_D^{20}$=+18.7°)。
(2)经过若干小时达到平衡后的比旋光度。
(3)将等浓度的 50ml 甲基-α-D-葡萄糖苷和 50ml 甲基-β-D-葡萄糖苷混合,此混合液最初的比旋光度和经过若干小时后的比旋光度各为多少(α-D-吡喃葡萄糖苷$[\alpha]_D^{20}$=+158.9°,β-D-吡喃葡萄糖苷$[\alpha]_D^{20}$=−34.2°)?

提　高　题

一、填充题

1. 糖原和支链淀粉结构上很相似,都由许多________组成,它们之间通过________和________两种糖苷键相连。二者在结构上的主要差别在于糖原分子比支链淀粉________、________和________。

2. 多糖的构象大致可分为________、________、________和________四种类型，决定其构象的主要因素是________。
3. 人血液中含量最丰富的糖是________，肝脏中含量最丰富的糖是________，肌肉中含量最丰富的糖是________。
4. 常用定量测定还原糖的试剂为________试剂和________试剂。
5. 脂多糖一般由________、________和________三部分组成。
6. 多数普通的天然糖（如葡萄糖、果糖、甘露糖和核糖）的构型是________型。
7. 肝素是带有大量负电荷的糖胺聚糖，临床上常用作________。
8. 用________法可定位糖分子中的糖苷键。
9. 用________、________和________法可测定糖分子中单糖的序列。
10. 糖蛋白中的________链在细胞识别，包括细胞黏着和淋巴细胞归巢等生物学过程中起重要作用。
11. 目前研究多糖三维结构常用方法是________。
12. *N*-糖苷键连接的寡糖可分为________、________和________三种类型。

二、是非题

1. D-葡萄糖的对映体为 L-葡萄糖，后者存在于自然界。
2. 人体不仅能利用 D-葡萄糖，而且能利用 L-葡萄糖。
3. 糖的变旋现象是指糖溶液放置后，旋光方向从右旋变成左旋或从左旋变成右旋。
4. 因为酮类无还原性，所以酮糖也无还原性。
5. 果糖是左旋的，因此它属于 L-构型。
6. 糖原、淀粉和纤维素分子中都有一个还原端，因此它们都有还原性。
7. 糖链的合成无模板，糖基的顺序由基因编码的转移酶决定。
8. 醛式葡萄糖变成环状后无还原性。
9. 多糖是相对分子质量不均一的生物高分子。
10. α-淀粉酶和 β-淀粉酶的区别在于 α-淀粉酶水解 α-1,4 糖苷键，β-淀粉酶水解 β-1,4 糖苷键。
11. 组成多糖的大多数单糖是 L 型。
12. 生物体内的糖是重要的能源，也是重要的碳源。
13. 吡喃式葡萄糖比呋喃式葡萄糖更稳定。
14. 支链淀粉的水溶性优于直链淀粉。
15. 糖原是动物体内主要的储存多糖。
16. 在溶液中 α-D-吡喃葡萄糖所占百分比大于 β-D-吡喃葡萄糖。
17. 糖蛋白中的糖基一般为多糖基。
18. 硫酸乙酰肝素与肝素在结构和功能方面十分相似，因此硫酸乙酰肝素也有很强的抗凝血活性。
19. 糖胺聚糖是无分支的多糖，含有糖醛酸和常被硫酸酯化的氨基糖。
20. 赤藓糖被硝酸氧化后转变为不具有旋光性的化合物，而葡萄糖被硝酸氧化后却仍具有旋光性。

三、选择题

(一) 单项选择题(下列各题均有五个备选项,其中一个是正确的,请将其代码填入括号内)

1. 下列有关葡萄糖的叙述,哪个是错的? ( )

A. 显示还原性　B. 在强酸中脱水形成5-羟甲基糠醛

C. 莫利希(Molisch)试验阴性　D. 与苯肼反应生成脎

E. 新配制的葡萄糖水溶液的比旋光度随时间而改变

2. 下图所示的结构式代表哪种糖胺聚糖? ( )

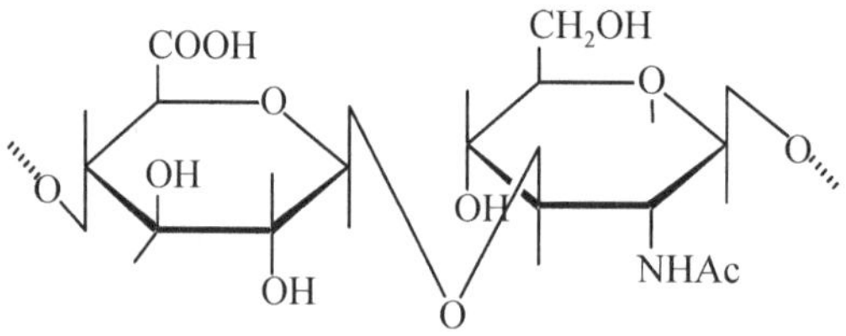

A. 几丁质(壳多糖)　B. 硫酸软骨素　C. 肝素

D. 透明质酸　E. 硫酸角质素

3. 糖胺聚糖中不含硫的是( )。

A. 透明质酸　B. 硫酸软骨素　C. 硫酸皮肤素

D. 硫酸角质素　E. 肝素

4. 下列哪对糖彼此互为差向异构体? ( )

A. D-甘露糖和D-半乳糖　B. D-核糖和D-核酮糖　C. D-核酮糖和D-木酮糖

D. D-葡萄糖和L-葡萄糖　E. D-核糖和D-葡萄糖

5. 下列有关糖蛋白和蛋白聚糖的叙述,错误的是( )。

A. 糖蛋白中糖所占的比例较蛋白质少

B. 蛋白聚糖中蛋白质所占的比例小于聚糖

C. 糖蛋白和蛋白聚糖中糖的结构和性质不同

D. 糖蛋白和蛋白聚糖在体内的分布不同

E. 糖蛋白中是长的多糖链,而蛋白聚糖中是短的寡糖链

6. 下列关于透明质酸的叙述,错误的是( )。

A. 由*N*-乙酰葡糖胺和D-葡糖醛酸组成　B. 糖胺聚糖中的一种

C. 不含硫酸基团　D. 是泪液的主要成分

E. 分布于关节液中

7. 蛋白聚糖不存在于( )。

A. 结缔组织　B. 软骨　C. 血浆　D. 皮肤　E. 肌腱

8. 区别醛糖和酮糖的化学方法是( )

A. Molisch 试验　B. Seliwanoff 试验　C. Tollen 试验

D. Bial 试验　E. Folin-Wu 试验

(二) 多项选择题(下列各题均有四个备选项,其中两个或两个以上为正确选项,请将正确选项的代码填入括号内)

1. 下列四种情况中,哪些尿能和班乃德(Benedict)试剂呈阳性反应? ( )

A. 血中过高浓度的半乳糖溢入尿中(半乳糖血症)
B. 正常膳食的人由于饮过量的含戊醛糖的混合酒造成尿中出现戊糖(戊糖尿)
C. 尿中有过量的果糖(果糖尿)
D. 实验室的技术员错把蔗糖加到尿的样液中

2. α-淀粉酶水解支链淀粉的结果是( )。
A. 完全水解成葡萄糖和麦芽糖
B. 主要产物为糊精
C. 使α-1,6 糖苷键水解
D. 在淀粉-1,6-葡萄糖苷酶存在时,完全水解成葡萄糖和麦芽糖

3. 下列化合物中的哪些含有糖基?( )
A. ATP B. NAD C. RNA D. 乙酰 CoA

4. 肝素分子中主要含有下列哪些组分?( )
A. D-葡糖胺 B. D-乙酰半乳糖胺 C. L-艾杜糖醛酸 D. D-葡糖醛酸

5. 异麦芽糖存在于下列哪些多糖中?( )
A. 直链淀粉 B. 支链淀粉 C. 糖原 D. 纤维素

6. 下列有关壳多糖的叙述,哪些是正确的?( )
A. 壳多糖又称几丁质
B. 壳多糖部分酸水解的产物是乙酰-D-葡糖胺
C. 壳多糖部分酸水解的产物是乙酰-L-葡糖胺
D. 壳多糖部分酸水解的产物是聚葡糖胺和乙酸

7. 下列关于多糖的叙述,哪些是错误的?( )
A. 多糖有旋光性 B. 多糖有变旋现象 C. 多糖有甜味 D. 多糖无还原性

8. 下列关于糖原的叙述,错误的是( )。
A. 糖原的高度分支不利于溶解在水中
B. 糖原的性质与红糊精相似,溶于沸水,遇碘呈红色
C. 能与苯肼作用形成糖脎
D. 糖原完全水解后产生 D-葡萄糖

9. 可以鉴别还原糖和非还原糖的试剂是( )。
A. Benedict 试剂 B. Fehling 试剂 C. Folin-酚试剂 D. Molisch 试剂

10. 肝素的生物学作用是( )。
A. 促进血液凝固 B. 抗血液凝固
C. 降低高密度脂蛋白的水平 D. 加速血浆中甘油三酯的清除

四、名词解释

1. 糖胺聚糖(glycosaminoglycan)
2. 磷壁酸(teichoic acid)
3. 糖缀合物(glycoconjugate)
4. 脂多糖(lipopolysaccharide)
5. 糖蛋白(glycoprotein)

6. 蛋白聚糖(proteoglycan)

五、问答题

1.

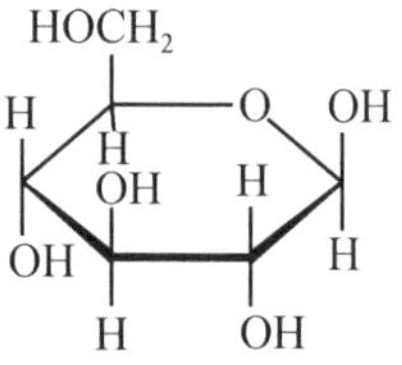

A

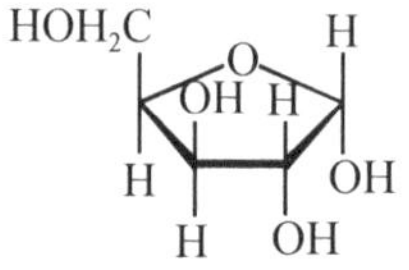

B

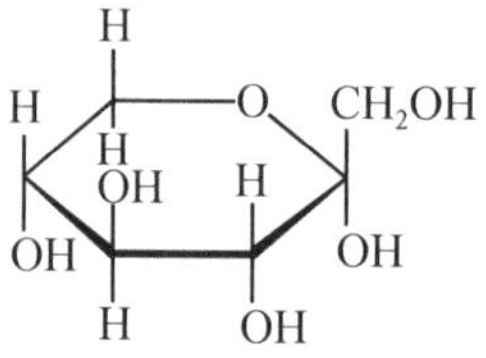

C

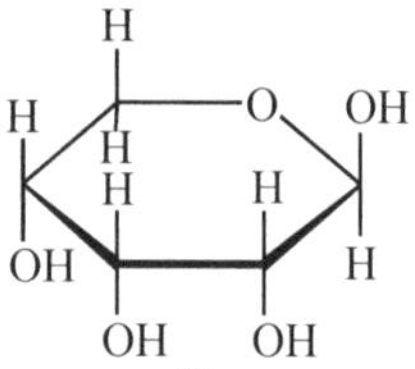

D

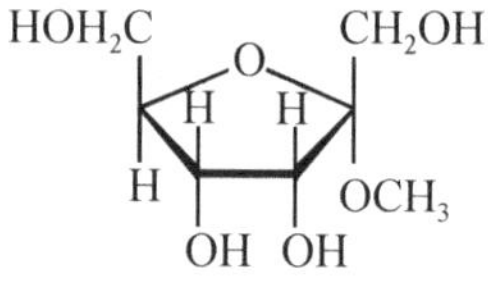

E

上述化合物中:(1)哪个是半缩酮形式的酮糖?(2)哪个是吡喃戊糖?(3)哪个是糖苷?(4)哪个是α-D-醛糖?

2. 海藻糖是一种非还原性二糖,没有变旋现象,不能生成脎,也不能用溴水氧化成糖酸,用酸水解只生成 D-葡萄糖,可以用 α-葡萄糖苷酶水解,但不能用 β-葡萄糖苷酶水解,甲基化后水解生成两分子 2,3,4,6-四-*O*-甲基-D-葡萄糖,试推测海藻糖的结构。

3. 从牛奶中分离出某种三糖,由 β-半乳糖苷酶完全水解为半乳糖和葡萄糖,它们之比为 2∶1。将原有的三糖先用 $NaBH_4$还原,再使其完全甲基化,酸水解,然后再用 $NaBH_4$还原,然后用乙酸酐乙酸化,得到三种产物:(1)2,3,4,6-四-*O*-甲基-1,5-二乙酰基-半乳糖醇;(2)2,3,4-三-*O*-甲基-1,5,6-三乙酰基-半乳糖醇;(3)1,2,3,5,6-五-*O*-甲基-4-乙酰基-山梨醇。根据上述结果,请写出此三糖的结构式。

4. 给出下列化合物的名称,并指出反应类型(如磷酸化、还原或其他反应)。

(1)

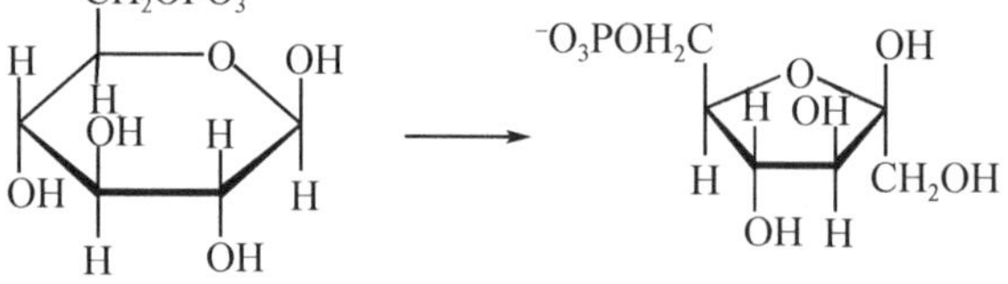

(2)

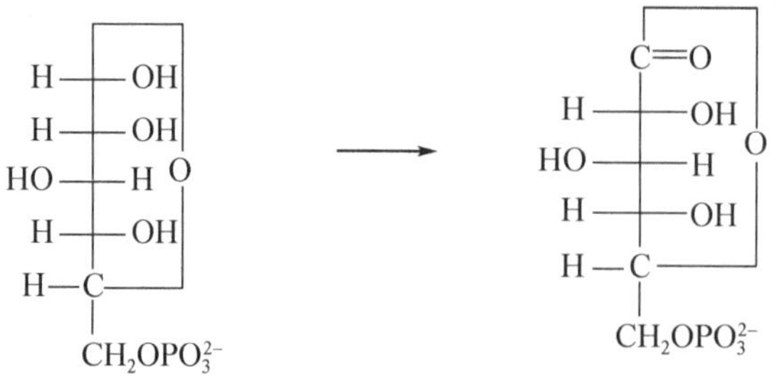

(3)

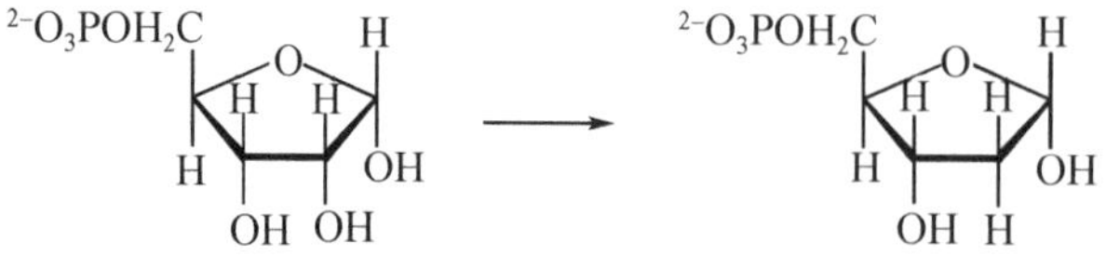

5. 为了便于书写复杂寡糖和多糖的结构，常用一些缩写符号来代表单糖及其衍生物，请写出下列常见单糖或单糖衍生物的缩写符号。
(1)葡萄糖 (2)果糖 (3)半乳糖 (4)甘露糖 (5)核糖
(6)半乳糖胺 (7)葡糖胺 (8)*N*-乙酰半乳糖胺 (9)*N*-乙酰葡糖胺
(10)胞壁酸
6. 青霉素为何有抗菌作用？
7. 试述糖蛋白和蛋白聚糖的主要区别。

六、计算题

1. 大肠杆菌糖原的样品 25mg，用 2ml 1mol/L H_2SO_4 水解。水解液中和后，再稀释到 10ml。最终溶液的葡萄糖含量为 2.35mg/ml。分离出的糖原纯度是多少？
2. 将 30g 由 D-甘露糖和 D-葡萄糖组成的多糖完全水解，水解液稀释到 100ml，在 10cm 旋光管中测得稀释液的旋光度为+9.07°。计算多糖中 D-甘露糖/D-葡萄糖的值（α/β-D-葡萄糖的比旋光度为+52.7°，α/β-D-甘露糖的比旋光度为+14.5°）。
3. 有一个 10.0g 的糖原样品，经过甲基化和水解后能产生 6mmol 的 2,3-二-*O*-甲基葡萄糖。求：
(1) 出现在 1→6 分支点上的葡萄糖残基的百分比。
(2) 每个支链上葡萄糖残基的平均数。
(3) 产生了多少毫摩尔的 2,3,6-三-*O*-甲基葡萄糖？
(4) 如果此糖原的相对分子质量是 2×10^6，它所含葡萄糖残基数是多少？

答 案

基 础 题

一、填充题

1. 多羟基醛或多羟基酮 单糖 寡糖（低聚糖） 多糖
2. 离羰基最远的一个不对称
3. 供能 转变为生命必需的其他物质 作为生物体的结构物质 作为细胞识别的信息分子
4. 异头碳
5. 异头碳
6. D-葡萄糖 D-果糖 α,β-1,2
7. 葡萄糖 α-1,4
8. D-葡萄糖 D-半乳糖 β-1,4
9. D-葡萄糖 β-1,4
10. 螺旋状 带状
11. 己糖胺 糖醛酸 透明质酸 硫酸软骨素 肝素
12. *N*-乙酰-D-葡糖胺 *N*-乙酰胞壁酸 四
13. 糖胺聚糖 蛋白质
14. *N*-乙酰葡糖胺 *N*-乙酰胞壁酸 *N*-乙酰神经氨酸
15. 莫利希（Molisch）
16. *O*-糖苷键 *N*-糖苷键
17. 蓝 紫 红（红褐）
18. 葡萄糖
19. 脂质 蛋白质
20. 糖醛或糖醛衍生物 酚类

二、是非题

1. 错。同一种单糖的α-型和β-型不是对映体，而是异头体（anomer），它们仅仅是异头碳原子上的不同构型。
2. 错。糖的变旋现象不是由于糖在溶液中起了化学作用，而是由于其分子结构在溶液中起了变化，从 α-型变成 β-型或相反地从 β-型变成 α-型。
3. 对。
4. 错。葡萄糖分子中的醛基在环状结构中变成了半缩醛基，所以其醛基不如一般醛类的醛基活泼，不能和 Schiff 试剂反应。
5. 错。葡萄糖的椅式构象比船式构象稳定。
6. 对。
7. 错。旋光性和变旋现象是两个不同的概念。一切有不对称碳原子的糖都有旋光性；而变旋现象是指一个有旋光性的溶液放置后，其比旋光度改变的现象，有 α-异构体和 β-异构体的糖才有变旋现象。
8. 对。
9. 错。D-葡萄糖和 D-半乳糖是 4 位差向异构体，所以生成不同的糖脎。
10. 对。
11. 对。
12. 对。
13. 对。

三、选择题

（一）单项选择题

1. (D)立体异构体的数目为 2^n（n 是不对称碳原子的数目），环状结构的己醛糖有 5 个不对称碳原子，所以立体异构体的数目为 2^5，即 32。
2. (B)阿拉伯糖、木糖和果糖都是单糖，所有的单糖都具有还原性，而麦芽糖和蔗糖是双糖，双糖中有些糖有还原性，有些糖无还原性。麦芽糖因分子中有一个自由醛基，所以有还原性，而蔗糖分子中无自由醛基，所以无还原性。
3. (B)差向异构体是指仅仅只有一个不对称碳原子的构型不同的光学异构体。葡萄糖和甘露糖是差向异构体，因为它们仅仅是第二位碳原子构型不同。
4. (A)是己醛糖，根据每个碳原子上的—H 和—OH的位置可知是葡萄糖，因为离半缩醛羟基最远的不对称碳原子的羟基在右边，所以是 D-型。又因半缩醛的羟基和定构型碳原子的羟基在同侧，所以是 α-型。
5. (C)因为蔗糖分子中已没有自由或潜在的醛基（或酮基），所以蔗糖无还原性，不能与苯肼作用生成脎。
6. (A)果胶的成分为果酸甲酯，不是糖胺聚糖。
7. (C)是己醛糖，根据每个碳原子上的—H 和—OH的位置可知是半乳糖，因末端的羟甲基（即 5 位碳原子的羟甲基）在环平面上，所以是 D-型。又因半缩醛羟基的位置在环平面下，所以是 α-型。
8. (B)所列 5 种糖中果糖最甜，若按甜度从大到小排列，则为果糖、转化糖、蔗糖、葡萄糖、甘露糖。
9. (C)2 分子 α-D-葡萄糖 按 α-1,6 糖苷键缩合、失水，则生成异麦芽糖。
10. (B)琼胶由 D-半乳糖及 L-半乳糖组成，是一种同多糖，而不是糖胺聚糖。

（二）多项选择题

1. (C、D)糖类是多羟醛或多羟酮及其缩聚物和某些衍生物的总称，绝大多数糖类可用 $C_n(H_2O)_n$ 来表示。A 和 B 都只有一个羟基，故不是糖类化合物；C 和 D 都有多个羟基，并有醛基，而且符合 $C_n(H_2O)_n$ 通式。
2. (B、D)核酮糖和果糖是酮糖，核糖和葡萄糖是醛糖。
3. (A、B、C、D)
4. (B、D)蔗糖没有 α-异构体和 β-异构体，所以无变旋现象。淀粉是多糖，多糖无变旋现象。
5. (A、B、C)糖原是由 α-D-葡萄糖基通过 α-1,4 糖苷键连接而成的高度分支的聚合物，大约每 10 个残基即出现分支链，并以 α-1,6 糖苷键连接。
6. (A、B、C)多糖如淀粉、糖原可看作能量储存的形式，它们是生物的主要能源。多糖中有的以线状形式存在如纤维素，有的以分支形式存在如糖原、支链淀粉。多糖是细菌细胞壁的组分。多糖无还原性。
7. (B、D)糖蛋白中糖链与肽链主要通过 2 种不同类型的糖苷键相连，一种是糖基上的半缩醛羟基与肽链上的苏氨酸、丝氨酸、羟脯氨酸或羟赖氨酸的羟基形成 *O*-糖苷键，另一种是糖基上的半缩醛羟基与肽链上天冬酰胺的氨基形成 *N*-糖苷键。
8. (B、D)蛋白聚糖中糖胺聚糖与蛋白质之间的连接有：①D-木糖与丝氨酸羟基之间形成的 *O*-糖苷键；②*N*-乙酰半乳糖胺与苏氨酸或丝氨酸之间形成的 *O*-糖苷键；③*N*-乙酰葡糖胺与天冬酰胺氨基之间形成的 *N*-糖苷键。

四、名词解释

1. 异头碳(anomeric carbon)和异头物(anomer):在单糖环化时,它的羰基碳称为异头碳。仅仅异头碳构型不同的糖称为异头物,其中异头碳的羟基与最末的不对称碳原子的羟基在碳链同侧的称为 α 异头物,在异侧的称为 β 异头物。
2. 差向异构体(epimer):仅一个碳原子构型不同的糖互为差向异构体。
3. 变旋现象(mutarotation):一个旋光体溶液放置后,其比旋光度改变的现象。
4. 糖脎(osazone):单糖的醛基或酮基与苯肼结合后,生成的黄色晶体。
5. 糖苷(glycoside)和糖苷键(glycosidic bond):糖的异头碳原子上的羟基与其他分子的羟基、氨基等脱水缩合后的产物称糖苷。糖分子中异头碳和一些其他基团之间的键称为糖苷键,如 C—O 键(*O*-苷)、C—N 键(*N*-苷),C—S 键(*S*-苷)和 C—C 键(*C*-苷),其中最常见的是 C—O 键和 C—N 键。
6. Molisch 试验(Molisch's test):糖经浓硫酸脱水产生糠醛或糠醛衍生物,后者与 α-萘酚生成紫红色缩合物,这是鉴定糖类的方法。
7. Seliwanoff 试验(Seliwanoff's test):己酮糖经浓盐酸脱水生成羟甲基糠醛,后者与间苯二酚作用,生成红色物质,这是鉴定己酮糖的方法。
8. Tollen 试验(Tollen's test):戊糖经浓盐酸脱水生成糠醛,后者与间苯三酚作用生成樱桃红色物质,这是鉴定戊糖的方法。
9. Bial 试验(Bial's test):也称苔黑酚反应或地衣酚反应(orcinol reaction),戊糖经浓盐酸脱水生成糠醛,后者与甲基间苯二酚(即苔黑酚,或称地衣酚)作用,生成绿色物质,用于戊糖的鉴定和 RNA 的测定。
10. NAG、NAM 和 NAN:NAG 是 *N*-乙酰葡糖胺(*N*-acetyl-glucosamine)的缩写,NAM 是 *N*-乙酰胞壁酸(*N*-acetly-muramic acid)的缩写,NAG 和 NAM 是细菌细胞壁的主要成分,也是肽聚糖的组成成分。NAN 是 *N*-乙酰神经氨酸(*N*-acetyl-neuraminate)的缩写,又称唾液酸,是动物细胞膜上糖蛋白和糖脂的重要成分。
11. 同多糖(homopolysaccharide)和杂多糖(heteropolysaccharide):同多糖由某一种单糖所组成,而杂多糖则为一种以上的单糖或其衍生物所组成,其中有的还含有非糖物质。
12. 肽聚糖(peptidoglycan):又称黏肽(mucopeptide)、氨基糖肽(glycoaminopeptide)或胞壁质(murein)。它是由 *N*-乙酰葡糖胺(NAG)与 *N*-乙酰胞壁酸(NAM)组成的多糖链为骨干与四肽连接所成的杂多糖。

五、问答题

1. 解这道题时要注意从链状变成环状结构(费歇尔式、哈沃氏式等)后,增加了一个不对称碳原子,即原来的羰基碳成了不对称碳原子,这样就产生了 α-异构体和 β-异构体,这两种异构体都应写出。

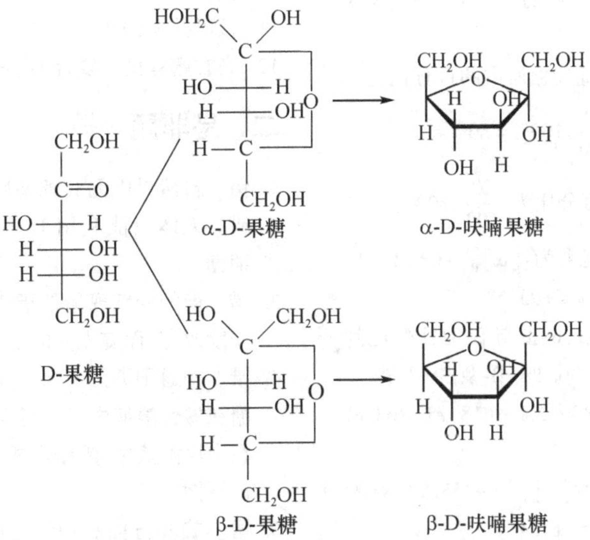

2. (1)由两个 D-葡萄糖组成　(2)β-1,6 糖苷键　(3)α-型

3. 用下列化学试剂依次鉴别

糖	(1)碘(I_2)	(2)斐林试剂或本尼迪特试剂	(3)溴水	(4)HCl,甲基间苯二酚
核糖	-	+(黄色或红色)	+(褪色)	+(绿色)
葡萄糖	-	+(黄色或红色)	+(褪色)	-
果糖	-	+(黄色或红色)	-	
蔗糖	-	-		
淀粉	+(蓝色或紫红色)			

注:"+"表示阳性反应;"-"表示阴性反应

4. 有些人在饮用牛奶后出现腹部不适,如腹胀、腹痛,甚至腹泻等症状,这是因为体内缺乏小肠细胞分泌的乳糖酶,乳糖就不能被消化吸收而滞留在肠腔内,使肠内渗透压增高,大量吸收水分,体积增加,肠排空加快,使乳糖很快排到大肠并在大肠吸收水分,细菌将乳糖发酵产气,从而引起腹胀、腹痛和腹泻等症状,这种现象在医学上称为乳糖不耐受(症)。
5. 因为葡萄糖有开链结构的自由醛基,具有还原性。

六、计算题

1. 设平衡时 α-D-半乳糖的百分含量为 x,则 β-D-半乳糖的百分含量为 $100-x$(醛式半乳糖的量很少,忽略不计)。

$$150.7x+52.8(100-x)=80.2\times100$$

$$x=28 \qquad 100-x=72$$

所以平衡时 α-D-半乳糖的含量为 28%,β-D-半乳糖的含量为 72%。

2. (1) 混合液中 α-D-葡萄糖所占的百分比为:

$$\frac{80}{100}\times100\%=80\%$$

β-D-葡萄糖所占的百分比为:$\frac{20}{100}\times100\%=20\%$

混合液最初的比旋光度为:$[\alpha]_D^{20}=(+112.2°)\times80\%+(+18.7°)\times20\%=+93.5°$

(2) 经过若干小时后,α-型与 β-型互变达到平衡,这时 α-型占 36.2%,β-型占 63.8%。

$$[\alpha]_D^{20}=(+112.2°)\times36.2\% +(18.7°)\times63.8\% =+52.5°$$

(3) 最初比旋光度为:$[\alpha]_D^{20}=(+158.9°)\times50\% +(-34.2°)\times50\%=+62.4°$

因为糖苷没有变旋现象,所以经若干小时后比旋光度仍为+62.4°。

提　高　题

一、填充题

1. D-葡萄糖　α-1,4　α-1,6　分支多　链短　结构更紧密
2. 螺旋　带状　皱折　无规卷曲　糖链的一级结构
3. 葡萄糖　糖原　糖原
4. 斐林(Fehling)　本尼迪特(Benedict)
5. 外层专一性糖链　核心多糖链　脂质 A
6. D
7. 抗凝剂
8. 甲基化分析
9. 外切糖苷酶　质谱法　核磁共振谱
10. 寡糖
11. 核磁共振谱法
12. 高甘露糖型　复合型　杂合型

二、是非题

1. 错。自然界中无 L-葡萄糖。
2. 错。人体只能利用 D-葡萄糖,不能利用 L-葡萄糖。
3. 错。糖的变旋现象是指糖溶液放置后,其比旋光度改变,而旋光方向不一定改变。
4. 错。普通酮类无还原性,但酮糖有还原性,因酮糖在碱性溶液中经烯醇化作用可变成烯二醇。在中性溶液中,酮糖环式结构的 α-羟基酮也有还原性。
5. 错。旋光方向和构型是两个不同的概念。D-

型糖可能是右旋,也可能是左旋,L-型糖也是如此。如 D-葡萄糖是右旋,但 D-果糖是左旋。

6. 错。糖原、淀粉和纤维素分子中都有一个还原端,但因为它们的分子太大,所以不显示还原性。
7. 对。
8. 错。醛式葡萄糖变成环状后产生了半缩醛羟基,仍有还原性。
9. 对。
10. 错。α-淀粉酶和 β-淀粉酶中的 α-和 β-是区分两种不同的淀粉酶。α-淀粉酶可催化淀粉分子中任何部位的 α-1,4 糖苷键水解,产物主要是糊精,还有少量麦芽糖。β-淀粉酶从链的非还原端开始,每次从淀粉分子上水解下两个葡萄糖基,产物为极限糊精和麦芽糖。
11. 错。组成多糖的大多数单糖是 D 型。
12. 对。
13. 对。
14. 对。
15. 对。
16. 错。在溶液中 β-D-吡喃葡萄糖比 α-D-吡喃葡萄糖更稳定,故 β-D-吡喃葡萄糖所占百分比大于 α-D-吡喃葡萄糖。
17. 错。糖蛋白中的糖基一般为单糖基、寡糖基。
18. 错。硫酸乙酰肝素与肝素虽然为同一类,但其结构和功能颇具差异。硫酸乙酰肝素是由 *N*-乙酰葡糖胺和 L-艾杜糖醛酸或 D-葡糖醛酸形成的重复二糖单位组成的糖胺聚糖,它与肝素相比其硫酸化程度较低,而乙酰化程度较高及艾杜糖醛酸含量较少。硫酸乙酰肝素参与膜结构及细胞之间和细胞与基质之间的相互作用,还可从细胞外向细胞内传递信息,但几乎没有抗凝血作用。
19. 对。
20. 对。

三、选择题

(一) 单项选择题

1. (C)因为葡萄糖分子中有醛基,所以有还原性,能和苯肼反应生成脎。葡萄糖有环状结构能从 α-型变成 β-型或相反地从 β-型变成 α-型,所以有变旋现象。葡萄糖在强酸中脱水形成 5-羟甲基糠醛。所有糖类物质都有 Molisch 反应,葡萄糖也不例外。
2. (D)透明质酸是由 D-葡萄糖醛酸同 *N*-乙酰-D-葡糖胺以 β-1,3 糖苷键连接成二糖单位。后者以 β-1,4 糖苷键同另一个二糖单位连接。几丁质是由重复的 *N*-乙酰-D-葡糖胺残基组成。硫酸软骨素、硫酸角质素和肝素都含有硫。
3. (A)糖胺聚糖中的透明质酸是不含硫的,题中的其他几种糖胺聚糖都含有硫。
4. (C)差向异构体是指仅仅只有一个不对称碳原子构型不同的光学异构体。D-核酮糖和 D-木酮糖是差向异构体,它们仅仅是第三位碳原子的构型不同。
5. (E)糖蛋白中是短链寡糖,而蛋白聚糖中的聚糖是一种长而不分支的多糖链。
6. (D)
7. (C)
8. (B)Molisch 试验是鉴别糖的方法,Seliwanoff 试验是检查酮糖的方法,Tollen 试验和 Bial 试验为鉴定戊糖的方法,Folin-Wu 试验是测定血糖含量的方法。

(二) 多项选择题

1. (A、B、C)蔗糖分子中没有自由的或潜在的醛基(或酮基),所以它是非还原糖,和班乃德试剂呈阴性反应。
2. (B、D)α-淀粉酶可催化淀粉分子中任何部位的 α-1,4 糖苷键水解,主要产物为糊精。淀粉-1,6-葡萄糖苷酶即脱支酶,它催化 α-1,6-葡萄糖苷键的水解,在 α-淀粉酶的协同作用下,水解支链淀粉成葡萄糖和麦芽糖。
3. (A、B、C、D)核苷是一种糖苷,由戊糖和碱基缩合而成,核苷酸是核苷的磷酸酯,ATP 是腺苷三磷酸;NAD 是烟酰胺腺嘌呤二核苷酸;RNA 是多聚核苷酸,所以这些化合物都含有糖基。乙酰 CoA 分子中含有腺苷-3′-磷酸-5′-焦磷酸部分,所以乙酰 CoA 分子中也含有糖基。
4. (A、C)肝素的化学结构比较复杂,它是由 D-葡糖胺和 L-艾杜糖醛酸或 D-葡糖醛酸构成的二糖单位的多聚物,其中 D-葡糖胺 C-2 的氨基和 C_6的羟基上分别硫酸酯化,L-艾杜糖醛酸是主要的糖醛酸成分,占糖醛酸总量的 70%~90%,其 C-2 上硫酸酯化,其余的为 D-葡糖醛酸,D-葡糖醛酸基上不发生硫酸酯化。

5. (B, C) 异麦芽糖是由两分子 α-D-葡萄糖按 α-1,6糖苷键缩合、失水而成,它存在于支链淀粉和糖原中。

6. (A、D) 壳多糖又称几丁质,由乙酰-D-葡糖胺以 β-1,4 糖苷键连接而成,类似于纤维类的结构。由于 β-1,4 糖苷键对酸有较强的抵抗能力,壳多糖部分酸水解的主要位点是乙酰基与氨基之间的酰胺键,生成聚葡糖胺(也称脱乙酰壳多糖)和乙酸。

7. (B、C) 多糖有不对称碳原子,有旋光性,但无变旋现象。多糖分子太大不能进入舌尖的味觉细胞,所以感觉不到甜味。多糖分子中有一个还原端,但因分子太大,故不显还原性。

8. (A、C) 糖原分子的分支比支链淀粉多,更利于溶解在水中。多糖(包括糖原)属于非还原糖,无还原性,也不能与苯肼作用生成糖脎。

9. (A、B) Fehling 试剂和 Benedict 试剂均为含 Cu^{2+} 的碱性溶液,能使具有自由醛基或酮基的糖氧化,其本身被还原成红色或黄色的 Cu_2O,此法常用作还原糖的定性或定量测定。Folin-酚试剂用来测定蛋白质的浓度,而 Molisch 试剂用来鉴定糖。

10. (B、D) 肝素的生物学作用是抗凝血和加速血浆中甘油三酯的清除。目前输血时,广泛以肝素为抗凝剂,临床上也常用于防止血栓形成。肝素分子中含有的羧基、硫酸基(包括含量与位置)与其抗凝活性有密切关系,失去羧基或硫酸基,抗凝活性降低。

四、名词解释

1. 糖胺聚糖(glycosaminoglycan):又称黏多糖(mucopolysaccharide),是由糖醛酸和己糖胺组成的多个二糖单位聚合而成的不分支长链。

2. 磷壁酸(teichoic acid):是从革兰氏阳性菌的细胞壁中提取到的含磷丰富的化合物,有甘油磷壁酸和核糖醇磷壁酸两类。

3. 糖缀合物(glycoconjugate):糖与非糖物质如脂质或蛋白质共价结合,分别形成脂多糖、糖脂、糖蛋白和蛋白聚糖,总称为糖缀合物或糖复合体,也称复合糖类(complex carbohydrate)。

4. 脂多糖(lipopolysaccharide):是革兰氏阴性菌细胞壁特有的结构成分,种类很多,分子结构一般由外层专一性寡糖链、中心多糖链和脂质三部分组成。

5. 糖蛋白(glycoprotein):短链寡糖与蛋白质以共价键连接而成的复合物。

6. 蛋白聚糖(proteoglycan):也称蛋白多糖,它是由蛋白质和糖胺聚糖通过共价键连接而成的大分子复合物。

五、问答题

1. (1)C (2)D (3)E (4)B

2. 用酸水解海藻糖只生成 D-葡萄糖,证明海藻糖由 D-葡萄糖组成。海藻糖是一种非还原性二糖,没有变旋现象,不能生成脎,也不能用溴水氧化成糖酸,说明它的两个单糖基通过 1,1-糖苷键相连。可用 α-葡萄糖苷酶水解,但不能用 β-葡萄糖苷酶水解,说明是 α-糖苷键。甲基化后水解生成两分子 2,3,4,6-四-*O*-甲基-D-葡萄糖,说明其葡萄糖是吡喃型。根据以上推测可知海藻糖的结构是 D-吡喃葡萄糖(α1→1)D-吡喃葡萄糖,如下所示:

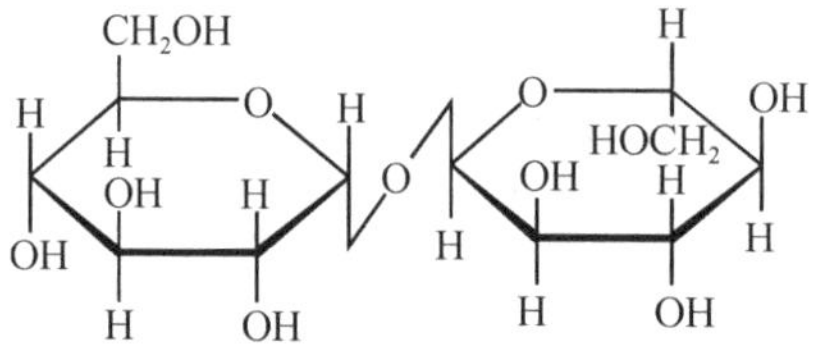

3. 甲基化以前的还原作用可以把还原性末端残基转换成开链糖醇,这就使甲基化作用可以在第一位和第五位进行。因此,葡萄糖(它产生山梨醇衍生物)是在还原性末端。甲基化以后的水解作用和还原作用打开其他单糖的环。新的—OH 基(用于连接其他糖的—OH 基也一样)于是也能乙酰化。因此,假定这三个糖残基全是吡喃环型,该原始三糖最可能的结构是半乳糖(β1→6)半乳糖(β1→4)葡萄糖,如下所示:

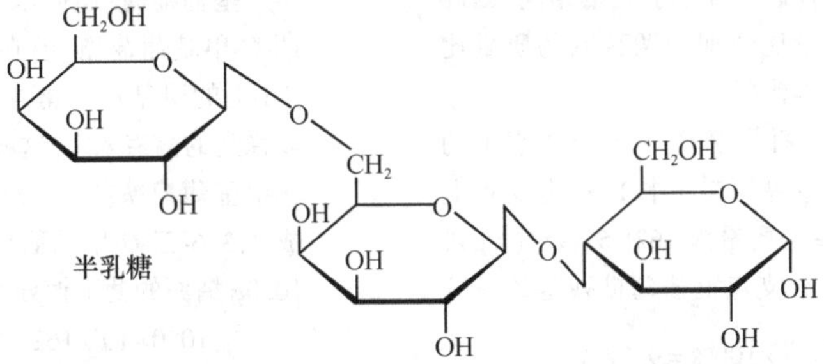

4. (1) 左边是β-吡喃葡萄糖-6-磷酸，右边是β-吡喃果糖-6-磷酸，这是异构化反应。
   (2) 左边是葡萄糖-6-磷酸，右边是葡糖酸内酯-6-磷酸，这是氧化反应。
   (3) 左边是α-核糖-5-磷酸，右边是2-脱氧-α-核糖-5-磷酸，这是一个还原反应。
5. (1)Glc　(2)Fru　(3)Gal　(4)Man　(5)Rib　(6)GalN　(7)GlcN　(8)GalNAC　(9)GlcNAC　(10)Mur
6. 青霉素的抗菌作用是由于青霉素抑制了肽聚糖生物合成中的一个酶(转肽酶)的活性，从而抑制了肽聚糖的生物合成，也就是抑制了细菌细胞壁的合成。
7. 糖蛋白和蛋白聚糖的主要区别

	糖蛋白	蛋白聚糖
糖的含量	一般少于蛋白质，少数含糖量较高	一般含糖量比蛋白质高
糖链的组成	含 *N*-乙酰葡糖胺、甘露糖、半乳糖、唾液酸等	含己糖胺和糖醛酸组成的二糖重复单位
糖基排列	大多为分支寡糖链	二糖重复单位形成长而不分支的多糖链
与肽链连接方式	*O*-糖苷键，*N*-糖苷键	大多为 *O*-糖苷键
分布	分布广泛，细胞内外皆有	主要在细胞外，各种结缔组织基质中
功能	分子识别和细胞识别、多肽链的折叠和定向转运、信号转导、物质转运等	稳定、支持和保护细胞，细胞的黏附、迁移、增殖和分化等

六、计算题

1. 水解后所得葡萄糖量为：

$$2.35\text{mg/ml}\times 10\text{ml}=23.5\text{mg}$$

$$\frac{23.5\text{mg}}{180\text{mg/mmol}}=0.1306\text{mmol}$$

该糖原样品含有0.1306mmol葡萄糖。但当葡萄糖聚合时，每形成一个糖苷键要失去一分子H_2O，因此一个葡萄糖残基的相对分子质量为180−18=162。所得葡萄糖的量相当于21.16mg糖原。

$$0.1306\text{mmol}\times 162\text{mg/mmol}=21.16\text{mg}$$

糖原的纯度为：$\frac{22.16}{25}\times 100\%=84.6\%$

2. 酸水解后，这两种糖都以α-型和β-型的平衡混合物存在。此外，由于每水解1mol单糖残基(162g)需加入1mol水(18g)，因此，水解后单糖的总质量为：

$$30+30\times 18/162=33.3(\text{g})$$

混合液中单糖的总浓度为：

$$33.3/100=0.333(\text{g/ml})$$

设混合液中D-葡萄糖的浓度为x(g/ml)，则D-甘露糖的浓度为$(0.333-x)$(g/ml)。

$$\alpha_{葡}=[\alpha](1)(c)=52.7(1)(x)=52.7x$$

$$\alpha_{甘}=[\alpha](1)(c)=14.5(1)(0.333-x)=4.83-14.5x$$

$$\alpha_{葡}+\alpha_{甘}=\alpha_{总}$$

$$52.7x+(4.83-14.5x)=9.07$$

$$x=0.111(\text{g/ml})$$

$$0.333-x=0.333-0.111=0.222(\text{g/ml})$$

所以，D-葡萄糖=0.111(g/ml)，D-甘露糖=0.222(g/ml)。

由于甘露糖和葡萄糖相对分子质量相同,因此两种糖的物质的量比值即为两种糖的质量比值,即 D-甘露糖/D-葡萄糖=2。

3.（1）2,3-二-*O*-甲基葡萄糖即 1→6 分支点上的葡萄糖。10.0g 糖原样品中 1→6 分支点上的葡萄糖残基的质量为 162×6=972(mg),出现在 1→6 分支点上葡萄糖残基的百分比为:$\frac{972}{10.0\times1000}\times100\%=9.72\%$

（2）因为 1→6 分支点上葡萄糖残基的百分比为 9.72%,也就是说 100 个葡萄糖残基中有 9.72 个葡萄糖残基是在分支点上,有一个分支点就有一个支链,所以每个支链上葡萄糖残基的平均数为:100/9.72=10.3。

（3）先分析一下糖原经甲基化和水解后会产生多少种产物[图 1-1(a)和图 1-1(b)]。糖原的每一个自由羟基可用硫酸二甲酯甲基化,水解后分支点的葡萄糖产生 2,3-二-*O*-甲基葡萄糖;非还原末端产生 2,3,4,6-四-*O*-甲基葡萄糖;还原末端转化为 1,2,3,6-四-*O*-甲基葡萄糖,但在糖苷键水解时,在 C-1 上的甲基以甲醇形式脱落(其他甲基以稳定的醚存在),这样就形成 2,3,6-三-*O*-甲基葡萄糖;1→4 相连的葡萄糖残基形成 2,3,6-三-*O*-甲基葡萄糖。

10.0g 糖原的葡萄糖残基的总量为:

$$10.0\times10^3/162=61.7(\text{mmol})$$

其中分支点的葡萄糖产生 2,3-二-*O*-甲基葡萄糖为 6mmol。此外,因为每 *n* 个分支点残基就有 *n*+1 个非还原末端残基,但是像糖原这样高相对分子质量的化合物,在*n*+1 与 *n* 个残基间的差别是毫无意义的。所以可假设分支点的物质的量等于非还原末端的物质的量。非还原末端产生 2,3,4,6-四-*O*-甲基葡萄糖也为 6mmol。2,3,6-三-*O*-甲基葡萄糖的物质的量为:

$$61.7-2\times6=49.7(\text{mmol})$$

（4）所含葡萄糖残基数为:$2\times10^6/162=12\ 346$

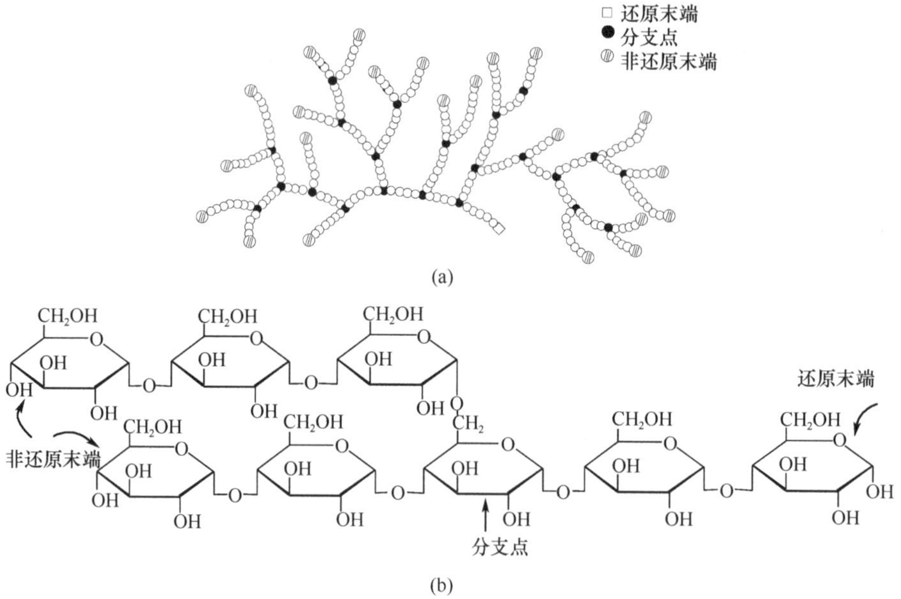

(b)

图 1-1　糖原的分支结构(a)和糖原分子的部分结构示意图(b)

第二章　脂质化学和生物膜

学习指导

1. 了解单脂和复合脂的概念、分类。
2. 掌握单脂和复合脂的结构和性质。
3. 了解胆固醇和固醇类化合物的基本结构及生物学功能。
4. 掌握生物膜的流动镶嵌模型。
5. 了解物质跨膜运输的几种机制。

基　础　题

一、填充题

1. 脂质是由________和________等所组成的酯类及其衍生物。
2. 脂质具有以下三个特征________、________、________。
3. 固醇类化合物的核心结构是________。
4. 生物膜主要由________和________组成。
5. 生物膜的厚度为________。
6. 基础代谢为7530kJ的人体,若以脂肪为全部膳食,每天需要________g脂肪。
7. 磷脂酰胆碱(卵磷脂)分子中________为亲水端,________为疏水端。
8. 磷脂酰胆碱(卵磷脂)是由________、________、________和________组成。
9. 脑苷脂是由________、________和________组成。
10. 神经节苷脂是由________、________、________和________组成。

二、是非题

1. 自然界中常见的不饱和脂肪酸多具有反式结构。
2. 磷脂是中性脂。
3. 磷脂一般不溶于丙酮,根据这个特点可将磷脂和其他脂质分开。
4. 不同种属来源的细胞可以互相融合,说明所有细胞膜都由相同的组分组成。
5. 神经节苷脂是一种含有唾液酸的鞘糖脂。
6. 细胞膜的两个表面(外表面、内表面)有不同的蛋白质和不同的酶。
7. 所有细胞膜的主动转运,其能量来源是高能磷酸键的水解。
8. 植物油的必需脂肪酸含量丰富,所以植物油比动物油营养价值高。
9. 天然存在的磷脂是L-构型。
10. 天然固醇中醇羟基在3位,其C_3处的醇羟基都是α-型。
11. 植物油和动物脂都是脂肪。
12. 脂肪的皂化价高表示含低相对分子质量的脂肪酸少。

13. 胆固醇为环状一元醇,不能皂化。
14. 脂肪和胆固醇都属脂类化合物,它们的分子中都含有脂肪酸。
15. 磷脂和糖脂都属于两亲化合物(amphipathic compound)。
16. 磷脂和糖脂是构成生物膜脂双层结构的基本物质。
17. 胆固醇分子中无双键,属于饱和固醇。
18. 生物膜上的脂质主要是磷脂。
19. 神经酰胺是一种第二信使。
20. 禁食(饥饿)状态下,主要由脂肪给机体提供能量。

三、选择题

(一) 单项选择题(下列各题均有五个备选项,其中一个是正确的,请将其代码填入括号内)

1. 下列有关甘油三酯的叙述,哪一个不正确?( )
   A. 甘油三酯是由一分子甘油与三分子脂肪酸所组成的酯
   B. 任何一个甘油三酯分子总是包含三个相同的脂酰基
   C. 在室温下,甘油三酯可以是固体,也可以是液体
   D. 甘油三酯可以制造肥皂
   E. 甘油三酯在氯仿中是可溶的
2. 从某天然脂肪中水解所得的脂肪酸,其最可能的结构是( )。
   A. 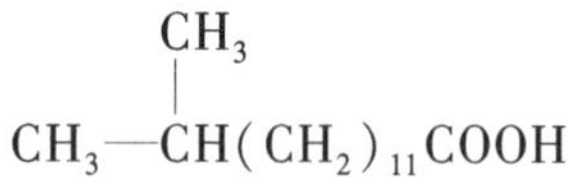
   B. $CH_3(CH_2)_{12}COOH$
   C. $CH_3(CH_2)_{13}COOH$
   D. CH_3CH_2COOH
   E. 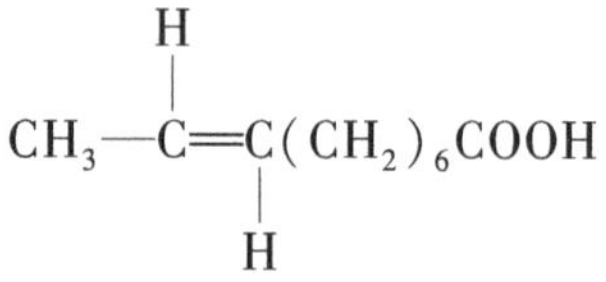
3. 脂肪的碱水解称为( )。
   A. 酯化　B. 还原　C. 皂化　D. 氧化　E. 水解
4. 下列化合物中的哪个不属脂质?( )
   A. 甘油三硬脂酸酯　B. 甘油三丁酸酯
   C. 胆固醇硬脂酸酯　D. 羊毛蜡
   E. 石蜡
5. 下列哪个是脂肪酸?( )
   A. 顺丁烯二酸　B. 亚麻酸　C. 苹果酸　D. 琥珀酸　E. 柠檬酸
6. 下列哪种叙述是正确的?( )
   A. 所有的磷脂分子中都含有甘油基　B. 脂肪和胆固醇分子中都含有脂酰基
   C. 中性脂肪水解后变成脂肪酸和甘油　D. 胆固醇酯水解后变成胆固醇和氨基糖
   E. 碳链越长,脂肪酸越易溶解于水
7. 下列脂质中哪个含有胆碱基?( )

A. 磷脂酸　　B. 神经节苷脂
C. 胆固醇　　D. 葡萄糖脑苷脂
E. 神经鞘磷脂

8. 神经节苷脂是一种(　　)。
A. 脂蛋白　B. 糖蛋白　C. 糖脂　D. 脂多糖　E. 磷脂

9. 胆固醇是(　　)。
A. 酸性固醇　　B. 17-酮类固醇
C. 所有类固醇激素的前体　　D. 17-羟皮质类固醇
E. 苯的衍生物

10. 乳糜微粒、中间密度脂蛋白(IDL)、低密度脂蛋白(LDL)和极低密度脂蛋白(VLDL)都是血清脂蛋白,这些颗粒若按密度从低到高排列,正确的次序应为(　　)。
A. LDL,IDL,VLDL,乳糜微粒　　B. 乳糜微粒,VLDL,IDL,LDL
C. VLDL,IDL,LDL,乳糜微粒　　D. 乳糜微粒,VLDL,LDL,IDL
E. LDL,VLDL,IDL,乳糜微粒

11. 生物膜的基本结构是(　　)。
A. 磷脂双层两侧各有蛋白质附着
B. 磷脂形成片层结构,蛋白质位于各个片层之间
C. 蛋白质为骨架,二层磷脂分别附着于蛋白质的两侧
D. 磷脂双层为骨架,蛋白质附着于表面或插入磷脂双层中
E. 由磷脂构成的微团

12. 卵磷脂含有的成分为(　　)。
A. 脂肪酸,甘油,磷酸,乙醇胺　　B. 脂肪酸,磷酸,胆碱,甘油
C. 磷酸,脂肪酸,丝氨酸,甘油　　D. 脂肪酸,磷酸,胆碱
E. 脂肪酸,磷酸,甘油

13. 下列哪个是饱和脂肪酸?(　　)
A. 油酸　B. 亚油酸　C. 花生四烯酸　D. 棕榈酸　E. 亚麻酸

14. 磷脂酰丝氨酸在 pH7 时所带净电荷为(　　)。
A. -1　B. -2　C. +1　D. +2　E. 0

15. 细胞膜的主动转运(　　)。
A. 不消耗能量　B. 需要 ATP　C. 消耗能量(不单指 ATP)
D. 需要 GTP　E. 物质可以克服浓度差转运

16. 主要由蛋白质和磷脂组成的是(　　)。
A. 乳糜微粒　B. 低密度脂蛋白　C. 中间密度脂蛋白
D. 极低密度脂蛋白　E. 高密度脂蛋白

17. 主要由胆固醇和胆固醇酯组成的是(　　)。
A. 乳糜微粒　B. 低密度脂蛋白　C. 中间密度脂蛋白
D. 极低密度脂蛋白　E. 高密度脂蛋白

18. 下列有关膜脂流动性的叙述,哪个是错误的?(　　)。
A. 膜脂的流动性是由膜脂的脂肪酸组分和胆固醇含量决定的

B. 脂肪酸的不饱和程度越高,流动性越大

C. 胆固醇可调节膜脂的流动性

D. 脂肪酸链加长及胆固醇含量降低,流动性变大

E. 膜脂的流动性主要是指脂质分子的侧向运动

19. 1.0g 脂肪在体内完全氧化产生的能量为(　　)。

A. 4.1kJ　B. 9.0kJ　C. 16.7kJ　D. 37.6kJ　E. 75.2kJ

20. 钠钾的转运属于(　　)。

A. 单纯扩散　B. 易化扩散　C. 主动转运　D. 基团转运　E. 膜运动转运

(二) 多项选择题(下列各题均有四个备选项,其中两个或两个以上为正确选项,请将正确选项的代码填入括号内)

1. 下列有关脂质的叙述中,哪些是正确的?(　　)

A. 它们是细胞内的能源　B. 它们在水中的溶解度极低

C. 它们是膜的结构组分　D. 它们仅仅由碳、氢和氧组成

2. 下列物质中哪些是由 18 个碳原子组成的不饱和脂肪酸?(　　)

A. 油酸　B. 亚油酸　C. 亚麻酸　D. 花生四烯酸

3. 对哺乳动物而言,下列哪些化合物是必需脂肪酸?(　　)

A. 油酸　B. 亚油酸　C. 软脂酸　D. 亚麻酸

4. 甘油三酯和卵磷脂分子中共有的基团是(　　)。

A. 磷酰基　B. 脂酰基　C. 胆碱基　D. 甘油基

5. 卵磷脂和脑磷脂分子中共有的基团是(　　)。

A. 甘油基　B. 脂酰基　C. 磷酰基　D. 胆碱基

6. 下列有关胆固醇的叙述,哪些是正确的?(　　)

A. 是醇的一种

B. 李-伯(Liebermann-Burchard)二氏反应是其呈色反应中的一种

C. 不易溶解于水

D. 分子中含有羧基,是酸的一种

7. 使脂肪分子中的不饱和脂肪酸形成饱和状态,而不产生酸败现象的是(　　)。

A. 加氧　B. 加氢　C. 加水　D. 加碘

四、名词解释

1. 脂质(lipid)
2. 皂化值(saponification number)
3. 碘值(iodine number)
4. 酸值(acid number)
5. 乙酰值(acetyl number)
6. 脑苷脂(cerebroside)
7. 神经节苷脂(gangliosides)
8. 固醇(sterol)
9. 脂(质)双层(lipid bilayer)

10. 周边蛋白质(peripheral proteins)
11. 整合蛋白质(integral proteins)
12. 易化扩散(facilitated diffusion)
13. 主动转运(active transport)

五、问答题

1. 写出下列简写符号的脂肪酸结构式:(1)16∶0;(2)14∶3(7,10,13)。
2. 猪油的皂化价是193~203,碘价是54~70;椰子油的皂化价是246~265,碘价是8~10。这些数值说明猪油和椰子油的分子结构有什么差异?
3. 一个含有:(1)心磷脂;(2)磷脂酰甘油;(3)磷脂酰乙醇胺;(4)磷脂酰丝氨酸;(5)*O*-赖氨酰磷脂酰甘油的脂类混合物在pH7.0时进行电泳。指出这些化合物的移动方向(向阳极,向阴极或停在原处)。
4. 试述生物膜的两侧不对称性。
5. 膜脂分子的共同特征是它们具有两亲性质,试指出下列膜脂的亲水部分和疏水部分:(1)磷脂酰胆碱;(2)磷脂酰乙醇胺;(3)鞘磷脂;(4)脑苷脂;(5)神经节苷脂;(6)胆固醇。

六、计算题

1. 已知一软脂酰二硬脂酰甘油的相对分子质量为862,计算其皂化价。
2. 已知250mg纯橄榄油样品,完全皂化需要47.5mg的KOH。计算橄榄油中甘油三酯的平均相对分子质量。
3. 测得某甘油三酯的皂化价为200,碘价为60,求:(1)甘油三酯的平均相对分子质量;(2)甘油三酯分子中平均有多少个双键(KOH的相对分子质量为56,碘的相对原子质量为126.9)?
4. 已知680mg纯橄榄油吸收578mg碘,求:(1)橄榄油中每分子甘油三酯平均有多少个双键(橄榄油中甘油三酯的相对分子质量为884)?(2)该油的碘价是多少?
5. 奶油1.8g,加KOH乙醇溶液25ml皂化,皂化后用0.5mol/L HCl滴定剩余的碱,用去HCl(0.5mol/L)9.0ml。另做一空白试验,空白用去0.5mol/L HCl 23.5ml,算出奶油的皂化价,再算出它的平均相对分子质量。
6. 一分子三硬脂酰甘油、三油酰甘油和三亚油酰甘油相对分子质量分别为891、885和879,它们的碘价分别为多少?

提　高　题

一、填充题

1. 膜脂一般包括________、________和________,其中以________为主。
2. 膜蛋白按其与脂双层相互作用的不同可分为________与________两类。
3. 生物膜的流动性主要是由________、________和(或)________所决定的,并且受温度的影响。

4. 细胞膜的脂双层对________的通透性极低。
5. 脂质体是________。
6. 低密度脂蛋白的主要生理功能是________。
7. 乳糜微粒的主要生理功能是________。
8. 植物油在常温下一般多为液态，这是因为它们含有大量的________。
9. 生物膜的整合蛋白质（内在蛋白质）与膜结合主要通过________作用。
10. 磷脂酰肌醇-4,5-二磷酸经酶解生成两种细胞内信使，即________和________。
11. 大多数膜整合蛋白质跨膜结构的二级结构是________。
12. 高密度脂蛋白（HDL）对动脉粥样硬化有防护作用，是因为________。
13. 鞘磷脂和鞘糖脂统称________。
14. 橄榄油、黄油和牛油中含不饱和脂肪酸最多的是________。
15. 介导物质跨膜转运的膜蛋白可分为________和________两大类。

二、是非题

1. 质膜上糖蛋白的糖基都位于膜的外侧。
2. 细胞膜类似于球蛋白，有亲水的表面和疏水的内部。
3. 细胞膜的整合蛋白质通常比周边蛋白质疏水性强。
4. 缩短磷脂分子中脂肪酸的碳氢链可增加细胞膜的流动性。
5. 某细菌生长的最适温度是25℃，若把此细菌从25℃移到37℃的环境中，细菌细胞膜的流动性将增加。
6. 细胞膜上霍乱毒素的受体含有神经节苷脂。
7. 生物膜的脂双层基本结构在生物进化过程中一代一代传下去，但这与遗传信息无关。
8. 生物膜中的糖都与脂或蛋白质共价连接。
9. Na^+，K^+-ATP 酶主要存在于质膜上。
10. 真核细胞中，胞内 Na^+浓度比胞外低，胞内 K^+浓度比胞外高。
11. 脂溶性分子、疏水分子主要通过简单扩散通过细胞质膜。
12. 离子通过离子通道进出细胞时，不需要消耗能量。
13. 膜蛋白不溶于水，它们基本上不含 α 螺旋。
14. 胆固醇对膜的流动性起着双重调节作用，既可以提高膜的流动性，也可以降低膜的流动性。

三、选择题

（一）单项选择题（下列各题均有五个备选项，其中一个是正确的，请将其代码填入括号内）

1. 下列化合物中除哪个外都是神经节苷脂的组分？（　　）

   A. 甘油　B. 唾液酸　C. 己糖　D. 鞘氨醇　E. 长链脂肪酸

2. 以克计算，脂肪中的脂肪酸完全氧化所产生的能量比糖多，糖和脂肪完全氧化时最接近的能量比为（　　）。

   A. 1∶2　B. 1∶3　C. 1∶4　D. 2∶3　E. 3∶4

3. 质膜的标志酶是（　　）。

A. 琥珀酸脱氢酶　B. 触酶　C. 葡萄糖-6-磷酸酶
D. 5′-核苷酸酶　E. 酸性磷酸酶

4. 一些抗生素可作为离子载体,这意味着它们(　　)。
A. 直接干扰细菌细胞壁的合成
B. 对细胞膜有一个类似于去垢剂的作用
C. 增加了细胞膜对特殊离子的通透性
D. 抑制转录和翻译
E. 仅仅抑制翻译

5. 下列组成(按质量计)中的哪个最像典型的哺乳动物的质膜?(　　)

	脂质	蛋白质	糖类	RNA
A.	35%	45%	5%	10%
B.	35%	55%	5%	0%
C.	20%	75%	0%	0%
D.	60%	30%	0%	5%
E.	35%	40%	20%	0%

6. 在正常人血清总胆固醇中,酯型胆固醇应占多少?(　　)
A. 10%　B. 30%　C. 50%　D. 70%　E. 90%

7. 钠泵的作用是什么?(　　)
A. 将 Na^+输入细胞和将 K^+由细胞内输出
B. 将 Na^+输出细胞
C. 将 K^+输出细胞
D. 将 K^+输入细胞和将 Na^+由细胞内输出
E. 以上说法都不对

8. 脂双层是许多物质的通透屏障,能自由通透的极性物质是(　　)。
A. 相对分子质量在 50 以下　B. 相对分子质量在 100 以下
C. 所有的极性物质　D. 水
E. 葡萄糖-6-磷酸

9. 生物膜主要成分是脂与蛋白质,它们主要通过什么键相连?(　　)
A. 共价键　B. 二硫键　C. 氢键　D. 离子键　E. 疏水作用

10. 要将膜蛋白分子完整地从膜上溶解下来,可以用(　　)。
A. 蛋白水解酶　B. 透明质酸酶　C. 去垢剂
D. 糖苷水解酶　E. 脂肪酶

11. 生物膜在一般条件下都是呈现脂双层结构,但在某些生理条件下可能出现非脂双层结构,目前检测非脂双层结构的方法有(　　)。
A. 顺磁共振　B. 核磁共振　C. 分光光度法
D. 荧光法　E. 以上方法都可以

12. 主要由甘油三酯组成,并在肝脏中合成的是(　　)。
A. 乳糜微粒　B. 低密度脂蛋白　C. 中间密度脂蛋白
D. 极低密度脂蛋白　E. 高密度脂蛋白

13. 主要由甘油三酯组成,并在小肠上皮细胞中合成的是(　　)。
A. 乳糜微粒　B. 低密度脂蛋白　C. 中间密度脂蛋白
D. 极低密度脂蛋白　E. 高密度脂蛋白

14. 生物膜上各种脂质的共同结构特性是(　　)。
A. 都含磷酸　B. 都含脂肪酸　C. 含甘油醇或鞘氨醇
D. 非极性分子　E. 两亲分子

15. 生物膜脂双层的流动性主要取决于(　　)。
A. 糖脂　B. 磷脂　C. 胆固醇　D. 膜蛋白　E. 糖链

16. 破伤风毒素的细胞膜上受体是一种(　　)。
A. 糖脂　B. 磷脂　C. 胆固醇
D. 周边蛋白(质)　E. 整合蛋白(质)

17. 细胞凋亡时,从细胞内层转移到外层的磷脂是(　　)。
A. 磷脂酰胆碱　B. 磷脂酰乙醇胺　C. 磷脂酰丝氨酸
D. 磷脂酰肌醇　E. 心磷脂

18. 甘油糖脂和鞘糖脂结构上的区别是(　　)。
A. 前者含脂肪酸,后者不含脂肪酸　B. 前者含甘油醇,后者含鞘氨醇
C. 前者含唾液酸,后者不含唾液酸　D. 前者有极性头,后者无极性头
E. 前者主要存在于动物中,后者主要存在于植物中

19. 鞘磷脂分子中的极性头是(　　)。
A. 脂肪酸　B. 磷酰胆碱　C. 磷酸　D. 鞘氨醇　E. 胆碱

20. 脑苷脂在 pH7 时(　　)。
A. 带+1 电荷　B. 带-1 电荷　C. 带+2 电荷　D. 带-2 电荷　E. 不带电荷

21. 下列关于物质主动转运的叙述,正确的是(　　)。
A. 主动转运需要载体蛋白的协助
B. 主动转运需要通道蛋白的协助
C. 主动转运不需要载体蛋白或通道蛋白的协助就可以进行
D. 主动转运是顺代谢物或顺离子浓度梯度进行的
E. 主动转运所消耗的能量都来自代谢物分子中的高能键

（二）多项选择题(下列各题均有四个备选项,其中两个或两个以上为正确选项,请将正确选项的代码填入括号内)

1. 神经鞘磷脂和脑苷脂分子中共有的基团是(　　)。
A. 甘油基　B. 脂酰基　C. 磷酰基　D. 鞘氨醇

2. 饭后血中哪些物质的浓度会明显升高？(　　)
A. 游离脂肪酸　B. 中性脂肪　C. 胆固醇　D. 葡萄糖

3. 所有脂蛋白均含有(　　)。
A. 胆固醇　B. 磷脂　C. 甘油三酯　D. 载脂蛋白

4. 神经节苷脂分子中含有(　　)。
A. 糖苷键　B. 胆碱　C. 唾液酸　D. 神经酰胺

5. 下列有关 EPA 和 DHA 的叙述,正确的是(　　)。

A. EPA 是二十碳五烯酸　　B. EPA 是二十二碳五烯酸
C. DHA 是二十二碳六烯酸　　D. DHA 是二十四碳六烯酸

6. 下列关于古核细胞(古细菌)的叙述,正确的是(　　)。
A. 古核细胞的细胞壁不含肽聚糖
B. 古核细胞的细胞壁含有胞壁酸和 D-氨基酸
C. 古核细胞遗传信息的表达系统与原核细胞相似
D. 古核细胞与真核细胞相似,DNA 中有重复序列

四、名词解释

1. 鞘磷脂(sphingomyelin)
2. 鞘糖脂(glycosphingolipid)
3. 两亲化合物(amphipathic compound 或 amphiphilic compound)
4. 流动镶嵌模型(fluid mosaic model)

五、问答题

1. 1-软脂酰-2-硬脂酰-3-月桂酰甘油与磷脂酸的混合物在苯中与等体积的水震荡,让两相分开后,哪种脂质在水相中的浓度高?为什么?
2. 1mol 某种磷脂完全水解可得油酸、软脂酸、磷酸、甘油和胆碱各 1mol。(1)写出这种磷脂最可能的结构式。(2)是甘油醇磷脂还是鞘氨醇磷脂?(3)是卵磷脂还是脑磷脂。
3. 人红细胞(RBC)膜的主要糖蛋白是血型糖蛋白,血型糖蛋白具有下列性质:①它的相对分子质量是 50 000(60%糖,40%蛋白质);②它是一个整合蛋白质;③用 CNBr 处理得 5 个片段,其中 3 个片段含有糖基如图 2-1 所示;④血型糖蛋白的糖中 25%是唾液酸,唾液酸苷酶可把这些唾液酸水解掉;⑤乳酸过氧化物酶能够将碘标记到暴露的酪氨酸残基上。用乳酸过氧化物酶来处理完整的 RBC,然后用 CNBr 裂解,裂解片段 CB-1、CB-2、CB-3 被标记上,用乳酸过氧化物酶来处理破裂的 RBC,CNBr 裂解片段 CB-1、CB-2、CB-3 和 CB-5 被标记上。

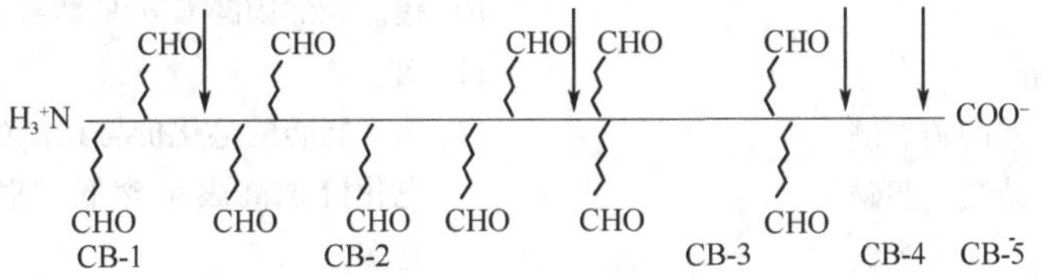

图 2-1　血型糖蛋白
～CHO 表示附着的糖基,箭头表示 CNBr 的裂解点

问:(1) 为什么仅仅用乳酸过氧化物酶处理破裂的 RBC 时,CB-5 片段才被碘标记上?
(2) 为什么用乳酸过氧化物酶处理完整和破裂的 RBC 时,CB-4 片段都未能被碘标记上(假设它有酪氨酸残基)?
(3) 关于 CB-4 片段的氨基酸组成,你能预言些什么?
(4) 画出 RBC 膜上血型糖蛋白的定位图。

4. 茚三酮与氨基酸或氨基化合物作用后可生成一种蓝紫色产物。大鼠肝脏的磷脂用薄层层析等方法分离后，用茚三酮显色，可检测哪些磷脂？
5. 人被毒蛇咬后，可致命，为什么？

六、计算题

1. 从某植物种子中提取到 1g 油脂，等分为 2 份，分别用于测定该油脂的皂化值和碘值。测皂化值的 1 份样品消耗 KOH 65mg，测碘值的 1 份样品消耗 I_2 510mg。试计算该油脂的平均相对分子质量和碘值。
2. 从鳄梨中提取出一种甘油三酯的样品 5g，需要 0.5mol/L KOH 36.0ml 才能完全水解并将其脂肪酸转变为肥皂。试计算样品中脂肪酸的平均链长。
3. 大多数动物细胞膜（按质量计）含 60% 的蛋白质和 40% 的磷脂。(1) 假定蛋白质的密度为 1.33g/cm^3，而磷脂密度为 0.92g/cm^3，试计算膜的平均密度；(2) 若将一个膜物质的样品放在密度为 1.05g/cm^3 的 NaCl 溶液中离心，它将下沉还是上浮？

答　　案

基　础　题

一、填充题

1. 脂肪酸　醇（包括甘油醇、鞘氨醇、高级一元醇和固醇）
2. 不溶于水而溶于脂溶剂　由脂肪酸和醇所组成的酯类及其衍生物　能被生物体所利用，作为构造组织、修补组织或供给能量之用
3. 环戊烷多氢菲
4. 脂质　蛋白质
5. 6~10nm
6. 7530/37.66 = 200
7. 磷酰胆碱　脂肪酸的碳氢链
8. 甘油　脂肪酸　磷酸　胆碱
9. 鞘氨醇　脂肪酸　D-半乳糖
10. 鞘氨醇　脂肪酸　糖　唾液酸

二、是非题

1. 错。自然界中常见的不饱和脂酸一般是顺式的。
2. 错。磷脂不是中性脂，中性脂通常是指甘油三酯，因其分子中的酸性基结合掉了，所以是中性的，称为中性脂。
3. 对。
4. 错。不同种属来源的细胞可以互相融合是因为膜结构的共性和疏水作用的非特异性，而不是因为所有的膜都有相同的组分。
5. 对。
6. 对。
7. 错。细胞膜主动转运所需的能量来源，有的是依靠 ATP 的高能磷酸键，有的是依靠呼吸链的氧化还原作用，有的则依靠代谢物（底物）分子中的高能键。
8. 对。
9. 对。
10. 错。天然固醇 C_3 处的醇羟基是 β-型。
11. 对。
12. 错。脂肪的皂化价与其相对分子质量成反比，皂化价越高表示含低相对分子质量的脂酸越多。
13. 对。
14. 错。胆固醇的化学本质是醇，分子中无脂肪酸。
15. 对。
16. 对。
17. 错。胆固醇分子中的 C-5 与 C-6 间有一个双键。
18. 对。
19. 对。

20. 对。

三、选择题

（一）单项选择题

1. (B)甘油三酯中的三个脂酰基可以相同，也可以不同。前者称为甘油三单酯，后者称为甘油三杂酯。自然界的甘油三酯多为甘油三杂酯的混合物。
2. (B)天然脂肪中的脂肪酸通常是偶数碳原子的直链脂肪酸，链长一般为12~22个碳原子。脂肪酸可以是饱和的，也可以是不饱和的，不饱和脂肪酸的双键一般是顺式的。
3. (C)脂肪的碱水解称为皂化，因为碱水解时产生皂（高级脂肪酸的金属盐）和甘油。
4. (E)石蜡是烷烃，不属脂质。
5. (B)脂肪酸是指C_4~C_{34}的一元羧酸。亚麻酸是含三个双键的不饱和脂肪酸。顺丁烯二酸、苹果酸、琥珀酸是二羧基酸，柠檬酸是三羧基酸。
6. (C)鞘氨醇磷脂不含甘油基。胆固醇分子中没有脂酰基。胆固醇酯是胆固醇脂酸酯，水解后生成胆固醇和脂肪酸。碳氢链是疏水的，碳氢链越长越难溶于水。
7. (E)神经鞘磷脂是由鞘氨醇（神经醇）、脂肪酸、磷酸和胆碱组成。
8. (C)神经节苷脂是糖脂，它是具有脂类溶解性质的含糖脂质。
9. (C)胆固醇可转变成性激素和肾上腺皮质激素。
10. (B)乳糜微粒是富含甘油三酯的转运颗粒，VLDL是含甘油三酯和胆固醇的颗粒，在肝脏中合成。VLDL中甘油三酯的脱脂作用导致形成中间密度脂蛋白（IDL），最后变成富含胆固醇的小颗粒LDL。下表总结了这些血浆脂蛋白的特性。

类别	平均密度/（g/cm³）	甘油三酯/%	胆固醇（和酯）/%
乳糜微粒	0.92	85	7
VLDL	0.97	55	20
IDL	介于中间	介于中间	介于中间
LDL	1.03	10	45

11. (D)
12. (B)卵磷脂又称磷脂酰胆碱，它由甘油、脂肪酸、磷酸和胆碱组成。
13. (D)棕榈酸也称软脂酸，是十六碳饱和脂肪酸，本题中的其他脂肪酸都是不饱和脂肪酸。
14. (A)磷脂酰丝氨酸在pH7时，分子中磷酸基团带一个负电荷，丝氨酸的羧基带一个负电荷，氨基带一个正电荷，所以pH7时所带净电荷为-1。
15. (C)主动转运需要加入能量，所需的能量来源有的是依靠ATP的高能磷酸键，有的是依靠呼吸链的氧化还原作用，有的则依靠代谢物（底物）分子中的高能键。
16. (E)高密度脂蛋白（high density lipoprotein，HDL）所含的蛋白质和脂质的质量比大约相等，其脂质主要为磷脂，其次为胆固醇酯。HDL主要逆向转运胆固醇，将内源性胆固醇从组织转运到肝脏，因而作为净化剂避免胆固醇在血管中过多聚集和沉积。
17. (B)低密度脂蛋白（low density lipoprotein，LDL）大约含25%蛋白质和75%脂质，脂质中主要为胆固醇和胆固醇脂。LDL主要转运内源性胆固醇，将内源性胆固醇从肝脏转运到组织。
18. (D)膜脂的流动性主要指脂质分子的侧向运动，它在很大程度上由脂质分子本身的性质决定的，一般来说，脂肪酸链越短，不饱和程度越高，膜脂的流动性越大。在动物细胞中，胆固醇对膜的流动性也起着重要的调节作用。胆固醇分子既有与磷脂分子相结合限制其运动的作用，也有将磷脂分子隔开使其更易流动的作用。最终效应取决于上述两种作用的综合效果。多数情况下，胆固醇的作用是防止膜脂由液相变为固相以保证膜脂处于流动状态。
19. (D)1.0g脂肪在体内完全氧化可产生9kcal的能量，1cal=4.18J，故1.0g脂肪在体内完全氧化可产生37.6kJ的能量。
20. (C)单纯扩散（也称简单扩散）和易化扩散是不耗能转运，也称被动转运。主动转运是物质逆浓度梯度，由载体蛋白介导的一种需能的跨膜转运。主动转运又有好几种，钠钾的转运属于主动转运中的依靠ATP的转运，由ATP提供能量。基团转运是指依靠磷酸烯醇式丙酮酸（PEP）高能键的转运。

（二）多项选择题

1. (A、B、C)脂质是指在水中溶解度极低而能溶于脂溶剂的一类化合物。分子中除碳、氢和氧外，还可能含氮和磷。脂质是细胞内的能源,也是构成生物膜的重要物质。

2. (A、B、C)油酸是十八碳一烯酸,亚油酸是十八碳二烯酸,亚麻酸是十八碳三烯酸,花生四烯酸由 20 个碳原子组成,并具有 4 个不饱和双键。

3. (B、D)哺乳动物不能合成亚油酸和亚麻酸,所以它们是哺乳动物的必需脂肪酸。

4. (B、D)卵磷脂和甘油三酯结构上不同的地方是后者分子中的一个脂酰基被磷酰胆碱基所代替。

5. (A、B、C)脑磷脂并非单纯物质,至少有两种以上。已知的有磷脂酰乙醇胺和磷脂酰丝氨酸。它们的结构与卵磷脂相似,只是分别以乙醇胺或丝氨酸代替胆碱。

6. (A、B、C)胆固醇 C-3 位上有一个—OH 基,所以是醇,有李-伯(Liebermann-Burchard)二氏反应。胆固醇分子中没有羧基、硫酸基和氨基等亲水基因,所以不易溶于水。

7. (B、D)天然油脂暴露在空气中经相当时间后即败坏而发生臭味,这种现象称为酸败。酸败的原因有二:①脂质因较长期经光和热或微生物的作用而被水解,放出自由脂肪酸,低分子脂肪酸即有臭味;②因空气中的氧使不饱和脂肪酸氧化,产生的醛和酮,也有臭味,故陈腐脂质酸败的原因,大概不外乎水解与氧化。为了防止酸败,可以将不饱和脂肪的不饱和脂肪酸与氢或卤素中的溴、碘起加成作用,使其呈饱和状态,常用的方法是加氢使之氢化或加碘使之碘化。

四、名词解释

1. 脂质(lipid):也称脂类。它是由脂肪酸(C_4以上)和醇(包括甘油醇、鞘氨醇、高级一元醇和固醇)等所组成的酯类及其衍生物。一般不溶于水而溶于脂溶剂,如乙醚、丙酮及氯仿等。

2. 皂化值(saponification number):也称皂化价,是皂化 1g 脂肪所需的 KOH 的毫克数,它与脂肪(或脂肪酸)的相对分子质量成反比。

3. 碘值(iodine number):也称碘价,是 100g 脂质样品所吸收的碘的克数,通常用它来表示油脂中脂肪酸的不饱和程度。

4. 酸值(acid number):也称酸价,是中和 1g 脂质的游离脂酸所需的 KOH 毫克数,它表示酸败程度的大小。

5. 乙酰值(acetyl number):也称乙酰价,是中和由 1g 乙酰脂经皂化释出的乙酸所需的 KOH 毫克数。由乙酰值的大小,即可推知样品中所含羟基的多少。

6. 脑苷脂(cerebroside):由神经酰胺和半乳糖(或葡萄糖)组成,糖链与神经酰胺 C-1 上的羟基以糖苷键相连,最初从脑组织提取到,故称为脑苷脂。

7. 神经节苷脂(gangliosides):由神经酰胺和至少含有一个唾液酸残基的寡糖组成,寡糖链与神经酰胺 C-1 上的羟基以糖苷键相连,主要存在于大脑灰质和神经节细胞。

8. 固醇(sterol):固醇是环戊烷多氢菲的衍生物,是由 4 个环组成的一元醇。

9. 脂(质)双层(lipid bilayer):由两亲性的脂质分子排列成双层膜,是形成生物膜的基本结构。脂质分子非极性的烃链尾部向内,极性头部向外。

10. 周边蛋白质(peripheral proteins):也称外周蛋白质或外在蛋白质。以弱键(静电作用和离子键作用等)疏松地与膜脂双层内表面结合的蛋白质,易溶于水,易于分离,如改变介质的离子强度或改变 pH 等就可以将周边蛋白质从膜上分离下来。

11. 整合蛋白质(integral proteins):也称内在蛋白质。通过疏水作用和非键合分子力(范德瓦耳斯力)同膜脂双层紧密结合的蛋白质,不溶于水,也不容易从膜上溶解下来,只有经过剧烈的化学处理,如用表面活性剂和有机溶剂处理,才能从膜上分离出来。

12. 易化扩散(facilitated diffusion):也称促进扩散,物质从高浓度到低浓度由载体蛋白(即转运蛋白)介导的跨膜扩散,是自然发生的,不需要加入能量,是一种被动转运。

13. 主动转运(active transport):物质从低浓度到高浓度(逆浓度梯度)由载体蛋白介导的一种需能的跨膜转运。

五、问答题

1. (1) $CH_3(CH_2)_{14}COOH$

(2) $CH_2{=}CHCH_2CH{=}CHCH_2CH{=}CH(CH_2)_5COOH$

2. 皂化价与脂肪(或脂肪酸)的平均相对分子质量成反比,而碘价是表示脂肪的不饱和程度。

猪油的皂化价小于椰子油，说明猪油的相对分子质量比椰子油大，即猪油的脂肪酸具有较长的碳链。猪油的碘价大于椰子油，说明猪油的不饱和程度大于椰子油，即猪油的脂肪酸具有较多的双键。

3. pH7.0 时这些化合物的带电情况和电泳时的移动方向如下（为简化起见，仅写出这些化合物的极性部分，磷酸残基的开链接在 1,2-二酰基甘油的 3 位上）：

（1）心磷脂

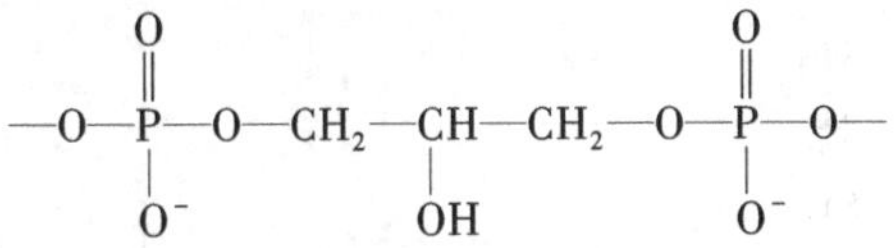

在 pH7.0 时带负电荷，向阳极移动。

（2）磷脂酰甘油：

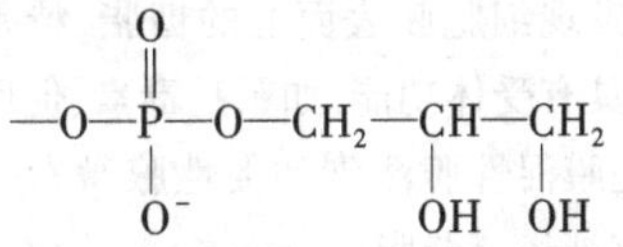

在 pH7.0 时带负电荷，向阳极移动。

（3）磷脂酰乙醇胺：

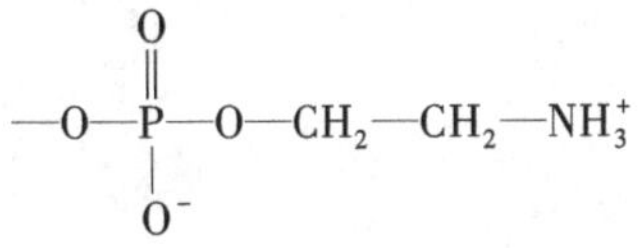

在 pH7.0 时不带电荷，停在原处。

（4）磷脂酰丝氨酸：

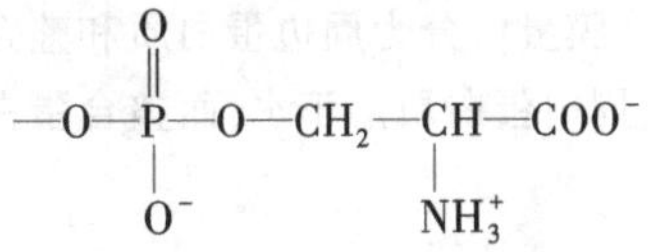

在 pH7.0 时带负电荷，向阳极移动。

（5）*O*-赖氨酰磷脂酰甘油：

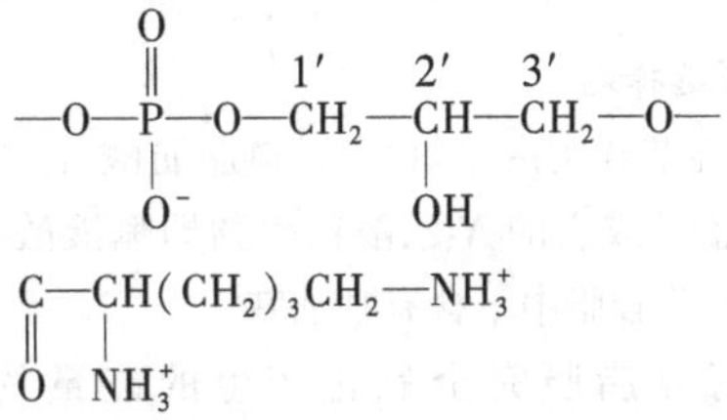

在 pH7.0 时带正电荷，向阴极移动。

4. 生物膜的两侧不对称性表现在以下几个方面：①磷脂组分在膜的两侧分布是不对称的；②膜上的糖基（糖蛋白或糖脂）在膜上分布不对称，在哺乳动物质膜都位于膜的外表面；③膜蛋白在膜上有明确的拓扑学排列；④酶分布的不对称性；⑤受体分布的不对称性。膜的两侧不对称性保证了膜的方向性功能。

5. 膜脂的亲水部分和疏水部分情况如下。

膜脂	亲水部分	疏水部分
磷脂酰胆碱	磷酰胆碱	2 个脂肪酸的碳氢链
磷脂酰乙醇胺	磷酰乙醇胺	2 个脂肪酸的碳氢链
鞘磷脂	磷酰胆碱	1 个脂肪酸和鞘氨醇的碳氢链
脑苷脂	D-半乳糖	1 个脂肪酸和鞘氨醇的碳氢链
神经节苷脂	几个糖分子的糖链	1 个脂肪酸和鞘氨醇的碳氢链
胆固醇	醇羟基	碳链骨架

六、计算题

1. 皂化价是皂化 1.0g 甘油三酯所需 KOH 的毫克数，根据：

$$M_r(\text{相对分子质量}) = \frac{3\times56\times1000}{\text{皂化价}}$$

$$\text{皂化价} = \frac{3\times56\times1000}{\text{相对分子质量}} = \frac{3\times56\times1000}{862} = 194.9(\text{mg/g})$$

2. 因为 $M_{r\text{平均}} = \dfrac{3\times56\times1000}{\text{皂化价}}$

要计算平均相对分子质量首先要求算出皂化价，橄榄油皂化价为：

$$\frac{47.5}{0.250} = 190(\text{mg/g})$$

$$M_{r\text{平均}} = \frac{3\times56\times1000}{\text{皂化价}} = \frac{3\times56\times1000}{190} = 884$$

3. (1) $M_r = \dfrac{3\times56\times1000}{200} = 840$

(2) $\text{双键数} = \dfrac{840\times60}{100\times126.9\times2} = 1.99\approx2$

即平均每分子甘油三酯有两个双键。

4. (1) 要计算每分子甘油三酯平均有多少个双键就要计算每摩尔油吸收多少摩尔 I_2，每摩尔 I_2 加到一个双键上。

$$\frac{0.578I_2}{0.680\text{g 油}} = \frac{I_2\text{ 的质量(g)}}{884\text{g 油}}$$

$$\text{吸收的 } I_2 \text{ 的质量} = \frac{884\times0.578}{0.680} = 751.4(\text{g})$$

I_2的相对分子质量 = 2×126.9 = 253.8

$$\frac{751.4}{253.8}=2.96$$

因此平均每分子甘油三酯有三个双键。

(2) 碘价是100g脂肪所吸收的碘的克数：

$$碘价=\frac{751.4}{884}\times 100=85(g)$$

5. 皂化1.8g奶油用去KOH的毫摩尔数为：

$$0.5\times(23.5-9.0)=72.5$$

因为KOH相对分子质量为56，所以用去KOH的毫克数为：

$$56\times 7.25=406$$

皂化价是皂化价1g脂肪所需KOH的毫克数。

$$奶油的皂化价=\frac{406}{1.8}=225.6(mg/g)$$

$$M_{r平均}=\frac{3\times 56\times 1000}{皂化价}=\frac{3\times 56\times 1000}{225.6}=744.7$$

6. 碘价是指100g脂肪所吸收的碘的克数。三硬脂酰甘油分子中的硬脂酸是十八酸，是饱和脂肪酸，不吸收碘，所以碘价为零。三油酰甘油分子中有3个双键(一个脂肪酸中一个双键)，1分子三油酰甘油可和3分子碘起加成反应。

I_2的相对分子质量为：126.9×2 = 253.8

所以，三油酰甘油的碘价为：$\frac{253.8\times 3}{885}\times 100=86$

三亚油酰甘油分子中有6个双键(一个脂肪酸中2个双键)，所以1分子三亚油酰基甘油和6分子碘起加成反应。

所以，三亚油酰甘油的碘价为：$\frac{253.8\times 6}{879}\times 100=173$

提　高　题

一、填充题

1. 磷脂　糖脂　胆固醇　磷脂
2. 周边蛋白质(也称外周蛋白质，或外在蛋白质，或表在蛋白质)　整合蛋白质(也称内在蛋白质，或固有蛋白质)
3. 脂肪酸碳链的长短　脂肪酸不饱和度　胆固醇含量
4. 离子和大多数极性分子
5. 双层脂包围了一些水溶液的小滴，呈球形
6. 转运胆固醇及磷脂
7. 转运外源性脂肪
8. 不饱和脂肪酸
9. 疏水
10. 二酰甘油(DAG)　肌醇-1,4,5-三磷酸(IP_3)
11. α螺旋
12. HDL能清除过量的胆固醇
13. 鞘脂
14. 橄榄油
15. 通道蛋白　载体蛋白

二、是非题

1. 对。
2. 对。
3. 对。
4. 对。
5. 对。
6. 对。近年来发现细胞膜表面上的糖脂，特别是神经节苷脂具有受体功能，如霍乱毒素、促甲状腺素、人绒毛膜促性腺激素和促性腺激素等的受体，均含有神经节苷脂。
7. 对。
8. 对。
9. 对。
10. 对。
11. 对。
12. 对。
13. 错。已发现的膜蛋白都是球状蛋白质，都有α螺旋结构。膜蛋白分为周边蛋白质和整合蛋白质两类，周边蛋白质溶于水，而整合蛋白质不溶于水。
14. 对。

三、选择题

(一)单项选择题

1. (A)神经节苷脂由鞘氨醇、长链脂肪酸、己糖和神经氨酸(或它的*N*-乙酰衍生物即唾液酸)组成，神经节苷脂中不含有甘油基。
2. (A)每克脂肪完全氧化产生的能量约为37.66kJ，每克糖或蛋白质完全氧化产生的能量约为16.74kJ。所以脂肪完全氧化产生的能量是糖的两倍多。
3. (D)质膜的标志酶是5′-核苷酸酶。琥珀酸脱氢酶是线粒体内膜的标志酶；触酶即过氧化氢

酶,是过氧化物酶体的标志酶;葡萄糖-6-磷酸酶是内质网的标志酶;酸性磷酸酶是溶酶体的标志酶。

4. (C)离子载体增加了膜对特殊离子的通透性。离子载体形成了一个具有疏水外围的环,这环“溶解”在膜里。另外,离子载体还含有一个有羧基的亲水内部,使特殊的无机阳离子通过。

5. (B)虽然所有的质膜含有脂质、蛋白质和糖类,但它们的比例在很大范围内变化。例如,鞘膜(按质量计)大约含脂质 75%,蛋白质 20%和糖类 5%,而红细胞质膜由 43%脂质,49%蛋白质和 8%糖类组成。通常肝细胞质膜被认为是质膜的典型例子,它大约含脂质 39%,蛋白质 54%和糖类 7%。分离得到的哺乳动物质膜的 RNA(按质量计通常少于 0.1%)被认为是污染的结果。

6. (D)

7. (D)钠泵的作用是将 K^+输入细胞,而将 Na^+由细胞内输出,使细跑内外建立一个浓度梯度。钠泵的能源是 ATP。

8. (D)脂双层对水和中性非极性分子是可通透的,对中性极性分子通透性则差得多,而对荷电的分子几乎是不通透的。

9. (E)

10. (C)膜蛋白分为周边蛋白质和整合蛋白质,周边蛋白质是以弱键疏松地与质膜双层内表面结合的蛋白质,易溶于水,易被化学处理破坏,如改变介质的离子强度、加入温和螯合剂或改变 pH 等,都会使周边蛋白质从膜上分离下来。整合蛋白质与膜脂双层紧密结合,不溶于水,也不容易从膜上溶解下来,只有经较剧烈的化学处理,如用表面活性剂(如去垢剂)和有机溶剂处理,才能从膜上分离出来。

11. (B)

12. (D)极低密度脂蛋白(very low density lipoprotein,VLDL)含 8%~12%蛋白质和 91%脂质,脂质中主要为甘油三酯,VLDL 在肝细胞的内质网中合成。VLDL 主要转运内源性甘油三酯,将内源性甘油三酯从肝脏转运到组织。

13. (A)乳糜微粒(chylomicron,CM)大约含 2%蛋白质和 98%脂质,脂质中主要为甘油三酯,CM 在小肠上皮细胞中合成。CM 主要转运外源性甘油三酯,将外源性甘油三酯从肠道转运到组织。

14. (E)生物膜上的脂质统称为膜脂(membrane lipid),膜脂主要包括磷脂、糖脂和胆固醇三种类型,其中磷脂占主要地位。膜脂分子都有亲水性的极性端和疏水性的非极性端,称为两亲分子(amphipathic molecule)。磷脂分子的极性端是指磷酰胆碱、磷酰乙醇胺等,非极性端是指脂肪酸分子的碳氢链。糖脂分子中的极性端是指糖链,非极性端是指脂肪酸分子的碳氢链。胆固醇分子中的极性端是指醇羟基,非极性端是指类固醇环和一个非极性的碳氢链。

15. (B)

16. (A)

17. (C)

18. (B)

19. (B)

20. (E)

21. (A)主动转运需要载体蛋白的协助,是逆代谢物或逆离子浓度梯度进行的,是需能过程,有多种不同的能量来源,如有的是依靠 ATP 的高能磷酸键,有的是依靠呼吸链的氧化还原作用,有的则依靠代谢物(底物)分子中的高能键。

（二）多项选择题

1. (B、D)神经鞘磷脂和脑苷脂结构很相似,它们都有一个鞘氨醇,鞘氨醇的氨基上有一个脂酰基,不同点在于鞘氨醇的一个一级醇基上连的基团不同,前者连的是磷酰胆碱基,后者连的是糖基。

2. (B、D)进食后血中葡萄糖和中性脂肪升高,游离脂肪酸减少。一次饮食对血中胆固醇不会引起多大波动。

3. (A、B、C、D)脂蛋白是脂质同蛋白质以次级键结合而成的化合物。脂蛋白的蛋白质部分称为脱辅基蛋白,又称载脂蛋白。其脂质部分一般是甘油三酯、磷脂、胆固醇或这些的混合物。

4. (A、C、D)神经节苷脂是由至少含一个唾液酸(*N*-乙酰神经氨酸)的寡糖链与神经酰胺通过糖苷键连接而成。

5. (A、C)

6. (A、D)古核细胞的细胞壁不含肽聚糖,并缺乏胞壁酸和 D-氨基酸。古核细胞与真核细胞相似,DNA 中有重复序列,遗传信息的传递和表达也与真核细胞相似。

四、名词解释

1. 鞘磷脂(sphingomyelin):由鞘氨醇、脂肪酸和磷酰胆碱(少数是磷酰乙醇胺)组成,主要存在于神经的髓鞘中。
2. 鞘糖脂(glycosphingolipid):单糖或寡糖的糖链与神经酰胺 C-1 上的羟基以糖苷键相连而形成的化合物,主要包括脑苷脂和神经节苷脂。
3. 两亲化合物(amphipathic compound 或 amphiphilic compound):同一分子含极性端和非极性端的化合物。
4. 流动镶嵌模型(fluid mosaic model):一种生物膜模型。在脂质双层内外镶嵌着蛋白质分子,有的蛋白质只附着在脂质双层的内表面,有的深埋在脂质双层中或贯穿脂质双层,糖蛋白和糖脂的糖基支链一般伸出脂质双层的外表面。膜具有不对称性和一定的流动性,膜的不对称性主要是指膜蛋白、膜脂和膜糖在质膜上的分布是不对称的;膜的流动性主要是指膜蛋白和膜脂均可侧向运动。

五、问答题

1. 磷脂酸在水相中的浓度高。因为磷脂酸分子中有极性端和非极性端,是两亲化合物(amphipathic compound),而且在水中形成稳定的微团。而三酰基甘油分子中没有极性端,不能形成微团。
2. (1)因为磷脂分子中 α-位的脂肪酸通常是饱和的,β-位的脂肪酸通常是不饱和的,所以这一磷脂最可能的结构式为:

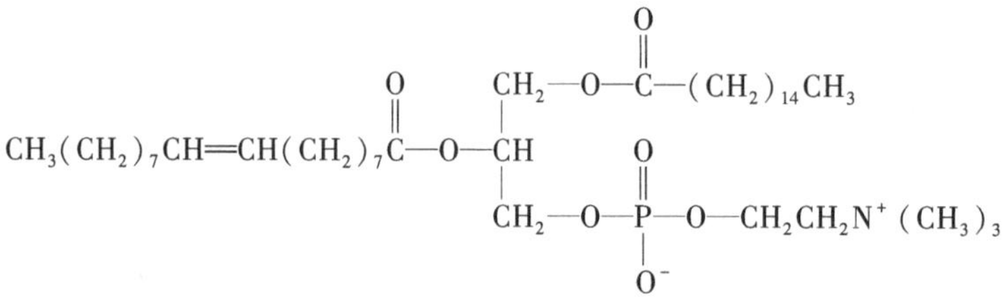

(2) 是甘油醇磷脂,因为水解后得到甘油。

(3) 是卵磷脂,因为水解后得到胆碱。

3. (1)完整的红细胞(RBC),CB-5 未能标记上是因为它在膜的内表面,乳酸过氧化物酶并不能通过膜进入膜的内侧。破裂的 RBC,CB-5 能被标记上,是因为乳酸过氧化物酶能通过膜上破裂的洞进入膜的内侧。

(2)因为 CB-4 在膜的脂双层之中,未能与乳酸过氧化物酶接触。

(3)因为 CB-4 处在疏水环境中,所以疏水氨基酸残基的比例必定高。

(4)如图 2-2 所示。

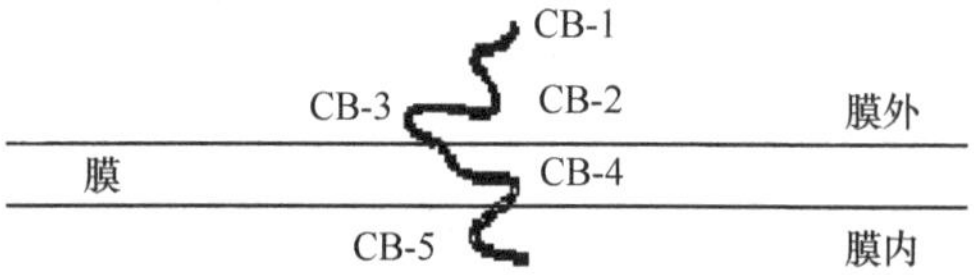

图 2-2　红细胞膜上血型糖蛋白定位图

4. 磷脂酰乙醇胺、磷脂酰丝氨酸和乙醇胺缩醛磷脂。
5. 因为蛇毒中含有磷脂酶 A_2,它使甘油醇磷脂水解,将 C-2 上的脂肪酸释放,产生大量溶血甘油醇磷脂,溶血甘油醇磷脂作为两亲分子引起红细胞膜的破裂,大范围的溶血会威胁到生命。另外蛇毒中含有神经毒蛋白,导致神经麻痹,危及生命。

六、计算题

1. (1)皂化值 $=\dfrac{65}{0.5}=130$

油脂的平均相对分子质量 $=\dfrac{3\times56\times100}{\text{皂化值}}$

$=\dfrac{16\ 800}{130}=1292$

(2)碘值 $=\dfrac{0.51\times100}{0.5}=102$

2. 首先要算出甘油三酯的皂化价,然后算出其相对分子质量,最后计算其脂肪酸的平均链长。皂化甘油三酯样品 5g 所需 KOH 的毫克数为:

$\dfrac{56}{2}\times36=1008$(其中 56 为 KOH 的相对分子质量)

甘油三酯皂化价为：

$$1008/5=201.6(\mathrm{mg/g})$$

$$M_{r平均}=\frac{3\times56\times1000}{201.6}=833.3$$

假定甘油三酯中的三个脂肪酸相同，且全是饱和的，结构式如下：

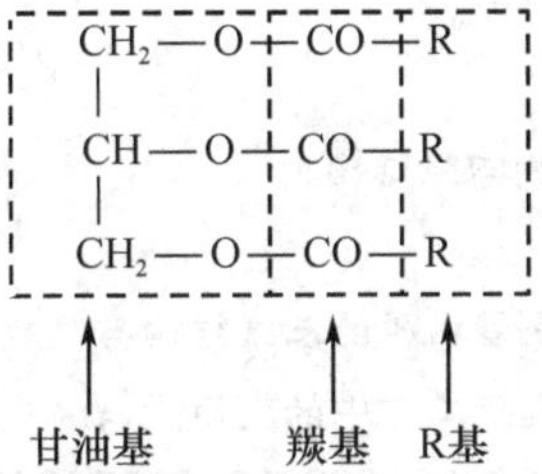

甘油基的相对分子质量 = 30×2+29 = 89

羰基的相对分子质量 = 28×3 = 84

R 基的相对分子质量 = 832−89−84 = 659

每一脂肪酸平均含的碳原子数为：

$$\frac{660}{3}\div14+1=15.7+1\approx16.7$$

所以每一脂肪酸平均约含 16.7 个碳原子。

3. (1)若 100g 膜则含 60g 蛋白质，40g 磷脂。

60g 蛋白质所占的体积为：$\frac{60}{1.33}=45.11(\mathrm{cm^3})$

40g 磷脂所占的体积为：$\frac{40}{0.90}=43.48(\mathrm{cm^3})$

100g 膜所占体积为：45.11+43.48 = 88.59($\mathrm{cm^3}$)

所以，膜的平均密度 = $\frac{100}{88.59}=1.13(\mathrm{g/cm^3})$

(2)它将下沉。

第三章　蛋白质化学

学习指导

1. 掌握20种常见氨基酸的结构和简写符号。
2. 掌握氨基酸、肽和蛋白质的理化性质。
3. 理解蛋白质的结构(一级、二级、三级和四级结构)。
4. 了解蛋白质一级结构的测定方法。
5. 掌握蛋白质结构与功能的关系,特别是蛋白质的三维结构与功能的关系。
6. 熟悉蛋白质的分离、纯化和鉴定及在实际工作中的应用。

基　础　题

一、填充题

1. 氨基酸的结构通式为________。
2. 组成蛋白质分子的碱性氨基酸有________、________和________。酸性氨基酸有________和________。
3. 在下列空格中填入合适的氨基酸名称。
   (1) ________是带芳香族侧链的极性氨基酸。
   (2) ________和________是带芳香族侧链的非极性氨基酸。
   (3) ________是含硫的极性氨基酸。
   (4) ________或________是相对分子质量小且不含硫的氨基酸,在一个肽链折叠的蛋白质中它能形成内部氢键。
   (5) 在一些酶的活性中心中起作用并含羟基的极性较小的氨基酸是________。
4. 氨基酸的等电点(pI)是指________。
5. 在生理条件下(pH7.0左右),蛋白质分子中的________侧链和________侧链几乎完全带正电荷,但是________侧链则带部分正电荷。
6. Henderson-Hasselbalch 方程为________。
7. 氨基酸在等电点时,主要以________离子形式存在,在 $\mathrm{pH}>\mathrm{p}I$ 的溶液中,大部分以________离子形式存在,在 $\mathrm{pH}<\mathrm{p}I$ 的溶液中,大部分以________离子形式存在。
8. 测定一个小肽的氨基酸序列,常用的试剂是________。
9. 镰状细胞贫血患者血红蛋白(HbS)的β链与正常人血红蛋白(HbA)的β链有一个氨基酸残基的差别,即 HbA 中的________被________置换。
10. 到目前为止,自然界已发现由遗传密码直接决定的蛋白质氨基酸有________种。
11. 范斯莱克(Van Slyke)法测定氨基氮主要利用________与________作用生成________。
12. 实验室常用的甲醛滴定是利用氨基酸的氨基与中性甲醛反应,然后用碱(NaOH)来滴定________上放出的________。

13. 通常可用紫外分光光度法测定蛋白质的含量,这是因为蛋白质分子中的________、________和________三种氨基酸的共轭双键有紫外线吸收能力。
14. 寡肽通常是指由________个到________个氨基酸组成的肽。
15. 肽链的形式有________、________和________三种,其中以________最常见。
16. 人工合肽时常用的氨基保护基有________、________、________和________。
17. 人工合肽时常用的缩合剂有________。
18. 在糖蛋白中,糖可与蛋白质的________、________、________或________残基以 *O*-糖苷键相连,或与________残基以 *N*-糖苷键相连。
19. 蛋白质之所以出现各种内容丰富的构象是因为________键和________键能有不同程度的转动。
20. 在蛋白质分子中相邻氨基酸残基的 β-碳原子如具有侧链会使 α 螺旋不稳定。因此当________、________和________三种氨基酸相邻时,会破坏 α 螺旋。
21. Pauling 等提出的蛋白质 α 螺旋模型,每圈螺旋包含________个氨基酸残基,高度为________。每个氨基酸残基沿轴上升________,并沿轴旋转________度。
22. 胶原蛋白是由________股肽链组成的超螺旋结构,并含有稀有的________与________残基。
23. 一般来说,球状蛋白质的________性氨基酸侧链位于分子内部,________性氨基酸侧链位于分子表面。
24. 维持蛋白质构象的化学键有________、________、________、________、________和________。
25. DEAE-纤维素是一种________交换剂,CM-纤维素是一种________交换剂。
26. 测定蛋白质浓度的方法主要有________、________、________、________和________。
27. 抗体就是________球蛋白。
28. 利用蛋白质不能通过半透膜的特性,使它和其他小分子物质分开的方法有________和________。
29. 利用分配层析的原理进行氨基酸分析,常用的方法有________、________、________和________等。
30. 实验室中常用的测定相对分子质量的方法有________、________和________等。
31. ________不是 α-氨基酸,它经常改变肽链折叠的方式。
32. 维持蛋白质构象的次级键主要有________、________、________和________。
33. 常用的肽链 N 端分析的方法有________法、________法、________法和________法。C 端分析的方法有________法和________法等。
34. 影响血红蛋白与氧结合的因素有________、________、________和________等。
35. 蛋白质的二级结构有________、________、________、________和________等几种基本类型。
36. 蛋白质分子 α 螺旋的稳定性靠________维持,每转一圈上升________个氨基酸残基,每圈的高度为________。
37. 分离纯化蛋白质的各种方法主要是根据蛋白质在溶液中________、________、________、________和________等性质的不同。

二、是非题

1. 天然氨基酸都具有一个不对称 α-碳原子。
2. 亮氨酸的疏水性比丙氨酸强。
3. 蛋白质分子中所有的氨基酸(除甘氨酸外)都是左旋的。
4. 自然界的蛋白质和多肽类物质均由 L-型氨基酸组成。
5. 当溶液的 pH 大于某一可解离基团的 p*K*a 值时,该基团有 1/2 以上被解离。
6. 一个蛋白质样品经酸水解后,能用氨基酸自动分析仪准确测定它的所有氨基酸。
7. 用纸电泳法分离氨基酸主要是根据氨基酸的极性不同。
8. 组氨酸是人体的一种半必需氨基酸。
9. CNBr 能裂解 Gly-Met-Pro 三肽。
10. 用化学修饰法能使一个肽只在精氨酸和半胱氨酸残基处被胰蛋白酶水解。
11. 从理论上说,可用 Edman 降解法测定任何非封闭多肽的全部氨基酸顺序。
12. 从某些微生物中分离得到的多肽抗生素往往为环状肽链,并含有 D-型氨基酸。
13. 双缩脲反应是肽和蛋白质特有的反应,所以二肽也有双缩脲反应。
14. 可用 8mol/L 尿素拆开蛋白质分子中的二硫键。
15. 脯氨酸不能参与 α 螺旋,它使 α 螺旋弯曲(bend),在肌红蛋白和血红蛋白的多肽链中,每一个弯曲处并不一定有脯氨酸,但是每个脯氨酸却产生一个弯曲。
16. 水溶液中蛋白质分子表面的氢原子相互形成氢键。
17. 胰岛素的生物合成途径是先分别合成 A、B 两条链,然后通过 S—S 键相连。
18. 维持蛋白质三级结构最重要的作用力是氢键。
19. 大多数蛋白质的主要带电基团是由它 N 端的氨基和 C 端的羧基组成。
20. 蛋白质的氨基酸顺序(一级结构)在很大程度上决定它的构象(三维结构)。
21. 蛋白质的亚基(或称亚单位)和肽链是同义的。
22. 在水溶液中,蛋白质溶解度最小时的 pH 通常就是它的等电点。
23. 血红蛋白与肌红蛋白均为氧载体,前者是一个典型的别构(或变构)蛋白,因而与氧结合过程中呈现协同效应,而后者却不是。
24. 测定别构酶的相对分子质量可以用十二烷基硫酸钠(SDS)-聚丙烯酰胺凝胶电泳。
25. 球蛋白与球状蛋白质是不同的。
26. 免疫球蛋白是一种糖蛋白,它由两条重链和两条轻链组成。
27. 蛋白质的 SDS-聚丙烯酰胺凝胶电泳和圆盘电泳是两种完全不同的技术。
28. 在多肽分子中只存在一种共价键即肽键。
29. 血红蛋白和肌红蛋白的功能都是运输氧。
30. 在生理条件下,氧和二氧化碳均与血红蛋白血红素中的二价铁结合。
31. 如用阳离子交换树脂分离 D、K 和 M 三种氨基酸,用 pH7. 0 的缓冲溶液洗脱时,先下来的氨基酸为 D。
32. 到目前为止,自然界发现的氨基酸为 20 种左右。
33. 蛋白质分子的亚基与结构域是同义词。
34. 多数寡聚蛋白质分子其亚基的排列是对称的,对称性是四级结构蛋白质分子的最重要的性质之一。
35. 疏水作用是使蛋白质空间结构稳定的一种非常重要的次级键。
36. 在蛋白质和多肽分子中,连接氨基酸残基的共价键除肽键外,还有二硫键。
37. 某一种蛋白质在 pH5.0 时向阴极移动,则其 p*I* 小于 5.0。
38. 蛋白质的等离子点是蛋白质在不含任何其他溶质的纯水中,净电荷为零时的 pH。
39. 蛋白质的四级结构可增强蛋白质结构的稳定性。
40. 变性的蛋白质不一定沉淀,沉淀的蛋白质也不一定已变性。
41. Folin-酚试剂法也称 Lowry 法,此法较双缩脲法灵敏得多。

三、选择题

(一) 单项选择题(下列各题均有五个备选项,其中一个是正确的,请将其代码填入括号内)

1. 下列氨基酸中,哪个含有吲哚环?(　　)
A. 甲硫氨酸　B. 苏氨酸　C. 色氨酸　D. 缬氨酸　E. 组氨酸
2. 下列有关氨基酸的叙述,哪个是错误的?(　　)
A. 酪氨酸和苯丙氨酸都含有苯环　B. 酪氨酸和丝氨酸都含羟基
C. 亮氨酸和缬氨酸都是分支氨基酸　D. 脯氨酸和酪氨酸都是非极性氨基酸
E. 组氨酸、色氨酸和脯氨酸都是杂环氨基酸
3. 下列氨基酸溶液除哪个外都能使偏振光发生旋转?(　　)
A. 丙氨酸　B. 甘氨酸　C. 亮氨酸　D. 丝氨酸　E. 缬氨酸
4. 下列蛋白质组分中,哪一种在 280nm 具有最大的光吸收?(　　)
A. 色氨酸的吲哚环　B. 酪氨酸的酚环
C. 苯丙氨酸的苯环　D. 半胱氨酸的硫原子
E. 肽键
5. 下列哪一种氨基酸侧链基团的 p*K*a 值最接近于生理 pH?(　　)
A. 半胱氨酸　B. 谷氨酸　C. 谷氨酰胺　D. 组氨酸　E. 赖氨酸
6. 肽键在下列哪个波长具有最大光吸收?(　　)
A. 215nm　B. 260nm　C. 280nm
D. 340nm　E. 以上都不是
7. 有一多肽经酸水解后产生等物质的量 Lys、Gly 和 Ala。如用胰蛋白酶水解该肽,仅发现有游离的 Gly 和一种二肽。下列多肽的一级结构中,哪一个符合该肽的结构?(　　)
A. Gly-Lys-Ala-Lys-Gly-Ala　B. Ala-Lys-Gly
C. Lys-Gly-Ala　D. Gly-Lys-Ala
E. Ala-Gly-Lys
8. 测定小肽氨基酸顺序的最好方法是(　　)。
A. 2,4-二硝基氟苯法(FDNB 法)　B. 二甲氨基萘磺酰氯法(DNS-Cl 法)
C. 氨肽酶法　D. 异硫氰酸苯酯法(PITC 法)
E. 羧肽酶法
9. 用下列方法测定蛋白质含量,哪一种方法需要完整的肽键?(　　)
A. 双缩脲反应　B. 凯氏定氮　C. 紫外吸收　D. 茚三酮反应　E. 奈氏试剂

10. Sanger 试剂是(　　)。

A. 苯异硫氰酸(异硫氰酸苯酯)　B. 2,4-二硝基氟苯

C. 丹磺酰氯　D. 对氯汞苯甲酸

E. β-巯基乙醇

11. 典型的 α 螺旋是(　　)。

A. 2.6_{10}　B. 3_{10}　C. 3.6_{13}　D. 4.0_{15}　E. 4.4_{16}

12. 下列有关 α 螺旋的叙述哪个是错误的?(　　)

A. 分子内的氢键使 α 螺旋稳定

B. 减弱 R 基团间不利的相互作用使 α 螺旋稳定

C. 疏水作用使 α 螺旋稳定

D. 在某些蛋白质中,α 螺旋是二级结构中的一种类型

E. 脯氨酸和甘氨酸残基使 α 螺旋中断

13. 每分子血红蛋白所含铁离子数为(　　)。

A. 1　B. 2　C. 3　D. 4　E. 6

14. 每分子血红蛋白可结合氧的分子数为(　　)。

A. 1　B. 2　C. 3　D. 4　E. 6

15. 血红蛋白的辅基是(　　)。

A. 血红素 A　B. 铁原卟啉Ⅵ　C. 铁原卟啉Ⅸ

D. 铁原卟啉Ⅹ　E. 吡啶核苷酸

16. 生理状态下,血红蛋白与氧可逆结合的铁离子处于(　　)。

A. 还原性的二价状态

B. 氧化性的三价状态

C. 与氧结合时是三价,去氧后成二价

D. 与氧结合时是二价,去氧后成三价

E. 以上说法都不对

17. 血红蛋白的氧合曲线呈(　　)。

A. 双曲线　B. 抛物线　C. S 形曲线　D. 直线　E. 钟罩形

18. 前胰岛素原中信号肽的主要特征是富含哪些氨基酸残基?(　　)

A. 碱性　B. 酸性　C. 羟基　D. 疏水性　E. 亲水性

19. 为了充分还原核糖核酸酶,除了应用 β-巯基乙醇外,还需(　　)。

A. 过甲酸　B. 尿素　C. 调 pH 到碱性

D. 调 pH 到酸性　E. 加热到 50℃

20. 下列氨基酸中哪一个是在前体分子合成后才出现于多肽链中?(　　)

A. 脯氨酸　B. 赖氨酸　C. 羟脯氨酸　D. 谷氨酰胺　E. 丝氨酸

21. 蛋白质的糖基化是翻译后的调控之一,糖基往往与肽链中哪一个氨基酸残基的侧链结合?(　　)

A. 谷氨酸　B. 赖氨酸　C. 酪氨酸　D. 丝氨酸　E. 甘氨酸

22. SDS 凝胶电泳测定蛋白质的相对分子质量是根据各种蛋白质(　　)。

A. 在一定 pH 条件下所带净电荷的不同　B. 分子大小不同

C. 分子极性不同　D. 溶解度不同

E. 以上说法都不对

23. 血红蛋白别构作用的本质是其中的铁离子(　　)。

A. 价态发生变化

B. 自旋状态发生变化

C. 与卟啉环氮原子连接的键长发生变化

D. 以上说法都对

E. 以上说法都不对

24. 在生理 pH 条件下,具有缓冲作用的氨基酸残基是(　　)。

A. Tyr　B. Trp　C. His　D. Lys　E. Gly

25. 下列氨基酸分子中含有两个不对称碳原子的氨基酸是(　　)。

A. Pro　B. Tyr　C. Ser　D. Arg　E. Thr

26. 维持蛋白质三级结构主要靠(　　)。

A. 氢键　B. 离子键　C. 疏水作用

D. 范德瓦耳斯力　E. 二硫键

27. 将抗体固定在层析柱的载体上,使抗原从流经此柱的蛋白质样品中分离出来,这技术属于(　　)。

A. 吸附层析　B. 离子交换层析　C. 分配层析

D. 亲和层析　E. 凝胶过滤

28. 在中性条件下,HbS 与 HbA 相比,HbS 的净电荷是(　　)。

A. 增加+2　B. 增加+1　C. 不变　D. 减少+2　E. 减少+1

29. 一个蛋白质的相对分子质量为 70 000,由两条 α 螺旋肽链构成,其分子长度为(　　)。

A. 50nm　B. 100nm　C. 47. 7nm　D. 95. 4nm　E. 36. 5nm

30. 进行疏水吸附层析时,以下哪种条件比较合理?(　　)

A. 在有机溶剂存在时上柱,低盐溶液洗脱

B. 在有机溶剂存在时上柱,高盐溶液洗脱

C. 低盐条件下上柱,高盐溶液洗脱

D. 高盐溶液上柱,按低盐、水和有机溶剂顺序洗脱

E. 低盐缓冲液上柱,低盐洗脱

31. 下列有关 β 折叠的叙述哪个是错误的?(　　)

A. 球状蛋白质中无 β 折叠的结构

B. β 折叠靠链间氢键而稳定

C. 它的氢键是肽链的 C═O 与 N—H 间形成的

D. α-角蛋白可以通过加热处理而转变成 β 折叠的结构

E. β 折叠有平行的 β 折叠和反平行的 β 折叠

32. 人工合肽时,采用下列哪种方法可以活化氨基?(　　)

A. 加入三乙胺　B. 甲酰化　C. 乙酰化　D. 烷基化　E. 酸化

33. 为了测定蛋白质中的二硫键位置,常采用对角线电泳法,那么点样时样品应点在滤纸的下列哪个位置?(　　)

A. 右上角　B. 左上角　C. 右下角　D. 左下角　E. 中央

34. 用阳离子交换树脂分离 Lys、Ala 和 Glu 三种氨基酸，当提高洗脱液的 pH 和离子强度时，氨基酸被洗脱下来的次序为（　　）。
A. Ala→Glu→Lys　B. Ala→Lys→Glu
C. Lys→Ala→Glu　D. Glu→Lys→Ala
E. Glu→Ala→Lys

35. 用硅胶薄层层析分离 Ala、Leu 和 Lys 三种氨基酸的混合物，Rf 值从大到小排序为（　　）。
A. Lys>Ala>Leu　B. Lys>Leu>Ala
C. Leu>Ala>Lys　D. Leu>Lys>Ala
E. Ala>Lys>Leu

36. 断裂由甲硫氨酸羧基形成的肽键，可用（　　）。
A. 尿素　B. 盐酸胍　C. 溴化氰
D. 胰蛋白酶　E. 胰凝乳蛋白酶

37. 血红蛋白酸水解所得氨基酸（　　）。
A. 都是 D 型　B. 都是 L 型　C. 有 D 型，也有 L 型
D. 都是左旋的　E. 都是右旋的

38. 专一水解由碱性氨基酸（Lys 或 Arg）羧基形成的肽键，可用（　　）。
A. 胃蛋白酶　B. 胰蛋白酶　C. 胰凝乳蛋白酶
D. 弹性蛋白酶　E. 嗜热菌蛋白酶

39. 下列哪种酶只水解以碱性氨基酸 Arg、Lys 为 C 端残基的肽键？（　　）
A. 羧肽酶 A　B. 羧肽酶 B　C. 羧肽酶 C
D. 羧肽酶 Y　E. 葡萄球菌蛋白酶

40. 蛋白质的三维结构主要取决于（　　）。
A. α 螺旋和 β 折叠　B. 肽链中氨基酸的排列顺序
C. 肽链中的二硫键　D. 肽链中的氢键
E. 肽链中的肽键

41. 维持蛋白质二级结构的最重要的化学键是（　　）。
A. 肽键　B. 二硫键　C. 氢键　D. 离子键　E. 疏水键

42. 各种蛋白质的含氮量接近于（　　）。
A. 10%　B. 12%　C. 16%　D. 20%　E. 24%

43. 下列哪一项是正确的？（　　）
A. 离子交换层析时，通常在离子强度低的条件下加样上柱
B. 离子交换层析时，通常在离子强度高的条件下加样上柱
C. Sephadex 常用于酸性蛋白质的分离
D. Sephadex 常用于碱性蛋白质的分离
E. ConA-Sepharose 常用于离子交换层析

44. α-角蛋白富含下列哪个氨基酸残基？（　　）
A. 丝氨酸　B. 丙氨酸　C. 胱氨酸　D. 甲硫氨酸　E. 甘氨酸

45. 胶原蛋白富含下列哪个氨基酸残基？(　　)

A. 甘氨酸　　B. 丙氨酸　　C. 缬氨酸　　D. 丝氨酸　　E. 亮氨酸

(二) 多项选择题(下列各题均有四个备选项,其中两个或两个以上为正确选项,请将正确选项的代码填入括号内)

1. 下列氨基酸中,哪些是蛋白质的组分？(　　)

A. 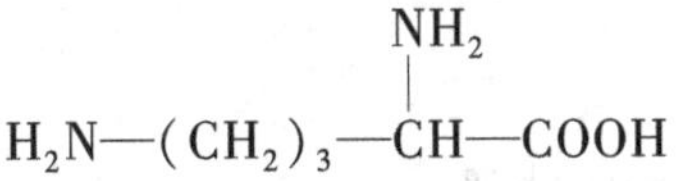

B. 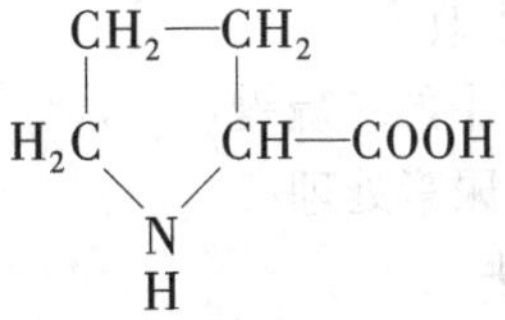

C. $H_2N—CH_2—CH_2—COOH$

D. 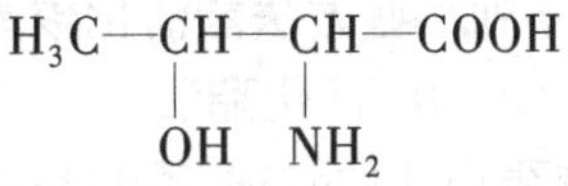

2. 下列氨基酸中哪些具有分支的碳氢侧链？(　　)

A. 缬氨酸　　B. 组氨酸　　C. 异亮氨酸　　D. 色氨酸

3. 在生理 pH 情况下,下列氨基酸中的哪些带负电荷？(　　)

A. 半胱氨酸　　B. 天冬氨酸　　C. 赖氨酸　　D. 谷氨酸

4. 下列关于蛋白质中 L-氨基酸之间形成的肽键的叙述,哪些是正确的？(　　)

A. 具有部分双键的性质　　B. 比通常的 C—N 单键短

C. 通常有一个反式构型　　D. 能自由旋转

5. 下列关于谷胱甘肽结构的叙述哪些是正确的？(　　)

A. 有一个 α-氨基　　B. 有一个与通常肽键不同的 γ-肽键

C. 有一个易氧化的侧链基团　　D. 由谷氨酸、胱氨酸和甘氨酸组成的三肽

6. 下列有关 Phe-Leu-Ala-Val-Phe-Leu-Lys 的叙述,哪些是正确的？(　　)

A. 是一个六肽　　B. 是一个碱性多肽

C. 对脂质表面无亲和力　　D. 等电点大于 8

7. 下列有关肌红蛋白的叙述,哪些是正确的？(　　)

A. 肌红蛋白是由一条多肽链和一个血红素连接而成的紧密球状结构

B. 多肽链含有高比例的 α 螺旋构象

C. 血红素位于二个组氨酸残基之间

D. 大部分非极性基团位于此球状结构的外部

8. 下列图示中的哪些是氢键？(　　)

A. 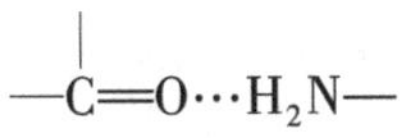

B. 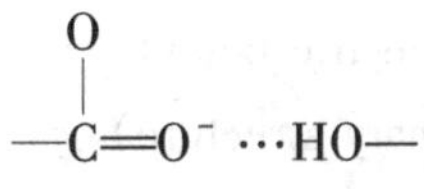

C. 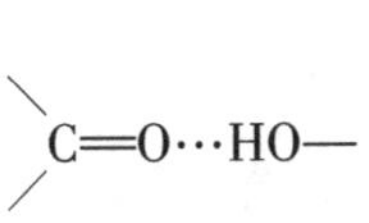

D. 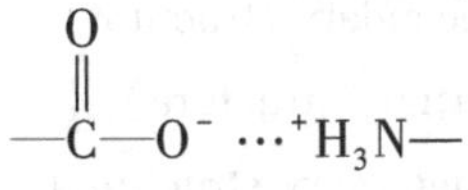

9. 蛋白质变性是由于(　　)。

A. 氢键破坏　　B. 肽键断裂

C. 亚基解聚　　D. 破坏水化层和中和电荷

10. 镰刀状红细胞贫血病患者血红蛋白 β 链上第 6 位的谷氨酸被缬氨酸取代后，将产生哪些变化？(　　)
    A. 在 pH7.0 电泳时，增加了异常血红蛋白向阳极移动的速度
    B. 导致异常脱氧血红蛋白的聚合作用
    C. 增加了异常血红蛋白的溶解度
    D. 一级结构发生改变
11. 打开蛋白质分子中的二硫键(　　)。
    A. 可用 8mol/L 尿素处理　　B. 用 HCOOOH 处理
    C. 用水解的方法　　D. 用 $HSCH_2CH_2OH$ 处理
12. 人工合肽时，下列哪些方法能活化羧基？(　　)
    A. 叠氮法　　B. 活化酯法　　C. 混合酸酐法　　D. 形成甲酯
13. 下列关于球状蛋白质的叙述，哪些是正确的？(　　)
    A. 球状蛋白质是水溶性的
    B. 细胞内酶类、蛋白质类激素都属于球状蛋白质
    C. 角蛋白和丝心蛋白都属于球状蛋白质
    D. 球状蛋白质中均含很多的 α 螺旋
14. 下列叙述中正确的是(　　)。
    A. 变性蛋白质黏度增加
    B. 变性的蛋白质一定沉淀
    C. 沉淀的蛋白质一定变性
    D. 沉淀的蛋白质可溶于酸性溶液或碱性溶液中
15. 能使蛋白质沉淀的试剂有(　　)。
    A. 硫酸铵　　B. 乙醇　　C. 浓盐酸　　D. 浓氢氧化钠
16. 蛋白质变性后(　　)。
    A. 一级结构改变　　B. 三维结构破坏
    C. 相对分子质量改变　　D. 生物功能丧失
17. 蛋白质的荧光主要来自(　　)。
    A. Val　　B. Ala　　C. Trp　　D. Tyr

四、名词解释

1. 两性离子(dipolar ion)
2. 氨基酸的等电点(isoelectric point)
3. 蛋白质一级结构(primary structure)
4. 蛋白质二级结构(secondary structure)
5. 蛋白质三级结构(tertiary structure)
6. 蛋白质四级结构(quaternary structure)
7. 构型(configuration)
8. 构象(conformation)
9. 肽平面(peptide plane)

10. α 螺旋(α helix)
11. β 折叠(β pleated sheet)
12. β 转角(β turn)
13. Ω 环(Ω loop)
14. 无规卷曲(random coil)
15. 亚基(subunit)
16. 蛋白质的等离子点(isoionic point)
17. 蛋白质变性(denaturation)
18. 蛋白质复性(renaturation)
19. 波尔效应(Bohr effect)
20. 盐析(salting out)
21. 盐溶(salting in)
22. 二面角(dihedral angle)
23. β 凸起(β bulge)

五、问答题

1. 某氨基酸溶于 pH7 的水中，所得氨基酸溶液的 pH 为 6，问此氨基酸的 p*I* 是大于 6、等于 6 还是小于 6？
2. 根据氨基酸的 p*K* 值，分别指出 Gly、Asp、Lys 和 His 在：(1) pH1. 0；(2) pH2. 1；(3) pH4. 0；(4) pH10 时可能带的静电荷(用-、0 或+表示)。
3. (1) 一个 Ala、Ser、Phe、Leu、Arg、Asp 和 His 的混合液在 pH3. 9 时进行纸电泳，指出哪些氨基酸向阳极移动？哪些氨基酸向阴极移动？
   (2) 带相同电荷的氨基酸如 Gly 和 Leu 在纸电泳时常常稍能分开，解释其原因。
   (3) 假如有一个 Ala、Val、Glu、Lys 和 Thr 的混合液，在 pH6. 0 进行电泳，然后用茚三酮显色。画出电泳后氨基酸的分布图。分别标明向阳极或阴极移动、停留在原点和分不开的氨基酸。
4. 有一个五肽，它的一级结构式是 DRVYH。
   (1) 正确命名此肽。
   (2) 请在下列结构式中按该肽的一级结构顺序填上氨基酸残基的侧链结构。

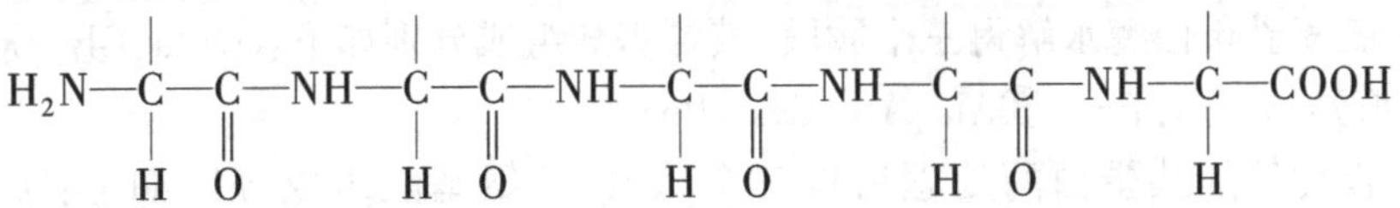

5. 以正丁醇：乙酸：水体系为溶剂(pH4. 5)，对下列肽或氨基酸对进行纸层析分离，指出各肽或氨基酸对的相对移动速度(用大于、小于或相近表示)。
   (1) Lys-Lys；Lys
   (2) Leu-Leu-Leu；Leu
   (3) Trp-Ile-Phe；Arg-Ile-Phe
   (4) Cys-Cys-Ser；Ala-Ala-Ser
6. 分析下列肽段在 pH1. 9、pH3. 0、pH6. 5 和 pH10. 0 的条件下进行纸电泳时的移动方向

[分别用下列符号表示:不动(O),移向阴极(C),移向阳极(A)]。

(1) Lys-Gly-Ala-Gly

(2) Lys-Gly-Ala-Glu

(3) His-Gly-Ala-Glu

(4) Glu-Gly-Ala-Glu

(5) Gln-Gly-Ala-Lys

7. 如果上题中五个肽的混合物,在 Dowex-1(一种阴离子交换树脂)的离子交换柱上以pH 从 10 到 1.0 连续变化的缓冲系统作洗脱,试分析每种肽洗脱的相对次序。

8. 分别指出下列酶能否水解与其对应排列的肽,如能则指出其水解部位。

肽	酶
(1) Phe-Arg-Pro	胰蛋白酶
(2) Phe-Met-Leu	羧肽酶 B
(3) Ala-Gly-Phe	胰凝乳蛋白酶
(4) Pro-Arg-Met	胰蛋白酶

9. 假定有 1mmol 的五肽,酸水解生成 2mmol 谷氨酸,1mmol 赖氨酸,没有能够定量回收其他氨基酸。将原来的五肽用胰蛋白酶水解成两个肽段,在 pH7.0 进行电泳,一个肽段移向阳极,另一个则移向阴极。用 FDNB 处理胰蛋白酶水解的一个肽段,再用酸水解,生成 DNP-谷氨酸。用胰凝乳蛋白酶处理原来五肽生成两个肽段及游离谷氨酸。试根据上述实验结果写出该五肽的氨基酸顺序。

10. 用酸水解一种六肽,定量回收得到甘氨酸及另一种氨基酸。用胰蛋白酶处理该肽生成的产物,在不同的层析和电泳系统中均只有一个单一的斑点,但是迁移率与未经处理的六肽不同。用胰凝乳蛋白酶水解原来的六肽,生成的产物中有一游离氨基酸并具有紫外吸收,试根据上述实验结果排出该六肽的氨基酸顺序。

11. 根据以下实验结果排出该肽的氨基酸顺序。

(1) 氨乙基化后用胰蛋白酶水解得以下肽段,其氨基酸组成分别如下:
①Ala,Arg,Gly,Met,Phe ②2(A E Cys)(A E 代表氨乙基)
③Ala,AE Cys,Phe ④Asp,Lys,Tyr

(2) 溴化氰裂解得一肽段,其氨基酸组成如下:Ala_2, Asp, Arg, Cys_3, Gly, Lys, Met, Phe_2, Tyr

(3) 胰凝乳蛋白酶水解得三个肽段,其氨基酸组成分别如下:①Ala,Gly,Lys,Met,Phe ②Asp,Cys,Tyr ③Ala,Arg,Cys_2,Phe

(4) 溴化氰加胰蛋白酶处理后得三个肽段,其氨基酸组成分别如下:①Gly,Met ②Ala,Asp,Cys_3,Lys,Phe,Tyr ③Ala,Arg,Phe

12. 用下列哪种试剂最适合完成以下工作:溴化氰、尿素、β-巯基乙醇、胰蛋白酶、过甲酸、丹磺酰氯(DNS-Cl)、6mol/L 盐酸、茚三酮、异硫氰酸苯酯、胰凝乳蛋白酶。

(1) 测定一段小肽的氨基酸排列顺序。

(2) 鉴定小于 10^{-7}g 肽的 N 端氨基酸。

(3) 使没有二硫键的蛋白质可逆变性。如有二硫键,应加何种试剂?

(4) 水解由芳香族氨基酸羧基形成的肽键。

(5) 水解由甲硫氨酸羧基形成的肽键。

(6) 水解由碱性氨基酸羧基形成的肽键。

13. 一系列球状的单体蛋白质,分子质量为 10 000~100 000Da,随着分子质量的增加,亲水残基与疏水残基的比率将会发生什么变化?

14. 从热力学上考虑,一个多肽的片段在什么情况下容易形成 α 螺旋,是完全暴露在水的环境中还是完全埋藏在蛋白质的非极性内部?为什么?

15. α 螺旋的稳定性不仅取决于肽链内部的氢键,而且还与氨基酸侧链的性质有关。室温下,在溶液中下列多聚氨基酸哪些能形成 α 螺旋?哪些能形成其他有规则的结构?哪些能形成无规则的结构?并说明其理由。

(1) 多聚亮氨酸 pH=7.0　(2) 多聚异亮氨酸 pH=7.0

(3) 多聚精氨酸 pH=7.0　(4) 多聚精氨酸 pH=13.0

(5) 多聚谷氨酸 pH=1.5　(6) 多聚苏氨酸 pH=7.0

(7) 多聚羟脯氨酸 pH=7.0

16. 某氨基酸溶于 pH7 的水中,所得氨基酸溶液的 pH 为 8,那么此氨基酸的 pI 是大于 8、等于 8 还是小于 8?

17. 以正丁醇∶乙酸∶水体系为溶剂(pH4.5),对下列氨基酸进行纸层析分离,指出下列各组中氨基酸的相对移动速度:(1) Ile、Lys;(2) Phe、Ser;(3) Ala、Val、Leu;(4) Pro、Val;(5) Glu、Asp;(6) Tyr、Ala、Ser、His。

18. 用阳离子交换树脂分离下列氨基酸对,用 pH7.0 的缓冲液洗脱时哪种氨基酸先被洗脱下来?

(1) Asp 和 Lys　(2) Arg 和 Met　(3) Glu 和 Val　(4) Gly 和 Leu　(5) Ser 和 Ala

19. Lys、Arg、Asp、Glu、Tyr 和 Ala 的混合液在高 pH 时,加到阴离子交换树脂上,用连续递减的 pH 溶液洗脱时,预测这些氨基酸的洗脱顺序。

20. 比较下列各题两个多肽之间溶解度的大小。

(1) $[\text{Gly}]_{20}$和$[\text{Glu}]_{20}$,在 pH7.0 时。

(2) $[\text{Lys-Ala}]_3$和$[\text{Phe-Met}]_3$,在 pH7.0 时。

(3) $[\text{Ala-Ser-Gly}]_5$和$[\text{Asn-Ser-His}]_5$,在 pH9.0 时。

(4) $[\text{Ala-Asp-Gly}]_5$和$[\text{Asn-Ser-His}]_5$,在 pH3.0 时。

21. 正常人血红蛋白(HbA)的 β 链经胰蛋白酶水解可得一肽段为:

Val-His-Leu-Thr-Pro-Glu-Glu-Lys

镰刀状血红蛋白(HbS)的 β 链经胰蛋白酶水解可得一肽段为:

Val-His-Leu-Thr-Pro-Val-Glu-Lys

试讨论:

(1) 在 pH5.0 和 pH8.0 时,这两个八肽的电泳行为。

(2) 若正常的八肽被一个六肽取代,N 端的 5 个氨基酸不变,在 pH8.0 时,此六肽在电场中不移动,问 C 端是什么氨基酸才会有这种电泳行为。

各解离基团的 pK 值为:末端-NH_3^+ 7.0,末端-COOH 3.4,咪唑基 6.0,γ-COOH 4.0,ε-NH_3^+ 10.8。

22. 在体外,用下列方法处理,对血红蛋白与氧的亲和力有什么影响?

(1) pH 从 7.0 增加到 7.4

(2) CO_2分压从 10Torr① 增加到 40Torr。

(3) O_2分压从 60Torr 下降到 20Torr。

(4) 2,3-二磷酸甘油酸的浓度从 8×10^{-4}mol/L 下降到 2×10^{-4}mol/L。

(5) $\alpha_2\beta_2$解聚成单个亚基。

23. 在下面指出的 pH 下,下述蛋白质在电场中将向哪个方向移动[即向阳极(A)、阴极(C)或不动(O)]?(1)卵清蛋白,在 pH5.0;(2)β-乳球蛋白,在 pH5.0 和 pH7.0;(3)胰凝乳蛋白酶原,在 pH5.0、pH9.5 和 pH11.0。

24. 下列蛋白质的混合物在什么 pH 时电泳,分离最为有效?(1)血清清蛋白和血红蛋白;(2)肌红蛋白和胰凝乳蛋白酶原;(3)卵清蛋白、血清清蛋白和脲酶。

25. 指出下列蛋白质在分离范围为 5000~400 000 的凝胶过滤柱上洗脱下来的先后顺序。肌红蛋白、过氧化氢酶、细胞色素 c、肌球蛋白、胰凝乳蛋白酶原和血清清蛋白。

26. 用增加盐离子强度的方法,从指定的离子交换柱上洗脱下列蛋白质,指出它们被洗脱下来的先后顺序,并说明其理由。(1)细胞色素 c,溶菌酶,卵清蛋白,肌红蛋白(阴离子交换柱);(2)细胞色素 c,胃蛋白酶,脲酶,血红蛋白(阳离子交换柱)。

27. 扼要解释为什么大多数球状蛋白质在溶液中具有下列性质。(1)在低 pH 时沉淀;(2)当离子强度从零逐渐增加时,其溶解度开始增加,然后下降,最后出现沉淀;(3)在一定的离子强度下,达到等电点 pH 时,表现出最小的溶解度;(4)加热时沉淀;(5)加入一种可和水混溶的非极性溶剂减小其介质的介电常数,而导致溶解度的减小;(6)如果加入一种非极性强的溶剂,使介电常数大大下降会导致变性。

28. 有一蛋白质,在某组织内含量较低,很难分离纯化,现已知其相对分子质量,并已有该蛋白质的抗体,问哪些实验方法可以初步证实组织内的确含有该蛋白质?

29. 组蛋白的等电点很高,约为 10.8,这是由于组蛋白中哪些氨基酸的含量相对较多?在真核细胞的细胞核内,这些氨基酸残基如何促使组蛋白与 DNA 结合?

30. 根据以下信息,推出亮氨酸脑啡肽的氨基酸序列。

(1) 6mol/L HCl,110℃完全水解,氨基酸组成分析发现:Gly、Leu、Phe、Tyr 的物质的量比为 2∶1∶1∶1。

(2) 用 2,4-二硝基氟苯处理该肽,再完全水解,得到 DNP-Tyr,没有发现自由的 Tyr。

(3) 用胃蛋白酶水解该肽,得到两个肽段,一个是含 Phe 和 Leu 的二肽,另一个是 Tyr 和 Gly 比例为 1∶2 的三肽。

31. 多聚甘氨酸的右手螺旋或左手螺旋中,哪一个比较稳定?为什么?

32. 组蛋白是一类与染色体 DNA 结合的重要蛋白质,在这类蛋白质中 Arg 和 Lys 的百分含量很高(15%~30%)。试问测定组蛋白的序列是否容易?为什么?

33. 有一个具有下列性质的蛋白质混合物:

蛋白质	相对分子质量	等电点
A	12 000	10.0
B	62 000	4.0

①1Torr = 1.333 22×10Pa

蛋白质	相对分子质量	等电点
C	28 000	7.0
D	9 000	5.0

（1）当这一蛋白质混合物流经 DEAE-纤维素离子交换柱用盐溶液梯度洗脱时，这些蛋白质的洗脱顺序如何？
（2）当这一蛋白质混合物流经 Sephadex G-50 凝胶排阻柱时，这些蛋白质的洗脱顺序如何？

34. 写出下列肽的可能的结构式（写一种即可）。
（1）pH7 时净电荷为+1 的四肽。
（2）pH12 时净电荷为−1 的三肽。

六、计算题

1. 计算下列溶液的 pH：（1）0.1mol/L Gly 与 0.05mol/L NaOH 的等体积混合液；（2）0.1mol/L Gly 与 0.05mol/L HCl 的等体积混合液。
2. （1）欲配制 100ml pH2.4，0.3mol/L 甘氨酸-HCl 缓冲液，求所需甘氨酸的质量（相对分子质量为 75.07。$pK_{a_1}=2.4$，$pK_{a_2}=9.6$）和 1mol/L HCl 的体积？
（2）欲配制 100ml pH9.3，0.3mol/L 甘氨酸-NaOH 缓冲液，求所需甘氨酸的质量和 1mol/L NaOH 的体积？
3. 制备 1L pH3.2，0.1mol/L 甘氨酸缓冲溶液，需 0.1mol/L 甘氨酸盐酸盐（$Cl^{-}H_3^{+}N—CH_2—COOH$）和 0.1mol/L 甘氨酸（$^{+}H_3N—CH_2—COO^{-}$）各多少？
4. 应该加多少克 NaOH 到 500ml 已经完全质子化的 0.01mol/L 组氨酸溶液中，才能配成 pH7.0 的缓冲液（咪唑基 $pK=6.0$，NaOH 相对分子质量为 40）？
5. 根据氨基酸的 pK 值，计算 Ala、Glu 和 Lys 的 pI。
6. 从袋鼠尾巴的胶原蛋白中分离得到一些脯氨酸的 γ-位的氢被某些基团取代的化合物，它们的结构式和各解离基团的 pK_a 值如下，计算每种氨基酸的 pI。

（1）羧基脯氨酸

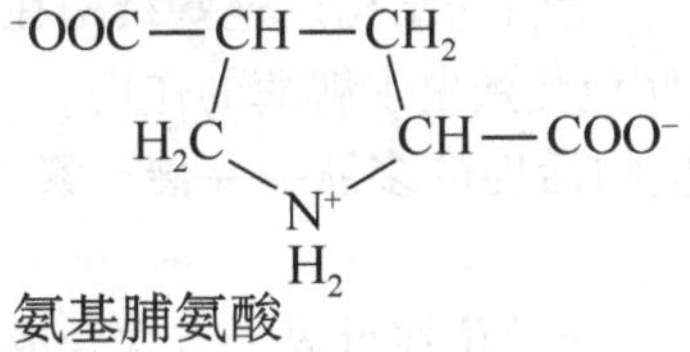

基团	pK_a
α-COOH	2.0
α-NH_2^+	10.5
γ-COOH	3.8

（2）氨基脯氨酸

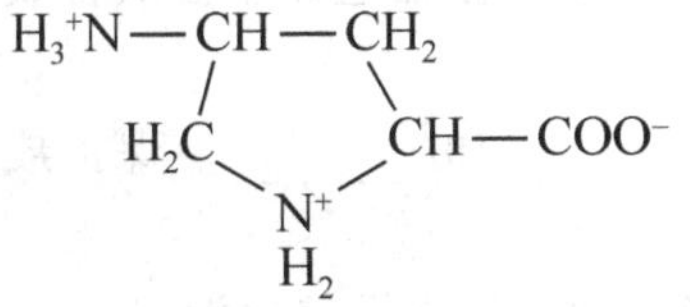

基团	pK_a
α-COOH	1.9
α-NH_2^+	9.8
γ-NH_3^+	10.0

（3）巯基脯氨酸

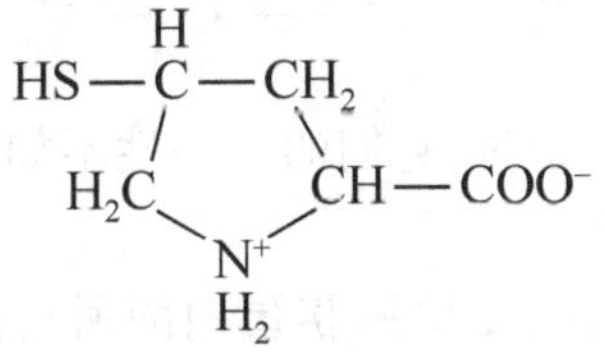

基团	pK_a
α-COOH	1.9
α-NH_2^+	9.9
γ-SH	9.9

7. 将丙氨酸溶液 400ml 调到 pH8. 0,然后向该溶液中加入过量的甲醛。当所得溶液用碱反滴定至 pH8. 0 时,消耗 0. 2mol/L NaOH 溶液 250ml。问起始溶液中丙氨酸的含量为多少克?
8. 计算下列肽的等电点:
   (1) 天冬氨酰甘氨酸(末端-COOH pK=2. 10,末端-NH_3^+ pK=9. 07,β-COOH pK=4. 53)。
   (2) 谷胱甘肽(Glu 末端-COOH pK = 2. 12, Gly α-COOH pK = 3. 53,末端-NH_3^+ pK = 8. 66,-SH pK=9. 62)。
   (3) 丙氨酰丙氨酰赖氨酰丙氨酸(末端-COOH pK=3. 58,末端-NH_3^+ pK=8. 01,ε-NH_3^+ pK=10. 58)。
9. 计算 pH7. 0 时,下列十肽所带的净电荷。
   Ala-Met-Phe-Glu-Tyr-Val-Leu-Trp-Gly-Ile
10. 计算一个大肠杆菌细胞(含 10^6个蛋白质分子)中所含的多肽链长度(以 nm 为单位)。假设每个蛋白质分子平均相对分子质量为 40 000,并且假设所有的分子都处于 α 螺旋构象。
11. 某一蛋白质的多肽链在一些区段为 α 螺旋构象,在另一些区段为 β 折叠。该蛋白质的相对分子质量为 240 000,多肽链外形的长度为 5.06×10^{-5}cm。试计算 α 螺旋体占分子的百分比?
12. 测得一种蛋白质含 0. 426% 铁,计算其最低相对分子质量。一种纯酶(按质量算)含亮氨酸 1. 65% 和异亮氨酸 2. 48%,试计算其最低相对分子质量。

提　高　题

一、填充题

1. 脯氨酸和羟脯氨酸与茚三酮反应产生________色的物质,而其他氨基酸与茚三酮反应生成________色的物质。
2. 在一些天然肽中含有________、________和________等特殊结构。这些结构在蛋白质中是不存在的。很可能这些结构上的变化使这些肽免受蛋白水解酶的作用。
3. 1953 年________第一次用化学方法合成了具有生物活性的多肽——催产素,因而获得诺贝尔奖。
4. 我国于________年由________、________和________等单位在世界上首次合成了具有生物活性的蛋白质——牛胰岛素。
5. 人工合肽时常用的活化羧基的方法有________、________和________。保护羧基的方法有________和________。
6. 1962 年________提出了固相合肽的方法,因而获得 1984 年诺贝尔化学奖。
7. 近年来的研究指出,肽也有构象。例如,脑啡肽是一个五肽,它有________构象。但肽的构象易变,稳定性远不如蛋白质。
8. 用________酶、________酶、________酶裂解蛋白质分子时,它们的专一性不如胰蛋白酶和溴化氰强。
9. 一般来说,用嗜热菌蛋白酶水解蛋白质所得到的片段,要比用胰蛋白酶所得的片段

________。

10. 常用的拆开蛋白质分子中二硫键的方法有________法,常用的试剂为________;还有________法,常用的试剂为________或________。
11. 在 α 螺旋中 C═O 和 N—H 基之间形成的氢键最稳定,因为这三个原子以________排列。
12. 蛋白质的最低自由能构象,常常通过________残基之间形成的共价键而稳定。
13. 当蛋白质的非极性侧链避开水相时,疏水作用导致自由能________。
14. 当疏水侧链折叠到蛋白质分子内部时,环境中水的熵________。
15. 两条相当伸展的肽链(或同一条肽链的两个伸展的片段)之间形成氢键的结构单元称为________。
16. 最早提出蛋白质变性理论的是________。
17. 血红蛋白(Hb)与氧结合的过程呈现________效应,是通过 Hb 的________现象实现的。
18. 当溶液中盐离子强度低时,可增加蛋白质的溶解度,这种现象称为________。当溶液中盐离子强度高时,可使蛋白质沉淀,这种现象称为________。
19. 一个带负电荷的蛋白质可牢固地结合到阴离子交换剂上,因此需要一种比原来缓冲液 pH________和离子强度________的缓冲液,才能将此蛋白质洗脱下来。
20. 胰岛素原转变为胰岛素的过程是在________(细胞器)进行。分泌颗粒中的胰岛素是通过________离子与________氨酸残基侧链上的氮原子配位,形成________聚体。
21. 肌球蛋白本身具有________酶的活性,所以当 ATP 释放能量时,就引起肌肉收缩。
22. 凝集素能专一地识别细胞表面的________并与之结合,从而使细胞与细胞相互凝集。
23. R. YaloW 的主要贡献是建立了________。
24. 用________试剂可区分丙氨酸和色氨酸。
25. 羧肽酶 B 专一地从蛋白质的 C 端切下________氨基酸。
26. 羧肽酶 A 不能水解 C 端是________残基、________残基和________残基的肽键。
27. 多聚 L-谷氨酸的比旋光度随 pH 改变是因为________,而 L-谷氨酸的比旋光度随 pH 改变则是由于________。
28. 胰岛素是胰岛 β-细胞分泌的,它是由前胰岛素原经专一性蛋白酶水解,失去 N 端的________成为________。再经类胰蛋白酶和类羧肽酶的作用失去________肽,形成具有生物活性的胰岛素。
29. 蛋白质的超二级结构是指________,其基本形式有________、________和________等。
30. 凝集素是一类能与________相互作用的蛋白质。
31. 许多钙结合蛋白都存在有________图像,即它们的钙结合位点都由一个________的结构单位构成。
32. 确定蛋白质中二硫键的位置,一般先采用________,然后用________技术分离水解后的混合肽段。
33. 在细胞与细胞相互作用中,主要是蛋白质与________及蛋白质与________的相互作用。
34. 蛋白质中除了常见的 20 种氨基酸外,还有 2 种罕见的氨基酸为________和________,

它们都由 DNA 编码。

35. 目前固相合肽时最常用的氨基保护基是________,在碱性条件下可脱除此保护基。
36. 目前研究蛋白质三维结构最常用的方法是________和________。
37. 糖蛋白分子中的________链参与分子识别和细胞识别。
38. 用超离心法可将血浆脂蛋白分为________、________、________和________四大类。
39. 用电泳法可将血浆脂蛋白分为________、________、________和________四大类。
40. 1958 年佩鲁茨(M. F. Perutz)和肯德鲁(J. C. Kendrew)因________而荣获诺贝尔化学奖。
41. 常用的使蛋白质沉淀的方法有________、________、________、________和________等。
42. 常用的蛋白质变性剂有________和________等。

二、是非题

1. 只有在 pH 很高或很低时,氨基酸才主要以非离子化形式存在。
2. 一个化合物如能和茚三酮反应生成紫色,说明这化合物是氨基酸、肽或蛋白质。
3. Lys-Lys-Lys 三肽的 p*I* 必定大于个别 Lys 的 pK_a 值。
4. 热力学上最稳定的蛋白质构象自由能最低。
5. 测定焦谷-组-脯酰胺三肽的游离氨基与羧基时呈阴性。
6. 如果多肽链 C 端的第二个氨基酸不是脯氨酸,则羧肽酶 A 或 B 中至少有一种能切下 C 端氨基酸。
7. 在一次实验中,蛋白质顺序仪可测定肽链长度为 200 个氨基酸残基的氨基酸顺序。
8. 疏水蛋白质的折叠伴随着多肽链熵的增加。
9. 羧肽酶 A 的分子外部主要是 α 螺旋构象,分子内部主要是 β 折叠的构象。
10. 变性蛋白质溶解度降低是由蛋白质分子的电荷被中和及除去了蛋白质外面的水化层所引起的。
11. 血红蛋白的 α 链、β 链和肌红蛋白的肽链在三级结构上很相似,所以它们都有结合氧的能力。血红蛋白与氧的亲和力较肌红蛋白更强。
12. 生活在空气稀薄的高山地区的人和生活在平地上的人比较,高山地区的人血液中 2,3-二磷酸甘油酸(2,3-BPG)的浓度较低。
13. 胰岛素原(proinsulin)是信使核糖核酸(mRNA)翻译后的原始产物。
14. 蛋白质所含的天冬酰胺及谷氨酰胺两种残基是生物合成时直接从模板中译读而来。
15. 等电点不是蛋白质的特征参数。
16. 人绒毛膜促性腺激素(HCG)是一种糖蛋白。
17. 逆流分溶和纸层析这两个分离氨基酸的方法是基于同一原理。
18. 溶液的 pH 可以影响氨基酸的等电点。
19. 转铁蛋白是一种糖蛋白。
20. 一种非常稳定相对分子质量小的蛋白质的化学结构中,经常含有较多的二硫键。
21. 某蛋白质在 pH6 时向阳极移动,则其等电点小于 6。
22. 皮肤胶原蛋白中含量最多的氨基酸是甘氨酸。
23. 高半胱氨酸是人体内蛋白质组成成分之一。
24. 茚三酮与氨基酸的反应是氨基还原作用。

25. 蛋白质变性后,会使大量氨基酸游离出来。
26. 目前柱后衍生反相高效液相层析广泛用于氨基酸和多肽等相对分子质量低的生物分子的分离及定量。
27. 朊病毒(prion)是一种传染性蛋白质颗粒,不含有核酸。
28. 胶原病是当胶原纤维受损伤而变性时产生的疾病。
29. 生物碱和生物碱试剂是同义词。
30. 用甲醛滴定法测定氨基酸的含量时,甲醛的作用是使氨基酸的-NH_3^+酸性增强。

三、选择题

(一) 单项选择题(下列各题均有五个备选项,其中一个是正确的,请将其代码填入括号内)

1. 下列哪一类氨基酸完全是非必需氨基酸?(　　)
   A. 碱性氨基酸　　B. 含硫氨基酸　　C. 分支氨基酸
   D. 芳香族氨基酸　　E. 以上四种答案都不对
2. 一个谷氨酸溶液,用5ml 1mol/L NaOH 来滴定,溶液的 pH 从 1.0 上升到 7.0,下列数值中哪一个接近于该溶液中所含谷氨酸的毫摩尔数($pK_{a_1}=2.19$,$pK_{a_2}=4.25$,$pK_{a_3}=9.67$)?(　　)
   A. 1.5　　B. 3.0　　C. 6.0　　D. 12.0　　E. 18.0
3. 在 pH10.0 时,下列所示谷氨酸结构中哪一种占优势($pK_{a_1}=2.19$,$pK_{a_2}=4.25$,$pK_{a_3}=9.67$)?(　　)
   A. $^+H_3N-CH(COO^-)-CH_2-CH_2-COO^-$　　B. $H_2N-CH(COOH)-CH_2-CH_2-COOH$
   C. $H_2N-CH(COO^-)-CH_2-CH_2-COOH$　　D. $H_2N-CH(COOH)-CH_2-CH_2-COO^-$
   E. $H_2N-CH(COO^-)-CH_2-CH_2-COO^-$
4. 图 3-1 为一个常见生化物质的滴定曲线,下列关于该图的叙述中除哪个外都是正确的?(　　)

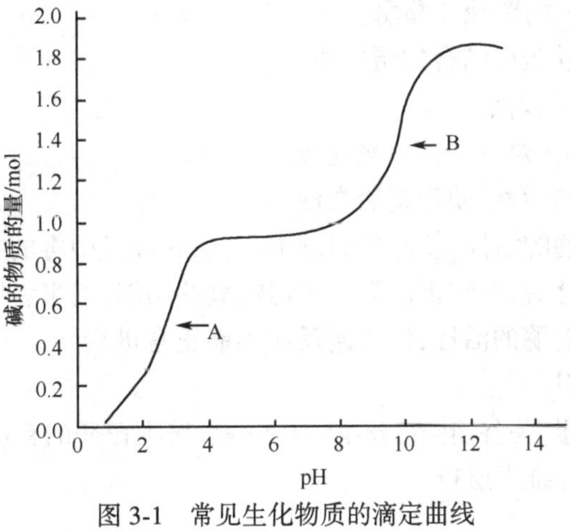

图 3-1　常见生化物质的滴定曲线

A. 这化合物有两个可解离基团

B. 这化合物是一个简单的氨基酸

C. 这化合物在 pH5～7 显示最大缓冲能力

D. A 点代表羧基的解离范围

E. A 点和 B 点分别代表一个酸性基团和一个碱性基团的 pK_s

5. 下列哪种氨基酸有米伦氏(Millon)反应？(　　)

A. 色氨酸　B. 酪氨酸　C. 苯丙氨酸　D. 组氨酸　E. 精氨酸

6. 下列氨基酸中除哪种外都是哺乳动物的必需氨基酸？(　　)

A. 苯丙氨酸　B. 赖氨酸　C. 酪氨酸　D. 亮氨酸　E. 甲硫氨酸

7. 下列关于多肽 Glu-His-Arg-Val-Lys-Asp 的叙述,哪个是错的？(　　)

A. 在 pH12 时,在电场中向阳极移动　B. 在 pH3 时,在电场中向阴极移动

C. 在 pH5 时,在电场中向阴极移动　D. 在 pH11 时,在电场中向阴极移动

E. 该多肽的等电点大约在 pH8

8. 下列哪组反应是错误的？(　　)

A. 葡萄糖-莫利希(Molisch)反应

B. 胆固醇-李-伯(Libermann-Burchard)反应

C. 色氨酸-坂口(Sakaguchi)反应

D. 氨基酸-茚三酮反应

E. 多肽-双缩脲反应

9. 血红蛋白的氧合曲线向右移动是由于(　　)。

A. O_2分压的减少　B. CO_2分压的减少

C. CO_2分压的增加　D. N_2分压的增加

E. pH 的增加

10. 免疫球蛋白是一种(　　)。

A. 糖蛋白　B. 脂蛋白　C. 铁蛋白　D. 铜蛋白　E. 核蛋白

11. 下列有关肌球蛋白的叙述哪个是正确的？(　　)

A. 它是一种需要锌离子的酶

B. 它是一个球形的对称分子

C. 它是一种 cAMP 的磷酸二酯酶

D. 它是一种与肌动蛋白结合的蛋白质

E. 它的 α 螺旋含量较低

12. 煤气中毒主要是因为煤气中的一氧化碳(　　)。

A. 抑制了巯基酶的活性,使巯基酶失活

B. 抑制了胆碱酯酶的活性,使乙酰胆碱堆积,引起神经中毒的症状

C. 和血红蛋白结合后,血红蛋白失去了运输氧的功能,使患者因缺氧而死

D. 抑制了体内所有酶的活性,使代谢反应不能正常进行

E. 以上说法都不对

13. 分离纯化下述活性肽:焦谷-组-色-丝-酪-甘-亮-精-脯-甘酰胺的有效方法之一为(　　)。

A. 羧甲基(CM-)纤维素层析

B. 二乙氨基乙基(DEAE-)纤维素层析
C. 葡聚糖 G-100 凝胶过滤
D. 酸性乙醇沉淀
E. 硫酸铵沉淀

14. 下列哪种方法可得到蛋白质的“指纹”图谱?( )
A. 酸水解,然后凝胶过滤
B. 彻底碱水解并用离子交换层析测定氨基酸的组成
C. 用氨肽酶降解并测定被释放的氨基酸的组成
D. 用胰蛋白酶降解,然后进行纸层析和纸电泳
E. 用2,4-二硝基氟苯处理蛋白质

15. 蛋白质一级结构与功能关系的特点是( )。
A. 相同氨基酸组成的蛋白质,功能一定相同
B. 一级结构相近的蛋白质,其功能类似性越大
C. 一级结构中任何氨基酸的改变,其生物活性即消失
D. 不同生物来源的同种蛋白质,其一级结构相同
E. 以上都不对

16. 蛋白质用硫酸铵沉淀后,可选用透析法除去硫酸铵。硫酸铵是否从透析袋中除净,你选用下列哪一种试剂检查?( )
A. 茚三酮试剂 B. 奈氏试剂 C. 双缩脲试剂
D. Folin-酚试剂 E. 斐林试剂

17. 若用电泳分离 Gly-Lys、Asp-Val 和 Ala-His 三种二肽,在下列哪个 pH 条件下电泳最为合适?( )
A. pH2 以下 B. pH2~4 C. pH7~9 D. pH10~12 E. pH12 以上

18. 对一个富含 His 残基的蛋白质,在使用离子交换层析时应优先考虑( )。
A. 严格控制蛋白质上样液的浓度 B. 严格控制盐浓度
C. 严格控制 NaCl 梯度 D. 严格控制洗脱液的 pH
E. 严格控制洗脱液的体积

19. 下列方法中的哪个可使 IgG 的重链与轻链分开?( )
A. 乙醇胺 B. 胃蛋白酶 C. 木瓜蛋白酶 D. 巯基乙醇 E. 胰蛋白酶

20. 蛋白质的别构效应( )。
A. 是蛋白质分子普遍存在的现象
B. 与蛋白质的变性作用相似
C. 总是和蛋白质的四级结构紧密联系
D. 和蛋白质的四级结构关系不大
E. 有时与蛋白质的四级结构有关,有时无关

21. 实验室合成多肽除了化学合成外,还可以利用酶催化进行酶促合成。目前酶促合成所用的酶类是( )。
A. 氨基转移酶 B. 羧基转移酶 C. 蛋白激酶
D. 蛋白水解酶 E. 肽基转移酶

22. 下列氨基酸中哪个破坏 α 螺旋的形成？（　　）
A. A　B. E　C. L　D. P　E. W

23. 肽链主干原子的连接方式是（　　）。
A. —C—C—N—N—　B. —C—O—C—N—
C. —C—N—C—C—　D. —C—N—N—C—
E. —C—C—C—N—

24. SDS-聚丙烯酰胺凝胶电泳常用的指示剂是（　　）。
A. 石蕊　B. 亚甲基蓝　C. 溴酚蓝　D. 酚酞　E. 联苯胺

25. 采用下列哪个反应可区分 α-氨基酸、β-氨基酸和 γ-氨基酸？（　　）
A. 茚三酮反应　B. 双缩脲反应
C. 米伦氏反应（Millon 反应）　D. 黄色反应
E. Pauly 反应

26. 欲使硫酸铵沉淀蛋白质的效果更好，可（　　）。
A. 改变硫酸铵浓度
B. 使蛋白质溶液呈中性
C. 调节蛋白质溶液的 pH，使大于其 pI
D. 调节蛋白质溶液的 pH，使小于其 pI
E. 使溶液 pH=pI，并改变离子强度

27. 用硅胶薄层层析分离 G、L 和 K 三种氨基酸的混合物，Rf 值从大到小排序应为（　　）。
A. K>G>L　B. L>G>K　C. L>K>G　D. G>K>L　E. K>L>G

28. 下列哪一种实验技术不一定依赖蛋白质的特异抗体？（　　）
A. Westerm blot　B. 免疫共沉淀（IP）
C. 免疫荧光显微镜　D. 亲和层析
E. ELISA

29. 蛋白质二维电泳一般第一向为下列哪种电泳？（　　）第二向为 SDS-PAGE。
A. 等电聚焦　B. 免疫电泳　C. 毛细管电泳
D. 非变性电泳　E. 琼脂糖凝胶电泳

30. α-角蛋白的三股螺旋之间是通过下列哪种键连接？（　　）
A. 氢键　B. 离子键　C. S—S 键　D. 疏水键　E. 酯键

（二）多项选择题（下列各题均有四个备选项，其中两个或两个以上为正确选项，请将正确选项的代码填入括号内）

1. 下列哪些是结合蛋白质？（　　）
A. 黏蛋白　B. 细胞色素 c　C. 血红蛋白　D. 清蛋白

2. 下列哪些蛋白质具有四级结构？（　　）
A. 血红蛋白　B. 烟草斑纹病毒外壳蛋白
C. 乳酸脱氢酶　D. 肌红蛋白

3. 下列关于蛋白质结构的叙述哪些是正确的？（　　）
A. 二硫键对稳定蛋白质的构象起重要作用
B. 当蛋白质放入水中时，带电荷的氨基酸侧链趋向于排列在分子的外面

C. 蛋白质的一级结构决定高级结构
D. 氨基酸的疏水侧链很少埋在蛋白质分子的内部

4. 含有卟啉环的蛋白质是(　　)。
A. 血红蛋白　B. 肌红蛋白　C. 细胞色素　D. 过氧化氢酶

5. 下列蛋白质中哪些含有铁离子？(　　)
A. 细胞色素 c　B. 血红蛋白　C. 肌红蛋白　D. 过氧化物酶

6. 下列有关血红蛋白运输氧的叙述哪些是正确的？(　　)
A. 四个血红素基各自独立地与氧结合,彼此之间并无联系
B. 以血红蛋白结合氧的百分比对氧分压作图,曲线呈 S 形
C. 氧与血红蛋白的结合能力比一氧化碳强
D. 氧与血红蛋白的结合并不引起血红素中铁离子价数的变化

7. 下述原因中哪些会导致血红蛋白与氧亲和力的下降？(　　)
A. 提高红细胞内 2,3-二磷酸甘油酸的水平
B. 酸中毒
C. 提高 CO_2的水平
D. 一分子氧和脱氧血红蛋白分子四个结合位中的一个结合

8. 下列关于 γ-免疫球蛋白的叙述哪些是正确的？(　　)
A. 每一个免疫球蛋白作为抗体分子含有两个与抗原结合的部位
B. 多发性骨髓瘤患者排泄的尿中含有不完整的免疫球蛋白本琼氏蛋白
C. 免疫球蛋白重链和轻链的 C 端氨基酸顺序是恒定的,而 N 端的氨基酸顺序是可变的
D. 使免疫球蛋白肽链连接的唯一化学键具有非共价键的性质

9. 图 3-2 所示的是免疫球蛋白被木瓜蛋白酶水解后形成的两个 A 片段和一个 B 片段,就 A 片段而言,下列哪些叙述是正确的？(　　)
A. 含有抗体结合部位　B. 是本琼氏(Bence-Jones)蛋白
C. 含有高变区顺序　D. 是重链

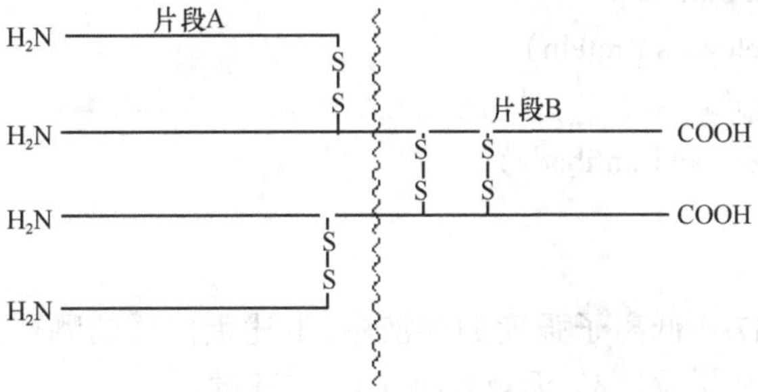

图 3-2

10. 下列有关相对分子质量测定的各项,哪些是正确的？(　　)
A. 用超离心法测相对分子质量过程中,沉降系数大一倍,相对分子质量也大一倍
B. 多糖类一般没有固定的相对分子质量

C. 从蛋白质的氨基酸组成无法推测蛋白质的相对分子质量

D. SDS-聚丙烯酰胺凝胶电泳测得的是亚基的相对分子质量

11. 下列哪些是糖蛋白？(　　)

A. 血型蛋白　　B. 胶原蛋白

C. 免疫球蛋白　　D. 绒毛膜促性腺激素

12. 用聚乙二醇共价修饰蛋白质后(　　)。

A. 增加蛋白质在体内的半衰期

B. 增加蛋白质的溶解度

C. 增加异源蛋白质在人体内的免疫排斥反应

D. 减少异源蛋白质在人体内的免疫排斥反应

13. 下列有关蛋白质三级结构的叙述,正确的是(　　)。

A. 三级结构涉及蛋白质分子或亚基内所有原子的空间排布

B. 亲水基团多位于三级结构的表面

C. 三级结构主要靠非共价键维持

D. 具有三级结构的多肽链都有生物学活性

14. 下列有关蛋白质四级结构的叙述,正确的是(　　)。

A. 由 2 条或 2 条以上具有三级结构的多肽链组成

B. 胰岛素具有四级结构

C. 一条多肽链就是一个亚基

D. 蛋白质亚基的排列是对称性的

四、名词解释

1. 超二级结构(supersecondary structure)
2. 结构域(structural domain)
3. 蛋白质的别构作用(allosterism)
4. 免疫球蛋白(immunoglobulin)
5. 拉氏图(Ramachandran map)
6. 同源蛋白质(homologous protein)
7. 分子病(molecular disease)
8. 抗原与抗体(antigen and antibody)

五、问答题

1. 假定蛋白质在 pH7.0 低离子强度的溶液中,下述蛋白质的哪些氨基酸残基能形成：(1) α 螺旋;(2) β 折叠;(3) 无规卷曲;(4) 二硫键。

Ile-Cys-Pro-Val-Gln-His-Tyr-Thr-Ala-Phe-Cys-Trp-Leu-Met-Pro-Gly-Gly-Hypro-Phe-Gly-

5　　10　　15　　20

Ala-Gly-Ala-Gly-Ser-Gly-Ala-Gly-Ile-Glu-Asn-Glu-Gln-Asn-Met-Ala-His-Phe-Trp-Tyr-

25　　30　　35　　40

Lys-Gly-Lys-Lys-Arg-Arg-Cys-Glu-Ile-Gly-Ser-Gly-Ser-Gly-Ala-Gly-Ser-Gly-Arg-Arg-
45　50　55　60

Lys-Gly-Arg-Gly-Arg-Pro-Hypro
65

2. 不同 pH 时测定二种多聚氨基酸的旋光度,结果如图 3-3 所示。(1)解释旋光度急剧变化的原因。(2)旋光度和二级结构有什么关系?

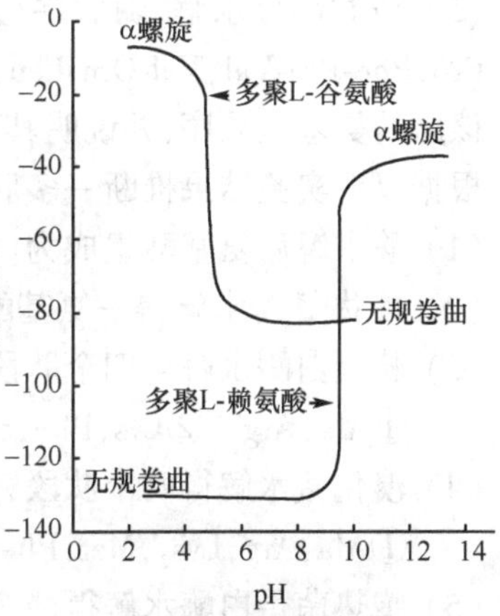

图 3-3　两种多聚氨基酸的旋光度和 pH 之间的关系

3. 假设某蛋白质含有羧基和氨基各 10 个,pK_1 的平均值为 2.5。pK_2 的平均值为 8.5。假设 10 个羧基和 10 个氨基都能生成盐键,用图表示 pH 和盐键的关系。
4. 假设某蛋白质含有 10 个羧基,平均 pK 为 3.5。2 个咪唑基,平均 pK 为 6.0 和 14 个—NH_3^+,平均 pK 为 10.0。从 pH1 开始用 NaOH 滴定,试问达到等电点时应有多少个 H^+ 被滴定掉?画出蛋白质的滴定曲线,并标明等电点的位置。
5. 图 3-4 是由末端没有封闭的一条多肽链组成的蛋白质滴定曲线。(1) 列出该蛋白质中所有可能的滴定基团和相应的 pK_a 值。(2) 估计该蛋白质分子中每一种可滴定的基团有多少(假设每分子蛋白质中有 36 个可滴定的基团,而所有的半胱氨酸残基均包含在二硫键中)?(3) 估计这个蛋白质的相对分子质量,并简述理由。

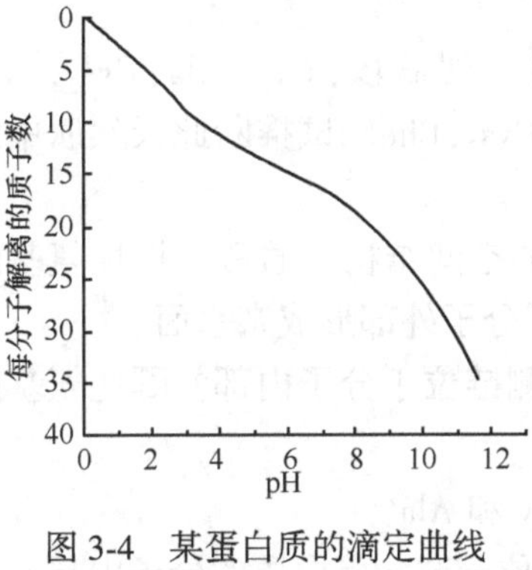

图 3-4　某蛋白质的滴定曲线

6. 当一种四肽与 FDNB 反应后,用 6mol/L HCl 水解得 DNP-Val 及三种其他氨基酸。当这种四肽用胰蛋白酶水解时形成两种碎片。其中一种碎片用 $LiBH_4$ 还原后再进行水解,水解液中发现有氨基乙醇和一种与重氮苯磺酸反应生成棕红色的氨基酸。试问在原来的四肽中可能存在哪几种氨基酸,它们的顺序怎样?
7. 某一肽经酸水解组成分析为 5 种氨基酸,该肽的 N 端非常容易环化。经溴化氰处理后得一游离碱性氨基酸,Pauly 反应阳性。若用胰蛋白酶作用则得两个肽段:其一为坂口反应阳性,另一个在 280nm 有强的光吸收,并 Millon 反应呈阳性。求此肽的氨基酸排列顺序,并指出它的等电点应该是大于、等于或小于 7?
8. 某一多肽抗生素:(1) 彻底酸水解并随后进行氨基酸分析知含有等物质的量的 Leu、Orn、Phe、Pro 和 Val;(2) 此肽的相对分子质量大约为 1200;(3) 当用羧肽酶处理该肽时,该肽不被水解;(4) 该肽用 2,4-二硝基氟苯处理,随后完全水解并进行层析仅仅得到游离氨基酸和 DNP-δ-Orn:

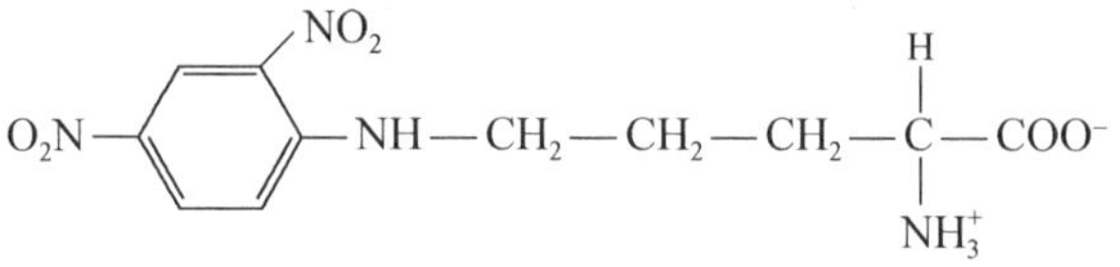

（5）该肽部分水解，随后层析分离并进行顺序分析得下列二肽和三肽：Leu-Phe，Phe-Pro，Phe-Pro-Val，Val-Orn-Leu，Orn-Leu，Val-Orn，Pro-Val-Orn。根据以上实验结果推出该肽的氨基酸顺序，并说明其理由。

9. 根据以下实验结果推断一多肽链的氨基酸顺序。

（1）酸水解后氨基酸组成为 Ala_2，Arg，Lys_2，Met，Phe，Ser_2。

（2）羧肽酶 A 水解得一氨基酸为 Ala。

（3）胰蛋白酶水解得四个肽段，其氨基酸组成如下：

①Ala，Arg ②Lys，Phe，Ser ③Lys ④Ala，Met，Ser。

（4）溴化氰水解得两个肽段，其氨基酸组成如下：

①Ala，Arg，Lys_2，Met，Phe，Ser ②Ala，Ser。

（5）嗜热菌蛋白酶水解得两个肽段，其氨基酸组成如下：

①Ala，Arg，Ser ②Ala，Lys_2，Met，Phe，Ser。

10. 一个多肽还原后生成两条肽链，序列如下：

链 1：Ala-Cys-Phe-Pro-Lys-Arg-Trp-Cys-Arg-Arg-Val-Cys

链 2：Cys-Tyr-Cys-Phe-Cys

用嗜热菌蛋白酶水解二硫键完整的天然肽，得到下列肽段：（1）Ala，Cys_2，Val；（2）Arg，Lys，Phe，Pro；（3）Arg_2，Cys_2，Trp，Tyr；（4）Cys_2，Phe。试推断此天然肽中二硫键的位置。

11. 有一球状蛋白质，在 pH7 的水溶液中能折叠成一定的空间结构。通常非极性氨基酸侧链位于分子内部形成疏水核，极性氨基酸侧链位于分子外部形成亲水面。

（1）Val、Pro、Phe、Asp、Lys、Ile 和 His 中哪些氨基酸侧链位于分子内部？哪些氨基酸侧链位于分子外部？

（2）为什么球状蛋白质分子内部和外部都可发现 Gly 和 Ala？

（3）虽然 Ser、Thr、Asn 和 Gln 是极性的，为什么它们位于球状蛋白质的分子内部？

（4）在球状蛋白质分子的内部还是外部能找到 Cys（半胱氨酸），为什么？

12. 血红蛋白（Hb）是由两个 α 亚基和两个 β 亚基组成的四聚体，它的 α 亚基和 β 亚基的结构很类似于肌红蛋白（Mb）。但是 Mb 中许多亲水残基在 Hb 中却被疏水残基取代。问：（1）这种现象怎样与疏水残基折叠到分子内部的原则相一致？（2）在维持 Hb 四级结构的作用力方面，你能得出什么结论？

13. 人血浆中有三种相对分子质量相近的蛋白质，已用物理方法知道了它们的天然状态。一种是单体，分子呈雪茄形；另一种也是单体，分子接近球状；还有一种是由相同亚基组成的四聚体中的一个亚基。它们的氨基酸组成如表 3-1 所示。你能根据氨基酸组成推断哪种氨基酸组成对应于哪种形状的蛋白质吗？为什么？

表 3-1 三种血浆蛋白质的氨基酸组成

氨基酸	每分子的残基数			氨基酸	每分子的残基数		
	蛋白质 1	蛋白质 2	蛋白质 3		蛋白质 1	蛋白质 2	蛋白质 3
极性残基				非极性残基			
Arg	12	4	7	Ala	14	28	25
Asn	9	6	5	Gly	9	9	8
Asp	14	5	9	Ile	5	16	9
Cys	7	2	6	Leu	3	19	7
Gln	8	7	6	Met	7	11	9
Glu	11	4	6	Phe	9	15	11
His	4	2	4	Pro	8	13	10
Lys	22	6	15	Val	16	29	21
Ser	20	8	21				
Thr	15	5	11				
Trp	2	3	3				
Tyr	7	7	6				

14. 有三种未知的蛋白质 A、B、C。一种蛋白质主要是 α 螺旋构象。另一种主要是 β 折叠构象。还有一种是三股螺旋的胶原蛋白。用氨基酸分析仪测定了每种蛋白质的氨基酸组成,结果如表 3-2 所示。你能指出哪种蛋白质相应于哪种构象吗? 为什么?

表 3-2 三种蛋白质的氨基酸组成(物质的量百分比)

蛋白质	A	B	C	蛋白质	A	B	C
Ala	29.4	5.0	10.7	Leu	0.5	6.9	2.4
Arg	0.5	7.2	5.0	Lys	0.3	2.3	3.4
Asp	1.3	6.0	4.5	Met	—	0.5	0.8
Cys	—	11.2	—	Phe	0.5	2.5	1.2
Glu	1.0	12.1	7.1	Pro	0.3	7.5	12.2
Gly	44.6	8.1	33.0	Ser	12.2	10.2	4.3
His	0.2	0.7	0.4	Trp	0.2	1.2	—
Hypro	—	—	9.4	Tyr	5.2	4.2	0.4
Ile	0.7	2.8	0.9	Val	2.2	5.1	2.3

注:"—"表示不含此种氨基酸

15. 有 A、B、C 三种不同蛋白质,在 pH7 进行电泳,结果如图 3-5 所示。若在 pH7 用中性盐沉淀这三种蛋白质,哪种蛋白质首先沉淀? 哪种次之? 哪种最后?

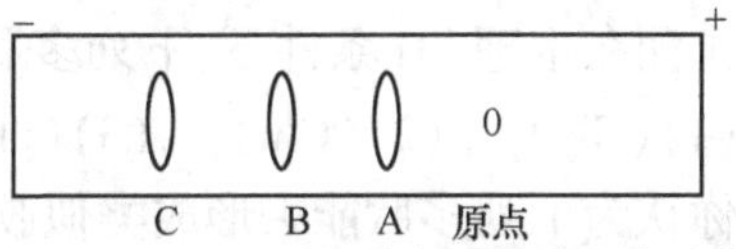

图 3-5 A、B、C 三种不同蛋白质电泳示意图

16. 一些异常血红蛋白(HbD、HbJ、HbN、HbC)和正常血红蛋白(HbA)仅仅是一个氨基酸的差异。

HbD(α68)：　Asn $\xrightarrow{\text{变成}}$ Lys

HbJ(β69)：　Gly $\xrightarrow{\text{变成}}$ Asp

HbN(β95)：　Lys $\xrightarrow{\text{变成}}$ Glu

HbC(β6)：　Glu $\xrightarrow{\text{变成}}$ Lys

将上述四种异常血红蛋白与正常血红蛋白在 pH8.6 条件下进行电泳，电泳迁移率如下：

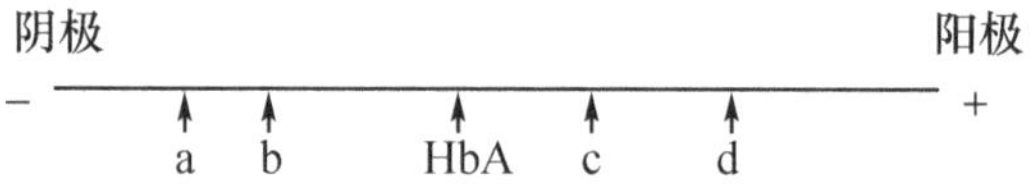

问：a 带、b 带、c 带和 d 带分别代表哪种异常血红蛋白？

17. 若细胞色素 c、β-乳球蛋白、一种未知蛋白质和血红蛋白用凝胶过滤分离时，其洗脱液体积分别为 118ml、58ml、37ml 与 24ml，试求未知蛋白质的相对分子质量(假定所有蛋白质都是球形的，相对分子质量都在凝胶过滤的分级分离范围内)。

18. 凝胶过滤和 SDS-聚丙烯酰胺凝胶电泳这两种分离蛋白质的方法均建立在分子大小的基础上，而且两种方法均采用交链的多聚物作为支持介质，为什么在凝胶过滤时，相对分子质量小的蛋白质有较长的保留时间，而在 SDS-聚丙烯酰胺凝胶电泳时，它又“跑”得最快？

19. 在一抽提液中含有三种蛋白质，其性质如下：

蛋白质	相对分子质量	等电点
A	20 000	8.5
B	21 000	5.9
C	5 000	6.0

试设计一个方案来分离纯化这三种蛋白质。

20. 从蛋白质的一级结构可预测它的三维结构，下面是一段肽链的氨基酸序列：

1　　5　　10　　15　　20　　25　28

L-A-H-T-Y-G-P-F-E-A-A-M-C-K-W-E-A-Q-P-D-G-M-E-C-A-F-H-R

(1) 基于以上的氨基酸序列，预测将会在何处形成弯折(bend)或 β 转角(β trun)？

(2) 何处形成链内二硫键？

(3) 假定此序列是一个较大的球状蛋白质分子中的一部分，指出以下氨基酸残基：D、I、T、A、Q、K 的可能位置(在蛋白质的表面还是内部)，并解释其原因。

21. 预测在生理 pH 条件下，下列多肽最可能形成哪种二级结构？

(1) $(Gly)_n$　(2) $(Glu)_n$　(3) $(pro)_n$　(4) G-A-G-T　(5) E-A-L-H　(6) G-S-G-A-G-A

22. 你认为下列多肽能否形成类似胶原的三螺旋结构？为什么？

(1) $(pro)_n$　(2) $(G\text{-}P\text{-}P)_n$　(3) $(G\text{-}P\text{-}G\text{-}P)_n$

23. 含有乳清蛋白($pI=4.6$)、β-乳球蛋白($pI=5.2$)及胰凝乳蛋白酶原($pI=9.5$)的溶液，用二乙氨基乙基纤维素(DEAE-纤维素)pH 为 5.4 的层析柱分离。然后用 pH 为 5.4 的缓冲液洗脱，溶液中盐浓度逐步增加。请预测三种待分离蛋白质组分的洗脱顺序。
24. 在电泳后的凝胶上如何进行糖蛋白条带的染色？
25. 蛋白质相互作用检测是生命科学研究工作中常用的分析方法，请列举三种常用的检测蛋白质相互作用的方法，并分别阐述方法原理。

六、计算题

1. (1) 赖氨酸 ε-氨基的 pK_a 为 10.5，在 pH9.5 的赖氨酸稀溶液中，ε-氨基中有多少被质子化(以百分比表示)？
   (2) 谷氨酸 γ-羧基的 pK_a 为 4.3，在 pH5.0 的谷氨酸稀溶液中，γ-羧基中有多少去质子化(以百分比表示)？
2. 0.1mol/L 的谷氨酸溶液处于它的等电点，计算：
   (1) 主要等电形式的谷氨酸的近似浓度。
   (2) 完全质子化形式的谷氨酸的近似浓度。
   (3) 在溶液中浓度甚至小到几乎没有的，共有多少种形式？
3. 一种仅含 L-异亮氨酸和 L-苯丙氨酸的溶液，在 25cm 长的旋光管中，25℃测得旋光度为-1.97°。当取此溶液 100ml，调 pH 至 8.0，并且用过量的甲醛处理后，需要用 0.5mol/L NaOH 66.8ml 方能滴回到 pH8.0。问原溶液中异亮氨酸和苯丙氨酸的物质的量浓度各为多少？
4. 氨基酸残基的平均相对分子质量为 120①，可溶性蛋白质的平均密度为 $1.33g/cm^3$。计算：(1)可溶性蛋白质的平均比容；(2)含有 270 个氨基酸的蛋白质，其单个分子的质量；(3)这种蛋白质的单个分子所占有的体积；(4)这种蛋白质的一个分子能否放在 10nm 厚的细胞膜内(假设该分子为球形)？
5. 已知牛血清白蛋白含色氨酸 0.58%(按质量计)，色氨酸相对分子质量为 204。(1)计算最低相对分子质量。(2)用凝胶过滤测得牛血清白蛋白相对分子质量大约为 7 万，问牛血清白蛋白分子中含几个色氨酸残基？
6. 如果某一纯蛋白质溶液，浓度为 1%，在等电点 pH 时，于 0℃测得渗透压为 46mm 水柱，计算该蛋白质的相对分子质量(假定蛋白质溶液是理想溶液)。
7. 大肠杆菌长 2μm，直径 1μm。当它们生长在有乳糖的培养基上，就能合成 β-半乳糖苷酶($M_r=450\,000$)。大肠杆菌细胞的平均密度为 1.2g/ml，总质量的 14%是可溶性蛋白质，可溶性蛋白质的 1%是 β-半乳糖苷酶。计算生长在乳糖培养基上的一个大肠杆菌细胞中 β-半乳糖苷酶分子的数目。
8. 硫酸铵是蛋白质盐析中常用的中性盐，(1)若使硫酸铵溶液的饱和度由 30%增至 60%，应向 1L 溶液中加入多少固体硫酸铵？(2)若使 100ml 硫酸铵溶液的饱和度由 30%增至 60%，应向其中加入多少饱和硫酸铵溶液？

①关于氨基酸残基的平均相对分子质量一般按 110～120 计算，本书采用 120

答　案

基　础　题

一、填充题

1. $R—\underset{NH_3^+}{\overset{H}{C}}—COO^-$
2. 精氨酸　赖氨酸　组氨酸　天冬氨酸　谷氨酸
3. (1)酪氨酸　(2)色氨酸　苯丙氨酸　(3)半胱氨酸　(4)丝氨酸　苏氨酸　(5)丝氨酸
4. 氨基酸所带净电荷为零时溶液的 pH
5. 精氨酸　赖氨酸　组氨酸
6. $pH = pKa + lg([A^-]/[HA])$ 或 $pH = pKa + lg$([质子受体]/[质子供体])
7. 两性　负　正
8. 异硫氰酸苯酯或称苯异硫氰酸(PITC)
9. Glu　Val
10. 22
11. 氨基酸的 α-氨基　亚硝酸　氮气
12. 氨基酸的—NH_3^+　质子
13. 色氨酸　酪氨酸　苯丙氨酸
14. 2　10
15. 链状　环状　分支　链状
16. 苄氧羰基(Cbz 基)　叔丁氧羰基(Boc 基)　联苯异丙氧羰基(Bpoc)　芴甲氧羰基(Fmoc)
17. N,N′-二环己基碳二亚胺(DCCI)
18. 丝氨酸　苏氨酸　羟赖氨酸　羟脯氨酸　天冬酰胺
19. C_α—C　C_α—N
20. 苏氨酸　缬氨酸　异亮氨酸
21. 3.6　0.54nm　0.15nm　100
22. 三　羟脯氨酸　羟赖氨酸
23. 疏水　亲水
24. 氢键　离子键(盐键)　疏水键　范德瓦耳斯引力　二硫键　配位键
25. 阴离子　阳离子
26. 双缩脲法　Folin-酚试剂法　紫外吸收法　凯氏定氮法　考马斯亮蓝结合法
27. 免疫
28. 透析　超滤
29. 逆流分溶　纸层析　聚酰胺薄膜层析　薄层层析
30. SDS-聚丙烯酰胺凝胶电泳　凝胶过滤　超离心
31. 脯氨酸
32. 氢键　离子键　疏水键(疏水作用)　范德瓦耳斯力
33. 二硝基氟苯(FDNB)　异硫氰酸苯酯(PITC)　丹磺酰氯(DNS-Cl)　氨肽酶　肼解　羧肽酶
34. 氧分压　二氧化碳分压　氢离子浓度　2,3-二磷酸甘油酸
35. α 螺旋　β 折叠　β 转角　无规卷曲　Ω 环
36. 氢键　3.6　0.54nm
37. 溶解度　分子大小　电荷　吸附作用　对配体分子的亲和力

二、是非题

1. 错。甘氨酸无不对称 α-碳原子。
2. 对。
3. 错。蛋白质中的氨基酸有左旋的,也有右旋的。
4. 错。自然界的蛋白质均由 L-型氨基酸组成,但多肽类物质就不一定,如多肽抗生素中的短杆菌肽 S、酪杆菌肽等都含有 D-型氨基酸。
5. 对。
6. 错。酸水解时色氨酸和部分羟基氨基酸被破坏,谷氨酰胺和天冬酰胺分别变成谷氨酸和天冬氨酸,胱氨酸变成半胱氨酸,而半胱氨酸与茚三酮不发生颜色反应。
7. 错。用纸电泳法分离氨基酸主要根据氨基酸所带净电荷的不同。
8. 对。组氨酸和精氨酸是人体的半必需氨基酸,人体可合成一部分,但为量甚少,不足维持正常生理,需由食物供给一部分,故称半必需氨基酸。
9. 对。Pro 并不影响 CNBr 的裂解反应。
10. 对。
11. 对。

12. 对。
13. 错。含有两个或两个以上酰胺键的化合物才有双缩脲反应,二肽分子中只有一个酰胺键,所以无双缩脲反应。
14. 错。尿素是蛋白质变性剂,它使蛋白质分子中的氢键破坏,但不能拆开二硫键。
15. 对。
16. 错。氢键是指一个极性很强的 X—H 基上的氢原子与另一个电负性强的原子 Y(如 O、N、F 等)相互吸引所形成的键(X—H···Y—),而不是指氢原子之间形成的键。
17. 错。生物合成胰岛素时,首先合成它的前体——前胰岛素原,它是单链的。
18. 错。维持蛋白质三级结构最重要的作用力是疏水键(或称疏水作用)。
19. 错。蛋白质分子所带的电荷主要来自带电荷的侧链基团。
20. 对。
21. 错。亚基是肽链,但肽链不一定是亚基,如胰岛素 A 链与 B 链,经共价的硫—硫键连成胰岛素分子,A 链与 B 链不是亚基。
22. 对。
23. 对。
24. 错。别构酶一般是由亚基组成的。SDS-聚丙烯酰胺凝胶电泳测出的是亚基的相对分子质量,而不是别构酶的相对分子质量。
25. 对。
26. 对。
27. 对。
28. 错。在多肽分子中除肽键外,还有二硫键等其他共价键。
29. 错。血红蛋白是输氧蛋白,而肌红蛋白主要是捕获氧、储藏氧。
30. 错。氧与血红蛋白血红素中的二价铁结合,而二氧化碳与血红蛋白 4 个亚基的 N 端氨基结合。
31. 对。
32. 错。从蛋白质水解物中分离出来的常见氨基酸在 20 种左右,但自然界中发现的氨基酸已有 200 多种。
33. 错。亚基是指一条多肽链或以共价键连接在一起的几条多肽链组成的蛋白质分子的最小共价结构单位。而结构域是指在较大的球状蛋白质分子中,多肽链往往形成几个紧密的球状构象,彼此分开,以松散的肽链相连,此球状构象就是结构域。
34. 对。
35. 对。
36. 对。
37. 错。若该蛋白质的等电点(pI)小于 5.0,则溶液 pH5.0 大于 pI,蛋白质主要以负离子形式存在,电泳时向阳极移动。只有当该蛋白质的 pI 大于 5.0 时,则溶液 pH5.0 小于 pI,蛋白质主要以正离子形式存在,电泳时向阴极移动。
38. 对。
39. 对。
40. 对。
41. 对。

三、选择题

(一) 单项选择题

1. (C)色氨酸含有吲哚环。甲硫氨酸是含硫氨基酸,苏氨酸是含羟基氨基酸,缬氨酸是分支氨基酸,组氨酸分子中含有咪唑环。
2. (D)脯氨酸是非极性氨基酸。酪氨酸分子中含有羟基是极性氨基酸。
3. (B)因为甘氨酸的 α-碳上结合了两个氢原子,这样甘氨酸就没有不对称碳原子,因此也就没有光学活性。在蛋白质中发现的其他所有氨基酸都有光学活性,它们属于 L-型,即与 L-甘油醛相同的那种构型。
4. (A)在 280nm,色氨酸、酪氨酸和苯丙氨酸的摩尔消光系数分别为 5500、540、120。由于大多数蛋白质中含酪氨酸的量比色氨酸多,因此蛋白质在 280nm 处的光吸收主要应该归功于酪氨酸。肽键在 215nm 处具有最大的光吸收,胱氨酸中二硫键在 240nm 处只有微弱的光吸收。半胱氨酸中的硫原子在这一波长范围内的光吸收并没有什么意义。
5. (D)组氨酸咪唑基的 pK_a 值为 6.0,最接近于生理 pH。
6. (A)肽键在 215nm 处有最大光吸收,核酸分子中碱基共轭双键在 260nm 处有最大光吸收,蛋白质分子中的色氨酸、酪氨酸和苯丙氨酸在 280nm 处有最大光吸收,而还原辅酶Ⅰ或还原辅酶Ⅱ中由于嘧啶环还原成醌型而在 340nm 处有光吸收。

7. (B)题中所列的多肽经酸水解以后均能产生等物质的量的三种氨基酸。胰蛋白酶水解精氨酸或赖氨酸的羧基形成的肽键。只有 Ala-Lys-Gly 经胰蛋白酶水解以后产生一个游离的甘氨酸和一种二肽。

8. (D)测定小肽氨基酸顺序最好的方法是苯异硫氰酸法。此法的最大优点是苯异硫氰酸和肽链N端氨基酸的α-氨基反应后形成相应的苯硫氨甲酰肽(PTC-肽),然后在酸性条件下,N端的苯硫氨甲酰氨基酸(PTC-氨基酸)环化形成苯硫乙内酰脲衍生物(PTH-氨基酸)并从肽链上脱落下来,而肽链的其余部分仍是完整的,又可重复上面的反应。蛋白质顺序仪的基本原理就是采用苯异硫氰酸法(又称 Edman 降解法)逐个降解肽链N端的氨基酸而测定氨基酸在肽链中的排列顺序。

9. (A)含两个或两个以上肽键的化合物,在碱性溶液中能与稀硫酸铜反应,在一个铜原子和四个氮原子之间形成一个配位复合物,而产生一个特有的紫色,这就是双缩脲反应。茚三酮反应需要一个氨基酸的游离氨基。紫外吸收主要测定酪氨酸和色氨酸残基。而凯氏定氮和奈氏试剂这两个方法均是测定蛋白质经消化以后的铵离子。

10. (B)Sanger 首先利用 2,4-二硝基氟苯与氨基酸、肽或蛋白质的自由α-氨基反应,生成一种黄色的二硝基苯衍生物。

11. (C)典型的α螺旋是 3.6_{13}。表示每圈螺旋包含3.6个氨基酸残基,氢键所封闭的环的原子数是13。

12. (C)α螺旋是蛋白质二级结构中的一种。它的稳定因素包括:①—CO基与—NH基之间形成的分子内部的氢键;②α螺旋的空间排列减小了R基团之间不利的空间效应。疏水作用对α螺旋结构的稳定性并不重要。α螺旋被脯氨酸和甘氨酸残基所破坏。

13. (D)血红蛋白是由四个亚基构成。每个亚基都含有一个血红素辅基,每个血红素由原卟啉Ⅸ与铁离子组成。所以一个血红蛋白分子中含有四个铁离子。

14. (D)血红蛋白是由四个亚基组成的,每个亚基可结合一分子氧,所以一分子血红蛋白可结合四分子氧。

15. (C)血红蛋白的辅基是铁原卟啉Ⅸ,它是由原卟啉Ⅸ与铁离子组成的络合物。

16. (A)生理状态下,血红蛋白与氧结合前后铁离子的价数不变,都是二价,这是血红蛋白的一个重要性质。

17. (C)血红蛋白有别构效应,所以氧合曲线呈S形。

18. (D)前胰岛素原的信号肽富含疏水侧链的氨基酸残基,这有利于通过内质网膜的脂双层结构,有利于蛋白质的输送。

19. (B)为了充分还原核糖核酸酶除了应用β-巯基乙醇外,还需加尿素。β-巯基乙醇是还原剂,使S—S键还原成—SH;尿素是蛋白质变性剂,使氢键破坏。

20. (C)羟脯氨酸并不直接参入多肽链。已经参入肽链中的脯氨酸残基通过一个利用分子氧、α-酮戊二酸和抗坏血酸的反应,被羟化而形成羟脯氨酸残基,这种羟脯氨酸是专一地在胶原蛋白和有关的蛋白质中被发现。

21. (D)糖基的C-1往往与肽链中丝氨酸的OH基以*O*-糖苷键相连。

22. (B)SDS凝胶电泳因为在蛋白质样品中加入SDS就使蛋白质解离成亚基,并使每条多肽链完全伸展,在这过程中,多肽链结合大量的SDS,从而使蛋白质分子带有足够的负电荷,这些负电荷远远超过蛋白质分子原有的电荷,所以电泳过程就和凝胶过滤相似,电泳速度只取决于蛋白质分子的大小。

23. (B)血红蛋白别构效应的本质是铁离子的自旋状态发生变化,从高自旋的 Fe^{2+} 变成低自旋的 Fe^{2+}。

24. (C)因His咪唑基的 pK_a 为6.0,在生理pH条件下有明显的缓冲作用。

25. (E)蛋白质水解物中常见的20种氨基酸中有两种氨基酸,即Thr和Ile含有两个不对称碳原子。

26. (C)氢键、离子键、疏水作用、范德瓦耳斯力和二硫键在维持蛋白质的三级结构中共同起作用,但其中疏水作用是维持蛋白质三级结构的最重要作用力。

27. (D)亲和层析是根据蛋白质能与特异的配体(ligand)相结合而设计的方法,如抗原与抗体,酶与底物,激素与受体都能特异结合,形成蛋白质配体复合物。这种特异的结合是非共价结合并且是可逆的,可以通过改变条件,使复合物解离,然后再分离。

28. (A)正常人的血红蛋白(HbA)同镰刀状红细胞贫血病血红蛋白(HbS)结构上的差异仅仅是β链的第6位氨基酸,在HbA中此氨基酸为Glu,在HbS中此氨基酸为Val,因Hb有两条β链,在一个HbS分子中有2个Glu变成了Val,Glu在中性条件下其侧链羧基带负电荷,Val在中性条件下其侧链不带电荷,所以HbS与HbA相比,HbS的净电荷是增加了+2。

29. (C)因氨基酸残基的平均相对分子质量为110~120,在α螺旋结构中,每个氨基酸残基在轴上的距离为0.15nm,所以分子长度为70 000÷2÷110×0.15=47.7。

30. (D)疏水吸附层析是利用不带电荷的载体上偶联疏水基团而成的疏水吸附剂和样品的疏水基团间的相互作用使它们吸附在一起,然后改变层析条件,减弱疏水相互作用使吸附的蛋白质从吸附剂上解吸下来。一般在较高的离子强度(4mol/L,NaOH)下吸附蛋白质,然后改变层析条件,降低盐浓度,减弱疏水相互作用,使蛋白质解吸下来。

31. (A)β折叠是蛋白质中常见的一种二级结构,在部分球状蛋白质分子中存在或多或少的β折叠。

32. (A)人工合肽时,使氨基成—NH_2的形式即为它的活化形式,所以加入三乙胺可活化氨基。

33. (E)对角线电泳是将水解后的混合肽段点到滤纸的中央,在pH6.5的条件下,进行第一向电泳,肽段按其大小及电荷的不同分离开来。然后把滤纸暴露在过甲酸蒸气中,使S—S断裂。这时每个含二硫键的肽段被氧化成一对含半胱氨磺酸的肽。滤纸旋转90°在与第一向完全相同的条件下进行第二向电泳。

34. (E)用阳离子交换树脂分离氨基酸时,当提高洗脱液的pH和离子强度时,就降低了氨基酸与阳离子交换树脂之间的亲和力,所以各种氨基酸就以不同的顺序被洗脱下来。酸性和极性较大的氨基酸先被洗脱下来,接着被洗脱下来的是中性氨基酸,最后洗脱下来的是碱性氨基酸。Glu是酸性氨基酸,所以最先被洗脱下来;Ala是中性氨基酸,在Glu之后被洗脱下来;Lys是碱性氨基酸,最后被洗脱下来。

35. (C)硅胶薄层层析分离氨基酸是基于分配层析的原理。非极性氨基酸在流动的有机溶剂相中溶解度大,因此随着流动相而移动得快,Rf值就大;而极性氨基酸在水相中溶解度大,随着流动相移动的速度就慢,Rf值就小。Leu和Ala都是非极性氨基酸,且Leu的非极性要大于Ala,Lys是极性氨基酸,故三种氨基酸Rf值的排序为Leu的Rf值最大,其次为Ala和Lys。

36. (C)尿素和盐酸胍是蛋白质变性剂,不能断裂肽键。胰蛋白酶水解由碱性氨基酸(Arg、Lys)羧基形成的肽键。胰凝乳蛋白酶主要水解由芳香族氨基酸(Phe、Trp、Tyr)羧基形成的肽键。溴化氰专一裂解由甲硫氨酸的羧基形成的肽键。

37. (B)天然蛋白质中的氨基酸都属L型(甘氨酸除外,因甘氨酸无不对称碳原子,因而无D型及L型之分)。

38. (B)胃蛋白酶专一性很差。胰蛋白酶专一水解由碱性氨基酸(Lys、Arg)羧基形成的肽键。胰凝乳蛋白酶主要水解由芳香族氨基酸(Phe、Trp、Tyr)羧基形成的肽键。弹性蛋白酶水解由小的中性氨基酸羧基形成的肽键。嗜热菌蛋白酶水解由疏水性氨基酸氨基形成的肽键。

39. (B)羧肽酶A能释放除Arg、Lys、Pro、Hyp以外的所有C端氨基酸。羧肽酶B主要释放C端的Arg、Lys。羧肽酶C释放除Hyp以外的所有C端氨基酸。羧肽酶Y释放C端所有氨基酸。葡萄球菌蛋白酶也称Glu蛋白酶,断裂Glu羧基形成的肽键。

40. (B)蛋白质的一级结构决定蛋白质的三维结构。

41. (C)

42. (C)各种蛋白质的含氮量接近于16%,此值在蛋白质的定量上极为有用,因为分析一个样品的蛋白质含量时,一般都先测样品的总氮量百分比,再以常数6.25乘之。6.25即100/16,为1g氮所代表的蛋白质质量(1g氮相当于6.25g蛋白质)。

43. (A)离子交换层析时,通常在离子强度低的条件下加样上柱。Sephadex常用来分离分子大小不同的蛋白质。ConA 是一种植物凝集素，凝集素可与糖基高亲和性和高特异性的结合。ConA-Sepharose4B 常用于亲和层析，用来分离纯化糖蛋白。

44. (C) α-角蛋白富含胱氨酸，这是 α-角蛋白的特点，通过形成二硫键连接相邻肽链。

45. (A) 胶原蛋白具有独特的氨基酸组成，Gly 占 33%，Pro 占 13%，还含有不常见的 Hyp（羟脯氨酸）和 Hyl（羟赖氨酸）。

（二）多项选择题

1. (B、D) 题中所列 (A) 是鸟氨酸，它是精氨酸的代谢产物，是尿素循环的一个组分。(B) 是脯氨酸，它是蛋白质的组分。(C) 是 β-丙氨酸，它是 CoA 的组分。(D) 是苏氨酸，它是蛋白质的组分。

2. (A、C) 缬氨酸和异亮氨酸含有纯粹是碳氢的分支侧链，而组氨基酸含有一个含氮的咪唑环，色氨酸含有一个含氮的吲哚环。

3. (B、D) 在生理 pH 情况下，天冬氨酸和谷氨酸的侧链羧基带负电荷，赖氨酸的 ε-氨基带正电荷，半胱氨酸侧链不带电荷。

4. (A、B、C) 肽键的部分双键性质防止了肽键的自由旋转。肽键通常有反式构型，并且比 C—N 单键短。

5. (A、B、C) 谷胱甘肽是由谷氨酸、半胱氨酸和甘氨酸组成的三肽，结构式如下所示：

$$
\begin{array}{l}
H_2N—\underset{\displaystyle COOH}{\underset{|}{CH}}—CH_2—CH_2—CO—NH—\underset{\displaystyle CH_2SH}{\underset{|}{CH}}—CO— \\
NH—\underset{\displaystyle COOH}{\underset{|}{CH_2}}
\end{array}
$$

谷氨酸和半胱氨酸之间是通过谷氨酸的 γ-羧基形成肽键，这是不常见的。谷胱甘肽分子中有一个 α-氨基。分子中的—CH_2SH 易氧化成—CH_2SO_3H。

6. (B、D) 这是一个具有六个肽键的七肽。其中赖氨酸是碱性氨基酸，而其他都是中性氨基酸，所以它是一个碱性多肽。因赖氨酸的等电点比 8 高得多（$pI=9.7$），因此此肽的等电点大于 8。此七肽有七个侧链，只有末端赖氨酸的氨基侧链是亲水性的，而其余侧链都是亲脂性的，所以对脂质表面有一定的亲和力。

7. (A、B、C) 肌红蛋白是由一条多肽链和一个血红素辅基连接而成的紧密球状结构。多肽链中 75% 是 α 螺旋构象。血红素位于两个组氨酸残基（F_8，E_7）之间，其中一个组氨酸残基（F_8）与血红素中的铁离子以配位键相连，另一个组氨酸残基（E_7）不与血红素相连。肌红蛋白的大部分非极性基团在球状结构的内部。

8. (A、B、C) A、B 和 C 是氢键，D 是离子键。

9. (A、C) 蛋白质的变性是指天然蛋白质受物理或化学因素的影响，使蛋白质原有的特定的空间结构发生改变，从而导致蛋白质性质的改变和生物活性的丧失。亚基解聚和氢键破坏都会使蛋白质的空间结构发生改变，使蛋白质变性。蛋白质变性时，次级键断裂，肽键并不断裂，肽键的断裂则是蛋白质的降解。破坏水化层和中和电荷会使蛋白质胶体溶液不稳定，使蛋白质容易沉淀，但沉淀的蛋白质并不是变性的蛋白质，如盐析后的蛋白质通常并不变性。

10. (B、D) 在生理 pH 时，血红蛋白 β 链上第六位谷氨酸的 γ-羧基是解离的，因此带负电荷，而被缬氨酸取代以后，负电荷数减少了，因而在 pH7.0 电泳时，向阳极的移动速度也就减慢了。第六位上缬氨酸取代原有的谷氨酸后导致一级结构的改变，它使镰刀状红细胞的脱氧血红蛋白不溶解，有利于该蛋白质的聚合作用，这样就使红细胞挤扭成镰刀状，并产生贫血。

11. (B、D) 打开蛋白质分子中的二硫键可用过甲酸（HCOOOH）氧化的方法，也可用 β-巯基乙醇（$HSCH_2CH_2OH$）还原的方法。尿素是蛋白质变性剂不能打开二硫键。水解的方法主要是水解肽键。

12. (A、B、C) 叠氮法、活化酯法和混合酸酐法都可以将羧基活化，而羧基形成甲酯后，羧基被保护了。

13. (A、B) 球状蛋白质往往形成亲水面，疏水核，因此球状蛋白质是水溶性的。细胞内的酶类、蛋白质类激素都属于球状蛋白质。角蛋白和丝心蛋白是纤维状蛋白质。球状蛋白质中有的含 α 螺旋多，如鲸肌红蛋白和血红蛋白；有的含 α 螺旋很少，如细胞色素 c 和胰凝乳蛋白酶。

14. (A、D) 蛋白质变性后黏度增加，溶解度显著减小，但不一定沉淀。沉淀的蛋白质不一定变性,如用盐析法沉淀的蛋白质通常并不变性。沉淀的蛋白质可溶于酸性溶液或碱性溶液中。

15. (A、B、C、D)硫酸铵、乙醇、浓盐酸和浓氢氧化钠都可以使蛋白质沉淀,但情况不同。用一定浓度的硫酸铵沉淀蛋白质是盐析法中常用的一种方法,用来分离蛋白质。乙醇是常用的有机溶剂,用来沉淀蛋白质,这也是分离蛋白质时常用的方法之一,但应用有机溶剂时一定要注意控制在较低温度,并避免局部有机溶剂浓度过高,以防蛋白质变性。浓盐酸和浓氢氧化钠是使蛋白质成为不溶性的变性蛋白质而沉淀。
16. (B、D)
17. (C、D)蛋白质的荧光主要来自 Trp 和 Tyr。

四、名词解释

1. 两性离子(dipolar ion):指同一分子上带有等量正负电荷时,分子所处的状态。
2. 氨基酸的等电点(isoelectric point):氨基酸所带净电荷为零时所处溶液的 pH 称为该氨基酸的等电点,以 p*I* 代表。
3. 蛋白质一级结构(primary structure):蛋白质一级结构是指氨基酸如何连接成肽链及氨基酸在肽链中的序列(sequence)。在一级结构中,一致公认肽键是主要连接键,而多肽链无疑是一级结构的主体。
4. 蛋白质二级结构(secondary structure):蛋白质的二级结构是指蛋白质分子中多肽链本身的折叠方式。根据已有的实验证明,多肽链的二级结构主要是 α 螺旋结构,其次是 β 折叠结构,还有 β 转角,Ω 环和无规卷曲。在二级结构中有氢键参加以维持其稳定性。
5. 蛋白质三级结构(tertiary structure):蛋白质的三级结构是指多肽链在二级结构的基础上进一步盘绕、折叠成复杂的空间结构,包括肽链中一切原子的空间排列方式,即原子在分子中的空间排列和组合的方式。维系三级结构的力有疏水作用、氢键、范德瓦耳斯力、离子键。另外,二硫键在某些蛋白质中也起非常重要的作用。
6. 蛋白质四级结构(quaternary structure):蛋白质的四级结构是指蛋白质的亚基聚合成大分子蛋白质的方式。维系四级结构的力有疏水作用、氢键、范德瓦耳斯力、离子键。
7. 构型(configuration):是指在一个化合物分子中原子的空间排列,这种排列的改变会涉及共价键的形成和破坏,但与氢键无关,如单糖的 α-型和 β-型、氨基酸的 D-型和 L-型,都是构型。
8. 构象(conformation):是用来表示一个分子中一切原子沿共价单键转动而产生的不同空间排列,这种构象的改变会涉及氢键的形成和破坏,但不致使共价键被破坏。
9. 肽平面(peptide plane):由于肽键不能自由旋转,形成肽键的四个原子(C、O、N、H)和与之相连的两个 α-碳原子共处在一个平面上,形成酰胺平面,也称肽键平面或肽平面。
10. α 螺旋(α helix):是蛋白质中最常见的一种二级结构,肽链主链骨架围绕中心轴盘绕成螺旋状,称为 α 螺旋。在 α 螺旋结构中,每 3. 6 个氨基酸残基螺旋上升一圈,每圈的高度为 0. 54nm。每个氨基酸残基沿轴上升 0. 15nm,沿轴旋转 100°。在同一肽链内相邻的螺圈之间形成氢键,氢键的取向几乎与中心轴平行,氢键是由第 *n* 个氨基酸残基的—CO 基的氧与第 *n*+4 个氨基酸残基的—NH 基的氢之间形成的。α 螺旋的稳定性靠氢键来维持。
11. β 折叠(β pleated sheet):是蛋白质中常见的一种二级结构,β 折叠结构的肽链几乎是完全伸展的,邻近两链以相同或相反方向平行排列成片状结构。两个氨基酸残基之间的轴心距为 0. 35nm①。β 折叠结构的氢键是由邻近两条肽链中一条的 CO—基与另一条的—NH 基之间所形成。
12. β 转角(β turn):在蛋白质的多肽链中经常出现 180°的回折,在肽链回折处的结构称为 β 转角,也称 β 弯曲,或称发夹结构。它一般由四个连续的氨基酸残基组成,由第一个氨基酸残基的 C═O 与第四个氨基酸残基的 N—H 之间形成氢键,使 β 转角成为比较稳定的结构。
13. Ω 环(Ω loop):这是近年来发现的普通存在于

① 关于 β 折叠构象中每个氨基酸残基上升的高度有的按 0. 35nm 计算,有的按 0. 36nm 计算,本书采用 0. 35nm

球状蛋白质中的一种新的二级结构。这种结构的形状像希腊字母“Ω”，故称Ω环。它由6～16个氨基酸残基组成，而且第一个残基的α碳原子和最后一个残基的α碳原子间的距离小于1nm。Ω环几乎只出现在蛋白质分子的表面，而且以亲水氨基酸残基为主，它们可能在分子识别过程中起重要作用。

14. 无规卷曲（random coil）：也称卷曲（coil），指在蛋白质中，没有一定规则，结构比较松散的一些肽段的结构。
15. 亚基（subunit）：也称亚单位，是指蛋白质四级结构中以非共价键连接的肽链。它可以由一条肽链组成，也可以由几条肽链通过二硫键连接在一起组成。
16. 蛋白质的等离子点（isoionic point）：蛋白质在不含任何其他溶质的纯水中的等电点称为等离子点，即在纯水中蛋白质的正离子数等于其负离子数时的pH。
17. 蛋白质变性（denaturation）：天然蛋白质受物理或化学因素的影响，分子内部原有的高度规则性的空间排列发生变化，致使其原有性质和功能发生部分或全部丧失，这种作用称为蛋白质变性。
18. 蛋白质复性（renaturation）：蛋白质复性是蛋白质变性的逆转。蛋白质变性后，又全部或部分恢复其天然构象的过程。
19. 波尔效应（Bohr effect）：H^+与CO_2促进HbO_2释放O_2的作用称为Bohr效应。
20. 盐析（salting out）：在蛋白质溶液中加入大量中性盐而使蛋白质沉淀的现象称为盐析。这是由于大量的盐离子可与蛋白质竞争溶液中的水分子，从而破坏蛋白质颗粒表面的水化层，失去水化层的裸露蛋白质分子易于聚集而沉淀。
21. 盐溶（salting in）：中性盐对蛋白质的溶解度有显著影响，在盐浓度较低时，由于静电作用，使蛋白质分子外围聚集了一些带相反电荷的离子，从而加强了蛋白质和水的作用，减弱了蛋白质分子间的作用，故增加了蛋白质的溶解度。这种由于加入少量中性盐而使蛋白质溶解度增加的现象称为盐溶。
22. 二面角（dihedral angle）：肽链的主链是由许多酰胺平面组成，平面之间以C_α相隔，而C_α—N键和C_α—C键是单键，可以自由旋转。绕C_α—N键旋转的角度称为φ（角），绕C_α—C键旋转的角度称为ψ（角）。这两个旋转的角度称为二面角或构象角，二面角可以在0°～±180°变动。
23. β凸起（β bulge）：在某些反平行的β折叠中，发现由于一条β折叠链中有一个氨基酸残基的肽键，其C═O和N—H基没有参与和相邻β折叠链之间的氢键，致使这一部位有所凸起，这一现象称为β凸起（β bulge），β凸起是一种小片的非重复性结构。β凸起主要发现在反平行的β折叠中，很少出现在平行的β折叠中。

五、问答题

1. 氨基酸在固体状态时以两性离子形式存在。某氨基酸溶于pH7的水中，pH从7下降到6，说明该氨基酸溶解于水的过程中放出了质子，溶液中有如下平衡存在：

$$AA^{\pm}+H_2O \rightleftharpoons AA^-+H_3O^+$$

为了使该氨基酸达到等电点，只有加些酸使上述平衡向左移动，因此氨基酸的pI小于6。

2. 先根据各氨基酸的pK值求出其等电点。然后根据溶液pH小于、等于或大于等电点来判断氨基酸所带的净电荷是+、0或-。结果列表如下：

氨基酸	等电点 pI	溶液pH 1.0	2.1	4.0	10.0
Gly	5.97	+	+	+	-
Asp	2.97	+	+	-	-
Lys	9.74	+	+	+	0/-
His	7.59	+	+	+	-

3. (1) Ala、Ser、Phe和Leu的pI在6左右。在pH3.9时，这些氨酸基都带正电荷（也就是它们的部分羧基以—COOH形式，而氨基几乎全部以—NH_3^+的形式存在），所以它们都向阴极移动，但彼此不能分开。His和Arg的pI分别是7.6和10.8。在pH3.9时，它们也带正电荷，所以也向阴极移动。但由于它们带的正电荷多，所以能和其他向阴极移动的氨基酸分开。Asp的pI是3.0，在pH3.9时，它带负电荷，向阳极移动。

(2) 电泳时若氨基酸带有相同电荷则相对分子质量大的比相对分子质量小的移动得慢。

因为相对分子质量大的氨基酸，电荷与质量的比小，导致单位质量移动的力小，所以移动慢。

(3) 见图 3-6，在 pH6.0 时，Glu 带负电荷，向阳极移动。Lys 带正电荷向阴极移动。Val、Ala 和 Thr 的 *pI* 接近，虽然理论上 Thr 能和 Val、Ala 分开，但实际上彼此不易分离。

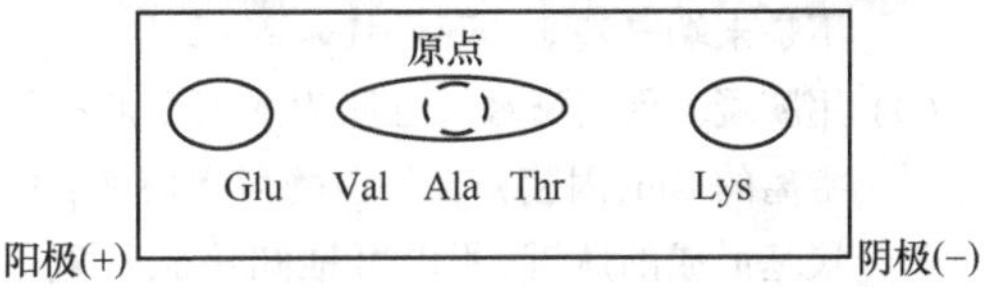

图 3-6　5 种氨基酸混合液的电泳示意图

4. (1) 天冬氨酰精氨酰缬氨酰酪氨酰组氨酸

(2)

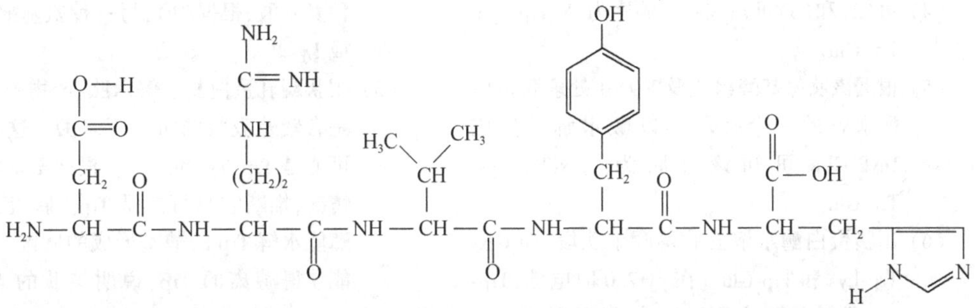

5. 用纸层析分离氨基酸或肽是根据它们在两种互不相溶的溶剂中分配系数(K)的不同。

K=溶质在固定相中的浓度/溶质在流动相中的浓度

纸层析通常以滤纸上吸附的水为固定相，有机溶剂为流动相。物质的极性越小(即非极性越大)，在有机溶剂中分配就越多，迁移率就越大；反之物质极性越大，迁移率越小。所以在题中所给条件下，它们的相对移动速度如下：

(1) Lys-Lys≈Lys

(2) Leu-Leu-Leu>Leu

(3) Trp-Ile-Phe>Arg-Ile-Phe

(4) Ala-Ala-Ser>Cys-Cys-Ser

6. 根据它们在不同 pH 时带的电荷不同，从而确定电泳时的移动方向。现将结果总结于下表：

移动方向 / pH 肽	1.9	3.0	6.5	10.0
Lys-Gly-Ala-Gly	C	C	C	A
Lys-Gly-Ala-Glu	C	C	O	A
His-Gly-Ala-Glu	C	C	O/A	A
Glu-Gly-Ala-Glu	C	O/C	A	A
Gln-Gly-Ala-Gly	C	C	C	A

7. 在 pH10 时，题中的各种肽均带负电荷，都能与 Dowex-1 上的阴离子发生交换。肽带的负电荷越多，与 Dowex-1 树脂的结合能力就越强。题中肽(4)带的负电荷最多，其次是(3)，再次是(2)，肽(1)和(5)带的负电荷最少且相近。随着洗脱时 pH 的下降，带负电荷少的最先洗脱下来，所以其洗脱次序为(1)≈(5)，(2)，(3)，(4)。

8. (1) 不能，因为 Arg 与 Pro 连接。

(2) 不能，因为羧肽酶 B 仅仅水解 C 端为 Arg 或 Lys 的肽。

(3) 不能，因为胰凝乳蛋白酶主要水解 Phe，Trp，Tyr 和 Leu 的羧基形成的肽键。

(4) 能，胰蛋白酶可作用于 Arg 和 Met 之间的肽键，产物为 Pro-Arg 和 Met。

9. (1) 1mmol 五肽酸水解生成 2mmol Glu，1mmol Lys，没有能够定量回收其他氨基酸。在酸水解时，色氨酸容易破坏而不能定量回收，所以该五肽的氨基酸组成为：2Glx，2Trp，1Lys。

(2) 用胰蛋白酶水解五肽得两个肽段，说明 Lys 不是末端氨基酸，即……Lys……。

(3) 用胰凝乳蛋白酶水解五肽生成两个肽段及游离的 Glu，因胰凝乳蛋白酶可水解 Trp 的羧基形成的肽键，所以可推知该肽的氨基酸顺序为：X-Trp-Y-Trp-Glu（X、Y 为未知氨基酸）。

(4) 由(2)和(3)可知该肽的顺序为：X-Trp-Lys-Trp-Glu。

(5) 根据该肽氨基酸组成及 FDNB 处理胰蛋白酶水解的一个片段继以酸水解后生成 DNP-Glu，可知该五肽为：Glx-Trp-Lys-Trp-Glu。

(6) 用胰蛋白酶水解五肽得两个肽段，即 Glx-Trp-Lys 和 Trp-Glu。在 pH7.0 时电泳，Trp-Glu 带负电荷，向阳极移动，根据题意，Glx-Trp-Lys 向阳极移动，在 pH7.0 时，此肽向阴极移动说明 Glx 是 Gln 而不是 Glu。

因此该肽的氨基酸顺序为：Gln-Trp-Lys-Trp-Glu。

10. (1) 胰蛋白酶处理六肽生成的产物在不同的层析和电泳系统中均只有一个单一的斑点，但其迁移率与未经处理的六肽不同，说明胰蛋白酶把该六肽水解成两个顺序完全相同的三肽，且 C 端为 Arg 或 Lys。从而可推断六肽为：

X-Y-Arg-X-Y-Arg 或 X-Y-Lys-X-Y-Lys（X、Y 为未知氨基酸）

(2) 酸水解六肽能定量地回收到 Gly 和另一种氨基酸，根据(1)，另一种氨基酸是 Arg 或 Lys。

(3) 用胰凝乳蛋白酶水解六肽，产物中有一个是有紫外吸收的游离氨基酸。这氨基酸可能是 Trp、Tyr 或 Phe。根据氨基酸回收情况，推断它只可能是 Trp。胰凝乳蛋白酶能水解 Trp 的羧基形成的肽键，水解时能获得游离的 Trp，说明该肽的 N 端为 Trp。根据(1)和(2)可知该六肽的顺序为：Trp-Gly-Arg-Trp-Gly-Arg 或 Trp-Gly-Lys-Trp-Gly-Lys。

11. 氨乙基化是化学修饰，Cys 经氨乙基化后，胰蛋白酶就能水解它的羧基形成的肽键，反应如下：

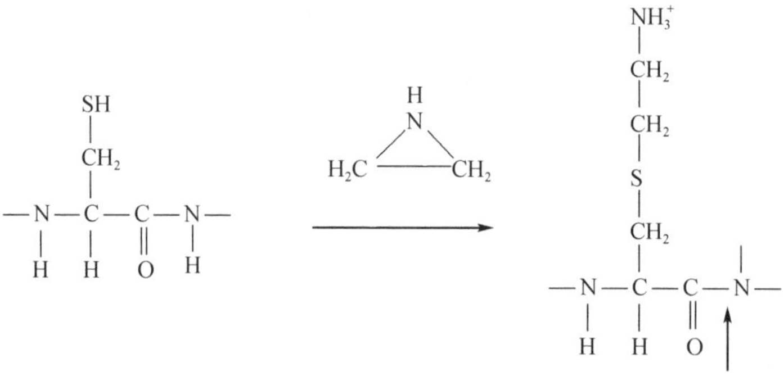

Cys　　　　AECys 胰蛋白酶

根据题中所给条件知该肽为环肽，其氨基酸顺序如图 3-7 所示（推导过程略）。

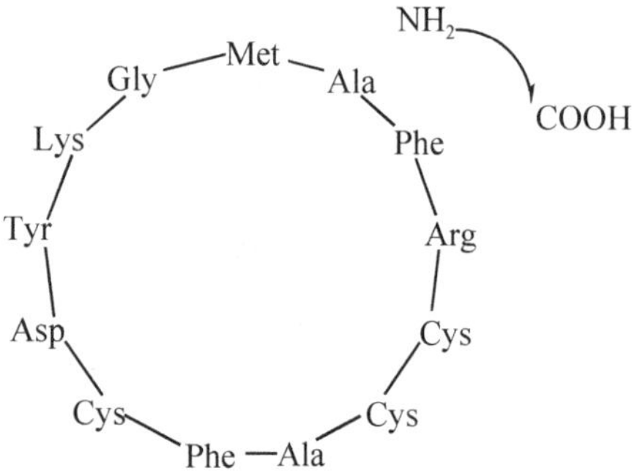

图 3-7

12. (1) 异硫氰酸苯酯　(2) 丹磺酰氯

(3) 尿素，如有二硫键应加 β-巯基乙醇使二硫键还原。

(4) 胰凝乳蛋白酶　(5) 溴化氰　(6) 胰蛋白酶

13. 随着蛋白质相对分子质量（M_r）的增加，表面积与体积的比率也就是亲水残基与疏水残基的比率必定减少。为了解释这一点，假设这些蛋白质是半径为 r 的球状蛋白质，由于蛋白质 M_r 的增加，表面积随 r^2 的增加而增加，体积随 r^3 的增加而增加，体积的增加比表面积的增加更快，所以表面积与体积的比率减少，因此亲水残基与疏水残基的比率也就减少。

14. 当多肽片段完全埋藏在蛋白质的非极性内部时，容易形成氢键，因为在水的环境中，肽键的C═O和N—H基团能和水形成氢键，也能彼此之间形成氢键，这两种情况在自由能上没有差别。因此相对地说，形成α螺旋的可能性较小。而当多肽片段在蛋白质的非极性内部时，这些极性基团除了彼此之间形成氢键外，不再和其他基团形成氢键，因此有利于α螺旋的形成。

15. (1) 多聚亮氨酸的R基团不带电荷，适合于形成α螺旋。
(2) 异亮氨酸的β-碳位上有分支，所以形成无规则结构。
(3) 在pH7.0时，所有精氨酸R的基团都带正电荷，正电荷彼此相斥，使氢键不能形成，所以形成无规则结构。
(4) 在pH13.0时，精氨酸的R基团不带电荷，并且β-碳位上没有分支，所以形成α螺旋。
(5) 在pH1.5时，谷氨酸的R基团不带电荷，并且β-碳位上没有分支，所以形成α螺旋。
(6) 因为苏氨酸β-碳位上有分支，所以不能形成α螺旋。
(7) 脯氨酸和羟脯氨酸折叠成脯氨酸螺旋，这脯氨酸螺旋是不同于α螺旋的有规则结构。

16. 氨基酸在固体状态时以两性离子形式存在。某氨基酸溶于pH7的水中，pH从7上升到8，说明该氨基酸溶解于水的过程中接受了质子，溶液中有如下平衡存在：

$$AA^{\pm}+H_2O \rightleftharpoons AA^{+}+OH^{-}$$

为了使该氨基酸达到等电点，需加一些碱使平衡向左移动，所以该氨基酸的pI大于8。

17. 在微酸性条件下，α-NH_3^+和α-COO^-的电荷几乎彼此对消。纸层析的分离是基于氨基酸非极性性质。
(1) Ile是疏水性强的氨基酸，而Lys是带电荷的极性氨基酸，所以Ile的移动速度大于Lys。
(2) Phe的极性小于Ser，所以Phe的移动速度大于Ser。
(3) 这三种氨基酸中，Leu疏水性最强，Ala疏水性最弱，所以其移动速度为：Leu>Val>Ala。
(4) 移动速度：Val>Pro。
(5) 因为Glu侧链的疏水性大于Asp，所以Glu的移动速度大于Asp。
(6) 移动速度Tyr>Ala>Ser≈His。

18. 用离子交换树脂分离氨基酸主要根据氨基酸所带的电荷不同，另外还和氨基酸的极性等有关。
(1) 因为Asp的pI=2.97，Lys的pI=9.74，在pH7.0时，Asp带负电荷，Lys带正电荷，所以用阳离子交换树脂分离时，Asp不被交换而先下来。
(2) Arg的pI = 10.76，Met的pI = 5.75，在pH7.0时，Arg带正电荷，Met带负电荷，所以用阳离子交换树脂分离时，Met不被交换而先下来。
(3) Glu的pI = 3.22，Val的pI = 5.97，在pH7.0时，Glu和Val都带负电荷，但Glu所带的负电荷要多于Val，所以用阳离子交换树脂分离时，Glu不被交换而先下来。
(4) Gly的pI = 5.97，Leu的pI = 5.98，在pH7.0时，Gly和Leu带的负电荷相近。但由于Leu的非极性较Gly强，Leu与树脂吸附能力较强。所以用阳离子交换树脂分离时Gly先下来。
(5) Ser的pI = 5.68，Ala的pI = 6.02，在pH7.0时，Ser和Ala都带负电荷，但Ser所带的负电荷稍多于Ala。另外Ser分子中含有—OH基，羟基的极性减弱了与树脂的吸附能力。所以用阳离子交换树脂分离时，Ser先下来。

19. 这些氨基酸的pI分别是：Arg为10.76，Lys为9.74，Thr为6.53，Ala为6.0，Glu为3.22，Asp为2.97。在高pH时它们均带负电荷，与阴离子树脂发生交换而结合于柱上，随着洗脱液的pH逐步降低，首先是Arg的净电荷变为零而先被洗脱下来，同理可知其他氨基酸的洗脱顺序为：Lys，Thr，Ala，Glu和Asp。

20. 分离多肽的方法之一是利用它们溶解度的不同。多肽在水中的溶解度依赖于它们侧链R基团的相对极性，特别是离子化基团的数目，离子化基因越多，多肽在水中的溶解度就越大。

(1) pH7.0 时，[Glu]$_{20}$的溶解度大于[Gly]$_{20}$。

(2) pH7.0 时，[Lys-Ala]$_3$的溶解度大于[Phe-Met]$_3$。

(3) pH9.0 时，[Asn-Ser-His]$_5$的溶解度大于[Ala-Ser-Gly]$_5$。

(4) pH3.0 时，[Asn-Ser-His]$_5$的溶解度大于[Ala-Asp-Gly]$_5$。

21. (1) pH5.0 时，HbA：$^+$Val-His$^+$-Leu-Thr-Pro-Glu$^-$-Glu$^-$-Lys$^±$净电荷为零，在电场中不移动。HbS：$^+$Val-His$^+$-Leu-Thr-Pro-Val-Glu$^-$-Lys$^±$净电荷为+1，在电场中向阴极移动。

pH8.0 时，HbA：Val-His-Leu-Thr-Pro-Glu$^-$-Glu$^-$-Lys$^±$净电荷为－2，向阳极移动。HbS：Val-His-Leu-Thr-Pro-Val-Glu$^-$-Lys$^±$净电荷为－1，向阳极移动。

pH8.0 时，HbA 的八肽向阳极移动的速度比 HbS 的八肽快。

(2) pH 8.0 时，六肽中 N 端 5 个氨基酸的带电情况如下：

Val-His-Leu-Thr-Pro-(即 N 端 5 个氨基酸不带电荷)

根据题意六肽在电场中不移动，即净电荷要为零。只有当 C 端是 Lys 或 Arg 时，才有这种电泳行为。

22. (1) pH 增加，Hb 与氧的亲和力增加。

(2) CO_2分压增加，Hb 与氧的亲和力下降。

(3) O_2分压下降，Hb 与氧的亲和力下降。

(4) 2,3-DPG 浓度下降，Hb 与氧的亲和力增加。

(5) $\alpha_2\beta_2$解聚成单个亚基，Hb 与氧的亲和力增加。

23. 根据各种蛋白质的 pI，从而判断其在电场中的移动方向。现总结如下：

蛋白质	p*I*	移动方向			
		pH5.0	pH7.0	pH9.5	pH11
卵清蛋白	4.6	A			
β-乳球蛋白	5.2	C	A		
胰凝乳蛋白酶原	9.5	C		O	A

24. (1) 血清清蛋白 p*I*＝4.9，血红蛋白 p*I*＝6.8，(4.9+6.8)/2＝5.85。在 pH5.85 时电泳，分离最为有效。点样时样品点在中间，血清清蛋白向阳极移动，而血红蛋白向阴极移动。

(2) 肌红蛋白 p*I*＝7.0，胰凝乳蛋白酶原 p*I*＝9.5，(7.0+9.5)/2＝8.25。在 pH8.25 时电泳，分离最为有效，点样时样品点在中间，肌红蛋白向阳极移动，而胰凝乳蛋白酶原向阴极移动。

(3) 卵清蛋白 p*I*＝4.6，血清清蛋白 p*I*＝4.9，脲酶 p*I*＝5.0。在 pH4.9 时电泳，分离最为有效，样品点在中间，血清清蛋白留在原点，卵清蛋白向阳极移动，脲酶向阴极移动。

25. 凝胶过滤是根据分子大小分离蛋白质混合物的最有效的方法之一。相对分子质量大的比相对分子质量小的先被洗脱下来。根据各蛋白质的相对分子质量，从而知洗脱下来的先后次序为：肌球蛋白，过氧化氢酶，血清清蛋白，胰凝乳蛋白酶原，肌红蛋白，细胞色素 c。

26. 离子交换柱层析主要根据物质所带的电荷不同而予以分离。一个蛋白质带的负电荷越多，它与阴离子交换剂结合越紧密，而与阳离子交换剂的结合能力越弱。

(1) 细胞色素 c p*I*＝10.6，溶菌酶 p*I*＝11.0，卵清蛋白 p*I*＝4.6，肌红蛋白 p*I*＝7.0。所以洗脱的先后顺序为：溶菌酶，细胞色素 c，肌红蛋白，卵清蛋白(阴离子交换柱)。

(2) 细胞色素 c p*I*＝10.6，胃蛋白酶 p*I*≈1.0，脲酶 p*I*＝5.0，血红蛋白 p*I*＝6.8。所以洗脱的先后顺序为：胃蛋白酶，脲酶，血红蛋白，细胞色素 c(阳离子交换柱)。

27. (1) 在低 pH 时，羧基质子化，这样蛋白质分子带有大量的净正电荷，分子内正电荷相斥使许多蛋白质变性，并随着蛋白质分子内部疏水基团向外暴露使蛋白质溶解度降低，因而产生沉淀。

(2) 加入少量盐时，对稳定带电基团有利，增加了蛋白质的溶解度。但是随着盐离子浓度的增加，盐离子夺取了与蛋白质结合的水分子，降低了蛋白质的水合程度，使蛋白质水化层破坏，而使蛋白质沉淀。

(3) 在等电点时，蛋白质分子之间的静电斥力最小，所以其溶解度最小。

(4) 加热会使蛋白质变性，蛋白质内部的疏水基团被暴露出来，溶解度降低，从而引起蛋白质沉淀。

(5) 非极性溶剂减小了表面极性基团的溶剂化作用，促使蛋白质分子之间形成氢键，从而取代了蛋白质分子与水之间的氢键。

(6) 介电常数的下降对暴露在溶剂中的非极性基团有稳定作用，结果促使蛋白质肽链的展开而导致变性。

28. 先进行蛋白质的 SDS-聚丙烯酰胺凝胶电泳，电泳后再进行蛋白质印迹，最后用抗体酶联检测。

29. 组蛋白中 Lys、Arg、His 含量较高。在真核细胞的细胞核内，DNA 中带负电荷的磷酸基团和组蛋白中带正电荷氨基酸的侧链基团相互作用促使组蛋白与 DNA 结合。

30. 从(1)可知该肽的组成为(2Gly、Leu、phe、Tyr)。

从(2)可知该肽的 N 端为 Tyr。

从(3)可知 Try-Gly-Gly 和 phe-Leu 两个肽段(胃蛋白酶可水解芳香族氨基酸氨基形成的肽键)，因为 N 端为 Tyr，所以推出亮氨酸脑啡肽的氨基酸序列为：Tyr-Gly-Gly-Phe-Leu。

31. 因为甘氨酸是一种在 α-碳原子上呈对称性的特殊氨基酸，因此可以预期多聚甘氨酸的左手螺旋在能量上是和它的右手对映体相当的，因而也是同等稳定的。

32. 由于 Lys 和 Arg 残基的数目大，胰蛋白酶断裂法将产生许多小肽。要确切地确定这些小肽的序列是困难的。然而如果有少量 Met 残基存在，或有少量对嗜热菌蛋白酶敏感的残基存在，那么这些断裂就可以用来代替通常用于第一步的胰蛋白酶断裂。

33. (1) 等电点最高的蛋白质(正电荷最多)将首先流出，因此洗脱顺序为：A→C→D→B。

(2) 相对分子质量大的蛋白质首先流出，因此洗脱顺序为：B→C→A→D。

34. (1) 符合 pH7 净电荷为+1 的四肽很多，如一个碱性氨基酸(赖氨酸或精氨酸)和三个中性氨基酸组成的四肽或两个碱性氨基酸(赖氨酸或精氨酸)、一个酸性氨基酸和一个中性氨基酸组成的四肽均符合 pH7 时净电荷为+1。要求写出结构式。如赖氨酰甘氨酰甘氨酰甘氨酸四肽的结构式如下：

$$\overset{+}{H_3N}—(CH_2)_4—\underset{\displaystyle NH_3^+}{\underset{|}{CH}}—CO—NH—CH_2—CO—$$

$$NH—CH_2—CO—NH—CH_2—COO^-$$

(2) 符合 pH12 时净电荷为-1 的三肽也很多，最简单的如由三个中性氨基酸组成的三肽。要求写出结构式。如甘氨酰甘氨酰甘氨酸三肽的结构式如下：

$$H_2N—CH_2—CO—NH—CH_2—CO—NH—$$

$$CH_2—COO^-$$

六、计算题

1. (1) Gly 和 NaOH 的反应为：

$$\underset{Gly^{\pm}}{^+H_3N—CH_2—COO^-}+NaOH\rightarrow \underset{Gly^-}{H_2N—CH_2—COONa}+H_2O$$

0.1mol/L Gly 与 0.05mol/L NaOH 等体积混合后：

$[Gly^-]=[OH^-]=0.05/2=0.025(mol/L)$

$[Gly^{\pm}]=(0.1-0.05)/2=0.025(mol/L)$

此时溶液中有如下平衡：

$$^+H_3N—CH_2—COO^- \xrightleftharpoons{K_{a_2}} H_2N—CH_2—COO^- +H^+$$

根据公式 $pH=pK_a+lg\frac{[质子受体]}{[质子供体]}$

混合后的溶液的 pH 为：

$$pH=pK_{a_2}+lg([Gly^-]/[Gly^{\pm}])=9.6+lg\frac{0.025}{0.025}=9.6$$

(2) Gly 和 HCl 的反应为：

$$\underset{Gly^{\pm}}{^+H_3N—CH_2—COO^-}+HCl\rightarrow \underset{Gly^+}{^+H_3N—CH_2—COOH}+Cl^-$$

0.1mol/L Gly 与 0.05mol/L HCl 等体积混合后：

$[Gly^+]=[H^+]=0.05/2=0.025(mol/L)$

$[Gly^{\pm}]=(0.1-0.05)/2=0.025(mol/L)$

此时溶液中有如下平衡：

$$^+H_3NCH_2COOH \xrightleftharpoons{K_{a_1}} {}^+H_3NCH_2COO^- +H^+$$

根据公式 $pH=pK_a+lg\frac{[质子受体]}{[质子供体]}$

混合后的溶液为：

$$pH=pK_{a_1}+\lg([Gly^{\pm}]/[Gly^{+}])$$

$$=2.34+\lg\frac{0.025}{0.025}=2.34$$

2. (1) 甘氨酸和 HCl 的反应为：

$^{+}H_3N—CH_2—COO^{-}$ + HCl ⟶ $^{+}H_3N—CH_2—COOH$ + Cl^{-}

$$^{+}H_3N—CH_2—COOH \overset{K_{a_1}}{\rightleftharpoons} {}^{+}H_3N—CH_2—COO^{-}+H^{+}$$

$$Gly^{+}\qquad\qquad Gly^{\pm}$$

$$pH=pK_{a_1}+\lg([Gly^{\pm}]/[Gly^{+}])$$

$$pH=2.4\quad pK_{a_1}=2.4$$

代入上式 $2.4=2.4+\lg([Gly^{\pm}]/[Gly^{+}])$

$\lg([Gly^{\pm}]/[Gly^{+}])=0$，$[Gly^{\pm}]/[Gly^{+}]=1$

因为 $[Gly^{\pm}]=[Gly^{+}]$，$[Gly^{\pm}]+[Gly^{+}]=0.3mol/L$

所以 $[Gly^{\pm}]=[Gly^{+}]=0.15mol/L$

需甘氨酸的质量为：$0.3\times\frac{100}{1000}\times75.07=2.25(g)$

需 1mol/L HCl 体积为：$0.15\times100/1=15(ml)$

(2) 甘氨酸和 NaOH 的反应为：

$^{+}H_3N—CH_2—COO^{-}$ + NaOH ⟶ $H_2N—CH_2—COONa+H_2O$

$$^{+}H_3N—CH_2—COO^{-} \overset{K_{a_2}}{\rightleftharpoons} H_2N—CH_2—COO^{-}+H^{+}$$

$$Gly^{\pm}\qquad\qquad Gly^{-}$$

$$pH=pK_{a_2}+\lg([Gly^{-}]/[Gly^{\pm}])$$

$$pH=9.3\quad pK_{a_2}=9.6$$

代入上式　$9.3=9.6+\lg([Gly^{-}]/[Gly^{\pm}])$

$\lg([Gly^{-}]/[Gly^{\pm}])=-0.3$，$[Gly^{-}]/[Gly^{\pm}]=0.501$

因为 $[Gly^{-}]=0.501[Gly^{\pm}]$，$[Gly^{-}]+[Gly^{\pm}]=0.3mol/L$

所以 $[Gly^{-}]=0.1mol/L$　$[Gly^{\pm}]=0.2mol/L$

需甘氨酸的质量为：

$$0.3\times\frac{100}{1000}\times75.07=2.25(g)$$

需 1mol/L NaOH 的体积为 $0.1\times100/1=10(ml)$

3. 甘氨酸盐酸盐（$Cl^{-+}H_3N—CH_2—COOH$）实际上为二元酸，它的解离式为：

$$^{+}H_3N—CH_2—COOH \overset{K_{a_1}}{\rightleftharpoons} {}^{+}H_3N—CH_2—COO^{-}+H^{+}$$

$$Gly^{+}\qquad\qquad Gly^{\pm}$$

$$pH=pK_{a_1}+\lg([Gly^{\pm}]/[Gly^{+}])$$

$$3.2=2.34+\lg([Gly^{\pm}]/[Gly^{+}])$$

$$\lg([Gly^{\pm}]/[Gly^{+}])=3.2-2.34=0.86$$

$$[Gly^{\pm}]/[Gly^{+}]=7.24$$

因为配制甘氨酸缓冲溶液所用的甘氨酸盐酸盐和甘氨酸的原始浓度相同，都是 0.1mol/L，所以它们的浓度之比就是它们所用的体积之比。

$$V^{\pm}_{Gly}/V^{+}_{Gly}=7.24$$

已知缓冲溶液总体积为 1L

$$V^{\pm}_{Gly}/(1-V^{\pm}_{Gly})=7.24\quad V^{\pm}_{Gly}\approx0.879(L)$$

$$V^{+}_{Gly}=1-0.879=0.121(L)$$

所以要制备 1L pH3.2 的 0.1mol/L 甘氨酸缓冲液需 0.1mol/L 甘氨酸盐酸盐 0.121L 和 0.1mol/L 甘氨酸 0.879L。

4. 用下列的简式表示 His 的解离：

$$COOH,N^{+}H,NH_3^{+} \underset{1.82}{\overset{pK_1}{\rightleftharpoons}} COO^{-},N^{+}H,NH_3^{+} \underset{6.0}{\overset{pK_2}{\rightleftharpoons}}$$

$$His^{++}\qquad\qquad His^{++}$$

$$COO^{-},N,NH_3^{+} \underset{9.17}{\overset{pK_3}{\rightleftharpoons}} COO^{-},N,NH_2$$

$$His^{\pm}\qquad\qquad His^{-}$$

为了配制 pH7.0 的缓冲液，必须加入 NaOH 中和其羧基全部解离放出的 H^{+} 和咪唑基部分解离放出的 H^{+}。

在 pH7.0 时，羧基几乎全部解离，中和羧基放出的 H^{+} 所需 NaOH 的量为 W。

$500\times0.01=W/(40/1000)$　$W=0.20(g)$

在 pH7.0 时，咪唑基部分解离，根据 Henderson-Hasselbalch 方程可算出有多少咪唑基解离放出 H^{+}。

$$pH=pK_2+\lg([His^{\pm}]/[His^{\pm+}])$$

$$7=6+\lg([His^{\pm}]/[His^{\pm+}])$$

$[His^{\pm}]/[His^{\pm+}]=10$，即 10/11 的咪唑基解离放出 H^{+}。

所以中和咪唑基上放出的 H^{+} 所需 NaOH 的质量为：$0.2\times10/11=0.18(g)$

所需加入 NaOH 的总量为：

$$0.20+0.18=0.38(g)$$

因此要加入 0.38g NaOH 到 500ml 完全质子化的 0.01mol/L 组氨酸溶液中才能配成 pH 为 7.0 的缓冲液。

5. 氨基酸的 pI 是指氨基酸所带净电荷为零时溶液的 pH。不管是中性氨基酸、酸性氨基酸还是碱性氨基酸，pI 都是两性离子两侧的两个 pK

的平均值。

Ala 的 $pI=(pK_1+pK_2)/2=(2.34+9.69)/2$
$=6.02$

Glu 的 $pI=(pK_1+pK_2)/2=(2.19+4.25)/2$
$=3.22$

Lys 的 $pI=(pK_2+pK_3)/2=(8.95+10.53)/2$
$=9.74$

6. (1) 羧基脯氨酸。类似于酸性氨基酸。

$pI=[pK_a(\alpha\text{-COOH})+pK_a(\gamma\text{-COOH})]/2$
$=(2.0+3.8)/2=2.9$

(2) 氨基脯氨酸类似于碱性氨基酸。

$pI=[(pK_a(\alpha\text{-NH}_2{}^{+})+pK_a(\gamma\text{-NH}_3^{+})]/2$
$=(9.8+10.0)/2=9.9$

(3) 巯基脯氨酸巯基的解离为 $SH \rightleftharpoons S^{-}+H^{+}$，$pK_a=9.9$，在远低于 pH9.9 的所有 pH，巯基不带电荷。因此作为一个近似值，它的离子化状态(S^{-})可以被忽略。巯基脯氨酸的等电点为：$pI=(pK_{a_1}+pK_{a_2})/2=(1.9+9.9)/2=5.9$

在 pH5.9，99%以上的巯基不带电荷，因此近似值是可采用的。

7. Ala 的甲醛滴定可用下式表示：

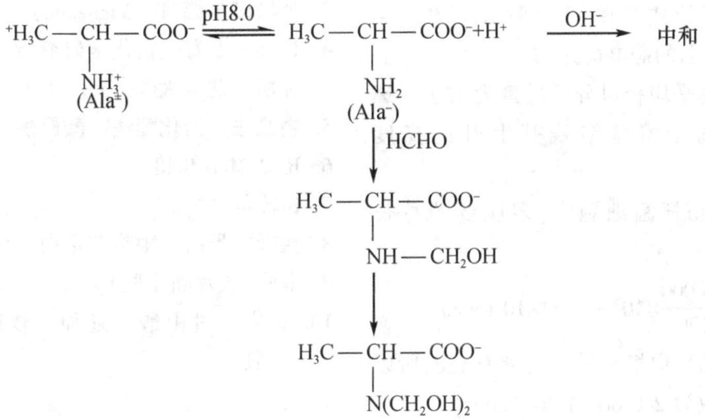

用去的 NaOH 物质的量就等于溶液中 Ala 的物质的量，用去碱的物质的量为：$0.2\times0.25=0.05$

Ala 相对分子质量为 89

所以起始溶液中 Ala 的含量为：

$89\times0.05=4.45(g)$

8. 计算解离情况不是很复杂的寡肽等电点的原则和计算氨基酸等电点一样，可先写出其解离式，然后找出其两性离子的形式。这两性离子形式两侧的两个 pK 的平均值就是这个寡肽的等电点。至于多肽和蛋白质，由于其侧链基团多，解离情况比较复杂，一般就不能简单地套用上述的计算模式。

(1) Asp-Gly 二肽的解离情况如下：

$$^{+}\text{Asp—Gly} \underset{2.10}{\overset{pK_1}{\rightleftharpoons}} \boxed{^{\pm}\text{Asp—Gly}^{-}} \underset{4.53}{\overset{pK_2}{\rightleftharpoons}}$$

两性离子

$$^{\pm}\text{Asp—Gly}^{-} \underset{9.07}{\overset{pK_3}{\rightleftharpoons}} {}^{-}\text{Asp—Gly}^{-}$$

$$pI=\frac{pK_1+pK_2}{2}=\frac{2.10+4.53}{2}=3.3$$

(2) 谷胱甘肽中 Glu 的 γ-羧基形成 γ-肽键，解离情况如下：

$$^{+}\text{Glu—Gya—Gly} \underset{9.07}{\overset{pK_1}{\rightleftharpoons}} \boxed{^{\pm}\text{Glu—Gya—Gly}}$$

两性离子

$$\underset{3.53}{\overset{pK_2}{\rightleftharpoons}} {}^{\pm}\text{Glu—Gya—Gly}^{-}$$

$$\underset{8.66}{\overset{pK_3}{\rightleftharpoons}} {}^{-}\text{Glu—Cys—Gly}^{-} \underset{3.53}{\overset{pK_4}{\rightleftharpoons}} {}^{-}\text{Glu—Cys—Gly}^{-}$$

$$pI=\frac{pK_1+pK_2}{2}=\frac{2.12+3.53}{2}=2.83$$

(3) Ala-Ala-Lys-Ala 四肽的解离情况如下：

$$^{+}\text{Ala—Ala—}^{+}\text{Lys—Ala} \underset{3.58}{\overset{pK_1}{\rightleftharpoons}} {}^{+}\text{Ala—Ala—}^{+}\text{Lys—}$$

$$\text{Ala}^{-} \underset{8.01}{\overset{pK_2}{\rightleftharpoons}}$$

$$\boxed{Ala—Ala—{}^{+}Lys—Ala} \underset{10.58}{\overset{pK_3}{\rightleftharpoons}}$$

两性离子

Ala—Ala—Lys—Ala$^-$

$$pI=\frac{pK_2+pK_3}{2}=\frac{8.01+10.58}{2}=9.3$$

9. 回答这问题时，并不需要严格的 pK_a 值及应用 Henderson-hasselbalch 方程。只要注意羧基的 pK_a 为 2～3，而氨基的 pK_a 为 9～10。该十肽只有三个可解离的基团，即 Ala 的 α-氨基，Glu 的 γ-羧基和 Ile 的 α-羧基。在 pH7.0 时，两个羧基将以—COO^- 形式存在，而这时 α-氨基呈—NH_3^+，因此该十肽的静电荷为-1。

10. 氨基酸残基的平均相对分子质量为 120，α 螺旋构象中，每个氨基酸残基上升的高度为 0.15nm。

所以一个大肠杆菌细胞中，多肽链的总长度为：

$$1.5\times\frac{40\ 000}{120}\times10^6\approx5.00\times10^7(nm)$$

11. 氨基酸残基的平均相对分子质量为 120，所以氨基酸残基数为 240 000/120＝2000

已知 α 螺旋构象中，每个氨基酸残基上升的高度为 0.15nm，β 折叠构象中，每个氨基酸残基上升的高度为 0.35nm。

设此多肽链中 α 螺旋的氨基酸残基数为 x，则 β 折叠的氨基酸残基数为 $2000-x$。

$$1.5x+3.5(2000-x)=5.06\times10^{-5}\times10^8$$

$$1.5x+7000-3.5x=5060$$

$$x=970$$

所以 α 螺旋占的百分比为 $\frac{970}{2000}\times100\%=48.5\%$。

12. (1) 一种蛋白质含铁 0.426%，铁的相对原子质量为 55.85。

$$\frac{100}{0.426}=\frac{M_{r最低}}{55.85}$$

$$M_{r最低}=\frac{100\times55.85}{0.426}\approx13\ 110$$

(2) 按质量算 Leu 和 Ile 的比为 1.65%∶2.48%，因为 Leu 和 Ile 的相对分子质量相等，均为 131，所以 Leu 和 Ile 的残基数之比为 1.65%∶2.48%＝2∶3，因此该酶中至少含有 2 个 Leu，3 个 Ile。

$$M_{r最低}=\frac{2\times131\times100}{1.65}\approx15\ 800$$

或者 $M_{r最低}=\frac{3\times131\times100}{2.48}\approx15\ 800$

提　高　题

一、填充题

1. 黄　紫
2. γ-肽键　β-氨基酸　D-型氨基酸
3. 维格诺尔德(Du Vigneaud)
4. 1965　上海生物化学研究所　上海有机化学研究所　北京大学
5. 叠氮法　活化酯法　酸酐法　盐化　酯化
6. R. B. Merrifield
7. β 转角
8. 胰凝乳蛋白　嗜热菌蛋白　胃蛋白
9. 多些(或片断小些)
10. 氧化　过甲酸　还原　β-巯基乙醇　巯基乙酸
11. 直线
12. 半胱氨酸
13. 减少
14. 增加
15. β 折叠或 β 片层结构
16. 吴宪
17. 协同　别构
18. 盐溶　盐析
19. 更低　更高
20. 高尔基体　锌　组　六
21. ATP
22. 糖基
23. 放射免疫测定法
24. Folin-酚
25. 碱性
26. Arg　Lys　Pro
27. 构象改变　电荷不同
28. 信号肽　胰岛素原　C(连接)
29. 二级结构的基本单位相互聚集，形成有规律的二级结构的聚集体

    αα　βαβ　ββ(βββ)
30. 糖类

31. EF手形　螺旋区-环区-螺旋区
32. 蛋白水解酶酶解　对角线电泳
33. 蛋白质　糖类
34. 硒代半胱氨酸　吡咯赖氨酸
35. 芴甲氧羰酰基(Fmoc)
36. X射线衍射法　核磁共振光谱法
37. 寡糖
38. 乳糜微粒　极低密度脂蛋白　低密度脂蛋白　高密度脂蛋白
39. 乳糜微粒　β-脂蛋白　前β-脂蛋白　α-脂蛋白
40. 测定出肌红蛋白和血红蛋白的空间结构
41. 酸或碱　中性盐　有机溶剂　重金属盐　生物碱试剂
42. 尿素　盐酸胍

二、是非题

1. 错。在水溶液中氨基酸的非离子化形式从来不会占优势。
2. 错。茚三酮除了能和氨基酸、肽或蛋白质反应外,它还能和氨及其他氨基化合物反应生成紫色。
3. 对。在p*I*时,该三肽的α-羧基充分解离,带负电荷(α-COO^-),α-氨基基本上呈非离子化形式α-NH_2),而三个ε-氨基皆为部分离子化(ε-NH_3^+)。因为在p*I*时,正电荷总数一定等于负电荷总数,所以三个ε-氨基中的每一个大约有1/3呈离子化状态,即:

$$H_2N—\underset{|\atop 1/3NH_3^+}{Lys}——\underset{|\atop 1/3NH_3^+}{Lys}——\underset{|\atop 1/3NH_3^+}{Lys}——COO^-$$

这时溶液的pH必定大于个别赖氨酸的pK_a值。
4. 对。
5. 对。
6. 错。当C端为脯氨酸时,羧肽酶A和B都不能作用。
7. 错。应该先将该多肽链水解成片段,然后用蛋白质顺序仪测定。
8. 错。疏水蛋白质折叠时,环境的熵增加,而多肽链的熵是减少的。
9. 对。
10. 错。蛋白质变性后,分子中的次级键(主要是氢键)被破坏,构象发生了改变,肽链呈松散、无序状态,分子内部的疏水基团暴露,因而使蛋白质溶解度降低。
11. 错。对一定的氧压而言,肌红蛋白与氧的亲和力较血红蛋白强。
12. 错。生活在空气稀薄的高山地区的人比平地上的人血液中2,3-BPG的浓度高,这样使为数不多的氧合血红蛋白分子尽量释放氧,以满足组织对氧的需要。
13. 错。mRNA翻译后的原始产物是前胰岛素原。
14. 对。
15. 对。
16. 对。
17. 对。
18. 错。氨基酸的等电点是指氨基酸所带净电荷为零时溶液的pH,溶液的pH并不影响氨基酸的等电点。
19. 对。
20. 对。
21. 对。
22. 对。皮肤胶原蛋白含有大量的Gly(33%)和Pro(13%),并含有不常见的羟脯氨酸和羟赖氨酸。
23. 错。高半胱氨酸(homocysteine),又称同型半胱氨酸,是半胱氨酸的同系物,比半胱氨酸多一个—CH_2基。缩写为HCY,它不是人体内蛋白质组成成分之一。
24. 错。茚三酮在弱酸溶液中与α-氨基酸共热,即使氨基酸起氧化脱氨产生酮酸,酮酸脱羧成醛,茚三酮本身即变为还原茚三酮,后者再与茚三酮和氨作用产生蓝紫色物质。
25. 错。蛋白质的变性是指天然蛋白质受物理或化学因素的影响,分子内部原有的特定构象发生改变,从而导致其原有性质和功能发生部分或全部丧失。蛋白质变性后,空间构象发生改变,但肽键不断,因此不会有大量氨基酸游离出来。
26. 错。目前柱前衍生反相高效液相层析广泛用于氨基酸和多肽等相对分子质量低的生物分子的分离及定量。
27. 对。
28. 对。
29. 错。生物碱是指植物组织中具有显著生理作用的一类含氮的碱性物质。生物碱试剂是指能够沉淀生物碱的试剂，一般为酸性物质如单宁酸、苦味酸、钼酸、钨酸和三氯醋酸等。生物碱试剂能沉淀蛋白质，其沉淀原理是因为生物碱试剂为酸性物质，在酸性溶液中蛋白质带正电荷，故能与生物碱试剂中带负电荷的酸根相结合，成为溶解度很小的盐类。临床化验常利用此类试剂沉淀血中的蛋白质（用磷钨酸、三氯醋酸）以制血滤液，或用苦味酸检验尿中的蛋白质。

30. 对。

三、选择题

（一）单项选择题

1. （E）人体的必需氨基酸包括一个碱性氨基酸（赖氨酸），一个含硫氨基酸（甲硫氨酸），三个分支氨基酸（异亮氨酸、亮氨酸和缬氨酸）和两个芳香族氨基酸（苯丙氨酸和色氨酸）。还有一个必需氨基酸——苏氨酸没有列入。上述 A、B、C、D 四类氨基酸中均有必需氨基酸。
2. （B）在 pH7.0 时，谷氨酸的 α-羧基几乎 100% 解离，γ-羧基大约 90% 解离。所以在这个 pH 条件下，用二倍量的 NaOH 来滴定谷氨酸分子的两个羧基。因为 5ml 1mol/L NaOH 含 5mmol OH^-，所以大约有 3mmol 的谷氨酸存在。
3. （E）根据溶液 pH 和解离基团 pK_a 之间的关系就可知道基团的解离情况。当谷氨酸溶液 pH = 10.0 时，谷氨酸的 α-羧基（pK_a = 2.2）几乎 100% 解离，γ-羧基（pK_a = 4.3）接近 100% 解离，α-氨基（pK_a = 9.7）半数以上解离，因此在 pH10.0 时，谷氨酸主要以（E）这种形式存在。
4. （C）图 3-1 所表示的是甘氨酸的滴定曲线。甘氨酸有两个可解离的质子，一个来自 α-羧基，另一个来自 α-氨基。任何一个解离基团的最大缓冲能力是在 pH = pK_a 时，即在图中指出的 A 点和 B 点。
5. （B）酪氨酸的酚基有米伦氏反应，色氨酸的吲哚环有乙醛酸反应，苯丙氨酸的苯环有黄色反应，组氨酸的咪唑环有波利（Pauly）反应，精氨酸的胍基有坂口氏（Sakaguchi）反应。
6. （C）因为正常的哺乳动物的肝和肾中，存在着苯丙氨酸羟化酶，它使苯丙氨酸羟化成酪氨酸。而题中列出的其他几种氨基酸必须从食物中供给。
7. （D）在 pH11 或 pH12 时，该肽带净的负电荷，即作为一个阴离子向阳极移动，在 pH3 或 pH5 时，该肽带净的正电荷，它作为阳离子而向阴极移动。当组氨酸咪唑基完全解离出质子时，就形成了等电形式的两性离子，此时的 pH 大约为 8.0。
8. （C）色氨酸无坂口反应，只有精氨酸才有坂口反应。
9. （C）血红蛋白的氧合曲线呈 S 形。曲线向右移动表明血红蛋白结合氧的能力减少，降低 pH 及在 pH 不变时增加 CO_2 的分压均会导致血红蛋白与氧亲和力的下降。因此，增加 H^+ 浓度和 CO_2 分压都可促使氧合血红蛋白释放氧，这就是大家所知道的波耳（Bohr）效应。
10. （A）免疫球蛋白是一种血型糖蛋白。
11. （D）肌球蛋白是一个棒状蛋白质。它是由双股 α 螺旋组成，并在它的两个球状头部结合了两分子肌动蛋白，它的头部含有 ATP 酶的活性。肌动蛋白和肌球蛋白对脊椎动物横纹肌的收缩是必需的。就生物功能而言，肌球蛋白并不需要锌离子。
12. （C）煤气中毒是由于煤炭燃烧不完全而产生一氧化碳，一氧化碳与血红蛋白结合生成一氧化碳血红蛋白，一氧化碳与血红蛋白的亲和力较氧气约大 250 倍，只要空气中的一氧化碳含量达到 1/1000 左右，即可使血液中半数的血红蛋白成为一氧化碳血红蛋白（HbCO），造成缺氧状态，甚至死亡。
13. （A）CM-纤维素是阳离子交换剂，在 0.5mol/L NaCl 溶液中 p*K* 约为 3.5，分离此肽可用 CM-纤维素层析，在 pH4 左右上柱，这时此肽带正电荷，被吸附到柱上，以后通过提高洗脱液的 pH 将此肽洗脱下来。DEAE-纤维素是阴离子交换剂，在 0.5mol/L NaCl 溶液中 p*K* 为 9.1～9.5，分离蛋白质或多肽时一般选用 pH8 左右，该肽在此时不带负电荷，不能吸附到 DEAE-纤维素层析柱上，所以一般不用此法分离。酸性乙醇和硫酸铵不能使此肽沉淀。葡聚糖 G-100 凝胶分离多肽、蛋白质的相对分子质量为 4000～150 000，该肽的相对分子质量为 1000 左右，不合适。
14. （D）“指纹”图谱是不同氨基酸的斑点图。用某种方法(如酶解法)使蛋白质水解,然后将水解产物进行纸层析和纸电泳,即先在一个方向上进行纸层析,接着将滤纸转 90°在另一方向上进行纸电泳或先纸电泳再纸层析,这样得到的图谱称为“指纹”图谱。

15. (B)蛋白质的结构与功能密切相关,一种蛋白质生物功能的表现不仅需要一定的一级结构,还需要特定的空间结构。因为一级结构决定空间结构,所以一级结构越相近的蛋白质,其功能类似性越大。而相同氨基酸组成的蛋白质其一级结构和空间结构不一定相同,所以功能也不一定相同。一级结构中任何氨基酸的改变可能会影响生物活性,也可能不影响生物活性。不同生物来源的同种蛋白质其一级结构不一定相同。
16. (B)奈氏试剂就是氨试剂,它能与铵离子发生反应生成橘红色物质。
17. (C)因在 pH7~9 时,题中的三种二肽所带电荷差异最大。
18. (D)蛋白质分子中 His 咪唑基的 pK_a 为 5.6~7.0,改变 pH 会影响咪唑基的带电情况,也就影响富含 His 残基的蛋白质的带电情况,所以在使用离子交换层析时应优先考虑严格控制洗脱液的 pH。
19. (D)用巯基乙醇还原 IgG 链间的二硫键就可以使重链和轻链分开。木瓜蛋白酶把 IgG 降解为三个片段(一个 Fc 片段和两个 Fab 片段),而胃蛋白酶处理 IgG 可得到一个$(Fab)_2$片段与一个 Fc 片段。
20. (E)
21. (D)肽键的酶促合成,在目前实际上是指利用蛋白质水解酶的逆反应或转肽反应来进行肽键合成。
22. (D)P 是脯氨酸的单字母符号,它是一种亚氨基酸。当肽链中有脯氨酸时,α 螺旋被中断,并产生一个“结节”(kink)。这是因为脯氨酸的 α-亚氨基上氢原子参与肽键的形成后,没有多余的氢原子形成氢键;加上其 α-碳原子位于五元环上,其 C—N 键不能自由旋转,不易形成 α 螺旋。
23. (C)
24. (C)SDS-聚丙烯酰胺凝胶电泳常用的指示剂是溴酚蓝。
25. (A)茚三酮(ninhydrin)在弱酸溶液中与 α-氨基酸共热,即使氨基酸起氧化脱氨产生酮酸,酮酸脱羧成醛,茚三酮本身即变为还原茚三酮,后者再与茚三酮和氨作用产生蓝紫色物质。
26. (E)
27. (B)G、L 和 K 分别代表甘氨酸、亮氨酸和赖氨酸。用硅胶薄层层析分离 G、L 和 K 三种氨基酸的混合物时,Rf 值与氨基酸的极性和非极性有关,非极性氨基酸移动的速率快,Rf 值就大。三种氨基酸中亮氨酸的非极性最强,Rf 值最大,其次是甘氨酸,而赖氨酸是极性氨基酸,故 Rf 值最小。
28. (D)亲和层析法是根据蛋白质能与特异的配体相结合而设计的方法,除了抗原与抗体能特异结合外,酶与底物、激素与受体、酶与抑制剂等也能特异结合,所以亲和层析不一定依赖蛋白质的特异抗体。
29. (A)
30. (C)

(二) 多项选择题

1. (A、B、C)黏蛋白、细胞色素 c 和血红蛋白都是结合蛋白质,它们由蛋白质和非蛋白质结合而成。黏蛋白由蛋白质与糖类结合而成,细胞色素 c 和血红蛋白都是由蛋白质与铁卟啉辅基结合而成。而清蛋白是简单蛋白质,仅仅由氨基酸组成。
2. (A、B、C)血红蛋白、烟草斑纹病毒外壳蛋白、乳酸脱氢酶都由亚基组成,所以具有四级结构。血红蛋白和乳酸脱氢酶都是由四个亚基组成,烟草斑纹病毒外壳蛋白约有 2100 个亚基聚合而成,肌红蛋白由一条肽链和一个血红素辅基组成,没有四级结构。
3. (A、B、C)一般来说,蛋白质的一级结构决定了它的高级结构。二硫键在稳定蛋白质构象方面起重要作用。带电荷的氨基酸侧链有暴露于蛋白质分子表面的趋势,而疏水侧链则有避开水埋于蛋白质分子内部的趋势。
4. (A、B、C、D)各种卟啉是从四个吡咯环衍生而来的。卟啉环能与许多离子包括铁、铜、锌和钴形成金属螯合物。卟啉环与铁离子形成的络合物称铁卟啉。血红蛋白、肌红蛋白、细胞色素和过氧化氢酶中均含有铁卟啉。

5. (A、B、C、D)血红蛋白、肌红蛋白、细胞色素 c 和过氧化物酶都含有铁卟啉辅基，所以它们均含铁离子。
6. (B、D)血红蛋白是由四个亚基组成的蛋白质，由于分子中四个氧结合位的协同作用使其饱和曲线呈 S 形。氧与血红蛋白结合并不引起亚铁离子价数的变化。一氧化碳和和氰化物与血红蛋白的亲和力比氧大。
7. (A、B、C)血红蛋白除了能运输 O_2 和 CO_2 外，还可依靠每条 β 链上第 146 位组氨酸来缓冲血液中突然的酸碱变化。然而，组氨酸上咪唑基的质子化导致血红蛋白的脱氧作用。因此酸中毒的情况下，血红蛋白与氧的结合能力就下降。而 2,3-二磷酸甘油酸(2,3-DPG)能够和血红蛋白 β 链上带正电荷的残基以盐键的形式相连，使脱氧形式的血红蛋白更加稳定，导致了与 O_2 亲和力的下降。每分子氧加到血红蛋白分子上需要打开盐键，当第一个 O_2 与血红蛋白结合后，随后的 O_2 再与血红蛋白结合时，需要打开的盐键要少些，因此一旦第一个 O_2 与血红蛋白结合后就增加了随后的 O_2 与血红蛋白的亲和力，这就是所谓的协同效应。CO_2 可逆地与血红蛋白分子中亚基的 N 端反应生成氨基甲酰血红蛋白，氨基甲酰血红蛋白带负电荷，并形成了稳定脱氧血红蛋白的盐键，因此 CO_2 降低了血红蛋白与氧的亲和力。
8. (A、B、C)γ-免疫球蛋白是由两条重链和两条轻链靠键间和链内的二硫键连接而成。每分子免疫球蛋白有两个与抗原结合的部位。重链和轻链的 N 端是可变区，而 C 端是恒定区。多发性骨髓瘤患者排泄的尿中含有大量的同源轻链(本琼氏蛋白)。
9. (A、C)题中所描述的片段 A 含有免疫球蛋白的轻链和部分重链，它含有抗体结合部位和高变区。片段 A 就是通常所说的 Fab，而片段 B 是 Fc。本琼氏(Bence-Jones)蛋白是一种异常的免疫球蛋白，只有轻链组成，通常为二聚体形式。
10. (B、D)多糖类如糖原和淀粉等一般相对分子质量的大小变动较大。SDS-聚丙烯酰胺凝胶电泳中因为 SDS 可将蛋白质解离成亚基，所以测出的是亚基的相对分子质量。用超离心法测定相对分子质量过程中，沉降系数增大一倍，其相对分子质量并不一定增加一倍，因相对分子质量由沉降系数、扩散系数和偏微比容三个因素决定的。蛋白质的大致相对分子质量可由氨基酸组成推算出来，取氨基酸残基数的整数值可以求出最低相对分子质量。
11. (A、B、C、D)
12. (A、B、D)用聚乙二醇修饰一些药用蛋白质可以改善其治疗效果，增加蛋白质在体内的半衰期，减少或消除一些异源蛋白质在人体内的免疫排斥反应，增加蛋白质的溶解度，同时保持合适的天然活性。
13. (A、B、C)
14. (A、D)

四、名词解释

1. 超二级结构(supersecondary structure)：是指二级结构的基本结构单位(α 螺旋、β 折叠等)相互聚集，形成有规律的二级结构的聚集体。超二级结构主要涉及 α 螺旋、β 折叠等在空间上是如何聚集在一起的问题。已知的超二级结构有三种基本组合形式：α 螺旋的聚集体(αα)，α 螺旋和 β 折叠的聚集体(βαβ)，β 折叠的聚集体(ββ)。
2. 结构域(structural domain)：在较大的球状蛋白质分子中，多肽链往往形成几个紧密的球状构象，彼此分开，以松散的肽链相连，此球状构象就是结构域。
3. 蛋白质的别构作用(allosterism)：含亚基的蛋白质由于一个亚基的构象改变而引起其余亚基和整个分子构象、性质和功能发生改变的作用称为别构作用。
4. 免疫球蛋白(immunoglobulin)：是指某些参与免疫反应的血清 γ-球蛋白，也称抗体蛋白，通常以 Ig 符号代表。
5. 拉氏图(Ramachandran map)：G. N. Ramachandran 等人采用原子的“硬球模型”，根据范德华半径和键角通过计算确定了 ϕ 和 Ψ 的允许值。用 ϕ 作横坐标，Ψ 作纵坐标作出的 ϕ-Ψ 图称为拉氏图。
6. 同源蛋白质(homologous protein)：在不同生物中序列和功能相似的蛋白质称为同源蛋白质，如血红蛋白。
7. 分子病(molecular disease)：由于基因或 DNA 分子的缺陷，致使细胞内 RNA 及蛋白质合成出现异常、蛋白质分子的结构与功能随之发生变异的疾病，如镰刀状细胞贫血病，是合成血红蛋白的基因异常所致的贫血疾病。

8. 抗原与抗体(antigen and antibody)：抗原是指能使人和动物体产生免疫反应的一类物质，既能刺激免疫系统产生特异性免疫反应，形成抗体和致敏淋巴细胞，又能与之结合而出现反应。通常是一种蛋白质，但多糖和核酸等也可作为抗原。抗体是指在人和动物体内，由于抗原或半抗原入侵刺激机体而在细胞中产生的免疫球蛋白。能可逆、非共价、特异地与相应抗原结合，形成抗原-抗体复合体。

五、问答题

1. (1) α 螺旋：4~14，29~40。
   (2) β 折叠：20~28 和 58~50 形成反平行的 β 折叠。
   (3) 无规卷曲：15~19，41~49(带电荷的残基)，59~65。
   (4) 二硫键：2 位或 11 位的 Cys 可以和 47 位 Cys 形成二硫键。
2. (1) 随着 pH 的升高，谷氨酸羧基离子化，多聚谷氨酸从 α 螺旋转变成无规线团，而赖氨酸氨基去质子化，多聚赖氨酸从无规线团转变成 α 螺旋。
   (2) 当多肽链形成 α 螺旋时，旋光度向较正值方向改变(即右旋增加)。
3. 根据溶液 pH 和 pK 的关系，可知蛋白质分子中各基团的解离情况，从而可知形成的盐键数，结果如图 3-8 所示。

pH	1	2.5	5.5	8.5	10.0
盐键(个数)	0	5	10	5	0

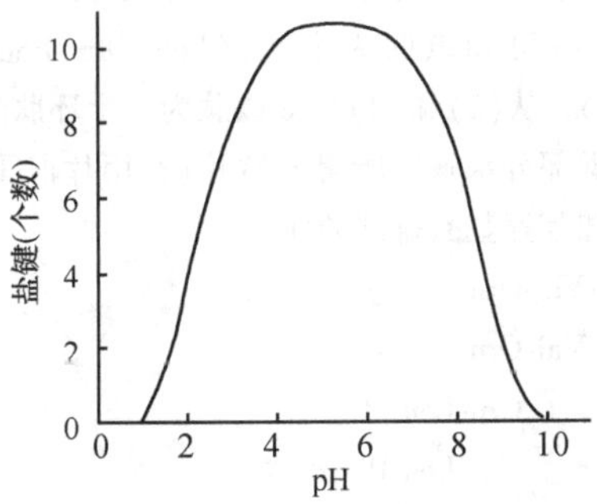

图 3-8　pH 和盐键之间的关系

4. (1) 因为该蛋白质分子含有 10 个羧基，2 个咪唑基，14 个—NH_3^+，共有 26 个(10+2+14)可解离的质子。蛋白质的 pI 是指蛋白质分子所带净电荷为零时溶液的 pH。当该蛋白质分子中 10 个羧基的 H^+，2 个咪唑基的 H^+ 和 4 个—NH_3^+ 的 H^+ 被滴定掉，即有 16 个质子被滴定掉时蛋白质分子的净电荷为零(图 3-9)，这时就到达了该蛋白质的 pI。

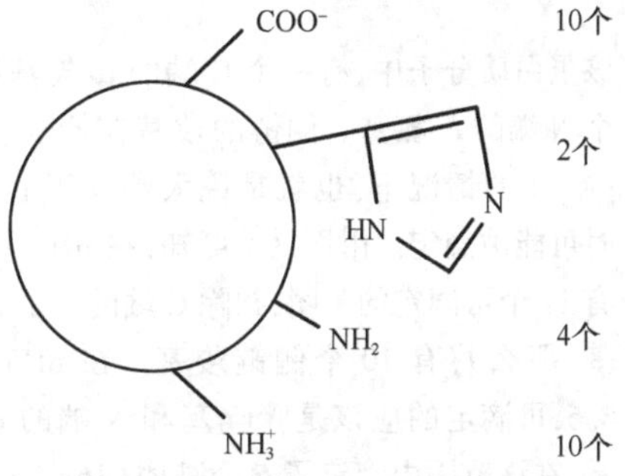

图 3-9

   (2) 为了画出蛋白质的滴定曲线，可粗略地计算一下不同 pH 时每分子蛋白质解离的质子数，列于表 3-3。

表 3-3　不同 pH 时每分子蛋白质解离的质子数

pH	1	3.5	6	10	12
解离的 H^+ 数	0	5	11	19	26

以 pH 为横坐标，每分子蛋白质解离的 H^+ 数为纵坐标，作该蛋白质的滴定曲线(图 3-10)，从滴定曲线上可看到，当 16 个质子被滴定掉时溶液的 pH 约为 9.5，这就是该蛋白质的 pI。

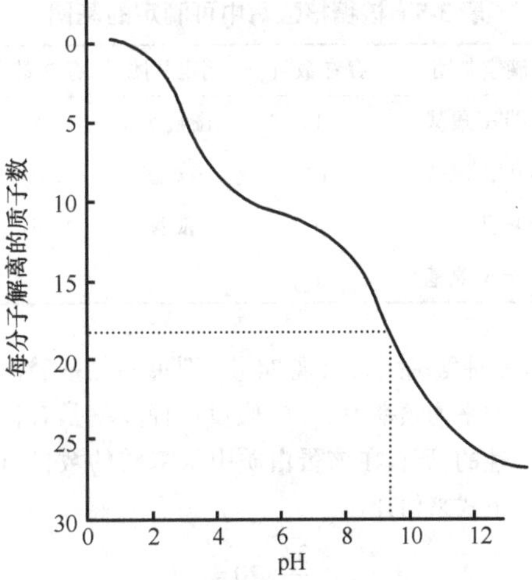

图 3-10　蛋白质的滴定曲线

5. (1)有八种可滴定的基团,列于表 3-4。

表 3-4　蛋白质可滴定基团的 pK_a 值

滴定基团	大约的 pK_a 值	滴定基团	大约的 pK_a 值
C 端的 α-羧基	3	β-巯基	8
γ-和 β-羧基	4~5	酚羟基	9~10
咪唑基	6~7	ε-氨基	10~11
N 端的 α-氨基	8	胍基	12~13

(2) 该蛋白质分子中,有一个 C 端的 α-羧基和一个 N 端的 α-氨基。侧链的羧基在低于 pH = pK_a+1 的情况下,也就是说大约低于 pH5.5 时可能被滴定。由图 3-4 可知,在 pH2~5 共有 11 个可滴定的基团,扣除 C 端的一个 α-羧基,那么共有 10 个侧链羧基。在 pH5.5~8.5,可滴定的应该是咪唑基和 N 端的 α-氨基,在该范围内滴定了 5 个基团(16-11),扣除 N 端的 α-氨基,所以有 4 个咪唑基。

假如在 pH 低于 10 时,所有酚羟基均能滴定的话,那么分子中共有 6 个酚羟基(22-16)。这样余下的 14 个可解离的质子一定来自 ε-氨基和胍基。虽然在 pH12 左右,滴定曲线比较陡峭,不能很清楚地把两者区别开来。因为大部分 ε-氨基在 pH 低于 12 时应该被滴定,而胍基要高于 12 才被滴定。所以很自然地可以猜出 14 个可滴定的质子中 8 个来自 ε-氨基,6 个来自胍基,图 3-4 中所示的是牛胰核糖核酸酶的滴定曲线。表 3-5 列出该蛋白质真实的可滴定基团的数目。

表 3-5　核糖核酸酶中可滴定的基团

滴定基团	存在数目	滴定基团	存在数目
C 端 α-羧基	1	酚羟基	6
γ-和 β-羧基	10	ε-氨基	10
咪唑基	4	胍基	4
N 端 α-氨基	1		

(3) 6 种氨基酸共出现 34 次,则每种氨基酸出现的平均频率为 34/6,假设这种频率是有代表性的,那么在该蛋白质中氨基酸的数目可用下式来估计:

$$\frac{34}{6}\times 20=113$$

氨基酸的平均相对分子质量为 120,所以该蛋白质的相对分子质量为:

$$113\times 120=13\ 600$$

幸运的是,这个数值与真实的牛胰核糖核酸酶的相对分子质量很接近(M_r = 13 700)。然而,一般来说,可滴定氨基酸的平均频率是没有代表性的,所以用这种方法来计算相对分子质量通常是不正确的。

6. (1) 因为四肽与 FDNB 反应后,用 6mol/L HCl 水解得 DNP-Val,所以此肽 N 端为 Val。

(2) 用 $LiBH_4$ 还原后再水解,水解液中有氨基乙醇,说明此肽的 C 端为 Gly。

(3) 水解液中有一种与重氮苯磺酸反应生成棕红色的氨基酸,说明此氨基酸为 His 或 Tyr。

(4) 根据胰蛋白酶的专一性及(1)、(2)、(3)可知四肽的顺序为:

Val-Arg(或 Lys)-His(或 Tyr)-Gly

7. 根据题意:

(1) N 端非常容易环化,说明此肽的 N 端是 Gln。

(2) 经溴化氰处理后得一游离碱性氨基酸,Pauly 反应呈阳性,说明此氨基酸是 His,并且 His 位于 Met 之后,即为……Met-His。

(3) 用胰蛋白酶水解得两个肽段:其一为坂口反应阳性,说明含 Arg,另一个在 280nm 有强的光吸收且呈 Millon 氏阳性反应,说明含 Tyr。根据胰蛋白酶的专一性,可知该肽含…Arg-Tyr…

(4)此肽共含五种氨基酸,由(1)、(2)、(3)、(4)可推出此肽氨基酸的顺序为:Gln-Arg-Tyr-Met-His。因为此肽是一个碱性肽,所以其 p*I* 应该大于 7。

8. 从(1)可知该肽为:$(\text{Leu, Orn, Phe, Pro, Val})_n$,从(2)可知该肽为十肽:$(\text{Leu, Orn, Phe, Pro, Val})_2$,从(3)和(4)可知该肽为一个环肽。

根据部分水解后所得的肽片段,用片段重叠法可知其氨基酸排列顺序。

Pro-Val-Orn
　　Val-Orn
　　　　Orn-Leu
　　　　　　Leu-Phe
　　　　　　　　Phe-Pro

Phe-Pro-Val

Val-Orn-Leu

所以此肽的结构式为：

Pro-Val-Orn-Leu-Phe
Phe-Leu-Orn-Val-Pro

9. 从(1)可知该肽为九肽，从(2)可知其 C 端为 Ala，从(2)、(3)和胰蛋白酶的专一性可知如下肽段：

(A) Ala-Arg　(B) (Phe,Ser)-Lys

(C) Lys　(D) (Met,Ser)-Ala

从(4)和(2)可知：(E)…Met-Ser-Ala。

从(5)和嗜热菌蛋白酶的专一性可知：(F)…Phe-(Ala,Lys_2,Met,Ser)。

从(E)和(F)可知：(G)…Phe-Lys-Lys-Met-Ser-Ala。

从(A)(B)(G)可知该肽的氨基酸顺序为：Ala-Arg-Ser-Phe-Lys-Lys-Met-Ser-Ala。

10. 嗜热菌蛋白酶水解 Leu、Ile、Val、Met、Trp、Tyr 或 Phe 的氨基形成的肽键。

(1)根据嗜热菌蛋白酶水解天然肽得到的肽段(1)与链 1 的重叠情况，可知链 1 的第 2 位氨基酸与链 1 的第 12 位氨基酸之间有一对二硫键。

(2) 根据肽段(3)与链 1、链 2 的重叠情况，可知链 1 的第 8 位氨基酸与链 2 的第 3 位氨基酸之间有一对二硫键。

(3) 根据肽段(4)与链 2 的重叠情况，可知链 2 的第 1 位基酸与链 2 的第 5 位氨基酸之间有一对二硫键。

综上所述，天然肽中二硫键的位置如下：

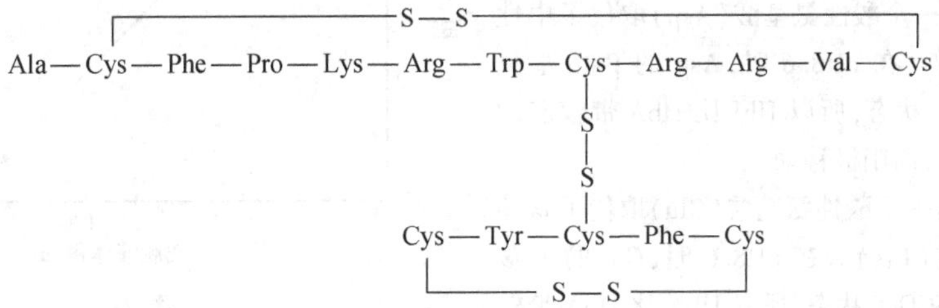

11. (1) 因为 Val、Pro、Phe 和 Ile 是非极性氨基酸，所以它们的侧链位于分子内部。因为 Asp、Lys 和 His 是极性氨基酸，所以它们的侧链位于分于外部。

(2) 因为 Gly 的侧链是—H，Ala 的侧链是—CH_3，它们的侧链都比较小，疏水性不强，所以它们既能在球状蛋白质的分子内部，也能在外部。

(3) 因为 Ser、Thr、Asn 和 Gln 在 pH7 时有不带电荷的极性侧链，它们能参与内部氢键的形成，氢键中和了它们的极性，所以它们位于球状蛋白质分子内部。

(4) 在球状蛋白质的内部找到 Cys，因为两个 Cys 时常形成二硫键，这样就中和了 Cys 的极性。

12. (1) 疏水侧链在血红蛋白亚基的外面，这样 α 亚基和 β 亚基能互相紧密地结合在一起，形成一定的空间结构。这些疏水侧链在血红蛋白亚基的外面，但就整个血红蛋白分子来看，它们在血红蛋白分子的内部。

(2) 疏水作用在维持血红蛋白的四级结构中起了重要作用。

13. 能根据氨基酸的组成推断。因为在可溶性蛋白质中，大多数极性残基在分子表面，而几乎所有的非极性残基折叠到分子内部，极性残基与非极性残基之比决定了表面积与体积之比，也就决定了蛋白质的大概的形状。对于任何已知相对分子质量的蛋白质，极性残基与非极性残基的某个比率是和球状一致的。若相对分子质量不变，如果这个比率增加，表面积与体积的比率就会增加，导致不对称的构象，如棒状或扁平状。如果极性残基与非极性残基的比率减少，则蛋白质以多聚体的形式存在。现计算三种蛋白质中极性残基与非极性残基的比。蛋白质 1 为 131∶71≈65∶35，蛋白质 2 为 59∶140≈30∶70，蛋白质 3 为 99∶100≈50∶50。因此表面积与体积的比率为：蛋白质 1>蛋白质 3>蛋白质 2，所以第一种蛋白质是雪茄形，第三种蛋白质是球形，第二种蛋白质是四聚体中的一个亚基。

14. 蛋白质 A 中含小侧链的氨基酸多，Gly、Ala 和

Ser 共占 86.2%，所以蛋白质 A 是丝蛋白，是 β 折叠构象。蛋白质 B 中半胱氨酸的含量高，占 11.2%，所以蛋白质 B 是羊毛纤维，是 α 螺旋构象。蛋白质 C 中，Gly 占 33%，Pro 占 12.2%，Hypro 占 9.4%，所以蛋白质 C 是三股螺旋的胶原蛋白。

15. 从电泳结果可知 pH7 时蛋白质 C 带的电荷最多，蛋白质 B 其次，蛋白质 A 最少。pH7 用中性盐沉淀时，电荷带得最少的首先沉淀，所以蛋白质 A 首先沉淀，其次是蛋白质 B，最后是蛋白质 C。

16. (1) HbD 是一个碱性氨基酸(Lys)取代了中性氨基酸。在 pH8.6 时，Lys 的 ε-氨基呈—NH_3^+状态，所以 HbD 比 HbA 带较多的正电荷，向阴极移动。

(2) HbJ 是一个酸性氨基酸(Asp)取代了中性氨基酸。在 pH8.6 时，Asp 的 β-羧基呈—COO^-状态，所以 HbJ 比 HbA 带较多的负电荷，向阳极移动。

(3) HbN 是一个酸性氨基酸(Glu)取代了碱性氨基酸(Lys)。在 pH8.6 时，Glu 的 γ-羧基呈—COO^-状态，所以 HbN 比 HbA 带较多的负电荷，向阳极移动。

若将 HbN 和 HbJ 比较，因为 HbN 是一个酸性氨基酸取代了碱性氨基酸，而 HbJ 是一个酸性氨基酸取代了中性氨基酸。所以 HbN 比 HbJ 带更多的负电荷，HbN 向阳极移动的速度比 HbJ 快。

(4) HbC 是一个碱性氨基酸(Lys)代替了酸性氨基酸(Glu)的。在 pH8.6 时 Lys 的 ε-氨基呈—NH_3^+状态，所以 HbC 比 HbA 带较多的正电荷，向阴极移动。

若将 HbC 与 HbD 比较，HbC 是一个碱性氨基酸取代了酸性氨基酸，而 HbD 是一个碱性氨基酸取代了中性氨基酸，所以 HbC 比 HbD 带更多的正电荷，HbC 向阴极移动的速度比 HbD 快。

综上所述可知：a 带代表 HbC，b 带代表 HbD，c 带代表 HbJ，d 带代表 HbN。

17. 通常可用作图法。首先根据题中所给条件(表 3-6)在半对数坐标纸上以相对分子质量的对数对洗脱液体积作图，画出标准曲线(图 3-11)。然后从标准曲线上查 $V=37$ml 处的相对分子质量，从图 3-11 求得未知蛋白质的相对分子质量约为 52 000。

表 3-6　蛋白质的相对分子质量和洗脱液的体积

蛋白质	相对分子质量	洗脱液体积/ml
细胞色素 c	13 370	118
β-乳球蛋白	37 100	58
血红蛋白	64 500	24

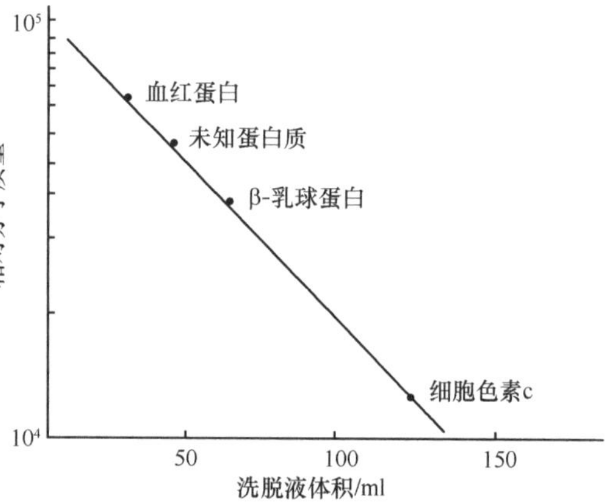

图 3-11

18. 凝胶过滤常用的是葡聚糖凝胶(Sephadex)，这凝胶颗粒的交联介质排阻相对分子质量较大的蛋白质，仅允许相对分子质量较小的蛋白质进入颗粒内部，所以相对分子质量较大的蛋白质只能在凝胶颗粒之间的空隙中通过。这意味着它通过柱的体积为床体积减去凝胶颗粒本身所占的体积。而相对分子质量小的蛋白质必须通过所有的床体积才能流出，所以，相对分子质量小的蛋白质比相对分子质量大的蛋白质有较长的保留时间。而 SDS-聚丙烯酰胺凝胶电泳时，其凝胶介质并不存在象 Sephadex 那样的颗粒之间的空隙。所以，所有的蛋白质分子必须全部通过这交链介质而移动。蛋白质的相对分子质量越小，通过这介质就越快，移动得越迅速。

19. 由于蛋白质 A、蛋白质 B 与蛋白质 C 的相对分子质量相差较大，可用凝胶过滤的方法将蛋白质 A、蛋白质 B 与蛋白质 C 分开并纯化。又由于蛋白质 A 与蛋白质 B 等电点不同，可用离子交换柱层析将蛋白质 A 与蛋白质 B 分开并纯化。

20. (1) 弯折(bend)最可能出现在7位和19位，即脯氨酸残基处，在顺式构象中的脯氨酸残基伴随着转角(turn)。
(2) 在13位和24位的半胱氨酸残基之间可以形成二硫键。
(3) 极性和带电荷的氨基酸残基，如D、Q、K位于球状蛋白质分子的表面，而非极性氨基酸残基如A、I位于球状蛋白质的分子内部。苏氨酸(T)虽然有极性，但是在水中极性接近零，所以它在蛋白质分子的表面和内部都可以发现。

21. (1) 由于Gly的侧链只有一个氢原子，侧链较小，难以形成α螺旋，而易形成β折叠的构象。
(2) 在生理pH时，Glu的R基团都带负电荷，负电荷彼此相斥，使氢键不能形成，所以形成无规卷曲。
(3) 由于Pro是亚氨基酸，α-氨基为亚氨基，不能形成α螺旋，而形成不同于α螺旋的左手螺旋。
(4) 由于该多肽的大部分氨基酸残基侧链较小。除A(Ala)外，其他氨基酸均无形成螺旋构象的趋势，且G(Gly)为α螺旋的破坏者，故该多肽易形成β折叠。
(5) 由于该多肽是由许多侧链较大的氨基酸残基组成，这些氨基酸均使β折叠结构不稳定。相反，这些氨基酸都是螺旋结构的稳定者，故该多肽更易形成α螺旋。
(6) 该多肽由许多小侧链的氨基酸组成，且G(Gly)是螺旋的破坏者，故该多肽易形成β折叠。

22. 胶原蛋白多肽链由重复的Gly-X-Y序列组成，X、Y通常是除Gly以外的任何氨基酸残基，但X经常是pro，Y经常是Hyp。由于重复出现Pro，胶原蛋白不可能形成α螺旋，而是形成每圈约三个氨基酸残基的左手螺旋。三条平行肽链相互以右手绳样卷曲缠绕，形成胶原分子的三螺旋结构。在三条链发生接触的紧密连接中需要有体积小的Gly。三股螺旋彼此之间可形成链间氢键，这些氢键是在Gly残基的—NH与其他氨基酸的—C=O之间形成的。
(1) 多聚Pro不能形成类似胶原三螺旋结构，因为胶原特有的结构为$(G\text{-}X\text{-}Y)_n$，每三个氨基酸残基中心必须含一个Gly。
(2) $(G\text{-}P\text{-}P)_n$，即$(Gly\text{-}Pro\text{-}Pro)_n$，能形成类似胶原的三螺旋结构，因为$(G\text{-}P\text{-}P)_n$多肽链的结构符合$(G\text{-}X\text{-}Y)_n$。
(3) 能形成类似胶原的三螺旋，但是多聚(G-P-G-P)中的六个残基(G-P-G-P-G-P)

23. 在pH为5.4时，DEAE-纤维素带正电荷。在此条件下，胰凝乳蛋白酶原也带正电荷，故不与DEAE-纤维素结合。β-乳球蛋白带少量负电荷，与DEAE-纤维素结合力极弱，随着洗脱缓冲液中盐浓度的增加，它将被置换下来。而乳清蛋白带大量负电荷，与DEAE-纤维素结合十分紧密，只有当缓冲液中盐浓度很高时才可被洗脱下来，或降低缓冲液的pH，使乳清蛋白所带负电荷量减少，才可被洗脱下来。

24. 电泳后在凝胶上对糖蛋白条带的染色通常是采用PAS，即过碘酸-Schiff's相对专一性的染色方法，其主要原理是：凝胶电泳中糖蛋白在过碘酸的作用下，糖蛋白中糖链上相邻的羟基被氧化成醛基，醛基再与酸性品红的氨基反应形成席夫碱，反应处显紫红色，染色后的凝胶可保存在1%偏重亚硫酸钠($Na_2S_2O_3$)和0.1mol/L HCl的溶液中。

25. (1) 酵母双杂交
原理：将编码某一蛋白质X的DNA序列与DNA结合域(binding domain，BD)的编码序列融合形成一个杂交体，将编码另一蛋白质Y的DNA序列与DNA转录激活域(activation domain，AD)的编码序列融合形成另一个杂交体，当两个杂交体共转化酵母细胞(此酵母细胞上游有DNA结合位点的报告基因)，若X和Y没有相互作用，则不能激活报告基因的转录；若X和Y可相互作用，则使BD和AD靠近形成一个有效的转录激活子，激活报告基因的转录。因此可通过检测报告基因的转录来研究蛋白质X和蛋白质Y的相互作用。
(2) 免疫共沉淀
原理：当细胞在非变性条件下被裂解时，完整细胞内存在的许多蛋白质-蛋白质间的相互作用被保留了下来。如果用蛋白质 X 的抗体免疫沉淀 X，那么与 X 在体内结合的蛋白质 Y 也能沉淀下来。常用于测定两种目标蛋白质是否在体内结合，也可用于确定一种特定蛋白的新的作用蛋白。缺点：可能检测不到低亲和力和瞬间的蛋白质-蛋白质相互作用。

（3）GST 沉降技术

原理：将细菌表达的谷胱甘肽 *S*-转移酶（GST）融合蛋白作为探针，与溶液中的特异性蛋白结合，然后根据谷胱甘肽琼脂糖珠能够沉淀 GST 融合蛋白的能力来确定与融合蛋白发生相互作用的蛋白，一般在得到目标蛋白的抗体前，或发现抗体干扰蛋白质-蛋白质之间的相互作用时，该方法只是用于确定体外的相互作用。

（4）蛋白质芯片

原理：将各种蛋白质有序地固定于滴定板、滤膜和载玻片等各种载体上成为检测用的芯片，然后，用标记了特定荧光抗生素体的蛋白质或其他成分与芯片作用，经漂洗将未能与芯片上的蛋白质互补结合的成分洗去，再利用荧光扫描仪或激光共聚焦扫描技术，测定芯片上各点的荧光强度，通过荧光强度分析蛋白质与蛋白质之间相互作用的关系，由此达到测定各种蛋白质功能的目的。

六、计算题

1.（1）在 pH9.5 时，赖氨酸的 ε-NH_3^+按下式解离：

$$—NH_3^+ \rightleftharpoons —NH_2+H^+$$

根据 Henderson-Hasselbalch 方程

$$9.5=10.5+\lg([—NH_2]/[—NH_3^+])$$

$$\lg([—NH_2]/[—NH_3^+])=-1$$

$$[—NH_2]/[—NH_3^+]=1/10$$

ε-NH_3^+形式占 10/(10+1)= 10/11≈91%

（2）在 pH5.0 时谷氨酸的 γ-羧基按下式解离：

$$—COOH \rightleftharpoons —COO^-+H^+$$

根据 Henderson-Hasselbalch 方程

$$5.0=4.3+\lg([—COO^-]/[—COOH])$$

$$\lg([—COO^-]/[—COOH])=0.7$$

$$[—COO^-]/[—COOH]=5.0$$

γ-COO^-形式占 5.0/6.0=83%

2. 谷氨酸的解离式如下：

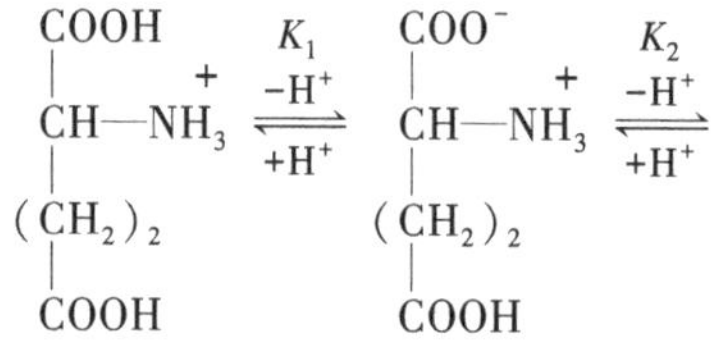

Gu^+　　$Gu^\pm$

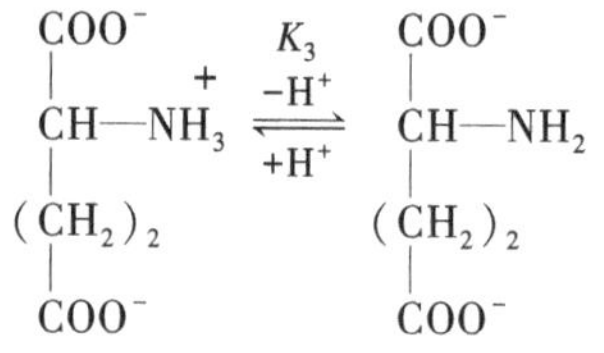

Gu^-　　$Gu^=$

已知：$pK_1=2.19, pK_2=4.25, pK_3=9.67$

$pI=(pK_1+pK_2)/2=(2.19+4.25)/2=3.22$

在等电点时，Glu 主要以 $Glu^\pm$的形式存在，还有少量且数量相等的 Glu^+和 Glu^-，至于 $Glu^=$的量很少，可忽略不计。

设[Glu^+]为 x，则[Glu^-]也为 x

$$[Glu^\pm]=0.1-2x$$

∵ $$pH=pK+\lg\frac{[质子受体]}{[质子供体]}$$

∴ $$pH=pK_1+\lg\frac{[Glu^\pm]}{[Glu^+]}$$

$$3.22=2.19+\lg\frac{0.1-2x}{x}$$

$$\lg\frac{0.1-2x}{x}=1.03$$

$$\frac{0.1-2x}{x}=10.72$$

$$x\approx0.00786(mol/L)$$

$$[Glu^\pm]=0.1-2x=0.1-2\times0.00786$$

$$\approx0.0843(mol/L)$$

（1）主要等电形式的谷氨酸浓度的近似值为 0.0843mol/L。

（2）完全质子化形式的谷氨酸浓度的近似值为 0.00786mol/L。

（3）共有 8 种形式。

3. L-Ile 和 L-phe 的总浓度为：

$$\frac{0.5\times66.8}{100}=0.334(mol/L)$$

根据公式：$[\alpha]=\dfrac{\alpha}{c\cdot l}$

$$\alpha=[\alpha]\cdot c\cdot l$$

又因为Ile $[\alpha]=+12.4°, M_r=131$

Phe $[\alpha]=-34.5°, M_r=165$

设 Ile 的浓度为 $x$mol/L，则 Phe 的浓度为 $(0.334-x)$mol/L，

$$12.4\times\frac{131x}{1000}\times2.5+(-34.5)\times\frac{(165)(0.334-x)}{1000}\times 2.5=-1.97$$

$$4.061x+(-34.5)(0.05511-0.165x)(2.5)=-1.97$$

$$4.061x-4.75+14.23x=-1.97$$

$$18.29x=2.78$$

$$x\approx0.152\text{mol/L}$$

所以 Ile 的浓度为 0.152mol/L，Phe 的浓度为 0.334mol/L−0.152mol/L=0.182mol/L

4.（1）比容（$\bar{v}$）是密度的倒数（1g 物质占有的体积）

$\bar{v}=1/\rho=1/1.33=0.75$（ml/g）

（2）$M_r=120\times270=32\ 400$

所以 1mol 质量为 32 400g，1mol 含有 6.023×10^{23}个分子，因此单个分子的质量为：

$$W=M_r/N=\frac{32\ 400}{6.023\times10^{23}}=5.38\times10^{-20}\text{g}$$

（3）每个分子所占的体积为：

$$V=\bar{v}\times W=0.75\times5.38^{-20}=4.035\times10^{-20}\text{ml}$$

（4）球形的体积为$\frac{4}{3}\pi r^3$（r 为半径）

$$V=\frac{4}{3}\pi r^3$$

$$4.035\times10^{-20}=\frac{4}{3}\times3.142r^3$$

$$r=2.13\times10^{-7}\text{cm}=2.13\text{nm}$$

其直径为：2.13nm×2=4.26nm

能放入 10nm 厚的细胞膜内。

5.（1）$\frac{100}{0.58}=\frac{M_{r最低}}{204}$

$$M_{r最低}=\frac{100\times204}{0.58}\approx35\ 172$$

（2）$\frac{70\ 000}{35\ 172}\approx2$，所以牛血清白蛋白分子中含两个色氨酸残基。

6. $M_r=\frac{CRT}{\pi}$

式中，M_r 为相对分子质量；C 为溶液的浓度（g/m^3）；R 为气体常数 8.314J/（mol·K）；T 为绝对温度；π 为渗透压（单位 Pa）。

蛋白质溶液浓度为 1% 即 10g/L，也就是 1×10^4g/m^3。

46mm 水柱，换算成帕斯卡（Pa）为：

$$46(\text{mm 水柱})=46/10330(\text{atm})$$
$$=4.45\times10^{-3}\times1.013\times10^5(\text{Pa})$$
$$=4.508\times10^2(\text{Pa})$$

$$M_r=\frac{CRT}{\pi}=\frac{1\times10^4\times8.314\times273}{4.508\times10^2}\approx50\ 300$$

7. 假定细胞为圆柱体，则一个大肠杆菌细胞的体积为：

$V=\pi r^2\cdot h=3.14\times(0.5)^2\times2=1.57(\mu m^3)$

$1.57\mu m^3=1.57\times10^{-12}cm^3$

一个大肠杆菌细胞的质量为：

$m=v\times\rho=1.57\times10^{-12}\times1.2=1.88\times10^{-15}(g)$

一个大肠杆菌细胞中 β-半乳糖苷酶的质量为

$m_1=1.88\times10^{-12}\times14\%\times1\%\approx2.63\times10^{-15}(g)$

一个大肠杆菌细胞中 β-半乳糖苷酶的分子数为：

$$\frac{2.63\times10^{-15}}{450\ 000}\times6.023\times10^{23}=3\ 520$$

8.（1）根据公式：$W=505(S_2-S_1)/1-0.285S_2$

式中，S_2和 S_1分别以小数表示的起始饱和度和终了饱和度，饱和度是在给定条件下以可能达到的最大浓度的百分比表示的盐浓度，505 是 0℃时 1000ml 饱和硫酸铵（100% 或 1.00 饱和度）溶液中所含硫酸铵的克数（505g/1000ml 溶液）。

故：$S_1=0.3$ $S_2=0.6$

应加固体硫酸铵克数：$W=505(0.6-0.3)/1-0.285\times0.6=182.8(g)$

（2）根据公式：$V=100(S_2-S_1)/1-S_2$

$S_1=0.3$ $S_2=0.6$

$$V=100(0.6-0.3)/1-0.6=75(\text{ml})$$

应向 100ml 饱和度为 30% 的硫酸铵溶液中加入 75ml 饱和硫酸铵溶液可使其饱和度增至 60%。

第四章　核 酸 化 学

学习指导

1. 掌握碱基、核苷和核苷酸的化学结构及理化性质。
2. 掌握 DNA 和 RNA 在结构上和功能上的异同。
3. 了解核酸一级结构、二级结构和三级结构的定义。
4. 了解几种常见的 RNA 的名称、结构（一级、二级和三级结构）及其功能。
5. 掌握 DNA 双螺旋结构的主要内容，A 型、B 型和 Z 型双螺旋结构之间的异同。
6. 掌握核酸的理化性质，特别是 DNA 的变性、复性及其杂交，知道影响 DNA 变性和复性的因素。
7. 了解 DNA 的生物功能。

基　础　题

一、填充题

1. 核酸的基本结构单位是________。
2. 20 世纪 50 年代，Chargaff 等发现各种生物体 DNA 碱基组成有________的特异性，而没有________的特异性。
3. DNA 双螺旋中只存在________种不同碱基对。T 总是与________配对，C 总是与________配对。
4. 核酸的主要组成组分是________、________和________。
5. 两类核酸在细胞中的分布不同，DNA 主要位于________中，RNA 主要位于________中。
6. 核酸分子中的糖苷键均为________型糖苷键。糖环与碱基之间的连键为________键。核苷与核苷之间通过________键连接形成多聚体。
7. X 射线衍射证明，核苷中________与________平面相互垂直。
8. 核酸在 260nm 附近有强吸收，这是由于________。
9. 双链 DNA 中若________含量多，则 T_m 高。
10. 双链 DNA 热变性后，或在 pH2 以下，或 pH12 以上时，其 OD_{260}________，同样条件下，单链 DNA 的 OD_{260}________。
11. DNA 样品的均一性越高，其熔解过程的温度范围越________。
12. DNA 所处介质的离子强度越低，其熔解过程的温度范围越________，熔解温度越________，所以 DNA 应保存在较________浓度的盐溶液中，通常为________mol/L 的 NaCl 溶液。
13. DNA 分子中存在三类核苷酸序列，高度重复序列、中度重复序列和单一序列。tRNA、rRNA 及组蛋白等由________编码，而大多数蛋白质由________编码。

14. 硝酸纤维素膜可结合________链核酸。将 RNA 变性后转移到硝酸纤维素膜上再进行杂交,称为________印迹法。
15. 变性 DNA 的复性与许多因素有关,包括________、________、________、________和________等。
16. DNA 复性过程符合二级反应动力学,其 $Cot_{1/2}$值与 DNA 的复杂程度成________比。
17. 双链 DNA 螺距为 3.4nm,每匝螺旋的碱基数为 10,这是________型 DNA 的结构。
18. RNA 分子的双螺旋区及 RNA-DNA 杂交双链具有与________型 DNA 相似的结构,外型较为________。
19. A. Rich 在研究 d(CGCGCG)寡聚体的结构时发现它为________螺旋,称为________形 DNA,外型较为________。
20. 常用二苯胺法测定________含量,用苔黑酚法测________含量。
21. NAD^+、FAD 和 CoA 都是________的衍生物。
22. 维持 DNA 双螺旋结构稳定的主要因素是________,其次,大量存在于 DNA 分子中的弱作用力如________、________和________也起一定作用。
23. tRNA 的三级结构为________形,其一端为________,另一端为________。
24. 测定 DNA 一级结构的方法主要有 Sanger 提出的________法和 Maxam、Gilbert 提出的________法。
25. DNA 测序的解决得益于两种新技术的帮助:________和________。
26. 引起核酸变性的因素很多,如________、________和________等。
27. 核苷酸被________酶水解为核苷和无机磷酸,核苷被________酶水解为碱基和 R-1-P。
28. ATP 水解生成 ADP 与无机磷酸时的标准自由能变化是(ΔG°)________。

二、是非题

1. 脱氧核糖核苷中的糖环 3′-位没有羟基。
2. 若双链 DNA 中的一条链碱基顺序为:pCpTpGpGpApC,则另一条链的碱基顺序为:pGpApCpCpTpG。
3. 若种属 A 的 DNA T_m 低于种属 B,则种属 A 的 DNA 比种属 B 含有更多的 A—T 碱基对。
4. 原核生物和真核生物的染色体均为 DNA 与组蛋白的复合体。
5. 核酸的紫外吸收与溶液的 pH 无关。
6. 生物体内存在的游离核苷酸多为 5′-核苷酸。
7. 用碱水解核酸,可以得到 2′-核苷酸与 3′-核苷酸的混合物。
8. Z 型 DNA 与 B 型 DNA 可以相互转变。
9. 生物体内,天然存在的 DNA 分子多为负超螺旋。
10. 真核细胞染色体 DNA 结构特点之一是具有重复序列,高度重复序列一般位于着丝点附近,通常不转录。
11. mRNA 是细胞内种类最多、含量最丰富的 RNA。
12. tRNA 的二级结构中的额外环是 tRNA 分类的重要指标。

13. 真核生物成熟 mRNA 的两端均带有游离的 3′-OH。
14. 目前为止发现的修饰核苷酸大多存在于 tRNA 中。
15. 对于提纯的 DNA 样品，测得 $OD_{260}/OD_{280}<1.8$，则说明样品中含有 RNA。
16. 核酸变性或降解时，出现减色效应。
17. DNA 样品 A 与 B 分别与样品 C 进行杂交实验，得到的杂交双链结构如下图：

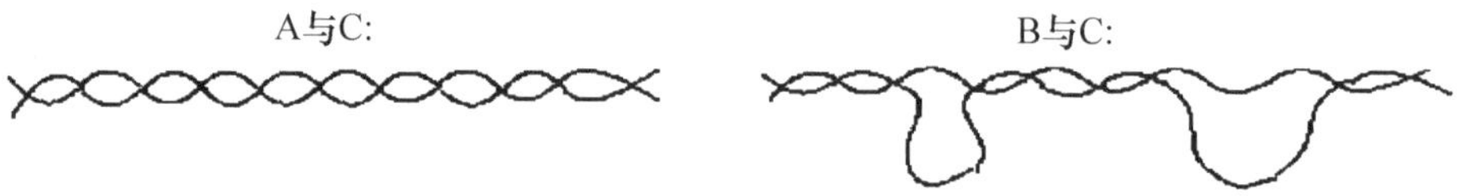

那么说明样品 A 与 C 的同源性比样品 B 与 C 的同源性高。
18. 在所有病毒中，迄今为止还没有发现既含有 RNA 又含有 DNA 的病毒。
19. 基因表达的最终产物都是蛋白质。
20. 两个核酸样品 A 和 B，如果 A 的 OD_{260}/OD_{280}>B 的 OD_{260}/OD_{280}，那么 A 的纯度>B 的纯度。

三、选择题

（一）单项选择题（下列各题均有五个备选项，其中一个是正确的，请将其代码填入括号内）

1. 胰核糖核酸酶水解 RNA，产物是（　　）。
   A. 3′-嘧啶核苷酸
   B. 5′-嘧啶核苷酸
   C. 3′-嘧啶核苷酸和以 3′-嘧啶核苷酸结尾的寡聚核苷酸
   D. 5′-嘧啶核苷酸和以 5′-嘧啶核苷酸结尾的寡聚核苷酸
   E. 3′-嘧啶核苷酸和 5′-嘧啶核苷酸
2. 下图中，哪一点代表双链 DNA 的 T_m？（　　）

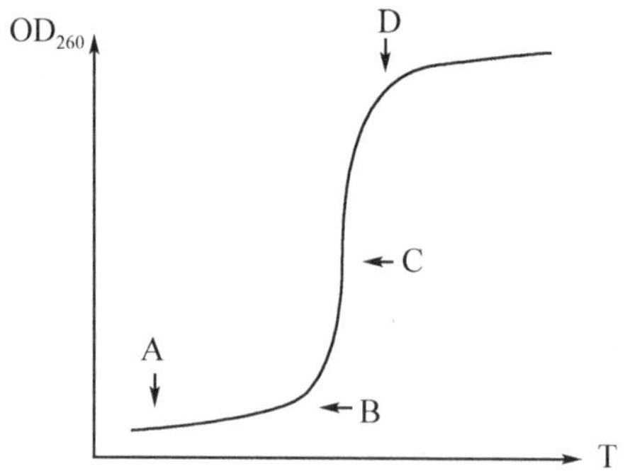

   A. A　　B. B　　C. C　　D. D　　E. 都不对
3. 下列突变中，哪一种致死性最大？（　　）
   A. 胞嘧啶取代腺嘌呤　　B. 腺嘌呤取代鸟嘌呤
   C. 插入三个核苷酸　　D. 插入一个核苷酸
   E. 丢失三个核苷酸
4. 双链 DNA 热变性后（　　）。
   A. 黏度下降　　B. 沉降系数下降　　C. 浮力密度下降

D. 紫外吸收下降　E. 都不对

5. 吖啶染料可以引起下列那种突变?(　　)

A. 转换　B. 颠换　C. 移码突变

D. 嘧啶二聚体　E. GC 与 AT 的专一性转换

6. 下列复合物中除哪个外,均是核酸与蛋白质组成的复合物?(　　)

A. 核糖体　B. 病毒　C. 端粒酶　D. RNaseP　E. 核酶(ribozyme)

7. 艾滋病病毒 HIV 是一种什么病毒?(　　)

A. 双链 DNA 病毒　B. 单链 DNA 病毒　C. 双链 RNA 病毒

D. 单链 RNA 病毒　E. 不清楚

8. 胸腺嘧啶除了作为 DNA 的主要组分外,还经常出现在下列哪种 RNA 分子中?(　　)

A. mRNA　B. tRNA　C. rRNA　D. hnRNA　E. snRNA

9. RNA 经 NaOH 水解,其产物是(　　)。

A. 5′-核苷酸　B. 2′-核苷酸

C. 3′-核苷酸　D. 2′-核苷酸和 3′-核苷酸的混合物

E. 2′-核苷酸、3′-核苷酸和 5′-核苷酸的混合物

10. 反密码子 UGA 所识别的密码子是(　　)。

A. ACU　B. ACT　C. UCA　D. TCA　E. 都不对

11. 对 DNA 片段作物理图谱分析,需要用(　　)。

A. 核酸外切酶　B. DNase Ⅰ　C. DNA 连接酶

D. DNA 聚合酶Ⅰ　E. 限制性内切酶

12. 亚硝酸引起基因突变的机制是(　　)。

A. 还原作用　B. 氧化作用　C. 氧化脱氨作用

D. 解链作用　E. 染色体重排

13. 反密码子 GΨA,所识别的密码子是(　　)。

A. CAU　B. UGC　C. CGU　D. UAC　E. 都不对

14. 下列 DNA 序列中,哪一种复杂度最高?(　　)

A. ACACACACACAC
TGTGTGTGTGTG　B. ATGATGATGATG
TACTACTACTAC

C. TCAGTCAGTCAG
AGTCAGTCAGTC　D. GTACGGTACGGT
CATGCCATGCCA

E. CAGATAGGCCTA
GTCTATCCGGAT

15. 以下为真核细胞特有的 RNA 的是(　　)。

A. tRNA　B. mRNA　C. rRNA　D. tmRNA　E. snoRNA

16. 不能作为 DNA 变性的指标是(　　)。

A. 增色效应　B. 浮力密度升高　C. 黏度下降

D. 生物功能丧失　E. 解链

17. 线粒体内的 DNA 的存在形式一般是(　　)。

A. 共价闭环负超螺旋　B. 共价闭环正超螺旋

C. 共价闭环松弛型　　D. 线性负超螺旋

E. 线性正超螺旋

18. 以下是五种由不同序列构成的 DNA 双螺旋,在相同的条件下进行热变性,然后再通过缓慢冷却进行复性。你认为复性最快的序列是(　　)。

A. GCGCGC　　B. GGCGCCGC　　C. GGGGCCCG

D. GGGGCCCC　　E. GCGGGCCG

19. 决定 DNA 双螺旋结构中碱基配对的特异性的作用力是(　　)。

A. 氢键　　B. 离子键　　C. 疏水作用力

D. 范德华力　　E. 共价键

20. 如果一种 mRNA 的序列是:UCAGCCGUC,那么,它的 DNA 编码链的序列是(　　)。

A. CTGCCGACT　　B. AGUCGGCAG　　C. GACGGCTGA

D. TCAGCCGTC　　E. UCAGCCUGC

(二) 多项选择题(下列各题均有四个备选项,其中两个或两个以上为正确选项,请将正确选项的代码填入括号内)

1. 只存在于真核细胞内的 RNA 有(　　)。

A. mRNA　　B. 7SL RNA　　C. snRNA　　D. siRNA

2. 属于非编码 RNA 的有(　　)。

A. tRNA　　B. rRNA　　C. Xist RNA　　D. RNAi

3. A-DNA 与 B-DNA 共同的性质有(　　)。

A. 都是反平行　　B. 都遵守 Watson-Crick 碱基互补配对原则

C. 都存在于活的细胞　　D. 碱基对都位于双螺旋的内部

4. 能够导致 DNA 变性的因素有(　　)。

A. 加热　　B. 极酸

C. 解链酶的作用　　D. 尿素的作用

5. 能够提高一个双链 DNA 分子 T_m 的因素有(　　)。

A. 提高盐浓度　　B. 增加 A—T 碱基对的比例

C. 加入甲酰胺　　D. 引入正超螺旋

四、名词解释

1. Chargaff 规则(Chargaff rule)
2. Z-DNA
3. 增色效应(hyperchromic effect)
4. T_m
5. 互变异构(tautomeric shift)

五、问答题

1. 寡聚核苷酸链 UpApApGpCpCpCpApUpGpUpGpCpApUpGpAp,试分别写出相应的水解产物。

(1)用 RNaseT$_1$水解;(2)用 RNaseA 水解;(3)用牛脾磷酸二酯酶水解。

2. 试述三种主要的 RNA 的生物功能(与蛋白质生物合成的关系)。
3. Hershey-Chase 所做的噬菌体转染实验中,为什么^{32}P 只标记在 DNA 分子中,而^{35}S 只标记在蛋白质的外壳上?如果用^{35}S 标记的噬菌体去感染细菌,那么在子代病毒中是否会出现带^{35}S 标记的病毒?如果是用^{32}P 标记的噬菌体重复实验,那么在子代病毒中是否可以找到带^{32}P 标记的病毒?
4. 试述下列因素如何影响 DNA 的复性过程。
   (1) 阳离子的存在。
   (2) 低于 T_m 的温度。
   (3) 高浓度的 DNA 链。
5. 如何让一个超螺旋的环状病毒 DNA 分子采取其松弛态?线形双链 DNA 能否形成超螺旋?
6. 用稀酸或高盐溶液处理染色质,可以使组蛋白与 DNA 解离,请解释。
7. 线粒体电子转移链中的一种重要蛋白质:酵母细胞色素氧化酶由 7 个亚基组成,但是只有其中的 4 种亚基的氨基酸顺序由酵母核内 DNA 编码,那么其余三种亚基的氨基酸顺序所需的信息来自何处?
8. 胰脱氧核糖核酸酶(DNase Ⅰ)可以随机地水解溶液中 DNA 的磷酸二酯键,但是 DNase Ⅰ作用于染色体 DNA 只能使之有限水解,产生的 DNA 片段长度均为 200bp 的倍数。请解释。
9. 简述 DNA 与 RNA 在一级结构和二级结构上的主要差别?为什么这些差别对于两种核酸的功能来说十分重要?
10. 简述 A-DNA、B-DNA、Z-DNA 双螺旋结构的共同特征。有哪些证据支持这种结构?它的发现具有的生物学意义是什么?

六、计算题

1. (1) T_7噬菌体 DNA,其双螺旋链的相对分子质量为 2.5×10^7。计算 DNA 链的长度(设核苷酸对的平均相对分子质量为 650)。
   (2) 相对分子质量为 130×10^6的病毒 DNA 分子,每微米的质量是多少?
   (3) 编码 88 个核苷酸的 tRNA 的基因有多长?
   (4) 编码细胞色素 c(104 个氨基酸)的基因有多长(不考虑起始和终止序列)?
   (5) 编码相对分子质量为 9.6 万的蛋白质的 mRNA,相对分子质量为多少(设每个氨基酸的平均相对分子质量为 120)?
   (6) λ 噬菌体 DNA 长 17μm,一突变体 DNA 长 15μm,问该突变体缺失了多少碱基对?
2. 对一个双链 DNA 而言,若一条链中(A+G)/(T+C)= 0.7,则:(1)互补链中(A+G)/(T+C)=?(2) 在整个 DNA 分子中(A+G)/(T+C)=?(3) 若一条链中(A+T)/(G+C)= 0.7,则互补链中(A+T)/(G+C)=?(4)在整个 DNA 分子中(A+T)/(G+C)=?
3. 某双链 DNA 样品,含 28.9 物质的量百分比的腺嘌呤,那么 T、G、C 的物质的量百分比分别为多少?

提　高　题

一、填充题

1. 嘌呤核苷有顺式、反式两种可能,但天然核苷多为________。
2. 给动物食用^{3}H 标记的________,可使 DNA 带有放射性,而 RNA 不带放射性。
3. A5′pppp5′A 经蛇毒磷酸二酯酶部分水解可产生________和________。
4. 一个 tRNA 的反密码子为 IGC,它可识别的密码子是________、________和________。
5. DNA 形成三链螺旋的条件是________,其中的 Hoogsteen 碱基对是________。
6. Z-DNA 双螺旋中糖苷键为顺式的核苷酸是________。
7. 细胞内的 DNA 双螺旋主要是________型,RNA 双螺旋为________型,DNA-RNA 杂交双螺旋为________型。
8. Pauling 在提出 α 螺旋与 Watson 和 Crick 在提出 DNA 双螺旋时都采取了________方法。
9. 核酸变性时,紫外吸收和浮力密度________,________降低,其中紫外吸收增加的现象称为________。热变性 DNA 一般经________后即可复性。双链 DNA 热变性是在很________的温度内发生的。T_m实际是 DNA 的双螺旋有________发生热变性时相应的温度。
10. Xist RNA 的生物功能是________。
11. 细胞内总是含有 T 的 RNA 是________。
12. RNAi 是指________,包括________和________,它的生物学功能是________。
13. Oligo(dT)-纤维素可以用来分离纯化真核生物的________。
14. tRNA 的二级结构是________,它一共由________个茎和________个环组成,其中反密码子位于________。
15. rRNA 比 mRNA 要稳定得多,这是因为________。

二、是非题

1. 核糖体是一种核酶。
2. 如果一种核酸分子里含有 T,那么它一定是 DNA。
3. snRNA、tRNA 和 rRNA 都属于 ncRNA。
4. 分别由$(AT)_5$和A_{10}形成的 DNA 双螺旋在相同条件下,稳定性完全相同。
5. 若一个氨基酸的密码子是 AUG,则它的反密码子序列是 UAC。
6. 核糖核酸酶和脱氧核糖核酸酶分别作用于 RNA 和 DNA 中的磷酸二酯键,均属于特异性的磷酸二酯酶。
7. 具有对底物分子切割功能的都是蛋白质。
8. 毫无例外,从结构基因中的 DNA 序列可以推出相应的蛋白质序列。
9. 三维结构的破坏和生物活性的丧失是蛋白质变性和核酸变性的最重要的标志。
10. DNA 序列特异性结合蛋白一般在小沟里识别和结合 DNA。

三、选择题

(一) 单项选择题(下列各题均有五个备选项,其中一个是正确的,请将其代码填入括号内)

1. 真核细胞内的染色体 DNA 的存在形式是(   )。
   A. 共价闭环负超螺旋　B. 共价闭环正超螺旋　C. 共价闭环松弛型
   D. 线性负超螺旋　E. 线性正超螺旋
2. 与 DNA 呈特异性结合的蛋白质更喜欢在大沟里与 DNA 结合,这是因为(   )。
   A. 小沟太窄,蛋白质结合不上去
   B. 大沟能提供独特的疏水作用和范德瓦耳斯力,而小沟不能
   C. 大沟能提供具有较高特异性的氢键受体和供体
   D. 小沟具有太多的静电斥力
   E. DNA 只有大沟,没有小沟
3. 下图代表 A-DNA 的是(   )。

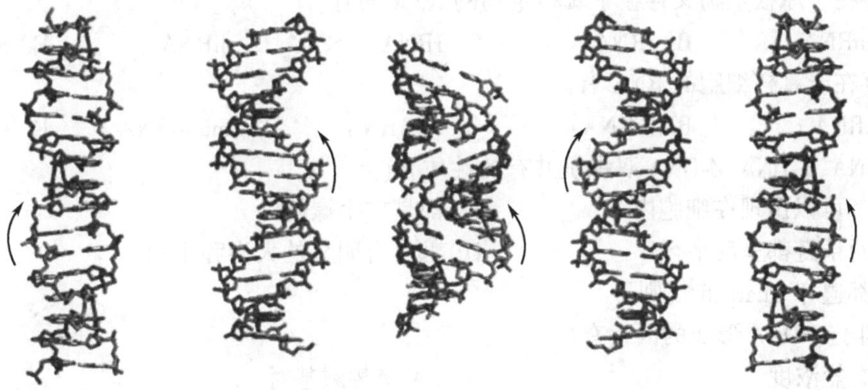

A.　B.　C.　D.　E.

4. DNA 不能作为酶的主要原因是(   )。
   A. 不能形成单链　B. 含有 T　C. 没有 U
   D. 缺乏 2′-OH　E. 不能结合金属离子
5. 非 Watson-Crick 碱基对发现在(   )。
   A. 由逆转录酶催化产生的 RNA-DNA 杂交双链　B. Z-DNA 或 A-DNA
   C. 随机卷曲的 DNA　D. 甲基化的 DNA
   E. tRNA
6. 原核生物特有的 RNA 是(   )。
   A. rRNA　B. mRNA　C. tmRNA
   D. RNAi　E. tRNA
7. 有三种不同的双链 DNA 分子:分子 1 为 1000bp,GC 含量为 50%;分子 2 为 1000bp,GC 含量为 70%;分子 3 为 2000bp,GC 含量为 40%。如果将它们在相同的条件下进行热变性实验,则预期的结果是(   )。
   A. 分子 1 的 T_m 最高　B. 分子 2 的 T_m 最高
   C. 分子 3 的 T_m 最高　D. 分子 1 和分子 2 的 T_m 比分子 3 高

E. 三种分子的 T_m 相同

8. 干扰 RNA 在真核生物体内主要是干扰(　　)。

A. DNA 复制　　B. DNA 转录　　C. 逆转录

D. 转录后加工　　E. 翻译

9. 一个单链 DNA 分子含有的碱基组成是:20% A、25% T、30% G 和 25% C。若将它的互补链合成,得到的双链 DNA 分子中 T 的含量将是(　　)。

A. 20%　　B. 22.5%　　C. 25%

D. 27.5%　　E. 30%

10. DNA 变性与蛋白质变性共同的性质是(　　)。

A. 黏度下降　　B. 生物学活性丧失　　C. 浮力密度增加

D. 次级键断裂　　E. 紫外吸收增加

(二) 多项选择题(下列各题均有五个备选项,其中两个或两个以上为正确选项,请将正确选项的代码填入括号内)

1. 既存在于原核生物又存在于真核生物的 RNA 的有(　　)。

A. mRNA　　B. tRNA　　C. rRNA　　D. siRNA　　E. gRNA

2. 只存在于真核细胞的 RNA 有(　　)。

A. tRNA　　B. mRNA　　C. 5S rRNA　　D. microRNA　　E. snoRNA

3. A-DNA、B-DNA、Z-DNA 双螺旋共有的性质有(　　)。

A. 都可以出现在细胞内　　B. 都是右手螺旋

C. 两条链都呈反平行　　D. 都具有明显的大沟和小沟

E. 都遵守 Chargaff 规则

4. 有利于 Z-DNA 形成的因素有(　　)。

A. 高盐浓度　　B. CA 交替碱基对

C. CG 交替碱基对　　D. C 甲基化成 m^5C

E. 双螺旋缠绕不足

5. 可用来作为双链 DNA 热变性的指标有(　　)。

A. 黏度下降　　B. 3′,5′-磷酸二酯键断裂

C. 浮力密度上升　　D. OD_{260}上升

E. 生物功能丧失

四、名词解释

1. 退火(annealing)
2. $Cot_{1/2}$
3. snRNA
4. snoRNA
5. tmRNA

五、问答题

1. 用 *Eco*R Ⅰ处理 Simian 病毒 40(SV40)的 DNA,只产生一种双链 DNA 片段,有关这种

SV40 的 DNA 结构可以得出什么推论。

2. 一条 DNA 编码链的序列为 TCGTCGACGATGATCATCGGCTACTCGA，写出：
   (1) 由此转录得到的 mRNA 序列。
   (2) 由此 mRNA 翻译得到的多肽序列。
   (3) 如果缺失横线标明的 T 后，编码的多肽序列。
   (4) 如果横线标明的 C 突变为 G 后，编码的多肽序列。
3. 最早提出的 DNA 二级结构并非双螺旋，而是由 Linus Pauling 和 Robert Corey 于 1952 年提出的三螺旋结构。三螺旋结构认为，DNA 由三条链组成，不同的碱基在分子的外部，而磷酸在内部，分子是螺旋的。给出至少三条理由，为什么这样的三螺旋结构是不正确的。
4. 有两种微生物，一种生活在热泉中，另外一种生活在南极，你认为这两种微生物的基因组 DNA 在碱基组成和三级结构上会有何种差别？为什么？
5. 具有酶活性的核酸通常是 RNA，而不是 DNA。为什么？
6. 绝大多数生物体内的 DNA 超螺旋为负超螺旋，然而，有人发现一种生活在热泉内的古菌，其染色体 DNA 为正超螺旋。你认为形成正超螺旋对这种生物来说有何益处？
7. 细胞内的 DNA 双螺旋通常属于 B-型，为什么？什么样的核酸在细胞内形成的双螺旋是 A-型？为什么它们不能形成 B-型？这样的限制对于细胞来说为什么特别重要？
8. 生物的遗传信息一般多储存在双链 DNA 分子上，很少储存在 RNA 或单链 DNA 分子上，为什么？
9. 将共价闭环负超螺旋 DNA 和共价闭环正超螺旋 DNA 分别与核酸酶 S1 保温在一起，这对两种超螺旋 DNA 的结构有没有影响？为什么？

答　　案

基　础　题

一、填充题

1. 核苷酸
2. 种　组织
3. 二　A　G
4. 碱基　核糖　磷酸
5. 细胞核　细胞质
6. β　糖苷　磷酸二酯键
7. 碱基　糖环
8. 在嘌呤碱基和嘧啶碱基中存在共轭双键
9. G—C 对
10. 增加　不变
11. 窄
12. 宽　低　高　1
13. 中度重复序列　单一序列
14. 单　Northern
15. 样品的均一度　DNA 的浓度　DNA 片段大小　温度的影响　溶液的离子强度
16. 正
17. B
18. A　粗短
19. 左手　Z　细长
20. DNA　RNA
21. 腺苷酸
22. 碱基堆积力　氢键　离子键　范德瓦耳斯力
23. 倒 L　氨基酸接受臂　反密码子
24. 双脱氧法　化学断裂法
25. 高分辨率的聚丙烯酰胺凝胶电泳　限制性内切酶的应用
26. 温度升高　酸碱变化　有机溶剂

27. 核苷酸酶　核苷磷酸化酶
28. −32kJ/mol

二、是非题

1. 错。脱氧核糖核苷中的糖环 2′位没有羟基。
2. 错。另一条链的碱基顺序为:pGpTpCpCpApG。
3. 对。DNA 的 T_m 与 DNA 中所含的 G—C 对含量成正比,即与 A—T 对含量成反比。
4. 错。真核生物的染色体为 DNA 与组蛋白的复合体,原核生物的染色体 DNA 与碱性的精胺、亚精胺结合。
5. 错。核酸的紫外吸收与溶液的 pH 相关。
6. 对。天然存在的游离核苷酸一般为 5′-核苷酸。
7. 对。碱水解核酸时,先生成 2′、3′-环核苷酸,再水解为 2′或 3′-核苷酸。
8. 对。天然 B 型 DNA 的局部区域可以出现 Z 型 DNA,说明 B 型 DNA 与 Z 型 DNA 之间是可以相互转变的。
9. 对。负超螺旋 DNA 容易解链,便于进行复制、转录等反应。
10. 对。高度重复序列一般位于着丝点附近,与纺锤体形成有关,通常不转录。
11. 错。mRNA 是细胞内种类最多、但含量很低的 RNA。细胞内含量最丰富的 RNA 是 rRNA。
12. 对。不同 tRNA 中的额外环大小差异很大,因此可作为 tRNA 分类的指标。
13. 对。真核生物成熟 mRNA 的 5′为帽子结构,即 $m^7G(5')ppp(5')N$-,因此 5′端也是 3′-OH。
14. 对。目前为止发现的修饰核苷酸大多是在 tRNA 中找到的。
15. 错。对于提纯的 DNA 样品,如果测得的 $OD_{260}/OD_{280}<1.8$,则说明样品中有蛋白质残留。
16. 错。核酸变性或降解时,碱基堆叠被破坏,碱基暴露,光吸收增加,称为增色效应。
17. 对。同源 DNA 在适合条件下,可以杂交,杂交程度与同源性成正比。
18. 对。一种病毒中只含有一种核酸,DNA 或 RNA,分别称为 DNA 病毒或 RNA 病毒。
19. 错。基因表达的产物可以是蛋白质或 RNA。
20. 错。核酸样品的纯度可以根据样品的 OD_{260}/OD_{280}的值判断,纯的 DNA 样品 $OD_{260}/OD_{280}=1.8$,纯的 RNA 样品 $OD_{260}/OD_{280}=2.0$。

三、选择题

(一) 单项选择题

1. (C)胰核糖核酸酶作用于嘧啶核苷酸与其他核苷酸形成的磷酸二酯键的 b 位,因此得到 3′-嘧啶核苷酸和以 3′-嘧啶核苷酸结尾的寡聚核苷酸。
2. (C)双链 DNA 的 T_m是指光吸收达到最大变化值的一半时所对应的温度,即图中的 C 点。
3. (D)插入一个核苷酸会导致移码突变,即从突变处开始,后面的所有氨基酸序列变化,造成编码的蛋白质产物的结构、功能的很大改变,这往往是致死性的。插入或丢失三个核苷酸只造成编码的蛋白质增加或减少一个氨基酸;单个碱基的相互取代也最多影响这个碱基所在的密码子编码的氨基酸,对编码的蛋白质产物的结构、功能影响较小。
4. (A)双链 DNA 热变性后细长的双螺旋结构被破坏,形成无规卷曲,因此黏度下降,沉降系数和浮力密度增加,变性后碱基堆积被破坏,核苷酸暴露,紫外吸收增加。
5. (C)吖啶染料可以插入 DNA 分子的碱基与碱基之间,造成移码突变。
6. (E)核酶是具有催化能力的 RNA,因此不是核酸与蛋白质组成的复合物。
7. (D)艾滋病病毒 HIV 是一种单链 RNA 病毒。
8. (B)tRNA 的 TψC 环中含有胸腺嘧啶,属于修饰成分。
9. (D)RNA 经 NaOH 水解先生成 2′或 3′-环核苷酸,再水解为 2′或 3′-核苷酸,得到 2′-核苷酸和 3′-核苷酸的混合物。
10. (C)密码子是 mRNA 上的三个相邻的、编码氨基酸的碱基,与反密码子反向互补配对,因此反密码子 UGA 所识别的密码子是 UCA。
11. (E)对 DNA 片段作物理图谱分析,需要将 DNA 用限制性内切酶切成一组片段,以特异序列为标记,确定这些片段的位置,即得到 DNA 的物理图谱。
12. (C)亚硝酸可使碱基氧化脱氨,如使 C 脱氨得到 U,造成突变。
13. (D)Ψ 可与 A 配对,因此反密码子 GΨA 所识别的密码子是 UAC。
14. (D)复杂度是指非重复序列的长度,因此 D 的复杂度最高。

15. (E) snoRNA 参与真核细胞 rRNA 前体的后加工,确定后加工位点,原核细胞缺乏它。
16. (D) DNA 变性并不丧失生物学功能,反而有利于发挥它的生物学功能。
17. (A) 线粒体 DNA 与质粒 DNA 差不多,都是共价闭环负超螺旋,因为这有利于 DNA 的解链。
18. (A) 因为 A 序列的复杂度最小。
19. (A) 氢键具有方向性,它是碱基之间特异性配对的基础。
20. (D) 基因的编码链序列与其 mRNA 序列一致,只是用 T 代替 U 罢了。

(二) 多项选择题

1. (B、C、D) mRNA 为所有生物所有。
2. (A、B、C、D) 除了 mRNA 以外的所有 RNA 都属于非编码 RNA。
3. (A、B、D)
4. (A、B、C、D)
5. (A、D) 提高盐浓度有利于双螺旋的稳定;引入正超螺旋,使得两条链难以解开。

四、名词解释

1. Chargaff 规则(Chargaff rule):就是 DNA 双螺旋中 A 与 T 的含量相同,G 与 C 的含量相同的规则。
2. Z-DNA:为左旋双螺旋 DNA。
3. 增色效应(hyperchromic effect):核酸发生变性的时候,在 260nm 处的紫外吸收增加的现象。
4. T_m:是指核酸分子在发生热变性的时候,有一半双螺旋被破坏时候的温度。
5. 互变异构(tautomeric shift):核苷酸上的嘧啶环和嘌呤环的芳香族性质及环上取代基团(羟基和氨基)的富电子性质致使它们在溶液中能够发生酮式-烯醇式的相互转变的现象称为互变异构。

五、问答题

1. (1) UpApApGp, CpCpCpApUpGp, UpGp, CpApUpGp, Ap
   (2) 2Cp, 2ApUp, ApApGpCp, GpUp, GpCp, GpAp, Up
   (3) 4Up, 5Ap, 4Gp, 4Cp
2. mRNA 是信使 RNA,它将 DNA 上的遗传信息转录下来,携带到核糖体上,在那里以密码的方式控制蛋白质分子中氨基酸的排列顺序,作为蛋白质合成的直接模板。
   rRNA 是核糖体 RNA,与蛋白质共同构成核糖体,核糖体不仅是蛋白质合成的场所,还协助或参与蛋白质合成的起始。
   tRNA 是转运 RNA,与合成蛋白质所需的单体——氨基酸形成复合物,将氨基酸转运到核糖体中 mRNA 的特定位置上。
3. 因为 DNA 分子中含大量磷酸基团,不含硫,而蛋白质中部分氨基酸含硫,但都不含磷,所以 ^{32}P 只标记在 DNA 分子中,而 ^{35}S 只标记在蛋白质的外壳上。
   如果用 ^{35}S 标记的噬菌体去感染细菌,那么在子代病毒中不会出现带 ^{35}S 标记的病毒。因为噬菌体感染细菌时其蛋白质外壳并不进入细菌体内,子代噬菌体的蛋白质外壳是在细菌体内新合成的,因此不带标记。
   如果用 ^{32}P 标记的噬菌体重复实验,那么在子代病毒中就会出现带 ^{32}P 标记的病毒。因为噬菌体感染细菌时其核酸部分将进入细菌体内,并作为遗传物质传给子代噬菌体,因此在子代病毒中可以找到带 ^{32}P 标记的病毒。
4. (1) 阳离子可以中和 DNA 中带负电荷的磷酸基团,减弱 DNA 链间的静电作用,促进两条互补的多核苷酸链的相互靠近,从而促进 DNA 的复性。
   (2) 温度升高可使 DNA 变性,因此温度降低到熔点以下可以促进 DNA 的复性。
   (3) DNA 链的浓度增加可以加快互补链随机碰撞的速度,从而促进 DNA 的复性。
5. 核酸内切酶作用于超螺旋的环状病毒 DNA 分子,在其中的一条链上产生"缺刻"(nick),释放张力,则超螺旋转变为松弛态。线形 DNA 分子只有当两端都被固定时,才能产生超螺旋。
6. 组蛋白与 DNA 之间的结合依靠的是组蛋白带正电的碱性基团与 DNA 带负电荷的磷酸基团之间的静电引力,如果用稀酸处理复合物,则磷酸基团质子化而失去所带的负电荷,复合物解离。如果用高盐溶液处理复合物,则阳离了与磷酸基团结合而取代了组蛋白,导致组蛋白与 DNA 解离。

7. 除了核内 DNA 外,原核生物酵母细胞的线粒体内还含有少量 DNA,这些 DNA 编码题中其余三种亚基的氨基酸顺序。
8. 真核生物染色体 DNA 含有核小体结构,核小体是由大约 200bp 的 DNA 双链围绕组蛋白核心组成的,彼此相连形成念珠状结构,即染色体 DNA。围绕组蛋白核心的 DNA 不被 DNase Ⅰ水解,而核小体与核小体之间起连接作用的 DNA 的磷酸二酯键对 DNase Ⅰ敏感,因此水解产生长约 200bp 的 DNA 片段。
9. DNA 与 RNA 在一级结构上的差别是:RNA 的组成单位为核糖核苷酸,DNA 为脱氧核糖核苷酸,正是 DNA 在核糖的 2′-脱氧,才使其特别稳定,因而更适合充当遗传物质;另外,DNA 分子上用 T 取代 RNA 分子上的 U,这使得当 DNA 分子上的 C 因为自发脱氨基而突变成 U 之后,细胞内的修复系统更容易识别和修复它。

   DNA 与 RNA 在二级结构上的差异主要是:RNA 通常由一条链组成,DNA 通常由两条链组成。由于 RNA 由一条链组成,因此它能够通过自我折叠形成各种复杂的三维结构,这使其能够像蛋白质一样,行使更多的生物学功能。而 DNA 由互补的双链组成,这对于遗传物质的复制、重组和修复来说是至关重要的。RNA 还可以形成更多的二级结构,DNA 只能形成双螺旋这种二级结构,而与 RNA 有关的双螺旋总是 A 型,而 DNA 的双螺旋主要是 B 型。A 型双螺旋和 B 型双螺旋的稳定性是不同的,如果 A 型双螺旋更加稳定,那么在 DNA 转录的时候,由 RNA 和 DNA 形成的杂交双螺旋(也是 A 型)无法被原来的 DNA 双螺旋取代,从而导致转录物无法与模板链分离。
10. A-DNA、B-DNA、Z-DNA 的共同特征包括:①DNA由两条呈反平行的多聚核苷酸链组成;②组成右手双螺旋的两条链是互补的,它们通过特殊的碱基对结合在一起,碱基配对规则是一条链上的 A 总是与另一条链的 T,G 总是和 C 以氢键配对,其中 A—T 碱基对有两个氢键,G—C 碱基对有三个氢键;③碱基对位于双螺旋的内部,并垂直于暴露在外的脱氧核糖磷酸骨架,碱基对之间通过疏水键和范德瓦耳斯力相互垛叠在一起,对双螺旋的稳定起一定的作用;④双螺旋的表面含有大沟和小沟。

    支持双螺旋的证据主要是 X 射线衍射数据和 Chargaff 规则。双螺旋发现的生物学意义是可以用来解释与 DNA 相关的一切功能。

六、计算题

1. (1) $(2.5\times10^7/650)\times0.34=1.3\times10^4\text{nm}=13\mu\text{m}$
   (2) $650/0.34=1.9\times10^3/\text{nm}=1.9\times10^6/\mu\text{m}$
   (3) $88\times0.34\text{nm}=30\text{nm}=0.03\mu\text{m}$
   (4) $104\times3\times0.34=106\text{nm}\approx0.11\mu\text{m}$
   (5) $(96\,000/120)\times3\times320=76\,800$
   (6) $(17-15)\times10^3/0.34=5.88\times10^3\text{bp}$
2. (1) 设 DNA 的两条链分别为 α 和 β,那么:
   $A_\alpha=T_\beta,T_\alpha=A_\beta,G_\alpha=C_\beta,C_\alpha=G_\beta$。
   $\because (A_\alpha+G_\alpha)/(T_\alpha+C_\alpha)=(T_\beta+C_\beta)/(A_\beta+G_\beta)=0.7$
   $\therefore$ 互补链中 $(A_\beta+G_\beta)/(T_\beta+C_\beta)=1/0.7=1.43$
   (2) 在整个分子中:
   $\because A=T,G=C$
   $\therefore A+G=T+C,(A+G)/(T+C)=1$
   (3) 假设同 1,则:
   $A_\alpha+T_\alpha=T_\beta+A_\beta,G_\alpha+C_\alpha=C_\beta+G_\beta$,
   $\therefore (A_\alpha+T_\alpha)/(G_\alpha+C_\alpha)=(A_\beta+T_\beta)/(G_\beta+C_\beta)=0.7$
   (4) $(A_\alpha+T_\alpha+A_\beta+T_\beta)/(G_\alpha+C_\alpha+G_\beta+C_\beta)=2(A_\alpha+T_\alpha)/2(G_\alpha+C_\alpha)=0.7$
3. $\because A=28.9\%$,
   $\therefore T=A=28.9\%,G=C=(1-0.289\times2)/2=0.211=21.1\%$

提　高　题

一、填充题

1. 反式
2. 胸腺嘧啶
3. AMP　ATP
4. GCU　GCA　GCC
5. 一条链全是嘌呤,另外两条链全是互补的嘧啶　A—T 和 G—C
6. G
7. B　A　A

8. 模型建立
9. 增加 黏度 增色 缓慢冷却 狭窄 一半
10. X染色体的失活
11. tRNA
12. 干扰RNA 微RNA 小干扰RNA 在翻译水平上抑制特定基因的表达
13. mRNA
14. 三叶草 4 4 反密码子环中
15. rRNA高度修饰,特别是2′-羟基发生甲基化修饰

二、是非题

1. 对。催化肽键形成的酶由rRNA承担。
2. 错。区分一种核酸是不是DNA,是看构成它的组成单位是不是脱氧核苷酸,某些RNA也可能含有T,如tRNA。
3. 对。只有mRNA编码蛋白质,属于编码RNA,其他RNA都属于ncRNA。
4. 错。后者稳定性高。
5. 错。反密码子序列应是CAU。
6. 对。核糖核酸酶和脱氧核糖核酸酶有一定的专一性,作用于磷酸二酯键,是核酸内切酶。
7. 错。已经发现一些RNA具有催化能力,可以催化自我拼接等反应。
8. 错。真核生物的结构基因中包括内含子和外显子部分,经转录、加工后只有外显子部分翻译成蛋白质,与蛋白质的氨基酸序列相对应。
9. 错。DNA的生物活性并不因为变性而丧失。
10. 错。DNA序列特异性结合蛋白一般在大沟里识别和结合DNA,因为大沟宽而深,在里面碱基序列更容易识别。

三、选择题

(一)单项选择题

1. (D)真核细胞内的染色体DNA位于细胞核,在没有复制之前以线形的负超螺旋形式存在。
2. (C)DNA特异性结合蛋白通过其亲水氨基酸侧链上的氢键供体或受体,与碱基暴露在大沟里的氢键供体或受体形成特异性的氢键识别碱基序列,并产生特异性的作用。
3. (C)C选项符合A-DNA的基本特征。
4. (D)绝大多数核酶依赖2′-OH的亲核性进行催化。
5. (E)非Watson-Crick碱基对主要发现在单纯的RNA双螺旋之中,如G—U碱基对。
6. (C)A、B、E是所有生物都具有的,RNAi为大多数真核生物所具有。
7. (C)分子3含有的氢键数目最多。
8. (E)干扰不影响DNA复制、转录、逆转录和转录后加工,仅仅是抑制特定的目标mRNA的翻译。
9. (B)T的含量为(20%+25%)/2
10. (D)DNA变性和蛋白质变性都仅涉及非共价键的断裂。

(二)多项选择题

1. (A、B、C)mRNA、tRNA和rRNA都与蛋白质的合成有关,为所有生物都具有的。
2. (D、E)micro RNA为干扰RNA,存在于大多数真核生物,snoRNA为核仁小RNA,存在于所有的真核生物。
3. (A、C、E)Z-DNA为左手螺旋,只有B-DNA才具有明显的大沟和小沟。变性不允许有共价键断裂。
4. (A、C、D、E)
5. (A、C、D)DNA变性不会丧失充当遗传物质的唯一生物学功能。

四、名词解释

1. 退火(annealing):热变性DNA经缓慢冷却后发生复性的过程。
2. $Cot_{1/2}$:在标准条件下(一般定为0.18mol/L阳离子浓度,400核苷酸长的片段)测得的复性率达0.5时的Cot值。
3. snRNA:核小RNA,参与真核mRNA的剪接反应。
4. snoRNA:核仁小RNA,参与真核rRNA前体的后加工反应。
5. tmRNA:细菌体内一种既可以作为tRNA携带氨基酸,又含有一个小的可读框的mRNA。

五、问答题

1. *Eco*RⅠ是一种DNA限制性内切酶,因为用这种酶酶切只产生一种双链DNA片段,所以肯定只有一个*Eco*RⅠ酶切位点,这种DNA一定是环状结构。

2. (1) mRNA 的序列为:
5′UCGUCGACGAUGAUCAUCGGCUACUCGA 3′
(2) 多肽序列为:
Ile-Ile-Gly-Tyr-Ser
(3) 多肽序列为:
Ile-Ile-Gly-Thr-Arg
(4) 多肽序列为:
Ile-Ile-Gly
3. 三条链与 X 射线衍射数据不符;碱基疏水性强,更适合分布在螺旋内部;磷酸基团亲水,更适合分布在螺旋表面。
4. 生活在热泉中的微生物基因组 DNA 应该含有较高的 G—C 碱基对,在三级结构上可能会含有正超螺旋,这有利于维持双螺旋结构的稳定。而生活在南极的微生物,由于处于寒冷的环境,基因组 DNA 应该含有较高的 A—T 碱基对,三级结构应该是负超螺旋,这会有利于 DNA 在温度较低的环境下也能够解链,从而进行正常的复制和转录等。
5. 因为 RNA 能够像蛋白质一样折叠成各种不同的三维结构,这对于酶来说十分重要;另外,RNA 具有 2′-OH,可以作亲核进攻,这对于酶的催化活性非常关键。实际上细胞内的各种核酶都依赖于 2′-OH 引发的亲核进攻。
6. 热泉内的古菌染色体 DNA 在高温下,需要通过形成正超螺旋来稳定其结构,否则完整性很容易遭到破坏。
7. 因为在正常的生理条件下,B-型双螺旋是 DNA 在热力学上最稳定的结构,其他双螺旋在其他条件下才能稳定存在。RNA:RNA 和 RNA:DNA 构成的双螺旋是 A-型,这是因为核糖的 2′-OH 的存在强行造成的。DNA:DNA 形成 A-型双螺旋需要相对干燥的环境(低湿度),如在孢子的内部。RNA:DNA 形成 A-型双螺旋对于细胞来说特别重要,这是因为 DNA 在转录的时候,形成 RNA:DNA 杂交双螺旋,转录物的一部分与 DNA 的一条链(模板链)暂时形成杂交双链。如果 A-型更加稳定,那么 RNA 将始终与 DNA 的模板链结合,从而使原来的 DNA:DNA 双螺旋难以恢复。
8. 双链 DNA 既可以复制,又可以在受到损伤的时候利用互补链作为模板进行修复,还能进行重组等。
9. 核酸酶 S1 专门水解单链核酸。负超螺旋 DNA 和正超螺旋 DNA 分别是 DNA 两条链缠绕不足和过分缠绕引起的,故当将共价闭环负超螺旋 DNA 与核酸酶 S1 保温在一起的时候,由于负超螺旋共价闭环 DNA 在溶液里与含有部分解链的松弛型 DNA 之间存在平衡,核酸酶 S1 将水解松弛型 DNA 上发生解链的单链部分,产生缺口,并进一步促使平衡向松弛型倾斜,经过一段时间后,所有的负超螺旋 DNA 都转变成线形的双链 DNA。然而正超螺旋 DNA 不会形成带有单链区域的松弛型 DNA,故它的结构不变。

第五章　酶　化　学

学习指导

1. 掌握酶的基本概念和化学本质。

2. 了解酶促反应的特点,酶促反应与非酶促反应的异同。

3. 了解影响酶促反应速率的各种因素(米氏方程的提出),能够推导和写出米氏方程,明确最适 pH 和最适温度这两个概念。

4. 理解酶的几种作用机制。

5. 掌握酶活性和酶纯度的表示方法及测定酶活性的主要方法。

6. 了解酶分离和纯化的一般原则和主要方法。

7. 了解核酶、抗体酶、调节酶(别构酶、共价调节酶)、同工酶、诱导酶、多酶复合物和固定化酶的基本概念及酶在人类生活和生产中的重要性。

基　础　题

一、填充题

1. 全酶由________和________组成,在催化反应时,二者所起的作用不同,其中________决定酶的专一性和高效率,________起传递电子、原子或化学基团的作用。
2. 辅助因子包括________、________和________等。其中________与酶蛋白结合紧密,需要用________除去,________与酶蛋白结合疏松,可用________除去。
3. 酶是由________产生的,具有催化能力的________。
4. 酶活力的调节包括酶________的调节和酶________的调节。
5. T. R. Cech 和 S. Altman 因各自发现了________而共同获得 1989 年的诺贝尔奖(化学奖)。
6. 1986 年,R. A. Lerner 和 P. G. Schultz 等发现了具有催化活性的________,称为________。
7. 根据国际系统分类法,所有的酶按所催化的化学反应的性质可以分为六大类,即________、________、________、________、________和________。
8. 按国际酶学委员会的规定,每一种酶都有一个唯一的编号。醇脱氢酶的编号是 EC 1.1.1.1,EC 代表________,4 个数字分别代表________、________、________和________。
9. 根据酶的专一性程度不同,酶的专一性可以分为________专一性、________专一性和________专一性。
10. 关于酶作用专一性提出的假说有________、________和________等几种。
11. 酶的活性中心包括________和________两个功能部位,其中________直接与底物结合,决定酶的专一性,________是发生化学变化的部位,决定催化反应的性质。
12. 酶活力是指________,一般用________表示。
13. 通常讨论酶促反应的反应速度时,指的是反应的________速度,即________时测得的反应速度。

14. 常用的化学修饰剂 DFP 可以修饰________残基,TPCK 常用于修饰酶________活性中心的________残基,TLCK 经常用于修饰酶________活性中心的________残基,碘代乙酸修饰________。
15. 酶反应的温度系数 Q_{10} 一般为________。
16. 调节酶包括________和________等。
17. 解释别构酶作用机制的假说有________模型和________模型两种,其中________模型不能解释负协同效应。
18. 固定化酶的优点包括________、________、________等。
19. 固定化酶的理化性质会发生改变,如 K_m________、V_{max}________等。
20. 同工酶是指________,如________。
21. pH 影响酶活力的原因可能有以下几方面:①影响________;②影响________;③影响________。
22. 温度对酶活力影响有以下两方面:一方面________,另一方面________。
23. 脲酶只作用于尿素,而不作用于其他任何底物,因此它具有________专一性;甘油激酶可以催化甘油磷酸化,仅生成甘油-1-磷酸一种底物,因此它具有________专一性。
24. 酶促动力学的双倒数作图(Lineweaver-Burk 作图法),得到的直线在横轴上的截距为________,纵轴上的截距为________。
25. 磺胺类药物可以抑制________酶,从而抑制细菌生长繁殖。

二、是非题

1. 酶可以促成化学反应向正反应方向转移。
2. 对于可逆反应而言,酶既可以改变正反应速度,也可以改变逆反应速度。
3. 酶的化学本质都是蛋白质。
4. 酶活性中心一般由在一级结构中相邻的若干氨基酸残基组成。
5. 酶只能改变化学反应的活化能而不能改变化学反应的平衡常数。
6. 酶活力的测定实际上就是酶的定量测定。
7. 酶反应速度一般用单位时间内底物的减少量来表示。
8. 从鼠脑分离的己糖激酶可以作用于葡萄糖($K_m=6\times10^{-6}$mol/L)或果糖($K_m=2\times10^{-3}$mol/L)。则己糖激酶对果糖的亲和力更高。
9. K_m 是酶的特征常数,只与酶的性质有关,与酶浓度无关。
10. K_m 是酶的特征常数,在任何条件下,K_m 是常数。
11. K_m 是酶的特征常数,只与酶的性质有关,与酶的底物无关。
12. 一种酶有几种底物就有几种 K_m。
13. 当[S]>>K_m 时,v 趋向于 V_{max},此时只有通过增加[E]来增加 v。
14. 酶的最适 pH 是一个常数,每一种酶只有一个确定的最适 pH。
15. 酶的 pH 对酶活性的曲线均为钟罩形。
16. 酶的最适温度与酶的作用时间有关,作用时间长,则最适温度高,作用时间短,则最适温度低。
17. 酶反应的温度系数高于一般反应的温度系数。

18. 金属离子作为酶的激活剂,有的可以相互取代,有的可以相互拮抗。
19. 增加不可逆抑制剂的浓度,可以实现酶活性的完全抑制。
20. 正协同效应使酶促反应速度增加。
21. 正协同效应使酶与底物亲和力增加。
22. 正协同效应使酶促反应速度对底物浓度变化越来越敏感。
23. 竞争性可逆抑制剂一定与酶的底物结合在酶的同一部位。
24. 由 1g 粗酶制剂经纯化后得到 10mg 电泳纯的酶制剂,那么酶的比活较原来提高了 100 倍。
25. 酶反应的最适 pH 只取决于酶蛋白本身的结构。

三、选择题

(一) 单项选择题(下列各题均有五个备选项,其中一个是正确的,请将其代码填入括号内)

1. 利用恒态法推导米氏方程时,引入了除哪个外的三个假设?(　　)
   A. 在反应的初速度阶段,E+P→ES 可以忽略
   B. 假设[S]>>[E],则[S]-[ES]≈[S]
   C. 假设 E+S→ES 反应处于平衡状态
   D. 反应处于动态平衡时,即 ES 的生成速度与分解速度相等

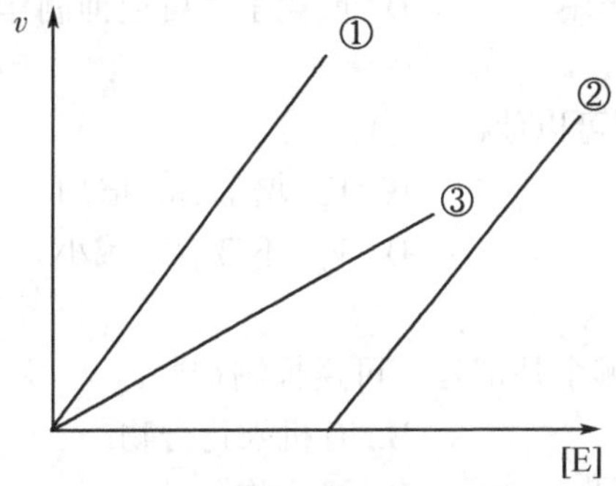

2. 用动力学的方法可以区分可逆、不可逆抑制作用,在一反应系统中,加入过量 S 和一定量的 I,然后改变[E],测 v,得 v-[E]曲线(上图),则哪一条曲线代表加入了一定量的可逆抑制剂?(　　)
   A. ①　　B. ②　　C. ③　　D. 不可确定
3. 在一反应体系中,[S]过量,加入一定量的 I,测 v-[E]曲线(下图),改变[I],得一系列平行曲线,则加入的 I 是(　　)。

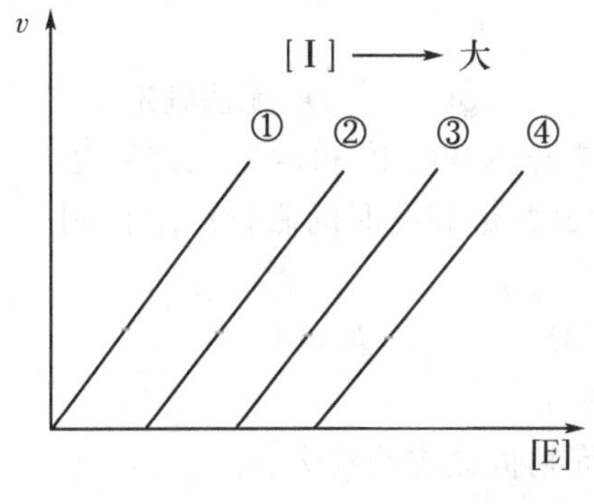

A. 竞争性可逆抑制剂　　B. 非竞争性可逆抑制剂
C. 反竞争性可逆抑制剂　　D. 不可逆抑制剂
E. 无法确定

4. 竞争性可逆抑制剂抑制程度与下列哪种因素无关？(　　)
A. 作用时间　　B. 抑制剂浓度
C. 底物浓度　　D. 酶与抑制剂的亲和力的大小
E. 酶与底物的亲和力的大小

5. 下图中 I 代表了(　　)。
A. 竞争性可逆抑制剂
B. 非竞争性可逆抑制剂
C. 反竞争性可逆抑制剂
D. 不可逆抑制剂
E. 无法确定

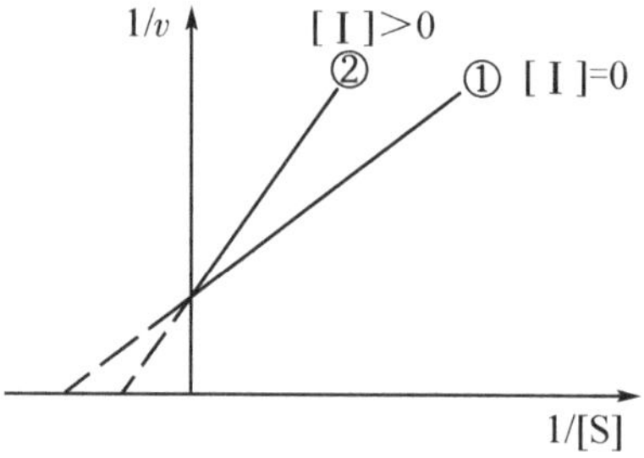

6. 哪一种情况可用增加[S]的方法减轻抑制程度？(　　)
A. 不可逆抑制作用　　B. 竞争性可逆抑制作用
C. 非竞争性可逆抑制作用　　D. 反竞争性可逆抑制作用
E. 无法确定

7. 酶的竞争性可逆抑制剂可以使(　　)。
A. V_{max}减小,K_m 减小　　B. V_{max}增加,K_m 增加
C. V_{max}不变,K_m 增加　　D. V_{max}不变,K_m 减小
E. V_{max}减小,K_m 增加

8. 下列常见抑制剂中,除哪个外都是不可逆抑制剂？(　　)
A. 有机磷化合物　　B. 有机汞化合物
C. 有机砷化合物　　D. 氰化物
E. 磺胺类药物

9. 溶菌酶在催化反应时,下列因素中除哪个外,均与酶的高效率有关？(　　)
A. 底物形变　　B. 广义酸碱共同催化
C. 邻近效应与轨道定向　　D. 共价催化
E. 无法确定

10. 下图中哪条曲线是负协同效应别构酶的 v -[S]曲线？(　　)
A. ①　　B. ②　　C. ③　　D. 无法确定

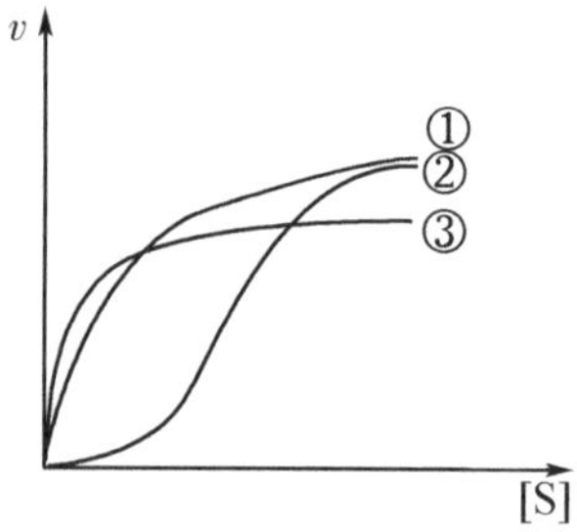

11. 假定 R_s = (酶与底物结合达 90% 饱和度时的底物浓度)/(酶与底物结合达 10% 饱和度时的底物浓度),则正协同效应的别构酶(　　)。
A. R_s>81　　B. R_s = 81　　C. R_s<81
D. $R_s \geqslant 81$　　E. $R_s \leqslant 81$

12. 以 Hill 系数判断,则具负协同效应的别构酶(　　)。

A. $n>81$ B. $n=81$ C. $n<81$ D. $n \geqslant 81$ E. $n \leqslant 81$

13. 丙二酸对琥珀酸脱氢酶的影响属于( )。
A. 反馈抑制 B. 底物抑制
C. 竞争性可逆抑制 D. 非竞争性可逆抑制
E. 反竞争性可逆抑制

14. 酶的活化和去活化循环中,酶的磷酸化和去磷酸化位点通常在酶的哪一种氨基酸残基上?( )
A. 天冬氨酸 B. 脯氨酸 C. 赖氨酸 D. 丝氨酸 E. 甘氨酸

15. 测定酶活性时,通常以底物浓度变化小于多少时测得的速度为反应的初速度?( )
A. 0.1% B. 0.5% C. 1% D. 2% E. 5%

16. 在生理条件下,下列哪种基团既可以作为 H^+ 的受体,也可以作为 H^+ 的供体?( )
A. His 的咪唑基 B. Lys 的 ε 氨基 C. Arg 的胍基
D. Cys 的巯基 E. Trp 的吲哚基

17. 对于下列哪种抑制作用,抑制程度为 50% 时,$[I]=k_i$?( )
A. 不可逆抑制作用 B. 竞争性可逆抑制作用
C. 非竞争性可逆抑制作用 D. 反竞争性可逆抑制作用
E. 无法确定

18. 在一酶反应体系中,若有抑制剂 I 存在时,最大反应速度为 v',没有抑制剂 I 存在时,最大反应速度为 v,若 $v'=v(E_0-I_0)/E_0$,则 I 为( )。
A. 竞争性可逆抑制剂 B. 非竞争性可逆抑制剂
C. 反竞争性可逆抑制剂 D. 不可逆抑制剂
E. 无法确定

19. 在活性中心不可能起催化作用的氨基酸残基是( )。
A. His B. Lys C. Arg D. Cys E. Val

20. 在酶活性的各种条件机制中,调节速度最快的是( )。
A. 酶的合成 B. 酶的水解 C. 别构调节 D. 共价修饰 E. 水解激活

(二) 多项选择题(下列各题均有四个备选项,其中两个或两个以上为正确选项,请将正确选项的代码填入括号内)

1. 以下关于酶的说法正确的有( )。
A. 都需要辅助因子 B. 既催化正反应,又催化逆反应
C. 不改变平衡常数 D. 都能够发生变性

2. 溶菌酶使用的催化机制包括( )。
A. 广义的酸催化 B. 广义的碱催化 C. 静电催化 D. 底物形变

3. 构成丝氨酸蛋白酶的催化三元体的氨基酸残基有( )。
A. Ser B. Thr C. Asp D. His

4. 属于丝氨酸蛋白酶的有( )。
A. 胰蛋白酶 B. 胰凝乳蛋白酶 C. 凝血酶 D. 弹性蛋白酶

5. 可以被磷酸化的氨基酸残基有( )。
A. Ser B. Thr C. Tyr D. Asp

四、名词解释

1. K_m
2. 活性中心(active site)
3. 别构酶(allosteric enzyme)
4. k_{cat}
5. 诱导契合(induced fit)

五、问答题

1. 简述酶作为生物催化剂与一般化学催化剂的共性及其个性。
2. 简述 Cech 及 Altman 是如何发现具有催化活性的 RNA 的。
3. 写出催化下列反应的酶的分类名称(类型)。

A. $CH_3COCOO^- + CO_2 + ATP \longrightarrow {}^-OOC—CH_2COCOO^- + ADP + Pi$

B. 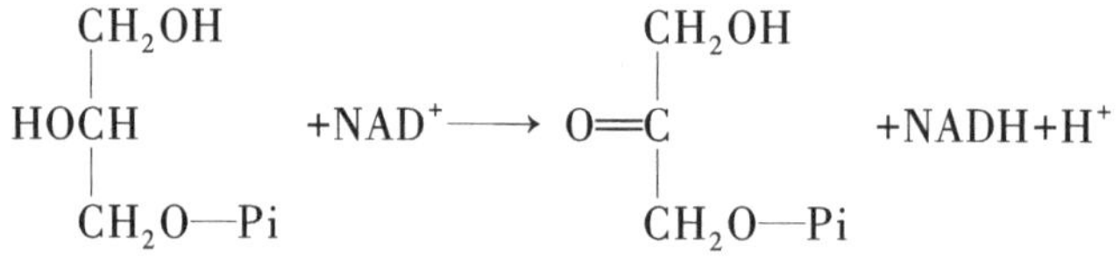

C. 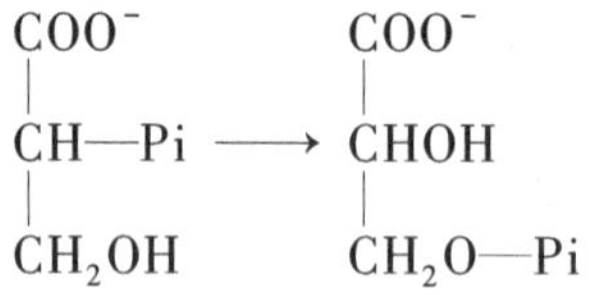

D. $Gly\text{-}Ala + H_2O \longrightarrow Gly + Ala$

E. $Glc + ATP \longrightarrow G\text{-}6\text{-}P + ADP$

F. 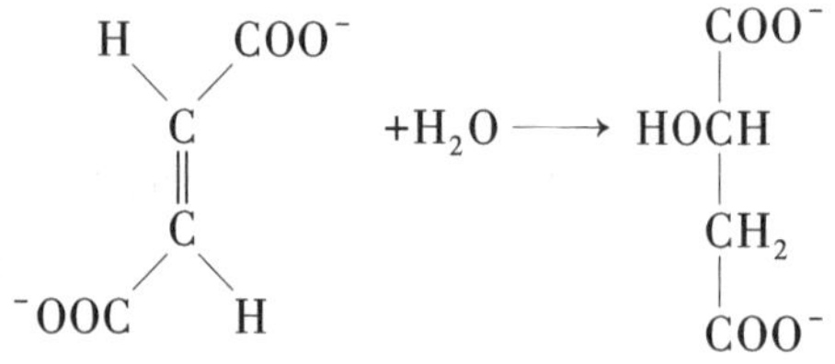

4. 试指出下列每种酶具有哪种类型的专一性。

(1) 脲酶(只催化尿素 NH_2CONH_2的水解,但不能作用于 $NH_2CONHCH_3$)。

(2) β-D-葡萄糖苷酶(只作用 β-D-葡萄糖形成的各种糖苷,但不能作用于其他的糖苷,如果糖苷)。

(3) 酯酶(作用于 R_1COOR_2的水解反应)。

(4) L-AA 氧化酶(只作用于 L-AA,而不能作用于 D-AA)。

(5) 反丁烯二酸水合酶[只作用于反丁烯二酸(延胡索酸),而不能作用于顺丁烯二酸(马来酸)]。

(6) 甘油激酶(催化甘油磷酸化,生成甘油-1-磷酸)

5. Decamethonium[$(CH_3)_3N^+\text{-}CH_2\text{-}(CH_2)_8\text{-}CH_2\text{-}N^+(CH_3)_3$]是一种用于肌肉松弛的药物,是乙酰胆碱酯酶的抑制剂,这种抑制作用可以通过增加乙酰胆碱的浓度来逆转或解除。请问:这种药物是否与酶共价结合?属于哪种类型的抑制剂?并解释为什么可以通过增加乙酰胆碱的浓度来解除抑制。

6. 乙酰胆碱酯酶也可以被 DFP 失活,因为 DFP 可以与酶的 Ser 残基共价结合,但是 decamethonium 可以对酶起保护作用。在一定量的酶和 DFP 存在时,decamethonium 可以使酶失活的速度降低,请解释。
7. 试比较 K_m 与 K_s 的定义及其相互关系。
8. V_{max}和米氏常数可以通过作图法求得,试比较 v-[S]图,双倒数图,v-v/[S]作图,[S]/v-[S]作图及直接线性作图法求 V_{max}和 K_m的优缺点。
9. 指出下列反应式分别代表了哪种机制的双底物双产物反应。

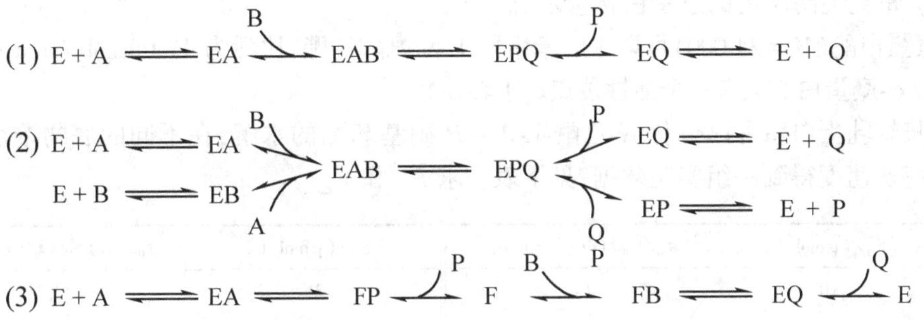

10. (1) 为什么某些肠道寄生虫如蛔虫在体内不会被消化道内的胃蛋白酶、胰蛋白酶消化?
    (2) 为什么蚕豆必需煮熟后食用,否则容易引起不适?
11. 对活细胞的实验测定表明,酶的底物浓度通常就在这种底物的 K_m 附近。请解释其生理意义。为什么底物浓度不是远远大于 K_m 或远远小于 K_m 呢?
12. 有时别构酶的活性可以被低浓度的竞争性抑制剂激活,请解释。
13. 在很多酶的活性中心均有 His 残基参与,请解释。
14. 丝氨酸蛋白酶的在催化反应中使用了哪些催化机制?哪一种机制贡献最大?
15. 一种酶的活性受 pH 的影响,其与 pH 的关系如下图。

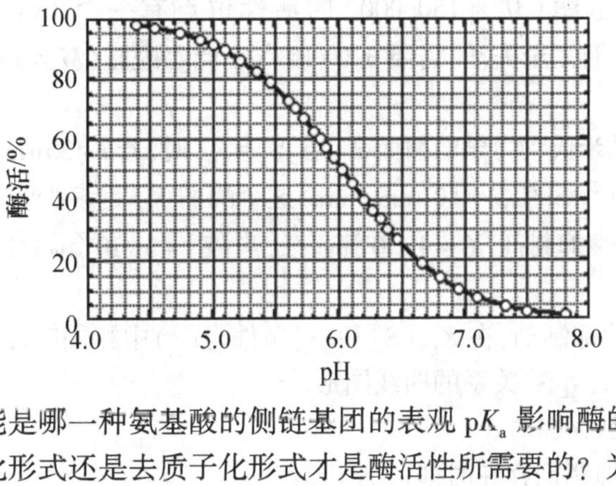

(1) 你认为最有可能是哪一种氨基酸的侧链基团的表观 pK_a 影响酶的活性?
(2) 该基团的质子化形式还是去质子化形式才是酶活性所需要的?为什么?

六、计算题

1. 甘油醛-3-磷酸脱氢酶,相对分子质量为 40 000,由四个相同亚基组成,每个亚基上有一个活性位点,在最适条件下,5μg 纯酶制品每分钟可以催化 2. 8μmol 甘油醛-3-磷酸转化为甘油酸-3-磷酸。请计算酶的比活力和单个活性位点的转换数。
2. 称取 25mg 蛋白酶配成 25ml 溶液,取 2ml 溶液测得含蛋白氮 0. 2mg,另取 0. 1ml 溶液测酶活力,结果每小时可以水解酪蛋白产生 1500μg 酪氨酸,假定 1 个酶活力单位定义为每分钟产生 1μg 酪氨酸的酶量,请计算:
   (1) 酶溶液的蛋白浓度及比活。
   (2) 每克纯酶制剂的总蛋白含量及总活力。
3. α-糜蛋白酶(M_r=24 000)可以水解苯甲酰-L-酪氨酸乙酯,比活为 45. 0μmol/(min · mg)。已知 α-糜蛋白酶只有一个活性位点。求转换数。
4. α-胰凝乳蛋白酶可以催化 *N*-乙酰-L-Phe-*P*-硝基苯酯的水解,在不同的底物浓度下测反应初速度得到一组实验数据,见下表。求 K_m 和 V_{max}。

[S]/(μmol/L)	v_0/[μmol/(L · min)]	[S]/(μmol/L)	v_0/[μmol/(L · min)]
10	11. 7	35	22. 3
15	15. 0	40	23. 3
20	17. 5	45	24. 2
25	19. 4	50	25. 0
30	21. 0		

5. 使用下表数据,作图判断抑制剂类型(竞争性可逆抑制剂还是非竞争性可逆抑制剂)。

[S]/(mmol/L)	2. 0	3. 0	4. 0	10. 0	15. 0
每小时形成产物的物质的量(没有抑制剂)	13. 9	17. 9	21. 3	31. 3	37. 0
每小时形成产物的物质的量(有抑制剂)	8. 8	12. 1	14. 9	25. 7	31. 3

6. 甘油醛-3-磷酸脱氢酶(M_r = 150 000)的活性位点有一个 Cys 残基,假定为使 5ml 1. 2mg/ml 的酶溶液完全失活,需要 3. 0×10^{-2}mg 碘乙酰胺(M_r=185),计算酶的催化亚基的数目。
7. (1) 对于一个遵循米氏动力学的酶而言,当[S]=K_m 时,若 v=35μmol/min,V_{max}是多少?
   (2) 当[S]=2×10^{-5}mol/L,v=40μmol/min,这个酶的 K_m 是多少?
   (3) 若 I 表示竞争性抑制剂,K_I=4×10^{-5}mol/L,当[S]=3×10^{-2}mol/L 和[I]=3×10^{-5}mol/L 时,v 是多少?
   (4) 若是非竞争性抑制剂,在 K_I、[S]和[I]条件与(3)中相同时,v 是多少?
   (5) 大致绘出此酶 v-[S]关系的曲线图形。
      a. 没有抑制剂存在时。
      b. 有竞争性抑制剂存在时如(3)。
      c. 有非竞争性抑制剂存在时如(4)。

8. 在不同底物浓度的反应体系中,分别测有无抑制剂存在时的 v,数据如下表。

[S]/(mol/L) (×10^{-4})	无 I v/(μmol/min)	有 I(2.2×10^{-4}mol/L) v/(μmol/min)
1.0	28	17
1.5	36	23
2.0	43	29
5.0	65	50
7.5	74	61

求有无抑制剂存在时的 V_{max} 和 K_m(K_m'),并判断这种抑制剂是什么类型的抑制剂。

9. 在一组 10ml 的反应体系中,加入不同浓度的底物。分别测反应初速度,得数据如下表。

[S]/(mol/L)	v/(μmol/min)	[S]/(mol/L)	v/(μmol/min)
5.0×10^{-7}	0.0096	5.0×10^{-4}	0.25
5.0×10^{-6}	0.071	5.0×10^{-3}	0.25
5.0×10^{-5}	0.20	5.0×10^{-2}	0.25

不作图计算:

(1) v 和 K_m。

(2) 计算[S]=1.0×10^{-6}mol/L 和[S]=1.0×10^{-1}mol/L 时的 v。

(3) 计算[S]=2.0×10^{-3}mol/L 或[S]=2.0×10^{-6}mol/L 时最初 5min 内的产物总量。

(4) 假如每一个反应体系中酶浓度增加至 4 倍时,K_m、V_{max} 是多少?当[S]=5.0×10^{-5}mol/L 时,v 是多少?

提 高 题

一、填充题

1. 构成丝氨酸蛋白酶活性中心的催化三元体由________、________和________三个氨基酸残基组成,其中充当广义酸催化剂的是________,其广义碱催化剂的是________。
2. 丝氨酸蛋白酶(如胰蛋白酶)在催化过程中前后涉及两次亲核进攻,先后作为亲核试剂的是________ 和________,限速步骤是________。
3. 蛋白酶通常以________形成合成,需要通过________机制才能得到活性。
4. 所有的蛋白酶在催化过程中都经历________形式的过渡态,该过渡态形成的原因是一个亲核基团进攻肽键的________。
5. 吸烟会导致肺气肿的生化机制是________。
6. 常见的化学修饰剂 DIPF 可以修饰________残基,碘代乙酸可以修饰________。
7. 解释酶能够识别一个假手性 C 上两个相同的基团的假说是________。
8. 支持酶催化的过渡态稳定学说的两个主要的证据是________和________。

9. 米氏酶的稳态是指________。
10. CDK 是指________,它的活性受________的调节。
11. 参与细胞凋亡的两类酶 Caspase 或 DNase 的活性分别受________和________机制的调控。
12. 核糖核酸酶 H 作用的特异性是________。
13. 碳酸酐酶的辅助因子是________。
14. 谷氨酰胺合成酶的活性可以被________共价修饰调节;糖原合成酶、糖原磷酸化酶等则可以被________共价修饰调节。
15. 判断一个纯化酶的方法优劣的主要依据是酶的________和________。

二、是非题

1. 甘二醇曾被作为牙膏的添加剂,后来发现它对人体有毒,因为它进入体内能够抑制乙醇脱氢酶的活性。
2. 假定一种别构酶具有正协同效应,那么此酶正别构效应物的存在将增强它的正协同效应。
3. 酶反应的最适 pH 只与酶蛋白本身的结构有关。
4. 所有的丝氨酸蛋白酶都具有相同的催化三元体,它们都属于同源蛋白。
5. 可使用"锁和钥匙"和"诱导契合"两种假设解释酶的催化机制。
6. 酶与底物的亲和力越高,其催化活性就越高。
7. 丙氨酸侧链没有活性基团能参与酶的催化,因此它不可能出现在活性中心。
8. 如果一种酶活性中心的氨基酸残基在一定的 pH 范围内的解离性质不发生变化,那么在这一段 pH 范围之内,酶促反应速度不受 pH 变化的影响。
9. 增加不可逆抑制剂的浓度,可导致一种酶活性的完全丧失。
10. 没有底物的存在,反竞争性抑制剂并不能与酶结合。
11. 含有 RNA 的酶一定是核酶。
12. 丙二酸和戊二酸均是琥珀酸脱氢酶的竞争性抑制剂。
13. 过渡态类似物也是一种竞争性抑制剂。
14. 负协同性不能用 MWC(齐变模型)理论来解释。
15. 酶活性中心与底物的亲和性要高于活性中心与过渡态的亲和性。

三、选择题

(一) 单项选择题(下列各题均有五个备选项,其中一个是正确的,请将其代码填入括号内)

1. 以下不属于丝氨酸蛋白酶的是(　　)。

   A. 枯草杆菌蛋白酶　　B. HIV 蛋白酶　　C. 胰蛋白酶
   D. 弹性蛋白酶　　E. 糜蛋白酶

2. 侧链基团不可能参与一种酶的催化机制的氨基酸残基是(　　)。

   A. Lys　　B. Glu　　C. Cys　　D. Ile　　E. Tyr

3. 下图是溶菌酶催化机制中的一个环节，如果 Glu35 被 Gln35 取代，你预测后果将是（　　）。

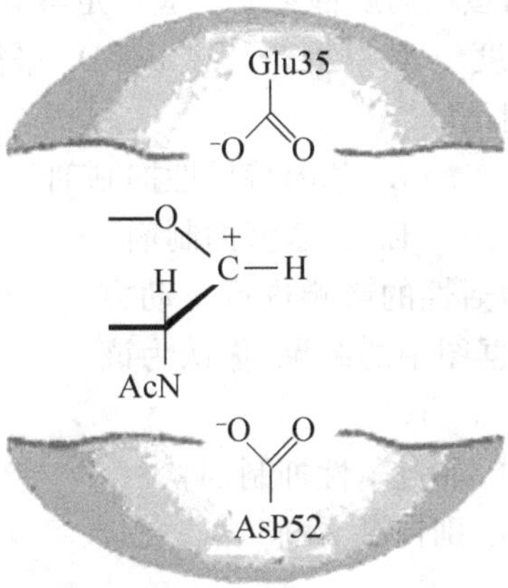

A. 图上的过渡态中间物将不会形成
B. 图上的中间物将非常稳定，存在的时间更长
C. 图上的过渡态中间物迅速地转变成产物
D. 形成碳负离子
E. 形成碳正离子

4. 根据以下各酶的 k_{cat}（sec^{-1}）和 K_m（M），判断最完善的酶是（　　）。
A. 乙酰胆碱酯酶 $k_{cat}=1.4\times10^4$，$K_m=9\times10^{-5}$
B. 过氧化氢酶 $k_{cat}=4\times10^7$，$K_m=1.1$
C. 富马酸酶 $k_{cat}=800$，$K_m=3\times10^{-6}$
D. 磷酸丙糖异构酶 $k_{cat}=4.3\times10^3$，$K_m=1.8\times10^{-5}$
E. β-内酰胺酶 $k_{cat}=2\times10^3$，$K_m=2\times10^{-5}$

5. 在酶活性的各种条件机制中，调节速度最慢的是（　　）。
A. 酶的合成　B. 酶的水解　C. 别构调节　D. 共价修饰　E. 水解激活

6. 假定一个酶的活性中心的结构与底物的互补性比其对过渡态的互补性更好，那么这对酶促反应的影响是（　　）。
A. 提高反应速率　B. 降低反应速率
C. 对反应速率没有影响　D. 将改变反应的平衡常数
E. 无法预测

7. 在一个结合脂肪酸的酶活性中心之中，最有可能与脂肪酸的尾部结合的氨基酸残基是（　　）。
A. His　B. Arg　C. Asp　D. Lys　E. Leu

8. 可以作为亲电试剂参与一种酶催化的辅酶是（　　）。
A. FAD　B. NAD^+或 $NADP^+$　C. TPP
D. CoA　E. 磷酸吡哆醛

9. 属于核酶的病毒是（　　）。
A. HAV　B. HBV　C. HCV　D. HDV　E. HPV

10. 可显示一种米氏酶完美程度的参数是(　　)。
A. K_m　B. k_{cat}　C. k_{cat}/K_m　D. K_m/k_{cat}　E. V_{max}
11. 你认为小鼠和人体内的胰蛋白酶所催化的反应一定具有共同的(　　)。
A. 最适 pH　B. 最适温度　C. k_{cat}　D. 平衡常数　E. V_{max}
12. 不适合作为药物的抑制剂是(　　)。
A. 竞争性抑制剂　B. 基团特异性抑制剂　C. 底物类似物
D. 过渡态类似物　E. 自杀型抑制剂
13. 有人就一种药物对某种酶活性的影响进行了动力学分析,结果如右图。根据图中的结果,你认为该药物的作用方式是一种(　　)。

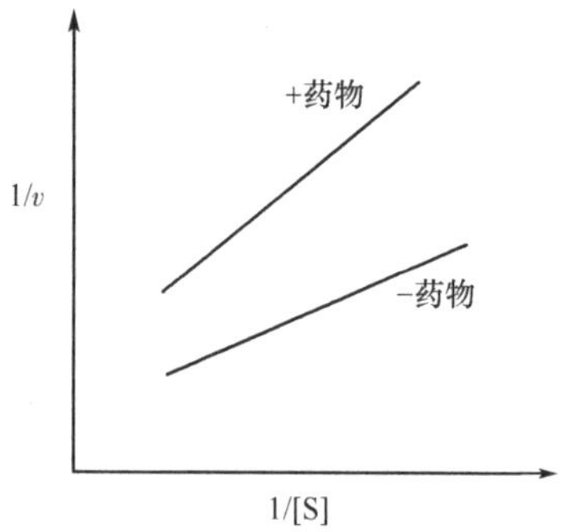

A. 竞争性抑制剂　B. 非竞争性抑制剂
C. 反竞争性抑制剂　D. 别构激活剂
E. 无法预测

(二) 多项选择题(下列各题均有五个备选项,其中两个或两个以上为正确选项,请将正确选项的代码填入括号内)

1. 以下属于核酶的有(　　)。
A. 核糖体　B. SRP　C. 核糖核酸酶 P
D. 剪接体　E. 第一类内含子
2. 不属于丝氨酸蛋白酶的是(　　)。
A. 枯草杆菌蛋白酶　B. 胃蛋白酶　C. 胰蛋白酶
D. HIV 蛋白酶　E. 糜蛋白酶
3. 以下哪些氨基酸残基的侧链可以参与酶的催化?(　　)
A. Ser　B. Gly　C. Phe　D. Tyr　E. His
4. 侧链可以提供亲核基团进行催化的氨基酸残基有(　　)。
A. Ser　B. Thr　C. Lys　D. Tyr　E. leu
5. 米氏方程推导需要满足的条件有(　　)。
A. 所测的反应速率为初速率　B. 反应速率与底物浓度成正比
C. 底物浓度无穷大　D. 反应系统进入稳态
E. 反应 pH 为 7

四、名词解释

1. 核酶(ribozyme)
2. 辅酶(coenzyme)
3. 同工酶(isoenzyme)
4. 抗体酶(abzyme)
5. 共价催化(covalent catalysis)

五、问答题

1. 丝氨酸蛋白酶与其他蛋白酶一样能够发生自水解。为了防止自水解,通常将丝氨酸蛋白酶存放在稀的盐酸溶液中。为什么？

2. 有些蛋白质因为其中的 His 残基突变成 Arg 而完全丧失活性，有些不会，为什么？

3. 有一种酶 E 作用底物 S 产生产物 P。化合物 C 是这一种酶的别构激活剂。使用定点突变技术将酶 E 的 Val57 突变成其他几种氨基酸残基。将野生型和变体纯化以后，分别在有 C 和无 C 的条件下测定酶活，活性分析的结果见下表。

酶 E	无 C 时的酶活性	有 C 时的酶活性
野生型	10.3	51.4
Val57→Ser57	10.5	30.2
Val57→Glu57	10.2	11.1
Val57→Ala57	10.1	49.5

(1) 根据突变体的数据，你认为 Val57 位于别构中心还是活性中心？

(2) 根据氨基酸的性质，解释突变如何影响到酶 E 的活性？

4. 在消化道内的蛋白酶的水解激活途径中，是胰蛋白酶激活胰凝乳蛋白酶而不是由后者激活前者，为什么？

5. 简述丝氨酸蛋白酶的催化机制及起作用的顺序。预测这类酶的最适 pH 是偏酸还是偏碱？为什么？

6. 根据所学过的生化知识如何对甲醇和有机磷中毒者进行解毒？

7. 酶的活性中心通常具有哪些特征？假如有一种酶含有两个 Cys 残基，其中一个在活性中心，另外一个在酶分子表面。你如何设计一个实验将它们区分开来？

8. 酶有几类不可逆性抑制剂？碘代乙酸、吡咯-2-羧酸、TPCK 和青霉素分别属于哪一类？哪几类最适合作为药物来治疗疾病？为什么？

9. 弹性蛋白酶能够受以下物质的特异性抑制，你认为被抑制的机制是什么？这种抑制属于可逆性抑制还是非可逆性抑制？你如何证明你的判断？

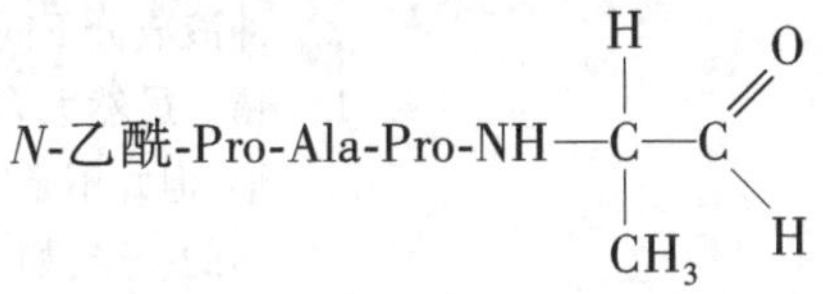

10. 丝氨酸蛋白酶通常有多个丝氨酸残基，为什么 Ser195 最容易与 DIFP 起反应？为什么丝氨酸蛋白酶在没有底物与其结合的时候，催化三元体上 His 残基没有将 Ser 残基的羟基上的质子夺去？

答　　案

基　础　题

一、填充题

1. 酶蛋白　辅助因子　酶蛋白　辅助因子
2. 辅酶　辅基　金属离子　辅基　化学方法处理　辅酶　透析法
3. 活细胞　生物催化剂
4. 量　活性
5. 核酶(具有催化能力的 RNA)

6. 抗体　抗体酶
7. 氧化还原酶类　转移酶类　水解酶类　裂合酶类　异构酶类　合成酶类
8. 酶学委员会　氧化还原酶类　作用于—CHOH 基团的亚类　受体为 NAD^+ 或 $NADP^+$ 的亚亚类　序号为 1
9. 绝对　相对　立体
10. 锁钥学说　酶与底物结合的三点附着学说　诱导契合假说
11. 结合部位　催化部位　结合部位　催化部位
12. 酶催化化学反应的能力　一定条件下，酶催化某一化学反应的反应速度
13. 初　底物消耗量<5%
14. Ser　胰凝乳蛋白酶　His　胰蛋白酶　His　Cys
15. 1~2
16. 别构酶　共价调节酶
17. 序变　齐变　齐变
18. 稳定性好　可反复使用　易于与反应液分离
19. 增大　减小
20. 能催化同一种化学反应，但酶蛋白本身的分子结构、组成、理化性质等不同的一组酶　乳酸脱氢酶同工酶
21. 底物分子的解离状态　酶分子的解离状态　中间复合物的解离状态
22. 温度升高，可使反应速度加快　温度太高，会使酶蛋白变性而失活
23. 绝对　立体
24. $-1/K_m$　$1/V_{max}$
25. 二氢叶酸合成酶

二、是非题

1. 错。对于可逆反应而言，酶既可以改变正反应速度，也可以改变逆反应速度，但不改变化学反应的平衡点。
2. 对。
3. 错。大多数酶的化学本质是蛋白质，但有些 RNA 也可以催化化学反应（核酸的剪切、加工），具有酶的性质。
4. 错。构成酶活性中心的氨基酸残基可以由在一级结构中相邻的若干氨基酸残基组成，也可以由在一级结构中相距较远的、或位于不同肽链上的若干氨基酸残基组成，但在空间结构上它们彼此靠近。
5. 对。酶通过降低化学反应的活化能加快化学反应的反应速度，但不改变化学反应的平衡常数。
6. 对。检查酶的含量及存在，不能直接用质量或体积来表示，常用它催化某一特定反应的能力来表示，即用酶的活力来表示，因此酶活力的测定实际上就是酶的定量测定。
7. 错。酶反应速度可以用单位时间内底物的减少量或产物的增加量来表示，但在反应的初速度阶段，底物的减少量小于 5%，难以准确测定，而产物的增加是从无到有，只要测定方法足够灵敏，可以准确测定，因此酶反应速度一般用单位时间内产物的增加量来表示。
8. 错。K_m 可以近似地反应酶与底物亲和力，K_m 越低，亲和力越高，因此己糖激酶对葡萄糖的亲和力更高。
9. 对。K_m 是酶的特征常数之一，一般只与酶的性质有关，与酶浓度无关。不同的酶，K_m 不同。
10. 错。K_m 作为酶的特征常数，只是对一定的底物、一定的 pH、一定的温度条件而言。
11. 错。见上题答案，同一种酶有几种底物就有几种 K_m，其中 K_m 最小的底物一般称为酶的最适底物。
12. 对。
13. 对。当 $[S]>>K_m$ 时，v 趋向于 V_{max}，因为 $v=K_3[E]$，所以可以通过增加 $[E]$ 来增加 v。
14. 错。酶的最适 pH 有时因底物种类、浓度及缓冲液成分不同而不同，并不是一个常数。
15. 错。虽然大多数酶的 pH-酶活性曲线为钟罩形，但并不是所有的酶都如此，有的只有钟罩形的一半，如胃蛋白酶、胆碱酯酶；有的甚至是直线，如木瓜蛋白酶。
16. 错。酶的最适温度与酶的作用时间有关，作用时间长，则最适温度低，作用时间短，则最适温度高。
17. 错。因为酶反应的反应速度比一般反应的反应速度高得多，所以酶反应的温度系数（反应温度每增加 10℃，反应速度增加的倍数）低于一般反应的温度系数。
18. 对。金属离子作为酶的激活剂，有的可以相互取代，如 Mg^{2+} 作为激酶等的激活剂可以被 Mn^{2+} 取代；有的可以相互拮抗，如 Na^+ 抑制 K^+ 的激活作用。

19. 对。不可逆抑制剂通常以比较牢固的共价键与酶结合,而使酶失活,不能用透析、超滤等物理方法除去抑制剂而恢复酶的活性,因此增加不可逆抑制剂的浓度,可以实现酶活性的完全抑制。
20. 错。正协同效应使酶与底物或调节物的结合越来越容易,如果调节物是激活剂,则促使反应速度增加,如果调节物是抑制剂,则降低反应速度。
21. 对。正协同效应使酶与底物的结合越来越容易。
22. 对。
23. 错。竞争性可逆抑制剂可以与酶的底物结合在酶的同一部位,也可以与酶的底物结合在酶的不同部位,由于空间位阻或构象改变的原因而不能同时结合。
24. 错。因为不知道纯化前后的比活分别是多少,因此无法计算比活的提高倍数。
25. 错。酶反应的最适 pH 不仅取决于酶蛋白本身的结构,还与底物种类、浓度及缓冲液成分有关。

三、选择题

(一) 单项选择题

1. (C)假设 E+S→ES 反应处于平衡状态,是平衡法推导米氏方程时引入的假设。
2. (C)可逆抑制剂存在时酶的 v-[E]曲线,与没有抑制剂存在时酶的 v-[E]曲线都从原点出发,但前者的斜率降低。
3. (D)不可逆抑制剂存在时酶的 v-[E]曲线,与没有抑制剂存在时酶的 v-[E]曲线是一组平行线,随不可逆抑制剂浓度增加,直线右移。
4. (A)竞争性可逆抑制剂抑制程度与底物浓度、抑制剂浓度、酶与抑制剂的亲和力、酶与底物的亲和力有关,与作用时间无关。
5. (B)图中有抑制剂存在时的双倒数图与没有抑制剂存在时的双倒数图交于纵轴上的一点,即 v 相等,而 K_m 增大,因此是竞争性可逆抑制剂。
6. (B)竞争性可逆抑制作用可用增加[S]的方法减轻抑制程度。
7. (C)酶的竞争性可逆抑制剂可以使 V_{max} 不变,K_m 增加。
8. (E)磺胺类药物是竞争性可逆抑制剂。
9. (D)溶菌酶在催化反应时可以诱导底物发生形变,活性中心的 Glu35 处于非极性区,呈不解离状态,可以提供质子,作为广义酸,而 Asp52 位于极性区,呈解离状态,可以接受质子,作为广义碱与 Glu35 共同催化反应,Glu35 及 Asp52 与底物的敏感键都只有 0.3nm,具有邻近效应。
10. (C)负协同效应别构酶的 v-[S]曲线近似与抛物线,在底物浓度较低时,反应速度上升很快,随着底物浓度增加,反应速度的改变减小,趋于平缓。
11. (C)正协同效应的别构酶 $R_s<81$。
12. (C)负协同效应的别构酶 $n<1$。
13. (C)丙二酸是琥珀酸的结构类似物,因此丙二酸是琥珀酸脱氢酶的竞争性可逆抑制剂。
14. (D)蛋白激酶可以使 ATP 分子上的 γ-磷酸转移到一种蛋白质的丝氨酸残基的羟基上,在磷酸基的转移过程中,常伴有酶蛋白活性的变化。例如,肝糖原合成酶的磷酸化与脱磷酸化两种形式对糖原合成的调控是必需的。
15. (E)测定酶活性时,通常以底物浓度变化小于5%时测得的速度为反应的初速度。
16. (A)His 咪唑基的 pK 值为 6.0~7.0,在生理条件下一半解离,一半未解离,解离的部分可以作为 H^+ 的受体,未解离的部分可以作为 H^+ 的供体。
17. (C)对于非竞争性可逆抑制作用,抑制程度为50%时,$[I]=k_i$。
18. (D)不可逆抑制剂通常以比较牢固的共价键与酶结合,而使酶失活,一旦结合不能用透析、超滤等物理方法除去抑制剂而恢复酶的活性,因此 $v'=v(E_0-I_0)/E_0$。
19. (E)Val 的 R 基团为碳氢链,无任何反应性。
20. (C)别构调节仅仅需要别构效应物与酶活性中心结合,不涉及其他活性反应。

(二) 多项选择题

1. (B、C、D)不是所有的酶都需要辅助因子,如磷酸丙糖异构酶。酶不管是蛋白质还是 RNA 都可以变性。酶与其他催化剂一样,既催化正反应,又催化逆反应。酶只是缩短达到平衡的时间,并不改变平衡常数。
2. (A、C、D)溶菌酶活性中心的一个谷氨酸作为广义酸催化剂,一个天冬氨酸参与静电催化,底物进入活性中心时,一个己糖单位需要发生形变。

3. (A、C、D)
4. (A、B、C、D)
5. (A、B、C、D)亲水氨基酸残基可以发生磷酸化修饰。

四、名词解释

1. K_m:即米氏常数,是指米氏酶反应速度达到最大值一半的时候底物的浓度,它可以用来反映底物与酶的亲和力。
2. 活性中心(active site):酶分子上与底物结合并直接催化底物变成产物的区域,它是一种三维实体结构,成裂缝状、裂隙状或口袋状。
3. 别构酶(allosteric enzyme):含有别构中心的酶。别构中心在结合别构效应物以后构象发生变化,从而影响活性中心的构象,最后改变酶的活性。
4. k_{cat}:酶的转换数,即单位时间内一个酶分子将底物转变成产物的分子数。
5. 诱导契合(induced fit):底物在与活性中心结合的时候,相互诱导对方的构象发生变化,使得最后两者的结合更加服帖。

五、问答题

1. 共性:用量少而催化效率高;仅能改变化学反应的速度,不改变化学反应的平衡点,酶本身在化学反应前后也不改变;可降低化学反应的活化能。

   个性:酶作为生物催化剂的特点是催化效率更高,具有高度的专一性,容易失活,活力受条件的调节控制,活力与辅助因子有关。
2. 1982年,美国的T. Cech发现原生动物四膜虫的26S rRNA前体能够在完全没有蛋白质的情况下,自我加工、拼接,得到成熟的rRNA。

   1983年,S. Atman和Pace实验室研究RNase P时发现,将RNase P的蛋白质与RNA分离,分别测定,发现蛋白质部分没有催化活性,而RNA部分具有与全酶相同的催化活性。

   1986年,T. Cech发现在一定条件下,L19 RNA可以催化Poly C的切割与连接。
3. A. 合成酶类　B. 氧化还原酶类
   C. 异构酶类　D. 水解酶类　E. 转移酶类
   F. 裂合酶类
4. (1) 绝对专一性
   (2) 相对专一性(族专一性)
   (3) 相对专一性(键专一性)
   (4) 立体专一性(旋光异构专一性)
   (5) 立体专一性(顺反异构专一性)
   (6) 立体专一性(识别从化学角度看完全对称的两个基团)
5. 非共价结合;竞争性可逆抑制剂;竞争性可逆抑制可以通过增加底物浓度来减轻或解除抑制,乙酰胆碱是乙酰胆碱酯酶的底物。
6. DFP对乙酰胆碱酯酶的不可逆失活作用,要求DFP接近酶的活性位点的Ser,当可逆抑制剂decamethonium结合在活性位点上时,限制了DFP接近酶活性位点的Ser,但是decamethonium与酶的结合是可逆的,动态平衡的,也就是说,它与酶结合、被释放,再结合、被释放,很多次,DFP就有机会结合到酶的活性位点上,因为DFP是不可逆抑制剂,一旦结合就使酶失活,因此,一段时间后,DFP可以使所有的酶分子失活,只是失活的速度可以被decamethonium减慢。
7. $K_m=(K_2+K_3)/K_1$,$K_s=K_2/K_1$

   当$K_2>>K_3$时,$K_m=K_s$
8. v-[S]图是双曲线的一支,可以通过其渐近线求V_{max},$v=1/2V_{max}$时对应的[S]为K_m;优点是比较直观,缺点是实际上测定时不容易达到V_{max},所以测不准。

   $1/v$-$1/$[S]图是一条直线,它与纵轴的截距为$1/V_{max}$,与横轴的截距为$-1/K_m$,优点是使用方便,V_{max}和K_m都较容易求,缺点是实验得到的点一般集中在直线的左端,作图时直线斜率稍有偏差,K_m就求不准。

   v-$v/$[S]图也是一条直线,它与纵轴的截距为V_{max},与横轴的截距为V_{max}/K_m,斜率即为$-K_m$,优点是求K_m很方便,缺点是作图前计算较繁。

   [S]$/v$-[S]图也是一条直线,它与纵轴的截距为K_m/V_{max},与横轴的截距为$-K_m$,优缺点与v-$v/$[S]图相似。

   直接线性作图法是一组交于一点的直线,交点的横坐标为K_m,纵坐标为V_{max},是求V_{max}和K_m的最好的一种方法,不需计算,作图方便,结果准确。
9. (1) 序列有序反应。
   (2) 序列随机反应。
   (3) 乒乓反应。

10. (1) 一些肠道寄生虫如蛔虫等可以产生胃蛋白酶和胰蛋白酶的抑制剂,使它在动物体内不致被消化。
(2) 蚕豆等某些植物种子含有胰蛋白酶抑制剂,煮熟后胰蛋白酶抑制剂被破坏,否则食用后抑制胰蛋白酶活性,影响消化,引起不适。
11. 据 v-[S]的米氏曲线,当底物浓度远远小于 K_m 时,酶不能被底物饱和,从酶的利用角度而言,很不经济;当底物浓度远远大于 K_m 时,酶趋于被饱和,随底物浓度改变,反应速度变化不大,不利于反应速度的调节;当底物浓度在 K_m 附近时,反应速度对底物浓度的变化较为敏感,有利于反应速度的调节。
12. 底物与别构酶的结合,可以促进随后的底物分子与酶的结合,同样竞争性抑制剂与酶的底物结合位点结合,也可以促进底物分子与酶的其他亚基的进一步结合,因此低浓度的抑制剂可以激活某些别构酶。
13. 酶蛋白分子中组氨酸的侧链咪唑基 pK 值为 6.0~7.0,在生理条件下,一半解离,一半不解离,因此既可以作为质子供体(不解离部分),又可以作为质子受体(解离部分),既是酸,又是碱,可以作为广义酸碱共同催化反应,因此常参与构成酶的活性中心。
14. (1) 广义的酸碱催化;(2) 共价催化;(3) 氧阴离子穴对过渡态的稳定。其中(3)贡献最大。
15. (1) His。
(2) 质子化。因为 pH 越低(8.0~4.0)它的活性越高,而 His 的 pK_a 在 6 附近,这时的 His 应该主要以质子化形式存在。

六、计算题

1. 比活力 = 2.8U/5×10^{-3}mg = 560U/mg
转换数/活性位点 = 2.8μmol/min ÷ (5μg/40 000μg/μmol ×4) = 5600/min = 93.3/s
2. (1) 蛋白浓度 = 0.2×6.25mg/2ml = 0.625mg/ml
比活力 = (1500/60×1ml/0.1ml) ÷ 0.625mg/ml = 400U/mg
(2) 总蛋白 = 0.625mg/ml×1000ml = 625mg
总活力 = 625mg×400U/mg = 2.5×10^5U
3. 转换数 = 45.0×10^{-6}×1000×24 000 = 1080/min
4. 作 $1/v$-1/[S]图,则横轴截距 = $-1/K_m$ = −5.2×10^4(L/mol),K_m = 1.9×10^{-5}(mol/L);
纵轴截距 = $1/V_{max}$ = 2.9×10^4[min/(mol · L)],
V_{max} = 3.45×10^{-5}[mol/(L · min)]。
5. 作 $1/v$-1/[S]图,可知是竞争性可逆抑制剂。
6. 酶的物质的量 = 1.2×5/150 000 = 4.0×10^{-5}mmol
碘乙酰胺的物质的量 = 3.0×10^{-2}/185 = 1.6×10^{-4}mmol
所以酶的催化亚基数为 4。
7. (1) 当[S] = K_m 时,$v = 1/2V_{max}$,
则 V_{max} = 2×35 = 70μmol/min
(2) ∵ $v = V_{max}/(1+K_m/[S])$,∴ $K_m = (V_{max}/v-1)[S]$ = 1.5×10^{-5}(mol/L)
(3) ∵ [S] >> K_m,[I],∴ $v = V_{max}$ = 70(μmol/min)
(4) $v = V_{max}/(1+[I]/K_I)$ = 40(μmol/min)
(5) 见下图。

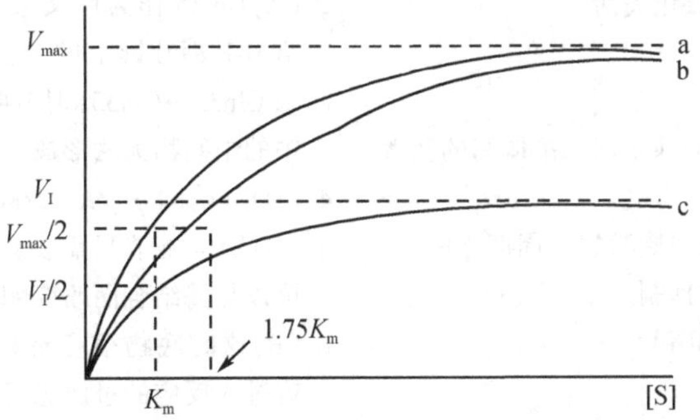

8. 先分别求出 1/[S],$1/v$,$1/v'$,作 $1/v$-1/[S],$1/v'$-1/[S]图,从图求出
$1/V_{max}$ = 0.01(min/μmol),V_{max} = 100(μmol/min)
$-1/K_m$ = −3.7×10^3(L/mol),K_m = 2.7×10^{-4}(mol/L)
$-1/K_m'$ = −2.0×10^3(L/mol),K_m' = 5×10^{-4}(mol/L)
∵ V_{max} 不变,K_m 增大,
∴ 是竞争性可逆抑制剂。

9. (1) $V_{max}=0.25(\mu mol/min)$,

$\because v=V_{max}[S]/(K_m+[S])$,

$\therefore K_m=0.25\times5.0\times10^{-5}/0.20-5.0\times10^{-5}=1.25\times10^{-5}(mol/L)$

(2) $v_1=V_{max}[S]/K_m+[S]$

$=0.25\times1.0\times10^{-6}/(1.25\times10^{-5}+1.0\times10^{-6})$

$=0.0185(\mu mol/min)$

$v_2=V_{max}=0.25(\mu mol/min)$

(3) $v=0.25(\mu mol/min)$

$p=0.25\times5=1.25(\mu mol)<2.0\times10^{-3}\times0.01$

$=20(\mu mol)$

$v=0.25\times2.0\times10^{-6}/(1.25\times10^{-5}+2.0\times10^{-6})$

$=0.033(\mu mol/min)$

$p=0.033\times5=0.17(\mu mol)>2.0\times10^{-6}\times0.01$

$=0.02(\mu mol)$

$\therefore p\leqslant0.02(\mu mol)$

(4) $\because K_m$ 与[E]无关,$\therefore K_m$ 不变,

$\because V_{max}=k_3[E]$,[E]增大 4 倍,

$\therefore V_{max}$增大 4 倍$=0.25\times4=1.0(\mu mol/min)$

$v=1.0\times5.0\times10^{-5}/(1.25\times10^{-5}+5.0\times10^{-5})$

$=0.8(\mu mol/min)$

提　高　题

一、填充题

1. Ser　His　Asp　Ser　His
2. Ser　水　第二次亲核进攻
3. 酶原　水解激活
4. 碳四面体　羰基 O
5. 弹性蛋白酶抑制剂因氧化失活
6. Ser　Cys
7. 三点附着理论
8. 过渡态类似物是酶的强抑制剂　抗体酶的获得
9. [ES]不变
10. 依赖于周期蛋白的蛋白质激酶　周期蛋白
11. 水解激活　抑制蛋白抑制
12. 水解与 DNA 杂交的 RNA
13. 锌离子
14. 腺苷酰化　磷酸化
15. 比活力　总活力

二、是非题

1. 错。甘二醇也是乙醇脱氢酶的底物,它的毒性在于脱氢后形成有毒的产物。
2. 错。正别构效应物的存在将降低酶的正协同效应。
3. 错。酶反应的最适 pH 不仅取决于酶蛋白本身的结构,还与底物种类、浓度及缓冲液成分有关。
4. 错。枯草杆菌蛋白酶属于丝氨酸蛋白酶,但并不是胰蛋白酶的同源蛋白。
5. 错。这两个模型是用来解释酶作用的专一性的。
6. 错。酶与底物的亲和力太高,反而不利于催化,因为会增加 ES 到 EP 的活化能。
7. 错。但可以在活性中心参与与底物的结合。
8. 错。但可以影响底物的解离性质。
9. 对。
10. 对。反竞争性抑制剂与酶结合的位点是底物与酶结合诱导后产生的。
11. 错。端聚酶就是一个反例。
12. 错。两者都是琥珀酸脱氢酶的底物。
13. 错。过渡态类似物一般是不可逆性抑制剂。
14. 对。负协同性只能用序变模型解释。
15. 错。酶活性中心的结构与过渡态的互补性更好,因此能更好地结合。

三、选择题

(一) 单项选择题

1. (B)HIV 蛋白酶属于天冬氨酸蛋白酶。
2. (D)Ile 为疏水氨基酸,其侧链基团不可能参与催化。
3. (A)Glu35 作为广义酸将其羧基上的质子提供给 D-E 糖苷键上的 O,导致糖苷键的断裂。如果 Glu35→Gln35,则不再有广义酸催化,导致图中的中间物无法形成。
4. (D)该酶的 k_{cat}/K_m 最高。
5. (C)别构调节只需要涉及别构效应物存在,就可以与酶结合而改变酶活性。
6. (B)这时底物很容易和酶活性中心结合,但很难进入反应的过渡态,而导致反应速率降低。
7. (E)脂肪酸的尾巴是疏水的碳氢链,适合结合疏水氨基酸。
8. (E)磷酸吡哆醛含有亲电基团羰基。
9. (D)HDV 是一种卫星病毒,它具有酶的活性。
10. (C)k_{cat}/K_m 综合了酶的催化效率和与底物的

亲和力，只有平衡的好，才是完美的酶。

11. (D)因为催化相同的反应，而酶不改变平衡常数。

12. (B)基团特异性抑制剂对基团有特异性，但对酶没有特异性。

13. (B)将两条直线延伸到横坐标，将发现 K_m 不变，但 V_{max} 降低，这与非竞争性抑制剂的动力学行为是一致的。

(二) 多项选择题

1. (A、C、D、E) SRP 为信号识别颗粒，其中的 7SL RNA 无酶活性。
2. (B、D)胃蛋白酶和 HIV 蛋白酶均是天冬氨酸蛋白酶。
3. (A、D、E) Ser、Tyr 和 His 为亲水氨基酸，其侧链可以参与催化。
4. (A、B、C、D) Leu 为疏水氨基酸，其侧链无亲核性。
5. (A、B、D)

四、名词解释

1. 核酶(ribozyme)：就是 RNA 催化剂。
2. 辅酶(coenzyme)：专指那些与酶蛋白结合松散、使用透析的方法就容易去除的有机小分子。
3. 同工酶(isoenzyme)：是指催化相同的反应但性质不同(V_{max}和/或 K_m不同)的酶。它们可能以不同的量出现在一种动物不同的组织或器官中，也可能出现在任何真核生物细胞不同的细胞器中。
4. 抗体酶(abzyme)：也就是催化性抗体，它是抗体的高度特异性与酶的高效催化性巧妙结合的产物，其本质上是一类在可变区赋予了酶活性的免疫球蛋白。
5. 共价催化(covalent catalysis)：共价催化需要酶在催化过程中，与底物暂时形成不稳定的共价中间物。共价中间物的形成完全改变了反应的路径，新的路径所需要的活化能大大低于没有酶催化时的活化能，这有利于克服活化能能障。

五、问答题

1. 丝氨酸蛋白酶的催化依赖于其活性中心的一个 Ser 残基的羟基亲核进攻引发的广义酸碱催化和共价催化，将其存放在稀的盐酸溶液中，可降低它的亲核性而不利于羟基释放质子，从而降低它的酶活性。
2. 失去活性的蛋白质是因为此蛋白质依赖于咪唑基特有的性质，没有失去活性的蛋白质仅仅依赖于咪唑基和胍基共同的性质，即碱性。
3. (1) 突变对酶的基础活性(没有 C 的时候)没有影响，说明 Val57 不是酶活性中心的一部分或者与别构中心有关。相反，在有 C 的时候，Val57 的突变对酶活性影响很大，这说明 Val57 的取代影响激活剂 C 与别构中心的结合，进而影响活性中心的构象和活性。

   (2) Val 和 Ala 都是疏水氨基酸，不带电荷，因此 Val57→Ala57 属于保守性突变，对别构中心的功能影响不大。但 Ser 和 Glu 都是极性氨基酸，所以 Val57→Ser57 或 Val57→Glu57 突变都能影响 C 的结合，降低 C 的激活效果，但与 Ser 不同的是，Glu 既是极性氨基酸，又带电荷，故影响的效果更大。
4. 胰蛋白酶识别的肽键是 Arg 和 Lys 的羧基和其他氨基酸的氨基形成的，Arg 和 Lys 都是亲水的，一般位于蛋白质的表面，容易被发现，而胰凝乳蛋白酶识别的肽键是三个芳香族氨基酸的羧基与其他氨基酸的氨基形成的，一般隐藏在蛋白质的内部，不容易被发现。
5. 广义的酸催化、广义的碱催化、共价催化和氧阴离子穴。氧阴离子穴。
6. 甲醇中毒者可用乙醇去竞争体内的乙醇脱氢酶，尽可能阻止甲醇脱氢变成剧毒的甲醛。有机磷中毒者应使用亲核性更强的解磷定，使乙酰胆碱酯酶活性中心被修饰的氨基酸残基恢复正常。
7. 先在没有底物或竞争性抑制剂存在的情况下，将酶与碘代乙酸保温，然后，分析被碘代乙酸修饰的 Cys 残基；再在有底物或竞争性抑制剂存在的情况下，将酶与碘代乙酸保温，然后，同样分析被碘代乙酸修饰的 Cys 残基。比较两种情况下被修饰的 Cys 位置，其中在底物或竞争性抑制剂存在的情况下，不会被修饰的 Cys 肯定在活性中心，因为在这种情况下，活性中心受底物结合的保护。
8. 基团特异性抑制剂(碘代乙酸)，底物类似物(TPCK)，过渡态类似物(吡咯-2-羧酸)和自杀型抑制剂(青霉素)。除了基团特异性抑制剂以外,其他三类都可以作为药物治疗疾病,因为它们的特异性高,副作用低。

9. 弹性蛋白酶属于丝氨酸蛋白酶家族,其活性中心含有催化三元体的结构,即与 Asp、His 和 Ser 有关。另外,该酶的活性中心小而浅,适合侧链较小的氨基酸提供羧基肽键的肽键。图中显示的抑制剂在 C 端含有甲基,适合进入活性中心,当它进入活性中心以后,分子中的羰基可以和 Ser-OH 起反应,形成共价键,从而导致酶活性不可逆抑制。可以通过动力学分析来进行证明。

10. Ser195 位于活性中心,它侧链上的羟基活性强,比其他位置的 Ser 更容易失去质子,充当更强的亲核试剂,所以更容易对 DIFP 展开亲核进攻,并发生反应。

丝氨酸蛋白酶在没有底物与其结合的时候,催化三元体上 His 残基没有将 Ser 残基的羟基上的质子夺取,这是因为那时的 Ser 侧链所处的环境使其 p*K*a 较高,不容易失去。只有在结合底物以后,即在底物结合到活性中心以后,活性中心的构象受到底物的诱导而发生比较大的变化,从而使得 Ser195 残基侧链所处的局部微环境发生变化,导致其侧链羟基的 p*K*a 下降,因而更容易失去质子。

第六章　维生素化学

学习指导

1. 区分脂溶性维生素和水溶性维生素。
2. 掌握所有水溶性维生素与具体的辅酶或辅基的关系。
3. 了解常见的维生素的来源及其缺乏症。

基　础　题

一、填充题

1. 维生素是维持生物体正常生长所必需的一类________有机物质。主要作用是作为________的组分参与体内代谢。
2. 根据维生素的________性质,可将维生素分为两类,即________和________。
3. 维生素A又名________,是一个具有________的不饱和一元醇。维生素A分为维生素A_1和维生素A_2两种形式,其中________的活性较高,主要存在于________。
4. 维生素A的活性形式是________,可与视蛋白组成________,后者是维持________视觉所必需的。
5. 维生素D在体内的最高活性形式是________,它是由维生素D_3分别在________和________二次________而来的。
6. 维生素D在体内的主要作用是调节________代谢,与________生长有关。
7. 维生素E也称________,是________的衍生物,天然的维生素E有8种不同形式,其中________的生理活性最高。
8. 维生素K也称________,是________的衍生物,主要作用是作为________的辅酶,促进肝脏凝血酶原中Glu残基的________,生成________,修饰后的凝血酶原与________结合,才能被激活转化为凝血酶。
9. 维生素B_1由含硫的________环与含氨基的________环通过________相连,因此也称________,主要功能是以________形式,作为________和________的辅酶,转移二碳单位。
10. 维生素B_1被氧化产生的脱氢硫胺素在紫外照射下产生________,利用这一特性可以进行维生素B_1的定性定量分析。
11. 维生素B_2是________与________的缩合物,其中________原子上可以加氢,因此有氧化型和还原型之分。氧化型的水溶液有黄绿色荧光,因此维生素B_2也称________,被还原后荧光消失,这一特性可用于维生素B_2的定性定量分析。
12. 在体内维生素B_2以________和________两种形式存在,是很多________的辅酶。
13. 维生素B_3在自然界广泛存在,因此也称________,由________与________通过________相连而成,可以与________、________和________共同组成辅酶________,作为各种

________反应的辅酶,传递________。

14. 维生素 B_5是________衍生物,有________、________两种形式,其辅酶形式是________与________,作为________酶的辅酶,起递________作用。
15. 维生素 B_5对光、热和碱比较稳定,与________作用产生黄绿色化合物,可以作为定量依据。

二、是非题

1. 四种脂溶性维生素都是异戊二烯衍生物,属于类脂。
2. 所有 B 族维生素都是杂环化合物。
3. B 族维生素都可以作为辅酶的组分参与代谢。
4. 脂溶性维生素都不能作为辅酶参与代谢。
5. 除了动物外,其他生物包括植物、微生物的生长也有需要维生素的现象。
6. 植物的某些器官可以自行合成某些维生素,并供给植物整体生长所需。
7. 维生素 E 极易被氧化,因此是一种强氧化剂。
8. B 族维生素具有相似的结构和生理功能。
9. 经常做日光浴有助于预防佝偻病和骨软化症的出现。
10. 还原型核黄素溶液有黄绿色荧光,氧化后即消失。

三、选择题

(一) 单项选择题(下列各题均有五个备选项,其中一个是正确的,请将其代码填入括号内)

1. 下列辅酶中的哪个不是来自于维生素?(　　)
   A. CoA　　B. CoQ　　C. PLP　　D. FH_2　　E. FMN
2. 肠道细菌可以合成下列哪种维生素?(　　)
   A. 维生素 A　　B. 维生素 C　　C. 维生素 D　　D. 维生素 E　　E. 维生素 K
3. 下列叙述哪一种是正确的?(　　)
   A. 所有的辅酶都包含维生素组分
   B. 所有的维生素都可以作为辅酶或辅酶的组分
   C. 所有的 B 族维生素都可以作为辅酶或辅酶的组分
   D. 只有 B 族维生素可以作为辅酶或辅酶的组分
   E. 只有一部分 B 族维生素可以作为辅酶或辅酶的组分
4. 下列化合物中除哪个外都是环戊烷多氢菲的衍生物?(　　)
   A. 维生素 D　　B. 胆汁酸　　C. 促肾上腺皮质激素
   D. 肾上腺皮质激素　　E. 强心苷
5. 下列化合物中,除哪个外都是异戊二烯的衍生物?(　　)
   A. 视黄醇(维生素 A)　B. 生育酚　　C. 鲨烯　　D. 核黄醇　　E. 叶绿醇
6. 多食糖类需补充(　　)。
   A. 维生素 B_1　　B. 维生素 B_2　　C. 维生素 B_5　　D. 维生素 B_6　　E. 维生素 B_7
7. 在人体内可以从色氨酸合成(　　)。
   A. 维生素 B_1　　B. 维生素 B_2　　C. 维生素 B_5　　D. 维生素 B_6　　E. 维生素 B_7
8. 多食肉类,需补充(　　)。

A. 维生素 B_1 B. 维生素 B_2 C. 维生素 B_5 D. 维生素 B_6 E. 维生素 B_7

9. 以玉米为主食，容易导致下列哪种维生素的缺乏？（ ）

A. 维生素 B_1 B. 维生素 B_2 C. 维生素 B_5 D. 维生素 B_6 E. 维生素 B_7

10. 常服用雷米封（异烟肼，抗结核药物）需补充（ ）。

A. 维生素 B_1 B. 维生素 B_2 C. 维生素 B_5

D. 维生素 B_6 E. 维生素 B_5和维生素 B_6

11. 缺乏下列哪一种维生素容易导致各种黏膜和皮肤的炎症，如口角炎？（ ）

A. 维生素 B_1 B. 维生素 B_2 C. 维生素 B_3 D. 维生素 B_5 E. 维生素 B_6

12. 下列化合物中哪个不含环状结构？（ ）

A. 叶酸 B. 泛酸 C. 烟酸 D. 生物素 E. 核黄素

13. 下列化合物中哪个不含腺苷酸组分？（ ）

A. CoA B. FMN C. FAD D. NAD^+ E. $NADP^+$

14. 需要维生素 B_6作为辅酶的氨基酸反应有（ ）。

A. 成盐、成酯和转氨 B. 成酰氯反应 C. 烷基化反应

D. 成酯、转氨和脱羧 E. 转氨、脱羧和消旋

15. 下列情况中，除哪个外均可造成维生素 K 的缺乏症？（ ）

A. 新生儿 B. 长期口服抗生素 C. 饮食中完全缺少绿色蔬菜

D. 素食者 E. 胆管阻塞病人

（二）多项选择题（下列各题均有四个备选项，其中两个或两个以上为正确选项，请将正确选项的代码填入括号内）

1. 具有抗氧化作用的维生素有（ ）。

A. 维生素 A B. 维生素 C C. 维生素 E D. 维生素 K

2. 下列维生素中，哪些是异戊二烯的衍生物？（ ）

A. 维生素 A B. 维生素 D C. 维生素 E D. 维生素 K

3. 下列化合物中哪些常作为能量合剂使用？（ ）

A. CoA B. ATP C. 胰岛素 D. 生物素

4. 有关维生素 B_1的叙述正确的有（ ）。

A. 维生素 B_1在碱性溶液中比较稳定 B. 维生素 B_1可以激活胆碱酯酶活性

C. 缺乏维生素 B_1导致丙酮酸在体内累积 D. 维生素 B_1在 pH3.5 以下非常耐热

四、名词解释

1. 维生素（vitamin）
2. 水溶性维生素（water-soluble vitamin）
3. 脂溶性维生素（fat-soluble vitamin）
4. 维生素原（provitamin，vitaminogen）
5. 维生素缺乏症（avitaminosis）

五、问答题

1. 请指出与下列生理功能相对应的脂溶性维生素。

(1) 调节钙磷代谢,维持正常血钙、血磷浓度。

(2) 促进肝脏合成凝血酶原,促进凝血。

(3) 维持上皮组织正常功能,与暗视觉有关。

(4) 抗氧化剂,与动物体生殖功能有关。

2. 指出下列症状分别是由于哪种(些)维生素缺乏引起的?

(1) 脚气病 (2) 坏血病 (3) 佝偻病 (4) 干眼症

(5) 蟾皮病 (6) 软骨病 (7) 新生儿出血 (8) 巨红细胞贫血

3. 指出下列物质分别是哪种维生素的前体?

(1) β-胡萝卜素 (2) 麦角固醇 (3) 7-脱氢胆钙化醇 (4) 色氨酸

4. 将下列化学名称与 B 族维生素及其辅酶形式相匹配。

(A) 泛酸 (B) 烟酸 (C) 叶酸 (D) 硫胺素

(E) 核黄素 (F) 吡哆素 (G) 生物素

(1)维生素 B_1 (2)维生素 B_2 (3)维生素 B_3 (4)维生素 B_5

(5)维生素 B_6 (6)维生素 B_7 (7)维生素 B_{11} (8)维生素 B_{12}

(Ⅰ)FMN (Ⅱ)FAD (Ⅲ)NAD^+ (Ⅳ)$NADP^+$

(Ⅴ)CoA (Ⅵ)PLP (Ⅶ)PMP (Ⅷ)FH_2,FH_4

(Ⅸ)TPP

5. 指出下列各种情况下,应补充哪种(些)维生素?

(1) 多食糖类化合物。

(2) 多食肉类化合物。

(3) 以玉米为主食。

(4) 长期口服抗生素。

(5) 长期服用雷米封的肺结核患者。

(6) 嗜食生鸡蛋清的人。

6. 经常接触铅、汞等重金属离子的人群可以补充维生素 C,以保护体内巯基酶活性,预防重金属中毒,请简单介绍其原理。

7. 用眼较多的学生、长期在电脑前工作的人群等需要补充维生素 A,请解释其原理。

8. 有人认为严格地说维生素 D 不是一种维生素,你认为有道理吗?

9. 不同肤色的人群对紫外线的耐受程度不同,这是人类对不同生活环境和气候条件的一种自然适应,请解释。

10. 市场上有多种 AD 钙奶类产品,很受儿童和家长们的青睐,请分析其营养特点。

提 高 题

一、填充题

1. 维生素 B_6是________衍生物,也称吡哆素,有________、________、________三种形式,可以以________、________的形式作为氨基酸________、________、________的辅酶。

2. 维生素 B_6可以与________作用产生红色化合物，与重氮化对氨基苯磺酸作用产生________色化合物，与 2,6-二氯醌氯亚胺作用产生________色物质，这些都可以作为维生素 B_6的定性定量依据。
3. 生物素可看成由________、________、________三部分组成，可以作为________载体参与各种________反应，在________的固定中起重要作用。
4. 维生素 B_{11}由蝶呤衍生物、________、________三部分组成，在绿叶中含量丰富，因此也称________，可以以________的形式，作为________的载体。
5. 维生素 B_{12}是唯一含________的维生素，由________、________和氨基丙酸三部分组成，有多种辅酶形式。其中________是变位酶的辅酶，________是转甲基酶的辅酶。
6. 维生素 C 又称________，有 L-型和 D-型之分，自然界存在的是具有生理活性的________。维生素 C 是________酶的辅酶，参与氨基酸和胆固醇的代谢。另外还具有________作用等。

二、是非题

1. 维生素 B_{12}缺失症可以通过口服维生素 B_{12}加以治疗。
2. L-抗坏血酸有活性，D-抗坏血酸没有活性。
3. 有些动物可以在体内合成维生素 C。
4. 日常饮食中多食用有色蔬菜，可以补充维生素 A。
5. 所有的维生素在体内所起的作用都与辅酶或辅基有关。
6. 维生素对机体来说是必需的，所以补充的越多就越好。

三、选择题

（一）单项选择题（下列各题均有五个备选项，其中一个是正确的，请将其代码填入括号内）

1. 参与胶原蛋白形成的维生素是（　　）。
   A. 维生素 A　B. B 族维生素　C. 维生素 C　D. 维生素 D　E. 维生素 E
2. 胆囊病人最容易缺乏的维生素是（　　）。
   A. 维生素 A　B. B 族维生素　C. 维生素 C　D. 维生素 D　E. 维生素 E
3. 在色氨酸转化为烟酰胺的过程中，需要哪一种维生素的参与？（　　）
   A. 维生素 B_1　B. 维生素 B_2　C. 维生素 B_3　D. 维生素 B_5　E. 维生素 B_6
4. 哪一种维生素有镇吐的作用，可用于治疗呕吐病人？（　　）
   A. 维生素 B_1　B. 维生素 B_2　C. 维生素 B_3　D. 维生素 B_5　E. 维生素 B_6
5. 生食鸡蛋清容易造成哪一种维生素的缺乏？（　　）
   A. 维生素 A　B. 维生素 C　C. 生物素　D. 叶酸　E. 硫胺素
6. 胃切除病人容易得恶性贫血，这是因为他们容易缺乏（　　）。
   A. 维生素 B_1　B. 维生素 B_2　C. 维生素 B_6　D. 维生素 B_{12}　E. 叶酸
7. 严格的素食者容易缺乏（　　）。
   A. 维生素 B_1　B. 维生素 B_2　C. 维生素 B_6　D. 维生素 B_{12}　E. 叶酸
8. 可作为羧化酶辅酶的维生素是（　　）。
   A. 维生素 A　B. 维生素 K　C. 维生素 C　D. 维生素 D　E. 维生素 E

(二) 多项选择题(下列各题均有五个备选项,其中两个或两个以上为正确选项,请将正确选项的代码填入括号内)

1. 有一种贫血症病人体内骨髓红细胞体积可以增大,但是不能分裂,形成巨红细胞贫血,这种病人体内缺少哪些维生素?( )

A. 维生素 C　B. 维生素 E　C. 维生素 B_{11}　D. 维生素 B_{12}　E. 维生素 B_1

2. 长期口服抗生素可能导致哪些维生素缺乏?( )

A. 吡哆素　B. 生物素　C. 叶酸　D. 钴胺素　E. 维生素 K

3. 在体内主要是以激素起作用的维生素有( )。

A. 维生素 A　B. B 族维生素　C. 维生素 C　D. 维生素 D　E. 维生素 E

4. 人体可以自己合成的维生素有( )。

A. 维生素 B_1　B. 维生素 B_2　C. 维生素 PP　D. 维生素 C　E. 维生素 D

5. 属于脂溶性的维生素有( )。

A. 维生素 B_1　B. 维生素 C　C. 维生素 PP　D. 维生素 D　E. 维生素 K

四、问答题

1. 有人习惯补充维生素 E 作为抗衰老药物,说说你的看法。
2. 双羟香豆素(dicumarol)可以作为抗凝血剂使用,其原理是什么?
3. 为什么大米不宜反复淘洗?
4. 中国居民膳食指南建议适当补充杂粮,为什么?
5. 有人认为长期生食鸡蛋清可以使嗓音清亮,所以喜欢生食鸡蛋清,你认为这个习惯好吗?
6. 氨甲蝶呤和氨基蝶呤可以用于肿瘤治疗,其原理是什么?为什么不能长期使用?
7. 肾功能不全者和尿毒症患者容易缺钙,这是为什么?对此你能提供什么好的建议?
8. 有人曾经使用一种方法治疗佝偻病,就是将某些食物在食用之前用紫外线照射。你认为其原理何在?

答　案

基　础　题

一、填充题

1. 微量　辅酶
2. 溶解　水溶性维生素　脂溶性维生素
3. 视黄醇　脂环　A_1　哺乳动物和海水鱼的肝脏中
4. 11-顺视黄醛　视紫红质　暗
5. 1,25-二羟胆钙化醇　肝脏　肾脏　羟化
6. 钙磷　骨骼
7. 生育酚　苯并二氢吡喃　α-生育酚
8. 凝血维生素　异戊二烯　羧化酶　羧化　γ-羧基谷氨酸　Ca^{2+}
9. 噻唑　嘧啶　亚甲基　噻嘧胺　TPP　脱羧酶　转酮酶
10. 蓝色荧光
11. 二甲基异咯嗪　核糖醇　1,5 位氮　核黄素
12. FMN　FAD　氧化还原酶
13. 泛酸/遍多酸　丁酸衍生物　β-丙氨酸　酰胺键　巯基乙胺　焦磷酸　3′-AMP　CoA　酰化　酰基
14. 吡啶　烟酸　烟酰胺　NAD^+　$NADP^+$　脱氢　氢

15. 溴化氰

二、是非题

1. 错。四种脂溶性维生素中维生素 D 是环戊烷多氢菲的衍生物，其余三种维生素是异戊二烯衍生物。
2. 错。B 族维生素中维生素 B_3 不含环状结构，其余都是杂环化合物。
3. 对。所有 B 族维生素都可以作为辅酶或辅酶的组分参与代谢。
4. 错。维生素 K 可以作为 γ-羧化酶的辅酶，促进凝血。
5. 对。如酵母的生长需要维生素 B_6 等，植物的生长也有需要维生素的现象。
6. 对。例如，豌豆子叶可以合成维生素 C，供整体使用。去除子叶后，则豌豆子叶生长不良。
7. 错。维生素 E 极易被氧化，因此可做抗氧化剂。
8. 错。B 族维生素是一组结构和功能各不相同的化合物的总称。
9. 对。紫外线照射可以促使皮肤中的 7-脱氢胆固醇转化为维生素 D_3，因此有助于预防佝偻病和骨软化症的出现。
10. 错。氧化型核黄素溶液有黄绿色荧光，还原后即消失。

三、选择题

（一）单项选择题

1. (B) CoQ 不属于维生素，CoA 是维生素 B_3 的衍生物，PLP 是维生素 B_6 的衍生物，FH_2 是维生素 B_{11} 的衍生物，FMN 是维生素 B_2 的衍生物。
2. (E) 肠道细菌可以合成维生素 K，但不能合成维生素 A、维生素 C、维生素 D、维生素 E。
3. (C) 很多辅酶不包含维生素组分，如 CoQ 等。有些维生素不可以作为辅酶或辅酶的组分如维生素 E 等。所有的 B 族维生素都可以作为辅酶或辅酶的组分，但并不是只有 B 族维生素可以作为辅酶或辅酶的组分，如维生素 K 也可以作为 γ-羧化酶的辅酶。
4. (C) 促肾上腺皮质激素是多肽类激素。
5. (D) 核黄醇由二甲基异咯嗪基和核糖醇基组成，不含异戊二烯基团。
6. (A) 维生素 B_1 以辅酶 TPP 的形式参与代谢，TPP 是丙酮酸脱氢酶系、α-酮戊二酸脱氢酶系、转酮酶等的辅酶，因此与糖代谢关系密切。多食糖类食物消耗的维生素 B_1 增加，需要补充。
7. (C) 人体可以从色氨酸合成一部分维生素 B_5。
8. (D) 维生素 B_6 以辅酶 PLP、PMP 的形式参与氨基酸代谢，是氨基酸转氨酶、脱羧酶和消旋酶的辅酶，因此多食蛋白质类食物消耗的维生素 B_6 增加，需要补充。
9. (C) 玉米中缺少合成维生素 B_5 的前体：色氨酸，因此以玉米为主食，容易导致维生素 B_5 的缺乏。
10. (E) 雷米封的结构为异烟肼，与维生素 B_5 的结构类似，有拮抗作用；而异烟肼可以与维生素 B_6 形成复合物，抑制其作用，因此常服用雷米封需补充维生素 B_5 和维生素 B_6。
11. (B) 缺乏维生素 B_2 容易引起各种黏膜和皮肤炎症。
12. (B) 泛酸是 B 族维生素中唯一不含环状结构的化合物。
13. (B) FMN 是黄素单核苷酸，不含腺苷酸组分。
14. (E) 维生素 B_6 以辅酶 PLP、PMP 的形式参与氨基酸代谢，是氨基酸转氨酶、脱羧酶和消旋酶的辅酶。
15. (D) 绿色蔬菜中富含维生素 K，人体内肠道细菌可以合成维生素 K，因此长期口服抗生素和饮食中完全缺少绿色蔬菜容易造成维生素 K 的缺乏症。新生儿饮食中缺少绿色蔬菜，肠道细菌少，也容易造成维生素 K 的缺乏症。胆管阻塞妨碍胆汁流入肠内，影响脂溶性维生素的吸收，因此容易造成维生素 K 缺乏。

（二）多项选择题

1. (A、B、C) 维生素 A、C、E 本身极易被氧化，因此具有抗氧化作用。
2. (A、B、C、D) 维生素 D 是类固醇的衍生物，类固醇的合成前体是活化的异戊二烯，因此维生素 D 也是异戊二烯衍生物；其余脂溶性维生素都是异戊二烯的衍生物。
3. (A、B、C) CoA 是各种酰化反应的辅酶，参与体内的糖代谢、脂质分解代谢、氨基酸代谢及乙酰胆碱、胆固醇、卟啉等重要物质的合成；ATP 是体内能量代谢的核心分子，是能量的直接供体；胰岛素可以促进体内糖原、脂肪酸、蛋白质的合成代谢、抑制分解代谢；这三种物质在临床上常作为能量合剂使用。

4. (C、D)维生素 B_1 在酸性条件下比较稳定,在中性和碱性条件下容易被破坏;维生素 B_1 可以抑制胆碱酯酶活性。

四、名词解释

1. 维生素(vitamin):是指维持生物体正常生命活动必不可少的一类小分子有机化合物,生物体不能合成或不能足量合成,必须从食物中获得。
2. 水溶性维生素(water-soluble vitamin):能够溶于水的维生素,包括 B 族维生素和维生素 C。
3. 脂溶性维生素(fat-soluble vitamin):不溶于水而溶于有机溶剂的维生素,包括维生素 A、维生素 D、维生素 E 和维生素 K 四类,都是异戊二烯衍生物。
4. 维生素原(provitamin,vitaminogen):能够在体内转化为维生素的化合物。
5. 维生素缺乏症(avitaminosis):因为缺少维生素而引起的疾病。

五、问答题

1. (1) 维生素 D　(2) 维生素 K
   (3) 维生素 A　(4) 维生素 E
2. (1) 维生素 B_1　(2) 维生素 C
   (3)维生素 D　(4) 维生素 A
   (5) 维生素 B_5　(6) 维生素 D
   (7) 维生素 K　(8) 维生素 B_{11} 或维生素 B_{12}
3. (1) 维生素 A　(2) 维生素 D_2
   (3) 维生素 D_3　(4) 维生素 B_5
4. (A)—(3)—(Ⅴ)
   (B)—(4)—(Ⅲ),(Ⅳ)
   (C)—(7)—(Ⅷ)
   (D)—(1)—(Ⅸ)
   (E)—(2)—(Ⅰ),(Ⅱ)
   (F)—(5)—(Ⅵ),(Ⅶ)
   (G)—(6)
5. (1) 维生素 B_1　(2) 维生素 B_6　(3) 维生素 B_5　(4) 维生素 K,维生素 B_7,维生素 B_{11},维生素 B_{12}　(5) 维生素 B_5,维生素 B_6　(6) 维生素 B_7
6. 体内巯基酶活性依赖于游离巯基(—SH)的存在,而维生素 C 是一种强还原剂,可以使巯基酶中的巯基维持在还原状态(—SH),从而使巯基酶保持活性。铅、汞等重金属离子可以与体内巯基酶的游离巯基(—SH)结合,使之失活,维生素 C 可以将氧化型谷胱甘肽(GSSG)还原为还原型谷胱甘肽(GSH),GSH 可以与重金属离子结合而排出体外,起到解毒作用。
7. 维生素 A(视黄醇)在体内可被氧化成视黄醛,后者与视蛋白结合形成视紫红质,这是眼球视网膜上的两种感光细胞之一:视杆细胞中的感光物质。视紫红质在光中分解,在暗中再合成,构成循环。在循环过程中视黄醛有损失,需要从视黄醇(维生素 A)得到补充。所以用眼较多的人群需要补充维生素 A。
8. 有一定道理,因为维生素一般是指生物体内不能合成但是生物体正常生长所必需的一类微量有机物质,而人体及动物体内皮肤中含有 7-脱氢胆固醇,可以在紫外线照射下转化为维生素 D,所以有人认为严格地说,维生素 D 不是一种维生素。
9. 人体皮肤中的 7-脱氢胆固醇可以在紫外线的照射下转化为维生素 D,但是如果照射过度,反而会产生毒固醇与过感光谷醇,这些物质对人体有害。不同肤色的人群皮肤中的皮色素含量和皮肤的角质化程度不同,白种人皮肤色素最少,角质化程度最低,紫外光最容易透入;黑种人皮肤色素最多,角质化程度最高,紫外线不容易透入。因此黑种人更适应低纬度地区的强紫外线照射。
10. 奶制品含钙丰富,而且含有的乳糖在肠道内代谢为乳酸,可以与钙结合形成可溶性的乳酸钙,更容易被人体吸收。维生素 D 可以促进该结合蛋白质的合成,从而促进钙的吸收,因此维生素 D 与牛奶结合可以促进钙的吸收。钙是构成骨骼和牙齿的主要成分,起支持和保护作用。维生素 A 除了维持正常的视觉功能外,还可以促进成骨细胞分化,维持骨骼和牙齿的正常发育,对于儿童的生长发育具有重要作用,因此 AD 钙奶补充了维生素 A、维生素 D,更有利于乳钙的吸收,有利于儿童骨骼和牙齿的发育。当然,考虑到此类产品中的蛋白质含量和其他营养成分较纯牛奶低,以及可能的产品质量问题,因此建议作为儿童补充营养的辅助手段,而不宜作为主要手段。

提　高　题

一、填充题

1. 吡啶　吡哆醇　吡哆醛　吡哆胺　PLP　PMP　脱羧酶　转氨酶　消旋酶
2. $FeCl_3$　橘红色　蓝色
3. 尿素　噻吩　戊酸侧链　羧基　羧化　CO_2
4. 对氨基苯甲酸　谷氨酸　叶酸　四氢叶酸　一碳单位
5. 金属元素　咕啉环　核苷酸　5′-脱氧腺苷钴胺素　甲基钴胺素
6. 抗坏血酸　L-抗坏血酸　羟化　解毒

二、是非题

1. 错。多数维生素 B_{12}缺失症是由于患者体内缺少一种称为内在因子的糖蛋白造成的，维生素 B_{12}必须与内在因子结合才能被小肠吸收，因此这种维生素 B_{12}缺失症不能通过口服维生素 B_{12}加以治疗，必须通过静脉注射维生素 B_{12}。
2. 对。只有 L-抗坏血酸才有活性。
3. 对。大多数动物可以在体内合成维生素 C，而人、猴等灵长类动物因肝脏内缺少古洛内酯氧化酶，所以不能合成维生素 C。
4. 对。一切有色蔬菜都含有 β-胡萝卜素，后者在体内可以转化为维生素 A，是高效的维生素 A 原。
5. 错。维生素 D、维生素 E 和维生素 A 就不是。
6. 错。脂溶性维生素补充过多，可引起中毒，严重可致死。

三、选择题

（一）单项选择题

1. (C)维生素 C 作为羟化酶辅酶，参与羟脯氨酸、羟赖氨酸的合成。
2. (A)胆囊病人胆汁酸分泌不足，影响脂溶性维生素的吸收。日照可以使人体皮肤中的 7-脱氢胆固醇转化为维生素 D，因此一般不易缺乏。
3. (E)维生素 B_6作为辅酶参与多种氨基酸包括色氨酸的代谢。
4. (E)维生素 B_6可以作为治疗呕吐病人的辅助药物。
5. (C)生鸡蛋清中含有抗生物素蛋白，可以与生物素结合，影响生物素的吸收，因此生食鸡蛋清容易造成生物素缺乏。
6. (D)维生素 B_{12}在肠道的吸收需要胃分泌的一种称为内在因子的蛋白质。
7. (D)维生素 B_{12}是唯一一种需要从动物性食品中补充的维生素。
8. (B)维生素 K 是凝血因子羧基化修饰所需要的羧化酶的辅酶。

（二）多项选择题

1. (C、D)四氢叶酸作为一碳单位的载体参与胸腺嘧啶核苷酸、胸腺嘧啶和多种氨基酸的生物合成；钴胺素辅酶作为甲基载体参与甲硫氨酸、胸腺嘧啶的合成，因此维生素 B_{11}和维生素 B_{12}与核酸、蛋白质的生物合成关系密切，缺少这两种维生素将影响核酸和蛋白质合成，抑制细胞分裂，导致骨髓红细胞只长大而不分裂，形成巨红细胞，在成熟前被破坏，称为巨红细胞性贫血。
2. (A、B、C、D、E)人体肠道细菌可以合成一部分吡哆素、生物素、叶酸、钴胺素和维生素 K。
3. (A、D)维生素 A 和维生素 D 在细胞内的作用一般需要和特定的受体结合，然后在细胞核诱导特定的基因表达，这与脂溶性激素一样。
4. (C、D)维生素 PP 可以由色氨酸转变而来，维生素 D 可以有胆固醇转变而成。
5. (D、E)

四、问答题

1. 维生素 E 是人体内最有效的抗氧化剂，可以对抗生物膜磷脂中不饱和脂肪酸的过氧化反应，避免脂质中过氧化物的产生，保护生物膜的结构和功能。同时维生素 E 还可以与机体代谢产生的各种自由基反应，生成生育酚自由基和生育醌，达到清除自由基的目的，而脂质过氧化和各种自由基的产生都是造成衰老的原因，因此维生素 E 有抗衰老作用。
2. 双羟香豆素可以抑制肝脏微粒体维生素 K 循环中的环氧化物还原酶活性，从而抑制维生素 K 循环，而维生素 K 又称凝血维生素，可以促进凝血酶原的活化和多种凝血因子的合成，因此双羟香豆素可以作为抗凝血剂使用。
3. 谷皮富含维生素 B_1和维生素 B_6，而这两种维生素都是水溶性的，在反复淘洗的过程中，容易溶解在水中而流失，所以建议大米不要反复淘洗。

4. 杂粮主要是指各种谷物，谷物是人体膳食中B族维生素的重要来源，主要集中在谷皮、糊粉层和胚芽中，因此谷物加工越精细，B族维生素损失越大，居民膳食中适当补充杂粮和粗粮，有助于满足B族维生素的供给。
5. 生鸡蛋清中含有抗生物素蛋白，可以与生物素结合成没有活性又不容易消化吸收的复合物，因此长期食用生鸡蛋清容易造成生物素的缺乏，而鸡蛋加热后抗生物素蛋白即被破坏，而且生鸡蛋中含有不少病原体污染，加热也可以杀灭病原体，因此鸡蛋应该熟食。
6. 氨甲蝶呤和氨基蝶呤都是叶酸的结构类似物，可以作为底物类似物抑制二氢叶酸还原酶，从而抑制四氢叶酸的合成，后者是一碳单位载体，参与胸腺嘧啶核苷酸、胸腺嘧啶和多种氨基酸的生物合成，与核酸和蛋白质合成关系密切，因此氨甲蝶呤和氨基蝶呤可以抑制肿瘤细胞的增殖，当然也可以抑制正常细胞的增殖，但是由于肿瘤细胞分裂旺盛，所以受影响更大，可以短时间内用于肿瘤治疗。
7. 钙离子的代谢需要维生素D的作用，而有活性的维生素需要在肝和肾先后经历两次羟基化修饰。肾功能不全者和尿毒症患者无法进行第二次羟基化修饰。服用已经羟基化好的维生素D。
8. 佝偻病是因缺乏维生素D引起的，而紫外线照射可促进胆固醇变成维生素D。

第七章　激素化学

学习指导

1. 掌握现代的激素定义和经典的激素定义。
2. 了解常见激素的结构和功能。
3. 理解激素作用的一般特征和激素的几种作用机制。
4. 理解第二信使学说,并掌握几种重要的第二信使的名称及其功能。

基　础　题

一、填充题

1. 激素的一种广泛的定义是指________,根据溶解性质,激素可分为________和________两类。所有的固醇类激素都是由________合成来的。
2. 对于高等动物来说,分泌激素的细胞被称为________,受激素作用的细胞被称为________。根据这两种细胞之间的距离,动物激素可分为________、________和________三类。
3. 生长因子是指________。
4. 激素作用具有的特异性与________有关。
5. 胰岛素的受体具有________酶的活性,心房肽的受体具有________酶的活性,转移生长因子-β(TGF-β)的受体具有________酶的活性。
6. G 蛋白是指________,主要包括________、________、________、________、________和________等几种。它们都是由________、________、________等三种亚基组成,其中________具有________酶的活性。
7. 已发现的第二信使有________、________、________、________、________、________和________等几种。
8. 水溶性激素的受体通常在________上,而脂溶性激素的受体通常在________。
9. 水溶性激素的作用通常最后激活了一些特殊的蛋白质激酶,已发现的蛋白质激酶主要包括________、________、________、________、________和________等几种。根据激酶所催化的磷酸根的受体是哪一种氨基酸,蛋白质激酶可分为________和________两类。
10. 能够作为脂溶性激素发挥作用的两种维生素是________和________。
11. 与 G 蛋白偶联的受体通常具有________结构。
12. 阿司匹林具有消炎的功能是因为它在体内能够抑制________的活性,从而阻断________的合成。
13. 硝化甘油能够治疗缺血性心脏病是因为它在体内能够转变成________,该物质能够激活________的活性。

14. 咖啡和茶是________碱基的类似物，它们能够延长肾上腺素的作用时间是因为________。
15. 脂溶性激素的受体至少具有________和________两个功能部位。

二、是非题

1. 水溶性激素的受体一定在细胞膜上，而脂溶性激素的受体则一定在细胞内。
2. 胰高血糖素既可以促进肝糖原的分解，又能促进肌糖原的分解。
3. 肾上腺素既可以产生“快反应”，又可以产生“慢反应”。
4. 霍乱毒素和百日咳毒素都可以导致各自的靶细胞内的 cAMP 浓度的提高。
5. 胰高血糖素的受体是一种糖蛋白。
6. GRIF 既是一种内分泌激素，又是一种旁分泌激素。
7. 脑细胞中也有胰岛素和胆囊收缩素及其他一些肠道激素。
8. 原核生物和真核生物都可以使用 cAMP 作为一种信息分子。
9. 所有的激素都可以使用 RIA（放射免疫测定法）进行定量。
10. 甲状腺素是由酪氨酸直接转变而来。
11. 从某种意义上说，心脏也是一种内分泌腺。
12. 肾上腺素既可以使用 cAMP 作为“第二信使”，也可以使用 DG 和 IP_3作为“第二信使”。
13. TRF（促甲状腺激素释放因子）是一种三肽，它直接由三个氨基酸缩合而成。
14. 饮茶能够抑制脂肪的动员。
15. 生长因子的受体都具有酪氨酸蛋白激酶的活性。
16. 脂溶性激素的受体实际上是一种反式作用因子。
17. 促黑激素和褪黑激素的本质都是多肽。
18. 胰岛素是第一个被发现具有激素活性的蛋白质。
19. 可以使用 HCG 的 α 亚基的单克隆抗体检测血液中 HCG 的含量。
20. 按照目前的标准，生长因子、神经递质和细胞因子都属于激素。

三、选择题

（一）单项选择题（下列各题均有五个备选项，其中一个是正确的，请将其代码填入括号内）

1. 心房肽（ANF）的第二信使为（　　）。
   A. cAMP　B. cGMP　C. cCMP　D. 神经酰胺　E. DG、IP_3和 Ca^{2+}
2. 促性腺激素释放激素（GnRH）的第二信使为（　　）。
   A. cAMP　B. cGMP　C. cCMP　D. 神经酰胺　E. DG、IP_3和 Ca^{2+}
3. NO 作为一种信息分子，它在体内是由哪一种氨基酸转变而来？（　　）
   A. Lys　B. Arg　C. Gln　D. Asn　E. His
4. 乙烯作为一种植物激素，它是由哪一种氨基酸转变而来？（　　）
   A. Cys　B. Leu　C. Met　D. Gly　E. Pro
5. 第一个被发现的激素是（　　）。
   A. 胰岛素　B. 胰高血糖素　C. 肠促胰液肽　D. 肾上腺素　E. 甲状腺素
6. 生长激素的作用有直接作用和间接作用之分，其中间接作用是通过一种生长因子来实现的,这种生长因子是(　　)。

A. EGF　B. PDGF　C. IGF-Ⅰ　D. IGF-Ⅱ　E. FGF

7. 以下激素除了哪一种以外,都是糖蛋白?(　　)

A. FSH　B. LH　C. HCG　D. TSH　E. LPH

8. 以下哪一对激素具有相同的第二信使?(　　)

A. 胰岛素和胰高血糖素　B. 肾上腺素和甲状腺素　C. TSH 和 LH

D. ACTH 和 GnRH　E. ANF 和加压素

9. GRIF 不会抑制下列哪一种激素的分泌?(　　)

A. 胰岛素　B. 胰高血糖素　C. 生长激素　D. 催乳素　E. TSH

10. 在一家精神病院,有一位病人闯进药房,大量口服了某一种激素。试问医生会担心他服用哪一种激素?(　　)

A. 胰岛素　B. 胰高血糖素　C. 生长激素　D. 甲状旁腺素　E. 甲状腺素

11. 下列哪一种激素是通过序列酶促反应合成的?(　　)

A. 胰岛素　B. 加压素　C. TRH　D. 肾上腺素　E. 生长激素

12. 某一家族的与 G 蛋白偶联的腺苷酸环化酶的基因有缺陷,试问下面哪一种激素的功能将会受到影响?(　　)

A. 甲状腺素　B. 皮质醇　C. 胰岛素　D. 肾上腺素　E. ANF

13. 假如你正在培养一种特殊的细胞系已有一个月的时间,以研究受体的结构与功能,但你的实验室的一名工作人员不小心使用胰蛋白酶处理了你在培养的细胞。试问他的疏忽将不会影响你对哪一种激素的研究?(　　)

A. 胰岛素　B. 甲状旁腺素　C. 甲状腺素　D. 胰高血糖素　E. EGF

14. 不同的细胞对同一种第二信使产生不同的反应是因为不同的细胞具有(　　)。

A. 不同的受体　B. 不同的酶组成　C. 不同水平的磷酸二酯酶

D. 不同的 G 蛋白　D. 不同的膜脂

15. 肾上腺素通过其 α_1 受体发挥作用可产生几种第二信使?(　　)

A. 2 种,都是直接产生　B. 3 种,其中 2 种直接产生,1 种间接产生

C. 3 种,都是直接产生　D. 2 种,其中 1 种直接产生,1 种间接产生

E. 1 种

16. 能够显示低血糖水平的激素是(　　)。

A. 胰高血糖素　B. 胰岛素　C. 肾上腺素　D. 甲状腺素　E. 孕酮

17. 激活 1 分子 PKA 需要几分子 cAMP?(　　)

A. 1 分子　B. 2 分子　C. 3 分子　D. 4 分子　E. 5 分子

18. 激活 1 分子钙调蛋白需要几个 Ca^{2+}?(　　)

A. 1 个　B. 2 个　C. 3 个　D. 4 个　E. 5 个

19. 美国的三位药理学家因什么发现而荣获 1998 年的诺贝尔医学生理学奖?(　　)

A. 钙调蛋白　B. 蛋白质的可逆磷酸化　C. G 蛋白

D. NO 作为信息分子　E. 第二信使

20. 雌二醇生物合成的直接前体分子是(　　)。

A. 雌酮　B. 孕酮　C. 胆固醇　D. 睾酮　E. 雌三醇

（二）多项选择题（下列各题均有四个备选项，其中两个或两个以上为正确选项，请将正确选项的代码填入括号内）

1. 以下分子或离子中属于第二信使的有（　　）。

A. cAMP　　B. cGMP　　C. DAG　　D. IP_3

2. 受体具有酶活性的激素有（　　）。

A. ANF　　B. 胰岛素　　C. EGF　　D. 脂瘦素

3. 使用 cAMP 为第二信使的激素有（　　）。

A. 肾上腺素　　B. 胰高血糖素　　C. 促甲状腺素　　D. 胰岛素

4. 需要 G 蛋白起作用的激素有（　　）。

A. 肾上腺素　　B. 胰高血糖素　　C. 促甲状腺素　　D. 胰岛素

5. 属于 Ser/Thr 蛋白质激酶的有（　　）。

A. PKA　　B. PKC　　C. PKB　　D. PKG

四、名词解释

1. 拮抗剂（antagonist）
2. 配体（ligand）
3. 第二信使（second messenger）
4. SH2 结构域（SH2 domain）
5. HRE

五、问答题

1. 什么是第二信使学说？如果你在研究某种激素的作用机制的时候，得到一种小分子物质，你如何证明它是一种新的第二信使？
2. 试用激素分泌的反馈机制解释缺碘是怎样导致患者得地方性甲状腺肿大的？
3. 试提出一种机制解释脂溶性激素也能提高靶细胞的 cAMP 的浓度。
4. Melitin 是发现在蜂毒中的一种磷脂酶 A_2的激活剂，试解释当人被蜜蜂叮过以后，如何导致被叮咬的地方出现炎症反应的。
5. 列举多肽激素以非活性前体的形式被合成的好处。
6. G 蛋白作为许多激素受体和效应器之间的中间接受体在细胞信息传导中发挥着极其重要的作用，试设计一个实验确定植物细胞中也含有这种蛋白质或类似的蛋白质。
7. 试设计一个实验分离纯化前列腺素的受体。
8. 请解释下列现象：（1）甲状腺切除的小鼠在不提供食物以后能生存约 20 天的时间，而正常的小鼠只能生存约 7 天的时间；（2）Cushing 综合征是因为肾上腺皮质激素分泌过多而引起的，某些脑垂体瘤可引起这种疾病；（3）性器官肿瘤的生长可通过切除性腺或肾上腺而得以减慢或逆转。
9. 一种茶碱的类似物 Aminophyline 经常被用来与肾上腺素一起治疗急性哮喘，试提出其中的生化机制。
10. 霍乱毒素是霍乱弧菌分泌的一种外毒素，它可导致人腹泻而使人丢失大量的水分和 Na^+，严重可致死。试解释其中的生化基础并提出一种治疗霍乱的方法。

11. 与其他下丘脑组织分泌的激素不同的是,GRF(生长激素)最初是在一名支端肥大症患者体内的胰腺组织中发现的。该患者的胰腺已发生了癌变,试问:(1)GRF 与支端肥大症的发生有什么关系?(2)正常个体的胰腺组织并不合成和分泌 GRF,为什么癌变的胰腺组织会合成并分泌 GRF?(3)怎样证明下丘脑组织也分泌 GRF?
12. 马拉松运动员在赛跑之前需要最大限度地进行碳水化合物的储存,以维持在长时间比赛中对能量的需求。教练通常要求运动员在比赛之前摄入大量的糖。为什么摄入淀粉比直接摄入简单的糖更合理?
13. 可采用外科手术切除妇女卵巢来治疗乳腺癌,试解释这种治疗方法的生化基础。另一种治疗方法是给患者服用雌激素,其机制又如何?
14. 原则上来说肾上腺素的生理效应可以通过将 cAMP 加入到靶细胞来模拟。但实际上,cAMP 加入完整的靶细胞后,仅仅能诱发很小的生理效应。然而当加入 cAMP 的衍生物双丁酰 cAMP 时,其生理效应十分明显,为什么?
15. 和与 G 蛋白偶联的受体相比,通过固醇类激素受体或与离子通道偶联的受体作用的信号传导系统要简单,其下游的成分也少。试问这样的系统也会产生放大效应吗?

提 高 题

一、填充题

1. G 蛋白通过________抛锚在细胞膜的内侧,而 Ras 蛋白则通过________抛锚在细胞膜上。
2. 钙调蛋白作为一种钙传感器蛋白,在分子结构上含有一种特殊的模体,即________,而脂溶性激素的受体含有另外一种模体,即________。
3. 光子在视杆细胞或视锥细胞上的受体为________,它的辅基是________,其效应器是________。
4. 佛波酯作为________类似物,能够在细胞内直接持续激活________酶而导致细胞的癌变。
5. 许多下丘脑分泌的小肽类激素在 N 端具有________修饰,在 C 端具有________修饰,以提高其稳定性。
6. 不能使用 Edman 降解的方法直接测定促性腺激素释放因子的 N 端氨基酸是因为________。
7. 激素的脱敏作用是指________,水溶性激素出现脱敏的主要原因是________和________。
8. 已发现植物激素主要有________、________、________、________、________、________和________。
9. 脂溶性激素的细胞质受体在无配体时通常与   结合在一起。
10. GTP 的类似物 GTP(γ)NH 或 GTP(γ)CH_2能够延长肾上腺素的作用时间是因为________。
11. Li^+可用来治疗躁狂症是因为________。

12. 根据激素受体的结构与功能,激素的细胞膜受体可分为________、________、________和________等几类。
13. 多数细胞膜受体是________蛋白,因此在对它们进行定性是需要使用去垢剂来增溶。
14. GPCR 在结构上最重要的特征是________。
15. 视网膜母细胞瘤是因为________基因缺失造成的,此基因被称为________。
16. 百日咳毒素的 A 亚基在细胞内可催化________蛋白的 ADP-核糖基化修饰。
17. 嗅觉和味觉的产生需要的第二信使是________,这种第二信使的作用对象是________。
18. Grb2/Sem5 具有________结构域和________结构域,它们分别________与和________结合。
19. Ras 蛋白属于________G 蛋白,其活性形式需要与________结合。
20. 视觉和嗅觉的产生需要最初接受信号刺激的靶细胞的细胞膜分别发生________和________。

二、是非题

1. 催产素分子上的二硫键是其生物活性必需的。
2. 生长激素具有弱的催乳素的功能。
3. 催产素和加压素都是由脑垂体后叶细胞合成和分泌。
4. 具有锌指结构的蛋白质都能够与 DNA 结合。
5. ACTH 具有促黑激素的活性。
6. Gs 蛋白和 Gt 蛋白可相互交换 β 亚基和 γ 亚基而不会影响各自的功能。
7. 表皮生长因子的作用不需要 G 蛋白。
8. 胰岛素是一种蛋白质,而胰高血糖素则是一种多肽。
9. 从进化的角度来看,细胞癌基因来源于病毒癌基因。
10. 光子作用于视杆细胞或视锥细胞可导致其细胞膜电位去极化。
11. Ca^{2+}的信使作用必须通过钙调蛋白来完成。
12. 胰高血糖素的作用需要 G 蛋白,而胰岛素的作用不需要 G 蛋白。
13. cAMP 总是通过 PKA 起作用。
14. PKA、PKC 和 PKG 都是催化蛋白质分子上的 Ser/Thr 发生磷酸化修饰。
15. 嗅觉、味觉和视觉的产生都需要环核苷酸作为第二信使。
16. 激素受体的本质都是蛋白质。
17. 水溶性激素的受体总是位于细胞膜的表面。
18. 肾上腺素、甲状腺素和胰岛素的受体都位于细胞膜。

三、选择题

(一) 单项选择题(下列各题均有五个备选项,其中一个是正确的,请将其代码填入括号内)

1. sis 病毒癌基因的产物是(　　)。
   A. 生长因子的类似物　　B. 生长因子受体的类似物
   C. G 蛋白的类似物　　D. 转录因子的类似物
   E. DNA 聚合酶的类似物

2. 新霉素(neomycin)可直接干扰对磷脂酰肌醇特异的磷脂酶 C 的功能,从而最有可能干扰哪一种跨膜的细胞信号传导系统?(　　)。

A. 腺苷酸环化酶　　B. 鸟苷酸环化酶　　C. 受体酪氨酸激酶

D. PKA　　E. PKC

3. RIA(放射免疫测定法)的原理是(　　)。

A. 放射性标记的配体和非标记的配体与高度特异性的膜受体之间竞争性的结合

B. 两种不同的放射性标记的配体与同一种高度特异性抗体之间的竞争性结合

C. 放射性标记的配体和非标记的配体与高度特异性的抗体之间竞争性的结合

D. 放射性标记的配体能诱发实验动物产生免疫反应

E. 放射性标记的配体能够在体外刺激抗体的产生

4. 表现正反馈性质的激素是(　　)。

A. 雌激素　　B. 雄激素　　C. 孕酮　　D. 促黄体激素　　E. 卵泡刺激素

5. 肌醇-1,3,5-三磷酸启动钙离子从哪里释放出来?(　　)

A. 线粒体　　B. 溶酶体　　C. 内质网　　D. 细胞外　　E. 钙离子和钙调蛋白复合物

6. 胰岛素能够提高葡萄糖的运输,这主要原因是它(　　)。

A. 刺激葡萄糖的磷酸化　　B. 刺激葡萄糖的去磷酸化

C. 细胞膜上载体数目增加　　D. 载体对葡萄糖的亲和性

E. 降低细胞膜上钠钾泵的活性

7. 醛固酮的主要生理作用是(　　)。

A. 糖代谢　　B. 脂代谢　　C. 水盐代谢　　D. 氨基酸代谢　　E. 核酸代谢

8. 甲状腺素是哪一种氨基酸的衍生物?(　　)

A. Thr　　B. Trp　　C. Tyr　　D. Phe　　E. Pro

9. 在饥饿状态下,下列物质除哪一个以外会在血液或组织中的含量升高?(　　)

A. 糖原　　B. 胰高血糖素　　C. 酮体　　D. 肾上腺素　　E. 去甲肾上腺素

10. 下列哪一种物质能够抑制糖皮质激素的生理作用?(　　)

A. 利福霉素　　B. AC 的抑制剂　　C. GC 的抑制剂　　D. 嘌呤霉素　　E. 霍乱毒素

11. 喝一杯浓茶或一杯浓咖啡会产生什么影响?(　　)

A. 干扰前列腺素的合成　　B. 减弱胰高血糖素的作用

C. 增强肾上腺素的作用　　D. 减轻腹泻症状

E. 抑制脂肪动员

12. 胃泌素和胆囊收缩素之间的结构相似性反映在(　　)。

A. N 端　　B. C 端　　C. 整个部分　　D. 中央区　　E. 根本没有相似性

13. 分泌脂瘦素的细胞是(　　)。

A. 肝细胞　　B. 肾细胞　　C. 脑细胞　　D. 脂肪细胞　　E. 成纤维细胞

14. 普萘洛尔能够引起心律失常是因为它是一种(　　)。

A. 解偶联剂　　B. 肾上腺素的激动剂

C. 肾上腺素的颉颃剂　　D. 脂肪酶的激活剂

E. cAMP 的类似物

15. 可用来治疗躁狂症的金属离子是(　　)。

A. Mg^{2+}　B. Na^{+}　C. Ca^{2+}　D. Li^{+}　E. Zn^{2+}

16. 受体位于细胞核的激素是(　　)。
A. 肾上腺素　B. 油菜素内酯　C. 甲状腺素　D. 胰岛素　E. 乙酰胆碱

17. 细胞内受 NO 直接作用的靶分子是(　　)。
A. 腺苷酸环化酶　B. 鸟苷酸环化酶　C. IP_3
D. PKC　E. 钙调蛋白

18. 胰岛素作用过程中,最先被激活的蛋白质激酶是(　　)。
A. RTK　B. Mek　C. Raf　D. MAPK　E. PKA

19. 在神经生长因子作用过程中,SH2 结构域结合(　　)。
A. 磷酸化的 Tyr　B. 磷酸化的 Ser　C. 磷酸化的 Thr
D. 磷酸化的 His　E. 磷酸化的 Glu

20. 在特定的靶细胞内显微注射 EGTA,预测作用会受到影响的激素是(　　)。
A. 胰高血糖素　B. 胰岛素　C. 促性腺激素释放因子
D. 甲状腺素　E. 心房利钠因子

(二) 多项选择题(下列各题均有五个备选项,其中两个或两个以上为正确选项,请将正确选项的代码填入括号内)

1. 具有酶活性的激素受体有(　　)。
A. 胰岛素　B. 心房肽　C. 甲状腺素　D. 雄激素　E. 肾上腺素

2. 能够促进血糖浓度升高的激素有(　　)。
A. 胰岛素　B. 胰高血糖素　C. 甲状腺素　D. 雄激素　E. 肾上腺素

3. 不需要第二信使的激素有(　　)。
A. 胰岛素　B. 胰高血糖素　C. 甲状腺素　D. 雄激素　E. 肾上腺素

4. 受体属于细胞膜受体的激素有(　　)。
A. 胰岛素　B. 胰高血糖素　C. 甲状腺素　D. 乙烯　E. 肾上腺素

5. 属于丝氨酸/苏氨酸蛋白质激酶的有(　　)。
A. PKA　B. PKC　C. PKG　D. MAPK　E. RTK

四、名词解释

1. 旁分泌激素(paracrine hormone)
2. 效应器(effector)
3. GPCR(G-protein coupled receptor)
4. PKA
5. RTK

五、问答题

1. G 蛋白的活化是因为细胞质中的 GTP 取代了原来与它结合的 GDP 引起的,你如何证明它不是因为 GDP 被激酶作用而直接接受了 ATP 的 γ-磷酸根而形成的?
2. 为什么细胞使用 Ca^{2+}(细胞内的浓度是 10^{-7}mol/L)而不是使用 Na^{+}(细胞内的浓度为 10^{-3}mol/L)作为第二信使?

3. 细胞内有 X 和 Y 两种物质,它们在细胞内被合成的速率都是 1000 分子/(s · 细胞);但两者的降解的速度并不相同:X 分子降解得比较慢,每一个分子平均只能存活 100s,而 Y 分子降解的速度为 X 的 10 倍。
   (1) 计算细胞内 X 和 Y 两种分子的数目。
   (2) 如果 X 和 Y 合成的速率突然增加到 10 000 分子/(s · 细胞)(降解速度不变),那么在 1s 后,一个细胞有多少 X 和 Y 分子?
   (3) 你认为哪一个分子更适合被用于快速的信号传递?
4. 某些蛋白质激酶只有在其活性中心的 Ser 或 Thr 磷酸化才有活性。有人使用定点突变的技术将上述激酶相应的 Ser 或 Thr 突变成 Glu 后,发现也有活性了,请你给出合理的解释。如果人类细胞发生这样的突变,会有什么样的后果,为什么?
5. 某些生长因子受体的抗体可以模拟生长因子起作用,为什么?
6. 以肾上腺素作用脂肪细胞为例,详述肾上腺素是如何最终导致脂肪动员的。你如何根据所涉及的信号转导通路设计两种有效的减肥方法?
7. 简述霍乱毒素的作用机制。为什么囊性纤维变性患者或携带者(特别是患者)能够抵抗霍乱毒素的作用?
8. 有两种激素(激素 A 和激素 B),激素 A 作用于靶细胞以后并不引发胞内 cAMP 浓度的变化,激素 B 作用于相同的靶细胞以后,可导致胞内的 cAMP 水平的上升,但上升的幅度并不很高。然而,如果将激素 A 与激素 B 同时作用于靶细胞,则可导致 cAMP 水平的急剧升高。为什么?

答　　案

基　础　题

一、填充题

1. 细胞之间传递信息的化学物质　脂溶性　水溶性　胆固醇
2. 内分泌细胞　靶细胞　内分泌激素　旁分泌激素　自分泌激素
3. 能够促进细胞生长和分裂的一类物质
4. 高度特异性的受体
5. 酪氨酸蛋白激　鸟苷酸环化　Ser/Thr 蛋白激
6. 结合鸟苷酸的蛋白质　Gt　Gs　Gi　G_{PLC}(Gq) Go　Golf
   α 亚基　β 亚基　γ 亚基　α 亚基　GTP
7. cAMP　cGMP　DC　IP_3　Ca^{2+}　神经酰胺(Cer)　花生四烯酸
8. 细胞膜　细胞内(包括细胞质和细胞核)
9. PKA　PKB　PKC　PKG　TPK　依赖于 CaM 的蛋白质激酶　Ser/Thr 蛋白质激酶　Tyr 蛋白质激酶
10. 视黄酸　1,25-二羟基胆固醇
11. 七次跨膜的 α 螺旋
12. 一种环加氧酶　前列腺素
13. NO　鸟苷酸环化酶
14. 嘌呤　抑制肾上腺素第二信使 cAMP 的降解
15. 激素结合部位　HRE 结合部位

二、是非题

1. 错。爪蟾孕激素的受体就在细胞膜上。
2. 错。肌细胞上并无胰高血糖素的受体,因此肌糖原的降解不受胰高血糖素的影响。
3. 对。cAMP 可以通过 PKA 激活 CREB 改变某些基因的表达而产生慢反应。
4. 对。霍乱毒素通过其 A 亚基催化 ADP 核糖基转移到 Gs 蛋白上,而抑制 Gs 蛋白的 GTPase 活性而延长腺苷酸环化酶(AC)的活性,而导致

cAMP 浓度的升高；百日咳毒素则通过催化 Gi 蛋白的 ADP-核糖基化修饰而阻止其 α 亚基上的 GDP 被 GTP 所取代，这样就解除了 Gi 蛋白对 AC 的抑制，这同样可导致细胞内 cAMP 浓度的升高。

5. 错。绝大多数激素的受体是糖蛋白，但是胰高血糖素的受体则是脂蛋白。
6. 对。下丘脑细胞和胰腺的 D(δ)细胞均能分泌 GRIF，前者作为内分泌激素，后者作为旁分泌激素发挥作用。
7. 对。通过细胞化学等手段已证明许多肠道激素在脑细胞中也表达，同样某些脑肽在肠道细胞中也表达。
8. 对。原核细胞的葡萄糖效应是通过 cAMP 激活 CAP(降解物活化蛋白)来实现的，高等真核细胞以 cAMP 作为第二信使，真菌使用它作为细胞聚合的信息分子。
9. 错。乙烯是一种气体激素，它无法使用 RIA 测定其浓度。
10. 错。甲状腺素并非由游离的酪氨酸转变而来，而是由甲状腺球蛋白上的酪氨酸残基经碘基化修饰缩合而成的。
11. 对。心房细胞能够分泌一种激素，即心房肽。
12. 对。肾上腺素具有不同的受体，通过 β 受体作用时的第二信使为 cAMP，而通过 α_1 受体作用时的第二信使则为 DG、IP_3和 Ca^{2+}。
13. 错。TRF 虽然是一个三肽，但它有一个相对分子质量较大的多肽作为前体，前体中含有几个 TRF 的拷贝。
14. 错。茶叶中含有茶碱，这种物质能够抑制 cAMP 的水解，从而能够延长肾上腺素的作用时间，动物的脂肪动员是受到肾上腺素的刺激的，因此茶碱不是抑制脂肪动员，而是促进脂肪动员。
15. 错。生长因子的种类很多，并非每一种生长因子的受体都具有酪氨酸激酶的活性。
16. 对。脂溶性激素的受体与激素结合以后，与 DNA 分子上被称为 HRE 的顺式作用元件结合而调节它下游基因的转录，因此它是一种反式作用因子。
17. 错。褪黑激素并不是多肽，而是 *N*-乙酰-5-甲氧基色胺。
18. 对。
19. 错。HCG 与 FSH，LH 和 TSH 的 α 亚基几乎相同的，因此不能通过检测它的 α 亚基含量来确定 HCG 的含量。
20. 对。生长因子、神经递质和细胞因子都是细胞之间传递信息的化学物质，因此符合激素的更广泛的定义。

三、选择题

(一) 单项选择题

1. (B)ANF 的受体具有鸟苷酸环化酶(GC)的活性，当与 ANF 结合以后，GC 被激活，cGMP 作为第二信使被释放。
2. (E)GnRH 通过 Gq 蛋白激活 PLC，PLC 被激活后，水解 PIP_2产生 DG 和 IP_3，IP_3与内质网膜上的受体结合，导致内质网内的 Ca^{2+}的释放。
3. (B)NO 是在 NO 合成酶的催化下，以 Arg 为底物合成得到的。
4. (C)乙烯的合成是由甲硫氨酸转变成 *S*-腺苷甲硫氨酸，在由 *S*-腺苷甲硫氨酸转变而来。
5. (C)第一个被发现的激素是 1905 年被 Ernest Starling 发现的肠促胰液肽。
6. (C)生长激素的间接作用是通过类胰岛素生长因子-Ⅰ，即 IGF-Ⅰ进行的。
7. (E)FSH、LH、HCG 和 TSH 都是糖蛋白，只有促脂解素不是糖蛋白。
8. (C)胰岛素通过受体酪氨酸激酶系统发挥作用，不需要第二信使，胰高血糖素的第二信使为 cAMP；肾上腺素的第二信使可以是 cAMP(通过 β 受体)，也可以是 IP_3、DG 和 Ca^{2+}(通过 α_1受体)，甲状腺素通过细胞核受体发挥作用，不需要第二信使；ACTH 的第二信使为 cAMP，GnRH 的第二信使为 IP_3、DG 和 Ca^{2+}；ANF 的第二信使为 cGMP，加压素的第二信使为 cAMP；只有 TSH 和 LH 这一对激素的第二信使都是 cAMP。
9. (E)胰腺 δ 细胞分泌的 GRIF 以旁分泌激素的作用方式抑制临近的 β 细胞分泌胰岛素和 α 细胞分泌胰高血糖素，下丘脑细胞分泌的 GRIF 以内分泌激素的作用方式抑制脑垂体前叶细胞分泌生长激素和催乳素。
10. (E)胰岛素、胰高血糖素、生长激素和甲状旁腺素这四种激素都是蛋白质，因此很难通过口服吸收(消化道分泌的蛋白酶将它们水解)，而甲状腺素是一种脂溶性激素，很难被水解，通过消化道的吸收，在体内很长一段时间内发挥作用。

11. (D)胰岛素、加压素、TRH 和生长激素都是肽类激素，它们都是在核糖体上被合成的，只有肾上腺素通过系列酶促反应，由酪氨酸转变而来。

12. (D)甲状腺素、皮质醇、胰岛素和 ANF 的作用都不需要 G 蛋白，因此 G 蛋白的突变不会影响它们的作用，但肾上腺素的作用离不开 G 蛋白，因此 G 蛋白的缺陷必然影响它的作用。

13. (C)胰岛素、甲状旁腺素、胰高血糖素和 EGF 的受体均位于细胞膜上，当细胞被胰蛋白酶处理后，膜上的受体会受到水解，因而这些激素的作用必然受到影响，而甲状腺素的受体位于细胞核，不会受到这样的影响。

14. (B)第二信使的作用往往通过特殊的蛋白质激酶来实现，由蛋白质激酶调节靶细胞内的一系列的特殊的酶的活性，从而对靶细胞的生理功能进行调节。由于不同靶细胞内的酶组成存在差别，因此同一种第二信使在不同靶细胞内会影响不同酶的活性，从而导致不同的细胞产生不同效应。

15. (B)肾上腺素通过 α_1 受体发挥作用，需要 Gq 蛋白，Gq 蛋白激活磷脂酶 C，先产生 IP_3 和 DG 这两种第二信使，再通过 IP_3 与内质网膜上的受体结合释放出第三种第二信使，即 Ca^{2+}。

16. (A)低血糖诱导胰高血糖素的分泌，因此血液中胰高血糖素的水平可指示血糖浓度的高低。

17. (D)一分子 PKA 由两个调节亚基(R)和两个催化亚基(C)组成，一个 R 亚基可结合两个 cAMP，因此需要四分子的 cAMP，才能激活一分子的 PKA。

18. (D)一分子钙调蛋白含有四个 EF 手相，每一个 EF 手相可结合一分子 Ca^{2+}，因此一分子钙调蛋白可结合四个 Ca^{2+}。

19. (D)美国科学家罗伯特·菲希戈特、路易斯·伊格纳罗和法里德·穆拉德因发现 NO 作为一种信息分子而荣获 1998 年的诺贝尔医学生理学奖。

20. (D)

(二) 多项选择题

1. (A、B、C、D)

2. (A、B、C) ANF 的受体具有鸟苷酸环化酶的活性，胰岛素和 EGF 的受体都是 RTK。

3. (A、B、C)肾上腺素的 β 受体和胰高血糖素的受体都通过 Gs 蛋白，激活腺苷酸环化酶，产生 cAMP。

4. (A、B、D)肾上腺素和胰高血糖素需要异源三聚体 G 蛋白，胰岛素需要小 G 蛋白即 Ras 蛋白。

5. (A、B、C、D)

四、名词解释

1. 拮抗剂(antagonist)：能与特定激素的受体结合，但并不能诱发靶细胞产生生物学效应的分子。

2. 配体(ligand)：是能够与特定受体结合的各种物质的总称，如所有的激素，它们可能是小分子，也可能是大分子。

3. 第二信使(second messenger)：水溶性激素和少数脂溶性激素在结合膜受体以后，通过某种方式激活了细胞上特定的酶，而导致某些小分子物质的产生，这些小分子可以代替原来的激素发挥功能，因此被称为第二信使。

4. SH2 结构域(SH2 domain)：位于 RTK 系统中的接头蛋白分子上与 Src 同源的结构域，它能够与磷酸化的 Tyr 残基结合。

5. HRE：激素反应元件，是脂溶性激素和受体形成的复合物在 DNA 分子上的结合部位。

五、问答题

1. 水溶性激素不能自由地通过细胞膜，它们的受体位于靶细胞的表面。当它们与靶细胞膜上相应的受体结合后，形成的激素和受体复合物通过某种手段激活定位在细胞膜内侧的特定的酶，从而导致某些小分子物质的合成。这些小分子物质被释放到细胞质中之后可代替原来的激素行使功能。如果把激素本身看成是第一信使(first messenger)，那么，被合成的小分子物质可以看成是第二信使。如果发现一种新的小分子物质，可以根据以下几个标准判断它是否是一种第二信使：(1) 这种小分子物质能否模拟所研究的激素发挥作用；(2) 抑制该小分子降解的物质是否能够延长激素的作用时间；(3) 小分子物质的类似物能否模拟激素的作用。

2. 甲状腺素对下丘脑分泌 TRF 和脑垂体前叶分泌 TSH 均有反馈抑制作用,碘的缺乏导致甲状腺素不能正常合成,TRF 和 TSH 失去反馈控制,因而两者的浓度必然提高,特别是 TSH,直接作用于甲状腺,促进甲状腺细胞的分裂,最终导致甲状腺的肥大。
3. 有两种可能的机制:一种机制是此脂溶性激素的受体位于细胞膜上,通过 Gs 蛋白激活腺苷酸环化酶导致 cAMP 浓度升高;另一种机制是该脂溶性激素的受体仍处于细胞内,受体和激素二元复合物与 DNA 上的 HRE 结合,激活它下游基因的表达,被激活的基因就是腺苷酸环化酶,当腺苷酸环化酶表达以后,催化 cAMP 的合成。
4. 磷脂酶 A_2的作用部位是磷脂分子 2 号位 C 原子上的脂酰基,由于 2 号位 C 原子相连的脂酰基通常是花生四烯酸,因此当磷脂酶 A_2 被 Melitin 激活以后,花生四烯酸被释放出来,而花生四烯酸为前列腺素的前体,所以 Melitin 最终激活前列腺素的合成。前列腺素直接与动物体局部的炎症相关。
5. 多肽激素以前体的形式被合成有以下几个方面的好处:(1) 储存;(2) 激素活性的调节;(3) 多肽链正确的折叠;(4) 信号肽序列帮助多肽或蛋白质的正确定向和分检。
6. (1) 使用重组 DNA 技术,制备编码 G 蛋白 α 亚基或者编码与 GTP 结合的结构域的核苷酸序列,以此作为探针与目标植物的 DNA 杂交,确定有无同源的序列;(2) 制备哺乳动物 G 蛋白的单克隆抗体,与目标植物细胞的抽取物保温,检测有无其交叉反应的植物蛋白。如果有,将其分离纯化,在体外进一步研究它的性质,比如能不能结合 GTP;(3) 将目标植物细胞的抽取物与百日咳毒素或霍乱毒素一起保温,寻找有无被 ADP-核糖基修饰的蛋白质。
7. 前列腺素是花生四烯酸的衍生物,是相对疏水的,它的受体很可能位于细胞内。制备前列腺素靶细胞的抽取物,将其与前列腺素一起保温,检测能够与前列腺素结合的蛋白。但是某些前列腺素通过第二信使发挥作用,它们的受体可能在细胞膜上,这时可以按照分离膜受体的方法进行。
8. (1) 切除甲状腺的小鼠不能够合成和分泌甲状腺素,因此体内的甲状腺素浓度过低,因而它的基础代谢率(BMR)比甲状腺没有切除的小鼠要低,同量的营养物质不容易被消耗。
   (2) 如果脑垂体瘤是合成与分泌促肾上腺皮质激素的脑垂体细胞过度增殖引起的,那么体内 ACTH 的量必然大幅度升高,ACTH 量的升高必然刺激肾上腺皮质产生与分泌更多的肾上腺皮质激素,最终导致 Cushing 综合征。
   (3) 性激素由性腺或肾上腺皮质合成与分泌,它们的功能是促进相应的性器官的生长和发育。切除性腺或肾上腺皮质即降低了性激素的产生,也就减少了性激素对性器官生长的刺激作用,在一定程度上,可以减慢甚至逆转性器官肿瘤的生长。
9. 茶碱的类似物 Aminophyline 经常被用来与肾上腺素一起治疗急性哮喘,是因为它与茶碱一样,能够抑制专门水解 cAMP 的磷酸二酯酶的活性。cAMP 作为肾上腺素的第二信使,当它的水解受到抑制的时候,它的作用时间就延长了。因此 Aminophyline 与肾上腺素混合使用无疑会延长或增强肾上腺素的作用。
10. (1) 霍乱毒素由 1 个 A1 亚基、1 个 A2 亚基和 4 个 B 亚基组成,A1 亚基和 A2 亚基之间通过二硫键相连,总的分子质量约为 87kDa,在小肠上皮细胞的细胞膜上有它的受体(GM_1,一种神经节苷脂)。霍乱毒素作用小肠上皮细胞的第一步是 B 亚基与受体的结合,随后 A1 亚基和 A2 亚基之间的二硫键被还原,A1 亚基随即进入细胞内。在细胞内,A1 亚基作为一种特殊的转移酶催化 NAD^+分子上的 ADP-核糖基转移到 Gs 蛋白 α 亚基的一个精氨酸残基上,酶促反应式为 Gs-Arg + NAD^+→Gs-Arg-Ribose-ADP + 烟酰胺,Gs 蛋白的 GTPase的活性由此丧失。由于小肠对水分的排泄依赖于 Gs 蛋白对 AC 的激活,因此 Gs 蛋白的 GTPase 活性的丧失必然导致 AC 的持续和过分活化,cAMP 被大量合成,小肠会在短时间内丢失大量水分和无机盐,患者会出现严重的腹泻和呕吐症状,严重可致死。

(2) 治疗霍乱首先是服用抗生素杀死霍乱弧菌;其次是补充电解质。

11. (1)成年人体内 GRF 浓度异常升高,导致生长激素的异常分泌。而生长激素的异常分泌必然导致成年个体得支端肥大症;(2)胰腺组织发生癌变,其基因表达样式产生变化,本来不能表达的基因开始表达,GRF 从不表达开始表达;(3)从癌变的胰腺组织中纯化 GRF,用纯化的 GRF 免疫动物,制备 GRF 的抗体,检测下丘脑组织对于这种抗体有无反应。

12. 直接摄入单糖和其他简单的糖类会在短时间内引起血糖浓度的升高,血糖浓度升高刺激胰岛素的分泌。由于胰岛素促进合成代谢,因此它倾向于阻滞能量的动员,不利于运动员在长时间的比赛中利用能量。

13. 雌激素功能之一是促进女性第二性征的发育,包括乳房组织的生长和发育。因为乳腺癌存在于乳房组织中,降低乳房组织生长和发育的任何因素将会降低乳腺癌的生长,所以可用切除卵巢的方法来降低雌激素的浓度从而减慢了乳房组织的生长速率。有时候也可给予雌激素的拮抗剂,如睾酮来治疗,因为雄激素可抑制天然存在的雌激素所引起的生理效应。

14. cAMP 是一种高度极性的小分子,很难通过细胞膜,进入细胞内发挥作用。而它的衍生物双丁酰 cAMP 由于引入了疏水的烷基使得它能够轻易地通过细胞膜进入细胞内发挥第二信使的作用。

15. 通过固醇类激素受体或与离子通道偶联的受体作用的信号传导系统也会产生放大效应,就通过固醇类激素受体作用的信号传导系统来说,一个固醇类激素分子与其受体结合后,直接与 DNA 上的相应的 HRE 结合,而启动某个特定基因的表达,然而一个基因并不是只转录一次,而是可转录多个拷贝,同样一个转录物可翻译成多个蛋白质分子,这实际上就是一种放大效应;一个离子通道开放后,可允许多个离子进出细胞内外,这也是一种放大效应。

提　高　题

一、填充题

1. 异戊二烯　脂酰基
2. EF 手相(α 螺旋-泡区-α 螺旋)　锌指结构
3. 视紫红质　视黄醛　水解 cGMP 的磷酸二酯酶
4. 甘油二酯(DG)　PKC
5. 焦谷氨酰化　酰胺化
6. N 端被封闭
7. 激素与靶细胞长时间的保温引起靶细胞对激素的敏感性降低　受体的共价修饰　受体数目的下调
8. 生长素　细胞分裂素　脱落酸　赤霉素　乙烯　油菜素内酯　水杨酸
9. 热激蛋白 90(HSP90)
10. 能够代替 GTP 与 G 蛋白结合但不能被 GTPase 水解
11. 抑制 PIP_2 的再生而降低磷酸肌醇系统的活性
12. G 蛋白偶联的受体　受体酶　离子通道　整合蛋白
13. 膜内在
14. 七次跨膜结构
15. Rb　抑癌基因
16. Gi
17. cAMP　离子通道
18. SH2　SH3　磷酸化的 Tyr 残基　SOS 蛋白
19. 小　GTP
20. 超极化　去极化

二、是非题

1. 错。催产素当其二硫键被还原以后,虽然构象有所变化,但仍然具有生物活性。
2. 对。生长激素和催乳素在一级结构和高级结构上都有很高的同源性,因此在生物活性上存在部分交叉。
3. 错。催产素和加压素的合成是在下丘脑细胞中进行的。
4. 错。PKC 具有锌指结构,但并不能与 DNA 结合。
5. 对。ACTH 的 N 端的一段氨基酸序列与 γ-MSH 的序列完全一致,因此,ACTH 也有一定的 MSH 的活性。
6. 对。Gs 蛋白和 Gt 蛋白差别是它们的 α 亚基,它们的 β 亚基和 γ 亚基几乎是相同的,因此可以相互替代。
7. 错。表皮生长因子的作用需要 Ras 蛋白,而 Ras 蛋白实际上就是一种 G 蛋白。

8. 对。多肽和蛋白质虽然没有绝对的界限,但通常以 50 个氨基酸残基作为一个标准,超过 50 个氨基酸残基的被认为是蛋白质,而低于 50 的被认为是多肽。因为胰岛素含有 51 个氨基酸残基,因此被认为是蛋白质,而胰高血糖素只含有 29 个氨基酸残基,因此被认为是多肽。
9. 错。细胞癌基因具有内含子,病毒癌基因缺乏内含子,因此细胞癌基因不可能来源于病毒癌基因。
10. 错。光子作用这两种细胞可最终导致它们细胞膜上钠离子通道的关闭,从而引起超极化而不是去极化。
11. 错。Ca^{2+}的信使作用是通过钙调蛋白来完成的,但也有通过其他蛋白质作用的,比如通过 PKC 或其他钙离子传感器蛋白(Ca^{2+} sensors)。
12. 错。都需要 G 蛋白,胰高血糖素需要 G_S,胰岛素需要 Ras。
13. 错。嗅觉和味觉信号转导系统中,cAMP 作用离子通道。
14. 对。
15. 对。嗅觉和味觉需要 cAMP,视觉需要 cGMP。
16. 对。至今为止,发现所有激素的受体都是蛋白质,没有例外。
17. 对。水溶性激素不能跨膜,它们的受体必需位于细胞膜表面,才能与激素结合。
18. 错。甲状腺素为脂溶性激素,其受体位于细胞核。

三、选择题

(一) 单项选择题

1. (A) sis 癌基因的产物是 PDGF 的 B 链的类似物。
2. (E)当磷脂酰肌醇特异的磷脂酶 C 被激活后,它就催化 PIP_2的水解,产生 IP_3和 DG,IP_3与内质网膜上的受体蛋白结合,促进内质网腔内 Ca^{2+}的释放,Ca^{2+}与 DG 一起激活 PKC。如果磷脂酶 C 的功能被抑制,则 PKC 的功能必然受到影响。
3. (C)
4. (C)
5. (C)内质网为细胞内最主要的钙离子储存池。
6. (C)
7. (C)醛固酮的主要生理作用是调节体内保钠排钾,与水盐代谢有关。
8. (C)甲状腺素在体内是由甲状腺球蛋白上的 Tyr 残基衍生而来,因此它为 Tyr 的衍生物。
9. (A)在饥饿状态下,体内的糖原很快被动用完,这时脂肪动员提高,因而酮体的含量升高,除此以外,饥饿造成的低血糖可诱导胰高血糖素、酮体、肾上腺素和去甲肾上腺素的分泌,引起它们含量的升高。
10. (D)糖皮质激素的生理作用涉及特定的基因表达,而嘌呤霉素作为蛋白质合成的抑制剂必然抑制它的生理作用。
11. (C)茶叶和咖啡含有水解 cAMP 的磷酸二酯酶的抑制剂,因而它可以延长 cAMP 的半寿期,达到增强肾上腺素的作用。
12. (B)胃泌素和胆囊收缩素都是多肽,两者在 C 端的五肽氨基酸的序列完全相同,均为-Gly-Trp-Met-Asp-Phe-NH_2。
13. (D)
14. (B)
15. (D)Li^+抑制 PI 的水解,降低磷酸肌醇系统的活性,从而具有治疗躁狂症疗效。
16. (C)肾上腺素、胰岛素和乙酰胆碱属于水溶性激素,它们的受体肯定位于细胞膜上,而油菜素内酯虽然为脂溶性激素,但受体也位于细胞膜上。
17. (B)
18. (A)胰岛素的受体就是 RTK,一旦胰岛素与其结合即被激活。
19. (A)神经生长因子的受体也是 RTK,一旦结合了 NGF 以后,即被激活,然后发生自我磷酸化修饰。被修饰的氨基酸残基是 Tyr,磷酸化的 Tyr 可结合接头蛋白分子上的 SH2 结构域。
20. (C)EGTA 可结合钙离子,而抑制钙离子的作用。促性腺激素释放因子的作用的最后依赖于钙离子。

(二) 多项选择题

1. (A、B)胰岛素受体为 RTK,心房肽的受体是鸟苷酸环化酶。
2. (B、E)胰高血糖素和肾上腺素的作用都可以导致糖原分解,而提高血糖浓度。
3. (A、C、D)胰岛素虽然属于水溶性激素,但作用不需要第二信使,甲状腺素和雄激素为脂溶性激素,受体位于胞内,作用也不需要第二信使。

4. (A、B、D、E)甲状腺素的受体在细胞核。

5. (A、B、C、D)RTK 为受体酪氨酸蛋白质激酶。

四、名词解释

1. 旁分泌激素(paracrine hormone):靶细胞位于内分泌细胞旁边的动物激素,不需要通过血液循环进行运输。
2. 效应器(effector):催化第二信使产生的酶。
3. GPCR(G-protein coupled receptor):与 G 蛋白偶联的受体,位于细胞膜上,具有典型的七次跨膜结构。
4. PKA:依赖于 cAMP 的蛋白质激酶,具有两个 R 亚基和两个 C 亚基。
5. RTK:具有酪氨酸蛋白质激酶活性的受体,如胰岛素的受体。

五、问答题

1. 使用放射性同位素标记的 GTP 类似物如 GTP-NH_2 代替 GTP,观察当 G 蛋白活化后能不能被同位素标记,如果能够被同位素标记则说明 G 蛋白的活化是因为细胞质中的 GTP 取代了原来与它结合的 GDP 引起的。
2. 细胞使用 Ca^{2+}(细胞内的浓度是 10^{-7}mol/L)而不是使用 Na^{+}(细胞内的浓度为 10^{-3}mol/L)作为第二信使是因为 Ca^{2+}浓度非常低,只要有少量的 Ca^{2+}的进入就可以造成它的浓度发生较大的变化,相比 Na^{2+}浓度变化就相对不敏感。这样使用 Ca^{2+}作为第二信使就容易准确地传递信息。打个比方:如果你的银行账户本来只有 1 元钱,但它增加到 2 元的时候,你的财富尽增加了 100%;而如果你本来有 1000 元的话,当同样增加 1 元后,你的财富只增加了 0. 1%。
3. (1) 一个细胞内 X 和 Y 两种分子的数目分别是 100 000 个和 10 000 个。
   (2) 如果 X 和 Y 合成的速率突然增加到10 000 分子/(s · 细胞)(降解速度不变),一个细胞内 X 和 Y 分子将分别变为 110 000 个和 20 000 个。
   (3) Y 分子更适合被用于快速的信号传递,因为它的浓度更容易发生变化。
4. Ser 或 Thr 因为磷酸化导致其构象发生变化而被激活,构象变化的根本原因是磷酸基团带有负电荷,如果 Ser 或 Thr 突变成 Glu,因为 Glu 的侧链基团也带负电荷,而且其大小与磷酸化的 Ser 差不多,故也可能引起类似的构象变化,而导致酶被激活。这种激活将会是组成型激活,因为它不像磷酸化的 Ser 或 Thr,可以被磷酸酶水解掉带负电荷的磷酸基团,所以后果将会一直导致细胞内它作用的靶蛋白的磷酸化,从而使细胞功能紊乱,甚至导致细胞癌变或死亡。
5. 因为抗体是二价的,它与生长因子受体结合以后,导致受体发生二聚化,形成二聚体,这正是生长因子信号转导途径必需的一步。
6. 肾上腺素与脂肪细胞质膜上的 β 受体结合,通过 Gs 蛋白激活腺苷酸环化酶,产生第二信使 cAMP。cAMP 再激活 PKA,PKA 则催化脂肪细胞内对激素敏感的脂肪酶的磷酸化,而导致脂肪酶的激活。被激活的脂肪酶催化脂肪的水解。一是创造条件促进肾上腺素的分泌,如饥饿和惊吓,二是延长 cAMP 激活 PKA 的时间,这可以喝绿茶和咖啡而实现,因为绿茶里面的茶碱和咖啡里面的咖啡因可抑制 cAMP 的水解。
7. 霍乱毒素的 A 亚基在小肠上皮细胞内催化 Gs 的 ADP-核糖基化修饰,而导致其丧失 GTP 酶活性,而使其一旦活化就永远活化,从而一直通过腺苷酸环化酶产生的 cAMP 持续激活 PKA,而 PKA 再催化细胞膜上的 CFTR 持续打开而引发霍乱。囊性纤维变性患者或携带者(特别是患者)的 CFTR 因为基因缺陷而没有活性,因此对 PKA 的作用无效。
8. 激素 B 通过 Gs 蛋白激活 AC,故能提高 cAMP 的水平。激素 A 不能激活 AC,故它单独作用不能改变细胞内 cAMP 的浓度,但它可能在与其受体结合以后,通过某种机制抑制 A-PDE,所以如果它与激素 B 同时作用于靶细胞,则可导致 cAMP 只合成而不分解,结果引起胞内 cAMP 水平的大幅度升高。

第八章　生物能学与生物氧化

学习指导

1. 重点掌握生物氧化、氧化磷酸化、电子传递与呼吸链的概念。
2. 掌握呼吸链中各成分的结构和功能。
3. 掌握氧化磷酸化的作用机制。
4. 掌握高能磷酸化合物的概念及 ATP 在生物体中的作用。
5. 了解有关自由能变化、能量转换的相关运算。
6. 了解生物氧化过程中能量的变化。

基　础　题

一、填充题

1. 参与生物氧化的酶可分为________、________和________三类。
2. 真核细胞的呼吸链主要存在于________，而原核细胞的呼吸链存在于________。
3. 呼吸链上流动的电子载体包括________、________和________等几种。
4. 线粒体内膜上能够产生跨膜的质子梯度的复合体是________、________和________。
5. 复合体Ⅱ的主要成分是________。
6. P/O 值是指________。NADH 被氧化的 P/O 值为________；$FADH_2$被氧化的 P/O 值为________；在 2,4-二硝基苯酚(DNP)存在的情况下，琥珀酸的 P/O 值是________。
7. H_2S 使人中毒的机制是________。
8. 在呼吸链中单纯催化电子转移的成分是________和________。
9. F_1/F_0-ATP 合酶合成一分子 ATP 通常需要消耗________个质子。
10. 生热素(thermogenin)的生理功能是________。
11. 在呼吸链上位于细胞色素 c_1的前一个成分是________，后一个成分是________。
12. 除了含有 Fe 以外，复合体Ⅳ还含有金属原子________。
13. 解释氧化磷酸化机制的学说主要有________、________和________三种，基本正确的学说是其中的________。
14. 缬氨霉素(valinomycin)是对________专一的离子载体，而尼日利亚菌素(nigericin)则是对________专一的载体。
15. 化学渗透学说最直接的证据是________。
16. 杀粉碟菌素作为呼吸链上________类似物，能够阻断呼吸链。
17. SOD 的中文名称是________，它的生理功能是________。
18. 线粒体呼吸链中电位跨度最大的一步是在________。
19. 在化学反应中，只有自由能降低，即________的反应才能自发进行。

20. 反应的自由能变化用________表示，标准自由能变化用________表示，生化标准自由能变化则用________表示。

二、是非题

1. 呼吸链上各成分的物质的量比是 1∶1。
2. 呼吸链上电子流动的方向是从高标准氧化还原电位到低标准氧化还原电位。
3. NADH 在 340nm 处有吸收，NAD^+没有，利用这个性质可将 NADH 与 NAD^+区分开来。
4. 细胞色素 c 是复合体Ⅲ中一种单纯的电子传递体。
5. NADH 和 NADPH 都可以直接进入呼吸链。
6. 对于 ATP 水解成 ADP 的反应，$\Delta G^{0\prime}$大约等于 ΔG^0。
7. 在调节氧化磷酸化作用中，最主要的因素是[ATP]/[ADP]。
8. 高能磷酸键只能通过氧化磷酸化生成。
9. 体内有多种高能磷酸化合物，参与各种供能反应最多的是 GTP。
10. 从低等的单细胞生物到高等的人类，能量的释放、储存和利用的主要形式均是 ATP。
11. 氧化酶和需氧脱氢酶的共同之处是都含有金属，而且都是结合蛋白。
12. 线粒体电子传递链复合体Ⅰ、Ⅱ、Ⅲ、Ⅳ都能泵出质子。
13. 磷酸肌酸、磷酸精氨酸是高能磷酸化合物的储存形式，可随时转化为 ATP 供机体利用。
14. ATP 是高能磷酸化合物，但它并不是能量的储存形式。

三、选择题

（一）单项选择题（下列各题均有五个备选项，其中一个是正确的，请将其代码填入括号内）

1. 米酵菌酸能够抑制氧化磷酸化是因为它直接作用（　　）。
   A. 复合体Ⅰ　B. 复合体Ⅱ　C. 复合体Ⅲ　D. 复合体Ⅳ　E. ADP/ATP 交换体
2. F_1/F_0ATPase 的活性中心位于（　　）。
   A. α 亚基　B. β 亚基　C. γ 亚基　D. δ 亚基　E. ε 亚基
3. 下列哪一种物质最不可能通过线粒体内膜？（　　）
   A. Pi　B. 苹果酸　C. 柠檬酸　D. 丙酮酸　E. NADH
4. 可作为线粒体内膜标志酶的是（　　）。
   A. 苹果酸脱氢酶　B. 柠檬酸合酶　C. 琥珀酸脱氢酶
   D. 单胺氧化酶　E. 顺乌头酸酶
5. 下列氧化还原系统中标准氧化还原电位最高的是（　　）。
   A. 延胡索酸/琥珀酸　B. $CoQ/CoQH_2$
   C. 细胞色素 a(Fe^{2+}/Fe^{3+})　D. 细胞色素 b(Fe^{2+}/Fe^{3+})
   E. NAD^+/NADH
6. 下列化合物中，除了哪一种以外都含有高能磷酸键？（　　）
   A. NAD^+　B. ADP　C. NADPH　D. FMN　E. 磷酸烯醇式丙酮酸
7. 下列反应中哪一步伴随着底物水平的磷酸化反应？（　　）
   A. 葡萄糖→葡萄糖-6-磷酸　B. 甘油酸-1,3-二磷酸→甘油酸-3-磷酸

C. 柠檬酸→α-酮戊二酸　　D. 琥珀酸→延胡索酸

E. 苹果酸→草酰乙酸

8. 下列化合物中除了哪种以外都含有高能磷酸键？(　　)

A. NAD^+　　B. $NADP^+$　　C. ADP

D. 葡萄糖-6-磷酸　　E. 磷酸烯醇式丙酮酸

9. 下列化合物中哪一个不是呼吸链的成员？(　　)

A. CoQ　　B. 细胞色素 c　　C. 辅酶Ⅰ　　D. FAD　　E. 肉毒碱

10. 呼吸链中属于脂溶性成分的是(　　)。

A. FMN　　B. NAD^+　　C. 铁硫蛋白　　D. 细胞色素 c　　E. 辅酶 Q

11. 各种细胞色素在呼吸链中的排列顺序是(　　)。

A. $aa_3 \to b_1 \to c \to c_1 \to O_2$　　B. $c_1 \to c \to b_1 \to aa_3 \to O_2$

C. $b \to c_1 \to c \to aa_3 \to O_2$　　D. $aa_3 \to b \to c \to c_1 \to O_2$

E. $c_1 \to c \to b \to aa_3 \to O_2$

12. 2,4-二硝基苯酚能抑制下列细胞功能的是(　　)。

A. 糖酵解　B. 肝糖异生　C. 氧化磷酸化　D. 柠檬酸循环　E. 磷酸戊糖途径

(二) 多项选择题(下列各题均有四个备选项,其中两个或两个以上为正确选项,请将正确选项的代码填入括号内)

1. 下列物质中属于高能化合物的是(　　)。

A. 葡萄糖-6-磷酸　B. 磷酸肌酸　C. 甘油酸-1,3-二磷酸　D. 磷酸烯醇式丙酮酸

2. 含有高能磷酸键的化合物有(　　)。

A. 磷酸烯醇式丙酮酸　　B. 磷酸肌酸

C. 甘油酸-1,3-二磷酸　　D. ADP

3. 需核苷三磷酸参与的代谢反应有(　　)。

A. 糖原合成　　B. 蛋白质合成　　C. 卵磷脂合成　　D. 胆固醇合成

4. 下列关于 P/O 值正确的是(　　)。

A. 每消耗 1mol 氧所消耗无机磷的物质的量

B. 每消耗 1mol 原子氧所消耗无机磷的物质的量

C. 每消耗 1mol 氧所消耗无机磷的物质的量

D. 每消耗 1mol 原子氧所生成 ATP 的物质的量

5. 下列有关 ATP 的叙述,正确的是(　　)。

A. 是机体最主要的直接供能者

B. 与放能反应偶联,可由 ADP 和 Pi 合成

C. 分子中高能磷酸键可转给肌酸形成磷酸肌酸

D. 水解时释放的能量超过 30. 5kJ/mol

6. 下列关于呼吸链的描述,不正确的是(　　)。

A. 电子连续传递有赖于氧化磷酸化

B. 电子从 NADH 传递给氧的过程,自由能的变化是正的

C. 所有的组分既能递氢,又能递电子

D. 卟啉环中的铁经历了 $Fe^{3+} \to Fe^{2+}$ 的变化

四、名词解释

1. 生物氧化(biological oxidation)
2. 呼吸链(respiration chain)
3. P/O 值(P/O ratio)
4. 氧化磷酸化(oxidative phosphorylation)
5. 底物水平磷酸化(substrate level phosphorylation)
6. 解偶联作用(uncoupling)
7. 高能化合物(high energy compound)

五、问答题

1. 将新鲜制备的线粒体与 β-羟丁酸、氧化型细胞色素 c、ADP、Pi 和 KCN 保温,然后测定 β-羟丁酸的氧化速率和 ATP 形成的速率。
   (1) 写出该系统的电子流动图。
   (2) 预期 1 分子 β-羟丁酸该系统中氧化可产生多少分子 ATP?
   (3) 能否用 NADH 代替 β-羟丁酸?
   (4) KCN 的功能是什么?
   (5) 写出该系统电子传递的总平衡反应式。
   (6) 计算该系统净的自由能变化值($\Delta G^{0\prime}$)。
   (7) 如在这个系统中加入鱼藤酮,结果会有什么不同?
2. 以前有人考虑过使用解偶联剂如 2,4-二硝基苯酚(DNP)作为减肥药,但不久即被放弃使用,为什么?
3. 使用亚硝酸盐并结合硫代硫酸钠可用来抢救氰化钾中毒者,为什么?
4. 由 P. Mitchell 提出的化学渗透学说的主要内容是什么? 有哪些主要的证据支持化学渗透学说?
5. 某些植物体内出现对氰化物呈抗性的呼吸形式,试提出一种可能的机制。
6. 怎样证明琥珀酸脱氢酶的辅基是与酶蛋白之间以共价键相结合的? 如何确定它与哪一个氨基酸残基相连?
7. 分析 2,4-二硝基苯酚解偶联的机制。
8. 什么是 P/O 值? 影响氧化磷酸化的因素有哪些?
9. 为什么说寡霉素是能抑制整个线粒体呼吸作用的抗生素,解释其作用原理与解偶联剂、抑制剂的不同?
10. 什么是铁硫蛋白? 其生理功能是什么?
11. 分解代谢是细胞产生 ATP 的途径,这些途径是不可逆的,即它们只能以从复杂的营养物分子向简单的产物分子的方向进行。分解代谢途径的这种反应方向与热力学原理一致吗?
12. 当介质的 pH 由 5 增加到 6 时,ATP 水解所释放的自由能是增多还是降低?

六、计算题

1. 有一假想的反应[pH7.0、25℃、一个大气压(101.3kPa)]如下:

$$A \rightleftharpoons B+C$$

若 A 的最初浓度是 0.2mol/L,在反应达到平衡时,A 的浓度只剩下 1%,求:(1) 该反应的 $K'_{平}$;(2) 该反应的 $\Delta G^{0}{}'$;(3) 逆反应的 $\Delta G^{0}{}'$。

2. 计算下面反应在生理条件下的自由能的变化:

$$磷酸肌酸+ADP \longrightarrow 肌酸+ATP$$

当该反应发生在神经元胞质溶胶中时,磷酸肌酸的浓度是 4.7mmol/L,肌酸的浓度是 1.0mmol/L,ADP 浓度是 0.20mmol/L,ATP 浓度是 2.6mmol/L,假定温度是 25℃。已知磷酸肌酸水解时的 $\Delta G^{0}{}'=-43$kJ/mol;ATP 合成需要输入 30.5kJ/mol。

3. 假定能量转化的效率是 100%,在标准条件下,1mol 的葡萄糖和 1mol 的软脂酸完全被氧化,分别可以产生多少物质的量的 ATP?

提　高　题

一、填充题

1. 细胞内代谢物上脱下来的氢如果直接与氧气结合则形成________。
2. 细胞内的呼吸链有________、________和________,其中________不产生 ATP。
3. 跨膜的质子梯度除了可被用来合成 ATP 以外,还可以直接用来驱动________过程。
4. 在长期的进化过程中,复合体Ⅳ已具备同时将________个电子交给 1 分子氧气的机制。
5. 从线粒体内膜上纯化得到的 F_1/F_0-ATP 合酶在体外只能水解 ATP 是因为________。
6. 可以使用________学说很好地解释 F_1/F_0-ATP 合酶的催化机制。
7. 细胞色素是一组含有血红素辅基的蛋白质。细胞色素中的电子传递是________和细胞色素 a 和细胞色素 a_3 中的________之间的直接电子传递。金属离子氧化态的变化导致细胞色素的可见吸收光谱的变化,利用________可对这些变化进行定量测定。
8. 氧化态的细胞色素 a_1a_3 上的血红素辅基上的 Fe^{3+} 除了和氧气能够配位结合以外,还可以与________、________、________和________等含有孤对电子的物质配位结合。
9. 呼吸商(RQ)值为 0.7 的人,其能量主要来源于________。
10. 氧化磷酸化生成的 ATP 约占 ATP 生成总数的________。
11. 给小白鼠注射羰基-氰-对-三氟甲氧基苯肼(FCCP),会导致小白鼠体温的迅速升高是因为________。
12. ________被称为最小的分子马达。
13. ATP 的合成是在线粒体________中进行的。ATP 的利用需要被转运出线粒体,介导 ATP 转出的载体是________。
14. ATP 合酶的 F_1 组分的化学计量式是 $\alpha_3\beta_3\gamma\delta\varepsilon$。其中 ATP 酶活性部位在________链上,负责将 F_1 复合体与膜相连的是________链和________链。F_0 复合体也是由多个亚单位构成,其中疏水的多肽链部分形成跨膜的________,并将________与________相偶联。
15. NADH 经过磷酸甘油与苹果酸穿梭进入呼吸链氧化,其 P/O 值分别为________和

________。

16. 生物氧化呼吸链中的递氢体有________、________、________,递电子体有________、________、________、________、________、________。

17. 典型的呼吸链包括________和________两种,这是根据接受代谢物脱下的氢的________不同而区别的。

二、是非题

1. 细胞色素 b 和细胞色素 c 因处于呼吸链的中间,因此它们的血红素辅基不可能与 CN^- 配位结合。
2. 甘油-α-磷酸脱氢生成的 $FADH_2$ 经线粒体内膜上的复合体Ⅱ进入呼吸链。
3. 2,4-二硝基苯酚(DNP)可解除寡霉素对电子传递的抑制。
4. NADH 脱氢酶是指以为 NAD^+ 辅酶的脱氢酶的总称。
5. 琥珀酸脱氢酶的辅基 FAD 与酶蛋白之间以共价键结合。
6. 在消耗 ATP 的情况下,电子可从复合体Ⅳ流动到复合体Ⅰ。
7. Fe-S 蛋白是一类特殊的含有金属 Fe 和无机硫的蛋白质。
8. 线粒体内膜上的复合体Ⅰ、Ⅱ、Ⅲ和Ⅳ中均含有 Fe-S 蛋白。
9. 呼吸作用和光合作用均能导致线粒体或叶绿体基质的 pH 升高。
10. 抗霉素 A 能阻断异柠檬酸氧化过程中 ATP 的形成,但不阻断琥珀酸氧化过程中 ATP 的形成。
11. 生物氧化只有在氧气的存在的情况下才能进行。
12. 如果线粒体内 ADP 浓度较低,则加入 DNP 将减少电子传递的速率。
13. ATP 合酶存在于所有的能量传导膜中,包括线粒体膜、叶绿体膜和细菌的细胞膜。
14. 在氧化还原反应中,$E^{0\prime}$越负,反应所释放的自由能越多。
15. 解偶联剂可抑制呼吸链的电子传递。
16. 抗霉素 A 对呼吸链的毒性要比鱼藤酮的大,是因为它与呼吸链的结合能力更强。
17. $NADPH/NADP^+$ 的氧化还原电势稍低于 $NADH/NAD^+$ 的,更容易经呼吸链氧化。
18. ADP 的磷酸化作用对电子传递起限速作用。

三、选择题

(一) 单项选择题(下列各题均有五个备选项,其中一个是正确的,请将其代码填入括号内)

1. 将离体的线粒体放在无氧的环境中,经过一段时间以后,其内膜上的呼吸链的成分将会完全以还原形式存在,这时如果忽然通入氧气,试问最先被氧化的将是内膜上的哪一种复合体?(　　)

   A. 复合体Ⅰ　B. 复合体Ⅱ　C. 复合体Ⅲ　D. 复合体Ⅳ　E. 复合体Ⅴ

2. 如果质子不经过 F_1/F_0-ATP 合酶回到线粒体基质,则会发生(　　)。

   A. 氧化　B. 还原　C. 解偶联　D. 紧密偶联　E. 主动运输

3. 在离体的完整的线粒体中,在有可氧化的底物的存在下,加入哪一种物质可提高电子传递和氧气摄入量?(　　)

   A. 更多的 TCA 循环的酶　B. ADP　C. $FADH_2$　D. NADH　E. 氰化物

4. 乙酰 CoA 彻底氧化过程中的 P/O 值是(　　)。

A. 2.0　B. 2.5　C. 3.0　D. 3.5　E. 4.0

5. 肌肉组织中肌肉收缩所需要的大部分能量以哪种形式储存?(　　)

A. ADP　B. 磷酸烯醇式丙酮酸　C. ATP　D. cAMP　E. 磷酸肌酸

6. 一氧化碳的中毒原理是基于氧化磷酸化的(　　)。

A. 解偶联

B. 加速 ATP 水解为 ADP 和 Pi

C. 影响电子在细胞色素 b 到细胞色素 c_1的传递

D. 影响电子在细胞色素 aa_3到 O_2的传递

E. 氧化分解的能量大部分以热能形式释放

7. 研究表明 Ca^{2+}可直接参与调节氧化磷酸化的过程,是通过(　　)。

A. 加强呼吸链的电子传递

B. 激活三羧酸循环中的关键调节酶的活性

C. 激活丙酮酸脱氢酶

D. 促进腺苷酸的转运

E. 激活糖酵解中的关键酶的活性

8. ATP 合酶该酶又可称为复合体Ⅴ,相关描述正确的是(　　)。

A. F_1和 F_0都是亲水的

B. F_1和 F_0组分中都含有寡霉素敏感蛋白

C. ATP 合酶参与 Na^+、K^+-ATP 酶的组成

D. F_0是 H^+的通道

E. ATP 合酶仅存于线粒体膜内

9. 在需氧脱氢酶和不需氧脱氢酶中都可能出现的辅酶或辅基是(　　)。

A. NAD^+　B. $NADP^+$　C. FAD

D. 铁卟啉类化合物　E. 细胞色素类

10. 以下细胞色素中除哪个以外均以亚铁原卟啉为辅基?(　　)

A. 细胞色素 b　B. 细胞色素 c　C. 细胞色素 P_{450}

D. 细胞色素 aa_3　E. 细胞色素 c_1

11. 如果将琥珀酸(延胡索酸/琥珀酸氧化还原电位 + 0.03V)加到硫酸铁和硫酸亚铁(高铁/亚铁氧化还原电位 + 0.077V)的平衡混合液中,可能发生的变化是(　　)。

A. 硫酸铁的浓度将增加　B. 硫酸铁的浓度和延胡羧酸的浓度将增加

C. 高铁和亚铁的比例无变化　D. 硫酸亚铁和延胡索酸的浓度将增加

E. 硫酸亚铁和延胡索酸的浓度将下降

12. 线粒体内膜外的 H^+(　　)。

A. 浓度高于线粒体内的 H^+浓度　B. 浓度低于线粒体内的 H^+浓度

C. 可自由进入线粒体　D. 进入线粒体需载体转运

E. 进入线粒体需耗能

13. 在离体肝线粒体中加入二巯基丙醇,则细胞色素 c_1处于(　　)。

A. 氧化状态　B. 还原状态　C. 游离状态　D. 活化状态　E. 结合状态

14. 细胞色素 b、细胞色素 c、细胞色素 c_1 和细胞色素 P_{450} 均含有辅基(　　)。

A. Fe^{3+}　B. 血红素 C　C. 血红素 A　D. 原卟啉　E. 铁卟啉

15. 人体活动主要的直接供能物质是(　　)。

A. 葡萄糖　B. 脂肪酸　C. 磷酸肌酸　D. GTP　E. ATP

(二) 多项选择题(下列各题均有四个备选项,其中两个或两个以上为正确选项,请将正确选项的代码填入括号内)

1. 下列是对呼吸链的叙述,正确的是(　　)。

A. 复合体Ⅲ和复合体Ⅳ为两条呼吸链所共有

B. 抑制 Cyt aa_3 则呼吸链中各组分都呈还原态

C. 递氢体也必然递电子

D. 呼吸链中所有的细胞色素都是单纯的递电子体

2. 下列关于细胞色素的描述,不正确的是(　　)。

A. 只存在于线粒体内膜上

B. 辅基均为铁卟啉,共价连接到酶蛋白上

C. 均为电子传递体

D. 有的细胞色素可将电子直接传递给氧

3. 下列哪些电子传递体可以同时传递电子和氢原子?(　　)

A. NAD^+　B. FAD　C. Fe-S　D. CoQ

4. 下列哪些因素能加快氧化磷酸化?(　　)

A. ADP 和 Pi 浓度升高　B. ATP 浓度降低

C. ATP/ADP 值升高　D. 甲状腺素

5. 下列物质氧化分解过程中脱下的氢通过 NADH 氧化呼吸链氧化的是(　　)。

A. 苹果酸　B. 丙酮酸　C. β-羟丁酸　D. 谷氨酸

6. 关于 CoQ 的描述,正确的是(　　)。

A. 它是复合体Ⅰ和Ⅱ的共同组成成分　B. 它不仅是氢递体,也是电子递体

C. 它能在线粒体内膜中迅速扩散　D. CoQ_{10} 仅存在于人体内

7. 都含有 B 族维生素成分又都是呼吸链组分的物质是(　　)。

A. FH_4　B. TPP　C. FMN　D. FAD

8. 胞质溶胶中 NADH 进入线粒体的途径有(　　)。

A. α-磷酸甘油穿梭　B. 柠檬酸-丙酮酸穿梭

C. 苹果酸-天冬氨酸穿梭　D. 草酰乙酸-丙酮酸穿梭

9. 丙酮酸在线粒体内氧化时,生成 CO_2 的反应包括(　　)。

A. 丙酮酸脱氢酶催化的反应　B. 异柠檬酸脱氢酶催化的反应

C. 苹果酸酶催化的反应　D. α-酮戊二酸脱氢酶催化的反应

10. 异戊巴比妥中毒时,处于还原状态的递氢递电子体有(　　)。

A. NAD^+　B. FMN　C. CoQ　D. 细胞色素

11. 非线粒体氧化体系的共同特点有(　　)。

A. 氧化过程不伴有偶联磷酸化　B. 与毒物的生物转化无关

C. 不能生成 ATP　D. 微粒体为唯一场所

四、问答题

1. 将完全还原的细胞色素 c、ADP、无机磷酸和抗霉素 A 一起加入新鲜制备的完整的线粒体中，然后通入氧气，这时细胞色素 c 将被氧化，ATP 生成，P/O 值为 1.0。
   (1) 写出该系统的电子流动示意图。
   (2) 为什么要加抗霉素 A？
   (3) 这个实验能告诉你氧化磷酸化的偶联部位在哪里？
   (4) 写出平衡的总反应式。
   (5) 计算总反应的 $\Delta G^{0\prime}$。
2. 琥珀酸脱氢酶能否使用 NAD^+ 作为辅基？为什么？
3. 在测定 α-酮戊二酸的 P/O 值的时候，为什么通常需要在反应系统之中加入一些丙二酸？在这种条件下，预期测定出的 P/O 值是多少？
4. 线粒体内的 ATP 浓度约为 5mmol/L，无机磷酸的浓度约为 10mmol/L。如果 ADP 的浓度比 AMP 多 5 倍，计算在能荷为 0.85 的条件下，ADP 和 AMP 的物质的量浓度。在以上条件下，ATP 水解的 $\Delta G'$ 是多少？
5. 已知有两种新的代谢抑制剂 A 和 B：将离体的肝线粒体制剂与丙酮酸、氧气、ADP 和无机磷酸一起保温，发现加入抑制剂 A，电子传递和氧化磷酸化就被抑制；当即加入抑制剂 A 又加入抑制剂 B 的时候，电子传递恢复了，但氧化磷酸化仍然不能进行。
   (1) 抑制剂 A 和抑制剂 B 属于电子传递抑制剂、氧化磷酸化抑制剂，还是解偶联剂？
   (2) 给出作用方式与抑制剂 A 和抑制剂 B 类似的抑制剂。
6. 有人发现一种新的喜氧细菌，在它的细胞膜上含有五种以前并不知晓的电子传递体，分别以 m、n、o、p、q 来表示。
   (1) 分离出此传递链，并以 NADH 作为电子供体，使用不同的呼吸链抑制剂处理，应用分光光度法分析各个成分是以还原形式（+表示）存在，还是以氧化形式存在（-表示），结果见下表：

抑制剂	m	n	o	p	q
抗霉素 A	+	+	+	-	+
氰化物	+	+	+	+	+
鱼藤酮	-	-	+	-	-
安米妥	+	-	+	-	-

   根据上表结果，指出各传递体在传递链上的排列次序、电子传递方向和抑制剂的作用部位。
   (2) 如果以琥珀酸作为电子供体，则得到的结果见下表：

抑制剂	m	n	o	p	q
抗霉素 A	+	+	-	-	+
氰化物	+	+	-	+	+
鱼藤酮	-	-	-	-	-
安米妥	+	-	-	-	-

根据上表结果，进一步指出各传递体在传递链上的排列次序。

7. 当 X 作为唯一的碳源和氢源，Y 作为唯一的环境的电子受体时，如仅从能量上考虑，在下列情况下细菌是否能存活？为什么？（假定 $\Delta E' = \Delta E^{0\prime}$）
   (1) X 是 β-羟丁酸，Y 是硫元素。
   (2) X 是乙酸，Y 是乙醛。
   (3) X 是乙醇，Y 是 SO_4^{2-}。
   (4) X 是乙醇，Y 是硫元素。
8. 在一线粒体制剂中，在 CoA、氧气、ADP 和无机磷酸存在的情况下进行脂肪酸的氧化。
   (1) 每一个二碳单位转变成两分子 CO_2 时，将产生多少分子 ATP？
   (2) 如在体系中加入安米妥(amytal)，则又能产生多少 ATP？
   (3) 假如加入 2,4-二硝基苯酚(DNP)，情况又如何？
9. 某些细菌能够生存在极高的 pH 环境下(pH 约为 10)，你认为这些细菌能够使用跨膜的质子梯度产生 ATP 吗？
10. 20 世纪 60 年代有人做了以下实验，先将叶绿体悬浮在 pH4 的酸性环境下，以使其基质和类囊体的 pH 呈酸性，然后在将叶绿体转移到 pH8 的碱性环境之中。这种迅速提高基质 pH(类囊体的 pH 暂时维持在 4)的做法可导致 ATP 的合成并使得类囊体和基质的 pH 的差异消失。
    (1) 试解释 ATP 为什么能被合成。
    (2) 该实验需要光才能工作吗？
    (3) 如果是先将叶绿体悬浮在 pH8 的环境下，以使其基质和类囊体的 pH 呈酸性，然后在将其转移到 pH4 的酸性环境之中，则会发生什么变化？
    (4) 这个实验是支持化学渗透学说还是否定化学渗透学说？
11. 有人声称获得了单个分子的 F_1/F_0-ATP 合酶，并使用机械的方法将其头部转动，在没有质子梯度的情况下合成出 ATP。你认为这样的实验结果意味着什么？如将这样的实验结果撰写成论文并投给国际一流的杂志，你认为能发表吗？
12. 化学渗透学说认为，线粒体内膜两侧的 H^+ 浓度差是驱动 ATP 形成的原因。在 25℃ 及标准状态下，计算形成 1 个高能磷酸键时，线粒体内膜两侧所需的 pH 差值。
13. 每分子 NADH 氧化可产生 2.5 个分子的 ATP，设计一个实验来证实该理论。
14. 甲状腺机能亢进患者一般表现为基础代谢率增高，请运用生化知识说明。
15. ATP 分子通常在合成后 1min 内被消耗。成年人平均每天大约需要 65kg 的 ATP。由于人体 ATP 和 ADP 的总量只有约 50g。那么如此多的 ATP 是怎样产生的？ATP 有能量储存的作用吗？

五、计算题

1. 考虑下面的相互转换(25℃)：

$$\text{果糖-6-磷酸} \rightleftharpoons \text{葡萄糖-6-磷酸}$$

   该反应的 $K'_{平} = 1.97$。
   (1) 该反应的 $\Delta G^{0\prime}$ 是多少？
   (2) 如果把果糖-6-磷酸的浓度调到 1.5mol/L，葡萄糖-6-磷酸的浓度调到 0.5mol/L，

ΔG 是多少？

(3) $\Delta G^{0\prime}$ 和 ΔG 为什么不同？

(4) 在(2)给出的条件下，如果加入少量的酶加速这种转换，那么达到平衡时 ΔG 将是多少？平衡时果糖-6-磷酸和葡萄糖-6-磷酸的浓度将是多少？

2. 在柠檬酸循环反应中有下面三个连续的反应：延胡索酸→苹果酸→草酰乙酸→柠檬酸。标准自由能的变化按顺序分别是 $\Delta G_1^{0\prime}=-3.76\text{kJ}/(\text{mol/L})$，$\Delta G_2^{0\prime}=+29.3\text{kJ}/(\text{mol/L})$，$\Delta G_3^{0\prime}=-32.19\text{kJ}/(\text{mol/L})$。在标准条件下，求总反应延胡索酸转变成柠檬酸的 $\Delta G_{总}^{0\prime}$ 和 $K'_{平总}$。

3. 在标准条件下，在 pH7.0，ATP 水解的 $\Delta G^{0\prime}=-30.5\text{kJ/mol}$。如果 ATP 是在标准条件下，但在 pH5.0 时水解，所释放的自由能是更多还是更少？为什么？

4. 磷酸肌酸是在肌肉细胞处于静息状态时由 ATP 和肌酸产生。需要什么样的[ATP]/[ADP]比例才能维持[磷酸肌酸]：[肌酸]为 20：1(为了维持偶联反应的平衡，实际自由能的变化必须为零)？

答　　案

基　础　题

一、填充题

1. 氧化酶　脱氢酶　加氧酶
2. 线粒体内膜　细胞膜
3. NAD^+　CoQ　细胞色素 c
4. 复合体Ⅰ　复合体Ⅲ　复合体Ⅳ
5. 琥珀酸脱氢酶
6. 氧化磷酸化过程中每消耗 1mol 氧原子所消耗的无机磷酸的物质的量

   2.5　1.5　0
7. 与氧化态的细胞色素 aa_3 结合阻断呼吸链
8. 细胞色素　Fe-S 蛋白
9. 2
10. 在棕色脂肪组织里作为天然的解偶联剂产热
11. 细胞色素 b　细胞色素 c
12. Cu_A 和 Cu_B
13. 结构偶联　构象偶联　化学渗透　化学渗透
14. K^+　K^+ 和 H^+
15. 纯化得到 F_1/F_0-ATP 合酶
16. 泛醌
17. 超氧化物歧化酶　破坏超氧阴离子
18. 细胞色素 aa_3→O_2
19. $\Delta G<0$
20. ΔG　ΔG^0　$\Delta G^{0\prime}$

二、是非题

1. 错。呼吸链上的各种成分并非以等物质的量比例存在。
2. 错。氧化还原电位越高，其得电子的能力就越强；相反，氧化还原电位越低，其失电子的能力就越强。因此在呼吸链之中，电子的自发流动方向是从标准氧化还原电位高的成分到标准氧化还原电位低的成分。
3. 对。
4. 错。细胞色素 c 作为一种可溶性的流动的电子传递体，不属于任何复合体。
5. 错。NADPH 通常作为生物合成的还原剂，并不能直接进入呼吸链接受氧化。只是在特殊的酶的作用下，NADPH 上的 H 被转移到 NAD^+ 上，然后由 NADH 进入呼吸链。
6. 错。因为此反应产生了 H^+，H^+ 浓度为 1mol/L(ΔG^0)和 H^+ 为 10^{-7}mol/L($\Delta G^{0\prime}$)情况下，标准自由能的变化是十分不同的。
7. 对。
8. 错。除了呼吸链的氧化磷酸化以外，底物水平磷酸化和代谢底物分子内能量重新分布也都可以产生 ATP。
9. 错。体内参与各种供能反应最多的是 ATP。

10. 对。
11. 对。
12. 错。电子传递链中的四种电子传递复合体中的三种即复合体Ⅰ、复合体Ⅲ、复合体Ⅳ都和质子传递有关。复合体Ⅱ参与的是低能电子传递途径,仅琥珀酸的电子经 FAD 传给 CoQ。复合体Ⅱ传递电子时不伴随质子的泵出。
13. 对。磷酸肌酸在供给肌肉能量上特别重要,它作为储藏~P 的分子以产生收缩所需要的 ATP,当肌肉的 ATP 浓度高时,末端磷酸基团即转移到肌酸上,产生磷酸肌酸,当 ATP 的供应因肌肉运动而消耗时,ADP 浓度增高,促进磷酸基团向相反方向转移,即生成 ATP。
14. 对。在生物系统中 ATP 作为自由能的即时供体,而不是自由能的储存形式。

三、选择题

(一) 单项选择题

1. (A)米酵菌酸与苍术苷一样都是线粒体内膜上 ADP/ATP 交换体的抑制剂。
2. (B)
3. (E)Pi、苹果酸、柠檬酸和丙酮酸都能通过线粒体内膜上相应的穿梭载体被运输通过内膜,只有 NADH 没有相应的运输载体,所以它不能透过内膜。
4. (C)苹果酸脱氢酶、柠檬酸合酶和顺乌头酸酶溶解在线粒体的基质中,单胺氧化酶则定位于线粒体外膜上,只有琥珀酸脱氢酶是整合在线粒体内膜上,可作为线粒体内膜的标志酶。
5. (C)电子传递的方向是从标准氧化还原电位低的成分到标准氧化还原电位高的成分,细胞色素 a(Fe^{2+}/Fe^{3+})最接近呼吸链的末端,因此它的标准氧化还原电位最高。
6. (D)NAD^+和 NADPH 的内部都含有 ADP 基团,因此与 ADP 一样都含有高能磷酸键,烯醇式丙酮酸磷酸也含有高能磷酸键,只有 FMN 没有高能磷酸键。
7. (B)甘油酸-1,3-二磷酸→甘油酸-3-磷酸是糖酵解中的一步反应,此反应中有 ATP 的合成。
8. (D)
9. (E)肉毒碱的生理功能是帮助长链脂肪酸转运到线粒体内,并不是呼吸链的成员。
10. (E)组成呼吸镀的主要成分有烟酰胺核苷酸、黄素蛋白、铁硫蛋白、辅酶 Q 及细胞色素 5 类,形成呼吸链的 4 个复合体。其中辅酶 Q 属于脂溶性醌类化合物。
11. (C)
12. (C)2,4-二硝基苯酚抑制线粒体内的氧化磷酸化作用,使呼吸链传递电子释放出的能量不能用于 ADP 磷酸化生成 ATP,所以 2,4-二硝基苯酚是一种氧化磷酸化的解偶联剂。

(二) 多项选择题

1. (B、C、D)葡萄糖-6-磷酸不具有高能磷酸键,因此不是高能化合物。
2. (A、B、C、D)
3. (A、B、C、D)四种代谢途径均需要核苷三磷酸的参与。例如,糖原合成需要 UTP,蛋白质合成需要 GTP,卵磷脂合成需要 CTP,胆固醇合成需要 ATP。
4. (B、D)P/O 值指的是每消耗 1mol 原子氧所消耗无机磷或生成 ATP 的物质的量。
5. (A、B、C、D)ATP 是多种生理活动能量的直接提供者,体内能量的生成、转化、储存和利用,都以 ATP 为中心。ATP 充足时分子中高能磷酸键可转给肌酸形成磷酸肌酸,在活细胞中 ATP 水解时释放的能量超过 30.5kJ/mol。
6. (A、B、C)呼吸链成分是按 $E^{0\prime}$值(标准氧化还原电位)从低到高的顺序排列,标准自由能变化($\Delta G^{0\prime}$)与还原电位变化($\Delta E^{0\prime}$)之间的关系是 $\Delta G^{0\prime}=-nF\Delta E^{0\prime}$($F$ 为法拉第常数),电子从 NADH 传递给氧的过程,自由能的变化是负值,呼吸链的电子传递和 ADP 磷酸化是偶联的,但并不依赖于氧化磷酸化,呼吸链中的递氢体同时也都是递电子体,但呼吸链中的递电子体并不一定也是递氢体,如细胞色素。电子传递过程中卟啉环中的铁经历了由还原状态到氧化状态的变化即 $Fe^{3+}\rightarrow Fe^{2+}$的变化。

四、名词解释

1. 生物氧化(biological oxidation):生物体内有机物质氧化而产生大量能量的过程称为生物氧化。生物氧化在细胞内进行,氧化过程消耗氧放出 CO_2 和 H_2O,所以有时也称之为"细胞呼吸"或"细胞氧化"。生物氧化包括:有机碳氧化变成 CO_2;底物氧化脱氢、氢及电子通过呼吸链传递、分子氧与传递的氢结成水;在有机物被

氧化成 CO_2 和 H_2O 的同时，释放的能量使 ADP 转变成 ATP。

2. 呼吸链(respiration chain)：有机物在生物体内氧化过程中所脱下的氢原子，经过一系列有严格排列顺序的传递体组成的传递体系进行传递，最终与氧结合生成水，这样的电子或氢原子的传递体系称为呼吸链或电子传递链。电子在逐步的传递过程中释放出能量被用于合成 ATP，以作为生物体的能量来源。
3. P/O 值(P/O ratio)：电子经过呼吸链的传递作用最终与氧结合生成水，在此过程中所释放的能量用于 ADP 磷酸化生成 ATP。经此过程每消耗 1mol 原子氧所消耗无机磷或生成 ATP 的物质的量称为磷氧值(P/O)，如 NADH 的 P/O 值是 2.5，$FADH_2$ 的 P/O 值是 1.5。
4. 氧化磷酸化(oxidative phosphorylation)：在底物脱氢被氧化时，电子或氢原子在呼吸链上的传递过程中伴随 ADP 磷酸化生成 ATP 的作用，称为氧化磷酸化。氧化磷酸化是生物体内的糖、脂肪、蛋白质氧化分解合成 ATP 的主要方式。
5. 底物水平磷酸化(substrate level phosphorylation)：在底物被氧化的过程中，底物分子内部能量重新分布产生高能磷酸键(或高能硫酯键)，由此高能键提供能量使 ADP(或 GDP)磷酸化生成 ATP(或 GTP)的过程称为底物水平磷酸化。此过程与呼吸链的作用无关，以底物水平磷酸化方式只产生少量 ATP。
6. 解偶联作用(uncoupling)：能破坏氧化磷酸化反应中电子传递与磷酸化的偶联，使得电子传递过程正常，但不伴随 ATP 的生成，氧化释放出的能量全部以热能的形式释放。
7. 高能化合物(high energy compound)：指体内氧化分解中，一些化合物通过能量转移得到了部分能量，把这类储存了较高能量的化合物(如腺苷三磷酸、磷酸肌酸)称为高能化合物。它们是生物释放、储存和利用能量的媒介，是生物界直接的供能物质。生物体内，键水解时能释放 30kJ/mol 以上键能的化合物称为高能化合物。

五、问答题

1. (1) β-羟丁酸→NAD^+→FMN→Fe-S→CoQ→Cyt b→Fe-S→Cyt c_1→Cyt c。

(2) 可产生 1.5 分子的 ATP，因为细胞色素氧化酶(Cyt aa_3)被抑制。

(3) 不能，因为 NADH 不能自由地通过线粒体内膜。

(4) 抑制细胞色素氧化酶，使得电子从 Cyt c 离开呼吸链。

(5) β-羟丁酸 + 2Cyt c-Fe^{3+} +2ADP +2Pi + $4H^+$→乙酰乙酸 + 2Cyt c-Fe^{3+} + 2ATP+ $2H_2O$

(6) −35.8kJ/mol

(7) 鱼藤酮是一种电子传递的抑制剂，它的抑制部位为复合体Ⅰ，因此当在体系中加入鱼藤酮以后，电子传递和氧化磷酸化均受到抑制。

2. 2,4-二硝基苯酚(DNP)作为一种解偶联剂，能够破坏线粒体内膜两侧的质子梯度，使质子梯度转变为热能，而不是 ATP。在解偶联状态下，电子传递过程完全是自由进行的，底物失去控制地被快速氧化，细胞的代谢速率将大幅度提高。这些将导致机体组织消耗其存在的能源形式，如糖原和脂肪，因此有减肥的功效。但是由于这种消耗是失去控制的消耗，同时消耗过程中过分产热，这势必会给机体带来强烈的副作用。
3. 氰化钾的毒性是因为它在细胞内阻断了呼吸链。氰化钾中的 N 原子含有孤对电子能够与呼吸链中的细胞色素 aa_3 的氧化形式，即高价铁形式(Fe^{3+})以配位键结合，而阻止了电子传递给 O_2。亚硝酸在体内可以将血红蛋白的血红素辅基上的 Fe^{2+} 氧化为 Fe^{3+}。当血红蛋白的血红素辅基上的 Fe^{2+} 转变为 Fe^{3+} 以后，它也可以和氰化钾结合。这就竞争性抑制了氰化钾与细胞色素 aa_3 的结合。如果在服用亚硝酸的同时，服用硫代硫酸钠，则 CN^- 可转变为无毒的 SCN^-。
4. P. Mitchell 提出的化学渗透学说的主要内容是：电子沿着呼吸链传递的时候，释放出自由能转变为跨膜(跨线粒体内膜或细菌质膜)的质子梯度。当质子通过 F_1/F_0-ATP 合酶回到线粒体基质或细菌细胞质的时候，ATP 被合成了。

化学渗透学说的主要证据包括：①氧化磷酸化需要完整的线粒体内膜；②随着细胞呼吸的进行，线粒体外室的 pH 降低；③人为建立的 pH

梯度可驱动 ATP 的合成；④破坏线粒体内膜的电化学梯度的解偶联剂（uncoupler）或离子载体（ionphore）能够抑制氧化磷酸化，相反能够提高线粒体外室 pH 的化合物能刺激 ATP 的合成；⑤分离纯化到 F_1/F_0-ATP 合酶，将该酶在体外与一种来源于嗜盐菌紫膜的细菌视紫红质（bacteriorhodopsin，在光照下，能够形成跨膜的质子梯度）重组到脂质体上，可催化 ATP 的合成。

5. 某些植物体内出现对氰化物呈抗性的呼吸形式，这种呼吸形式可能并不需要细胞色素氧化酶，而是通过其他的对氰化物不敏感的电子传递体将电子传递给氧气。

6. 先分离纯化出琥珀酸脱氢酶，然后使用蛋白酶或者无机酸，将琥珀酸脱氢酶完全水解，水解的产物进行氨基酸分析，如纸电泳。将电泳的指纹图与标准电泳图谱进行比较，找出异常的条带，回收该条带的样品，进行进一步的分析。最终可确定 FAD 是不是与酶蛋白以共价键相连，并且能够弄清楚它与哪一个氨基酸残基相连。

7. 解偶联剂是一类阻止线粒体中 ATP 合成，但不影响电子传递的物质。解偶联剂可以提高线粒体内膜对 H^+ 的通透性，减低 H^+ 梯度。在生理 pH 条件下，2，4-二硝基苯酚的分子式主要是以 $C_6H_4(NO_2)_2O^-$ 的阴离子形式存在，它可以携带 H^+ 形成 $C_6H_4(NO_2)_2OH$ 的质子化形式进入线粒体内膜，释放质子后，又以阴离子形式返出线粒体，以便再次运输质子进入线粒体，在此过程中消除了 H^+ 的线粒体内膜两侧的梯度。

8. 电子经过呼吸链的传递作用最终与氧结合生成水，在此过程中所释放的能量用于 ADP 磷酸化生成 ATP。经此过程消耗一个原子的氧所要消耗的无机磷酸的分子数（也是生成 ATP 的分子数）称为磷氧比值（P/O）。影响氧化磷酸化的因素如下。

(1) ATP/ADP 值：ATP/ADP 值是调节氧化磷酸化速度的重要因素。ATP/ADP 值下降，可致氧化磷酸化速度加快；反之，当 ATP/ADP 值升高时，则氧化磷酸化速度减慢。

(2) 甲状腺激素：甲状腺激素可以激活细胞膜上的 Na^+、K^+-ATP 酶，使 ATP 水解增加，因而使 ATP/ADP 值下降，氧化磷酸化速度加快。

(3) 抑制剂：根据作用原理和部位不同，可分为以下三类。①电子传递抑制剂：能够抑制呼吸链递氢或递电子过程，主要包括异戊巴比妥、粉蝶霉素 A、鱼藤酮、抗霉素 A、二巯基丙醇、CO、H_2S 和 CN^-、N_3^-。②解偶联剂：不抑制呼吸链的递氢或递电子过程，但能使氧化产生的能量不能用于 ATP 的产生，其机制是消除 H^+ 的跨膜梯度，使氧化过程释放的能量不能用于 ATP 的合成反应，主要的解偶联剂有 2，4-二硝基苯酚。③氧化磷酸化的抑制剂：对电子传递和 ADP 磷酸化均有抑制作用，主要有寡霉素。

9. 解偶联剂是将电子传递过程与 ATP 的偶联破坏，呼吸作用正常进行，有 O_2 的消耗，但无 ATP 的产生。鱼藤酮、氰化物等抑制剂是分别在特定部位阻断呼吸链的电子传递，从而抑制 ATP 的产生。与解偶联剂和抑制剂不同的是，寡霉素并不阻碍呼吸链的电子传递，但却通过与 ATP 合酶的 F_0 亚基相互作用，阻断质子由 F_0 向 F_1 的传递，从而抑制整个呼吸作用。

10. 铁硫蛋白是一种非血红素铁蛋白，其活性部位含有非血红素铁原子和对酸不稳定的硫原子，此活性部位被称为铁硫中心。铁硫蛋白是一种存在于线粒体内膜上的与电子传递有关的蛋白质。铁硫蛋白中的铁原子与硫原子通常以等物质的量存在，铁原子与蛋白质的四个半胱氨酸残基结合。根据铁硫蛋白中所含铁原子和硫原子的数量的不同，可分为三类：Fe-S 中心、Fe_2-S_2 中心和 Fe_4-S_4 中心。在线粒体内膜上，铁硫蛋白和递氢体或递电子体结合为蛋白复体。已经证明在呼吸链的复合物Ⅰ、复合物Ⅱ、复合物Ⅲ中均结合有铁硫蛋白。其功能是通过二价铁离子和三价铁离子的化合价变化来传递电子，而且每次只传递一个电子，是单电子传递体。

11. 分解代谢释放自由能，其中一些自由能以富含能量的 ATP 形式捕获，其余则以热的形式散失在环境中。当进行分解代谢时，因为散失的热使环境的熵增加，所以总的 $\Delta S>0$，与分解代谢的不可逆性一致。

12. 在 pH6,磷酸基的离子化程度比 pH5 时更高,能增大静电相互排斥,因而 ATP 水解时 ΔG 增加的幅度更大(即释放的自由能更多)。

六、计算题

1. 当反应达到平衡时,

(1) $[A]=0.01\times0.2=0.02(mol/L)$,

$[B]=[C]=0.99\times0.2=0.198(mol/L)$

$K'_{平}=([B][C])/[A]=(0.198)\times(0.198)/0.02=19.6$

(2) $\Delta G^{0}{}'=-2.303RT\log K'_{平}=-2.303\times8.315\times298\times\log19.6=-7.4mol/L$

(3) 逆反应的 $\Delta G^{0}{}'$应与正反应的 $\Delta G^{0}{}'$ 的数值相等,但符号相反。所以逆反应的 $\Delta G^{0}{}'=7.4mol/L$

2. 首先计算标准条件下该反应自由能的变化。根据已知的条件,可以计算该反应的标准自由能的变化为:

$\Delta G^{0}{}'=(-43kJ/mol)+(30.5kJ/mol)=-12.5kJ/mol$

在生理条件下,自由能的变化为:

$\Delta G'=\Delta G^{0}{}'+RT\ln[肌酸][ATP]/[磷酸肌酸][ADP]$

$=-12.5+2.303\times8.315\times10^{-3}\times298\times\lg(1.0\times10^{-3}\times2.6\times10^{-3}/4.7\times10^{-3}\times0.2\times10^{-3})$

$=10kJ/mol$

3. 在理论上,ATP 的最大产生量是(燃料氧化产生的 $\Delta G^{0}{}'$)÷(每分子 ATP 合成所需的 $\Delta G^{0}{}'$)。在标准条件下,1mol 的葡萄糖完全氧化产生 -2850kJ/mol的自由能,每分子的 ATP 合成需消耗 30.5kJ/mol 的自由能。因此,能合成的最大 ATP 数是(-2850kJ/mol)÷(30.5kJ/mol)=93。在标准条件下,1mol 的软脂酸完全氧化产生-9781kJ/mol 的自由能,产生的 ATP 数是(-9781kJ/mol)÷(30.5kJ/mol)= 320。

提　高　题

一、填充题

1. 过氧化氢
2. NADH　$FADH_2$　细胞色素 P_{450}　细胞色素 P_{450}
3. 主动运输
4. 4
5. 纯化过程中丢失了抑制 ATP 水解的蛋白质因子
6. 结合变化(binding change)
7. Fe^{2+}　Cu^{+}　分光光度计
8. CO　CN^{-}　H_2S　叠氮化物
9. 脂肪
10. 80%
11. FCCP 与 DNP 一样作为解偶联剂使质子梯度转变成热能
12. F_1/F_0-ATP 合酶
13. 基质　移位酶
14. β　δ　ε　质子传递通道　质子梯度　ATP 合成
15. 1.5　2.5
16. NAD^{+}($NADP^{+}$)　FAD(FMN)　CoQ　铁硫蛋白　Cyt b　Cyt c　Cyt c_1　Cyt aa_3
17. NADH　$FADH_2$初始受体

二、是非题

1. 错。氧化态细胞色素 b 和细胞色素 c 之所以不能与氰化物等一些含有孤对电子的物质结合,是因为其 Fe^{3+}形成的配位键已经饱和,而不是因为它们处于呼吸链的中间。
2. 错。复合体Ⅱ的主要成分是琥珀酸脱氢酶,甘油-α-磷酸不能作为它的底物,因此不可能通过它进入呼吸链,而是通过内膜上的其他成分进入呼吸链的。
3. 对。2,4-二硝基苯酚(DNP)是一种解偶联剂,它可使呼吸链上的电子流动与氧化磷酸化失去偶联关系。本来寡霉素是通过抑制氧化磷酸化而间接抑制电子流动的。当氧化磷酸化与呼吸链不再偶联的时候,寡霉素将丧失对电子流动的抑制作用。
4. 错。NADH 脱氢酶是呼吸链复合体 I 的主要成分,它是指以 NADH 为底物的脱氢酶,该酶的辅基是 FMN。
5. 对。琥珀酸脱氢酶的辅基 FAD 与酶蛋白的一个组氨酸以共价键相连。
6. 对。在特定的条件下,电子的流动是可逆的。

7. 错。某一类 Fe-S 蛋白不含无机硫。
8. 错。复合体Ⅰ、复合体Ⅱ和复合体Ⅲ均含有 Fe-S 蛋白,但复合体Ⅳ缺乏 Fe-S 蛋白。
9. 对。呼吸作用产生跨线粒体内膜的质子梯度,线粒体基质 pH 升高,光合作用产生跨类囊体膜的质子梯度,同样使得叶绿体基质的 pH 升高。
10. 错。抗霉素 A 的作用部位是呼吸链的细胞色素 b 和细胞色素 c_1之间,因此对异柠檬酸的氧化和琥珀酸的氧化都有抑制作用。
11. 错。只要有合适的电子受体,生物氧化就能进行。
12. 错。在正常的生理条件下,电子传递与氧化磷酸化是紧密偶联的,低浓度的 ADP 限制了氧化磷酸化,因而就限制了电子的传递速率。而 2,4-二硝基苯酚(DNP)是一种解偶联剂,它可解除电子传递和氧化磷酸化的紧密偶联关系,在它的存在下,氧化磷酸化和电子传递不再偶联,因而 ADP 的缺乏不在影响电子的传递速率。
13. 对。
14. 错。生物分子的 $E^{0}{}'$值越小,则电负性越大,供出电子的倾向越大。当 $E^{0}{}'$为正值时,$\Delta G^{0}{}'$为负值,是放能反应。反应能自发进行,$E^{0}{}'$为负值时,$\Delta G^{0}{}'$为正值,是吸能反应,反应不能自发进行。
15. 错。解偶联剂使电子传递与氧化磷酸化脱节,电子传递能继续进行,但电子传递释放的能量以热形式散发,不能形成 ATP。
16. 错。鱼藤酮是来自植物的一种天然毒素,抗霉素 A 也是一种毒性很强的抗生素,它们都是呼吸链抑制剂。鱼藤酮在 NADH 脱氢酶处抑制电子传递,阻断 NADH 的氧化,但 $FADH_2$的氧化仍然能进行。抗霉素 A 抑制电子在细胞色素 bc_1复合体处的传递。
17. 错。$NADPH/NADP^+$ 的氧化还原电势与 $NADH/NAD^+$ 相同,且 $NADPH/NADP^+$ 通常不进入呼吸链,而主要是提供生物合成的还原剂。
18. 对。在正常的生理条件下,电子传递与氧化磷酸化是紧密偶联的,因而 ADP 的氧化磷酸化作用就直接影响电子的传递速率。

三、选择题

(一) 单项选择题

1. (D)复合体Ⅰ、复合体Ⅱ、复合体Ⅲ和复合体Ⅳ是呼吸链的成分,其中复合体Ⅳ最接近 O_2,因此在通入 O_2之后,它最先被氧化。
2. (C)当质子不通过 F_0进入线粒体基质的时候,ATP 就不能被合成,但电子照样进行传递,这就意味着发生了解偶联作用。
3. (B)ADP 作为氧化磷酸化的底物,能够刺激氧化磷酸化的速率,由于细胞内氧化磷酸化与电子传递之间紧密的偶联关系,因此 ADP 也能刺激电子的传递和氧气的消耗。
4. (B)乙酰 CoA 彻底氧化需要消耗 2 分子氧气,即 4 个氧原子,可产生 10 分子的 ATP,因此P/O 值是 10/4 = 2.5。
5. (E)当 ATP 的浓度较高时,ATP 的高能磷酸键被转移到肌酸分子之中形成磷酸肌酸。
6. (D)细胞色素 aa_3 的氧化还原中心是铁离子,CO 能抑制 Fe^{2+} 的形成,因此能抑制第三部位形成 ATP。
7. (D)
8. (D)F_0是疏水的,F_1是亲水的。F_0和 F_1的连接柄部含有寡霉素敏感蛋白。ATP 合酶存在于所有的能量传导膜中,包括线粒体膜、叶绿体膜和细菌的细胞膜。
9. (C)
10. (D)细胞色素 aa_3的辅基是血红素 A。它与血红素 B(亚铁原卟啉Ⅸ)的主要区别是第 2 位和第 8 位的取代基不同。其余细胞色素的辅基是血红素 B。
11. (D)延胡索酸还原成琥珀酸的氧化还原电位是 +0.03V,而硫酸铁还原成硫酸亚铁的氧化还原电位是 +0.077V,因此高铁对电子的亲和力大于延胡索酸。所以加入的琥珀酸将被氧化成延胡索酸,而硫酸铁被还原成硫酸亚铁。因此延胡索酸和硫酸亚铁的含量均增加。
12. (A)电子经呼吸链传递释放的能量,可将质子 H 从线粒体内膜基质侧泵到内膜外侧,产生质子电化学梯度。线粒体内膜外的 H^+ 浓度高于线粒体内的 H^+ 浓度,当质子顺此梯度经 ATP 合酶 F_0 部分回流时,催化 ADP 磷酸化生成 ATP。

13. (A)二巯基丙醇抑制复合体Ⅲ中细胞色素 b 与细胞色素 c_1 之间的传递。所以细胞色素 c_1 处于氧化状态。

14. (E)细胞色素是一类含有铁卟啉辅基的色素蛋白。

15. (E)人体直接供能物质是 ATP,主要来源于葡萄糖,最多储存能量来源是脂肪。

(二) 多项选择题

1. (A、B、C、D)两条呼吸链的区别至于复合体Ⅰ和复合体Ⅱ,呼吸链中所有的递氢体都可以完成电子的转移过程,因此是递电子体;细胞色素中的铁卟啉辅基均可以进行 $Fe^{2+} \rightleftharpoons Fe^{3+}+e$ 的互变,因此起到传递电子的作用。Cyt aa_3 是呼吸链的最后一个环节,可以直接将电子直接传递给氧,因此如果抑制它,会使得前面的各组分都呈还原态。

2. (A、B)真核细胞的线粒体膜和某些细菌的细胞质膜上均存在细胞色素。Cyt c 的血红素通过共价键与酶蛋白相连,其余各种细胞色素中辅基与酶蛋白均通过非共价键结合。

3. (A、B、D)Fe-S 蛋白只传递电子,其余三种可同时传递 H 和电子。

4. (A、B、D)氧化磷酸化的主要作用是提供大量 ATP,而 ADP 和 Pi 浓度升高,ATP 浓度降低代表细胞内能量缺乏,因此可以加快氧化磷酸化的过程。甲状腺素的生理作用是促进新陈代谢,提高神经兴奋性和身体发育作用,也可以加快氧化磷酸化作用。

5. (A、B、C、D)

6. (A、B、C)CoQ 是脂溶性物质,因此能在线粒体内膜中迅速扩散,可同时传递 H 和电子,是复合体Ⅰ和复合体Ⅱ的共同组成成分。CoQ_{10} 存在于人类和哺乳动物体内。

7. (C、D)FH_4 和 TPP 不是呼吸链的组分。

8. (A、C)线粒体外生成的 NADH 不能直接进入线粒体,需要借助 α-磷酸甘油穿梭(主要存在于脑和骨骼肌)和苹果酸-天冬氨酸穿梭系统(主要存在于肝和心肌)带入线粒体。

9. (A、B、D)丙酮酸进入线粒体内由丙酮酸脱氢酶催化进行氧化脱羧,生成的乙酰辅酶 A 进入三羧酸循环进行的二次脱羧反应分别由异柠檬酸脱氢酶和 α-酮戊二酸脱氢酶催化。

10. (A、B)异戊巴比妥与复合体Ⅰ中的铁硫蛋白结合,阻断电子传递,所以 NAD^+ 和 FMN 处于还原状态。

11. (A、C)除线粒体外,细胞的微粒体和过氧化物酶体也是生物氧化的重要场所,其中存在一些不同于线粒体的氧化酶类,组成特殊的氧化体系,其特点是在氧化过程中不伴有偶联磷酸化,不能生成 ATP。

四、问答题

1. (1) Cyt c→Cyt a→Cyt a_3→O_2。

 (2) 阻止外源底物的氧化。

 (3) 有一个位点与细胞色素氧化酶相联系。

 (4) $2Cyt\ c\text{-}Fe^{2+}+1/2O_2+2ADP+2Pi+4H^+ \longrightarrow 2Cyt\ c\text{-}Fe^{3+}+2ATP+2H_2O$

 (5) 70kJ/mol

2. 琥珀酸脱氢酶不能使用 NAD^+ 作为辅基,这是因为 $NAD^+/NADH+H^+$ 的标准氧化还原电位不同于 $FAD/FADH_2$ 的标准氧化还原电位:$E^{0\prime}(NAD^+/NADH+H^+)=-0.32V$,$E^{0\prime}(FAD/FADH_2)=-0.22V$。而 $E^{0\prime}$(反丁烯二酸/琥珀酸)= 0.03V。一种物质的 $E^{0\prime}$ 越大,越容易得到电子。所以琥珀酸很难将电子交给 NAD^+。

3. 反应系统中加入一些丙二酸是为了抑制系统中的琥珀酸脱氢酶的活性,这样系统中生成的 ATP 仅仅是由 α-酮戊二酸经脱氢反应产生的。P/O 值为 2.5+1=3.5,其中 2.5 分子 ATP 是由 α-酮戊二酸经脱氢产生的 NADH 经过呼吸链氧化形成的,1 分子 ATP 在琥珀酰 CoA→琥珀酸的反应中生成。

4. [ADP] = 1.44mmol/L

 [AMP] = 0.29mmol/L

 $\Delta G'=\Delta G^{0\prime}+2.3RT\log[ADP][Pi]/[ATP]$

 $=-41.2kJ/mol$

5. (1) 抑制剂 A 和抑制剂 B 分别是氧化磷酸化抑制剂和解偶联剂。

 (2) 与 A 相似的抑制剂有寡霉素和二环己基碳二亚胺;与 B 相似的抑制剂有羰基氰-对-三氟甲氧基苯腙(FCCP)和产热蛋白(thermogenin)。

6. (1) 各成分在传递链中的排列次序及几种抑制

剂的作用位点应该是：

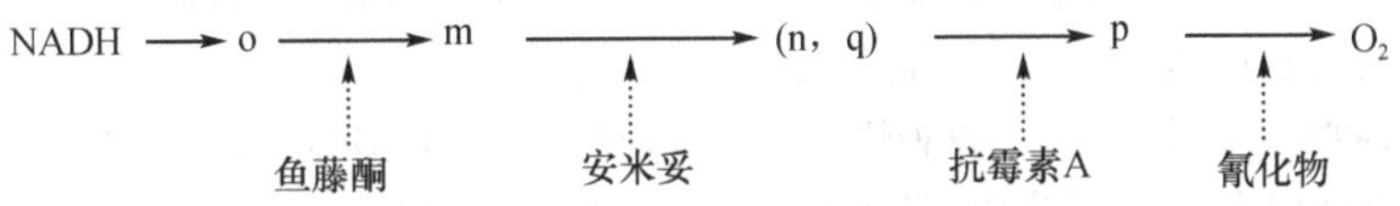

(2)

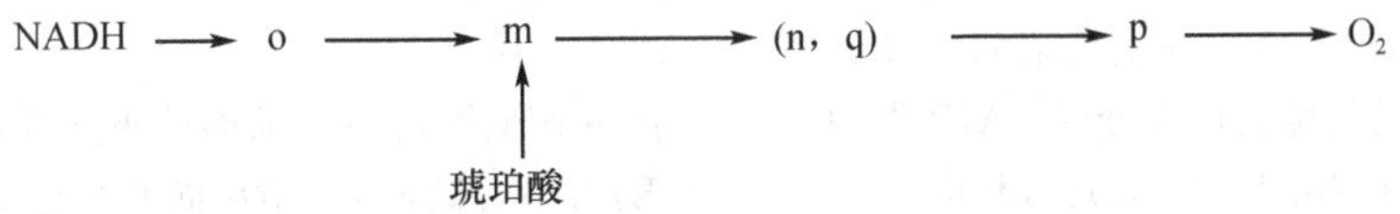

7. 为了提供细菌能量，电子从 X 转移给 Y 必须至少释放足够的自由能以驱使 ATP 的合成。根据自由能的计算公式可以得出(2)和(3)两种情况下能够生成 ATP，因此在这种情况下细菌能存活；相反(1)和(4)则不适于细菌存活。

8. (1) 每一个二碳单位可转变成一分子乙酰 CoA 和一分子 NADH 及一分子 $FADH_2$，三者彻底氧化可产生 10+2.5+1.5=14 分子的 ATP。
   (2) 4 分子 ATP。
   (3) 1 分子 ATP。

9. 这样的细菌不能够使用跨膜的质子梯度产生 ATP，这是因为如果要求它们与一般的细菌一样使用质子梯度产生 ATP，则需要其细胞质具有更高的 pH，在这种情况下细胞是不能生存的。当然，这些细菌可使用其他的离子梯度，如钠离子梯度驱动 ATP 的合成。

10. (1) 这种转换造成了人为的质子梯度，类囊体膜上的 F_1/F_0-ATP 合酶可利用这种梯度合成 ATP。
    (2) 该实验不需要光就能工作，这是因为不需要光驱动的光合链产生质子梯度。
    (3) 不会合成 ATP，因为生成的质子梯度方向不对。
    (4) 这个实验说明单靠质子梯度就可以驱动 ATP 合成，因而它是化学渗透学说的一个有力的证据。

11. 如果真有这样的实验结果，那么它可用来支持 F_1/F_0-ATP 合酶催化合成 ATP 的两步模型：按照此模型，质子通过 F_1/F_0-ATP 合酶底部的流动而驱动了酶分子头部的转动，酶分子头部的转动直接推动了 ATP 的合成。显而易见，此实验成功地将两步分开来，在没有质子梯度的情况下，单凭机械的手段使酶分子头部转动而合成了 ATP。F_1/F_0-ATP 合酶俨然是一个分子马达。如将这样的实验结果撰写成论文并投给国际一流的杂志无疑将会产生轰动。

12. ATP 的合成是与 $2H^+$ 从内膜外侧移动到内膜内侧相偶联的，ATP 合酶催化的反应为：

    $ATP+P\,i+2H^+$(外侧)$\longrightarrow ATP+H_2O+2H^+$(内侧)

    $2H^+$移动时的 ΔG 为：

    $$\Delta G=2.3RT\log[H^+]^2\text{内侧(低浓度 }H^+\text{)}/[H^+]^2\text{外侧(高浓度 }H^+\text{)}$$

    即 $\Delta G=-2.3RT\times2\times\Delta pH$

    在标准状态下，合成 ATP 所需的能量为 32.186kJ/mol，即为 $2H^+$穿过内膜移动的驱动力，因此 ΔpH 所提供的 ΔG 必须是−32.186kJ。

    $\Delta G=-5.696\times2\times\Delta pH$

    即 $-32.186=-11.392\times\Delta pH$

    $\Delta pH=(-32.186)/(-11.392)=2.82$

    因此，形成一个高能磷酸键，即形成一分子 ATP，线粒体内膜两侧所需 pH 差为 2.82 单位。

13. 制备一个无氧的线粒体悬浮液，体系中加入 NADH。当体系中引入氧的时候，测定 ATP 浓度的增加量，同时用分光光度法测定悬浮液在 340nm 处光吸收的变化。340nm 处光吸收的降低，可以定量表征 NADH 的消耗，根据朗伯-比尔方程，计算出 NADH 的变化量，与 ATP 的增加量的比值，约为 2.5。

14. 甲状腺素能诱导细胞膜 Na^+、K^+-ATP 酶生成，此酶催化 ATP 的分解反应，释放的能量增加。大量 ADP 生成后进入线粒体，导致氧化磷酸化加强，促进物质氧化，使细胞耗氧量也增加。结果耗氧量和产热量均增加，故患者表现为基础代谢率升高。

15. 虽然 ATP 能快速地用于能量目的。例如，肌肉收缩和跨膜转运，但是，它也能通过中间代谢过程从 ADP 和 Pi 快速再合成。该过程所需的能量由糖、脂质和氨基酸的降解或由能量储存分子，如肌肉组织的磷酸肌酸（磷酸肌酸+ADP→肌酸+ATP）来提供。由于有这种快速的再循环，50g 的 ATP 和 ADP 可以满足身体每日对化学能的需要。ATP 只是起着自由能递体的作用而不是能量的储存分子。ATP 不能被储存，但它可在需能反应中快速被利用。

五、计算题

1. (1) $\Delta G^{0\prime} = -2.303RT\log K'_{平} = -2.303\times 8.315\times 298\times \log 1.97 = -1.67\text{kJ/(mol/L)}$

(2) $\Delta G = \Delta G^{0\prime} + 2.303RT\log$([葡萄糖-6-磷酸]/[果糖-6-磷酸])

$= -1.67 + 2.303\times 8.315\times 298\times \log(0.5/1.5)$

$= -4.4\text{kJ/(mol/L)}$

(3) 在给定温度下，任何一个反应的 $\Delta G^{0\prime}$ 都是一个固定值，而且是在标准条件下（果糖-6-磷酸和葡萄糖-6-磷酸的浓度都是 1mol/L）定义的。相反，ΔG 是非标准条件下的自由能的变化，它随反应物和产物起始浓度的变化而变化。

(4) 当反应处在平衡状态时，没有自由能的变化，即 $\Delta G = 0$。所以从处于平衡状态的反应中不可能得到能够做功的能量。由于平衡常数大约是 2，因此，在平衡时，当有一分子的果糖-6-磷酸存在，就有两分子的葡萄糖-6-磷酸存在。果糖-6-磷酸和葡萄糖-6-磷酸的总浓度是 2mol/L（1.5+0.5），该混合物的 1/3 是果糖-6-磷酸，2/3 是葡萄糖-6-磷酸。因此，

[果糖-6-磷酸] = (2mol/L) × 1/3 = 1.67 (mol/L)

[葡萄糖-6-磷酸] = (2mol/L) × 2/3 = 1.33 (mol/L)

2. $\Delta G^{0}_{总}{}' = \Delta G^{0}{}'_1 + \Delta G^{0}{}'_2 + \Delta G^{0}{}'_3 = -3.76 + 29.3 + (-32.19) = -6.65\text{(kJ/mol)}$

因为

$\Delta G^{0}_{总}{}' = -2.303RT\log K'_{平总} = -5706.5\log K_{平总}'$

$\log K'_{平总} = \Delta G^{0}_{总}{}'/-5706.5 = 1.165$

$K'_{平总} = 14.9$

在一个顺序反应中，前面的吸能反应只要一经形成产物，就会立即被后面的放能反应消耗掉，从而推动总的反应顺序向右进行。

3. ATP 水解的总反应式大致是：

$$ATP^{4-} + H_2O \rightarrow ADP^{3-} + HPO_4{}^{2-} + H^+$$

在标准条件下，ATP^{4-}、ADP^{3-} 和 $HPO_4{}^{2-}$ 的浓度都是 1mol/L，H_2O 浓度是 55mol/L，并在反应中没有什么变化。在 pH 7.0 时，1mol ATP 水解有 30.5kJ 的自由能释放出来。由于 H^+ 是反应中产生的，如果 H^+ 的浓度比较高（pH5.0），平衡会向左移动。因此释放出的自由能减少。

4. 先计算 ATP 和肌酸反应的 $\Delta G^{0\prime}$：

$$\text{肌酸} + Pi \longrightarrow \text{磷酸肌酸} + H_2O$$

$$\Delta G^{0\prime} = +43\text{(kJ/mol)}$$

$$ATP + H_2O \longrightarrow ADP + Pi$$

$$\Delta G^{0\prime} = -30.5\text{(kJ/mol)}$$

$$\text{肌酸} + ATP \longrightarrow \text{磷酸肌酸} + ADP$$

$$\Delta G^{0\prime} = +12.5\text{(kJ/mol)}$$

维持[磷酸肌酸]：[肌酸] = 20：1 所需的[ATP]/[ADP]的比例可用自由能变化的公式计算：

$\Delta G^{0\prime} = -RT\ln$([磷酸肌酸][ADP]/[肌酸][ATP])

$\ln(20\times[ADP]/1\times[ATP]) = -\Delta G^{0\prime}/RT = -(12\,500\text{J/mol})/(8.315)(298) = -5.24$

$20\times[ADP]/1\times[ATP] = 5.3\times 10^{-3}$

[ATP]：[ADP] = 3800：1

第九章　糖　代　谢

学习指导

1. 对糖类的复杂代谢途径及生理学意义有全面概括性的了解。
2. 重点掌握糖酵解、三羧酸循环、糖异生的反应过程及催化的酶。
3. 全面理解糖酵解、三羧酸循环、糖异生途径的生物学意义及调控机制。
5. 熟悉光合作用的反应阶段、光合磷酸化的概念和过程,以及 C_3 途径(植物)和 C_4 途径(植物)的区别。
6. 重点掌握每条糖代谢途径之间相互联系,以及与其他物质(如脂质、蛋白质、核酸)代谢的相互关系。

基　础　题

一、填充题

1. 体内糖原降解选用________方式切断 α-1,4-糖苷键,选用________方式切断 α-1,6-糖苷键。对应的酶分别是________和________。
2. 水解淀粉的酶类包括________和________。前者主要存在于动物消化道中,后者主要存在于植物中。其中________可以越过支链作用,催化活力较高。
3. 葡萄糖在无氧条件下氧化,并产生能量的过程称为________,也称________途径。实际上葡萄糖有氧分解的前十步反应也与之相同。
4. ________催化的反应是 EMP 途径中的第一个氧化反应。产物分子________中的磷酸基转移给 ADP 生成 ATP,是 EMP 途径中的第一步底物磷酸化反应。
5. EMP 途径中第二次底物水平磷酸化是________酶催化甘油酸-2-磷酸的分子内脱水反应,造成分子内能量重新排布,产生高能磷酸键,后者通过________酶的作用将能量传给 ADP 生成 ATP。
6. 葡萄糖的无氧分解只能产生________分子 ATP,而有氧分解可以产生________分子 ATP。
7. 一分子游离的葡萄糖参入糖原中,然后在肝脏中重新转变为游离的葡萄糖,这一过程需要消耗________分子 ATP。
8. 丙酮酸脱氢酶系位于________上,它所催化的丙酮酸氧化脱羧是葡萄糖代谢中第一个产生________的反应。
9. TCA 循环的第一个产物是________。由________、________和________所催化的反应是该循环的主要限速反应。
10. TCA 循环中有二次脱羧反应,分别是由________和________催化。脱去的 CO_2 中的 C 原子分别来自于草酰乙酸中的________和________。再生的草酰乙酸其余的两个

C 来自于________。

11. 糖酵解产生的 NADH · H^+必须依靠________系统或________系统才能进入线粒体，分别转变为线粒体中的________和________。
12. 戊糖磷酸途径是________代谢的另一条主要途径，广泛存在于动物、植物、微生物体内，在细胞的________内进行。
13. 通过戊糖磷酸途径可以产生________、________和________这些重要化合物。
14. 乙醛酸循环中不同于 TCA 循环的两个关键酶是________和________。
15. 光合作用分为________和________两个阶段。第一阶段主要在叶绿体的________部位进行，第二阶段主要在叶绿体的________部位进行。
16. 绿色植物中主要的光敏色素是________，其他光敏色素有________等。
17. C_3 循环固定 CO_2的第一个产物是________。C_4 循环固定 CO_2的第一个产物是________。
18. C_3 循环的限速酶是________，C_4 循环的限速酶是________。
19. 糖异生主要在________中进行，饥饿或酸中毒等病理条件下________也可以进行糖异生。
20. 乳酸脱氢酶在体内有五种同工酶，其中肌肉中的乳酸脱氢酶对________的亲和力特别高，主要催化________反应。
21. 糖原磷酸化酶的辅基是________，参与催化的是________基团。
22. 丙酮酸脱氢酶系共需要________、________、________、________、________和________六种辅助因子。
23. 一分子葡萄糖在人红细胞里完全氧化最多可产生________分子的 ATP。

二、是非题

1. ATP 是磷酸果糖激酶（PFK-1）的别构抑制剂。
2. 肝脏磷酸果糖激酶（PFK-1）还受 F-2,6-2P 的抑制。
3. L 型（肝脏）丙酮酸激酶受磷酸化的共价修饰，在相应的蛋白激酶作用下挂上磷酸基团后降低活性。
4. 沿糖酵解途径简单逆行，可从丙酮酸等小分子前体物质合成葡萄糖。
5. 丙酮酸脱氢酶系中电子传递方向为硫辛酸→FAD→NAD^+。
6. 丙酮酸脱氢酶系中的酶 1，即丙酮酸脱羧酶受磷酸化激活。
7. 三羧酸循环的所有中间产物中，只有草酰乙酸可以被该循环中的酶完全降解。
8. 三羧酸循环可以产生 NADH · H^+和 $FADH_2$，但不能直接产生 ATP。
9. 所有来自戊糖磷酸途径的还原能都是在戊糖磷酸循环的前三步反应中产生的。
10. 乙醛酸循环作为 TCA 循环的变体，广泛存在于动物、植物、微生物体内。
11. 乙醛酸循环和 TCA 循环中都有琥珀酸的净生成。
12. 暗反应只能在没有光照的条件下进行。
13. 光合作用都在叶绿体中进行。
14. 非循环式光合磷酸化既可产生 ATP，也可产生 O_2和 NADPH。
15. 大多数的叶绿素蛋白复合体不进行光化学反应，但它们可以将吸收的光能传递给反应中心叶绿素蛋白复合体。

16. 己糖激酶催化的反应是糖酵解的第一步反应,也是一步不可逆反应,因此,它是糖酵解最重要的调控位点。

17. 丙二酸对琥珀酸脱氢酶的抑制效应是 V_{max} 不变,K_m 增加。

18. 光合作用中,PEP 羧化酶和 RuBP 羧化酶的最大区别是它没有加氧酶的活性,因此可以在 CO_2 浓度较低的情况下催化羧化反应,不会受到 O_2 的干扰。

19. 1 分子的葡萄糖在有氧的情况下经过 EMP 途径产生 7 分子 ATP。

三、选择题

(一) 单项选择题(下列各题均有五个备选项,其中一个是正确的,请将其代码填入括号内)

1. 下列激酶(葡萄糖激酶、己糖激酶、磷酸果糖激酶、丙酮酸激酶)中哪些参与了 EMP 途径,分别催化途径中三个不可逆反应?( )
   A. 葡萄糖激酶、己糖激酶、磷酸果糖激酶
   B. 葡萄糖激酶、磷酸果糖激酶、丙酮酸激酶
   C. 葡萄糖激酶、己糖激酶、丙酮酸激酶
   D. 己糖激酶、磷酸果糖激酶、丙酮酸激酶
   E. 都不对

2. 下列途径中哪个主要发生在线粒体中?( )
   A. 糖酵解途径 B. 三羧酸循环 C. 戊糖磷酸途径
   D. 脂肪酸合成(从头合成) E. C_3 循环

3. C-1 被同位素标记的葡萄糖分子经 EMP 途径降解为丙酮酸后,同位素标记可能出现在丙酮酸的哪一位 C 原子上?( )
   A. C-1 B. C-2 C. C-3 D. 都可能 E. 都不会

4. 糖原中一个糖基转变为 2 分子乳酸,可净得几分子 ATP?( )
   A. 1 B. 2 C. 3 D. 4 E. 5

5. 丙酮酸脱氢酶系是个复杂的结构,包括多种酶和辅助因子。下列化合物中哪个不是丙酮酸脱氢酶组分?( )
   A. TPP B. 硫辛酸 C. FMN D. Mg^{2+} E. NAD^+

6. 下述哪种情况可导致丙酮酸脱氢酶系活性升高?( )
   A. ATP/ADP 值升高 B. CH_3COCoA/CoA 值升高 C. NADH/NAD^+值升高
   D. 能荷升高 E. 能荷下降

7. 用于糖原合成的葡萄糖-1-磷酸首先要经什么化合物的活化?( )
   A. ATP B. CTP C. GTP D. UTP E. TTP

8. 丙酮酸羧化支路中的丙酮酸羧化酶,需下列化合物中除哪个以外的所有辅助因子?( )
   A. 生物素 B. Mg^{2+} C. 乙酰 CoA D. 草酰乙酸 E. ATP

9. 巴斯德效应是指( )。
   A. 由于从无氧到有氧代谢的转变,通过戊糖磷酸途径降解的葡萄糖量上升
   B. 由于从无氧到有氧代谢的转变,葡萄糖消耗速度下降

C. 由于从无氧到有氧代谢的转变,丙酮酸转变为乳酸的速度上升
D. 由于从无氧到有氧代谢的转变,产生 ATP 的速度上升,葡萄糖消耗速度上升
E. 由于从无氧到有氧代谢的转变,产生 ATP 的速度下降,葡萄糖消耗速度上升

10. 有关叶绿素的描述,除哪个外均是正确的?(　　)
A. 叶绿素是含有 Mg^{2+} 的卟啉衍生物
B. 叶绿素不溶于水,而溶于有机溶剂
C. 叶绿素游离存在于植物体细胞内
D. 叶绿素分子中有单双键交替形成的共轭系统
E. 叶绿素分子是萜类化合物

11. 植物细胞有,动物细胞没有的酶是(　　)。
A. 柠檬酸合酶　B. 顺乌头酸酶
C. 异柠檬酸裂解酶　D. 异柠檬酸脱氢酶
E. 苹果酸脱氢酶

12. 能够刺激三羧酸循环的因素是(　　)。
A. NADH　B. Ca^{2+}　C. 柠檬酸　D. 琥珀酰 CoA　E. ATP

13. 与核酸代谢密切相关的糖代谢途径是(　　)。
A. 糖酵解　B. 三羧酸循环　C. 糖异生　D. 戊糖磷酸途径　E. 乙醛酸循环

14. EMP 途径和 TCA 循环中底物水平磷酸化反应分别有(　　)。
A. 1　1　B. 1　2　C. 2　1　D. 2　2　E. 3　2

15. 糖类、脂质、氨基酸氧化分解时,进入三羧酸循环的主要物质是(　　)。
A. 乙酰 CoA　B. 丙酮酸　C. α-酮戊二酸　D. α-磷酸甘油　E. 草酰乙酸

(二) 多项选择题(下列各题均有四个备选项,其中两个或两个以上为正确选项,请将正确选项的代码填入括号内)

1. 线粒体内能够进行的代谢途径有(　　)。
A. TCA 循环　B. 呼吸链　C. DNA 复制　D. DNA 转录

2. 需要 TPP 为辅助因子的酶有(　　)
A. 丙酮酸脱氢酶　B. 丙酮酸脱羧酶　C. α-酮戊二酸脱氢酶　D. 转酮酶

3. 以下可以作为动物糖异生前体的小分子是(　　)。
A. 乙酸　B. 丙酸　C. 甲酸　D. 甘油

4. 属于 TCA 循环的中间代谢物包括(　　)。
A. 柠檬酸　B. 异柠檬酸　C. 顺丁烯二酸　D. 琥珀酸

四、名词解释

1. 巴斯德效应(Pasteur effect)
2. 无效循环(futile cycle)
3. 乙醇发酵(ethanol fermentation)

五、问答题

1. 为什么糖原降解选用磷酸解,而不是水解?

2. 比较底物水平磷酸化、光合磷酸化与氧化磷酸化三者的异同。
3. 多糖(糖原、淀粉、纤维素为例)合成的共性是什么?
4. 甘蔗等热带、亚热带植物通常进行C_4循环,固定CO_2的效率比C_3植物高得多,为什么?
5. ATP 是果糖磷酸激酶的底物,为什么 ATP 浓度高,反而会抑制磷酸果糖激酶?
6. 已知有一系列酶反应,这些反应可使苹果酸转变为四分子的CO_2。除了H_2O、Pi、ADP、FAD、NAD^+外,这些反应并不净摄取或产生其他代谢中间产物。请写出这些酶反应顺序。
7. 已知有一系列酶反应,这些反应将导致从丙酮酸到α-酮戊二酸的净合成。该过程并没有净消耗三羧酸循环的代谢物。请写出这些酶反应顺序。
8. 葡萄糖的第二位碳用^{14}C标记,在有氧情况下进行彻底降解。问经过几轮三羧酸循环,该同位素碳可作为CO_2释放?
9. 写出糖酵解和三羧酸循环这两条代谢途径受到调控的步骤的酶的名称,为什么这两条代谢途径一条不依赖于氧气,另外一条依赖于氧气的存在?
10. 磷酸果糖激酶-1(PFK-1)是 EMP 途径的限速酶,是一个别构酶。当底物浓度一定的时候,PFK-1 的活性与细胞内 ATP 和 ADP 的浓度密切相关,如下图所示。(1)为什么[ATP]和[ADP]可以影响 PFK-1 的活性,其生理学作用何在?(2)另外一种果糖磷酸激酶-2(PFK-2)虽然不是 EMP 途径的酶,但它缺乏或者表达低下时,EMP 途径同样不能正常进行,为什么?

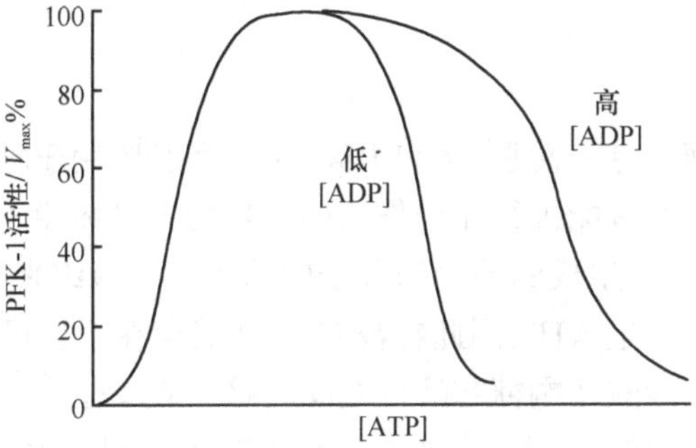

11. 在离体条件下培养肝细胞,在体系中加入足量的丙二酸和标记的丙酮酸($^{14}CH_3$—CO—COOH),经过一段时间后,跟踪肝细胞内同位素标记的位置,推断同位素标记会出现的物质分子和位置?为什么?

提　高　题

一、填充题

1. 糖类化合物可以单糖形式被小肠黏膜细胞吸收,如 D-Glc、D-Gal 可以通过________系统,在消耗能量的前提下主动转运进入肠黏膜细胞。D-Fru 则通过________系统被动转运进入肠黏膜细胞。
2. 将乙酰 CoA 的两个 C 原子用同位素标记后,经一轮 TCA 循环后,这两个同位素 C 原子的去向是________,两轮循环后这两个同位素 C 原子的去向是________。

3. TCA 循环中大多数酶位于________,只有________位于线粒体内膜。该酶是________的入口,负责将________还原再生,生成 H_2O 的同时释放能量。
4. 戊糖磷酸途径中转酮酶的辅助因子是________,转移的基团是________,对酮糖供体的要求是________。
5. 无效循环的主要生理意义在于________和________。
6. 在外周组织中,葡萄糖转变为乳酸,乳酸经血液循环到肝脏,经糖原异生再变为葡萄糖,这个过程称为________循环,该循环净效应是________能量的。
7. P^*_{700}是强电子________,P^*_{680}是强电子________。
8. C_3植物中,C_3 循环发生在 C_3植物的________细胞中。C_4植物中,C_3 循环发生在________细胞中,而 C_4 循环发生在________细胞中。
9. 人体因为缺乏________酶而不能进行乙醇发酵。
10. 糖原的从头合成需要________作为引物。
11. 果糖-2,6-二磷酸是________酶的别构激活剂,同时是________酶的别构抑制剂。催化果糖-2,6-二磷酸合成的是________酶,水解的是________酶,这两种酶通过________相互转变,其中________形式具有激酶的活性。
12. 血糖的来源有________、________和________。
13. 在某些细菌和植物中,异柠檬酸有两种主要的命运:需能时,通过________生成________;能量富足时,则通过________生成________。

二、是非题

1. 葡萄糖激酶对葡萄糖的专一性强,亲和力高,主要在肝脏用于糖原合成。
2. 光反应系统Ⅰ存在于所有能进行光合作用的生物的类囊体膜上和基质中。
3. 就光合作用总反应而言,生成的葡萄糖分子中的氧原子最终来自于水分子。
4. 糖酵解的主要功能是产生 ATP,因此在没有 ATP 的存在下也可以进行。
5. 转酮酶使用硫胺素焦磷酸在酮糖和醛糖之间转移三碳单位。
6. 丙酮酸脱氢酶复合体中的 E3 与 α-酮戊二酸脱氢酶复合体中的 E3 完全一样。
7. 己糖激酶的底物包括葡萄糖、甘露糖和半乳糖。
8. 呼吸链的复合体Ⅱ还参与三羧酸循环。
9. 动物细胞的糖异生前体包括丙酸、丙氨酸和降植烷酸。
10. 肝脏能维持血糖浓度稳定的关键酶是磷酸果糖激酶(PFK-1)。
11. 催化光合磷酸化的酶是 CF_1F_0-ATP 合酶,它与 F_1F_0-ATP 合酶一样,对 DNP 和寡霉素敏感。
12. 植物细胞合成淀粉时,以葡糖-1-磷酸作为葡糖前体形式。

三、选择题

(一) 单项选择题(下列各题均有五个备选项,其中一个是正确的,请将其代码填入括号内)

1. 糖原合成酶 D 的别构活化剂是(　　)。

A. ADP　　B. ATP　　C. AMP　　D. 葡糖-1-磷酸　　E. 葡糖-6-磷酸

2. 丙酮酸脱氢酶系受到哪些因素调控？(　　)

A. 产物抑制、能荷调控、磷酸化共价调节

B. 产物抑制、能荷调控、酶的诱导

C. 产物抑制、能荷调控、磷酸化共价调节

D. 能荷调控、磷酸化共价调节、酶的诱导

E. 能荷调控、酶的诱导

3. 在肝脏中 2 分子乳酸转变为 1 分子葡萄糖,需要消耗几分子 ATP？(　　)

A. 2　B. 3　C. 4　D. 5　E. 6

4. 下列化合物中除哪个外,均可抑制三羧酸循环？(　　)

A. 亚砷酸盐　B. 丙二酸　C. 氟乙酸　D. 乙酰 CoA　E. 琥珀酰 CoA

5. 缺乏维生素 B_1 不会影响到以下哪一条代谢途径？(　　)

A. 糖原分解　B. 丙酮酸转变成乙酰-CoA

C. TCA 循环　D. 乙醇发酵

E. PPP

6. 磷酸化形式具有活性的酶是(　　)。

A. 柠檬酸合酶　B. 丙酮酸激酶

C. 丙酮酸脱氢酶　D. 糖原合酶

E. 对激素敏感的脂肪酶

7. 呼吸链上与质体蓝素相当的成分是(　　)。

A. 细胞色素 c　B. 细胞色素 a　C. 细胞色素 b　D. Fe-S 蛋白　E. CoQ

8. 在光系统Ⅱ中,中心色素从水分子中获取电子需要一种以自由基形成存在的氨基酸残基,它是(　　)。

A. Tyr　B. Ser　C. Thr　D. Trp　E. Cys

9. 与肝糖原不同,肌糖原不能直接补充血糖,这是因为肌肉组织中不含(　　)。

A. 丙酮酸羧化酶　B. 果糖-1,6-二磷酸酶

C. 葡糖-6-磷酸酶　D. 醛缩酶

E. 己糖激酶

10. 肾上腺素促进肝糖原分解的过程中,涉及哪种酶的活化(　　)。

A. PKA　B. PKG　C. PKC　D. PLC　E. PDE

(二) 多项选择题(下列各题均有四个备选项,其中两个或两个以上为正确选项,请将正确选项的代码填入括号内)

1. 在哺乳动物成熟的红细胞内能将进行的代谢途径有(　　)。

A. 糖酵解　B. PPP　C. 脂肪酸氧化　D. TCA 循环

2. 胰岛素降低血糖的作用机制包括(　　)。

A. 抑制糖异生　B. 促进葡萄糖进入肌肉细胞

C. 促进糖有氧氧化　D. 促进糖原合成

3. PFK-1 是糖酵解的限速酶,对它不具有激活作用的是(　　)。

A. AMP　B. F-2,6-BP　C. 柠檬酸　D. 质子

4. 在动物体内,下列哪些物质可转变成糖？(　　)

A. 草酰乙酸　　B. 丙酮酸　　C. 偶数脂肪酸　　D. 奇数脂肪酸

5. 光反应是由类囊体上的五种复合体完成光能的吸收、传递和转化，以及电子的传递，属于流动的电子传递体的是(　　)。

A. 质体醌　　B. 细胞色素 b_6　　C. 质体蓝素　　D. 铁氧还蛋白

6. 能促进糖异生作用的激素是(　　)。

A. 胰岛素　　B. 胰高血糖素　　C. 肾上腺素　　D. 糖皮质激素

四、名词解释

1. Cori 循环(Cori cycle)
2. 丙氨酸循环(Ala cycle)
3. 光呼吸(photorespiration)
4. 胰岛素抵抗(insulin resistance)

五、问答题

1. 结合激素的作用机制，说明肾上腺素如何通过对有关酶类活性的复杂调控，实现对血糖浓度的调控。
2. 丙酮酸羧化酶催化丙酮酸转变为草酰乙酸。但是，只有在乙酰 CoA 存在时，它才表现出较高的活性。乙酰 CoA 的这种活化作用，其生理意义何在？
3. 某些植物的次生代谢物羟基柠檬酸被用作减肥药物。

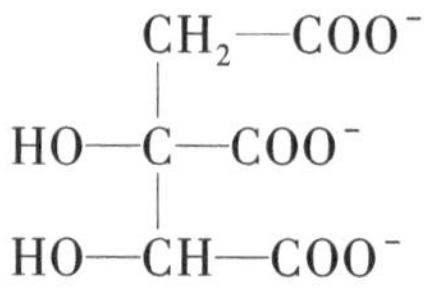

羟基柠檬酸

(1) 这种化合物能够抑制柠檬酸裂合酶的活性，你认为抑制属于哪一种形式？

(2) 为什么柠檬酸裂合酶活性的抑制能够阻止糖转变成脂肪？

(3) 你认为还有哪些化合物的合成受到羟基柠檬酸的抑制？为什么？

4. 己糖激酶和柠檬酸合酶的催化都使用了诱导契合机制，比较它们在使用诱导契合具体机制上的异同。
5. 氟化物在有无机磷酸的时候能够特异性抑制烯醇化酶的活性。

(1) 解释为什么在有 F 和 Pi 的时候，2PG 和 3PG 会发生堆积。

(2) 为什么 1,3-BPG 不会堆积？

6. 肝脏和肾脏是调节血糖浓度的主要器官，比较它们调控血糖浓度的机制有何不同。
7. 戊糖磷酸途径(PPP)的主要生物学作用是生成 NADPH 和核糖-5-磷酸。PPP 可以进行灵活的调控，改变这两种物质在机体内的相对浓度，分析以下情况时，PPP 是如何进行调控以适应机体的需求的：(1) NADPH 多于核糖-5-磷酸；(2) 核糖-5-磷酸多于 NADPH。
8. 发现一种突变的酵母菌株，其糖酵解反应与一般的酵母菌不同，因为它含有一种新的脱氢酶，可催化下面的反应。该突变的酵母菌株中的糖酵解有什么特殊的地方？对该酵母菌的生长将产生什么样的影响。

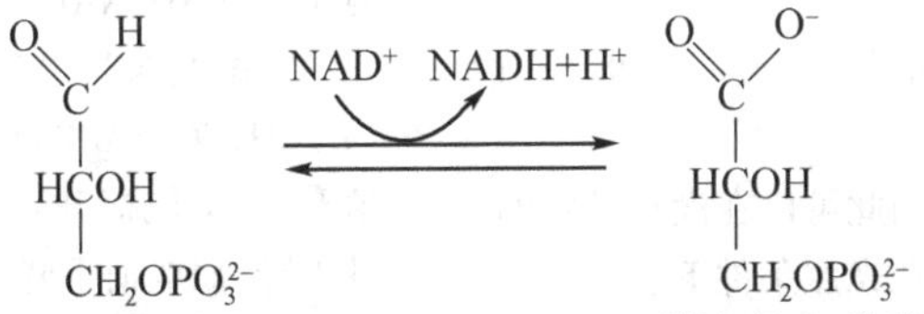

答　案

基　础　题

一、填充题

1. 磷酸解　水解　糖原磷酸化酶　去分支酶/脱支酶
2. α-淀粉酶　β-淀粉酶　α-淀粉酶
3. 糖酵解　EMP
4. 甘油酸-3-磷酸脱氢酶　甘油酸-1,3-二磷酸
5. 烯醇化　丙酮酸激酶
6. 2　30~32
7. 2
8. 线粒体内膜　CO_2
9. 柠檬酸　柠檬酸合成酶　异柠檬酸脱氢酶　α-酮戊二酸脱氢酶
10. 异柠檬酸脱氢酶　α-酮戊二酸脱氢酶　C-1　C-4　乙酰 CoA
11. 甘油磷酸穿梭　苹果酸-天冬氨酸穿梭　NADH　$FADH_2$
12. 葡萄糖　细胞质
13. CO_2　NADPH　戊糖磷酸
14. 异柠檬酸裂解酶　苹果酸合成酶
15. 光反应　暗反应　类囊体膜　基质
16. 叶绿素　类胡萝卜素
17. 甘油酸-3-磷酸　草酰乙酸
18. 核酮糖-1,5-二磷酸羧化酶-合氧酶/Rubisco 酶　PEP 羧化酶
19. 肝脏　肾脏
20. 丙酮酸　丙酮酸→乳酸
21. 磷酸吡哆醛　磷酸基团
22. Mg^{2+}　TPP　NAD^+　硫辛酸　FAD　CoA
23. 2

二、是非题

1. 对。ATP 是磷酸果糖激酶(PFK-1)的底物,也是别构抑制剂。在 PFK-1 上有两个 ATP 结合位点:底物结合位点和调节位点。在 ATP 浓度高时,ATP 除了与位点 1 结合外,还可以与位点 2 结合,使酶构象发生改变,降低酶活力。
2. 错。F-2,6-dip 是肝脏磷酸果糖激酶(PFK-1)有效的别构活化剂。
3. 对。L 型(肝脏)丙酮酸激酶受磷酸化的共价修饰,在相应的蛋白激酶作用下挂上磷酸基团后降低活性,而去磷酸化后活性较高。
4. 错。从丙酮酸等小分子前体物质合成葡萄糖即糖异生,并非糖酵解途径的简单逆行,其中 7 步反应是可逆的,另外 3 步不可逆反应需要由不同的酶来催化。
5. 对。丙酮酸脱氢酶系中,二氢硫辛酸脱氢酶氧化二氢硫辛酸,并将氢交给其辅基 FAD,$FADH_2$ 再使 NAD^+ 还原,因此电子传递方向为硫辛酸→FAD→NAD^+。
6. 错。丙酮酸脱羧酶受磷酸化的共价调节,酶分子中一个特殊的丝氨酸残基被磷酸化后酶失去活性,去磷酸化后恢复活性。
7. 错。三羧酸循环的所有中间产物均可循环再生,每一轮循环彻底降解一分子乙酰 CoA。
8. 对。每一轮三羧酸循环可以产生 1 分子 GTP、3 分子 NADH·H^+和 1 分子 $FADH_2$,但不能直接产生 ATP。
9. 对。戊糖磷酸途径分为氧化阶段和非氧化阶段,氧化阶段的三步反应产生还原能,非氧化阶段进行分子重排,不产生还原能。
10. 错。乙醛酸循环只存在于植物和微生物体内,动物体内缺少有关的酶类,因此不存在乙醛酸循环。

11. 错。乙醛酸循环有琥珀酸的净生成,而 TCA 循环中没有。
12. 错。暗反应不需要光,因此可以在没有光照的条件下进行,但也可以在光照条件下进行。
13. 错。真核生物光合作用在叶绿体中进行,原核生物没有叶绿体,光合作用在间体上进行。
14. 对。非循环式光合磷酸化电子沿 Z 形传递,直至 $NADP^+$产生 NADPH,电子传递过程中产生的 H^+浓度差推动 ATP 的生成,同时分解 H_2O 分子产生 O_2。
15. 对。叶绿素蛋白复合体按功能分为捕光叶绿素蛋白复合体和反应中心叶绿素蛋白复合体,大多数的叶绿素蛋白复合体属于捕光叶绿素蛋白复合体,不进行光化学反应,作用是将吸收的光能传递给反应中心叶绿素蛋白复合体,由后者进行光化学反应。
16. 错。糖酵解最重要的调控位点是第三步反应。
17. 对。丙二酸是琥珀酸脱氢酶的竞争性抑制剂。
18. 对。PEP 羧化酶是 C_4 途径的限速酶,是 C_4 植物高产的主要原因。
19. 错。EMP 途径产生的 NADH · H 经不同的穿梭系统进入呼吸链,产生的 ATP 数目有差异,因此会生成 5、6 或 7 分子 ATP。

三、选择题

(一) 单项选择题

1. (D)葡萄糖激酶对葡萄糖的专一性强,但亲和力低,只有在进食以后,肝细胞内葡萄糖浓度增加时才起作用,主要在肝脏用于糖原合成。
2. (B)糖酵解途径、戊糖磷酸途径和脂肪酸的从头合成途径均在细胞质中进行,C_3 循环在植物细胞的叶绿体中进行,只有三羧酸循环在线粒体中进行。
3. (C) 葡萄糖分子经糖酵解途径降解为丙酮酸后,C-1、C-6 成为丙酮酸的 C-3,因此 C-1 被同位素标记的葡萄糖,经糖酵解途径后,同位素标记将出现在丙酮酸的 C-3 原子上。
4. (C)糖原磷酸解产生葡萄糖-1-磷酸,经糖酵解途径降解为两分子丙酮酸,产生两分子 NADH、三分子 ATP。两分子丙酮酸转化为两分子乳酸需消耗两分子 NADH,因此可净得三分子 ATP。
5. (C)丙酮酸脱氢酶系需要六种辅助因子:TPP、硫辛酸、FAD、NAD^+、CoA 和 Mg^{2+}。因此 FMN 不是丙酮酸脱氢酶组分。
6. (E) CH_3COCoA/CoA、NADH/NAD^+和 ATP/ADP 值升高(即能荷升高)均导致丙酮酸脱氢酶系活性下降,而能荷下降可以促使酶系活性增加。
7. (D)用于糖原合成的葡萄糖-1-磷酸首先要经 UTP 的活化。
8. (D)丙酮酸羧化支路中的丙酮酸羧化酶的羧化作用需要 ATP 和二价离子如 Mg^{2+},以生物素为辅酶,并受乙酰 CoA 的活化。
9. (B)兼性细胞在无氧或有氧条件下都能利用葡萄糖。当无氧代谢转变为有氧代谢时,葡萄糖的消耗会显著下降。在有氧条件下,每利用 1mol 葡萄糖所净得的 ATP 物质的量是在无氧条件下所净得的 ATP 物质的量的 15~16 倍,所以细胞在有氧条件下需要的葡萄糖较少。
10. (C)叶绿素一般并不游离存在于植物体细胞内,而是与蛋白质形成叶绿素蛋白复合体。
11. (C)植物细胞具有乙醛酸循环,而异柠檬酸裂解酶是乙醛酸循环所特有的。
12. (B) Ca^{2+}是肌肉收缩的信号,也意味着需要加速 TCA 以便产生更多的 ATP。
13. (D)戊糖磷酸途径生成核糖-5-磷酸,是核酸的主要组成成分。
14. (C)EMP 途径有两步底物水平磷酸化,生成两分子 ATP,TCA 循环有一步底物水平磷酸化,生成一分子 GTP。
15. (A)丙酮酸的氧化脱羧,脂肪酸的 β-氧化及氨基酸的氧化分解,均会产生乙酰 CoA,进入三羧酸循环。

(二) 多项选择题

1. (A、B、C、D)TCA 循环发生在线粒体基质中,呼吸链位于线粒体内膜上。线粒体具体自己的遗传物质和蛋白质,可以进行 DNA 复制和转录。
2. (A、B、C、D)TPP 为硫胺素焦磷酸,是脱羧酶的辅助因子,也是转酮酶的辅助因子
3. (B、D)丙酸可以转化为丙酰 CoA,进一步转变为琥珀酰 CoA 进行糖异生。甘油可经甘油-3-磷酸转变为磷酸二羟丙酮进行糖异生。
4. (A、B、D)顺丁烯二酸不是 TCA 循环的中间物。

四、名词解释

1. 巴斯德效应(Pasteur effect):氧气对糖酵解的抑

制现象。

2. 无效循环(futile cycle):激酶(如PFK-1)和磷酸酶(果糖-1,6-二磷酸磷酸酶)同时有活性而导致ATP白白消耗的现象。
3. 乙醇发酵(ethanol fermentation):在缺氧的条件下,糖酵解产生的NADH还原乙醛,得到乙醇的过程。

五、问答题

1. 糖原磷酸解时产物为葡糖-1-磷酸,水解时产物为葡萄糖。葡糖-1-磷酸可以异构为葡糖-6-磷酸,再进入糖酵解途径降解,葡萄糖通过糖酵解途径降解时,首先需要被激酶磷酸化生成葡糖-6-磷酸,这一步需要消耗ATP,因此糖原选择磷酸解可以避免第一步的耗能反应。
2. 底物水平磷酸化是指底物氧化还原反应过程中,分子内部能量重新分布,使无机磷酸酯化,形成高能磷酯键,后者在酶的作用下将能量转给ADP,生成ATP。

   氧化磷酸化是指与生物氧化相偶联的磷酸化作用,发生在线粒体中,生物氧化过程中的电子传递在线粒体内膜两侧产生了H^+浓度差,H^+顺浓度差流动时推动了ATP的生成,能量的最终来源是代谢过程中产生的还原型辅酶所含的化学能。

   光合磷酸化是指与光合作用相偶联的磷酸化作用,发生在叶绿体中,光照引起的电子传递在叶绿体类囊体膜两侧产生了H^+浓度差,H^+顺浓度差流动时推动了ATP的生成,能量的最终来源是光能。
3. 这几种多糖都属于葡聚糖,合成时单体葡萄糖都需要经过活化,合成都需要引物,没有模板,由酶决定反应的专一性和产物的结构、大小,因此多糖没有确定的相对分子质量,只有一个相对分子质量的范围。
4. C_3植物叶片中几乎没有叶肉细胞,只有鞘细胞,鞘细胞中进行C_3循环,每固定一分子CO_2,需要消耗三分子ATP。但是C_3循环的限速酶是核酮糖二磷酸羧化酶-合氧酶,该酶与CO_2亲和力低,受O_2的抑制,可以发生光呼吸,因此固定CO_2的效率较低。

   C_4植物叶片中既有叶肉细胞,也有鞘细胞,叶肉细胞中进行C_4循环,鞘细胞中进行C_3循环,一方面叶肉细胞使鞘细胞与空气隔开,降低鞘细胞中的O_2浓度,减少光呼吸,另一方面C_4循环的限速酶是PEP羧化酶,与CO_2亲和力高,不受O_2的抑制,固定CO_2的效率较高,而且叶肉细胞固定的CO_2再传递给鞘细胞,增加了鞘细胞中CO_2的浓度,因此虽然C_4植物每固定一分子CO_2,需要消耗五分子ATP,但是由于C_4植物有效地减少了光呼吸,因此固定CO_2的效率比C_3植物高。
5. 磷酸果糖激酶是EMP途径中的限速酶之一,EMP途径是分解代谢,总的效应是放出能量的,ATP浓度高表明细胞内能荷较高,因此抑制磷酸果糖激酶,从而抑制EMP途径。
6. 苹果酸 + NAD^+ $\xrightarrow{\text{苹果酸脱氢酶}}$ 草酰乙酸 + NADH + H^+

   草酰乙酸 $\xrightarrow{\text{草酰乙酸脱羧酶}}$ 丙酮酸 + CO_2

   丙酮酸 + NAD^+ + HSCoA $\xrightarrow{\text{丙酮酸脱氢酶}}$ NADH + H^+ + 乙酰CoA + CO_2

   乙酰CoA + $3NAD^+$ + FAD + Pi + ADP + $2H_2O$ $\xrightarrow{\text{丙酮酸脱氢酶}}$ $2CO_2$ + HSCoA + 3NADH + $3H^+$ + $FADH_2$ + ATP

   总反应式:

   苹果酸 + $3NAD^+$ + FAD + Pi + ADP + $2H_2O$ $\longrightarrow$ $4CO_2$ + 5NADH + $5H^+$ + $FADH_2$ + ATP
7. 丙酮酸 + HSCoA + NAD^+ $\xrightarrow{\text{丙酮酸脱氢酶}}$ 乙酰CoA + NADH + H^+ + CO_2

   丙酮酸 + CO_2 + ATP $\xrightarrow{\text{丙酮酸羧化酶}}$ 草酰乙酸 + ADP + Pi

   H_2O + 草酰乙酸 + 乙酰CoA $\xrightarrow{\text{柠檬酸合成酶}}$ 柠檬酸 + HSCoA

   柠檬酸 $\xrightarrow{\text{乌头酸酶}}$ 异柠檬酸

   异柠檬酸 + NAD^+ $\xrightarrow{\text{异柠檬酸脱氢酶}}$ α-酮戊二酸 + NADH + H^+ + CO_2

   总反应式:

   2丙酮酸 + ATP + $2NAD^+$ + H_2O $\longrightarrow$ α-酮戊二酸 + CO_2 + ADP + Pi + 2NADH + $2H^+$
8. 葡萄糖的第二位碳用^{14}C标记,产生$^*CH_3$—CO—CoA,经第一轮循环中生成的草酰乙酸有两种可能的异构体:*COOH—CO—CH_2—

$COOH$，$^*COOH—CH_2—CO—COOH$。

在第二轮循环中，两种异构体中的$^*C$都可以作为$^*CO_2$释放。

9. 糖酵解：己糖激酶、PFK-1和丙酮酸激酶。三羧酸循环：柠檬酸合酶、异柠檬酸脱氢酶和α-酮戊二酸脱氢酶。糖酵解途径中NAD^+的再生可以通过发酵，而三羧酸循环中的NAD^+和FAD的再生需要借助于呼吸链，后者需要氧气。

10. ATP是PFK-1的底物，低浓度时可以激活PFK-1活性。同时也是EMP途径的产物之一，指示能量富足，是PFK-1的别构抑制剂，因此浓度较高时，抑制PFK-1的活性。因而由于ATP消耗会导致ADP增加，因此PFK-1的活性是受到ATP与ADP相对浓度，即[ATP]/[ADP]的影响。PFK-2催化生成F-2,6-BP，它是PFK-1最重要的别构激活剂，因此当它表达缺陷时，EMP途径受到抑制。

11. 丙二酸是琥珀酸脱氢酶的竞争性抑制，阻断TCA循环。异柠檬酸上C-2和C-5被标记。丙酮酸羧化成草酰乙酸，标记的草酰乙酸和标记的丙酮酸开始TCA，形成异柠檬酸。

提　高　题

一、填充题

1. Na^+-单糖协同转运　易化扩散
2. OAA　CO_2和OAA
3. 线粒体基质　琥珀酸脱氢酶　$FADH_2$呼吸链　$FADH_2$
4. TPP　二碳单位(羟乙基)　C_3为L型
5. 产热　扩大调控
6. 科里氏(Cori)　消耗
7. 供体　受体
8. 叶肉　维管束鞘　叶肉
9. 丙酮酸脱羧酶
10. 糖原素(蛋白质)
11. PFK-1　果糖-1,6-二磷酸　PFK-2　果糖-2,6-二磷酸　蛋白质的可逆磷酸化　去磷酸化
12. 膳食中糖的消化和吸收　肝糖原的分解作用　糖异生作用
13. 三羧酸循环　ATP　乙醛酸循环　葡萄糖

二、是非题

1. 错。葡萄糖激酶对葡萄糖的专一性强，但亲和力低，只有在进食以后，肝细胞内葡萄糖浓度增加时才起作用，主要在肝脏用于糖原合成。
2. 对。光反应系统Ⅰ存在于所有能进行光合作用的生物的类囊体膜上和基质中，光反应系统Ⅱ存在于真核生物和绿藻的类囊体膜上。
3. 错。就光合作用总反应而言，生成的葡萄糖分子中的氧原子最终来自于暗反应固定的CO_2，H_2O中的氧以O_2的形式放出。
4. 错。葡萄糖的活化需要ATP。
5. 错。转酮酶转移二碳单位，转醛酶才转移三碳单位。
6. 对。它们催化的反应完全一样，具有相同的底物、产物和辅助因子。
7. 错。半乳糖不是己糖激酶的底物。
8. 对。复合体的主要成分是琥珀酸脱氢酶，它与三羧酸循环中的琥珀酸脱氢酶是同一个酶。
9. 对。降植烷酸在细胞内的代谢可产生丙酰CoA，它与丙酸和丙氨酸一样可以作为糖异生的前体。
10. 错。是葡糖-6-磷酸酶，糖异生最后一步的酶，释放葡萄糖进入血液。肌肉和脑组织均无此酶。
11. 对。CF_1F_0-ATP合酶，它与F_1F_0-ATP合酶的结构和功能十分相似，解偶联剂和ATP合酶抑制剂均可抑制其活性。
12. 错。植物细胞合成淀粉，仍然是UDPG参加作用。

三、选择题

(一) 单项选择题

1. (E)糖原合成酶D(依赖型)的别构活化剂是葡糖-6-磷酸，即其活性依赖于葡糖-6-磷酸(dependent)。
2. (A)丙酮酸脱氢酶系受乙酰CoA(抑制酶2)和NADH(抑制酶3)的产物抑制，受细胞内能荷的控制(酶1)，受磷酸化的共价调节(酶1)。
3. (E)在肝脏中，2分子乳酸转变为2分子丙酮酸，产生2分子NADH，2分子丙酮酸通过糖异生转变为1分子葡萄糖，需要消耗4分子ATP、

2分子GTP和2分子NADH,因此2分子乳酸转变为1分子葡萄糖,需要消耗6分子ATP。

4. (D)亚砷酸盐抑制α-酮戊二酸脱氢酶,氟乙酸抑制顺乌头酸酶,丙二酸抑制琥珀酸脱氢酶。琥珀酰CoA可与乙酰CoA竞争,因此可以抑制柠檬酸合酶及α-酮戊二酸脱氢酶。
5. (A)糖原分解需要维生素B_6。
6. (E)脂肪组织中的对激素敏感的脂肪酶受PKA的激活。
7. (A)质体蓝素是含铜的可溶性蛋白,作为光反应的流动的电子传递体,这与呼吸链上的细胞色素c是相似的。
8. (A)光合系统Ⅱ是由D1和D2两个蛋白组成的复合体,D1上的Tyr自由基接受来自水光解释放的电子。
9. (C)肝脏含有葡糖-6-磷酸酶,可以水解G-6-P生成葡萄糖,直接补充血糖,但肌肉组织中无此酶。
10. (A)肾上腺素通过激活腺苷酸环化酶(AC)系统促进胞内cAMP水平的升高,激活的PKA,促进肝糖原分解。

(二) 多项选择题

1. (A、B)哺乳动物红细胞无细胞器(线粒体),因此无脂肪酸氧化和TCA循环。
2. (A、B、C、D)糖异生和糖原分解是葡萄糖的合成过程,糖的有氧氧化是葡萄糖的分解过程,葡萄糖进入肌细胞被利用,降低血糖浓度。
3. (C、D)柠檬酸和质子抑制PFK-1的活性。
4. (A、B、D)偶数脂肪酸的降解产物是乙酰CoA,不是糖异生的前体。
5. (A、C、D)质体醌、质体蓝素和铁氧还蛋白是沟通PSⅡ、细胞色素b_6/f复合物、PSⅠ和CF_1F_0-ATP合酶之间电子传递的流动电子载体。
6. (B、C、D)糖异生作用可升高血糖,胰岛素的生理学作用降低血糖。

四、名词解释

1. Cori循环(Cori cycle):乳酸进入糖异生的途径。动物体内,肌细胞和红细胞中EMP途径产生的乳酸,通过血液循环运输回肝细胞经糖异生转变为葡萄糖的过程。
2. 丙氨酸循环(Ala cycle):丙氨酸进入糖异生的途径。在饥饿或禁食的情况下,肌细胞内蛋白质水解产生的丙氨酸经血液循环的运输回到肝细胞经糖异生转变为葡萄糖的过程。
3. 光呼吸(photorespiration):由于植物Rubisco除了羧化酶的活性,还具有加氧酶活性,可以催化核酮糖-1,5-二磷酸吸收O_2,不仅没有CO_2的固定,反而释放CO_2,同时消耗ATP,导致光合作用效率降低。
4. 胰岛素抵抗(insulin resistance):机体细胞(如脂肪细胞、肌细胞和肝细胞)对正常浓度的胰岛素反应敏感性下降,机体代偿性的分泌高水平胰岛素,导致血糖升高,诱发代谢综合征、Ⅱ型糖尿病和痛风。

五、问答题

1. 人体饥饿时,血糖浓度较低,促进肾上腺髓质分泌肾上腺素。肾上腺素与靶细胞膜上的受体结合,活化了邻近的G蛋白,后者使膜上的腺苷酸环化酶(AC)活化,活化的AC催化ATP环化生成cAMP,cAMP作为激素的细胞内信号(第二信使)活化蛋白激酶A(PKA),PKA可以催化一系列的酶或蛋白的磷酸化,改变其生物活性,引起相应的生理反应。一方面,PKA使无活性的糖原磷酸化酶激酶磷酸化而被活化,后者再使无活性的糖原磷酸化酶磷酸化而被活化,糖原磷酸化酶可以催化糖原磷酸解生成葡萄糖,使血糖浓度升高。另一方面,PKA使活性的糖原合成酶磷酸化而失活,从而抑制糖原合成,也可以使血糖浓度升高。
2. 当乙酰CoA的生成速度大于它进入三羧酸循环的速度时,乙酰CoA就会积累。积累的乙酰CoA可以激活丙酮酸羧化酶,使丙酮酸直接转化为草酰乙酸。新合成的草酰乙酸既可以进入三羧酸循环,也可以进入糖异生途径。当细胞内能荷较高时,草酰乙酸主要进入糖异生途径,这样不断消耗丙酮酸,控制了乙酰CoA的来源。当细胞内能荷较低时,草酰乙酸进入三羧酸循环,草酰乙酸增多加快了乙酰CoA进入三羧酸循环的速度。所以不管草酰乙酸的去向如何,最终效应都是使体内的乙酰CoA趋于平衡。
3. (1) 羟基柠檬酸的结构与柠檬酸相似,所以应该是一种竞争性抑制剂。

   (2) 糖转变成脂肪,需要丙酮酸变成乙酰CoA,

这一步发生在线粒体基质，但脂肪酸的合成发生在细胞液。故乙酰 CoA 需要通过柠檬酸离开线粒体进入细胞液，然后，再在柠檬酸裂合酶的催化下，重新变成乙酰 CoA。因此，抑制了柠檬酸裂合酶的活性就等于阻止了乙酰 CoA 进入细胞液，从而就抑制了糖转变成脂肪。

(3) 胆固醇及与胆固醇相关的化合物的合成也受羟基柠檬酸的抑制，因为它们合成的前体也是乙酰 CoA。

4. 己糖激酶只用了一次诱导契合，目的是将水分子赶出活性中心，而柠檬酸合酶先后使用两次诱导契合，水分子本身就是柠檬酸合酶的底物，因此不需要将它赶出活性中心。

5. (1) 烯醇化酶催化的是 2PG 形成 PEP。如果它的活性被抑制，则细胞内的 2PG 不能转变成 PEP 而发生堆积，既然 2PG 与 3PG 是异构体，在 2PG 堆积不久即与 3PG 达到平衡，而使得 3PG 也发生堆积。

(2) 因为 1,3-BPG 变成 3PG 的反应是高度放能的，此反应形成的 ATP 很快被细胞所利用，这使得 3PG 变成 1,3-BPG 的逆反应很难进行，故不会发生 1,3-BPG 的堆积。

6. 肝脏主要通过促进葡萄糖的生成和利用，调节血糖浓度。餐后血糖浓度升高，肝脏利用血糖合成肝糖原，维持血糖浓度的恒定；在空腹、饥饿或禁食情况下，肝糖原分解，同时，糖异生作用增强，促进非糖物质转变为葡萄糖，生成的葡萄糖进入血液，提升血糖的浓度。肾脏主要通过调控葡萄糖的重吸收或排泄，调节血糖水平。肾糖阈指尿中开始出现葡萄糖时的最低血糖浓度。当血糖浓度低于肾糖阈时，肾小管能重吸收肾小球滤液中的绝大部分葡萄糖回血液。当血糖浓度超过肾糖阈时，葡萄糖随尿液排出并出现糖尿。

7. (1) 细胞(如脂肪细胞)需要更多的 NADPH 以进行生物合成，核糖-5-磷酸通过 PPP 途径转变为酵解的中间产物，包括甘油醛-3-磷酸和 F-6-P，从而生成更多的 G-6-P 进入 PPP 途径，合成更多的 NADPH。

(2) 快速分裂的细胞需要更多的核糖-5-磷酸，因此 PPP 途径的非氧化项反应，可以将甘油醛-3-磷酸和 F-6-P 合成核糖-5-磷酸，G-6-P 通过转变为 F-6-P 大量消耗，减少了 NADPH 的产生量。

8. 较正常的 EMP 途径：少了一步，少了两分子 ATP 的释放。缺氧条件：葡萄糖分解为乳酸，无 ATP 产生，影响酵母菌生长。有氧条件：ATP 主要由 TCA 产生，对酵母菌生长无明显影响。

第十章　脂质代谢

学习指导

1. 重点掌握脂肪酸和三酰甘油的生物分解和合成过程。
2. 熟悉脂肪酸(饱和及不饱和)的分解代谢过程及其能量释放。
3. 重点了解酮体的产生及生理学意义,酮体在体内累积过多时引起的不良后果。
4. 了解胆固醇代谢与脂肪酸代谢的相关性,重点掌握脂蛋白在胆固醇运输中的关键作用。
5. 重点理解脂质代谢与糖代谢的相关性及关键的代谢中间物。

基　础　题

一、填充题

1. ________是动物主要的能源储存形式,是________与三分子________酯化而成的。
2. 脂肪酸的________是 Knoop 于 1904 年最初提出来的。
3. 在所有的细胞中,活化酰基化合物的主要载体是________。
4. 脂肪酸的 β-氧化包括________、________、________和________四个步骤。
5. 含一个以上双键的不饱和脂肪酸的氧化,可按 β-氧化途径进行,但还需另外两种酶即________和________。
6. 脂肪酸从头合成的二碳单位供体是________,延长碳链时活化的二碳单位供体是________,还原剂是________。
7. ________是脂肪酸从头合成的限速酶,该酶以________为辅基,消耗________个高能磷酸键,催化乙酰 CoA 与 CO_2 生成________,柠檬酸为其激活剂,长链脂酰 CoA 为其________。
8. 脂肪酸从头合成中,缩合、两次还原和脱水反应时酰基都连接在________上,它有一个与________一样的________长臂。
9. 脂肪酸合酶复合物一般只合成________,动物中脂肪酸碳链延长由________或________酶系统催化;植物的脂肪酸碳链延长酶定位于________。
10. 酮体包括________、________和________三种化合物。
11. 磷脂酶 A_1 水解卵磷脂生成________和________。
12. 在磷脂酰乙醇胺转变成磷脂酰胆碱的过程中,甲基供体是________,它是________的衍生物。
13. 胆固醇生物合成的原料是________。
14. 丙酰 CoA 的进一步氧化需要________和________作酶的辅助因子。

15. 脂肪酸的合成需要原料________、________、________和________等。
16. 脂肪酸合成过程中,乙酰 CoA 来源于________或________,NADPH 来源于________途径。
17. 在动植物中,脂肪酸降解主要途径是________作用,而石油可被某些细菌降解,其起始步骤是________作用。
18. 动物体内,脂肪酸的去饱和作用发生在________上,哺乳动物的去饱和酶能力有限,只能在________号位 C 原子上引入双键,但植物细胞没有此限制。

二、是非题

1. 动物细胞中,涉及 CO_2固定的所有羧化反应需要硫胺素焦磷酸(TPP)。
2. 脂肪酸的活化在细胞液中进行,脂酰 CoA 的 β-氧化在线粒体内进行。
3. 肉毒碱脂酰 CoA 转移酶有Ⅰ型和Ⅱ型,其中Ⅰ型定位于线粒体内膜内侧,Ⅱ型存在于线粒体内膜外侧。
4. 奇数碳原子的饱和脂肪酸经 β-氧化后全部生成乙酰 CoA。
5. 肉毒碱抑制脂肪酸的氧化分解。
6. 萌发的油料种子和某些微生物拥有乙醛酸循环途径,可利用脂肪酸 α-氧化生成的乙酰 CoA 合成苹果酸,为糖异生和其他生物合成提供碳源。
7. 脂肪酸的氧化降解是从分子的羧基端开始的。
8. 从乙酰 CoA 合成 1 分子棕榈酸(软脂酸),必须消耗 8 分子 ATP。
9. 如果动物长期饥饿,就要动用体内的脂肪,这时分解酮体的速度大于生成酮体的速度。
10. 低糖、高脂膳食情况下,血中酮体浓度增加。
11. 血浆胆固醇含量与动脉硬化密切有关,如果能够一方面完全禁食胆固醇,另一方面完全抑制胆固醇的生物合成,将有助于健康长寿。
12. 胆固醇的生物合成过程部分与酮体生成过程相似,两者的关键酶是相同的。
13. 在动植物体内所有脂肪酸的降解都是从羧基端开始的。

三、选择题

(一) 单项选择题(下列各题均有五个备选项,其中一个是正确的,请将其代码填入括号内)

1. 脂肪动员指(　　)。
   A. 脂肪组织中脂肪被脂肪酶水解为游离的脂肪酸和甘油,并释放入血液供其他组织氧化利用
   B. 脂肪组织中脂肪的合成
   C. 脂肪组织中脂肪的分解
   D. 脂肪组织中脂肪酸的合成及甘油的生成
   E. 脂肪组织中脂肪与蛋白质的结合
2. 为了使长链脂酰基从细胞质转运到线粒体内进行脂肪酸的 β-氧化,所需要的载体为(　　)。
   A. 柠檬酸　B. 肉碱　C. 酰基载体蛋白　D. α-磷酸甘油　E. CoA
3. 下列叙述中的哪个最正确地描述了肉碱的功能?(　　)

A. 它转运中度链长的脂肪酸进入肠上皮细胞
B. 它转运中度链长的脂肪酸通过线粒体内膜
C. 它是维生素 A 的一个衍生物,并参与了视网膜的暗适应作用
D. 它参与了由转移酶催化的转酰基反应
E. 它是脂肪酸合成酶促反应中所需的一个辅酶

4. 并非以 FAD 为辅助因子的脱氢酶有(　　)。
A. 琥珀酸脱氢酶　B. β-羟脂酰 CoA 脱氢酶
C. 二氢硫辛酰胺脱氢酶　D. 脂酰 CoA 脱氢酶
E. 线粒体内膜的磷酸甘油脱氢酶

5. 不能产生乙酰 CoA 的是(　　)。
A. 酮体　B. 脂肪酸　C. 胆固醇　D. 磷脂　E. 葡萄糖

6. 下列关于脂肪酸 β-氧化作用的叙述哪个是错误的?(　　)
A. 脂肪酸仅需一次活化,消耗 ATP 分子的两个高能键
B. 除硫激酶外,其余所有的酶都属于线粒体酶
C. β-氧化通过每次移去二碳单位而缩短脂肪酸链
D. 这过程涉及 $NADP^+$的还原
E. 氧化中除去的碳原子可进一步利用

7. Refsum 氏病患者的组织和血液中堆积了高浓度的植烷酸(3,7,11,15-四甲基十六烷酸)。这是由于下列哪个酶促途径被损害?(　　)
A. 脂酶的 α-氧化　B. 脂酶的 β-氧化
C. 脂肪酸的 ω-氧化　D. 脂酰肉碱的形成
E. 丙酰 CoA 转变为琥珀酰 CoA

8. 在高等生物中,下列哪个酶是多酶复合物?(　　)
A. 乙酰转酰基酶　B. 丙二酸单酰转酰基酶
C. β-酮脂酰-ACP-还原酶　D. 3-羟脂酰-ACP-脱水酶
E. 脂肪酸合成酶

9. 可由呼吸道呼出的酮体是(　　)。
A. 丙酮　B. β-羟丁酸　C. 乙酰乙酰 CoA　D. 乙酰乙酸　E. 乙酰 CoA

10. 脂肪酸生物合成时乙酰 CoA 从线粒体转运至胞液的循环是(　　)。
A. 三羧酸循环　B. 苹果酸穿梭作用
C. 糖醛酸循环　D. 丙酮酸-柠檬酸循环
E. 尿素循环

11. 下列有关脂肪酸从头生物合成的叙述哪个是正确的?(　　)
A. 它并不利用乙酰 CoA
B. 它仅仅能合成少于 10 个碳原子的脂肪酸
C. 它需要丙二酸单酰 CoA 作为中间物
D. 它主要发生在线粒体内
E. 它利用 NAD^+作为氧化剂

12. 细胞质中脂肪酸合成的限速因素是(　　)。

A. 缩合酶 B. 水化酶 C. 乙酰 CoA 羧化酶
D. 脂酰基转移酶 E. 软脂酰脱酰基酶

13. 从甘油和软脂酸生物合成一分子甘油三软脂酸酯,消耗多少个高能磷酸键?( )
A. 1 B. 3 C. 5 D. 7 E. 9

14. 肝脏从乙酰 CoA 合成乙酰乙酸的途径中,乙酰乙酸的直接前体是( )。
A. 3-羟基丁酸 B. 乙酰乙酰 CoA C. 3-羟基丁酰 CoA
D. 甲羟戊酸 E. 3-羟-3-甲基戊二酸单酰 CoA

15. 二脂酰甘油+NDP-胆碱⟶NMP+磷脂酰胆碱,此反应中,NMP 代表什么?( )
A. AMP B. CMP C. GMP D. TMP E. UMP

16. 在胆固醇生物合成中,下列哪一步是限速反应及代谢调节点?( )
A. 焦磷酸牻牛儿酯→焦磷酸法呢酯
B. 鲨烯→羊毛固醇
C. 羊毛固醇→胆固醇
D. 3-羟基-3-甲基戊二酸单酰 CoA→甲羟戊酸
E. 上面反应均不是

17. 在哺乳动物中,鲨烯经环化首先形成下列固醇中的哪一个?( )
A. 胆固醇 B. 24-脱氢胆固醇 C. 羊毛固醇
D. β-谷固醇 E. 皮质醇

18. 胆固醇是下列哪种化合物的前体分子?( )
A. 辅酶 A B. 泛醌 C. 维生素 A D. 维生素 D E. 维生素 E

19. 脂肪酸 β-氧化的逆反应可见于( )。
A. 细胞质中脂肪酸的合成 B. 细胞质中胆固醇的合成
C. 线粒体中脂肪酸的延长 D. 内质网中脂肪酸的延长
E. 不饱和脂肪酸的合成

20. 合成胆固醇的原料不需要( )。
A. 乙酰 CoA B. NADPH C. ATP D. CO_2 E. O_2

21. 人体内的多不饱和脂肪酸指( )。
A. 油酸、软脂酸 B. 油酸、亚油酸 C. 亚油酸、亚麻酸
D. 亚油酸、软脂酸 E. 软脂酸、花生四烯酸

22. 人体内合成脂肪能力最强的组织是( )。
A. 肝 B. 脂肪 C. 小肠 D. 肾 E. 脑

23. 肝细胞内的脂肪合成后的去向是( )。
A. 在肝细胞内水解 B. 在肝细胞内储存
C. 在肝细胞内氧化功能 D. 在肝细胞内与载脂蛋白组装成 VLDL 分泌
E. 以上都对

(二) 多项选择题(下列各题均有四个备选项,其中两个或两个以上为正确选项,请将正确选项的代码填入括号内)

1. 下列关于从乙酰 CoA 合成脂肪酸的叙述中,哪些是正确的?( )
A. 所有的氧化-还原步骤用 NADPH 作为辅因子

B. CoA 是该途径中唯一含有泛酸巯基乙胺的物质

C. 丙二酸单酰 CoA 是一个活化中间物

D. 反应在线粒体中进行

2. 在动物组织中,葡萄糖合成脂肪酸的主要中间物包括(　　)。

A. 肉碱　　B. 丙酮酸　　C. ATP　　D. 乙酰 CoA

3. 酮体肝外氧化,原因是肝内缺乏(　　)。

A. 乙酰乙酰 CoA 硫解酶　　B. 羟甲基戊二酸单酰 CoA 裂解酶

C. 琥珀酰 CoA 转硫酶　　D. β-羟丁酸脱氢酶

4. 下列对酮体的叙述哪些是正确的?(　　)

A. 酮体包括乙酰乙酸、β-羟丁酸和丙酮

B. 酮体可以排入尿中

C. 酮体可能是饥饿引起的

D. 在未控制的糖尿病患者,酮体的水平很高

5. 水解甘油醇磷脂(甘油磷酸酯)的混合物将得到(　　)。

A. 胆碱　　B. 甘油　　C. 磷酸　　D. 丝氨酸

6. 胆固醇生物合成的前体包括(　　)。

A. 羊毛固醇　　B. 甲羟戊酸　　C. 鲨烯　　D. 孕酮

7. 3-羟基-3-甲基戊二酸单酰 CoA 是(　　)。

A. 在细胞质中形成的　　B. 包含在酮体的合成过程中

C. 胆固醇合成的一个中间物　　D. 在线粒体基质中酶促产生的

8. 能产生乙酰 CoA 的物质是(　　)。

A. 乙酰乙酰 CoA　　B. 脂酰 CoA

C. β-羟-β-甲基戊二酸单酰 CoA　　D. 柠檬酸

9. 血浆脂蛋白以超速离心法分类,相对应的以电泳分类法分类的名称是(　　)。

A. VLDL,β-脂蛋白　　B. LDL,β-脂蛋白

C. VLDL,前 β-脂蛋白　　D. HDL,α-脂蛋白

10. 下列哪些辅助因子参与脂肪酸的 β-氧化?(　　)

A. ACP　　B. FAD　　C. 生物素　　D. NAD^+

11. 胆固醇在体内可以转化生成(　　)。

A. 胆汁酸　　B. 维生素 D_3　　C. 肾上腺皮质激素　　D. 性激素

12. 合成酮体和胆固醇需要下列哪些物质?(　　)

A. 乙酰 CoA　　B. $NADPH+H^+$

C. 乙酰乙酰 CoA 硫解酶　　D. HMG CoA 合酶

13. 人类膳食中的必需脂肪酸有(　　)。

A. 油酸　　B. 亚油酸　　C. 亚麻酸　　D. 花生四烯酸

四、名词解释

1. β-氧化(β-oxidation)
2. 脂肪动员(fatty mobilization)

3. 酰基载体蛋白(acyl carrier protein, ACP)
4. 柠檬酸转运系统(citrate transport system)
5. 肉毒碱穿梭系统(carnitine shuttle system)
6. α-氧化(α-oxidation)
7. ω-氧化(ω-oxidation)
8. 血浆脂蛋白(plasma lipoprotein)
9. 必需脂肪酸(essential fatty acid)
10. 酮体(ketone bodies)
11. 脂肪肝(fatty liver)

五、问答题

1. 在脂肪酸 β-氧化循环和糖的三羧酸循环中有哪些类似的反应顺序?
2. 用^{14}C标记软脂酸的第9位碳原子,该软脂酸在三羧酸循环正在进行时被氧化。假设仅进行一轮三羧酸循环,^{14}C将会定位于下列化合物的哪个碳位上?
   (1) 乙酰 CoA　(2) 柠檬酸　(3) 丁酰 CoA
3. 为什么糖摄入量不足的爱斯基摩人,从营养学的角度看,吃含奇数碳原子脂肪酸的脂肪比含偶数碳原子脂肪酸的脂肪好?
4. 利用你所知道的脂肪酸生物合成的知识,为下列实验结果作一个解释。
   (1) 均一标记的^{14}C-乙酰 CoA 加入肝可溶性部分得到一个均一标记^{14}C的软脂酸。
   (2) 在过量的丙二酸单酰 CoA 中加入微量的均一标记的^{14}C-乙酰 CoA 并和肝可溶性部分保温得到仅在 C-15 和 C-16 位上标记^{14}C的软脂酸。
5. 利用催化乙酰 CoA 和丙二酸单酰 CoA 合成软脂酸的纯酶制剂,在反应所需的所有辅因子存在的情况下,进行下列实验。
   (1) 假如乙酰 CoA 以 $C^3H_3CO_3SCoA$ 的形式供给,丙二酸单酰 CoA 没有标记,问每分子软脂酸将参入多少个^3H?
   (2) 假如丙二酸单酰 CoA 以$^-OOCC_3H_2COSCoA$的形式供给,乙酰 CoA 没有标记,问每分子软脂酸将参入多少个^3H?
6. 脂肪酸的从头生物合成和脂肪酸的 β-氧化是否互为逆过程?它们之间有什么主要的差别?
7. 由于食入缺乏必需氨基酸甲硫氨酸的食物,除了不能合成足够的蛋白质外,还会造成什么后果?
8. 早期的生物化学家认为固定CO_2的作用仅仅存在于植物中,后来惊奇地发现它也存在于动物的两条主要生物合成途径中,即从丙酮酸合成葡萄糖的葡萄糖异生作用和从乙酰 CoA 合成脂肪酸这两条途径中。
   (1) 写出固定CO_2的有关反应。
   (2) 在这两个过程中,CO_2的功能是什么?尽可能详细地解释它的作用。
9. 在脂质合成过程中,很多基团是以活性形式参与到反应中的。例如,乙酰基团的提供形式是乙酰 CoA。给出下面化学基团的活性提供形式:(1)磷酸根基团;(2)D-葡萄糖基;(3)磷酸乙醇胺基;(4)D-半乳糖基;(5)脂肪酸基;(6)甲基;(7)脂肪酸合成的二碳单位;(8)Δ^3-异戊二烯基。

六、计算题

1. (1) 假设一个 70kg 的成年人,体重的 15% 是甘油三酯,计算从甘油三酯可获得的总能量为多少千焦耳?
   (2) 假如一个人所需的基础能量大约是 8370kJ/d,仅仅利用氧化甘油三酯中的脂肪酸为唯一能源,此人能活多久?
   (3) 在饥饿情况下,此人每天失去多少公斤体重?
2. 以正常情况下所获得的能量为标准,估计哺乳动物在酮症时,肝脏中氧化软脂酸所获得的能量。
3. 在抗霉素 A 存在情况下,计算哺乳动物肝脏在有氧条件下氧化 1 分子软脂酸所净产生 ATP 的数目,如果安密妥存在,情况又如何?
4. 生物体彻底氧化 1 分子硬脂酸、软脂酸,油酸和亚油酸各自能产生多少分子 ATP?

提　高　题

一、填充题

1. ________合成中,活性中间物________在功能上类似于多糖合成中核苷酰磷酸葡萄糖(如 UDPG)中间物。
2. 脂肪肝是当肝脏的________不能及时将肝细胞中的脂肪运出,造成脂肪在肝细胞中的堆积所致。
3. 动脉粥样硬化可能与________代谢紊乱有密切关系。
4. 乳糜微粒在小肠黏膜合成,它主要运输________;极低密度脂蛋白在________合成,它主要运输________;低密度脂蛋白在________生成,其主要功用为________;高密度脂蛋白在________生成,其主要功用为________。
5. 血液中胆固醇酯化,需________酶催化;组织细胞内胆固醇酯化需________酶催化。
6. 人血浆脂蛋白中含甘油三酯最多的是________和________;含胆固醇酯最多的是________,含蛋白质最多的是________。

二、是非题

1. 由于 FAD 必须获得两个氢原子成为还原态,因此它只参与两个电子的转移反应。
2. 在脂肪酸从头合成过程中,乙酰 CoA 以苹果酸的形式从线粒体内转移到细胞液中。
3. 脂肪酸合成过程中所需的[H]全部由 NADPH 提供。
4. 酰基载体蛋白(ACP)是饱和脂肪酸碳链延长途径中二碳单位的活化供体。
5. 磷脂酸是合成中性脂和磷脂的共同中间物。
6. 磷脂酶 A_2能从膜磷脂上有控制地释放必需脂肪酸,为前列腺素合成提供前体。
7. 卵磷脂中不饱和脂肪酸一般与甘油的 C-2 位—OH 以酯链相连。
8. 载脂蛋白不仅具有结合和转运脂质的作用,同时还具有调节脂蛋白代谢关键酶活性和参与脂蛋白受体的识别的主要作用。
9. 除乳糜微粒外，其他血浆蛋白主要是在肝脏或血浆中合成的。
10. 机体合成甘油三酯的原料主要来自于食物脂肪。

三、选择题

（一）单项选择题（下列各题均有五个备选项，其中一个是正确的，请将其代码填入括号内）

1. 下列化合物中除哪个外都能随着脂肪酸β-氧化的不断进行而产生？（　　）
   A. H_2O　B. 乙酰 CoA　C. 脂酰 CoA　D. $NADH+H^+$　E. $FADH_2$
2. 在长链脂肪酸的代谢中，脂肪酸β-氧化循环的继续与下列哪个酶无关？（　　）
   A. 脂酰 CoA 脱氢酶　B. β-羟脂酰 CoA 脱氢酶
   C. 烯脂酰 CoA 水化酶　D. β-酮硫解酶
   E. 硫激酶
3. 缺乏维生素 B_2时，β-氧化过程中哪一个中间产物合成受到阻碍？（　　）
   A. 脂酰 CoA　B. β-酮脂酰 CoA　C. α,β-烯脂酰 CoA
   D. L-β-羟脂酰 CoA　E. 乙酰 CoA
4. 肝脏脂肪酸合酶复合物的纯化制剂和乙酰 CoA、^{14}C 标记羧基的丙二酸单 CoA（$HOO^{14}C\text{-}CH_2 \cdot CO\text{-}SCoA$）、酰基载体蛋白及 NADPH 一起保温，分离合成的棕榈酸（软脂酸）并定^{14}C 的分布，预期是下列结果中的哪一种？（　　）
   A. 所有奇数碳原子被标记　B. 除 C-1 外，所有的奇数碳原子被标记
   C. 所有的偶数碳原子被标记　D. 除 C-16 外，所有的偶数碳原子被标记
   E. 没有一个碳原子被标记
5. 在脂肪细胞中，用于酯化脂肪酸的甘油来源是（　　）。
   A. 大部从葡萄糖衍生而来　B. 主要从甘油激酶催化甘油的磷酸化作用而来
   C. 由葡萄糖异生作用产生　D. 受胰岛素刺激而抑制
   E. 以上说法都不对
6. 下列物质中的哪个负责将游离脂肪酸从脂肪组织输到肌肉组织内进行氧化降解？（　　）
   A. 酰基载体蛋白（ACP）　B. 低密度脂蛋白（LDL）
   C. 高密度脂蛋白（HDL）　D. 血浆清蛋白
   E. 固醇载体蛋白（SCP）
7. 对激素敏感的甘油三酯脂肪酶催化的反应是（　　）。
   A. 成熟红血球中甘油三酯的水解作用
   B. 脂肪细胞中甘油三酯的水解作用
   C. 血浆脂蛋白中甘油三酯的水解作用
   D. 甘油三酯水解成 2′-甘油一酯（2′-单酰甘油）
   E. 含中度链长脂酰基的甘油三酯的水解作用
8. 下列脂肪酸中哪一个是生物合成前列腺素 $F_1\alpha$（$PGF_1\alpha$）的前体分子？（　　）
   A. 十六烷酸　B. 十八烷酸　C. 顺-9-十八碳烯酸
   D. 8,11,14-二十碳三烯酸　E. 5,8,11,14-二十碳四烯酸

9. 下列酶中哪一种可被阿司匹林抑制？（ ）

A. 脂蛋白脂酶 B. 脂肪氧合酶 C. 环氧合酶 D. 磷脂酶 D E. 磷脂酶 A_2

10. 甘油醇磷脂合成过程中需哪一种核苷酸参与？（ ）

A. ATP B. CTP C. TTP D. UTP E. GTP

11. 血清清蛋白游离脂肪酸的结合量升高会导致（ ）。

A. α-脂蛋白缺乏 B. 幼年糖尿病 C. 肥胖病

D. 脂蛋白脂肪酶缺乏 E. 酮症

12. 具有激活脂蛋白脂肪酶（LPL）的载脂蛋白是（ ）。

A. ApoA Ⅰ B. ApoA Ⅱ C. ApoC Ⅰ D. ApoC Ⅱ E. ApoE

13. 胰脂肪酶催化的反应是（ ）。

A. 含中度链长脂酰基的甘油三酯的水解作用

B. 在血浆脂蛋白中甘油三酯的水解作用

C. 甘油三酯水解成 2′-甘油一酯（2′-单酰甘油）

D. 在脂肪细胞中甘油三酯的水解作用

E. 成熟红细胞中甘油三酯的水解作用

14. 脂蛋白脂肪酶缺乏导致（ ）。

A. 高水平的游离脂肪酸结合到血清清蛋白上

B. 12h 禁食后，血浆中乳糜微粒水平高

C. 在血浆中高密度脂蛋白（HDL）水平低

D. 12h 禁食后，血液中胆固醇水平异常高

E. 脂肪酸酯化作用增加

15. 脂肪酸酯化作用增加导致（ ）。

A. 酮症 B. 酸中毒 C. 脂蛋白脂肪酶缺乏 D. 肥胖病 E. α-脂蛋白缺乏

16. 能激活脂蛋白脂酶（LPL）的载脂蛋白是（ ）。

A. apoB 48 B. apoB 100 C. apoC Ⅰ D. apoC Ⅱ E. apoC Ⅲ

17. 具有运输甘油三酯功能的血浆脂蛋白是（ ）。

A. CM LDL B. CM HDL C. CM VLDL D. VLDL LDL E. VLDL HDL

18. LDL 的主要功能是（ ）。

A. 运输外源性甘油三酯 B. 运输内源性甘油三酯

C. 转运胆固醇 D. 转运胆汁酸

E. 将肝外胆固醇转运入肝内代谢

19. HDL 的主要功能是（ ）。

A. 运输外源性甘油三酯 B. 运输内源性甘油三酯

C. 转运胆固醇 D. 转运胆汁酸

E. 将肝外胆固醇转运入肝内代谢

（二）多项选择题（下列各题均有四个备选项，其中两个或两个以上为正确选项，请将正确选项的代码填入括号内）

1. 下列物质中哪些是丙酸代谢的中间物？（ ）

A. 丙酰 CoA B. D-甲基丙二酸单酰 CoA

C. L-甲基丙二酸单酰 CoA　　D. 琥珀酰 CoA

2. 下列哪些机制调节脂肪细胞中的脂解作用？(　　)

A. 胰岛素抑制 cAMP 的产生

B. 甘油磷酸的存在防止了脂肪酸无效的酯化作用

C. cAMP 活化甘油三酰脂肪酶

D. 对激素敏感的脂蛋白脂肪酶

3. 下列哪些组织能将酮体氧化成 CO_2？(　　)

A. 红细胞　　B. 脑　　C. 肝　　D. 心

4. 乳糜微粒是由下列哪些物质组成？(　　)

A. 甘油三酯　　B. 胆固醇　　C. 磷脂　　D. 蛋白质

5. 在体内通常和胆汁酸结合的化合物是(　　)。

A. 甘氨酸　　B. 葡萄糖醛酸　　C. 牛磺酸　　D. 脂肪酸

6. 哺乳动物组织能合成下列哪些物质？(　　)

A. 生物素　　B. 胆碱　　C. 脱氢莽草酸　　D. 肌醇

7. 能利用酮体的酶存在于哪些组织中？(　　)

A. 肝　　B. 肾　　C. 脑　　D. 肌肉

8. 促进甘油三酯分解的激素是(　　)。

A. 前列腺素　　B. 肾上腺素　　C. 胰岛素　　D. 胰高血糖素

四、名词解释

1. 酮症(ketosis)
2. LDL 受体(LDL receptor)
3. 高脂血症(hyperlipemia)
4. 动脉粥样硬化(atherosclerosis)
5. 激素敏感性三酰甘油脂肪酶(hormone-sensitive triacylglycerol lipase)
6. 脂蛋白酯酶(lipoprotein lipase,LPL)

五、问答题

1. 一个农村小女孩吃正常的均衡食物,但仍然表现轻度酮症。若你作为她的儿科医生,正要断定她患某些糖代谢先天性酶缺损时,突然发现她奇数碳原子脂肪酸的代谢不如偶数碳原子脂肪酸正常,并且她每天早晨偷偷地跑到鸡舍,吃生鸡蛋。请对她的症状作出另一种解释。

2. 假如供给 Mg^{2+}、NADPH、ATP、HCO_3^- 和柠檬酸,一个透析后的鸽肝抽提液将催化乙酰 CoA 转变成软脂酸和 CoA。回答下列问题时,仅考虑上述反应。

(1) 假如供给 $H^{14}CO_3^-$,在反应过程中,哪一种化合物将被标记？反应完成后 ^{14}C 将堆积在哪些化合物上？

(2) 柠檬酸怎样参与这反应？并解释它的作用。

(3) 从这个反应被抗生物素蛋白抑制的事实中,你能得出什么结论？

(4) 为了完成这个反应需要两个酶,酶Ⅰ和酶Ⅱ。假如酶Ⅰ催化的反应需要 ATP,请分别写出酶Ⅰ和酶Ⅱ所催化的反应。

3. 一个正常的喂得很好的动物用^{14}C标记甲基的乙酸静脉注射,几小时后动物死了,从肝脏中分离出糖原和甘油三酯,测定其放射性的分布。

(1) 预期分离得到的糖原和甘油三酯放射性的水平是相同还是不同?为什么?

(2) 利用结构式指出甘油三酯中哪些碳原子被大量标记?

4. 人或实验动物长期缺乏胆碱会诱发脂肪肝,请解释其原因?

5. 棕榈油酸的生物合成需要用棕榈酸作为前体,在严格厌氧条件下此反应能否发生,解释其原因。

6. 什么是酮症?结合酮体的生理学意义,分析糖尿病患者及长期禁食人群容易出现酮症的病理机制。

7. 哺乳动物可以自身合成胆固醇。他汀(statin)类药物是临床上治疗高胆固醇症的有效药物,几种statin类药物的结构如下图所示。高胆固醇病人服药后,除了血液中胆固醇水平明显降低,还发现肝细胞内HMG-CoA还原酶的蛋白水平明显升高,其原因何在?目前没有发现statin类药物有明显的临床副作用,但医生会给病人同时服用辅酶Q,为什么?依据HMG-CoA还原酶在胆固醇代谢中的作用,推测statin可能的药理学机制。

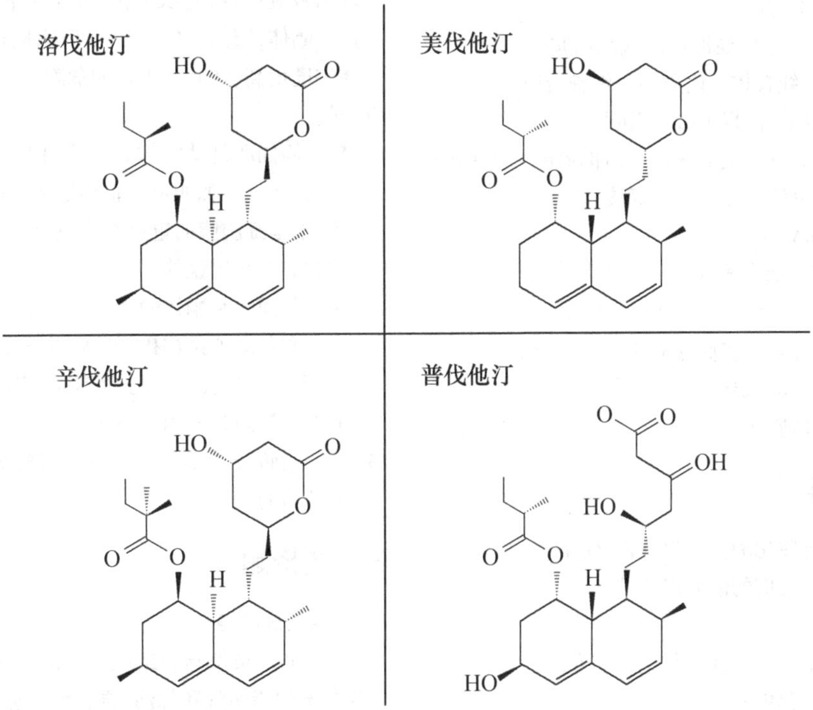

六、计算题

1. 1μmol完全氚化的十二碳直链饱和脂肪酸$C^3H_3(C^3H_2)_{10}COO^3H$加到破裂的线粒体制剂中,使它完全降解成乙酰CoA。假如从反应混合物中分离得到6μmol水解成游离乙酰基的产物,测定其放射活性,问它们总的氚与碳的比($^3H/C$)是多少?

2. 假设脂肪酸合成所需的乙酰CoA和NADPH都来自于葡萄糖的分解代谢途径,计算合成1分子的三软脂酰甘油需要多少分子的葡萄糖。

答　案

基　础　题

一、填充题

1. 脂肪　甘油　脂肪酸
2. β-氧化学说
3. CoA
4. 脱氢　水化　脱氢　硫解①
5. 烯脂酰 CoA 异构酶　2,4-二烯脂酰 CoA 还原酶
6. 乙酰 CoA　丙二酸单酰 CoA　$NADPH+H^+$
7. 乙酰 CoA 羧化酶　生物素　1　丙二酸单酰 CoA　抑制剂
8. ACP　CoA　4′-磷酸泛酰巯基乙胺
9. 软脂酸　线粒体　内质网　细胞溶胶
10. 乙酰乙酸　β-羟丁酸　丙酮
11. α-脂酰甘油磷酰胆碱(溶血卵磷脂)　脂肪酸
12. S-腺苷甲硫氨酸　甲硫氨酸
13. 乙酰 CoA
14. 生物素　维生素 B_{12}
15. 乙酰 CoA　NADPH　ATP　HCO_3^-
16. 葡萄糖分解　脂肪酸氧化　戊糖磷酸
17. β-氧化　ω-氧化
18. (光面)内质网膜　9

二、是非题

1. 错。所有羧化酶需要生物素,而 TPP 是催化 α-酮酸脱羧反应的酶所需要的。
2. 对。
3. 错。Ⅰ型定位于线粒体内膜外侧,Ⅱ型存在于线粒体内膜内侧。
4. 错。奇数碳原子的饱和脂肪酸经最后一次 β-氧化后,生成产物为乙酰 CoA 和丙酰 CoA。
5. 对。
6. 错。萌发的油料种子和某些微生物拥有乙醛酸循环途径,可利用脂肪酸 β-氧化生成的乙酰 CoA 合成苹果酸,为糖异生和其他生物合成提供碳源。
7. 对。
8. 错。因为合成 1 分子软脂酸,需要 8 个乙酰 CoA 单位。其中有 1 个以乙酰 CoA 的形式参与合成,其余 7 个皆以丙二酸单酰 CoA 形式参与合成。每分子乙酰 CoA 转变成丙二酸单酰 CoA 时消耗 1 分子 ATP,所以共消耗 7 分子 ATP。
9. 错。动物长期饥饿,就要动用体内脂肪,脂肪分解代谢水平就很高,产生大量的乙酰 CoA,但由于糖代谢水平低,乙酰 CoA 无法进行三羧酸循环而被氧化,乙酰 CoA 就缩合成乙酰乙酰 CoA,产生酮体,酮体生成速度大于酮体分解速度,酮体浓度增高,常有酸中毒的危险。
10. 对。
11. 错。胆固醇是动物体合成多种生物活性物质的前体物质,如胆酸、固醇类激素和维生素 D 等,也是细胞膜的重要组成成分。因此完全禁食胆固醇是错误的。
12. 错。胆固醇和酮体的生物合成至 β-羟-β-甲基戊二酸单酰 CoA(HMGCoA)生成过程是相同的,但两条途径的关键酶不同,胆固醇生物合成的关键酶是 HMGCoA 还原酶。
13. 错。脂肪酸的 ω-氧化是从远离羧基端的 C 原子开始的。

三、选择题

(一) 单项选择题

1. (A)脂肪动员使脂肪组织中脂肪被脂肪酶水解为游离的脂肪酸和甘油,再释放入血液,脂肪酸与白蛋白结合,经血液循环到全身各组织摄取利用,甘油溶于水,直接由血液运送至肝、肾、肠等组织。
2. (B)脂肪酸的 β-氧化是在线粒体内进行,主要在肝细胞线粒体内进行。长链脂酰基不能透过

①也有书上将脂肪酸的活化包括在 β-氧化过程中

线粒体内膜，细胞质中的脂肪酸基要先与一种脂酰基载体（肉碱）结合才能透过线粒体内膜进入线粒体进行氧化。

3.（D）由于肉碱的作用，细胞质中活化的长链脂肪酸可通过线粒体内膜。脂酰基从 CoA 转移到肉碱上，即可通过线粒体内膜，然后脂酰基又转移给 CoA。脂酰 CoA：肉碱酰基转移酶催化这一反应。而中度链长的脂肪酸并不需要肉碱就能通过线粒体内膜或质膜。

4.（B）β-羟脂酰 CoA 脱氢酶的辅酶是 NAD^+，二氢硫辛酰胺脱氢酶以 FAD 为辅基接受底物二氢硫辛酸脱下的氢生成 $FADH_2$，再将 H_2 转移给 NAD^+ 生成还原型 $NADH+H^+$，磷酸甘油脱氢酶在线粒体外时以 NAD^+ 作辅助因子，在线粒体内以 FAD 作辅助因子。其他两种酶均以 FAD 作辅助因子。

5.（C）胆固醇的代谢只能转变为胆汁酸、类固醇激素和维生素 D_3，不能分解为乙酰 CoA。而其他物质如酮体、脂肪酸、磷脂和葡萄糖均能水解为乙酰 CoA 进一步代谢。

6.（D）脂肪酸的 β-氧化涉及 NAD^+ 的还原。

7.（A）由于植烷酸 3 位碳原子甲基的存在就阻断了植烷酸的 β-氧化。植烷酸的正常氧化途径是先经 α-氧化得 2 位上带甲基的产物，然后该产物进行 β-氧化。Refsum 氏病患者由于缺乏植烷酸 α-氧化酶，因此使植烷酸不能降解。

8.（E）脂肪酸合成酶事实上是由七种蛋白质组成的一个复合物，其中一种为酰基载体蛋白，其余六种是顺序催化脂肪酸链增加二碳单位反应的酶。在每次加入二碳单位的循环中脂酸合成酶复合物从丙二酸单酰 CoA 上将一个二碳单位加到新合成的脂肪酸上，这个酶的复合物包括：乙酰转酰基酶、丙二酸单酰转酰基酶、酰基-丙二酸单酰-ACP 缩合酶、β-酮脂酰-ACP-还原酶、3-羟脂酰-ACP-脱水酶和烯脂酰-ACP 还原酶。

9.（A）丙酮在常温下可以气态存在，易挥发，人体利用酮体能力很弱，一般情况下丙酮随尿排出，如血中浓度过高时，还可经肺直接呼出。乙酰乙酸和 β-羟丁酸是由酶作用直接氧化。

10.（D）乙酰 CoA 是合成脂肪酸的主要源料，线粒体内进行的丙酮酸氧化、脂肪酰 CoA 的 β-氧化等途径生成的乙酰 CoA 是脂肪酸合成的主要来源。脂肪酸合成酶存在于细胞液中，线粒体内的乙酰 CoA 必须进入细胞液才能成为合成脂肪酸的原料，乙酰 CoA 不能自由通过线粒体内膜，主要通过丙酮酸-柠檬酸循环完成。

11.（C）CO_2 加入乙酰 CoA 形成丙二酸单酰 CoA，后者是合成脂肪酸的二碳单位供体，合成的主要是软脂酸（十六烷酸）。这过程发生在线粒体外，氧化剂是 $NADP^+$ 而不是 NAD^+。

12.（C）在脂肪酸合成中，线粒体内形成的乙酰 CoA 经过柠檬酸途径转运到细胞质中。由乙酰 CoA 羧化酶催化乙酰 CoA 羧化成丙二酸单酰 CoA 的反应是脂肪酸合成的关键反应，也是脂肪酸合成速度的限制步骤。

13.（D）因为每分子甘油磷酸化生成甘油-α-磷酸时，消耗 1 个高能磷酸键。每分子软脂酸活化成软脂酰 CoA 时，消耗 2 个高能磷酸键。要合成 1 分子甘油三软脂酸酯需 1 分子甘油和 3 分子软脂酸，所以共消耗 7 个高能磷酸键。

14.（E）在肝脏中从乙酰 CoA 缩合形成乙酰乙酰 CoA，乙酰乙酰 CoA 的主要命运是形成 3-羟-3-甲基戊二酸单酰 CoA（HMG-CoA）。在正常的情况下，肝细胞细胞质中产生的 HMG-CoA 作为胆固醇生物合成中的一个前体。然而饥饿、禁食或没有控制的糖尿病患者，肝细胞线粒体中产生的 HMG-CoA 则作为合成酮体的前体，在这一过程中，HMG-CoA 被 HMG-CoA 裂解酶水解产生乙酰乙酸和乙酰 CoA，依赖于 NADH 的 β-羟丁酸脱氢酶把大部分乙酰乙酸转变为 β-羟丁酸，乙酰乙酸和 β-羟丁酸这两个酮体扩散进入血液并被转运到周围组织。

15.（B）开始胆碱由激酶催化与 ATP 反应生成磷酸胆碱，然后磷酸胆碱再与 CTP 反应生成胞苷二磷酸胆碱（CDP-胆碱），CDP-胆碱再与二脂酰甘油反应生成最常见的磷脂酰胆碱。因此，二脂酰甘油+CDP-胆碱⟶CMP+磷脂酰胆碱。

16.（D）3-羟基-3-甲基戊二酸单酰 CoA ⟶甲羟戊酸这步反应由 3-羟基-3-甲基戊二酸单酰 CoA 还原酶（HMG-CoA 还原酶）催化，该酶是胆固醇生物合成中关键性的限速酶。它是产物反馈控制的关键部位，食物胆固醇抑制胆固醇合成主要是抑制了 HMG-CoA 还原酶的合成。

17.（C）鲨烯经鲨烯单加氧酶的作用形成 2，3-环氧鲨烯，后者经环氧化酶的作用生成羊毛固醇,这是胆固醇合成中形成的第一个固醇。

18. (D)皮肤中的胆固醇在光照下经7-脱氢胆固醇转变成胆钙化醇(维生素 D_3),维生素A是一个类胡萝卜素,维生素E是带有一个类似于萜侧链的芳香族化合物,泛醌是带有一个类异戊二烯侧链的环状化合物。除了辅酶A以外,题中所列出的化合物可以认为是从异戊二烯衍生而来。

19. (C)线粒体中线粒体酶系延长脂肪酸基本上是β-氧化的逆转,唯一不同的是线粒体酶系延长脂肪酸的第4步即加氢反应,从反应性质来看是β-氧化的逆转,但催化这步反应的酶和辅酶与β-氧化不同。

20. (E)合成胆固醇不需要氧气参与。

21. (C)多不饱和脂肪酸酯含有两个或两个以上双键的不饱和脂肪酸,像亚麻酸($18:2^{\Delta 9},12$),亚油酸($18:3^{\Delta 9},12,15$)和花生四烯酸($22:4^{\Delta 5},8,11,14$),在人体内,由于缺乏 C_9 以上形成双键的酶,因此人体不能自行合成亚油酸和亚麻酸,而需要从食物中供给,哺乳动物体内脂类加氧酶系不但可形成Δ9双键,还可形成Δ4Δ5Δ8等双键,这些脱饱和反应与碳链延长反应相配合可从亚麻酸合成花生四烯酸或二十二碳六烯酸。但由于合成的花生四烯酸不能满足机体需要,因此将亚麻酸、亚油酸和花生四烯酸称为营养必需脂肪酸。

22. (A)肝、脂肪组织及小肠是合成甘油三酯的主要场所,以肝的合成能力最强。

23. (D)VLDL是在肝细胞内装配的,含有高比例(55%)的脂肪,是将内源性脂肪从肝细胞运输到肝外组装作为燃料的主要形式。

(二) 多项选择题

1. (A、C)由乙酰CoA生物合成脂肪酸时,NADPH是还原力的来源;在脂肪酸氧化时,FAD和 NAD^+ 两者作为辅因子。酰基载体蛋白ACP和CoA是含泛酰巯基乙胺的辅酶或辅基,两者均参加了脂肪酸的合成。在该过程中,为了活化增加的二碳单位,乙酰CoA羧化形成丙二酸单酰CoA。脂肪酸的合成在线粒体外进行,而脂肪酸的氧化在线粒体内进行。

2. (B、D)丙酮酸和乙酰CoA是从葡萄糖转变为脂肪酸的重要中间物。肉碱是在脂肪酸β-氧化过程中运送脂酰基通过线粒体内膜的一种化合物。

3. (A、C)肝内线粒体缺乏琥珀酰CoA转硫酶外,也缺乏乙酰乙酰CoA硫激酶,因此,酮体只能在肝内生成,肝外氧化。其他两种酶是酮体合成所必需的。

4. (A、B、C、D)饥饿促使动物体利用脂肪作为能源,随着脂肪酸氧化作用的增加,产生了较多的乙酰乙酰CoA,它是酮体的前体。在患糖尿病时,也同样能观察到代谢过程中利用酮体的情况。糖尿病患者和饥饿一样,增加了对脂肪酸的动员,因此也就增加了肝脏中酮体的产生。

5. (A、B、C、D)甘油醇磷脂含有甘油磷酸基、二个脂酰基和一个其他基团如胆碱、乙醇胺、丝氨酸或磷酸肌醇等。根据它们的组成,分别称为磷脂酰胆碱、磷脂酰乙醇胺、磷脂酰丝氨酸和磷脂酰肌醇。

6. (A、B、C)胆固醇是孕酮的前体,从胆固醇开始经数步反应后形成性激素中的孕酮及肾上腺皮质激素。甲羟戊酸是合成胆固醇早期的前体,而鲨烯、羊毛固醇、酵母固醇和24-脱氢胆固醇则为胆固醇合成后期的前体。

7. (A、B、C、D)在胆固醇和酮体的合成途径中,乙酰乙酰CoA和乙酰CoA缩合形成了3-羟-3-甲基戊二酸单酰CoA。然而,这些合成途径中所包含的一些相类似的酶在空间上却是分开的。在线粒体中产生的3-羟-3-甲基戊二酸单酰基CoA被水解成酮体乙酰乙酸,而在细胞质中产生的3-羟-3-甲基戊二酸单酰CoA被还原形成了甲羟戊酸(3-甲基-3,5-二羟基戊酸),后者进一步转变为胆固醇。这两种途径的反应在时间上也是不同的,当可利用的糖产生过多的乙酰CoA时,就开始合成胆固醇,禁食时胆固醇的合成被抑制,相反酮体的合成却非常迅速,这时的乙酰CoA是通过动员脂肪酸,经β-氧化而产生。

8. (A、B、C、D)乙酰乙酰CoA和β-羟-β-甲基戊二酸单酰CoA是酮体合成的中间代谢物,在肝外组织可以重新转变为乙酰CoA进一步代谢释放能量。脂酰CoA是脂肪酸进行氧化的活化形式,经β-氧化生成乙酰CoA。柠檬酸-丙酮酸穿梭系统中,柠檬酸在胞质溶胶中可以经柠檬酸裂解酶产生乙酰CoA。

9. (B、C、D)超速离心法与电泳分类法对血浆脂蛋白分类的名称分别为：乳糜微粒（CM）、极低密度脂蛋白 V（LDL）、低密度脂蛋白（LDL）、高密度脂蛋白（HDL）与乳糜微粒、前 β-脂蛋白、β-脂蛋白、α-脂蛋白。

10. （B、D）FAD 和 NAD^+ 分别为脂酰 CoA 脱氢酶和羟脂酰 CoA 脱氢酶的辅酶。

11. （A 、C 、D、E）胆固醇是多种生物活性分子的前体物质，另外，也是细胞膜的重要组成成分。

12. （A、C、D）合成酮体（D-β-羟丁酸）时，消耗的是 $NADH+H^+$。

13. （B、C、D）油酸是单不饱和 ω-9 脂肪酸，人体可自身合成 C_9 脱氢的单不饱和脂肪酸，因此属于非必需脂肪酸。

四、名词解释

1. β-氧化（β-oxidation）：脂肪酸的 β-氧化作用是指脂肪酸在一系列酶的作用下，在 α 碳原子和 β 碳原子之间断裂，β 碳原子氧化成羧基生成含两个碳原子的乙酰 CoA 和比原来少两个碳原子的脂肪酸。

2. 脂肪动员（fatty mobilization）：脂库中的储存脂肪，在脂肪酶的作用下，逐步水解为脂肪酸和甘油，以供其他组织利用，此过程称为脂肪动员。

3. 酰基载体蛋白（acyl carrier protein，ACP）：一个小分子蛋白质，为脂肪酸合酶复合物的组成成分，但不具催化活性，在脂肪酸合成中作为酰基的载体。

4. 柠檬酸转运系统（citrate transport system）：就是线粒体内的乙酰 CoA 与草酰乙酸缩合成柠檬酸，然后经内膜上的三羧酸载体运至胞液中，在柠檬酸裂解酶催化下，需消耗 ATP 将柠檬酸裂解回草酰乙酸，后者就可用于脂肪酸合成，而草酰乙酸经还原后再氧化脱羧成丙酮酸，丙酮酸经内膜载体运回线粒体，在丙酮酸羧化酶作用下重新生成草酰乙酸，这样就可又一次参与转运乙酰 CoA 的循环。

5. 肉毒碱穿梭系统（carnitine shuttle system）：长链脂酰 CoA 通过与极性肉碱结合成脂酰-肉碱的形式从胞质中转运到线粒体内的循环穿梭系统，从而使活化的脂肪酸在线粒体内进一步氧化。

6. α-氧化（α-oxidation）：α-氧化作用是以具有 3~18 碳原子的游离脂肪酸作为底物，有分子氧间接参与，经脂肪酸过氧化物酶催化作用，由 α 碳原子开始氧化，氧化产物是 D-α-羟脂酸或少一个碳原子的脂肪酸。

7. ω-氧化（ω-oxidation）：ω-氧化是 C-5、C-6、C-10、C-12 脂肪酸在远离羧基的烷基末端碳原子被氧化成羟基，再进一步氧化而成为羧基，生成 α，ω-二羧酸的过程。

8. 血浆脂蛋白（plasma lipoprotein）：是脂类在血液中的主要运输形式，由血浆中磷脂、胆固醇、三酰甘油等脂类与载脂蛋白结合形成。

9. 必需脂肪酸（essential fatty acid）：为人体生长所必需但又不能自身合成，必须从食物中摄取的脂肪酸。在脂肪中有三种脂肪酸是人体所必需的，即亚油酸、亚麻酸、花生四烯酸。

10. 酮体（ketone bodies）：在肝脏中由乙酰 CoA 合成的 β-羟基丁酸、乙酰乙酸及少量的丙酮统称为酮体。

11. 脂肪肝（fatty liver）：肝脏被脂肪细胞所浸渗，变成了非功能的脂肪组织。脂肪肝可能因糖尿而产生；膳食中缺乏甲硫氨酸和胆碱而造成的脂蛋白合成的减少，其结果也会导致脂肪肝。

五、问答题

1. 脂肪酸 β-氧化循环的第一步类似于三羧酸循环中琥珀酸转变为延胡索酸，都是脱氢反应。第二步类似于延胡索酸转变为苹果酸，都是加水反应。第三步类似于苹果酸转变为草酰乙酸，都是脱氢反应。脱氢、加水、脱氢是细胞内有机化合物氧化的常见方式之一。

2. （1）

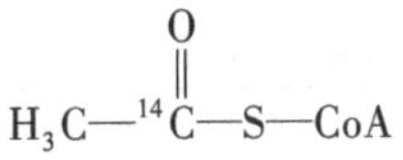

（2）

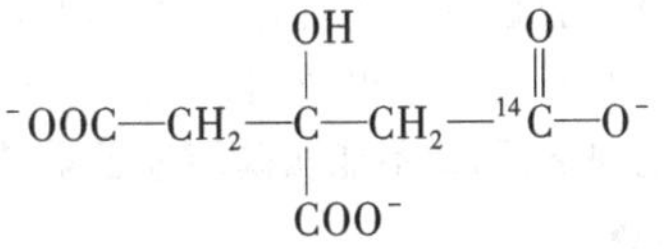

（3）没有被 ^{14}C 标记。

3. 因为奇数碳原子脂肪酸降解最后产生丙酰 CoA，这个化合物进一步代谢生成琥珀酰 CoA，琥珀酰 CoA 将减轻爱斯基摩人糖的缺乏，并且因为增加了三羧酸循环中间物的水平因而减轻了伴随而来的酮症。

4. (1) 均一标记的 ^{14}C-乙酰 CoA 被转变成 ^{14}C-丙二酸单酰 CoA，再转变成均一标记 ^{14}C 的软脂酸，这是脂肪酸的从头合成过程。

(2) 假如仅将微量的均一标记的 ^{14}C-乙酰 CoA 加入大大过量的未标记的丙二酸单酰 CoA 中，丙二酸单酰 CoA 代谢库并没有用 ^{14}C 标记，因此仅仅形成在 C-15 和 C-16 位上有 ^{14}C 标记的软脂酸。

5. (1) 乙酰 CoA 供给甲基末端的二碳片段，因为末端的甲基碳并不包括在脱水步骤中，这样所有的 ^{3}H 都被保留，所以每分子软脂酸将参入 3 个 ^{3}H。

(2) 每个丙二酸的参入将会保留一个 ^{3}H，另一个 ^{3}H 随着二碳单位的加入，在脱水步骤中失去，所以每分子软脂酸将参入 7 个 ^{3}H。

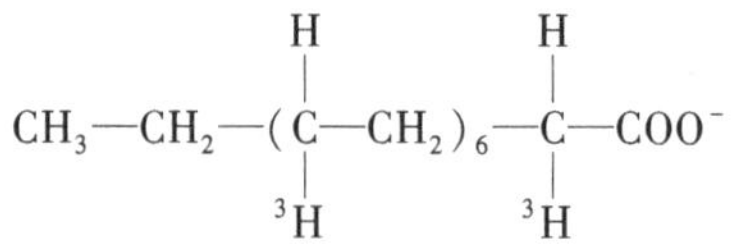

6. 脂肪酸的从头生物合成并非是其 β-氧化的逆转，这是两个显然不同的过程。现把这两过程的主要差别总结于表 10-1。

表 10-1　脂肪酸的从头生物合成和脂肪酸 β-氧化之间的主要差别

	脂肪酸生物合成	脂肪酸 β-氧化
细胞内定位	细胞质	线粒体内
运载系统	柠檬酸	肉碱
酰基载体	ACP	CoA
二碳单位参加的形式	丙二酸单酰 CoA	乙酰 CoA
中间产物 β-羟脂基构型	D	L
电子供体或受体	NADPH	FAD, NAD^+
CO_2作为参加者	是	不是
多酶复合体	有两个多酶复合体	无

7. 甲硫氨酸的缺乏将会抑制需要 S-腺苷甲硫氨酸的所有反应。这里值得注意的是由于甲硫氨酸的缺乏，因此不能从磷脂酰乙醇胺合成磷脂酰胆碱。

8. (1) 葡萄糖异生作用中固定 CO_2 的反应为：

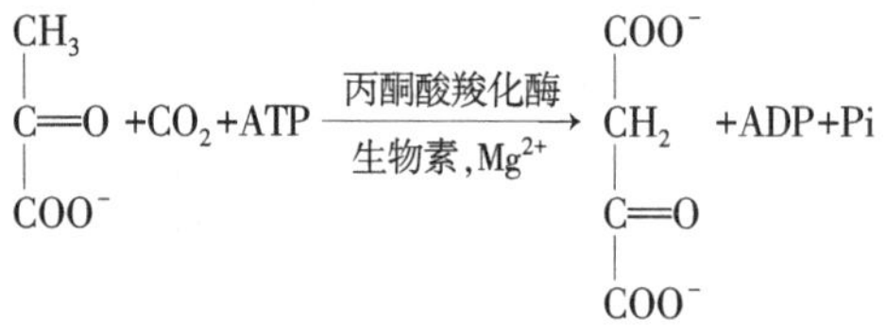

脂肪酸合成过程中固定 CO_2 的反应为：

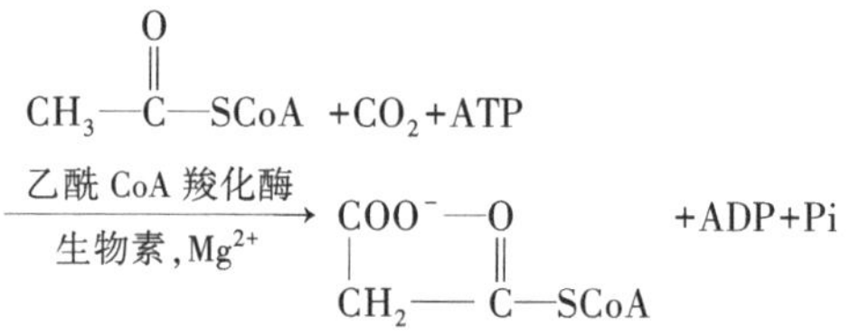

(2) 在上述的每个过程中，CO_2 为其后的反应形成了一个活性单体，紧接着又释放这个固定的 CO_2 分子，这样就增加了自由能的降低，有利于合成反应。在脂肪酸合成时，每个乙酸片段的羧基碳总是通过它的硫酯键连接到 CoA 上而被活化，固定 CO_2 的作用形成了丙二酸单酰 CoA，这样就活化了甲基，使两个碳片段的"头"和"尾"相互反应。

9. (1) 磷酸根基团：ATP。(2) D-葡萄糖基：UDP-葡萄糖。(3) 磷酸乙醇胺基：CDP-乙醇胺。(4) D-半乳糖基：UDP-半乳糖。(5) 脂酰基：脂酰 CoA。(6) 甲基：S-腺苷甲硫氨酸。(7) 脂肪酸合成的二碳单位：丙二酸单酰 CoA。(8) Δ^3-异戊二烯基：Δ^3-异戊二烯焦磷酸。

六、计算题

1. (1) 70kg 成年人含甘油三酯的量为：

$70\times1000\times15\% = 10\,500(g)$

因为人体内氧化 1g 脂肪（甘油三酯）可获得约 37.66kJ 的热量，所以从甘油三酯可获得的总能量为：

$37.66\times10\,500 = 395\,430(kJ) \approx 4.0\times10^5(kJ)$

(2) $4.0\times10^5 \div 8370 \approx 48$

此人能活 48 天。

(3) $8370 \div (37.66\times10^3) \approx 0.22(kg/d)$

每天失去 0.22kg。

2. 比较转移到载体分子的电子对的数目就可估计酮症时软脂酸氧化所获得的相对能量。软脂酸经 7 轮 β-氧化转变成 8 分子乙酰 CoA，它每经一轮 β-氧化就释放 2 个电子对（其中 1 个电子对给 FAD，另 1 个电子对给 NAD^+），因此每分子软脂酸经 7 轮 β-氧化释放 14 个电子对。每分子乙酰 CoA 经过三羧酸循环氧化成 CO_2，释放 4 个电子对（1 个电子对给 FAD，3 个电子对给 NAD^+），这样 8 分子乙酰 CoA 可释放 32 个电子对。在酮症时，仅 β-氧化产生的 14 个电子对被释放,而在正常的均衡食物时,46 个(14+32)电子对全部被利用,因此在酮症情况下,仅能利用软脂酸正常的可利用能量的 30%(14/46≈30%)。一个更为准确的方法是利用 $FADH_2$和 NADH 氧化磷酸化时的 P/O 值,计算两种不同情况下,软脂酸氧化产生的 ATP 的分子数。

3. 1 分子软脂酸经 7 轮 β-氧化,产生 7 分子 $FADH_2$ 和 7 分子 NADH 及 8 分子的乙酰 CoA;1 分子的乙酰 CoA 经 TCA 循环产生 3 分子 NADH 和 1 分子的 $FADH_2$及 1 分子 GTP(相当于 1 分子 ATP);1 分子 NADH 氧化磷酸化产生 2.5 分子 ATP;1 分子的 $FADH_2$氧化磷酸化产生 1.5 分子 ATP。
   (1) 抗霉素 A 存在时,能抑制电子从还原型泛醌到细胞色素 c_1 的传递,所以对 NADH 呼吸链和 $FADH_2$呼吸链均有抑制。1 分子软脂酸在抗霉素 A 存在时只能产生 8 分子 ATP,减去活化时消耗的 2 个 ATP,净得 6 个 ATP。
   (2) 安密妥能阻断电子从 NADH 向泛醌的传递,所以其能抑制 NADH 呼吸链,而对 $FADH_2$呼吸链无抑制作用。即安密妥存在时 1 分子软脂酸氧化产生 ATP 的数目是:$(7+8)\times1.5+8-2=28.5$ 个。
4. 硬脂酸为 18 碳饱和脂肪酸,经 8 次 β 氧化产生 8 分子 NADH、8 分子 $FADH_2$ 和 9 分子的乙酰 CoA,反应开始硬脂酸活化时,消耗 2 分子 ATP,所以硬脂酸完全氧化产生的 ATP 数为:$5\times8+1.5\times8+10\times9-2=120$ 个 ATP。
   软脂酸为 C_{16}饱和脂肪酸,同硬脂酸计算方法,共释放 106 个 ATP。
   含有一个或多个不饱和双键的脂肪酸完全氧化除了需要 β-氧化的酶以外,还需要 Δ3-顺-Δ2-反烯酯酰 CoA 异构酶,2,4-二烯酯酰 CoA 还原酶和 2,3-二烯酯酰 CoA 异构酶参与。含有一个双键,即少产生 1 分子 $FADH_2$。油酸:C_{18}单烯酸完全氧化产生的 ATP 数是 $120-1.5=118.5$;亚油酸:C_{18}二烯酸完全氧化产生的 ATP 数是 $120-3=117$。

提 高 题

一、填充题

1. 磷脂 CDP-甘油二酯(CDP-二脂酰甘油)
2. 脂蛋白
3. 胆固醇
4. 外源性脂肪 肝脏 内源性脂肪 血中 将胆固醇由肝内向肝外转运 肝脏 将胆固醇由肝外向肝内转运
5. 卵磷脂-胆固醇酰基转移酶(LCAT) 脂酰-胆固醇酰基转移酶(ACAT)
6. CM VLDL LDL HDL

二、是非题

1. 错。FAD 能接受两个电子和两个质子,经过两步反应形成 $FADH_2$,中间经过半醌形式,半醌形式也是稳定的,所以 FAD 能参与 1 个或 2 个电子的转移反应。
2. 错。脂肪酸从头合成中,将糖代谢生成的乙酰 CoA 从线粒体内转移到细胞液中的化合物是柠檬酸。
3. 错。由磷酸戊糖途径产生的 NADPH 提供。延长途径中可由 $FADH_2$与 NADPH 提供[H]。
4. 错。线粒体酶系、微粒体酶系与内质网酶系都能使短链饱和脂肪酸的碳链延长,每次延长两个碳原子。线粒体酶系延长碳链的碳源是乙酰 CoA,微粒体内质网酶系延长碳链的碳源是丙二酸单酰 CoA,它们都不用 ACP 作为酰基载体。
5. 对。
6. 对。
7. 对。
8. 对。
9. 对。
10. 错。主要来源是葡萄糖,EMP 途径提供甘油类化合物,脂肪酸的合成来自于 EMP 途径产生的乙酰 CoA。

三、选择题

(一) 单项选择题

1. (A) 每经一轮 β-氧化,饱和脂肪酸即以乙酰 CoA 的形式释放两个碳原子。这里发生了 4 步反应:脂酰 CoA 氧化成烯脂酰 CoA,FAD 变成 $FADH_2$;水化作用,消释 H_2O 而产生 L-羟脂酰 CoA;后者再氧化成酮脂酰 CoA,同时使 NAD^+变为 NADH + H^+;加入新的 CoA 使酮脂酰 CoA 裂解而产生脂酰 CoA 和乙酰 CoA。

2. (E)硫激酶使脂肪酸活化成脂酰 CoA。脂酰 CoA 脱氢酶、烯脂酰 CoA 水化酶、β-羟脂酰 CoA 脱氢酶和 β-酮硫解酶是包含在脂肪酸 β-氧化顺序中的酶。β-氧化的本质是脂肪酸链每次缩短两个碳原子。

3. (C)脂酰 CoA 脱氢酶的辅基是 FAD,含有维生素 B_2,因此,维生素缺乏时,脱氢酶的活性受影响,α,β-烯脂酰 CoA 的合成受到影响。

4. (E)一分子乙酰 CoA 和七分子丙二酸单酰 CoA 合成一分子软脂酸,合成过程中释出七分子 CO_2,此 CO_2来自丙二酸单酰 CoA 的自由羧基。

5. (A)在脂肪水解过程中,游离的脂肪酸和甘油从脂肪细胞中释放。在这个过程中游离的甘油很少有可能重新被利用来酯化脂肪酸而形成甘油三酯,因为脂肪细胞中缺乏甘油激酶。从脂肪细胞中游离出来的甘油必须在肝脏中转变为甘油磷酸,它是糖酵解和葡萄糖异生途径的一个中间物,这样就防止了脂肪酸再次被酯化成脂肪这种无效的重循环。当需要酯化作用时,胰岛素的水平就提高使葡萄糖进入脂肪细胞,因此促进酵解并从二羟丙酮磷酸形成了甘油磷酸。所以,在脂肪细胞中甘油磷酸主要从葡萄糖衍生而来。

6. (D)游离脂肪酸从脂肪组织释放出来就和血浆清蛋白结合,通过血流输运到肌肉或其他组织中,然后脂肪酸氧化降解提供能量。

7. (B)脂肪细胞中对激素敏感的甘油三酯脂肪酶是控制动用储存脂肪的调节酶。当肾上腺素或胰高血糖素水平升高(因为血糖水平下降),脂肪细胞的腺苷酸环化酶被活化而产生 cAMP,后者调节磷酸化作用,并通过蛋白激酶的级联式作用而活化甘油三酯脂肪酶,从而促进脂解。相反,当胰岛素水平升高(因为血糖水平升高),在脂肪细胞中由于胰岛素的抑制作用使 cAMP 水平下降,从而抑制脂解。

8. (D)二十碳三烯酸和二十碳四烯酸分别是前列腺素(PG)家族中 PG_1和 PG_2的二十碳脂肪酸的前体分子。因此 $PGF_1α$ 是从二十碳三烯酸来。顺-9-十八碳烯酸是有一个不饱和键的脂肪酸即油酸,十八碳烷酸是十八碳饱和脂肪酸即硬脂酸,而十六烷酸是十六碳饱和脂肪酸即软脂酸。

9. (C)前列腺素合成过程中,在磷脂酶 A_2的作用下从膜磷脂 2′-位上释放特殊脂肪酸,该脂肪酸释放以后,或进入脂肪氧合酶途径产生一个生物功能还不清楚的酸,或进入前列腺素环氧合酶(也称前列腺素合成酶)途径。当脂肪酸形成前列腺素时,在环氧合酶的催化下形成了一个环戊烷环并引进了三个氧原子。所合成的前列腺素的类型取决于从必需脂肪酸衍生来的起始脂肪酸,从二十碳三烯酸可得到系列 1 前列腺素,从二十碳四烯酸(花生四烯酸)可得到系列 2 前列腺素,从二十碳五烯酸可得到系列 3 前列腺素。阿斯匹林通过抑制环氧合酶的活性因而减弱了前列腺素的合成。

10. (B)合成甘油醇磷脂首先要合成磷脂酸,磷脂酸是合成甘油醇磷脂的一个重要中间物,然后由磷脂酸合成甘油醇磷脂需要 CTP。

11. (B)幼年糖尿病患者缺乏功能性胰岛素,这样使大多数组织没有能力摄取葡萄糖,结果使血液和尿中葡萄糖水平升高。此外,由于缺乏能正常抑制脂肪细胞中脂解作用的胰岛素,导致脂肪组织中的脂肪酸不断地释放进入血液循环,因此能观察到结合到血清清蛋白上的游离脂肪酸的水平增加了。

12. (D)ApoC Ⅱ是激活脂蛋白脂肪酶的激活剂,除此外,ApoA Ⅳ有辅助激活 LPL 的作用。ApoA Ⅰ可激活卵磷脂胆固醇酰基转移酶,ApoA Ⅱ可激活肝脂肪酶(HL),ApoC Ⅰ可激活 LCAT,ApoE 可作为 LDL 受体配基。

13. (C)胰脂肪酶是由胰脏分泌的,它随着胰液进入十二指肠。它水解含有长链脂酰基的甘油三酯成 2′-甘油-酯和脂肪酸,后者扩散进入肠上皮细胞并再次酯化后包装进入乳糜微粒而被转运。

14. (B)临床上阐明脂蛋白脂肪酶缺乏(Ⅰ型高乳糜血症)就不能以正常的速率从血液中清除食物脂(乳糜微粒)。正常的个体,在乳糜微粒和脱脂蛋白 C-Ⅱ(从 HDL 来的)存在时,脂蛋白脂肪酶被激活,脂蛋白脂肪酶能催化血浆脂蛋白中甘油三酯的水解。

15. (D)肥胖病是由于在脂肪细胞中增加了脂肪酸的酯化作用和沉积作用而造成体重太重。一个经常吃超过本人热能需要量的食物的人,就会导致肥胖病。

16. (D)ApoC Ⅱ是 LPL 必需的辅助因子,可以激活 LPL，催化乳糜微粒(CM)和 VLDL 分解为脂肪酸和单酸甘油酯。

17. (C)CM 的主要成分是脂肪(95%)，是将小肠吸收的脂肪运输到脂肪组织和其他体细胞作为燃料。VLDL 是在肝细胞内装配的，含有高比例(55%)的脂肪，是将内源性脂肪从肝细胞运输到肝外组装作为燃料的主要形式。

18. (C)LDL 中，脂肪比例下降到 5%，胆固醇比例上升到 50%，其主要功能是将肝细胞内的胆固醇转运给肝外细胞利用。

19. (E)HDL 的主要功能是胆固醇的逆向运输，将体细胞中的胆固醇包装到 HDL 上，然后交给肝细胞吸收和重新利用，因此称为"血管清道夫"。

(二) 多项选择题

1. (A、B、C、D)丙酸活化成丙酰 CoA，后者羧化成 D-甲基丙二酸单酰 CoA，经外消旋成 L-甲基丙二酸单酰 CoA，后者通过依赖于维生素 B_{12} 的反应，进行分子重排即得琥珀酰 CoA。

2. (A、C)脂肪细胞中的脂解作用直接受激素调节，肾上腺素激活腺苷酸环化酶而产生 cAMP，cAMP 再激活蛋白激酶，蛋白激酶通过磷酸化作用活化甘油三酯脂肪酶，这样就发生了脂解并释放出游离的脂肪酸和甘油。因为在脂肪细胞中缺乏甘油激酶，释放出的甘油不能磷酸化，这样就防止了游离脂肪酸的无效再酯化作用。胰岛素降低了 cAMP 的水平，对脂解有抑制作用。脂蛋白脂肪酶主要催化与蛋白质结合的甘油三酯的水解，如催化血浆脂蛋白中甘油三酯的水解。

3. (B、D)几乎所有含线粒体的组织(如脑、肾、心和骨骼肌)均能将酮体氧化成二氧化碳，但肝脏不能。当然，没有线粒体的细胞如红细胞就不能氧化酮体。对于酮体的活化需要琥珀酰 CoA 转移酶和硫解酶，这两种酶由于禁食和饥饿被诱导到高水平。因此饥饿过程中，酮体作为主要能源。

4. (A、B、C、D)乳糜微粒含有 79%~95% 的甘油三酯，1%~5% 的胆固醇，3%~15% 的磷脂和 0.5%~2.5% 的蛋白质。

5. (A、C)胆汁酸中的胆酸(占胆汁酸量的 90%)常常和甘氨酸结合成甘氨胆酸或和牛磺酸结合成牛磺胆酸。在人的胆汁中，更为常见的是甘氨胆酸。甘氨酸羧基的电荷或牛磺酸硫酸根的电荷增加了胆汁酸的亲水性，由此提高了在消化过程中乳化脂肪的能力。

6. (B、D)哺乳动物组织不能合成生物素和脱氢莽草酸。同位素实验表明哺乳动物组织可以合成少量的肌醇。经过磷脂酰胆碱(卵磷脂)合成胆碱的途径在哺乳动物的组织也存在。

7. (B、C、D)酮体是在肝细胞内生成，运输到肝外组织利用的。因此肝细胞内不存在利用酮体的酶类。

8. (B、D)脂肪细胞内甘油三酯脂肪酶是脂肪动员关键酶。胰高血糖素、肾上腺素等均能促进脂肪动员，因而称为脂解激素；胰岛素、前列腺素 E_2 等可抑制脂肪动员，因而称为抗脂解激素。

四、名词解释

1. 酮症(ketosis)：脂肪酸在肝脏可分解并生成酮体，但肝细胞中缺乏利用酮体的酶，只能将酮体经血循环运至肝外组织利用。在糖尿病等病理情况下，体内大量动用脂肪，酮体的生成量超过肝外组织利用量时，可引起酮症。此时血中酮体升高，并可出现酮尿。

2. LDL 受体(LDL receptor)：存在于需胆固醇细胞表面的一种受体蛋白，能特异识别血液中 LDL 颗粒含有的 apoB-100，从而使 LDL 与细胞的 LDL 受体结合诱发胞吞作用，在细胞内胆固醇酯被降解为胆固醇和脂肪酸，LDL 受体再回到细胞表面发挥其吸收 LDL 的功能。

3. 高脂血症(hyperlipemia)：是由于血中脂蛋白合成与清除混乱引起的。血浆脂蛋白代谢异常可包括参与脂蛋白代谢的关键酶，载脂蛋白或脂蛋白受体遗传缺陷，也可以由其他原因引起。

4. 动脉粥样硬化(atherosclerosis)：是人体内胆固醇代谢异常所引起的一类疾病。当机体合成与饮食摄取的胆固醇含量超过用于合成膜、胆汁酸盐和类固醇时，人体血管便出现胆固醇病理性积累，形成动脉粥样斑导致动脉血管堵塞。该症与血液中高浓度的富含胆固醇的 LDL 有关，但 HDL 的含量与血管疾病之间存在一定的负相关。

5. 激素敏感性三酰甘油脂肪酶(hormone-sensitive triacylglycerol lipase)：是一种存在于脂肪细胞中受激素调节的三酰甘油脂肪酶。当血液中血糖浓度变低时，肾上腺素和胰高血糖素分泌增加，激活脂肪细胞质膜中的腺苷酸环化酶产生cAMP。一种依赖cAMP的蛋白激酶就会使激素敏感性三酰甘油脂肪酶发生磷酸化而激活，催化三酰甘油分子中的酯键水解，释放脂肪酸。

6. 脂蛋白酯酶（lipoprotein lipase，LPL）：糖蛋白，催化CM和VLDL核心中的TG分解为脂肪酸和单酸甘油酯，为组织提供功能和储存，ApoC Ⅱ是其关键的辅助因子。

五、问答题

1. 生蛋清中含有抗生物素蛋白，它能和生物素特异地结合，阻止了生物素的吸收。而生物素是所有需要ATP的羧化反应所需的辅酶。由于小女孩吃了生的鸡蛋清可能导致生物素缺乏，从而导致需要ATP的羧化酶活性降低。羧化酶之一——丙酮酸羧化酶是从丙酮酸羧化生成三羧酸循环中间物草酰乙酸所需的酶，该酶活性下降造成轻度酮症。另一个羧化酶是丙酰CoA羧化酶，它是奇数碳原子脂肪酸的末端三碳片段代谢所需的。生物素的缺乏导致丙酰CoA羧化酶活性下降，因此影响了奇数碳原子脂肪酸的代谢。

2. （1）由于$H^{14}CO_3^-$在乙酰CoA羧化酶催化下合成丙二酸单酰CoA。故丙二酸单酰基将被标记，但是^{14}C并不在任何化合物上堆积，因为当丙二酸单酰CoA用来合成软脂酸时，^{14}C将以CO_2的形式释放。

（2）柠檬酸仅仅作为活化乙酰CoA羧化酶所需的别构效应剂。柠檬酸（三羧酸循环的第一个中间物）水平的增加是乙酰CoA转向脂肪酸合成的信号，而不是加强三羧酸循环的信号。

（3）反应必定包含了一个需生物素的酶。抗生物素蛋白是蛋清中的一种蛋白质，它专一地抑制需要生物素的酶，这些酶总是催化需要ATP的固定CO_2为羧基的反应。

（4）酶Ⅰ是乙酰CoA羧化酶

$$\text{乙酰 CoA}+\text{ATP}+CO_2\xrightarrow{\text{柠檬酸},Mg^{2+}}\text{丙二酸单酰 CoA}+\text{ADP}+\text{Pi}$$

酶Ⅱ是脂肪酸合酶

$$\text{乙酰 CoA}+7\ \text{丙二酸单酰 CoA}+14\text{NADPH}+H^+\longrightarrow\text{软脂酸}+8\text{CoASH}+14\text{NADP}^+$$

3. （1）动物不能净转变乙酸成糖，但能直接将乙酸转变成脂肪酸，后者将参与甘油三酯的合成，因此脂类比糖类标记得多。虽然从乙酸不能净合成糖，但^{14}C将在糖中出现，因为一些^{14}C-乙酸将进入三羧酸循环，并将^{14}C提供给葡萄糖异生作用的前体库。

（2）在甘油三酯中，标记主要出现在脂酰链的相间隔的位置上，如下式所示：

$$^{14}CH_3CH_2—(^{14}CH_2CH_2)_n{}^{14}CH_2C(=O)—$$

4. 食物中供给的胆碱在机体内用于合成磷脂酰胆碱，作为膜和脂蛋白的重要组分。长期缺乏胆碱，磷脂酰胆碱合成受到限制，原材料之一的二酰甘油转向合成三酰甘油，后者没有分泌进入脂蛋白而在肝脏内积累。肝细胞被三酰甘油充塞，形成脂肪肝。

5. 棕榈油酸的双键是通过脂酰CoA去饱和酶催化的氧化反应引入的，该酶是一种需要O_2作为辅底物的多功能加氧酶（即单加氧酶或羟化酶）。所以，在严格厌氧条件下此反应不能发生。

6. 酮症是指脂肪酸在肝脏可分解并生成酮体，但肝细胞中缺乏利用酮体的酶，只能将酮体经血循环运至肝外组织利用，导致血中酮体堆积，称为酮血症。多余的酮体随尿液排出，称为酮尿症。糖尿病患者机体不能很好地利用葡萄糖，长期禁食人群机体能量摄入严重不足，这两种情况下，脂肪动员明显增强，肝脏酮体生成增多，酮体的生成量超过肝外组织利用量时，可引起酮血症。由于酮体中的乙酰乙酸，β-羟丁酸具有酸性，会导致酸中毒，病情严重时导致昏迷。

7. statin类药物是HMG-CoA结构类似物，是HMG-CoA还原酶的竞争性抑制剂。血液胆固醇水平降低，机体HMG-CoA还原酶的表达代偿性增强。HMG-CoA还原酶可合成类异戊二烯，是CoQ合成的前体物质。HMG-CoA还原酶活性被抑制，CoQ的生成受阻，导致CoQ相关的生物学过程障碍，因此及时补充。

六、计算题

1. $C^3H_3(C^3H_2)_{10}COOH$在线粒体中进行β-氧化

降解成乙酰 CoA。在 β-氧化的第一个脱氢反应中,脱去了 α-碳原子上的一个氢,这个 α-碳原子最终成为放出的乙酰 CoA 的甲基。所以每次产生的乙酰基将仅仅带一个^{3}H 原子(^{3}H : C=1 : 2)。但是脂肪酸的最后一个甲基没有被氧化,因此保留所有的 3 个^{3}H 原子(^{3}H : C=3 : 2)。因为反应产生 6μmol 乙酰基,其中 5μmol 其氚与碳的比为 1 : 2,1μmol 其氚与碳的比为 3 : 2,所以,总的氚与碳的比为 8 : 12 即 2 : 3。

2. 1 分子葡萄糖经糖酵解进入 TCA 循环前可产生 2 分子乙酰 CoA,1 分子软脂酸从头合成需要 8 分子乙酰 CoA,所以 3 分子软脂酸合成所需要的碳由 12 个葡萄糖提供。

1 分子葡萄糖经戊糖磷酸途径可产生 2 分子的 NADPH,脂肪酸合成过程中,每一轮添加二碳单位需要 2 分子 NADPH 提供还原力。1 分子软脂酸需要 7 轮合成过程。所以 3 分子软脂酸合成所需的还原力需要 21 分子的葡萄糖代谢提供。

1 分子的甘油需要 0.5 分子的葡萄糖提供。即 1 分子的三软脂酰甘油合成需要葡萄糖的数目为:12+21+0.5=33.5 分子葡萄糖。

第十一章　蛋白质的降解和氨基酸代谢

学习指导

1. 重点掌握蛋白质的降解和氨基酸的共同代谢途径。
2. 了解个别氨基酸的代谢类型和特点。
3. 重点了解氨基酸代谢途径的异常所引起的相关疾病。

基　础　题

一、填充题

1. 氨基酸共有的代谢途径有________和________。
2. 转氨酶的辅基是________。
3. 人类对氨基代谢的终产物是________，鸟类对氨基代谢的终产物是________，植物解除氨的毒害的方法是________。
4. 哺乳动物产生1分子尿素需要消耗________分子的ATP。
5. 脑细胞中氨的主要代谢去向是________。
6. 通过________的脱羧可产生β-丙氨酸。
7. Arg可以通过________循环形成。
8. γ-谷氨酰循环的生理功能是________。
9. 谷胱甘肽(GSH)是由________、________和________三种氨基酸形成的三肽。其生理功能是________。
10. 尿素分子中的一个N来自于________，另一个来自于________。
11. 生物体内氨基酸脱氨基作用的主要方式是________。
12. *S*-腺苷甲硫氨酸(SAM)的主要生物学功能是________。
13. L-谷氨酸脱氢酶的辅酶是________，别构抑制剂是________，别构激活剂是________。
14. 将尿素循环与三羧酸循环连接起来的氨基酸是________和________。

二、是非题

1. 对于苯丙酮尿患者来说酪氨酸也是必需氨基酸。
2. 氨基酸脱羧酶通常也需要吡哆醛磷酸作为其辅基。
3. 动物产生尿素的主要器官是肾脏。
4. 参与尿素循环的酶都位于线粒体内。
5. L-氨基酸氧化酶是参与氨基酸脱氨基作用的主要酶。
6. 严格的生酮氨基酸都是必需氨基酸。

7. 氨基酸经脱氨基作用以后留下的碳骨架进行氧化分解需要先形成能够进入 TCA 循环的中间物。
8. 羧化酶都需要生物素(biotin)作为辅基。
9. 氨基酸的吸收在小肠中进行,需要有运输载体的参与,但不需要消耗能量。
10. 谷氨酰胺既是氨的储存方式,也是氨的转运和解毒产物。
11. 高血氨症是由于氨基酸的合成代谢受阻造成的。
12. 血液中非蛋白氮中主要成分是尿酸。
13. 氨基酸合成的过程中,将 NH_4^+引入 α-酮戊二酸分子中生成谷氨酰胺需要 NADH 提供还原力。
14. 在氨基酸分解代谢中,氨基的载体是吡哆醛磷酸。

三、选择题

(一) 单项选择题(下列各题均有五个备选项,其中一个是正确的,请将其代码填入括号内)

1. 以下氨基酸除了哪一种以外都是必需氨基酸?(　　)
   A. Thr　B. Phe　C. Met　D. Tyr　E. Leu
2. 以下哪一种氨基酸是严格的生酮氨基酸?(　　)
   A. Thr　B. Ser　C. Arg　D. Lys　E. Pro
3. 以下哪一种氨基酸不能进行转氨基反应?(　　)
   A. Thr　B. Glu　D. Ala　D. Asp　E. His
4. 以下哪一种氨基酸的脱羧基反应不需要吡哆醛磷酸作为辅基?(　　)
   A. Thr　B. Glu　D. Ala　D. Asp　E. His
5. 线粒体内的氨甲酰磷酸合成酶的激活因子是(　　)。
   A. 乙酰 CoA　B. NADH　C. NADPH　D. *N*-乙酰谷氨酸　E. 叶酸
6. 谷氨酰胺不是以下哪一种物质的前体?(　　)
   A. Arg　B. Pro　C. 蛋白质　D. 嘌呤　E. His
7. 在体内 Gly 可以从哪一种氨基酸转变而来?(　　)
   A. Asp　B. Ser　C. Thr　D. His　E. Trp
8. 肌酸的合成需要(　　)。
   A. Met、Gly 和 Ser　B. Arg、Gly 和 Ser　C. Trp、Arg 和 Gly
   D. Met、Trp 和 Gly　E. Met、Arg 和 Gly
9. 固氮酶的活性需要下列哪种金属离子?(　　)
   A. Cu　B. Fe　C. Mo　D. Zn　E. Ca
10. 血红素的合成需要哪两种前体分子?(　　)
    A. Ala 和琥珀酰 CoA　B. Gly 和琥珀酰 CoA　C. Ala 和乙酰 CoA
    D. Gly 和乙酰 CoA　E. Gly 和 Arg
11. 在代谢的研究中,第一个被阐明的循环途径是(　　)。
    A. 三羧酸循环　B. 卡尔文循环　C. 尿素循环
    D. 丙氨酸循环　E. 乳酸循环
12. 大量口服 Leu 可影响到小肠上皮细胞对哪一种氨基酸的吸收?(　　)

A. Asp　B. Lys　C. Gly　D. Pro　E. Val

13. 大肠杆菌谷氨酰胺合成酶可经历什么样的共价修饰而失去活性？(　　)

A. 磷酸化　B. 甲基化　C. 腺苷酸化　D. ADP-核糖基化　E. 脂酰基化

14. 固氮酶固定 1 分子 N_2成 2 分子 NH_3需要消耗(　　)。

A. 6 个电子,12 分子 ATP　B. 8 个电子,16 分子 ATP

C. 8 个电子,12 分子 ATP　D. 8 个电子,18 分子 ATP

E. 10 个电子,14 分子 ATP

15. 下列哪一种氨基酸与尿素循环无关？(　　)

A. 赖氨酸　B. 精氨酸　C. 天冬氨酸　D. 鸟氨酸　E. 瓜氨酸

16. 缺乏哪一种酶可导致 PKU(苯酮尿症)？(　　)

A. 苯丙氨酸羟化酶　B. 苯丙氨酸 α-酮戊二酸转氨酶

C. 尿黑酸氧化酶　D. 多巴脱羧酶

E. 丙氨酸-丁氨酸硫醚合成酶

17. 从脯氨酸合成羟脯氨酸时,下列哪一种物质并非必需？(　　)

A. 游离的脯氨酸　B. α-酮戊二酸　C. 抗坏血酸盐

D. 氧气　E. CoA

18. 治疗帕金森氏症(Parkinson's disease)时,应该告诉患者服用有利多巴代谢的化合物,这种化合物应该是(　　)。

A. 吡哆醛磷酸　B. 生物素　C. 硫胺素

D. 核黄素　E. 烟酸

19. 下列哪一种氨基酸可以作为一碳单位的供体？(　　)

A. Pro　B. Ser　C. Glu　D. Thr　E. Tyr

20. 下列哪一种氨基酸与尿素循环无关？(　　)

A. Lys　B. Asp　C. 鸟氨酸　D. 瓜氨酸　E. Arg

21. 肝细胞内合成尿素的部位是(　　)。

A. 细胞质　B. 线粒体　C. 内质网

D. 细胞质和线粒体　E. 过氧化物酶体

22. 下列哪一种氨基酸脱羧后生成血管扩张物？(　　)

A. Arg　B. Asp　C. His　D. Gln　E. Pro

23. 人体不能合成的氨基酸必须由膳食中获取,而对于大部分非必需氨基酸来说,其合成的碳骨架的最终来源是(　　)。

A. 葡萄糖　B. 脂肪酸　C. 核苷酸　D. 甘油　E. 胆固醇

24. 下列哪一组氨基酸,全部是人体必需氨基酸？(　　)

A. Met Phe Leu Ile　B. Phe Lys Thr Trp　C. Glu Ser Met Pro

D. Leu Pro Met Cys　E. Val Tyr Met Pro

25. 下列哪个代谢途径,同时参与部分氨基酸的分解和合成？(　　)

A. 联合脱氨作用　B. 鸟氨酸循环　C. 嘌呤核苷酸循环

D. 蛋氨酸循环　E. 葡萄糖丙氨酸循环

（二）多项选择题（下列各题均有四个备选项，其中两个或两个以上为正确选项，请将正确选项的代码填入括号内）

1. 下列氨基酸中生糖兼生酮氨基酸的是（　　）。
   A. Gly　　B. Ile　　C. Thr　　D. Phe
2. 一碳单位的形式有（　　）。
   A. $=CH_2$　　B. —CHO　　C. CO_2　　D. —CH =NH
3. 参与尿素合成的氨基酸有（　　）。
   A. 精氨酸　　B. 蛋氨酸　　C. 鸟氨酸　　D. 谷氨酰胺
4. 在尿素合成中，需要 ATP 的反应是（　　）。
   A. 氨+二氧化碳→氨甲酰磷酸　　B. 氨甲酰磷酸+鸟氨酸→瓜氨酸
   C. 瓜氨酸+天冬氨酸→精氨基琥珀酸　　D. 精氨酸→鸟氨酸+尿素
5. 下列哪些化合物可以由酪氨酸转变合成？（　　）
   A. 甲状腺素　　B. 肾上腺素　　C. 多巴胺　　D. 黑色素

四、名词解释

1. 氮平衡（nitrogen balance）
2. 必需氨基酸（essential amino acid）
3. 转氨基作用（transamination）
4. 联合脱氨基作用（transdeamination）
5. 嘌呤核苷酸循环（purine nucleotide cycle）
6. 尿素循环（urea cycle）
7. 一碳单位（one carbon unit）
8. 生物固氮（biological nitrogen fixation）

五、问答题

1. 氨造成脑损害的确切机制尚不清楚。试根据氨对产能代谢中某些关键中间物水平的影响提出一种可能的机制。
2. 如果 1 分子乙酰 CoA 经过 TCA 循环氧化成 CO_2 和 H_2O 可产生 10 分子的 ATP，则 1 分子丙氨酸在哺乳动物体内彻底氧化净产生多少分子的 ATP？在鱼类又能产生多少分子的 ATP？
3. 多数需要 Ile 的细菌突变株也通常需要 Val 才能生长。为什么？只需要 Ile（不需要 Val）就能生长的细菌突变株会是哪一种酶有缺陷？
4. 参与 IMP 合成的第一个酶利用 Gln 作为氨基的供体而不是直接使用氨，这个现象在其他地方也能发现。为什么自然利用一个更耗能的过程（Gln 作为氨基供体需要消耗 ATP）？
5. 让大鼠服用 ^{14}C 标记的 4-羟脯氨酸，然而新合成的胶原蛋白并没有被同位素标记，为什么？
6. 为什么细胞内没有一种对所有的氨基酸都能作用的氧化脱氨基酶？
7. 如果草酰乙酸和 α-酮戊二酸均被用于氨基酸合成，那么三羧酸循环将如何正常进行？

8. 近期一些流行的减肥方案是建议高蛋白低糖饮食，试分析其利弊。
9. 大部分氨基酸可以由相应的α-酮酸通过转氨反应生成，但赖氨酸除外，试解释该现象。
10. 在细菌和哺乳动物中，在天冬氨酸合成天冬酰胺的过程中，氨的供体有何不同？试解释其中的原理。

提　高　题

一、填充题

1. 褪黑激素来源于________，而硫磺酸来源于________。
2. 牛磺酸由________转变而来。5-羟色胺由________转变而来；脑中的γ-丁酸由________衍生而来。儿茶酚胺是由________酸转化而来的。
3. 白化病是由于________代谢中________的缺乏，从而造成皮肤、黏膜、毛发、眼等白化。
4. γ-氨基丁酸是由________脱羧而来。
5. 骨骼肌中的脱氨方式主要是________，原因是骨骼肌内________的活性低。
6. 急性肝炎时血清中的________活性显著升高，心肌梗死时血清中________活性显著升高。

二、是非题

1. Lys 的缺乏可以通过在食物中添加相应的α-酮酸加以纠正。
2. O_2能刺激固氮酶的活性。
3. 一般来说，在哺乳动物体内由蛋白质氧化分解产生的能量效率低于糖或脂肪的氧化分解。
4. 既然谷氨酸上的 N 原子可经过转氨基作用重新分布，那么谷氨酸应该可作为很好的营养品来弥补蛋白质缺乏。
5. Arg 是哺乳动物的一种非必需氨基酸，因为在它们的肝细胞之中，含有足够的合成 Arg 的酶。
6. 以干酪取代肉类的膳食在氮平衡方面不能保证营养充足。
7. 肌酸是尿内的重要含氮成分，是由肌肉内的磷酸肌酸环化而成，不需要酶的催化。
8. 临床上高血氨症患者经常使用抗生素进行治疗，是因为肠道内细菌也可以分解尿素分子并释放出氨入血液，导致病情加重。
9. 5-羟色胺由酪氨酸脱羧后生成，在脑组织是一种抑制性神经递质，在外周组织中具有收缩血管的作用。
10. 氨中毒的根本原因是氨基酸在体内分解代谢加速，同时肾功能障碍致排泄受阻。

三、选择题

（一）单项选择题（下列各题均有五个备选项，其中一个是正确的，请将其代码填入括号内）

1. Ala 循环的功能是(　　)。

　A. 将肌肉中的 C 和 N 运输到肾脏　　B. 将肌肉中的 C 和 N 运输到肝脏

　C. 将肾脏中的 C 和 N 运输到肝脏　　D. 将肝中的 C 和 N 运输到肾脏

E. 将脑中的 C 和 N 运输到肝脏

2. 生物合成下列化合物所需要的甲基,哪种不是由 *S*-腺苷甲硫氨酸提供的?(　　)

A. 磷酸肌酸　B. 肾上腺素　C. 褪黑激素　D. 卵磷脂　E. 胸腺嘧啶

3. 琥珀酰 CoA 可能从下列哪一种氨基酸获得碳原子?(　　)

A. Leu　B. Ile　C. Arg　D. His　E. Trp

4. 支链氨基酸降解的主要场所是(　　)。

A. 肝脏　B. 肾脏　C. 组织　D. 胃肠道　E. 脑

5. 在下列物质合成过程中,需要四氢叶酸的是(　　)。

A. 血红素　B. 脱氧胸苷酸　C. 嘧啶　D. 磷脂酰乙醇胺 E. 胆碱

6. 以下化合物中,仅在肝脏中合成的是(　　)。

A. 糖原　B. 脂肪酸　C. 胆固醇　D. 尿素　E. 以上均不是

7. 生物固氮酶复合物可以提供高还原力的电子,将 N_2转变为 NH_3。在这个过程中,有关该复合物的描述错误的是(　　)。

A. 需要 Fe-S 蛋白　B. 需要 Mo-Fe 蛋白

C. 丙酮酸是电子的来源　D. 需要 ATP

E. 存在于绿肥植物和豆科作物的根瘤菌中

8. 对高血氨患者的错误处理是(　　)。

A. 低蛋白饮食　B. 使用碱液灌肠

C. 静脉补充葡萄糖　D. 口服抗生素,抑制肠道细菌

E. 使用排氨药物

9. 动物体谷丙转氨酶(又称丙氨酸转氨酶,GPT,ALT)活性最高的组织是(　　)。

A. 肝脏　B. 肾脏　C. 心肌　D. 骨骼肌　E. 脑

(二) 多项选择题(下列各题均有四个备选项,其中两个或两个以上为正确选项,请将正确选项的代码填入括号内)

1. 下列氨基酸不能进行转氨反应的是(　　)。

A. 精氨酸　B. 赖氨酸　C. 脯氨酸　D. 羟脯氨酸

2. 维生素 B_{12}缺乏,下列哪些氨基酸的分解代谢将受到影响 ?(　　)

A. Val　B. Leu　C. Ile　D. Met

3. 在蛋白质的消化过程中,胃内的盐酸所起的作用是(　　)。

A. 使得蛋白质变性,更容易被降解

B. 抑制并杀死大部分有害微生物

C. 低 pH 是多种消化酶发挥作用的适宜条件

D. 低 pH 可促进小肠分泌与蛋白质消化相关的激素

4. 体内的氨可以哪些形式进行运输(　　)。

A. 丙氨酸　B. 谷氨酰胺　C. 谷氨酸　D. 天冬酰胺

四、名词解释

1. 泛素(ubiquitin)
2. 高血氨症(hyperammonemia)

3. 苯酮尿症(phenylketonuria)
4. 尿黑酸症(alkaptonuria)
5. 白化病(albinism)
6. 丙氨酸-葡萄糖循环(alanine-glucose cycle)

五、问答题

1. β-碳原子被同位素(^{14}C)标记的丝氨酸有很多用途,但通常不用它来作为标记物研究蛋白质的生物合成,这是因为它在体内不仅能标记蛋白质,还能标记核酸、碳水化合物及脂类。试问它是如何能够标记这些化合物的?
2. 提高天冬氨酸和谷氨酸的合成会对 TCA 循环产生何种影响? 细胞会怎样应付这种状况?
3. 肝昏迷又称肝性脑病,是由于严重的肝脏功能障碍引起的以代谢紊乱为基础的中枢神经系统功能失调的综合病症,其主要临床表现是意识障碍、行为失常和昏迷。试从氨代谢的角度,分析血氨增高导致肝昏迷的可能机制。
4. 尿素循环涉及五种关键酶的参与,任何一种酶的缺失或缺陷均将导致人类的一系列疾病。试分析当精氨基琥珀酸合成酶缺陷时人类的可能病理反应,该如何建议这样的患者改变其饮食结构?
5. 叶酸缺乏症是最常见的维生素缺乏症,可导致血红蛋白合成受阻,从而干扰红细胞的成熟造成贫血。试分析红细胞合成与叶酸缺陷直接的代谢联系。维生素 B_{12} 缺乏也会导致相同的疾病,为什么?
6. 一分子谷氨酸在细胞内彻底氧化为 CO_2 和 H_2O(包括生成尿素),净产生多少分子的 ATP?

答　　案

基　础　题

一、填充题

1. 脱氨基　脱羧基
2. 磷酸吡哆醛
3. 尿素　尿酸　天冬酰胺
4. 4
5. 谷氨酰胺
6. Asp
7. 尿素
8. 向细胞内转运氨基酸
9. 谷氨酸　半胱氨酸　甘氨酸　保护细胞中某些重要的蛋白质和酶分子的巯基不被氧化,从而维持其生物学功能
10. NH_3　天冬氨酸
11. 联合脱氨作用
12. 代谢过程中作为提供甲基的载体
13. NAD^+　ATP　ADP
14. 天冬氨酸　延胡索酸

二、是非题

1. 对。苯丙酮尿患者缺乏将 Phe 转变成 Tyr 相关的酶,因此必须从食物中获取 Tyr。
2. 对。
3. 错。动物产生尿素的器官是肝脏,肾脏是排泄尿素的场所。
4. 错。某些参与尿素循环的酶位于肝细胞的胞质之中。
5. 错。谷氨酸脱氢酶才是参与氨基酸脱氨基作用

的主要酶。

6. 对。严格的生酮氨基酸是 Lys 和 Leu，它们都是必需氨基酸。

7. 对。TCA 循环是糖、脂肪和氨基酸最后氧化的共同代谢途径，氨基酸中的 C 骨架只有转变成能够进入 TCA 循环的中间物才能够最终被氧化分解。

8. 错。有例外情况，比如光合作用中的核酮糖-1，5-二磷酸羧化酶不需要辅基。

9. 对。

10. 对。氨基酸分解产生的氨与谷氨酸在谷氨酰胺合成酶催化下生成谷氨酰胺，由血液输送到肝脏或肾脏，经谷氨酰胺酶水解成谷氨酸和氨。因此，谷氨酰胺既是氨的解毒产物，也是氨的储存及运输形式。

11. 错。高血氨症是由于尿素循环中有关酶的缺乏造成的。

12. 错。血液中非蛋白氮中主要成分是尿素。

13. 错。在这个过程中，提供还原力的物质是 NADPH。

14. 对。

三、选择题

（一）单项选择题

1. (D)对于高等动物来说，Met、Lys、Trp、Thr、Phe、Ile、Leu 和 Val 为必需氨基酸，Arg 和 His 为半必需氨基酸。

2. (D)20 种基本氨基酸中，Lys 和 Leu 是严格的生酮氨基酸，Phe、Trp、Tyr 和 Ile 既能生酮又能生糖，其他氨基酸为生糖氨基酸①。

3. (A)在 20 种氨基酸中，只有 Thr、Pro 和 Lys 不能进行转氨基反应。

4. (E)只有 His 的脱羧基反应不需要磷酸吡哆醛作为辅基。

5. (D)线粒体内的氨甲酰磷酸合成酶参与尿素的形成，*N*-乙酰谷氨酸能刺激该酶的活性，有利于细胞对氨基的代谢。

6. (A)Gln 是合成 PRPP 的前体，PRPP 参与嘌呤核苷酸、Pro 和 His 的合成，Gln 也是蛋白质的一个基本组成单位。

7. (B)Gly 可以由 CO_2、NH_4^+和甲基四氢叶酸转变而来，也可以从 Ser 转变而来。

8. (E)肌酸由胍乙酸经甲基化反应而来，胍乙酸来源于 Gly 与精氨酸的转氨基作用，而甲基供体是 *S*-腺苷甲硫氨酸。

9. (C)固氮酶是一种钼蛋白，钼原子是该酶活性所必需的。

10. (B)Gly 和琥珀酰 CoA 是 5-氨基-γ-酮基戊酸的前体，后者可生成铁卟啉，而血红素是铁卟啉的衍生物。

11. (C)尿素循环和 TCA 循环都是由 Krebs 阐明，其中尿素循环是代谢研究的历史上最早被阐明的循环方式。

12. (E)在小肠上皮细胞膜上存在五种不同的运输氨基酸的载体，各类载体的运输具有饱和的性质。其中疏水氨基酸由专门一类载体负责运输，当一种疏水氨基酸的量远大于另一种疏水氨基酸的时候，量多的氨基酸必然会竞争性抑制量少的氨基酸的运输，正如题中的 Leu 会抑制 Val 的吸收。

13. (C)与真核生物不同的是，原核生物通常利用腺苷酸化这种共价修饰来调节某些酶的活性。

14. (B)一轮 N_2的固定，固氮酶需接受 8 次还原酶传递来的电子，每一次传递消耗 2 个 ATP，因此，共消耗 8 个电子，16 个 ATP。

15. (A)精氨酸、鸟氨酸和瓜氨酸是尿素循环中的三个重要的中间物，天冬氨酸参与精氨琥珀酸的合成，只有赖氨酸与尿素循环无关。

16. (A)苯酮尿症是由于患者体内缺乏苯丙氨酸羟化酶所致。苯丙氨酸羟化酶负责催化苯丙氨酸合成酪氨酸。

17. (A)因为游离的脯氨酸不能直接合成为羟脯氨酸，只有蛋白质分子中的脯氨酸残基才能转变成羟脯氨酸。

18. (A)帕金森氏症(Parkinson's disease)是因为多巴胺合成不足引起的，吡哆醛磷酸是多巴脱羧酶的辅酶，可促进多巴脱羧转变成多巴胺。

19. (B)丝氨酸上的一个碳原子可转移到四氢叶酸上，形成 N^5，N^{10}-亚甲基四氢叶酸，后者作为一碳单位的供体。

---

①不同教科书对氨基酸在分解代谢上的分类不一致。本书以配套教材“普通生物化学”第五版(陈钧辉、张冬梅主编)的分类方法为准，详见教材 14.3.1

20. (A)鸟氨酸、谷氨酸和精氨酸是尿素合成的中间代谢物，瓜氨酸裂解后生成精氨琥珀酸继续循环，同时释放天冬氨酸。
21. (D)尿素循环的前两步在肝细胞线粒体内完成，生成的瓜氨酸经瓜氨酸-鸟氨酸交换体运输到细胞质中继续后面的反应。
22. (C)组氨酸脱羧生成的是组胺，组胺既能使血管扩张又能调节变态反应。
23. (A)氨基酸合成的碳骨架主要来源糖代谢的三条途径：糖酵解、三羧酸循环和磷酸戊糖途径。
24. (A)人体的必需氨基酸有 8 种：Thr、Val、Leu、Ile、Phe、Trp、Lys、Met。
25. (A)联合脱氨作用是由转氨酶和谷氨酸脱氢酶组合作用的脱氨基反应，是氨基酸脱氨基的主要方式，脱下的氨经鸟氨酸循环生成尿素进行排泄，同时也以 Gln 的形式作为氨的载体，用于氨基酸的合成。

(二) 多项选择题

1. (B、D)生酮兼生糖氨基酸有：Ile、Tyr、Phe、Trp。
2. (A、B、D)一碳单位指具有一个碳原子的基团，不能独立存在，必须以四氢叶酸为载体。
3. (A、C)尿素合成所涉及的氨基酸有鸟氨酸、瓜氨酸、天冬氨酸、精氨酸。
4. (A、C)在尿素合成中，A 反应消耗两分子 ATP，C 反应消耗一分子 ATP。
5. (A、B、C、D)甲状腺素、肾上腺素、多巴胺和黑色素均可由酪氨酸为前体合成。

四、名词解释

1. 氮平衡(nitrogen balance)：体内氮的摄入量与排出量之间的平衡状态，反应正常成年人的蛋白质代谢情况。氮平衡表明蛋白质的合成量和分解量处于动态平衡。
2. 必需氨基酸(essential amino acid)：人体必需的，但自身无法合成只能依靠食物提供的氨基酸。人类的必需氨基酸有 8 种：Leu、Ile、Val、Met、Ser、Thr、Trp、Phe、Lys。
3. 转氨基作用(transamination)：在转氨酶作用下，一种氨基酸的 α-氨基转移到另一种酮酸上生成新的氨基酸，原来的氨基酸转变为相应的 α-酮酸的过程。
4. 联合脱氨基作用(transdeamination)：是转氨基作用和 L-谷氨酸氧化脱氨基作用的联合反应。氨基酸与 α-酮戊二酸经转氨作用生成 α-酮酸和谷氨酸，后者经 L-谷氨酸脱氢酶作用脱去氨基的过程。
5. 嘌呤核苷酸循环(purine nucleotide cycle)：嘌呤核苷酸循环是指次黄苷酸与天冬氨酸先经腺苷酸代琥珀酸合成酶的作用生成中间产物腺苷酸代琥珀酸，然后在裂合酶的作用下裂解为腺苷酸和延胡索酸，腺苷酸在腺苷酸脱氨酶催化下脱去氨基，次黄苷酸重新生成，继续上述反应。实验表明，骨骼肌、心肌、肝脏和脑组织主要的脱氨方式是以嘌呤核苷酸循环为主。
6. 尿素循环(purine nucleotide cycle)：在肝脏中，将有毒的氨转变为无毒的尿素的循环，又称鸟氨酸循环。
7. 一碳单位(one carbon unit)：指某些氨基酸分解代谢过程中产生含有一个碳原子的基团，包括甲基、亚甲基、甲烯基等。
8. 生物固氮(biological nitrogen fixation)：固氮微生物将大气中的 N_2 经固氮酶的催化还原成氨的过程。

五、问答题

1. 脑细胞严重地依赖于糖代谢提供能量。氨在细胞内的积累可导致下面的反应发生：

$$\alpha\text{-酮戊二酸} \xrightarrow{NH_3} \text{谷氨酸} \xrightarrow{NH_3} \text{谷氨酰胺}$$

上述反应的发生可导致 α-酮戊二酸量的减少，而 α-酮戊二酸为 TCA 循环的中间物，它的缺乏势必影响细胞内糖代谢和能量代谢，最终影响脑细胞的功能。

2. 丙氨酸可经转氨基作用将氨基转给 α-酮戊二酸产生丙酮酸和谷氨酸。丙酮酸经过氧化脱羧形成乙酰 CoA 和 NADH。一个乙酰 CoA 在细胞内彻底氧化可产生 10 分子的 ATP，一个 NADH 通过呼吸链的氧化可产生 2.5 分子 ATP。谷氨酸在谷氨酸脱氢酶的催化下形成一个 NADH、一个 α-酮戊二酸和一个 NH_4^+。1 分子 NH_4^+ 在哺乳动物体内经过尿素循环转变成尿素需要消耗 4 分子 ATP。因此 1 分子丙氨酸在哺乳动物体内被彻底氧化可净产生 10+2.5+2.5−4=11 分子的 ATP。如果是鱼类，则脱下的氨基可直接排出体外，不需要消耗 ATP，那么就可净产生15分子的ATP。

3. 有相同的酶参与Val和Ile的合成。只需要Ile,不需要Val就能生长的细菌突变株会缺乏苏氨酸脱氢酶。

4. 参与IMP合成的第一个酶实际上催化的是一种转氨基反应,该反应的机制是含有孤对电子的N原子进行亲核进攻。然而在生理pH下,氨被质子化,形成NH_4^+,孤对电子不再存在,从而使转氨基反应无法进行。利用Gln作为氨基的供体就可以避免上述现象发生。

5. 4-羟脯氨酸并不能直接用于合成蛋白质,某些蛋白质分子上,如胶原蛋白含有的4-羟脯氨酸是对脯氨酸进行羟基化修饰的结果。因此让大鼠服用^{14}C标记的4-羟脯氨酸,新合成的胶原蛋白是不会被同位素标记的。

6. 因为谷氨酸是细胞内通用的氧化脱氨基底物,其他氨基酸几乎都可经过转氨基作用将其α-氨基转移给α-酮戊二酸,而生成谷氨酸。这与出现一种对所有的氨基酸都能作用的氧化脱氨基酶效果是一样的。

7. 草酰乙酸和α-酮戊二酸是TCA循环的重要中间产物,因此必须得到补充。生物体内,可以通过丙酮酸羧化生成草酰乙酸,催化的酶是丙酮酸羧化酶。在TCA循环中,α-酮戊二酸可以通过草酰乙酸得来。

8. 减肥的一般原理是,当身体在缺乏热量来源的情况下,肝糖原会先开始分解成葡萄糖来供给能量,然后分解肌肉的蛋白质,最后燃烧脂肪提供能量。由于高蛋白质减肥者饮食中的糖类不足,因此肝脏和肌肉的蛋白质都会迅速分解,体重在初期快速减轻,但这主要是因为减少了体内水分和肌肉,而不是脂肪。因此,高蛋白质低碳水化合物减肥方法效果不能持久。另外,长期下去会危害身体健康。因为长期高蛋白质饮食,会造成高血氨症,对肝脏和肾脏的代谢造成影响。而且糖类摄取过低,会造成脂肪代谢障碍,会产生大量酮体,造成酮酸中毒。另外,长期高蛋白质饮食会造成钙质大量流失和尿钙增加,引发骨质疏松症或肾结石等疾病。

9. 与赖氨酸对应的α-酮酸分子,其ε-氨基会形成分子内部的Schiff碱,造成分子不能稳定存在。因此赖氨酸无法通过转氨反应而得到。

10. 在细菌中,天冬酰胺合成酶可以利用游离的氨作为提供氨的提供形式;在哺乳动物中,天冬酰胺合成酶利用的是谷氨酰胺分子中的氨作为提供形式,而且消耗的ATP比细菌多。哺乳动物这种方式的意义在于,游离的氨具有毒性,尤其会对大脑造成损伤,因此哺乳动物体内,游离的氨会以谷氨酰胺的形式储存。

提 高 题

一、填充题

1. Trp Cys
2. 半胱氨酸 色氨酸 谷氨酸 天冬氨酸
3. 黑色素 酪氨酸
4. 谷氨酸
5. 嘌呤核苷酸循环 L-谷氨酸脱氢酶
6. 谷丙转氨酶(GPT) 谷草转氨酶(GOT)

二、是非题

1. 错。Lys不能进行转氨基反应,因此无法从相应的酮酸经过转氨基形成。
2. 错。O_2能抑制固氮酶的活性,豆科植物可表达豆血红蛋白结合O_2以解除它对固氮酶的抑制。
3. 对。蛋白质水解产生的氨基酸经氧化分解产生CO_2、H_2O、ATP和NH_4^+。NH_4^+在哺乳动物体内需要经过尿素循环形成尿素,这种过程需要消耗ATP。
4. 错。Glu只能为非必需氨基酸相应的碳骨架提供N原子而合成非必需氨基酸。
5. 错。Arg的合成是作为尿素循环的一部分,绝大多数的Arg最后被水解成鸟氨酸和尿素,很少被留下去满足其他组织的需要。
6. 错。干酪中含有丰富而全面的氨基酸,因此可以在氮平衡方面保证营养充足。
7. 对。
8. 对。
9. 错。5-羟色胺由色氨酸脱羧后生成。
10. 错。体内氨的主要代谢去路是合成尿素,肝功能受损导致尿素合成减少,是氨中毒的根本原因。

三、选择题

(一) 单项选择题

1. (B) Ala循环主要在肝细胞和肌细胞两种细胞

内发生。在肌细胞内，丙酮酸接受氨基转变为Ala，Ala离开肌细胞，经血液循环到达肝细胞。在肝细胞内，Ala脱氨基，氨基进入尿素循环。

2. (E)磷酸肌酸、肾上腺素、褪黑激素和卵磷脂中的甲基都是由*S*-腺苷甲硫氨酸提供的，只是胸腺嘧啶上的甲基来源于N^5，N^{10}-亚甲基四氢叶酸。

3. (B)异亮氨酸可被降解为乙酰CoA和丙酰CoA，后者先转变为甲基丙二酸单酰CoA，再被异构化成为琥珀酰CoA。

4. (C)支链氨基酸包括亮氨酸、异亮氨酸、缬氨酸。它们都属于必需氨基酸，主要在骨骼肌中进行代谢。

5. (B)由四氢叶酸作为甲基供体，胸苷酸合酶催化dUMP合成为dTMP。

6. (D)仅在肝脏中合成的是尿素，其他几种物质除了可以在肝脏中合成以外，在其余组织也可以合成。例如，糖原可以在肌肉，脂肪酸可以在脂肪细胞，胆固醇可以在肠黏膜中合成。

7. (C)生物固氮酶是复合物，由Fe-S蛋白和Mo-Fe蛋白组成。Fe-S蛋白提供强还原力的电子，利用这些电子，Mo-Fe蛋白将N_2转变为NH_3。

8. (B)临床上高血氨症患者可采用低蛋白饮食降低血氨浓度，静脉补充葡萄糖以维持正常的生理需要，同时使用抗生素进行治疗，抑制肠道内细菌分解产生氨进入血液，导致病情加重。

9. (A)GPT主要存在于肝细胞质中，当肝细胞受损时可释放入血清，因此血清GPT浓度显著升高肝功能损伤最敏感的检测指标。

(二) 多项选择题

1. (B、C、D)不能进行转氨反应的氨基酸有：Gly、Thr、Lys、Pro、Hypro。

2. (A、C、D)维生素B_{12}是几种变位酶的辅酶，同时也参与一碳单位的转移反应。

3. (A、B、D)蛋白质消化所需要的酶主要在肠道内发挥作用。

4. (A、B)丙氨酸-葡萄糖循环可以在肌肉和肝脏中运输氨，谷氨酰胺是体内氨的储存和运输形式。

四、名词解释

1. 泛素(ubiquitin)：由76个氨基酸残基组成的高度保守的小分子碱性蛋白质，广泛存在于生物体中。在真核生物中，通过共价键与目标蛋白质分子相连，从而给该被选定的蛋白质加以标记，引发降解过程。

2. 高血氨症(hyperammonemia)：尿素循环中有关的任何一种酶活性完全或者部分缺乏，都会导致其底物在体内过度积累，造成血氨浓度明显升高。

3. 苯酮尿症(phenylketonuria)：先天性缺乏使苯丙氨酸转变为酪氨酸的苯丙氨酸羟化酶，导致苯丙氨酸转变为酪氨酸的反应受阻，尿中出现苯丙氨酸和苯丙酮酸。

4. 尿黑酸症(alkaptonuria)：尿黑酸氧化酶缺乏，造成尿黑酸不能进一步代谢，因而排入尿中，遇空气氧化成黑色物质。

5. 白化病(albinism)：缺乏酪氨酸酶，导致3,4-二羟苯丙氨酸到黑色素的反应受阻，造成患者皮肤毛发呈白色。

6. 丙氨酸-葡萄糖循环(alanine-glucose cycle)：肌肉和肝脏之间进行氨的转运的一种方式。肌肉中的氨基酸经转氨作用将氨基转给丙酮酸生成丙氨酸，后者经血液循环运输至肝脏；肝脏中的丙氨酸经联合脱氨基作用释放出氨合成尿素，同时生成的丙酮酸经糖异生转变为葡萄糖，葡萄糖再经血液循环转运至肌肉重新分解产生丙酮酸。

五、问答题

1. β-碳原子被同位素(^{14}C)标记的丝氨酸可经过下面的反应标记糖、磷脂和核酸：

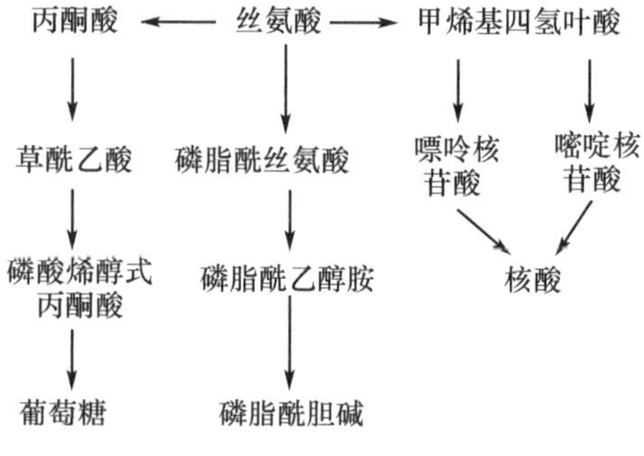

2. 提高天冬氨酸和谷氨酸的合成，将会减少草酰乙酸和α-酮戊二酸的量。如果这两种物质不能够有效补充，将会影响TCA循环，进而影响乙酰CoA的氧化和ATP的合成。然而体内存在一系列的回补反应可及时补充草酰乙酸和

α-酮戊二酸的量。

3. 肝脏是尿素合成的场所,也是体内氨分解代谢的主要途径。肝功能障碍会导致尿素合成受阻,造成血氨浓度升高。血氨被利用合成谷氨酸和谷氨酰胺,消耗了大脑中的α-酮戊二酸,导致三羧酸循环障碍。三羧酸循环是体内提供能量的重要代谢途径,因此ATP的合成也减少,造成大脑供能不足,功能障碍以至于昏迷。

4. 当精氨基琥珀酸合成酶缺陷时,会造成瓜氨酸累积,造成血液,尿液及脑脊液中瓜氨酸含量升高,同时尿素循环受阻导致高血氨症。在一些诱因的作用下,如高蛋白饮食、情绪焦虑、肝功能异常或者药物的作用下,血氨进一步升高,可能出现头痛、呕吐、意识模糊甚至昏迷,严重时导致死亡。这种患者需要控制低蛋白饮食,以达到降低血氨水平的目的。血氨浓度过高时,可以辅助血液或腹腔透析,以控制血氨浓度。

5. 四氢叶酸是一碳单位的载体,参与嘌呤和嘧啶的合成,是DNA合成过程必需的辅酶。叶酸缺乏,导致四氢叶酸合成受阻,影响幼稚红细胞内的DNA合成减少,细胞分裂增殖减慢,影响红细胞的发育和成熟,造成巨幼红细胞性贫血。维生素B_{12}参与体内甲基移换反应和叶酸代谢。维生素B_{12}缺乏,会影响四氢叶酸的再生,使组织中游离的四氢叶酸含量减少,同样引起巨幼红细胞性贫血。

6. 1分子谷氨酸彻底氧化,净产生7分子NADH,2分子$FADH_2$,消耗2分子ATP(见下图)。如果所有过程在线粒体内完成,净生成18.5个ATP。L-谷氨酸脱氢酶催化的反应,在胞质溶胶内也可进行,在脑和骨骼肌中通过α-磷酸甘油穿梭进入线粒体,净产生19.5个ATP,在肝脏和心肌中,通过苹果酸-天冬氨酸穿梭系统进入线粒体,净产生18.5个ATP。

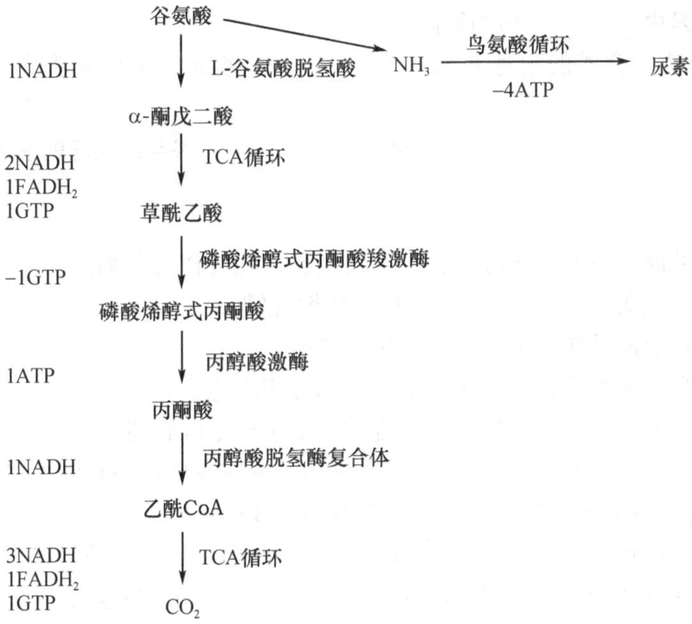

第十二章　核酸的降解与核苷酸代谢

学习指导

1. 重点掌握 IMP 和 UMP 的生物合成途径及其调控。
2. 进一步掌握其他嘌呤核苷酸、嘧啶核苷酸及脱氧核苷酸的生物合成过程。
3. 认识核苷酸代谢紊乱相关疾病的病理机制及抗代谢药物的作用原理。
4. 了解各种辅酶核苷酸的生物合成。

基　础　题

一、填充题

1. 人类嘌呤代谢的终产物是________。
2. 痛风是因为体内________产生过多造成的，使用________作为黄嘌呤氧化酶的自杀性底物可以治疗痛风，该酶催化________生成________。
3. 核苷酸的合成包括________和________两条途径。
4. 脱氧核苷酸是由________还原而来。
5. 嘌呤核苷酸从头合成的限速步骤是________。嘧啶核苷酸从头合成的限速步骤是________。
6. dTMP 合成的直接前体是________，催化的酶是________，参与该反应的辅酶是________。

二、是非题

1. 黄嘌呤氧化酶既可以使用黄嘌呤又可以使用次黄嘌呤作为底物。
2. 嘌呤核苷酸的从头合成是先闭环，再形成 N 糖苷键。
3. IMP 是嘌呤核苷酸从头合成途径中的中间产物。
4. 真核细胞内参与嘧啶核苷酸从头合成的酶都位于细胞质。
5. 体内嘌呤核苷酸和嘧啶核苷酸的从头合成场所主要是肝脏组织。
6. 哺乳动物体内，胞嘧啶的水解脱氨生成尿嘧啶的反应发生在核苷酸水平上。
7. 生物体中，嘌呤碱和嘧啶碱的合成与核苷酸的合成同步。
8. 生物体中，天冬氨酸氨甲酰基转移酶是主要的调节酶，具有正协同效应的别构酶。
9. 嘧啶环和嘌呤环在分解代谢中均被水解开环，且降解产物均易溶于水。
10. 哺乳动物体内直接催化尿素生成的酶是尿素氧化酶。

三、选择题

(一) 单项选择题(下列各题均有五个备选项，其中一个是正确的，请将其代码填入括号内)

1. 嘌呤环 1 号位 N 原子来源于(　　)。

   A. Gln 的酰胺 N　　　B. Gln 的 α-氨基 N

   C. Asn 的酰胺 N　　　D. Asp 的 α-氨基 N

E. Gly 的 α-氨基 N

2. 人类嘧啶核苷酸从头合成的哪一步反应是限速反应？（　　）

A. 氨甲酰磷酸的形成　B. 氨甲酰天冬氨酸的形成

C. 乳清酸的形成　D. UMP 的形成

E. CMP 的形成

3. 下面哪一种物质的生物合成不需要 PRPP？（　　）

A. 嘧啶核苷酸　B. 嘌呤核苷酸　C. His　D. $NAD(P)^+$　E. FAD

4. 下列哪对物质是合成嘌呤环和嘧啶环都必需的？（　　）

A. Gln/Asp　B. Gln/Gly　C. Gln/Pro　D. Asp/Arg　E. Gly/Asp

5. 细菌中，嘧啶核苷酸生物合成中的主要调节酶是（　　）。

A. 氨甲酰磷酸合成酶　B. 天冬氨酸氨甲酰基转移酶

C. 二氢乳清酸脱氢酶　D. 乳清酸磷酸核糖基转移酶

E. 乳清核苷酸脱羧酶

6. 下列关于核苷酸的合成代谢，错误的描述是（　　）。

A. PRPP 均参与两种核苷酸的从头合成和补救合成过程

B. 嘧啶核苷酸的从头合成首先生成乳清酸

C. 嘌呤核苷酸的从头合成主要场所是脑和脊髓

D. 嘌呤核苷酸的从头合成首先生成 IMP

E. 核苷酸的合成与碱基的合成是同步进行的

7. 用重氮丝氨酸处理细胞，将导致核苷酸生物合成的哪种代谢中间物累积？（　　）

A. PRPP　B. 5-磷酸核糖胺　C. IMP

D. 乳清酸　E. UMP

（二）多项选择题（下列各题均有四个备选项，其中两个或两个以上为正确选项，请将正确选项的代码填入括号内）

1. 下列哪些物质是嘌呤核苷酸和嘧啶核苷酸从头合成的共同原料？（　　）

A. PRPP　B. 甘氨酸　C. CO_2　D. Asp

2. 下列关于嘌呤核苷酸从头合成的叙述正确的是（　　）。

A. 合成过程中不会产生自由嘌呤碱

B. 嘌呤环的氮原子均来自氨基酸的 α-氨基

C. 由 IMP 合成 AMP 和 GMP 均需要消耗能量

D. 次黄嘌呤鸟嘌呤磷酸核糖转移酶催化 IMP 转变成 GMP

3. 与嘌呤核苷酸合成有关的酶是（　　）。

A. PRPP 合成酶　B. 腺苷酸脱氨酶

C. 腺苷酸代琥珀酸裂解酶　D. 腺苷酸代琥珀酸合成酶

4. 关于氨甲酰磷酸合成酶Ⅱ的叙述，正确的是（　　）。

A. 消耗 ATP　B. UMP 是该反应的抑制剂

C. 相对活性较低　D. 细菌中嘧啶核苷酸从头合成的调节酶

5. 核糖核苷酸转变成脱氧核苷酸的反应中需要（　　）。

A. NDP　B. FAD　C. NADPH　D. Fe^{2+}

6. 细胞内 PRPP 合成受阻直接影响的过程是(　　)。
   A. FAD 合成　　B. NAD^+合成　　C. CoA 合成　　D. IMP 合成
7. 抑制嘌呤核苷酸从头合成途径的抗肿瘤药物有(　　)。
   A. 氨甲蝶呤　　B. 6-巯基嘌呤　　C. 杂氮丝氨酸　　D. 阿糖胞苷
8. 下列哪些化合物对嘌呤核苷酸的合成代谢有直接的反馈抑制?(　　)
   A. AMP　　B. GMP　　C. IMP　　D. TMP

四、名词解释

1. 嘌呤核苷酸的从头合成途径(de novo purine nucleotide synthesis)
2. 嘌呤核苷酸的补救途径(salvage purine nucleotide synthesis)
3. 嘧啶核苷酸的从头合成途径(de novo pyridine nucleotide synthesis)
4. 嘧啶核苷酸的补救途径(salvage pyridine nucleotide synthesis)

五、问答题

1. 简述 5-溴尿嘧啶(5-BrdU)在体内的代谢去向,试解释它如何抑制 DNA 的复制。
2. 已在某些噬菌体的 DNA 分子上发现了下面的碱基取代:(1)dUMP 完全取代了 dTMP;(2)5-羟甲基脱氧尿苷酸完全取代了 dTMP;(3)5-甲基脱氧胞苷酸完全取代 dCMP。根据上述任何一种情况,写出由噬菌体基因组编码的导致上述取代反应发生的酶。
3. 哺乳动物细胞可通过 DHFR(二氢叶酸还原酶)基因的扩增的方式而对氨甲碟呤产生抗性。试问还有哪些遗传上的变化或者生理生化上的变化也同样可以导致细胞对氨甲碟呤产生抗性。
4. 如果让鸡服用别嘌呤醇,则会有什么现象发生?
5. 你如何解释以下现象:细菌调节嘧啶核苷酸合成的酶是天冬氨酸-氨甲酰转移酶,而人类调节嘧啶核苷酸合成的酶主要是氨甲酰磷酸合成酶。
6. 比较和分析参与细菌和高等动物嘧啶从头合成途径的酶的差别。
7. 咖啡因是从咖啡和茶叶中提取发现的生物碱,试从分子结构分析咖啡因在体内可能的分解过程。
8. 在营养缺陷型细菌中,必须在培养基中添加某些氨基酸才能保证细菌的正常生长。试问下面三种氨基酸:Gly、Glu 和 Asp 的缺陷型将造成哪些除了蛋白质以外的含氮化合物的合成障碍?

提　高　题

一、填充题

1. ________酶的缺乏可导致人患严重的复合性免疫缺陷症(SCID),是国际上首次使用________治疗并获得成功的疾患。
2. 氨甲蝶呤作为一种嘌呤核苷酸的抗代谢物,其机制是通过抑制________的活性,从而抑制了________的生成,干扰了________的代谢。

3. 嘧啶的抗代谢物主要是5-氟尿嘧啶,它可在体内转变成为______和______后发挥作用。

二、是非题

1. 嘧啶合成所需要的氨甲酰磷酸合成酶与尿素循环所需要的氨甲酰磷酸合成酶是同一种酶。
2. 体内脱氧核苷酸生成的主要方式是在核苷二磷酸的水平上还原产生的,但dTMP的生成主要是由dUMP甲基化而来的。
3. 将核苷酸合成代谢与糖代谢联系起来的最直接物质是葡萄糖-6-磷酸。
4. Asp提供分子中全部N原子和C原子合成嘧啶环。

三、选择题

(一) 单项选择题(下列各题均有五个备选项,其中一个是正确的,请将其代码填入括号内)

1. 阿糖胞苷作为抗肿瘤药物,是通过抑制下列哪种酶而干扰核苷酸代谢的?(　　)

A. 二氢叶酸还原酶　　B. 核糖核苷酸还原酶
C. 二氢乳清酸脱氢酶　　D. 胸苷酸合成酶
E. 天冬氨酸氨甲酰基转移酶

2. 食物中很少被机体利用的组分是(　　)。

A. 单糖　B. 氨基酸　C. 脂酸　D. 碱基　E. 甘油

3. IMP调节PRPP酰胺基转移酶的作用机制是(　　)。

A. 促进酶的解聚　　B. 促进酶聚合
C. 加速酶的磷酸化　　D. 加速酶的脱磷酸化
E. 以上均不对

(二) 多项选择题(下列各题均有四个备选项,其中两个或两个以上为正确选项,请将正确选项的代码填入括号内)

1. 重氮丝氨酸是谷氨酰胺的类似物,其作为核苷酸抗代谢物,能阻断下列哪些代谢反应?(　　)

A. AMP和IMP的从头合成　　B. UTP → CTP
C. dUMP → dTMP　　D. XMP → GMP

2. 6-巯基嘌呤核苷酸可以抑制下列哪些酶的活性?(　　)

A. PRPP酰胺转移酶
B. 腺苷酸代琥珀酸合成酶
C. 黄嘌呤-鸟嘌呤磷酸核糖转移酶
D. 嘧啶核糖磷酸转移酶

3. dUMP合成dTMP涉及的酶或反应有(　　)。

A. 二氢叶酸还原酶　　B. UMP转甲基化酶
C. TMP合成酶　　D. N^5,N^{10}-甲烯FH_4

4. 用^{14}C-琥珀酸培养细胞,UMP嘧啶环上被放射性标记的位置是(　　)。

A. C-2　B. C-4　C. C-5　D. C-6

5. 用羟甲基被^{14}C标记的丝氨酸培养细胞,嘌呤环上被放射性标记的位置是(　　)。

A. C-2　　B. C-4　　C. C-6　　D. C-8

四、名词解释

1. 痛风(gout)
2. 别嘌呤醇(allopurinol)
3. 自毁容貌综合征(Lesch-Nyhan syndrome)
4. 乳清酸尿症(orotic aciduria)

五、问答题

1. 使用放射性标记的尿苷酸可标记 DNA 分子中所有的嘧啶碱基,而使用次黄苷酸可标记 DNA 分子中的嘌呤碱基。试解释以上结果。
2. 分离胸苷酸合成酶有缺陷的细菌突变株的一种经典的方法是使用胸腺嘧啶和三甲氧苄二氨嘧啶(trimethoprim,一种二氢叶酸还原酶的抑制剂)处理正在培养基中生长的细菌。大多数细胞将被杀死,生存下来的细胞主要是胸苷酸合成酶有缺陷的突变株。
   (1) 什么样的表现型可让你确定这些突变株?
   (2) 以上所进行的选择的生化机制是什么?
   (3) 如果让你筛选胸苷酸合成酶有缺陷的哺乳动物细胞的突变株,以上程序需要作怎样的修改?
3. 在什么样的条件下,你预期 HGPRT(次黄嘌呤-鸟嘌呤磷酸核糖基转移酶)有缺陷的细胞会影响嘧啶核苷酸的生物合成?你如何估计动物体或人体内嘧啶核苷酸生物合成的速率?
4. 放射性同位素自杀技术(suicide technique)常被用来筛选突变体:先将细胞放在高比放射性的[^{3}H]-胸腺嘧啶培养基中,然后将细胞冷冻保存以使得某些放射性同位素发生衰变。DNA 分子中的 dTMP 的衰变可导致 DNA 链的断裂和其他潜在的致死性事件。于是那些 DNA 参入[^{3}H]-dTMP 的细胞极有可能被杀死。
   (1) 一定能够在这种培养基下生存的细胞会是哪一个酶有缺陷?
   (2) 选择核苷酸代谢中的任何一种酶,设计一种自杀程序以筛选你选中的目的酶缺陷的细胞突变株。
5. ADA(腺苷脱氨酶)有遗传缺陷的人会导致其免疫系统产生严重的缺陷。这种疾病可使用注射 ADA 或使用基因治疗的方法进行医治。试解释 ADA 的缺陷是如何导致对免疫系统产生损伤的?一临床医生在试用一种 ADA 抑制剂作为治疗白血病的药物。你认为会有效吗?为什么?

答　案

基　础　题

一、填充题

1. 尿酸
2. 尿酸　别嘌呤醇　(次)黄嘌呤　尿酸
3. 从头合成　补救途径
4. NDP(核苷二磷酸)
5. 合成 5-磷酸核糖胺(PRA)的反应　合成氨甲酰磷酸的反应

6. dUMP　胸苷酸合酶　N^5,N^{10}-甲烯 FH_4

二、是非题

1. 对。次黄嘌呤被黄嘌呤氧化酶氧化成黄嘌呤，黄嘌呤再被黄嘌呤氧化酶氧化成尿酸。
2. 错。嘌呤核苷酸的从头合成是先形成N糖苷键再闭环。
3. 对。
4. 错。真核细胞参与嘧啶从头合成的二氢乳清酸脱氢酶位于线粒体。
5. 对。
6. 错。哺乳动物体内，胞嘧啶的水解脱氨生成尿嘧啶的反应发生在核苷水平上。
7. 对。生物体中，嘌呤碱和嘧啶碱的合成与核苷酸的合成同步。
8. 错。在细菌中，天冬氨酸氨甲酰基转移酶是主要的调节酶，具有正协同效应的别构酶。但在动物中，该酶不是一个调节酶，嘧啶核苷酸生成合成的调节是通过氨甲酰磷酸合成酶Ⅱ。
9. 错。嘧啶环分解过程中开环，降解产物易溶于水。但嘌呤环不同。
10. 错。哺乳动物体内直接催化尿素生成的酶是黄嘌呤氧化酶。

三、选择题

（一）单项选择题

1. (D)嘌呤环上各原子的来源是N-1来源于Asp，C-2和C-8来源于甲酸，N-3和N-9来源于Gln的酰胺N，C-6来源于CO_2，C-4和C-5及N-7来源于Gly。
2. (B)催化氨甲酰磷酸合成的酶氨甲酰磷酸合成酶Ⅱ(CPSⅡ)受CTP的反馈抑制。
3. (E)磷酸核糖焦磷酸(PRPP)是多种物质合成的前体，包括嘧啶核苷酸、嘌呤核苷酸、烟酰胺核苷酸(NAD^+或$NADP^+$)及某些氨基酸(如Trp和His)。
4. (A)合成嘌呤环和嘧啶环共同需要的氨基酸是Gln和Asp，此外，合成嘌呤环还需要Gly。
5. (B)细菌中，嘧啶核苷酸生物合成中的主要调节酶是天冬氨酸氨甲酰基转移酶，而在动物中，主要的调节酶是氨甲酰磷酸合成酶Ⅱ。
6. (B)嘧啶核苷酸的从头合成首先生成尿苷酸。
7. (A)重氮丝氨酸是Gln的类似物，是谷氨酰胺转移酶的抑制剂。在嘌呤核苷酸从头合成途径中，PRPP转变为5-磷酸核糖胺这步，需要Gln。

（二）多项选择题

1. (A、B、C、D)除此以外，合成嘌呤环还需要甲酰四氢叶酸。
2. (A、C)嘌呤环和嘌呤核苷酸的从头合成是同步进行的；嘌呤环的N原子有的来自于Gln的酰胺N；次黄嘌呤鸟嘌呤磷酸核糖转移酶催化次黄嘌呤和鸟嘌呤与PRPP分别生成IMP和GMP。
3. (A、C、D)腺苷酸脱氨酶催化的反应是腺苷酸水解脱氨生成次黄嘌呤核苷酸。
4. (A、B、C)细菌中，嘧啶核苷酸生物合成中的主要调节酶是天冬氨酸氨甲酰基转移酶，而在动物中，主要的调节酶是氨甲酰磷酸合成酶Ⅱ。
5. (A、B、C、D)催化核糖核苷酸还原成脱氧核苷酸，需要核苷二磷酸还原酶-硫氧还蛋白体系，包括核苷二磷酸还原酶、硫氧还蛋白、硫氧还蛋白还原酶，以NDP为底物，NADPH为氢的供体，需FAD和Fe^{2+}为辅助因子。
6. (B、D)NAD和CoA的合成需要PRPP作为原料，人和高等动物是利用现有的核黄素合成的。
7. (A、B、C)阿糖胞苷是嘧啶核苷酸的类似物，抑制嘧啶核苷酸的合成代谢。
8. (A、B、C)AMP、GMP和IMP为嘌呤核苷酸合成代谢的终产物，对PRPP酰胺基转移酶有反馈抑制，同时，AMP反馈抑制腺苷酸代琥珀酸合成酶，GMP反馈抑制肌苷酸脱氢酶。

四、名词解释

1. 嘌呤核苷酸的从头合成途径(de novo purine nucleotide synthesis)：以磷酸核糖、氨基酸、CO_2和NH_3等小分子为原料，从头合成嘌呤核苷酸，是嘌呤核苷酸合成的主要方式。
2. 嘌呤核苷酸的补救途径(salvage purine nucleotide synthesis)：当从头合成途径受阻时，可以利用体内已有的嘌呤碱或嘌呤核苷合成嘌呤核苷酸，是更经济的合成方式。
3. 嘧啶核苷酸的从头合成途径(de novo pyridine nucleotide synthesis)：以谷氨酰胺、天冬氨酸、CO_2小分子为原料，从头合成嘧啶核苷酸，是嘧啶核苷酸合成的主要方式。

4. 嘧啶核苷酸的补救途径(salvage pyridine nucleotide synthesis):当从头合成途径受阻时,可以利用体内已有的嘧啶碱或嘧啶核苷合成嘧啶核苷酸,是更经济的合成方式。

五、问答题

1. $BrdU \xrightarrow[ATP]{TK(胸苷激酶)} BrdUMP \xrightarrow[ATP]{} BrdUDP \xrightarrow[ATP]{} BrdUTP$

BrdUTP 作为 dTTP 的类似物可参入新合成的 DNA 链中。但它又可作为一种假的负反馈抑制剂抑制 CDP 的还原,从而抑制 DNA 的合成。因为 dTTP 作为 NDP 还原酶的别构抑制剂可抑制 CDP 的还原,BrdUTP 具有类似的效应。CDP 还原的抑制影响 DNA 前体 dCTP 的产生。

2. (1) 胸苷酸合成酶的抑制蛋白和 dUTPase 的抑制蛋白。
(2) dUMP 羟甲基化酶和羟甲基胞苷酸激酶。
(3) CMP 甲基化酶。

3. 转录调节和翻译调节的失控也可以导致二氢叶酸还原酶(DHFR)的过分表达;运输氨甲蝶呤进入细胞内的机制有缺陷也可以导致细胞对氨甲蝶呤产生抗性。

4. 别嘌呤醇是黄嘌呤氧化酶的抑制剂,而黄嘌呤氧化酶是鸟类嘌呤代谢形成尿酸的关键酶,形成的尿酸可直接排出体外。如果让鸡服用别嘌呤醇,尿酸将无法产生,将会对鸟类嘌呤的代谢带来灾难性的后果。

5. 氨甲酰磷酸合成酶参与两种物质的合成:嘧啶核苷酸的合成和精氨酸的合成(或尿素循环)。在细菌体内,这两种物质的合成发生在相同的地方(细菌无细胞器),如果调节嘧啶核苷酸合成的酶是此酶的话,对嘧啶核苷酸合成的控制将会影响精氨酸的正常合成。而人细胞有两种氨甲酰磷酸合成酶,一种定位于线粒体内,参与尿素循环或精氨酸的合成,另一种定位于细胞质,参与嘧啶核苷酸合成。

6. 细菌中,嘧啶从头合成途径的前六步反应由六种不同的酶催化,而在高等动物中,利用了双功能酶或者多功能酶完成了六步催化反应。前三步反应是由一个三功能酶催化的,第五步和第六步反应是由一个双功能酶催化。高等动物将不同的催化活性整合到同一酶中具有明显的优越性。这是因为,第一步反应的产物氨甲酰磷酸不稳定,第二步反应的产物氨甲酰天冬氨酸分别具有毒性。因此由一个单一的多功能酶高效的催化,可以避免消耗或累积。这三种酶的活性以恒定的比例表达,以保持这两种物质的低水平。在催化第五步反应和第六步反应的双功能酶中,催化第六步反应的 OMP 脱羧酶活性远高于第五步反应的乳清酸磷酸核糖转移酶,使得第五步反应的产物 OMP 中间体水平维持在低水平。这两种多功能酶的作用均是降低不利中间产物的浓度,以便嘧啶的合成能快速高效率的进行,显示出比原核生物更强的优越性。

7. 咖啡因即 1,3,7-三甲基黄嘌呤,结构上属于黄嘌呤类似物。因此其分解也是在肝脏中进行,主要由黄嘌呤氧化酶催化其进一步分解。

8. 这三种氨基酸的营养缺陷型均将造成碱基的合成障碍。Glu 和 Asp 缺陷型造成 Ade、Gua、Ura、Cyt 合成障碍;Gly 缺陷型造成 Ade 和 Gua 合成障碍。

提　高　题

一、填充题

1. ADA(腺苷脱氨酶)　基因
2. 二氢叶酸还原酶　四氢叶酸　一碳单位
3. 氟尿嘧啶脱氧核糖一磷酸　氟尿嘧啶核糖三磷酸

二、是非题

1. 错。嘧啶合成与尿素循环都需要氨甲酰磷酸合成酶,但前者需要的氨甲酰磷酸合成酶位于细胞质,后者位于线粒体。
2. 对。
3. 错。将核苷酸合成代谢与糖代谢联系起来的最直接物质是核糖-5-磷酸。
4. 错。乳清核苷酸转变为尿苷酸这一步,脱去的羧基来自于 Asp。

三、选择题

(一) 单项选择题

1. (B)阿糖胞苷为脱氧胞苷酸类似物,通过抑制核糖核苷酸还原酶干扰核苷酸的代谢。

2. (D)碱基可以在体内自行合成。而某些种类的单糖、氨基酸和脂酸必需依赖食物提供。

3. (B)AMP、GMP 和 IMP 对 PRPP 酰胺基转移酶的反馈抑制,均是使其由活性状态转变为非活性的二聚体形式。

(二) 多项选择题

1. (A、B、D)谷氨酰胺参与嘌呤核苷酸的从头合成途径,另外,在动植物中,CTP 合成酶催化 UTP 转变为 CTP 的反应中,也需要谷氨酰胺的参与。

2. (A、B、C)6-巯基嘌呤是次黄嘌呤的类似物,在体内可生成 6-巯基嘌呤核苷酸(6MP),抑制 IMP 转变为 AMP 和 GMP 的反应;6MP 可通过直接竞争抑制影响黄嘌呤-鸟嘌呤磷酸核糖转移酶(HGPRT),阻止补救合成途径;此外,6MP 可以反馈抑制 PRPP 酰胺转移酶,干扰嘌呤核苷酸的从头合成途径。

3. (A、C、D)dUMP 合成 dTMP 涉及的酶有二氢叶酸还原酶、TMP 合成酶和丝氨酸羟甲基转移酶,同时需要 N^5,N^{10}-甲烯 FH_4提供甲基。

4. (B、C、D)琥珀酸在体内可以通过 TCA 循环转变为草酰乙酸,草酰乙酸经过转氨作用生成天冬氨酸,作为嘧啶核的前体,提供了 4、5、6 位的 C。

5. (A、D)丝氨酸的分解代谢之一可以脱去羟甲基生成甘氨酸,四氢叶酸接受羟甲基形成一碳单位载体,参与嘌呤环的合成,提供 2、8 位的 C。

四、名词解释

1. 痛风(gout):人体嘌呤分解代谢的终产物是尿酸,随尿液排出体外。如尿酸在体内过度积累,血中尿酸含量过高,导致尿酸盐晶体沉积于关节、软组织、软骨和肾脏等处,引起关节疼痛,尿路结石和肾疾病,称为痛风。

2. 别嘌呤醇(allopurinol):次黄嘌呤的结构类似物,可以抑制黄嘌呤氧化酶的活性,减少尿酸形成,用于治疗痛风。

3. 自毁容貌综合征(Lesch-Nyhan syndrome):人体中嘌呤核苷酸大多是通过从头合成途径,但脑细胞中的嘌呤核苷酸主要是通过补救途径来完成。如果脑细胞中缺乏次黄嘌呤-鸟嘌呤磷酸核糖转移酶,则嘌呤核苷酸的补救合成途径受阻,导致患者中枢神经系统功能失常,智力发育不正常,爱挑衅和自残。

4. 乳清酸尿症(orotic aciduria):具有乳清酸磷酸核糖转移酶和乳清苷酸脱羧酶活性的双功能酶缺陷,导致嘧啶核苷酸的从头合成途径受阻,尿中排出大量乳清酸,造成重度贫血和生长迟缓。

五、问答题

1. (1) 尿嘧啶⟶尿苷⟶UMP⟶UDP⟶CTP⟶CDP⟶dCDP⟶dCTP

UDP↓dUDP⟶dUMP⟶dTMP⟶dTDP

dTDP↓dTTP

(2) 次黄嘌呤⟶IMP⟶XMP⟶GMP⟶GDP⟶dGDP⟶dGTP

IMP↓腺苷琥珀酸⟶AMP⟶ADP⟶dADP⟶dATP

2. (1) 测定生存下来的细菌细胞抽取物的胸苷酸合成酶的活性。或者将细胞放在含有胸腺嘧啶的培养基中培养看是否能够成活。

(2) 突变株细胞的胸苷酸合成酶没有活性,反而使得胞内的四氢叶酸不会被这个酶催化的反应消耗掉。而培养基中的胸腺嘧啶满足了 DNA 合成中对脱氧核苷三磷酸的需要。

(3) 使用氨甲蝶呤代替 trimethoprim,因为 trimethoprim 并不是哺乳动物细胞 DHFR 的有效的抑制剂。

3. HGPRT(次黄嘌呤-鸟嘌呤磷酸核糖基转移酶)有缺陷的细胞将会发生底物的积累,包括磷酸核糖焦磷酸(PRPP)。在 PRPP 的水平尚没有饱和乳清酸(orotate)-磷酸核糖基转移酶时,这将提高嘧啶核苷酸的合成。计算乳清酸参与到核苷酸库或核酸中的能力可用来测定人体内嘧啶核苷酸从头合成生物合成的速率。

4. (1) 参与 DNA 合成的酶(没有 T 的参入)。
   (2) 胸苷激酶、胸苷酸合成酶、二氢叶酸还原酶或丝氨酸转羟甲基化酶。

5. 腺苷脱氨酶(ADA)有遗传缺陷,导致脱氧腺苷的积累,脱氧腺苷可通过补救途径生成大量的 dATP,dATP 抑制 NDP 还原酶的活性,最终导致 DNA 复制受阻,这种情况发生在淋巴细胞内,将会对细胞产生毒性,而导致其免疫系统产生严重的缺陷。这种疾病可使用注射 ADA 方法进行治疗,这是因为 ADA 可被细胞吸收,而降低细胞内脱氧腺苷的水平。而使用基因治疗的方法进行医治,使用正常的 ADA 基因插入淋巴细胞的 DNA 分子之中,代替有缺陷的 ADA 基因发挥作用。临床上用 ADA 的抑制剂可抑制淋巴细胞的过度增殖,起到治疗白血病的效果。

第十三章　物质代谢的相互联系和调节控制

学习指导

1. 掌握酶在代谢调控中的作用和酶水平的几种调节方式。
2. 了解不同物质代谢途径之间的联系。
3. 掌握连接各种代谢途径的关键化合物。

基　础　题

一、填充题

1. 生物体内的代谢调节在三种不同的水平上进行,即________、________和________。
2. 代谢途径的终产物浓度可以控制自身形成的速度,这种现象被称为________。
3. 连锁代谢反应中的一个酶被激活后,连续地发生其他酶被激活,导致原始信号的放大。这样的连锁代谢反应系统,称为________系统。
4. 酶对细胞代谢的调节是最基本的代谢调节,主要有两种方式:________和________。
5. 原核细胞酶的合成速率的调控主要在________水平进行。
6. 真核生物 DNA 的复制受到三个水平的调控:________、________和________的调控。
7. 遗传信息的表达受到严格的调控,包括________即按一定的时间顺序发生变化,和________即随细胞内外环境的变化而改变。
8. 1961 年,法国生物学家 Monod 和 Jacob 提出了关于原核生物基因结构及表达调控的________学说。
9. 乳糖操纵子的天然诱导物是________,实验室里常用________作为乳糖操纵子的安慰诱导物诱导 β-半乳糖苷酶的产生。
10. 操纵子由________、________和________三部分组成。
11. 葡萄糖效应是指________。
12. 激素对代谢的调节是通过影响________、控制________、改变________来实现的。
13. 组成蛋白质的 20 种氨基酸中,________和________不能转变成糖。
14. 在细胞的线粒体内主要有________、________、________三种酶系存在。

二、是非题

1. 多数肿瘤细胞糖代谢失调表现为糖酵解升高。
2. 蛋白质的磷酸化和去磷酸化是可逆反应,该可逆反应是由同一种酶催化完成的。
3. 细胞内许多代谢反应受能量状态的调节。
4. 研究表明,蛋白质的寿命与成熟蛋白质的 C 端氨基酸有关。
5. 蛋白质的选择性降解需要 ATP 提供能量。

三、选择题

(一) 单项选择题(下列各题均有五个备选项,其中一个是正确的,请将其代码填入括号内)

1. 人最能耐受下列哪种营养物的缺乏?(　　)
   A. 蛋白质　B. 糖类　C. 脂类　D. 碘　E. 钙
2. 利用磷酸化来修饰酶的活性,其修饰位点通常在下列哪个氨基酸残基上?(　　)
   A. 半胱氨酸　B. 苯丙氨酸　C. 赖氨酸　D. 丝氨酸　E. 组氨酸
3. 下列与能量代谢有关的过程除哪个外都发生在线粒体中?(　　)
   A. 糖酵解　B. 三羧酸循环　C. 脂肪酸的 β-氧化
   D. 氧化磷酸化　E. 呼吸链电子传递
4. DnaA 蛋白在 *E. coli* DNA 复制的调控中的作用是(　　)。
   A. 功能上类似于酵母起点识别复合物(ORC),与 DNA 结合,导致 DNA 双螺旋的局部解链
   B. 增加 DNA polⅢ的进行性
   C. 起始后随链上冈崎片段的合成
   D. 与复制起始区一系列 13bp 的富含 A-T 的重复序列结合,在复制叉前进时防止 DNA 的弯折
   E. 在复制叉处解除解螺旋酶活性带来的扭曲张力
5. 转录因子是(　　)。
   A. 调节 DNA 结合活性的小分子代谢效应物
   B. 调节转录延伸速度的蛋白质
   C. 调节转录起始速度的蛋白质
   D. 保护 DNA 免受核酸内切酶降解的 DNA 结合蛋白
   E. 将信号传递给基因启动子的环境刺激

(二) 多项选择题(下列各题均有四个备选项,其中两个或两个以上为正确选项,请将正确选项的代码填入括号内)

1. 下列哪些属于真核生物转录前的基因表达调控?(　　)
   A. 基因扩增　B. 基因重排　C. 染色体 DNA 修饰　D. 内含子去除
2. 酶活性的调节方式有(　　)。
   A. 共价调节　B. 别构调节　C. 提高表达量　D. 降低表达量
3. 短期禁食时调节代谢的激素主要有(　　)。
   A. 胰岛素　B. 胆囊收缩素　C. 脂瘦素　D. 生长激素释放肽
4. 作用于膜受体的激素有(　　)。
   A. 甲状腺素　B. 肾上腺素　C. 生长因子　D. 胰岛素
5. 能进行有氧氧化分解葡萄糖的组织或细胞有(　　)。
   A. 肝脏　B. 脑　C. 心　D. 红细胞

四、名词解释

1. 代谢(metabolism)

2. 前馈(feedforward)
3. 反馈(feedback)

五、问答题

1. 为什么说葡萄糖-6-磷酸是各个糖代谢的交叉点？
2. 为什么说三羧酸循环是糖、脂和蛋白质三大物质代谢的共同通路？
3. 请解释增强子(enhancer)、沉默子(silencer)及绝缘子(insulator)。
4. 酶合成的调节能够通过控制转录或翻译来实现。假定你正在研究某种酶在加诱导物后的合成动力学。该酶能用测酶活性和显示蛋白质存在的免疫学试验来进行分析。诱导作用以后，酶活性要到出现免疫学反应以后数分钟才表现出来。试对这一现象提供几种可能的解释。
5. 一位处于半昏迷状态的胰岛素依赖型糖尿病患者被送到急诊室。该患者因旅游时不慎丢失了胰岛素，两天后被送到医院，该患者已两天没用胰岛素，由于胰岛素的不足及胰高血糖素的相对过度分泌，估计她血清胰岛素和胰高血糖素的比率大大降低。请预测该患者血中下列物质将会出现什么变化，并解释原因：(1)葡萄糖，(2)酮体，(3)自由脂肪酸。
6. 一位胰岛素依赖型糖尿病患者通过胰岛素泵持续给予胰岛素，但胰岛素泵出现故障而停止工作。简单解释24h后下列代谢将会出现什么改变(至少包括一个主要的代谢调节部位)：(1)肌肉糖酵解；(2)肝脏脂肪酸合成；(3)酮体合成。

提　高　题

一、填充题

1. 许多代谢途径的第一个酶是该途径的限速酶，终产物多是它的________，对它进行________，底物多为其________。
2. ATP是________转移的重要物质。UTP参与________。CTP参与________。GTP供给________所需要的能量。
3. 糖、脂肪、蛋白质和核酸在合成之前的活化形式分别是________、________、________和________。
4. 高等生物体内，除了酶对代谢的调节外，还有________和________对代谢的调节。
5. 生物合成所需的基本要素是________、________和小分子前体。
6. 不同生物大分子的分解代谢均可大致分为三个阶段：将大分子降解为较小分子的________；将不同的小分子转化为共同的降解产物________；经________完全氧化。
7. 沟通糖、脂代谢的关键化合物是________。
8. 不同代谢途径可以通过交叉点代谢中间物进行转化，在糖、脂、蛋白质及核酸的相互转化过程中三个最关键的代谢中间物是________、________和________。
9. IP_3称为________，CaM称为________，DG称为________，cAMP称为________。

10. 肝素作为一种直链型________离子黏多糖聚合物，可与抗凝血酶Ⅲ(AT-Ⅲ)结合，改变其构象，使其活性部位的________更加暴露，因而促进AT-Ⅲ的抑制作用。
11. 谷氨酰胺合成酶的活性可被________和________共价修饰调节，这是存在于细菌中的一种共价修饰调节酶活性的方式之一。
12. 色氨酸是一种调节分子，被视为________。它与一种蛋白质结合形成________。乳糖操纵子和色氨酸操纵子是两个________控制的例子。cAMP-CAP蛋白通过________控制起作用。色氨酸操纵子受另一种系统——________的调控，它涉及第一个结构基因被转录前的转录________。
13. 与阻遏蛋白结合的DNA序列通常被称为________。
14. β-半乳糖苷酶基因的表达受到________和________两种机制的调节。
15. 在高等动物中酶的合成可受________、________、________等的诱导作用。
16. 真核细胞中酶的共价修饰形式主要是________，原核细胞中酶共价修饰形式主要是________。
17. 在生物体代谢过程中，糖转变成脂肪的中间产物是________和________。
18. 在动物体内脂肪转变成糖的中间产物是________和________。
19. 生物体内氨基酸转变成糖的主要途径是：蛋白质________成氨基酸，氨基酸转变成________，再转变成糖。
20. 在生物体内氨基酸主要是通过转化为________、________或________等途径生成糖的。
21. 酶活力的调节有________调节、________化学修饰(或酶的共价修饰)等形式。
22. 酶浓度的调节有________及________等方式。
23. 在胞质溶胶内主要有________、________、________三种酶系复合物存在。

二、是非题

1. 在动物体内蛋白质可以转变为脂肪，但不能转变为糖。
2. 代谢中代谢物浓度对代谢的调节强于酶活性对代谢的调节。
3. 真核生物DNA复制起点的序列专一性要低于细菌和病毒。
4. 基因表达的调控关键在于转录水平的调控。
5. 乳糖可以诱导乳糖操纵子的表达，所以乳糖对乳糖操纵子的调控属于正调控系统。
6. 真核生物基因表达的调控单位是操纵子。
7. 酶的磷酸化和脱磷酸化作用主要在高等动物细胞中进行；酶的腺苷酰化和脱腺苷酰化作用则是细菌中共价修饰酶活性的一种重要方式。

三、选择题

(一) 单项选择题(下列各题均有五个备选项，其中一个是正确的，请将其代码填入括号内)

1. 下图表示一个假设的生物合成途径，该途径中某一种酶缺陷的微生物在含X的介质中生长时，发现有大量的M和L，但没有Z。问哪个酶发生了突变？(　　)

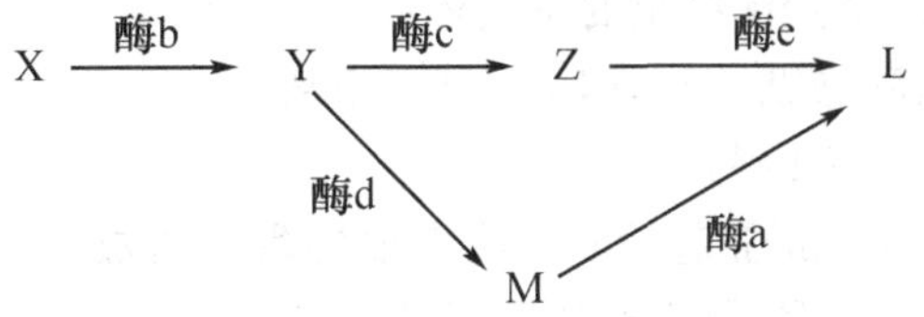

A. 酶 a　B. 酶 b　C. 酶 c　D. 酶 d　E. 酶 e

2. ppGpp 在哪种情况下被合成？(　　)
   A. 细菌缺乏氮源时　B. 细菌缺乏碳源时
   C. 细菌在环境温度太高时　D. 细菌在环境温度太低时
   E. 细菌在环境中氨基酸含量过高时
3. Dna A 蛋白是一种(　　)。
   A. 正调节系统的反式作用因子　B. 正调节系统的顺式作用元件
   C. 负调节系统的反式作用因子　D. 负调节系统的顺式作用元件
   E. 无法确定
4. 有关转录调控的机制，下列叙述中哪一个是错误的？(　　)
   A. 效应物分子(effector)可以促进转录因子与 DNA 结合
   B. 效应物分子(effector)可以抑制转录因子与 DNA 结合
   C. 去诱导作用(deinduction)使转录速度降低
   D. 去阻遏作用(derepression)使转录速度增加
   E. 转录因子只能起阻遏因子(repressor)的作用
5. IPTG 可以诱导乳糖操纵子(*lac* operon)的表达，这是因为(　　)。
   A. IPTG 与乳糖操纵子(*lac* operator)结合，诱导转录
   B. IPTG 与 *lac* I 基因产物结合，并抑制其活性
   C. 抑制 β-半乳糖苷酶的活性
   D. 促进 *lac* 阻遏物的活性
   E. IPTG 与 *lac* I 基因产物结合，并激活其活性
6. 在什么情况下，乳糖操纵子的转录活性最高？(　　)
   A. 高乳糖，低葡萄糖　B. 高乳糖，高葡萄糖
   C. 低乳糖，低葡萄糖　D. 低乳糖，高葡萄糖
   E. 不一定
7. 阿拉伯糖(Ara)对阿拉伯糖操纵子中 *ara B*、*ara A*、*ara D* 基因转录的影响是(　　)。
   A. 通过抑制 Ara C 与 DNA 的结合而减少转录
   B. 通过 DNA 弯折(bending)而促进转录
   C. 与 Ara C 结合，改变其与 DNA 结合的性质，导致去阻遏作用
   D. 促进 CAP 与 DNA 的结合
   E. 在高浓度葡萄糖存在时促进转录
8. 色氨酸操纵子中的衰减作用导致(　　)。
   A. DNA 复制的提前终止
   B. 在 RNA 中形成一个抗终止的发夹环

C. 在 RNA 中形成一个翻译终止的发夹环

D. RNA pol 从色氨酸操纵子的 DNA 序列上解离

E. 合成分解色氨酸所需的酶

9. 真核生物中组装 RNA pol Ⅱ起始复合物需要的蛋白质数比原核生物中转录起始复合物所需的蛋白质数多得多,最主要的原因是(　　)。

A. 真核生物中细胞专一性的调节要求转录受到严格调控,多亚基的蛋白质复合物有利于这一需求的满足

B. 真核生物中的 DNA 结合蛋白比原核生物多

C. 真核生物中的基因数比原核生物多

D. *C* 值矛盾

E. 真核生物启动子含有 TATA 框,原核生物启动子含有-35 序列和-10 序列

(二) 多项选择题(下列各题均有四个备选项,其中两个或两个以上为正确选项,请将正确选项的代码填入括号内)

1. 饥饿时体内的代谢可能发生变化的包括(　　)。

A. 糖异生增强　　B. 脂肪分解增强

C. 血酮体增加　　D. 血中游离脂肪酸增加

2. 代谢综合征的主要临床表现有(　　)。

A. 肥胖　　B. 高血压　　C. 高血糖　　D. 血脂异常

3. 可以诱导酶合成的是(　　)。

A. 酶的作用物　　B. 药物　　C. 激素　　D. 酶的产物

4. 能氧化酮体生成 CO_2 的组织有(　　)。

A. 红细胞　　B. 肝脏　　C. 脑　　D. 心

5. 可进行糖异生的组织或细胞有(　　)。

A. 红细胞　　B. 肾脏　　C. 骨骼肌　　D. 肝脏

四、名词解释

1. 单价反馈抑制(monovalent feedback inhibition)
2. 多价反馈抑制(multivalent feedback inhibition)
3. 相反单向反应(opposing unidirectional reaction)
4. 级联系统(cascade system)
5. 交叉调节(cross regulation)

五、问答题

1. 有人分离到三株细菌突变型,它们都属于单一突变(即只有一个基因受到损坏)。突变型 1 和突变型 2 的生长均需 A、B 和 C 三种氨基酸,突变型 3 仅需 A 和 B 两种氨基酸就能生长。在缺乏 A、B、C 三种氨基酸的情况下发现:

(1) 有一种代谢物 X 能维持 1 和 2 的生长,但不能维持 3 的生长。

(2) 由突变型 1 积累并释放到培养基中的第二种代谢物 Y 能维持 2 的生长,但不能维持 3 的生长。

(3) 从绿豆抽提液中分离得到的第三种代谢物 Z 能维持 3 的生长,但不能维持 1 和 2 的生长。

试画出有关 A、B、C、X、Y 和 Z 的生物合成途径的简图,并注明各突变型受阻部位和 A、B、C 的反馈控制部位。

2. 有三株细菌的突变型不能合成氨基酸 A。在缺乏 A 的情况下,三株突变型中的一株累积中间物 B,B 能维持其他两株突变型的生长。第二株突变型累积中间物 C,C 不能维持三株突变型中的任何一株的生长。第三株突变型累积另一个中间物 D,D 能维持第二株突变型的生长。下列哪个是正常氨基酸 A 生物合成中正确的中间物顺序?

(1) C→D→B→A

(2) D→C→B→A

(3) B→D→C→A

(4) B→C→D→A

(5) D→B→C→A

3. 有两种乳糖操纵子的 Z 基因突变株:Z_1突变株不能产生正常的 β-半乳糖苷酶,但透过酶和转乙酰酶的合成不受影响;Z_2突变株也不能产生正常的 β-半乳糖苷酶,同时在只有乳糖存在的情况下,其他两种酶的合成减少了 30%,分析这种现象的分子机制。

4. 有一个 30 个碱基对的双链 DNA 片段,且含 *lac* 操纵基因顺序,把它插入到质粒中去。把该质粒引入到基因型为 $i^+z^+y^+$ 的大肠杆菌菌株,一旦构建成功,在每个细胞中就有 30 个拷贝的质粒。

(1) 含该质粒的细菌中 β-半乳糖苷酶是组成型的,试作解释。

(2) 在培养物中持续生长,会形成某些可诱导的菌株。怎样的突变能够产生可诱导性?

5. 下图表示生物素生物合成的途径。箭头代表催化每一步的酶,箭头上面的字母代表为这些酶编码的基因。这五种基因 *a*、*b*、*c*、*d* 和 *f* 聚集在大肠杆菌基因图谱上,且形成 *Bio* 操纵子。*Bio* 操纵子的详尽图谱见图 B。在这个图谱上,O_L和 O_R是 *Bio* 操纵子的左向和右向操纵基因,*p* 是启动基因,为全部基因所共用。

A

X $\xrightarrow{c}$ PCA $\xrightarrow{f}$ KAPA $\xrightarrow{a}$ DPA $\xrightarrow{d}$ DTB $\xrightarrow{b}$ 生物素

B

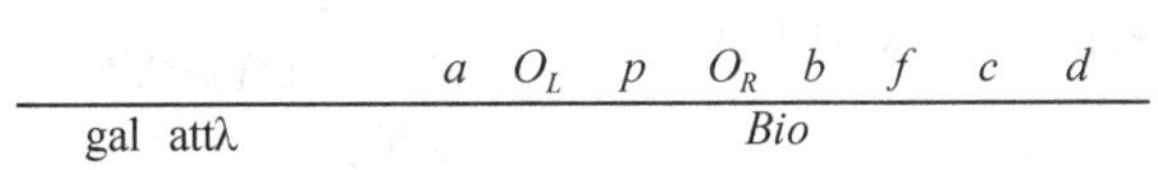

(1) 分离到 *f* 基因中的极性琥珀型突变,预示 5 个 *Bio* 基因的酶的消阻遏活性。在基因 *a* 中的极性突变对基因 *b*、*c*、*d* 和 *f* 会有怎样的反应?

(2) 已经分离到一种不能合成生物素酶的大肠杆菌突变体,即使该突变体生长在不含生物素的培养基中,生物素酶也不能合成。已知在编码 *Bio* 操纵子阻遏物的基因中有一个突变。这个突变体对野生型是显性还是隐性?是顺式还是反式?

(3) 某大肠杆菌菌株自身不能合成生物素而需要生物素;因此,必须在培养基中添加生物素才能生长。已知这种细菌具有 *Bio* 基因，它能以相当低的频率突变从而能在无生物素条件下生长；这些突变体以组成的方式合成各种生物素酶，试作解释。

6. 假定下图所示的分支途径受到反馈抑制的调节。

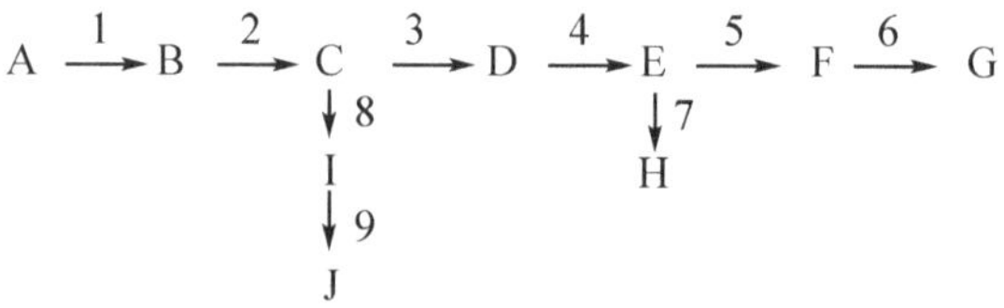

（1）指出受反馈抑制的酶及其抑制物。

（2）哪些步骤可能受一组同工酶的催化？在这些步骤中可能有多少种同工酶？

答　　案

基　础　题

一、填充题

1. 分子水平　细胞水平　多细胞整体水平
2. 反馈
3. 级联
4. 酶活性的调节　酶量的调节
5. 转录
6. 细胞生活周期水平　染色体水平　复制子水平
7. 时序调控　适应调控
8. 操纵子
9. 别乳糖　IPTG
10. 调节基因　结构基因　控制元件（包括启动子和操纵子）
11. 葡萄糖的存在对其他糖类利用的限制
12. 酶活性　酶蛋白的合成　细胞膜结构（或改变生物膜的通透性）
13. 亮氨酸　赖氨酸
14. 三羧酸循环　β-氧化　氧化磷酸化（电子传递体系磷酸化）

二、是非题

1. 对。
2. 错。蛋白质的磷酸化和去磷酸化由不同的酶催化完成，磷酸化由激酶催化，去磷酸化由磷酸酯酶催化。
3. 对。细胞内能量状态可以影响产能反应和需能反应的速度。
4. 错。蛋白质的寿命与成熟蛋白质的 N 端氨基酸有关，当 N 端为甲硫氨酸、丝氨酸、丙氨酸、苏氨酸、缬氨酸和甘氨酸时，蛋白质比较稳定，否则较为不稳定。
5. 对。蛋白质的选择性降解需要 ATP 提供能量，这种能量主要用来控制降解的特异性。

三、选择题

（一）单项选择题

1. (B)某些氨基酸和脂肪酸必须从食物中得到，因为人体不能合成它们。通常从糖获得的能量可以从脂类和某些氨基酸转变成三羧酸循环的中间物而获得。
2. (D)某些关键调节酶的活化作用或去活化作用是通过特定的丝氨酸残基的羟基被磷酸化共价修饰而完成的。
3. (A)糖酵解在细胞质中进行，三羧酸循环、脂肪酸的 β-氧化和氧化磷酸化、呼吸链电子传递均在线粒体中进行。糖酵解与线粒体反应分开，这样就允许在缺乏分子氧的情况下仍然能产生能量。
4. (A)在 *E. coli* DNA 复制起始的调控中，Dna A 蛋白的作用类似于酵母 DNA 复制起始调控时，酵母起点识别复合物（ORC）的作用，即与 DNA 结合，导致 DNA 双螺旋的局部解链。
5. (C)转录因子是一类通过与 DNA 序列相互作用而调节转录起始速度的蛋白质。这种相互作用又受到一些小分子效应物的影响。

(二) 多项选择题

1. (A、B、C)基因扩增是指基因拷贝数的增加,基因扩增与重排都可以调节基因的表达。染色体DNA修饰如甲基化也可以调控基因表达,以上三种都是转录前调控。内含子去除发生在转录后。
2. (A、B)共价调节是指在酶分子上以共价键连上或脱下某种化学基团所引起的酶活性的改变。别构调节是指调节物通过与酶分子结合引起酶的构象发生改变,从而改变酶活性。提高或降低酶表达量不能改变酶活性。
3. (B、D)胆囊收缩素是进食时小肠上段细胞分泌的肽类激素,可引起厌腻、饱胀感,趋于终止进食;生长激素释放肽有刺激食欲功能,由胃黏膜细胞分泌,当胃排空时产生最多,而食物被耗尽时其水平迅速下降。
4. (B、C、D)膜受体激素包括胰岛素、甲状旁腺素、生长因子等肽和蛋白质类激素及肾上腺素等儿茶酚胺类激素。甲状腺素可透过细胞膜进入细胞与其胞内受体结合。
5. (A、B、C)肝脏、脑和心肌细胞内均含有线粒体,能利用葡萄糖作为能源物质并进行充分的有氧氧化来供能,而成熟红细胞不含有线粒体的亚细胞结构,不能进行有氧氧化供能。

四、名词解释

1. 代谢(metabolism):生物体与外界环境之间的物质交换与生物体内部物质和能量的转换过程,统称为代谢,包括物质代谢、能量代谢和信息代谢。
2. 前馈(feedforward):代谢过程中前面的底物对其后某一催化反应的调节酶的活性所起的调节作用。
3. 反馈(feedback):代谢过程中后面的产物对其前某一催化反应的调节酶的活性所起的调节作用。

五、问答题

1. (1) 在糖酵解、有氧氧化和糖异生途径中,第一阶段均为丙酮酸的生成,葡萄糖经磷酸化形成葡萄糖-6-磷酸,然后进入下一步反应。
   (2) 戊糖磷酸途径,首先有葡萄糖-6-磷酸生成戊糖磷酸。
   (3) 糖原合成途径。
   (4) 糖原分解途径,由肝糖原分解而来的葡萄糖-6-磷酸可以水解为葡萄糖。
2. (1) 三羧酸循环是乙酰CoA最终氧化生成CO_2和H_2O的途径。
   (2) 糖代谢产生的碳骨架最终进入三羧酸循环被氧化。
   (3) 脂肪分解产生的甘油可通过有氧氧化进入三羧酸循环,脂酸经β-氧化产生乙酰CoA可进入三羧酸循环氧化。
   (4) 蛋白质分解产生的氨基酸经脱氨后其骨架可进入三羧酸循环,同时,三羧酸循环的中间产物可作为氨基酸的碳骨架接受氨后合成非必需氨基酸。因此,三羧酸循环是三大物质代谢的共同通路。
3. 增强子是指能使和它连锁的基因转录频率明显增加的DNA序列。1981年,Benerji在研究兔含SV40 DNA-β-血红蛋白嵌合基因表达时发现了第一个增强子序列。它位于SV40早期基因上游,含有两个正向重复序列,每个长72bp。目前在病毒、植物、动物及人类正常细胞中都发现有增强子存在。

   沉默子是近年来发现的一种与增强子作用相反的顺式作用元件,作用机制与增强子相似,但效应相反。

   绝缘子是一类不同于增强子和沉默子的顺式作用元件,位于所界定序列的两端,阻止邻近的调控元件对其所界定的基因的启动子起增强或抑制作用。
4. 必须翻译后修饰。以下是某些可能性:①活性酶可能是个多亚基蛋白,单体浓度需要时间来达到一个值使平衡移向聚集;②蛋白必须被切割或糖基化(如糖蛋白),在处于活化前被修饰;③金属离子必须结合。
5. (1) 葡萄糖:血液中葡萄糖浓度升高且高于正常值。由于胰岛素具有促进脂肪、肌肉细胞摄取利用葡萄糖,增加葡萄糖氧化,促进糖原合成,抑制糖异生及促进脂肪合成等作用,因而可降低血糖浓度,该患者血中胰岛素含量大大降低因此出现高血糖。
   (2) 酮体:患者血中酮体水平增高。该患者由于血中胰岛素水平大大降低,糖分解代谢供能受到影响,转而动员脂肪,由于脂肪动员增加,脂肪酸氧化加速为酮体合成提供了大量原料乙酰 CoA,因此酮体合成增多。如果超过肝外利用能力,血中酮体水平增高可导致酮症酸中毒。

(3) 自由脂肪酸:由于脂肪动员加速,脂肪水解的产物脂肪酸释放入血导致自由脂肪酸含量增多。

6. (1) 肌肉糖酵解途径减慢。由于胰岛素与胰高血糖素的比值降低,通过抑制 6-磷酸果糖激酶 2,激活果糖二磷酸酶 2 而减少 2,6-二磷酸果糖的生成,后者为磷酸果糖激酶 1 强有力的激活剂,因磷酸果糖激酶 1 活性降低则导致糖酵解速度减慢。

(2) 肝脏脂肪酸合成减慢。由于胰岛素与胰高血糖素的比值降低,糖利用发生障碍而脂肪动员的关键酶——激素敏感脂肪酶活性增高,脂肪动员加速,生成较多脂酰 CoA,变构抑制脂肪酸合成的关键酶——乙酰 CoA 羧化酶而导致脂肪酸合成减慢。

(3) 酮体合成增加。由于脂肪动员加速,乙酰 CoA 增多,后者为合成酮体的原料,因而导致酮体合成增加。

提　高　题

一、填充题

1. 别构抑制剂　反馈抑制　别构激活剂
2. 能量和磷酸基团　单糖的转变和多糖的合成　磷脂酰胆碱的合成　合成蛋白质肽链时
3. 核苷二磷酸己糖　脂酰 CoA 和磷酸甘油　氨酰-tRNA　PRPP
4. 激素　神经系统
5. ATP　还原能(NADPH)
6. 单体(构造单元)　乙酰 CoA　三羧酸循环
7. 乙酰 CoA
8. 乙酰 CoA　丙酮酸　葡萄糖-6-磷酸
9. 肌醇三磷酸　钙调蛋白　二酰甘油　环磷腺苷
10. 阴　精氨酸
11. 腺苷酰化　脱腺苷酰化
12. 辅阻抑物　全阻抑物　负　正　衰减作用　终止作用
13. 操纵子
14. 正调控　负调控
15. 底物　激素　药物
16. 磷酸化和脱磷酸化　核苷酰化和脱核苷酰化
17. 磷酸二羟丙酮　乙酰 CoA
18. α-磷酸甘油　乙酰 CoA
19. 水解　α-酮酸
20. α-酮戊二酸　草酰乙酸　丙酮酸
21. 酶别构　酶蛋白的酶促
22. 酶生物合成的诱导和阻遏　酶分子的降解
23. 糖的无氧酵解　脂肪酸合成　蛋白质合成

二、是非题

1. 错。在动物体内蛋白质可以转变为脂肪,也可以转变为糖。蛋白质可以分解为氨基酸,多种氨基酸在脱氨后转变为丙酮酸,再经糖异生作用可生成糖,这类氨基酸称为生糖氨基酸。
2. 错。酶活性对代谢的调节更迅速有效,因此要强于代谢物浓度对代谢的调节。
3. 对。
4. 对。基因表达的调控包括转录水平的调控和翻译水平的调控,但关键在于转录水平的调控。
5. 错。乳糖可以诱导乳糖操纵子的表达,是因为乳糖可以与乳糖操纵子的阻遏蛋白结合,解除阻遏蛋白对操纵子的阻遏作用,因此乳糖对乳糖操纵子的调控属于负调控系统的解阻遏作用。
6. 错。原核生物基因表达的调控单位是操纵子。真核生物基因一般不组成操纵子。
7. 对。磷酸化和脱磷酸化的调节作用广泛存在于动物细胞的各类代谢反应中,腺苷酰化和脱腺苷酰化作用则以大肠杆菌谷氨酰胺合成酶研究得较为清楚。

三、选择题

(一) 单项选择题

1. (C)题中所述的生物合成途径中,只有酶 C 的突变才会导致没有 Z,而代谢仍可以经 M 到 L 继续进行。这种遗传阻碍可能起因于没有酶 C 或酶 C 的量不够或存在大量活性很低的不正常的酶 C。
2. (A)氨基酸饥饿可引起 ppGpp 的迅速积累,而 rRNA 和 tRNA 的转录及细菌的生长被强烈抑制。

3. (A) DnaA 蛋白与 DNA 序列相互作用，促使 DNA 复制起始，因此是正调节系统的反式作用因子。

4. (E)效应物分子可以影响转录因子与 DNA 结合，这种影响可以是促进也可以是抑制。去诱导作用使转录速度降低，但去阻遏作用使转录速度增加。

5. (B) IPTG 是乳糖的乳糖结构类似物，可以与 *lac* I 基因产物(阻遏蛋白)结合，并抑制其活性，从而诱导操纵子的表达。

6. (A)乳糖操纵子的调控，既有正调控系统，也有负调控系统。高浓度乳糖存在时，乳糖作为诱导物诱导乳糖操纵子的表达；葡萄糖浓度低则葡萄糖代谢产生的代谢降解物浓度低，cAMP 浓度增加，被 cAMP 活化的 cAMP 受体蛋白(CRP)浓度增加，作为正调节物促进乳糖操纵子的表达。因此高乳糖，低葡萄糖条件下，乳糖操纵子的转录活性最高。

7. (C)阿拉伯糖可以与 Ara C 结合，改变其与 DNA 结合的性质，导致去阻遏作用，而增加阿拉伯糖操纵子的转录。

8. (D)色氨酸操纵子中的衰减作用导致在 RNA 中形成一个转录终止的发夹环，从而使 RNA pol 从色氨酸操纵子的 DNA 序列上解离。

9. (A)核生物中细胞专一性的调节要求转录受到严格调控，而多亚基的蛋白质复合物有利于这一需求的满足，因此真核生物中组装 RNA pol Ⅱ起始复合物需要的蛋白质数比原核生物中转录起始复合物所需的蛋白质数多得多。

(二) 多项选择题

1. (A、B、C、D)饥饿时肝糖原消耗，机体血糖水平趋于下降，胰岛素分泌减少，胰高血糖素分泌增多，此时糖异生增强以补充血糖，供脑和红细胞等利用；同时脂肪分解及酮体生成增多。

2. (A、B、C、D) 2005 年国际糖尿病联盟将代谢综合征定义为：以中心性肥胖为核心，合并血压、血糖、甘油三酯升高和(或) HDL 胆固醇降低的疾病。

3. (A、B、C)酶的诱导是指在刺激因素的作用下，使酶的编码基因激活或表达增强，酶的生物合成增多，酶活性增加的现象。某些小分子物质，如代谢物、激素、药物等对酶有诱导作用，使酶蛋白合成增加，由此使酶量增多，该酶催化的代谢反应速度也随之加快。

4. (C、D)酮体由肝脏生成后运输至肝外组织加以利用。脑是耗能极大的器官，几乎以葡萄糖为唯一的供能物质，只有饥饿等能量匮乏时才利用酮体；心耗用的能源物质依次为酮体、乳酸、自由脂肪酸及葡萄糖。红细胞的能量供应主要来自葡萄糖酵解；肝脏可耗用葡萄糖、脂肪酸、甘油及氨基酸等以供能，但不能利用酮体。

5. (B、D)肝脏和肾脏含有能催化糖异生作用的酶，能进行糖异生，骨骼肌和红细胞都不含有葡萄糖-6-磷酸酶，不能进行糖异生作用。

四、名词解释

1. 单价反馈抑制(monovalent feedback inhibition)：是指一个单一代谢途径的末端产物对催化关键步骤的酶活性，通常是第一步反应酶活性的抑制作用。

2. 多价反馈抑制(multivalent feedback inhibition)：在分支生物合成中，催化共同途径第一步反应的酶活性可被两个或两个以上的末端产物所抑制，称为二价或多价反馈抑制。

3. 相反单向反应(opposing unidirectional reaction)：在代谢过程中有些可逆反应的正反反应是由两种不同的酶催化的。催化向分解方向进行的是一种酶，催化向合成方向进行的是另一种酶。这种反应称为相反单向反应。

4. 级联系统(cascade system)：在连锁代谢反府中一个酶被激活后，其他酶被连续激活，导致原始调节信号的逐级放大。

5. 交叉调节(cross regulation)：代谢产物不仅对本身的反应过程有反馈抑制作用，而且可以控制另一代谢物在不同途径中的合成。

五、问答题

1. 答案如图 13-1 所示。

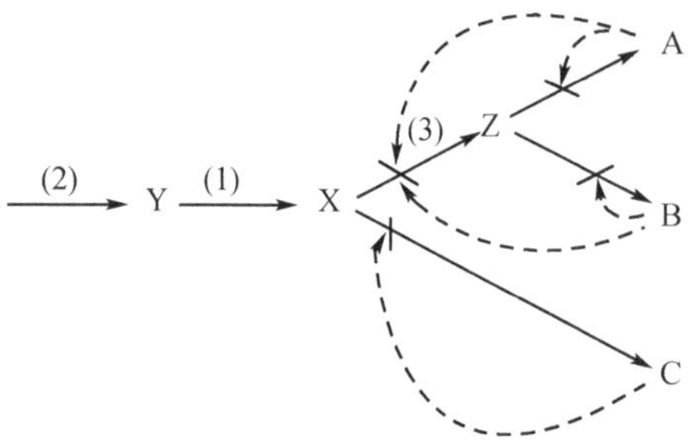

图 13-1 氨基酸 A、B 和 C 的生物合成简图
(1)、(2)、(3)表示突变型编号及其受阻位置；
"……→"表示反馈控制，"/"表示抑制作用

2. 答案是(1)。
3. 在乳糖操纵子中，Z 基因位于 Y 基因和 A 基因的上游，通常上游基因的突变会影响下游基因的表达，这就是极性突变。但并不是所有的上游基因的突变都会影响下游基因的表达，如果发生的突变为错义突变，则下游基因会受到影响。根据题意，Z_1 的下游基因未受到影响，故应为错义突变引起的突变株；Z_2 的下游基因的表达受到影响，这应是无义突变引起的。
4. (1) 每个细胞里有 20~30 个拷贝的带乳糖操纵区(operator)序列的小质粒。每个细胞里有几个乳糖阻遏物分子，不位于乳糖操纵子内的20~30 个多余操纵区序列与染色体上乳糖操纵基因序列竞争结合阻遏物，导致至少部分诱导。
(2) 在 *lac* I 基因上启动子增强突变会产生这种结果。因为该突变使 *lac* 阻遏物过量产生。
5. (1) *a* 没变化，*b* 没变化，*f* 降低了，*c* 降低了，*d* 降低了。极性变化只影响启动子下游的基因。
(2) 它是反位显性(trans-dominant)超阻遏物突变体，没有生物素时它不产生变构变化，因而有生物素时不能从操纵区位点的 DNA 上离开。
(3) 细菌似乎含有 *b* 部分的自然发生的突变类型。
6. (1) G 抑制 5；H 抑制 7；G 和 H 一起，或 E 单独可能抑制 3；J 抑制 8；酶 I 可能被 G、H 和 J，E 和 J，G、H 和 C 或 C 和 E 抑制。包括一起作用的产物。
(2) 第一步三个同工酶；第三步两个同工酶。

第十四章　DNA 的生物合成

学习指导

1. 掌握 DNA 复制的基本特征，包括半保留复制，半不连续复制机制，复制的起点、方向、速度控制等。

2. 重点掌握原核生物与真核生物中参与 DNA 复制的各种酶和蛋白质的主要功能，特别是 DNA 聚合酶、拓扑异构酶、解链酶、连接酶、引发酶、端粒酶等的结构功能。

3. 掌握 DNA 复制的过程和复制的调控，特别是复制起始的调控。

4. 了解可能对 DNA 造成损伤的各种因素；了解 DNA 损伤的各种类型。掌握 DNA 损伤修复的各种机制，重点掌握光复活、切除修复、重组修复的特征和具体机制。

5. 了解 DNA 重组的主要方式。重点掌握同源重组和位点特异性重组的机制。熟悉原核生物和真核生物中转座元件的种类。

基　础　题

一、填充题

1. DNA 复制总是从 DNA 分子的特定位置开始，称为________。生物体的复制单位称为________。通常细菌、病毒和线粒体的 DNA 分子都是作为________完成复制的，而真核生物基因组 DNA 含有________。无论原核生物还是真核生物 DNA 复制主要从固定的位置开始以________方式进行。
2. DNA 复制起始区的共同特征是________，________及可以与特定的起始蛋白相互作用。大肠杆菌染色体 DNA 复制的起始区被称为________，含有 4 个________bp 的重复序列和 3 个________bp 的重复序列，识别该复制起始区的蛋白质是________，它具有________酶活性。酵母细胞染色体 DNA 复制的起始区被称为________。
3. DNA 合成的方向总是从________端向________端延伸。利用________掺入实验可以进行实验验证。
4. 噬菌体 ΦX174 是一种单链 DNA 病毒，感染大肠杆菌后首先形成复制型双链环状 DNA，然后依靠________复制方式产生大量单链 DNA。真核生物的某些基因也可以通过________复制方式增加基因的拷贝数。
5. 线粒体和叶绿体 DNA 的复制方式是________，其最主要的特征是________。
6. 大肠杆菌在丰富培养基中可以形成________结构，从而缩短复制所需时间。真核生物虽然受染色体结构影响，DNA 聚合酶催化链的延伸速度下降，但是因为形成________结构而可以在较短时间内完成复制。

7. 大肠杆菌 DNA 聚合酶 Ⅰ 是一种多功能酶,依靠________酶活性和________酶活性可以行使校对功能;依靠________酶活性和________酶活性可以完成切口平移(nick translation)或缺口填补(gap fill-in)功能。
8. 大肠杆菌 DNA 聚合酶 Ⅰ 的________活性与其聚合酶活性紧密结合,且相互影响。
9. DNA pol Ⅲ是参与大肠杆菌 DNA 复制的主要酶,结构最为复杂,有全酶和核心酶两种形式,核心酶由________、________和________亚基组成,其中________亚基具有 5′→3′聚合酶活性,________亚基具有 3′→5′核酸外切酶活性。全酶由核心酶、________和________组成。
10. DNA 拓扑异构酶分为Ⅰ型和Ⅱ型,________催化 DNA 的一条链发生断裂和再连接,________催化 DNA 的两条链同时发生断裂和再连接。其中________型拓扑异构酶的催化作用需要 ATP 提供能量。参与 DNA 复制的主要是________型拓扑异构酶。
11. 大肠杆菌 DNA 复制时负责引物合成的酶是________,真核生物 DNA 复制时负责引物合成的酶是________。大肠杆菌中负责切除 RNA 引物的酶是________,而真核细胞中负责切除 RNA 引物的酶是________或________。
12. DNA 连接酶催化连接反应时需要消耗能量,大肠杆菌 DNA 连接酶由________提供能量,T4 噬菌体 DNA 连接酶由________提供能量。
13. ________是专门切除出现在 DNA 中的非正常 U 的水解酶。U 出现在 DNA 中的原因主要有两个:________和________。
14. 端粒酶是________细胞所特有的,由蛋白质和 RNA 两种组分组成,蛋白质部分具有________酶活性,RNA 的主要作用是________。
15. 大肠杆菌 DNA 复制的终止需要________蛋白的帮助,子代 DNA 分子的分离需要________酶的帮助。
16. 大肠杆菌 DNA 的复制属于________复制,________的合成是连续合成,________的合成是不连续合成,形成________kb 的冈崎片段,________和________的缺乏可导致大肠杆菌体内冈崎片段的堆积。
17. DNA 复制的调控主要集中在________阶段。原核细胞通过________来调控,质粒 ColE1 通过________来调控,真核细胞则利用________进行正调控,________进行负调控。
18. 对真核细胞 DNA 复制起始的认识主要来自于对猿猴病毒 40(SV40)和酵母细胞 DNA 复制的研究。SV40 的复制起始区长________kb,包含 4 个 GAGGC 的重复序列,是起始蛋白________的结合位点,15bp 的________结构,是最早发生解链的区域和 17bp 的________的序列,有助于起始区的局部解链。
19. 大多数________分子受到损伤后可以被修复,其他生物大分子受到损伤后则被降解。
20. 细胞内外因素造成的 DNA 的化学改变称为________,如果造成 DNA 结构的可遗传的永久性改变,则称为________。
21. DNA 损伤分为碱基损伤和 DNA 链的损伤,前者包括碱基________、碱基________、碱基________、碱基________和碱基________;后者包括 DNA 链的________、DNA 链的________和________。
22. 光复活酶催化的嘧啶二聚体的修复属于________机制,是最简单、最直接的修复方式。光复活酶广泛存在于多种生物体中,但是________生物中没有光复活酶。

23. 切除修复需要经历称为“4R”的四步反应:________、________、________和________。切除修复又分为________和________两种类型,前者识别________,后者识别________。

24. 人着色性干皮病(xeroderma pigmentosum,XP)是一种遗传性疾病,患者对紫外线极度敏感,研究发现患者体内与________修复系统有关的基因发生了缺陷。

25. 人遗传性非息肉结肠癌(hereditary nonpolyposis colon cancer)是由于________机制缺陷造成的遗传性疾病。

26. 根据碱基序列的变化方式,DNA 突变可以分为________和________。根据突变发生的原因,可以将突变分为________和________。突变并不总是产生表现型的变化,不影响表现型的突变称为________。

27. DNA 突变在特定情况下是可以逆转的。如果在起始突变上发生第二次突变,致使原来的野生型表型得到恢复,这样的突变称为________;如果在非起始突变上发生第二次突变,但能够中和或抵消起始突变,这样的突变称为________。

28. DNA 重组是指发生在 DNA 分子内或 DNA 分子之间的核苷酸序列的________、________和________现象,主要有________、________和________三种形式。

29. 1983 年获得诺贝尔生理和医学奖的 Barbara McClintock 最早在玉米中发现了真核生物的转座现象。玉米的 Ac-Ds 系统属于________类型的转座子。

30. λ 噬菌体感染大肠杆菌后,λ 噬菌体 DNA 和大肠杆菌染色体 DNA 之间可以发生________重组。

二、是非题

1. DNA 聚合酶催化的 DNA 合成必须有 RNA 引物。
2. 滚环复制是一种特殊的复制方式,只存在于含有单链 DNA 的噬菌体中。
3. 原核生物、真核生物及病毒的 DNA 聚合酶具有相似的序列和空间结构。
4. 已在大肠杆菌中发现的 5 种 DNA 聚合酶中,DNA pol Ⅲ是参与大肠杆菌染色体 DNA 复制的主要酶,在细胞中含量最高。
5. PCNA(分裂细胞核抗原)是真核生物 DNA 聚合酶 δ 的进行性因子,与原核生物 DNA 聚合酶Ⅲ的进行性因子 β 亚基功能相似,序列高度同源。
6. SSB 能够降低 DNA 的 T_m。
7. DNA 分子是由两条链组成的,其中一条链作为前导链的模板,另一条链作为后随链的模板。
8. DNA 复制的忠实性主要是由 DNA 聚合酶的 3′→5′外切酶的校对来维持。
9. 端粒酶是一种 Ribozyme。
10. DNA 连接酶和拓扑异构酶的催化都属于共价催化。
11. 滚环复制不需要 RNA 作为引物。
12. D 环复制不形成冈崎片段。
13. 单细胞生物体内的端粒酶活性比多细胞生物中体细胞内的端粒酶活性高。
14. 大肠杆菌 DNA 复制的延伸速度取决于培养基的营养状况。

15. 滚环复制也存在于真核细胞。
16. 原核生物的 DNA 聚合酶都具有校对作用。
17. 为了在较短的时间内完成比原核生物大得多的基因组 DNA 的复制,真核生物 DNA 复制叉的移动速度远大于原核生物。
18. 大肠杆菌只有一个 DNA 复制起点,因此完成基因组 DNA 复制的时间是恒定的。
19. 所有线形 DNA 都有末端复制问题,包括一些噬菌体、真核病毒细胞和少数线粒体线形 DNA,都必须借助于端粒结构来解决线形 DNA 的末端复制问题。
20. 据测定,多莉羊(sheep Dolly)的端粒长度比正常生殖的同龄羊的端粒长度短。
21. 只有 DNA 在遭受损伤后可以被完全修复,其他生物大分子遭受损伤后则通常被取代或降解。
22. DNA 的损伤修复机制十分重要,任何直接参与损伤修复的基因的缺陷突变都将导致细胞的癌变或疾病的发生。
23. 大肠杆菌参与 DNA 错配修复的 DNA 聚合酶是 DNA 聚合酶Ⅰ。
24. 人体细胞缺乏 DNA 直接修复的机制。
25. 原核细胞和真核细胞都是以甲基化作为 DNA 错配修复过程中识别新链和老链的标志。
26. 只有单细胞生物中发生的突变可以遗传给后代。
27. 就基因间校正而言,点突变一般只能校正点突变,移码突变只能校正移码突变。
28. 同源重组不依赖于序列的特异性,只依赖于序列的同源性。
29. 转座现象主要发生在原核生物中,真核生物中的转座现象比较少。
30. Mu 噬菌体感染大肠杆菌后,其 DNA 通过位点特异性重组整合到宿主 DNA 中。
31. 大肠杆菌 DNA 聚合酶Ⅳ和Ⅴ在细菌发生 SOS 反应时才被诱导表达。
32. 真核生物 DNA 聚合酶 α 和 β 都没有校对作用。
33. 大肠杆菌可以通过光复活、切除修复系统或重组修复系统去除嘧啶二聚体。
34. 人们已在哺乳动物体内找到参与大肠杆菌 DNA 错配修复的几种主要蛋白质:MutH、MutL、MutS 的同源蛋白。
35. 原核生物的转座子两端都有末端重复序列。

三、选择题

(一) 单项选择题(下列各题均有五个备选项,其中一个是正确的,请将其代码填入括号内)

1. 真核生物中发现的最小的一种 DNA 聚合酶是(　　)。
   A. DNA 聚合酶 α　　B. DNA 聚合酶 β
   C. DNA 聚合酶 γ　　D. DNA 聚合酶 δ
   E. DNA 聚合酶 ε
2. 在真核细胞线粒体基质中发现负责线粒体 DNA 复制的 DNA 聚合酶是(　　)。
   A. DNA 聚合酶 α　　B. DNA 聚合酶 β
   C. DNA 聚合酶 γ　　D. DNA 聚合酶 δ
   E. DNA 聚合酶 ε
3. 下列哪一种 DNA 聚合酶内在进行性很低,但在 PCNA(分裂细胞核抗原)存在时进行

性大大提高？(　　)

A. DNA 聚合酶 α　　B. DNA 聚合酶 β

C. DNA 聚合酶 γ　　D. DNA 聚合酶 δ

E. DNA 聚合酶 ε

4. 具有引发酶活性,负责合成 RNA 引物的真核细胞 DNA 聚合酶是(　　)。

A. DNA 聚合酶 α　　B. DNA 聚合酶 β

C. DNA 聚合酶 γ　　D. DNA 聚合酶 δ

E. DNA 聚合酶 ε

5. 所有拓扑异构酶的作用机制都是两次转酯反应,酶活性中心的哪一种氨基酸残基介导了第一次转酯反应？(　　)

A. Ser　B. Tyr　C. Thr　D. His　E. Lys

6. DNA 连接酶催化的反应依赖于连接酶的哪一个氨基酸残基？(　　)

A. Ser　B. Tyr　C. Thr　D. His　E. Lys

7. 大肠杆菌使用哪一种蛋白质作为引发酶？(　　)

A. DnaA　B. DnaB　C. DnaC　D. DnaG　E. DnaT

8. 下列有关 DNA 复制的时间的说法正确的是(　　)。

A. DNA 可以随时进行复制

B. DNA 只能在特定时期进行复制

C. 染色体 DNA 只能在特定时期进行复制

D. 病毒 DNA 感染宿主细胞后立即进行复制

E. 质粒 DNA 随染色体 DNA 一起复制

9. DNA 复制需要一系列的蛋白质促进复制叉的移动,大肠杆菌 DNA 在体外的复制至少需要那些蛋白质？(　　)

A. DNA 聚合酶Ⅰ、引发酶、SSB 和连接酶

B. SSB、解链酶和拓扑异构酶

C. 连接酶、DNA 聚合酶Ⅰ和Ⅲ

D. DNA 聚合酶Ⅲ、解链酶、SSB 和引发酶

E. 拓扑异构酶、解链酶和 DNA 聚合酶Ⅱ

10. 下列有关 DNA 解链酶的叙述不正确的是(　　)。

A. 无论原核细胞还是真核细胞都有多种解链酶

B. 所有的 DNA 解链酶都优先结合 DNA 的单链区域

C. 所有的 DNA 解链酶都具有移位酶活性

D. 所有的 DNA 解链酶都可以结合 NTP 并水解 NTP

E. 所有的 DNA 解链酶都具有解链的极性

11. 拓扑异构酶Ⅱ在松弛超螺旋张力的反应中,每一次切割和连接循环改变的连环数是(　　)。

A. −2　B. −1　C. 0　D. +1　E. +2

12. RPA 是人细胞 DNA 复制所需要的(　　)。

A. SSB　B. DNA 连接酶　C. DNA 聚合酶　D. 拓扑异构酶　E. 引发酶

13. 萘啶酮酸是大肠杆菌细胞哪一种酶的抑制剂？（　　）

A. DNA 聚合酶　B. 引发酶

C. DNA 连接酶　D. DNA 拓扑异构酶

E. DNA 解链酶

14. 在一个复制叉之中，以下哪一种蛋白质的数量最多？（　　）

A. DNA 聚合酶　B. 引发酶

C. SSB　D. DNA 解链酶

E. DNA 拓扑异构酶

15. 每一分子 DNA 聚合酶Ⅲ全酶中包含几个 β 亚基？（　　）

A. 1　B. 2　C. 3　D. 4　E. 不确定

16. 下列机制中哪一种不属于损伤修复机制？（　　）

A. 光复活　B. 切除修复

C. 错配修复　D. 重组修复

E. SOS 修复

17. 同源重组是产生遗传多样性的一种重要的途径。以下关于同源重组的机制哪一个是错误的？（　　）

A. 分支点的迁移决定交叉的范围　B. DNA 链的断裂并非同源重组所必需

C. 链的侵入需要序列的同源性　D. Holliday 连接的分离需要 180°的转动

E. 重新连接是同源重组的最后一步反应

18. 一种大肠杆菌突变株的 Dam 甲基化酶发生突变，导致 GATC 序列不能甲基化。那么，这种突变株的错配修复系统（　　）。

A. 能够发生，但不能减少突变频率　B. 能够发生，并将纠正在母链上的碱基

C. 能够发生，并将纠正在子链上的碱基　D. 不能发生，因为错配的碱基不能被识别

E. 与野生型没有差别

19. 由于碱基突变使编码 Cys 的密码子 TGC 突变为 TGA，这种突变称为（　　）。

A. 无义突变　B. 错义突变　C. 沉默突变　D. 中性突变　E. 沉默突变

20. 大肠杆菌中促进同源重组过程中 Holliday 连接拆分的蛋白质是（　　）。

A. RecA　B. RecBCD　C. RuvA　D. RuvB　E. RuvC

21. 大肠杆菌中的腺嘌呤脱氨基造成的 DNA 损伤可以由哪一种修复机制修复？（　　）

A. 直接修复　B. BER　C. NER　D. 重组修复　E. 易错修复

22. 5-溴尿嘧啶进入细胞后最终可能产生什么结果？（　　）

A. 代替 U 参入正在合成的 DNA 中，被尿嘧啶-*N*-糖苷酶系统识别并修复

B. 代替 T 参入正在合成的 DNA 中，被 NER 系统识别并修复

C. 代替 T 参入正在合成的 DNA 中，不改变 DNA 序列

D. 代替 T 参入正在合成的 DNA 中，并最终导致 AT 碱基对转换为 GC 碱基对

E. 作为碱基类似物插入 DNA 碱基对之间，造成移码突变

23. 下列有关转座作用的说法正确的是（　　）。

A. 原核生物转座子的两端都具有倒转重复序列

B. 转座作用在原核生物中更为常见

C. 真核生物的绝大多数 DNA 转座子为复制型转座子
D. 玉米的 Ac-Ds 系统中的 Ds 元件是 Ac 元件的缺失突变体
E. 人体基因组中的 LINE 和 SINE 序列都是逆转座子

24. 下列事件不属于同源重组的是(　　)。
A. 细菌的接合　B. 细菌的转化
C. 细菌的转导　D. 噬菌体 DNA 与宿主 DNA 的整合
E. 真核生物同源染色体交换

25. 下列叙述不正确的是(　　)。
A. 位点特异性重组既可以发生在 2 个 DNA 分子之间,也可以发生在 1 个 DNA 分子内部
B. 发生在 1 个 DNA 分子内部的位点特异性重组,如果两个重组位点上含有直接重复序列,则重组后可能导致基因重复
C. 发生在 2 个 DNA 分子之间的位点特异性重组,也可能导致基因重复
D. 位点特异性重组也有链交换、形成 Holliday 连接等过程
E. 位点特异性重组不依赖于 RecA

（二）多项选择题(下列各题均有四个备选项,其中两个或两个以上为正确选项,请将正确选项的代码填入括号内)

1. 下列真核细胞 DNA 聚合酶中哪些没有 3′外切酶活性?(　　)
A. DNA 聚合酶 α　B. DNA 聚合酶 β　C. DNA 聚合酶 γ　D. DNA 聚合酶 δ

2. 参与大肠杆菌 DNA 复制的 DNA 聚合酶有(　　)。
A. DNA 聚合酶Ⅰ　B. DNA 聚合酶Ⅱ　C. DNA 聚合酶Ⅲ　D. DNA 聚合酶Ⅴ

3. 参与真核细胞染色体 DNA 复制的 DNA 聚合酶有(　　)。
A. DNA 聚合酶 α　B. DNA 聚合酶 β　C. DNA 聚合酶 δ　D. DNA 聚合酶 ε

4. 大肠杆菌 DNA 复制是一个涉及众多基因产物的复杂过程,下列哪些基因的温度敏感型突变将导致突变菌株在非允许温度下 DNA 复制的快速终止?(　　)
A. *dnaA*　B. *dnaB*　C. *dnaG*　D. *ssb*

5. 下列有关大肠杆菌 DNA 复制的说法正确的有(　　)。
A. RNA 聚合酶是 DNA 复制起始所必需的
B. 在一个复制叉处有两分子 DNA 聚合酶Ⅲ,分别负责前导链和后随链的合成
C. 后随链上每一个冈崎片段合成好以后,DNA 聚合酶Ⅰ会及时切除其中的 RNA 引物,并填补留下的缺口
D. 大肠杆菌的 DNA 是双向复制的,当左右两个复制叉在复制终止区相遇后,复制即停止,得到两个完整独立的子代 DNA 分子

6. 下列有关真核细胞细胞核 DNA 复制的说法错误的有(　　)。
A. 复制叉的移动速度快于原核细胞　B. 冈崎片段的长度长于原核细胞
C. 具有多个复制起始区　D. 只在细胞周期的 S 期复制

7. 下列哪些情况将影响大肠杆菌 DNA 复制的高保真性?(　　)
A. 细胞内用于 DNA 合成的 4 种 dNTP 的浓度发生变化,不再维持 1∶1∶1∶1 的比例
B. DNA 聚合酶Ⅲ发生突变,进行性大大降低

C. Dam 甲基化酶发生突变,丧失活性

D. DNA 聚合酶发生突变,不再需要引物,可以直接起始 DNA 合成

8. 大肠杆菌可以通过哪些机制修复嘧啶二聚体?(　　)

A. 直接修复　　B. 切除修复　　C. 重组修复　　D. 跨越合成

9. 下列 DNA 损伤哪些不能通过直接修复机制修复?(　　)

A. 嘧啶二聚体　　B. 碱基的烷基化修饰

C. 脱嘌呤　　D. 碱基的自发脱氨基

10. 原核生物的转座子具有哪些共同特征?(　　)

A. 编码转座酶　　B. 两端有重复序列

C. 携带抗性基因　　D. 转座后在靶位点产生短的重复序列

四、名词解释

1. DNA 复制(DNA replication)
2. 半保留复制(semi-conservative replication)
3. 复制起点(replication origin)
4. 复制子(replicon)
5. 半不连续复制(semi-continuous replication)
6. 冈崎片段(Okazaki fragment)
7. 前导链(leading strand)
8. 后随链(lagging strand)
9. 进行性(processivity)
10. 切口(nick)
11. 缺口(gap)
12. 切口平移(nick translation)
13. 缺口填补(gap fill-in)
14. Klenow 酶(Klenow enzyme)
15. 校对作用(proof reading)
16. 端粒(telomere)
17. 复制体(replisome)
18. 滚环复制(rolling-circle replication)
19. D-环复制(displacement-loop replication)
20. DNA 损伤(DNA damage)
21. DNA 突变(DNA mutation)
22. 直接修复(direct repair)
23. 光复活(photoreactivation)
24. 切除修复(excision repair)
25. 重组修复(recombination repair)
26. 点突变(point mutation)
27. 移码突变(frameshift mutation)

28. 碱基对转换(base-pair transition)
29. 碱基对颠换(base-pair transvertion)
30. 沉默突变(silent mutation)/同义突变(same-sense mutation)
31. 错义突变(missense mutation)
32. 无义突变(nonsense mutation)
33. 自发突变(spontaneous mutation)
34. 诱发突变(induced mutation)
35. 正向突变(forward mutation)
36. 回复突变(reverse mutation/back mutation)
37. 校正突变(suppressor mutation)
38. DNA 重组(DNA recombination)
39. 同源重组(homologous recombination)
40. 位点特异性重组(site-specific recombination)
41. 转座重组(transposition recombination)
42. 转座子(transposon)

五、问答题

1. DNA 复制的高保真性与哪些因素有关?
2. 有哪些实验证据证明大肠杆菌中 DNA 聚合酶Ⅲ才是真正的复制酶?
3. 如果用尿嘧啶-*N*-糖苷酶缺陷的大肠杆菌菌株(ung^-)或 dUTPase 缺陷的大肠杆菌菌株(dut^-)重复冈崎利用[^3H]-脱氧胸苷所做的脉冲标记和追踪实验,实验结果会有什么变化?请解释原因。
4. 在体外进行 DNA 复制实验时,如果将大肠杆菌 DNA 聚合酶Ⅰ与 T7 DNA 保温 20min 以后,加入大量 T3 DNA,并继续保温 40min。反应结束后测定合成的 DNA 的相对含量,结果发现合成的主要是 T3 DNA。如果改用大肠杆菌 DNA 聚合酶Ⅲ取代大肠杆菌 DNA 聚合酶Ⅰ进行上述实验,则得到的主要是 T7 DNA。请解释原因。
5. 如果在使用双链 DNA 模板和随机引物延伸法制备放射性标记探针时,用大肠杆菌 DNA 聚合酶Ⅰ全酶代替 Klenow 酶,会发现绝大多数放射性留在没有参入的部分,为什么?
6. 假如大肠杆菌 DNA 聚合酶Ⅰ发生突变,失去 5′核酸外切酶活性,推测对大肠杆菌会产生什么影响?
7. PCR 反应是受到体内 DNA 合成的启发而设计出来的,请列举 PCR 反应与体内 DNA 复制的差异。
8. 在体外无细胞复制体系中,如果用 3′-脱氧 ATP 取代 ATP,对 DNA 复制会有什么影响?
9. 为什么在生物体重只有 DNA 损伤修复机制,而没有其他生物大分子的损伤修复机制?
10. 大肠杆菌的切除修复系统和错配修复系统都可以修复 DNA 中的错配碱基,这两种机制可以互相替代吗?为什么?
11. 写出腺嘌呤、鸟嘌呤和胞嘧啶经历氧化脱氨基反应后生成的产物。机体是如何修复由这种反应造成的 DNA 损伤的?为什么尿嘧啶-*N*-糖苷酶在 DNA 修复中举足轻重?

为什么遗传物质经过长期的进化的产物是含有 T 的 DNA 而不是含有 U 的 DNA？

12. 大肠杆菌既可以通过光复活系统，也可以通过核苷酸切除修复系统来修复由紫外线照射产生的嘧啶二聚体，如何通过实验区分这两种机制？
13. 为什么大肠杆菌在高剂量的紫外线照射以后，在可见光照射后或者营养贫乏的培养基上更能生存下来？
14. DNA 分子中含甲基胞嘧啶的区域突变率较高，为什么？
15. 脊椎动物细胞和植物细胞的 DNA 上的胞嘧啶经常被甲基化形成 5-甲基胞嘧啶。在相同的细胞内，发现有一种专门的能够识别错配 GT 碱基对并将它们修复为正常的 GC 碱基对的修复系统。你认为这种系统存在于含有 5-甲基胞嘧啶的 DNA 的细胞中有什么样的合理性。
16. 细菌的 SOS 反应涉及一系列特殊基因的表达，这些基因对正常细胞会产生危害，因此需要该系统在需要时迅速开启表达，在危机过去后迅速关闭表达，简述生物体如何调控 SOS 基因的表达，以实现其迅速的开启和关闭。
17. 在大肠杆菌 DNA 分子进行同源重组的时候，形成的异源双螺旋允许含有某些错配的碱基对。为什么这些错配的碱基对不会被细胞内的错配修复系统排除？
18. 如果一段 DNA 序列 GGTCGTT 上面一条链被亚硝酸处理，那么经过两轮复制以后，最可能的产物是什么？
19. 下图是一个带有单链末端的双链 DNA 分子，分别写出用大肠杆菌 DNA 聚合酶Ⅲ或端粒酶处理后得到的延伸产物并简单解释原因。

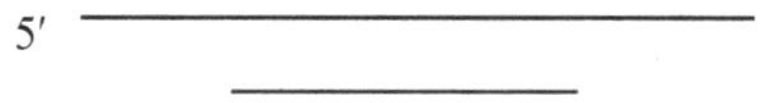

20. 流感病毒是一种常见病毒，为什么流感病毒感染人体细胞后不会导致细胞的转化(transform)？
21. 如下图所示，AZT 是胸苷类似物，在体内可转变成相应的核苷三磷酸：AZTPP，AZTPP 是 HIV 逆转录酶的有效抑制剂，但是却不抑制细胞内的 DNA 聚合酶，请解释。

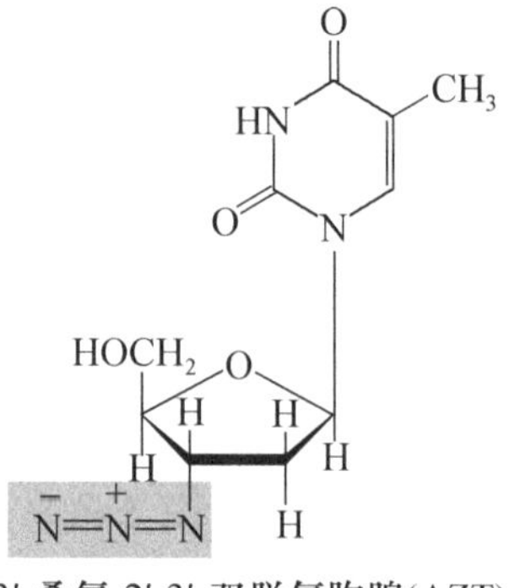

3′-叠氮-2′,3′-双脱氧胸腺(AZT)

提　高　题

一、填充题

1. 1987 年 Thomas Steitz 解出了 Klenow 片段的空间结构，发现该片段折叠成三个主要的结构域：________、________和________。聚合酶活性位于________结构域，3′→5′核酸外切酶活性位于________。

2. 大肠杆菌DNA聚合酶Ⅲ的β滑动钳既可以与核心酶结合，也可以与钳载复合物结合，蛋白质足印实验（protein footprinting）结果显示，β滑动钳可以与核心酶的________亚基结合，也可以与钳载复合物的________亚基结合。在溶液中，β滑动钳优先与________结合，与DNA模板结合后，β滑动钳优先与________结合。
3. 真核生物DNA聚合酶δ的内在进行性很低，但是在有________因子存在时，进行性大幅增加。该亚基的一级结构虽然与大肠杆菌DNA聚合酶Ⅲ的________亚基完全不同，但是形成的三聚体同样为中空的环形结构。
4. 以________缺陷的大肠杆菌菌株重复冈崎所做的脉冲标记-追踪实验（pulse-chase experiment）得到的标记片段长度将变长，以________缺陷的大肠杆菌菌株重复冈崎所做的脉冲标记-追踪实验得到的标记片段长度将变短。
5. 烷基化是一种常见的碱基修饰，最容易被烷基化的位点包括鸟嘌呤的________位和腺嘌呤的________位。有些碱基的烷基化不改变碱基的配对性质，因此对生物体无害，如________，有些则会影响碱基的正常配对，因此对生物体是有害的，如________。
6. 碱基切除修复识别________的损伤，核苷酸切除修复识别________的损伤。
7. 大肠杆菌DNA的错配修复依赖于DNA的甲基化修饰系统，如果甲基化酶缺陷导致模板链和新生链都未甲基化，则________；如果甲基化酶活性异常增加，导致模板链和新生链都被甲基化，则________。
8. 大肠杆菌主要有三种同源重组途径，最主要的是________，其他还有________和________途径。
9. 解释同源重组分子机制的主要模型有________、________及________。三种模型的共同点是都形成了χ型的________连接。
10. 原核生物中的转座子类型包括________、________、________和Mu噬菌体四种。

二、是非题

1. 大肠杆菌Dam甲基化酶的缺陷突变也将影响大肠杆菌的DNA复制起始。
2. Taq DNA聚合酶无校对的功能，因此它所催化的PCR反应，错误机会较大。
3. DNA聚合酶Ⅰ不是参与大肠杆菌染色体DNA复制的主要聚合酶，因此它的任何突变不可能是致死型突变。
4. RNA聚合酶有助于大肠杆菌复制起始开放复合物的形成。
5. 每一分子大肠杆菌DNA聚合酶Ⅲ全酶都包含两个核心酶，在全酶沿着复制叉前进时每一个核心酶分别负责一条链的合成。
6. 蛋白质印迹实验证明大肠杆菌DNA聚合酶Ⅲ的β亚基可以同时与核心酶和γ钳载复合物结合。
7. 大肠杆菌DNA聚合酶Ⅲ的γ钳载复合物负责将β亚基装载到模板链上，也负责从模板链上卸载β亚基，装载需要消耗ATP，卸载不需要。
8. DNA损伤的直接修复机制一般都是高效率、低耗能的。
9. 在大肠杆菌SOS修复之中，RecA蛋白被激活，作为蛋白酶水解LexA蛋白，从而引发

SOS 反应。

10. RecA 蛋白对单链 DNA 的亲和力高于对双链 DNA 的亲和力。
11. DNA 分子中没有修饰的 C 发生自发脱氨基引发突变的可能性比修饰后的 5-甲基胞嘧啶自发脱氨基引发突变的可能性低得多。
12. 参与 λ 噬菌体整合的整合酶 Int 具有拓扑异构酶活性。
13. Mclintock 发现的 Ac-Ds 系统包含两种自主型 DNA 转座元件:Ac 为激活子元件和 Ds 为解离元件。

三、选择题

(一) 单项选择题(下列各题均有五个备选项,其中一个是正确的,请将其代码填入括号内)

1. 预测下面哪一种基因组在紫外线照射下最容易发生突变?(　　)
   A. 双链 DNA 病毒　B. 单链 DNA 病毒
   C. 线粒体基因组　D. 叶绿体基因组
   E. 细胞核基因组
2. 下列有关 6-甲基鸟嘌呤甲基转移酶(Ada 酶)的说法中不正确的是(　　)。
   A. Ada 酶可以切除 6-烷基鸟嘌呤中的烷基
   B. Ada 酶是一种自杀酶
   C. Ada 酶依靠活性中心的 Cys 残基作为甲基受体
   D. Ada 酶催化的修复属于碱基切除修复
   E. 每个 Ada 酶分子只能修复 1 个受损伤碱基
3. 下列叙述不正确的是(　　)。
   A. RecA 是一种多功能蛋白质
   B. RecA 参与大肠杆菌所有的同源重组途径
   C. RecA 单体只能结合单链 DNA
   D. RecA 参与 SOS 反应,作为共蛋白酶(co-protease)促进 LexA 的水解
   E. RecA 在同源重组中促进同源序列配对和链的交换
4. 下列有关端粒和端粒酶的说法正确的是(　　)。
   A. 端粒是真核生物特有的富含 GC 对的非种属特异性重复序列
   B. 端粒酶负责在真核生物 DNA 的两端添加端粒序列
   C. 端粒酶是一种核糖核蛋白复合物,由 RNA 和蛋白质部分组成
   D. 端粒酶中的 RNA 部分负责催化端粒的合成,具有逆转录酶的活性
   E. 端粒酶中的蛋白质部分主要起结构和支撑的作用
5. 下列蛋白质中不具有解链酶活性的是(　　)。
   A. DnaB　B. UvrD　C. RuvB　D. SV40 的大 T 抗原　E. XP-A
6. 下列有关 RecBCD 的说法错误的是(　　)。
   A. 参与大肠杆菌所有同源重组途径　B. 是一种多亚基蛋白
   C. 是一种多功能酶　D. 具有解螺旋酶活性
   E. 是一种位点特异性的核酸内切酶
7. 原核生物中与 DNA 甲基化修饰无关的过程是(　　)。

A. 错配修复　　B. DNA 复制起始的调控
C. 限制与修饰系统　　D. SOS 反应
E. 都相关

8. 在分子生物学实验室广泛使用的 DNA 染料溴化乙锭是一种致癌物,其致癌的原因是(　　)。
   A. 作为 DNA 嵌入试剂插入 DNA 碱基对之间,造成移码突变
   B. 作为碱基类似物参入正在合成的 DNA 中,造成突变
   C. 与 DNA 紧密结合,影响 DNA 的正常复制
   D. 具有很强的细胞毒性,抑制细胞增殖
   E. 是 DNA 聚合酶的强抑制剂

(二) 多项选择题(下列各题均有四个备选项,其中两个或两个以上为正确选项,请将正确选项的代码填入括号内)

1. 下列细胞中具有较高端粒酶活性的细胞是(　　)。
   A. 生殖细胞　B. 心肌细胞　C. 红细胞　D. 肿瘤细胞
2. 下列哪些过程是同源重组和位点特异性重组共有的?(　　)
   A. 链的交换　　B. 形成 Holliday 连接
   C. 分叉迁移　　D. RecA 与 DNA 单链结合
3. 推测在快速增殖的细胞中哪些修复过程比较活跃?(　　)
   A. 直接修复　B. 切除修复　C. 错配修复　D. 重组修复
4. 有关癌症化疗药物顺铂的说法正确的有(　　)。
   A. 特异性地抑制肿瘤细胞的 DNA 合成
   B. 是一种双功能试剂,可以导致 DNA 链的交联
   C. 可以导致 DNA 的异常断裂
   D. 可以干扰 DNA 的复制
5. 有关 DNA 同源重组的说法正确的有(　　)。
   A. 可以发生在 DNA 分子内或分子间
   B. 可以导致 DNA 序列的缺失或倒转
   C. 依赖于序列的同源性和特异性
   D. 需要特定的重组酶

四、名词解释

1. 多复制子(multiple replicon)
2. 多复制叉(multiple replication forks)
3. 碱基切除修复(base excision repair)
4. 核苷酸切除修复(nucleotide excision repair)
5. 易错修复(error-prone repair)
6. SOS 反应(SOS response)
7. 中性突变(neutral mutation)
8. 通读突变(read-through mutation)

9. 基因内校正(intragenic suppressor)
10. 基因间校正(intergenic suppressor)
11. 校正基因(suppressor gene)
12. 增变基因(mutator gene)
13. DNA 转座子(DNA transposon)
14. 逆转座子(retrotransposon)
15. 复制型转座子(DNA transposons that transpose replicatively)
16. 保留型转座子(DNA transposons that transpose conservatively)
17. 自主型转座子(autonomous transposon)
18. 非自主型转座子(non-autonomous transposon)

五、问答题

1. 将四种 α[^{32}P]标记的 NTP 的混合物加入正在进行 DNA 复制的大肠杆菌细胞中,一段时间后,发现 DNA 中有同位素的参入,参入量的时间曲线见下图。在 10min 以后,加入 1000 倍的非放射性的 NTP,其结果也见下图。

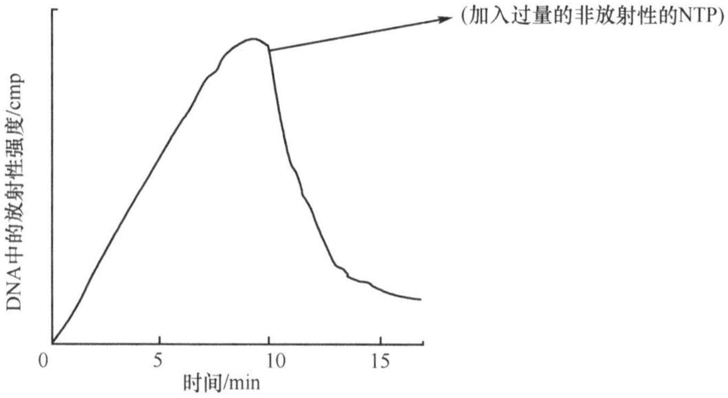

试问:(1) 加入大量非放射性标记的 NTP 的目的是什么?
(2) 如何确定放射性标记是以 NTP 的形式而不是以它的还原形式 dNTP 参入 DNA 链之中的?
(3) 从实验结果可以得出 DNA 复制过程中发生了什么样的重要事件?

2. Matthew Meselson 和 Franklin Stahl 为了验证 DNA 复制是半保留复制,设计了一个非常巧妙的实验:将大肠杆菌先放到含有^{15}N 的培养基中连续培养 15 代,以使细胞内的 DNA 上的 N 原子几乎都是^{15}N,然后将大肠杆菌改放在^{14}N 的培养基上继续培养数代。分别分离各代细胞的 DNA,再使用 CsCl 密度梯度离心方法分析各代 DNA,并比较各代细胞 DNA 在离心管中的相对位置。最终确定了 DNA 复制的确遵循半保留规则。如果修改实验方案:将本来在^{14}N 的培养基中培养的大肠杆菌细胞,直接改放在^{15}N 的培养基中继续培养数代,同样抽取各代细胞中的 DNA,通过密度梯度法离心分析各代 DNA 在离心管中的相对位置,那么实验结果能否证明 DNA 的半保留复制?

3. 尽管 DNA 聚合酶催化聚合反应既需要模板,又需要引物。但下面的单链 DNA 却可以直接作为 DNA 聚合酶 I 或 Taq DNA 聚合酶的有效底物。试解释其中的原因,并写出由这两种 DNA 聚合酶催化而形成的终产物的结构。

3′OH-TGGCTCATAGCCGGAGCCCTAACCGTAGACCACGAATAGCATTAGG-5′P

4. 甲磺酸甲酯(methylmethanesulfonate,MMS)是一种化学诱变剂。有人分离到一种果蝇的突变体,它对 MMS 极为敏感,在不会杀死野生型果蝇的含有 MMS 的食物中不能生存。你认为突变型果蝇最有可能是何种基因突变导致其对 MMS 极为敏感。
5. dUTPase 或 DNA 连接酶活性有缺陷能够刺激重组的发生。为什么?
6. 四膜虫染色体的端粒含有多拷贝的短重复序列——TTGGGG。为了研究这些重复序列的复制机制,有人将末端带有这种重复序列的四膜虫染色体导入人肿瘤细胞。这种四膜虫染色体在人肿瘤细胞中维持了许多代。然而,当将其分离出来并测定端粒序列以后,吃惊地发现,端粒的重复序列变成了 TTAGGG。试对此现象提出合理的解释。如果将四膜虫染色体引入人正常的体细胞,还会有相同的现象发生吗?
7. T 和 U 所含有的遗传信息是完全一致的,为什么 DNA 中含有的是 T,而 RNA 中含有的是 U?
8. 为了得到一个定点突变的基因,你构建了一个体外 DNA 合成体系:以从大肠杆菌质粒中获得的单链环状 DNA 为模板,以带有突变碱基的寡核苷酸为引物,为便于实验结果的分析,引物的 5′端用 ^{32}P 标记,然后加入大肠杆菌 DNA 聚合酶 I 合成互补链,最后用 DNA 连接酶连接得到环状 DNA。实验结束后取一部分样品进行凝胶电泳分析,结果在双链环状 DNA 所在的条带处检测不到任何放射性信号。将该样品转化大肠杆菌细胞也得不到任何突变体。导师建议你改用 Klenow 酶代替 DNA 聚合酶 I 重复实验,结果在电泳时,双链环状 DNA 所在的条带处确实检测到了放射性信号。请解释。
9. (接上题)你将用 Klenow 酶合成的带有突变碱基的双链环状 DNA 转化大肠杆菌细胞后,仍然得不到带有所需点突变的突变 DNA。导师建议你在转化前先用 Dam 甲基化酶处理双链环状 DNA,你按照这个方案进行实验后,果然得到了一半的突变克隆。请解释。
10. (接上题)如果实验室没有 Dam 甲基化酶了,你还可以有哪些方法来得到突变体?

答　案

基　础　题

一、填充题

1. 复制起点/原点　复制子　单个复制子　多个复制子　双向等速
2. 含有多个短的重复序列　富含 AT 碱基对　*OriC*　9　13　DnaA　ATPase　*ARS*
3. 5′　3′　ddNTP(双脱氧核糖核苷三磷酸)
4. 滚环　滚环
5. D 环复制　环状双链 DNA 分子两条链的复制起点不在一起
6. 多复制叉　多复制子
7. 5′→3′DNA 聚合　3′→5′核酸外切　5′→3′DNA 聚合酶活性　5′→3′核酸外切酶活性
8. 3′→5′核酸外切酶活性
9. α　ε　θ　α　ε　滑动钳　钳载复合物
10. Ⅰ型　Ⅱ型　Ⅱ　Ⅱ
11. 引发酶/引发体　DNA 聚合酶 α　DNA 聚合酶Ⅰ　核糖核酸酶 H　翼式核酸内切酶
12. NAD^+　ATP
13. 尿嘧啶-*N*-糖苷酶　复制过程中 dUTP 的参入　DNA 中 C 的自发脱氨基
14. 真核　逆转录酶　充当端粒合成的模板

15. Tus　拓扑异构
16. 半不连续　先导链　后随链　1 ~ 2　DNA 聚合酶Ⅰ　DNA 连接酶
17. 起始　DnaA 蛋白　反义 RNA　执照因子　增殖蛋白
18. 64　大 T 抗原　回文　富含 AT
19. DNA
20. 损伤　突变
21. 丢失　转换　修饰　交联　错配　断裂　交联　DNA 与蛋白质的交联
22. 直接修复　胎盘类哺乳动物
23. 识别(recognize)　切除(remove)　重新合成(re-synthesize)　重新连接(re-ligate)　碱基切除修复(BER)　核苷酸切除修复(NER)　受损伤的碱基　损伤造成的 DNA 结构的改变
24. NER
25. 错配修复(MMR)
26. 点突变　移码突变　自发突变　诱发突变　中性突变
27. 回复突变　校正突变
28. 交换　重排　转移　同源重组　位点特异性重组　转座重组
29. 保留型 DNA 转座子
30. 位点特异性重组

二、是非题

1. 错。DNA 聚合酶催化的 DNA 合成必须要有引物,但是引物可以是 DNA,也可以是 RNA,在体内 DNA 复制时一般使用 RNA 引物,在体外 PCR 扩增时使用 DNA 为引物。
2. 错。含有双链 DNA 的 λ 噬菌体通过滚环复制产生双链 DNA,少数真核生物基因在特定情况下依靠滚环复制产生重复基因。
3. 对。原核生物、真核生物和病毒的 DNA 聚合酶都折叠成 palm、finger、thumb 三个结构域,序列和空间结构具有高度的保守性,提示可能来源于共同的祖先基因。
4. 错。DNA pol Ⅲ的聚合酶活性是 5 种 DNA 聚合酶中含量最高的,但在每个大肠杆菌细胞中的含量大大低于 DNA pol Ⅰ 和 DNA pol Ⅱ。DNA pol Ⅳ和Ⅴ则在细菌生长的特定时期被诱导表达。
5. 错。PCNA 一级结构与 β 亚基不同,但是 PCNA 三聚体与 β 亚基二聚体的空间结构非常相似,都是中空的环状结构,形成滑动钳。
6. 对。SSB 能够与 DNA 单链区域结合,稳定单链状态,因此能够降低 T_m。
7. 错。对于一个双向复制的 DNA 分子来说,相对于一个复制叉为前导链模板的那条链相对于另一个复制叉来说则是后随链的模板。
8. 错。DNA 复制的忠实性主要是由 DNA 聚合酶的高度选择性决定的,DNA 聚合酶所具有的 3′→5′核酸外切酶只是进一步提高复制的忠实性。
9. 错。Ribozyme 是以 RNA 作为生物催化剂,在端粒酶分子中,RNA 仅仅作为模板,发挥催化作用的是其蛋白质部分。
10. 对。DNA 连接酶和 DNA 拓扑异构酶在催化反应中都与底物形成了共价的中间物,前者的赖氨酸残基的 ε-NH_2 与 AMP 共价相连,后者的酪氨酸残基与 5′-磷酸或 3′-磷酸形成共价中间物。
11. 错。滚环复制的后随链合成仍然需要 RNA 引物。
12. 对。D 环复制的两条子链的合成都是连续的,因此不形成冈崎片段。
13. 对。单细胞生物体内的端粒酶活性很高,否则将导致物种灭绝。
14. 错。DNA 复制的延伸速度相对恒定,与培养基的营养状况关系不大。
15. 对。某些真核生物基因在特定情况下可以依靠滚环复制产生倍增基因。
16. 错。DNA 聚合酶Ⅳ和Ⅴ都属于易错的 DNA 聚合酶,没有校对作用。
17. 错。真核生物复制叉的移动速度远低于原核生物,但是真核生物具有多个 DNA 复制区,可以从多个起始位点同时起始复制,以便在较短时间内完成 DNA 复制。
18. 错。大肠杆菌虽然只有一个 DNA 复制起点,但是如果培养基中营养丰富,在一轮复制没有完成之前可以启动第二轮复制,形成多复制叉结构,缩短完成 DNA 复制所需的平均时间,因此完成一轮 DNA 复制的时间取决于培养基中的营养状况。
19. 错。所有线形 DNA 都有末端复制问题,但是解决末端复制问题的方式有多种,如 λ 噬菌体进入宿主细胞后将线形双链 DNA 环化成双链环形 DNA、腺病毒不使用 RNA 引物，而使用蛋白质-dNTP 作为引物等。

20. 对。据测定多莉羊的端粒长度只有正常生殖的同龄羊的端粒长度的 80%。
21. 对。
22. 错。DNA 的损伤修复机制十分重要，一些直接参与损伤修复的基因的缺陷突变可能导致细胞的癌变或疾病的发生，但是细胞内的修复系统通常是冗余的，即一种损伤可以被几种修复系统修复，所以并不是任何一种直接参与损伤修复的基因的缺陷突变都会导致细胞的癌变或疾病的发生。
23. 错。参与大肠杆菌 DNA 错配修复的 DNA 聚合酶为 DNA 聚合酶Ⅲ。
24. 错。虽然人类没有光复活酶，但具有甲基转移酶，甲基转移酶是参与直接修复异常甲基化的碱基的。
25. 错。真核细胞通过甲基化调节基因的表达，并不是以此作为错配修复时识别老链和子链的标志。
26. 错。多细胞生物生殖细胞中发生的突变也可以遗传给后代。
27. 对。
28. 对。
29. 错。对几种生物的基因组序列分析结果显示，人、小鼠、水稻的基因组中约 40% 的序列由转座子衍生而来。但在低等真核生物和细菌的基因组中只有 1%～5% 的序列来自转座作用。
30. 错。Mu 噬菌体感染大肠杆菌后，其 DNA 通过转座方式随机地整合到宿主 DNA 中。
31. 错。大肠杆菌 DNA 聚合酶Ⅳ在细菌生长的稳定期表达，DNA 聚合酶Ⅴ在 SOS 反应时被诱导表达。
32. 对。
33. 错。重组修复只能将嘧啶二聚体从一条链转移到另一条链，并不能根除嘧啶二聚体。
34. 错。人们已在哺乳动物体内找到参与大肠杆菌 DNA 错配修复的绝大多数蛋白质的同源蛋白，但是缺少 MutH 的对应物。
35. 错。多数原核生物转座子具有末端重复序列，但 Mu 噬菌体没有。

三、选择题

(一) 单项选择题

1. (B) DNA 聚合酶 β 是真核细胞中最小的 DNA 聚合酶，仅由一个 39kDa 的多肽链组成，参与 DNA 的损伤修复。
2. (C) 5 种 DNA 聚合酶，只有 γ 位于线粒体基质之中，负责线粒体 DNA 的复制。
3. (D) DNA 聚合酶 δ 在 PCNA 存在时进行性可以提高 40 倍。
4. (A) DNA 聚合酶 α 是一种异源四聚体，其中两个小亚基具有引发酶活性，负责合成 RNA 引物。在 DNA 复制过程中，DNA 聚合酶 α 在复制起始区先合成约 10 个核苷酸的 RNA 引物，再合成 20～30 核苷酸的 DNA，然后被 DNA pol δ 和 ε 取代。
5. (B) 第一次转酯反应由酶活性中心的一个 Tyr-OH 亲核进攻 DNA 链上的 3′,5′-磷酸二酯键，导致 DNA 链发生断裂，形成以磷酸酪氨酸酯键相连的酶与 DNA 的共价中间物。
6. (E) DNA 连接酶催化的反应第一步由酶的一个 Lys 残基的 ε-NH_2 与 NAD^+ 或 ATP 反应，生成酶-AMP 共价中间物。
7. (D)
8. (C) 染色体 DNA 在细胞周期的 S 期进行复制。病毒 DNA 感染宿主细胞后可以立即进行复制，也可以整合到宿主细胞的染色体中，随染色体 DNA 复制而复制。质粒 DNA 可以随染色体 DNA 一起复制，与可以单独复制。
9. (D) DNA 聚合酶Ⅲ、解链酶、SSB 和引发酶已能够完成体外 DNA 复制叉的移动，拓扑异构酶是体内 DNA 复制所必需的成分。
10. (B) 大多数 DNA 解链酶优先结合 DNA 的单链区域，少数 DNA 解链酶优先结合 DNA 的双链区域。
11. (B)
12. (A) RPA 是人细胞内的 DNA 单链结合蛋白，即 SSB。
13. (D) 萘啶酮酸是大肠杆菌旋转酶的抑制剂，而旋转酶即是一种拓扑异构酶Ⅱ。
14. (C) 题目中所给出的 5 种蛋白质，只有 SSB 不是酶，它以化学计量参与 DNA 复制反应，因此在复制叉中，分子数应最多。

15. (D)每一分子 DNA 聚合酶Ⅲ全酶包含两个核心酶,每一个核心酶需要一个 β 滑动钳,负责一条链的合成,每一个 β 滑动钳是由两个 β 亚基组成的环状结构,因此全酶中包含四个 β 亚基。
16. (C)错配修复实际上属于 DNA 复制的过程,是在 DNA 复制过程中,纠正复制中出现的错配碱基。
17. (B)DNA 链的断裂是完成同源重组所必需的一步反应。
18. (A)大肠杆菌错配修复系统依赖甲基化来区分母链和子链。如果 Dam 甲基化酶缺失,那么修复系统无法识别母链和子链,于是被切除的核苷酸可能来自母链,也可能来自子链,各占 50%,总的结果是不能减少突变频率。
19. (A)
20. (E)
21. (B)腺嘌呤脱氨基后转变为次黄嘌呤,可以被碱基切除修复系统识别和修复。
22. (D)5-溴尿嘧啶的结构与 T 相似,进入细胞后可以代替 T 参入正在合成的 DNA 中,但在体内 5-溴尿嘧啶容易转变为烯醇式而与 G 配对,这样经过两轮复制后最终导致 DNA 中的 AT 碱基对转换为 GC 碱基对。
23. (B)转座作用在真核生物中更为常见。在高等真核生物如人、小鼠和水稻基因组中约有 40% 的序列来自转座子。
24. (D)噬菌体 DNA 依靠位点特异性重组整合到宿主 DNA 中。
25. (B)发生在一个 DNA 分子内部的位点特异性重组,如果两个重组位点上含有直接重复序列,则重组后可能导致基因缺失;如果两个重组位点上含有反向重复序列,则重组后可能导致基因倒位。

(二) 多项选择题

1. (A、B)DNA 聚合酶 α 和 β 没有 3′外切酶活性,没有校对作用。
2. (A、C)DNA 聚合酶Ⅰ负责引物切除和缺口的填补,DNA 聚合酶Ⅲ负责前导链和后随链冈崎片段的合成。
3. (A、C、D)DNA 聚合酶 α 具有引发酶活性,负责合成 RNA 引物。在复制起始区,先由 DNA 聚合酶 α 合成短的 RNA 引物(约 10 个核苷酸),再合成 20~30 核苷酸的 DNA,然后被 DNA 聚合酶 δ 和 DNA 聚合酶 ε 取代。DNA 聚合酶 α、δ 和 ε 一起参与染色体 DNA 的复制。
4. (B、C、D)DnaA 蛋白负责识别复制起始区,是复制起始因子,突变影响复制起始,但不影响已经起始的 DNA 复制,所以 *dnaA* 的温度敏感型突变对非允许温度下 DNA 复制的影响是慢终止型。DnaB 是 DNA 解链酶,负责解开 DNA 双链,突变后 DNA 双链不能解开,复制立即终止。DnaG 是引发酶,负责合成 RNA 引物,突变后后随链不能合成引物,复制很快终止。SSB 是单链 DNA 结合蛋白,突变后后随链模板很容易形成二级结构,阻止复制。
5. (A、C)抑制 RNA 聚合酶的利富霉素可以阻断 DNA 复制起始过程中预引发体的组装,所以 RNA 聚合酶的作用是 DNA 复制起始所必需的,可能是合成一小段 RNA,在 *OriC* 附近产生 R-loop。在一个复制叉处一分子 DNA 聚合酶Ⅲ以不对称二聚体的形式,同时催化前导链和后随链的合成,后随链模板在复制过程中形成突环结构,使正在被复制的后随链模板与前导链模板在方向上保持一致,保证 DNA 聚合酶向一个方向移动。大肠杆菌的两个复制叉在复制终止区相遇后,复制即停止,得到两个以连环体形式锁在一起的子代 DNA 分子,由 DNA 拓扑异构酶Ⅳ负责去连环化,子代 DNA 分子中还有一段尚未复制的序列通过修复合成的方式填补。
6. (A、B)真核细胞细胞核 DNA 复制时,复制叉的移动速度远低于原核细胞,冈崎片段的长度也小于原核细胞,但是可以从多个复制起始区同时起始 DNA 复制,从而缩短完成 DNA 复制所需的时间。复制只在 S 期进行。
7. (A、C、D)细胞内用于 DNA 合成的四种 dNTP 浓度的平衡对于 DNA 复制的忠实性有很大影响,如果一种 dNTP 的浓度大大高于其他几种 dNTP 的浓度,那么这种 dNTP 就有更多机会参入新合成的 DNA 分子中,造成更多的错配。DNA 聚合酶Ⅲ的进行性高低将影响 DNA 合成的速度,但不影响复制的忠实性。Dam 甲基化酶负责 DNA 的甲基化,如果活性丧失,DNA 不能被甲基化,那么依靠甲基化程度不同来区分模板链和新生链的错配修复系统就没有办法区分母链和子链,只能随机地选择一条链进行修复,导致突变率增加。在最初几个核苷酸合成的时候，由于难以与模板链形成稳定的双螺旋结构，错配率很高，使用 RNA 引物并在后期切除引物，填补缺口，可以避免在合成初期的错配，如果 DNA 聚合酶发生突变，不再需要引物，可以直接起始 DNA 合成，则在合成初期错配率会大大提高。

8. (A、B)大肠杆菌中光复活酶可以直接识别并修复嘧啶二聚体，属于直接修复；核苷酸切除修复也可以识别并修复嘧啶二聚体。重组修复和跨越合成虽然可以完成损伤 DNA 的复制，但是损伤依然存在，必须依靠其他机制进行修复。
9. (C、D)
10. (A、D) Mu 噬菌体两端没有重复序列。简单转座子不携带抗性基因。

四、名词解释

1. DNA 复制(DNA replication)：亲代双链 DNA 分子在 DNA 聚合酶的作用下，分别以每条单链 DNA 分子为模板，按照碱基互补配对原则，合成出两条与亲代 DNA 分子完全相同的子代 DNA 分子的过程。
2. 半保留复制(semi-conservative replication)：DNA 复制时，亲代 DNA 的两条链解开，分别作为模板合成互补链，得到的两个子代 DNA 分子都是由一条来自亲代的模板链和一条新合成的互补链组成，这样的复制方式称为半保留复制。
3. 复制起点(replication origin)：体内 DNA 复制具有相对固定的起点。DNA 分子中开始复制的核苷酸序列称为复制起点或复制原点。
4. 复制子(replicon)：能够独立进行复制的基因组单位称为复制子，即从复制起点到复制终点所包含的 DNA 序列。
5. 半不连续复制(semi-continuous replication)：体内 DNA 复制时，由于 DNA 分子的反向互补双螺旋结构，导致在一个复制叉处，一条链的合成沿复制叉前进的方向连续合成，另一条链的延伸方向与复制叉前进方向相反，需要合成一系列短的 DNA 片段，再连接成连续的 DNA 链，这样的合成方式称为半不连续合成。
6. 冈崎片段(Okazaki fragment)：为了纪念 Okazaki 对证实 DNA 半不连续复制所做出的贡献，在复制叉中不连续合成的 DNA 片段称为冈崎片段。
7. 前导链(leading strand)：DNA 半不连续复制过程中，沿复制叉前进方向连续合成的那条新生链称为前导链。
8. 后随链(lagging strand)：DNA 半不连续复制过程中，延伸方向与复制叉前进方向相反、由合成的一系列短的 DNA 片段(冈崎片段)连接而成的新生链称为后随链。
9. 进行性(processivity)：聚合酶从模板链上解离下来之前所能添加的核苷酸数。
10. 切口(nick)：双链 DNA 分子中只有一个磷酸二酯键断裂，没有核苷酸的缺失，这样的断裂处称为切口。
11. 缺口(gap)：双链 DNA 分子一条链中缺失了一段核苷酸，这样的断裂处称为缺口。
12. 切口平移(nick translation)：一个带有切口的 DNA 分子，在 DNA 聚合酶 I 的作用下，酶的 5′→3′外切酶活性从切口的 5′端开始水解一部分 DNA 链，同时酶的聚合酶活性从切口的 3′端开始延伸 DNA 链，结果导致切口的位置向 3′端平移，但切口始终存在，这个过程称为切口平移。
13. 缺口填补(gap fill-in)：一个带有缺口的 DNA 分子，在 DNA 聚合酶 I 的作用下，酶的聚合酶活性从缺口的 3′端开始延伸 DNA 链，填补缺口，最后得到一个带有切口的 DNA，这个过程称为缺口填补。
14. Klenow 酶(Klenow enzyme)：大肠杆菌 DNA 聚合酶 I 经蛋白水解酶部分水解后得到的大片段，具有聚合酶活性和 3′核酸外切酶活性，称为 Klenow 片段或者 Klenow 酶。
15. 校对作用(proof reading)：依靠大肠杆菌 DNA 聚合酶 I 的 DNA 聚合酶活性和 3′外切酶活性，可以对新参入的核苷酸进行检查，如果新参入的核苷酸不能与模板正确配对，则被 3′外切酶活性水解掉，再由聚合酶活性重新参入正确的核苷酸，这种作用称为校对作用。
16. 端粒(telomere)：位于真核生物染色体末端的特殊结构，由蛋白质和 DNA 组成，其中的 DNA 称为端粒 DNA，端粒的主要功能是保护染色体末端。
17. 复制体(replisome)：几十种酶和蛋白质在复制叉处形成的、进行 DNA 合成的复杂结构称为复制体。
18. 滚环复制(rolling-circle replication)：某些噬菌

体 DNA、一些小的质粒 DNA 和少数真核生物基因在特定情况下的复制方式。由特定的核酸内切酶在双链环状 DNA 的正链上切开,切口的 5′端被固定,从 3′端开始以负链为模板合成前导链。因为合成过程中,新合成的正链不断取代原来的正链与负链配对,好像负链环在不断滚动,因而得名。

19. D-环复制(displacement-loop replication):线粒体 DNA 和叶绿体 DNA,以及少数病毒 DNA 的复制方式。双链环状 DNA 两条链的复制起点不在同一位置,先从重链的起点起始合成重链,新合成的重链取代原来的重链与轻链配对,原来的重链被取代,形成 loop 结构,因此称为取代环复制。
20. DNA 损伤(DNA damage):发生在 DNA 分子上的任何化学改变称为 DNA 损伤。
21. DNA 突变(DNA mutation):发生在 DNA 分子上的可遗传的永久性结构改变称为 DNA 突变。
22. 直接修复(direct repair):是最简单、最直接的修复方式,不需要将受损伤的碱基切除,而是直接将其逆转为正常碱基。
23. 光复活(photoreactivation):由光复活酶利用可见光直接打开嘧啶二聚体中的环丁烷环而修复紫外线照射产生的嘧啶二聚体的修复方式。
24. 切除修复(excision repair):先切除损伤的碱基或核苷酸,然后重新合成正常的核苷酸,最后再经连接酶重新连接,包括识别、切除、重新合成和重新连接四个主要步骤。
25. 重组修复(recombination repair):先复制后修复的损伤修复方式:在损伤位点下游重新启动 DNA 合成,在子链 DNA 上留下一段缺口,然后通过同源重组将与子链 DNA 序列一致的母链 DNA 上的同源片段交换到子链 DNA 的缺口处,填补子链缺口,再由 DNA 聚合酶和连接酶填补母链上的缺口。重组修复可以克服 DNA 损伤对复制的障碍,得到一分子正常的子代 DNA 和一分子保留了损伤的子代 DNA,经过多轮复制后损伤 DNA 在子代 DNA 中所占比例越来越小。
26. 点突变(point mutation):DNA 分子中单一位点上所发生的碱基对改变。
27. 移码突变(frameshift mutation):在蛋白质编码区发生的一个或多个核苷酸(非 3 的整数倍)的缺失或者插入,导致翻译的阅读框架发生改变,称为移码突变。
28. 碱基对转换(base-pair transition):两种嘧啶碱基或两种嘌呤碱基之间的相互转变。
29. 碱基对颠换(base-pair transversion):嘧啶碱基与嘌呤碱基之间的互变。
30. 沉默突变(silent mutation)/同义突变(same-sense mutation):发生在蛋白质编码区的点突变,突变的密码子编码同样的氨基酸,突变结果对蛋白质的结构和功能不会产生任何影响,这样的突变称为沉默突变或同义突变。
31. 错义突变(missense mutation):发生在蛋白质编码区的点突变,突变的密码子编码不同的氨基酸,突变结果导致一种氨基酸残基取代另一种氨基酸残基,这样的突变称为错义突变。
32. 无义突变(nonsense mutation):发生在蛋白质编码区的点突变,突变的密码子变为终止密码子,突变结果导致翻译的提前终止,这样的突变称为无义突变。
33. 自发突变(spontaneous mutation):由生物体内在因素引起的突变称为自发突变。
34. 诱发突变(induced mutation):由外在因素引起的突变称为诱发突变。
35. 正向突变(forward mutation):指改变了野生型性状的突变。
36. 回复突变(reverse mutation/back mutation):指在起始突变位点上发生第二次突变,使原来的野生型表型得到恢复。
37. 校正突变(suppressor mutation):指发生在非起始突变上,但能够中和或抵消起始突变的第二次突变。
38. DNA 重组(DNA recombination):指发生在 DNA 分子内或 DNA 分子之间核苷酸序列的交换、重排和转移现象,是已有遗传物质的重新组合过程。
39. 同源重组(homologous recombination):指在两个 DNA 分子的同源序列之间直接进行交换的一种重组形式。同源重组不依赖于序列的特异性,只依赖于序列的同源性。
40. 位点特异性重组(site-specific recombination):指发生在 DNA 特异性位点上的重组。
41. 转座重组(transposition recombination):指 DNA

上的核苷酸序列从一个位置转移到另外一个位置的现象。

42. 转座子(transposon):指可以在同一 DNA 分子的不同位置或者不同 DNA 分子之间发生转移的 DNA 序列。

五、问答题

1. DNA 聚合酶本身的高度特异性,可以根据模板的碱基序列,选择与之配对的底物核苷酸;细胞内四种底物 dNTP 的比例均衡;DNA 聚合酶Ⅲ和Ⅰ的校对作用;RNA 引物的作用;错配修复机制。
2. DNA 聚合酶Ⅲ具有很高的聚合酶活性和进行性;编码 DNA 聚合酶Ⅲ的基因发生突变后,细菌难以生存。
3. 冈崎实验得到的 DNA 标记片段不仅包括由于后随链不连续合成产生的冈崎片段,还包括由于 dUTP 的参入而诱发细胞内的碱基切除修复系统切开 DNA 链产生的 DNA 片段。如果用尿嘧啶-*N*-糖苷酶缺陷的大肠杆菌菌株(ung^-)重复冈崎实验,则参入的 U 不能被尿嘧啶-*N*-糖苷酶识别并切去尿嘧啶碱基,不会产生对核酸内切酶敏感的无碱基位点,因而实验只能得到由于后随链不连续合成产生的冈崎片段,标记的 DNA 片段数量减少。

   如果用 dUTPase 缺陷的大肠杆菌菌株(ung^-)重复冈崎实验,则细胞内的 dUTP 不会被 dUTPase 水解而含量增加,有更多的 U 参入正在合成的 DNA 中,因而实验中得到的由于 dUTP 的参入而产生的 DNA 片段将增加,加上由于后随链不连续合成产生的冈崎片段,标记的 DNA 片段数量将增加。
4. 大肠杆菌 DNA 聚合酶Ⅰ和 DNA 聚合酶Ⅲ的进行性不同,前者只有 3 ~ 200nt,后者高达 500 000nt。进行性低意味着 DNA 聚合酶Ⅰ在催化 DNA 复制过程中很容易与模板解离,进行性高则意味着 DNA 聚合酶Ⅲ可以在模板上连续合成更长的 DNA。使用 DNA 聚合酶Ⅰ进行实验时,因为它的进行性低,合成一小段 DNA 以后,就与原来的 T7 DNA 模板解离,在加入大量的 T3 DNA 以后,DNA 聚合酶Ⅰ很难与原来的模板结合,反而更容易与量多的 T3 DNA 结合,复制 T3 DNA,于是被合成的 DNA 主要是 T3 DNA;使用 DNA 聚合酶Ⅲ进行实验时,因为它的进行性极高,故在有限的时间内,DNA 聚合酶Ⅲ几乎不会离开原来的模板 T7 DNA,即使加入的 T3 DNA 量再多,对原来的 T7 DNA 复制也没有影响,因此最后合成的 DNA 主要是 T7 DNA。
5. DNA pol Ⅰ全酶具有 5′-核酸外切酶活性,会将参入的同位素标记切掉释放到没有参入的部分;而 Klenow 酶没有 5′-核酸外切酶活性。
6. 大肠杆菌 DNA 聚合酶Ⅰ的 5′核酸外切酶活性,主要负责切除 DNA 复制过程中的 RNA 引物。如果突变,则会影响 DNA 复制过程中 RNA 引物的切除,特别是后随链上大量冈崎片段中的 RNA 引物无法切除,影响 DNA 复制,最终导致细菌死亡。
7. PCR 反应中一般以 DNA(合成的寡聚脱氧核糖核苷酸)为引物、DNA 复制以 RNA 为引物;PCR 反应中 DNA 连续合成、DNA 复制中后随链不连续合成;PCR 反应中依靠热变性解链、DNA 复制中依靠解链酶解链;PCR 反应中 DNA 聚合酶为耐热酶,反应在不同温度下循环进行、DNA 复制中 DNA 聚合酶为非耐热酶,反应在恒定温度下进行。
8. 3′-脱氧 ATP 将添加在 RNA 引物的 3′端,导致末端终止,使 DNA 复制受阻,因为 3′-H 无法对下一个核苷酸的 5′-磷酸亲核进攻。
9. DNA 作为绝大多数生物体的遗传物质,在每一个细胞中只有一个拷贝,如果出现损伤,将影响遗传信息的准确传递和细胞的生存;而 RNA、蛋白质这些生物大分子在细胞内一般都有很多拷贝,并且有一定半衰期,如果出现损伤,只会影响受损伤的个别分子,细胞仍然有其他正常功能的分子存在,对细胞正常功能的影响较小,而且损伤的分子很快会被降解去除。另外,DNA 的特殊结构:互补的双链结构,在每一条链中都包含整个分子的信息,出现损伤后也可以根据互补链的信息进行修复;而 RNA 或者蛋白质都是单链或者非互补结构,出现损伤后没有正确的模板作为依据,无法进行修复。
10. 不可以。切除修复属于损伤修复,识别 DNA 双链中出现的错配碱基或异常的 DNA 结构,与 DNA 链的甲基化程度无关;错配修复属于

DNA 复制过程中出现的错配碱基，在 DNA 复制完成之前，依靠模板链与新生链的甲基化程度不同，区分并修复新生链中的错配碱基。

11. 腺嘌呤、鸟嘌呤和胞嘧啶经历氧化脱氨基反应后生成的产物分别是次黄嘌呤、黄嘌呤和尿嘧啶。

    机体通常使用碱基切除修复系统修复这种损伤：先是特殊的 DNA 糖苷酶切除以上突变的碱基，形成 AP 位点，再由 AP 内切酶切除一段核苷酸序列，然后再由 DNA 聚合酶填补空缺，最后由 DNA 连接酶连接缺口。其中尿嘧啶-*N*-糖苷酶不仅可以修复胞嘧啶氧化脱氨基作用产生的错误的 U，也可以修复 DNA 在复制中错误参入的 U，因此它在 DNA 修复中举足轻重。便于尿嘧啶-*N*-糖苷酶识别突变产生的 U。

12. 切除修复需要将嘧啶二聚体切除掉，换上正常的胸苷酸，而光复活机制是通过光复活酶直接破坏嘧啶二聚体的环丁烷环而修复嘧啶二聚体。因此可以用[^3H]标记的胸苷追踪修复过程，如果[^3H]出现在修复后的 DNA 分子上，则修复的方式是切除修复，否则就是光复活机制。

13. 因为可见光照射可以激活光复活酶，通过直接修复机制修复嘧啶二聚体；而营养贫乏的培养基不仅能阻止 DNA 复制，为修复赢得时间，而且能诱发 SOS 反应，启动易错修复，提高大肠杆菌的突变率和存活率。

14. 因为甲基胞嘧啶脱氨基产生的 T 是 DNA 分子中的正常组分，难以被修复系统识别和修复。

15. 5-甲基胞嘧啶可自发地发生脱氨基作用而转变成 T。如果这种情况在细胞中发生，则原来正常的 GC 碱基对就变成了错配的 GT 碱基对。假如这种错配的碱基对得不到纠正，则经过一轮 DNA 复制，原来的 GC 碱基对有可能转变为 AT 碱基对。如果细胞内有一种专门的能够识别错配 GT 碱基对并将它们修复为正常的 GC 碱基对的修复系统，则可以避免上述情况得发生。

16. 细菌的 SOS 反应相关的基因约 20 多种，其中包括两种与 SOS 反应基因表达调控相关的基因：*LexA* 和 *RecA* 基因。LexA 蛋白是一种阻遏蛋白，阻遏所有 SOS 基因，包括 *LexA* 和 *RecA* 基因的表达；RecA 蛋白是一种辅蛋白酶，可以激活 LexA 的蛋白酶活性。在细菌遇到潜在致死性压力如 UV 辐射等条件下，RecA 被激活，作为辅蛋白酶激活 LexA 的蛋白酶活性，LexA 催化自身水解而失活，从所有 SOS 基因，包括 *LexA* 和 *RecA* 基因的调控位点解离，导致所有 SOS 基因，包括 *LexA* 和 *RecA* 基因表达、SOS 反应启动。此时 LexA 蛋白也表达，但是很快被水解，看似浪费。但是当压力去除、需要迅速关闭 SOS 反应时，RecA 失活，一直在表达的 LexA 蛋白失去水解酶活性，可以迅速结合到所有 SOS 基因，包括 *LexA* 和 *RecA* 基因的调控位点，关闭基因表达，使 SOS 反应迅速关闭。

17. 大肠杆菌在进行错配修复的时候，根据母链和新生链的甲基化程度不同而识别出新生链上错配的碱基，再将新生链上错误的碱基切除，而不会切掉母链上正确的碱基。在 DNA 进行同源重组的时候，形成的异源双螺旋尽管会含有某些错配的碱基对，但异源双螺旋的两条 DNA 链上都是高度甲基化的，因此这些错配的碱基对不会被细胞内的错配修复系统排除。

18. 亚硝酸是一种非特异性的脱氨基试剂，C、A、G 在亚硝酸的作用下分别转变为尿嘧啶、次黄嘌呤和黄嘌呤。尿嘧啶与 A 配对，所以经过两轮复制后，CG 碱基对变成 TA 碱基对。次黄嘌呤与 C 配对，所以经过两轮复制后，AT 碱基对变成 GC 碱基对。黄嘌呤依然与 C 配对，所以不改变配对性质。GGTCGTT 中的 C 被亚硝酸脱氨基，经过两轮复制以后，将变成 GGTTGTT。

19. 大肠杆菌 DNA 聚合酶Ⅲ处理后的产物为：

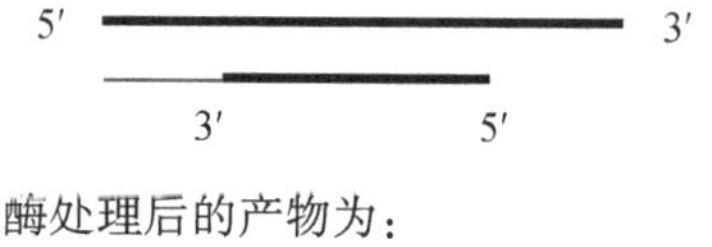

端粒酶处理后的产物为：

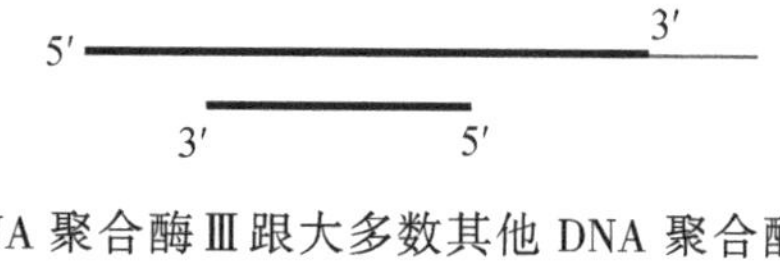

DNA 聚合酶Ⅲ跟大多数其他 DNA 聚合酶一样，需要模板和引物，所以从下面一条链的 3′端开始延伸 DNA 链；端粒酶本身由蛋白质和 RNA 两种组分组成，其中 RNA 部分的一段可以作为模板，因此端粒酶可以在 DNA 的 3′凸

出末端添加 DNA 序列。

20. 流感病毒是一种负链 RNA 病毒，在其生活周期中不会出现可以稳定存在于宿主细胞中的 DNA 分子形式，因此不会转化宿主细胞。

21. AZTPP 作为 dATP 的类似物可以参入正在合成的 DNA 新生链的 3′端，但是 AZT 的 3′位没有羟基，因此无法与下一个核苷三磷酸聚合。HIV 逆转录酶没有校对功能，因此 AZT 可以造成 HIV DNA 合成的末端终止。细胞内的 DNA 聚合酶具有校对功能，可以将 3′端的 AZT 去除，重新添加正常的核苷酸，因此 AZT 对正常细胞内的 DNA 聚合酶没有抑制作用。

提　高　题

一、填充题

1. palm（手掌）　finger（手指）　thumb（拇指）　thumb　finger
2. α　δ　钳载复合物　核心酶
3. PCNA（增殖细胞核抗原）　β
4. 尿嘧啶-*N*-糖苷酶　dUTPase
5. N_7　N_3　鸟嘌呤的 N_7 位烷基化　腺嘌呤的 N_3 位烷基化
6. DNA 碱基的变化　DNA 结构的改变
7. 错配修复可以进行，但突变增加　修配修复效率降低，难以进行
8. RecBCD　RecF　RecE
9. Holliday 模型　单链断裂模型　双链断裂模型　Holliday
10. 插入序列　复杂型转座子　复合型转座子

二、是非题

1. 对。大肠杆菌 Dam 甲基化酶负责 DNA 的甲基化修饰，只有完全甲基化的 DNA 复制起点 *OriC* 才能被 DnaA 蛋白识别，起始复制。
2. 对。*Taq* DNA 聚合酶缺乏 3′→5′外切酶的活性，就意味着没有校对能力，合成 DNA 忠实性必然低于具有 3′→5′外切酶活性的 DNA 聚合酶。
3. 错。当 DNA 聚合酶 Ⅰ 因突变缺失其聚合酶活性或 3′→5′外切酶活性的时候，大肠杆菌还能成活，但是当因突变导致其 5′→3′外切酶活性丧失的时候，RNA 引物将无法切除，冈崎片段因此将不能连接起来，这种突变必然是致死型突变。
4. 对。大肠杆菌 DNA 复制起始除了需要 DnaA、DnaB 蛋白以外，至少还需要 RNA 聚合酶和 HU 蛋白。
5. 对。
6. 错。蛋白质印迹实验证明大肠杆菌 DNA 聚合酶Ⅲ的 β 亚基既可以与核心酶结合，也可以与 γ 钳载复合物结合，但不能同时结合，因为它们与 β 亚基的同一位点结合。
7. 错。装载和卸载都需要消耗 ATP。
8. 错。有些直接修复机制是高效率、高耗能的，如烷基转移酶催化的碱基烷基化损伤的修复，酶修复一个碱基都需要消耗一分子蛋白。
9. 错。现已发现 LexA 蛋白是在 RecA 蛋白的激活下，自我切割。
10. 对。RecA 蛋白参与 DNA 重组和 SOS 修复，这都需要它与单链 DNA 结合。
11. 对。DNA 分子中没有修饰的 C 发生自发脱氨基后转变为 U，很容易被细胞内的 BER 系统识别和修复。5-甲基胞嘧啶自发脱氨基后转变为 T，而 T 是 DNA 分子中正常的碱基，不容易被识别和修复，经过一轮复制以后，将导致 CG 碱基对突变为 TA 碱基对。
12. 对。
13. 错。Ac 是自主型 DNA 转座子，Ds 是由 Ac 经不同的缺失突变而来，已经失去自主转座的能力，为非自主型转座元件。

三、选择题

（一）单项选择题

1. (B)单链 DNA 受到损伤以后，因缺乏互补链作为模板，而难于修复，因此最容易产生突变。
2. (D)Ada 酶催化的修复属于直接修复
3. (C)RecA 单体有两个 DNA 结合位点，能分别结合单链 DNA 和双链 DNA。
4. (C)端粒结构具有种属特异性；端粒酶负责在真核生物 DNA 的 3′端添加端粒序列；端粒酶中的 RNA 部分作为端粒合成的模板，不具有催化活性；蛋白质部分具有逆转录酶的活性。
5. (E)
6. (A)

7. (D)错配修复依赖于 DNA 甲基化程度不同区分新生链和模板链；只有完全甲基化的 DNA 复制起点 *OriC* 才能被 DnaA 蛋白识别，起始复制；原核生物中的修饰系统可以对自身 DNA 进行甲基化修饰。
8. (A)溴化乙锭是一种扁平的多环分子，能够与 DNA 分子中的碱基杂环相互作用，插入到碱基之间，从而拉长双螺旋，并骗过 DNA 聚合酶，导致 DNA 复制时发生移码突变。

(二) 多项选择题

1. (A、D)端粒酶是真核生物特有的，原核生物没有。分化完全的真核生物体细胞中端粒酶活性被抑制。肿瘤细胞中端粒酶活性被异常激活。
2. (A、B、C)位点特异性重组和同源重组一样，都有链交换、形成 Holliday 连接、分叉迁移和 Holliday 连接的拆分等过程，但是链交换没有 RecA 参与，分叉迁移的距离也较短。
3. (C、D)快速增殖的细胞中 DNA 复制比较活跃。DNA 复制越活跃，错配的机会越多，因此错配修复系统就比较活跃。同时复制时遇到尚未被修复的损伤的概率增加，复制也为同源染色体的配对提供了机会，因此重组修复也相对活跃。
4. (B、D)顺铂是一种双功能试剂，可以导致 DNA 链的交联，从而干扰 DNA 的复制，但是这种作用没有选择性，对正常细胞也有影响。
5. (A、B、D)同源重组依赖于序列的同源性，但不依赖于序列的特异性。参与重组的 DNA 分子作用不同，其中一个优先作为供体。

四、名词解释

1. 多复制子(multiple replicon)：真核生物 DNA 一般有多个复制起点，可以形成多个复制子，称为多复制子结构。
2. 多复制叉(multiple replication forks)：原核生物如大肠杆菌 DNA 一般只有一个复制起点，整个基因组 DNA 形成一个复制子，但是在复制过程中可以在一轮复制已经开始，但尚未结束之前，在已合成的 DNA 复制起点处，再次起始复制，形成多复制叉结构。
3. 碱基切除修复(base excision repair)：切除修复的一种，直接识别具体的受损伤的碱基，识别的标记是受损伤碱基的化学变化。
4. 核苷酸切除修复(nucleotide excision repair)：切除修复的一种，识别损伤对 DNA 双螺旋结构造成的扭曲。
5. 易错修复(error-prone repair)：在特殊情况下，由缺少校对功能的 DNA 聚合酶进行的损伤 DNA 的复制，虽然由于忠实性低而造成较高的突变率，但是提高了生物体生存的概率。如细菌的 SOS 反应诱导的损伤修复及真核细胞的易错跨越合成途径都属于易错修复。
6. SOS 反应(SOS response)：指细胞在受到潜在致死性压力(如 UV 辐射、胸腺嘧啶饥饿、丝裂霉素 C 作用等)之后，做出的有利于细胞生存，但以突变为代价的代谢预警反应，包括易错的损伤跨越合成、细胞丝状化(细胞分裂受抑制)和切除修复系统的激活等。
7. 中性突变(neutral mutation)：有些突变不产生表型的变化，不影响个体的生存和适应能力，从进化的角度看属于中性突变。
8. 通读突变(read-through mutation)：发生在蛋白质编码区的点突变，终止密码子变为编码氨基酸的密码子，突变结果导致翻译在原来的终止密码子处发生通读，这样的突变称为通读突变。
9. 基因内校正(intragenic suppressor)：指发生在与起始突变相同的基因内的校正突变。
10. 基因间校正(intergenic suppressor)：指发生在另外一个与起始突变不同的基因上的校正突变。
11. 校正基因(suppressor gene)：基因间校正中发生第二次突变、具有校正功能的基因称为校正基因。
12. 增变基因(mutator gene)：有些基因突变后会导致生物体突变率增加，主要是一些与 DNA 合成或 DNA 损伤修复有关的基因，如 DNA 聚合酶相关基因、DNA 错配修复基因、DNA 损伤修复基因等。
13. DNA 转座子(DNA transposon)：真核生物转座子的一种，转座过程不涉及 RNA 中间体，转座过程从 DNA 到 DNA。
14. 逆转座子(retrotransposon)：真核生物转座子的一种，转座过程需要 RNA 中间体，涉及逆转录反应。转座过程为 DNA→RNA→DNA。
15. 复制型转座子(DNA transposons that transpose replicatively)：DNA 转座子的一种，在转位前后，原位置上的拷贝并没有消失，只是将转座子序列复制一份，并转移到新的位点。

16. 保留型转座子（DNA transposons that transpose conservatively）：DNA 转座子的一种，在转位过程中，原有的拷贝被原封不动地转移到新的位点。

17. 自主型转座子（autonomous transposon）：自主型转座子含有开放阅读框，可以编码转座所需的酶活蛋白质，因此能独立进行转座。

18. 非自主型转座子（non-autonomous transposon）：非自主型转座子由于突变而失去编码转座酶的能力，不能独立进行转座，但保留了转座所必需的顺式序列，在合适的自主型转座子编码的转座酶的作用下，也可以进行转座。

五、问答题

1.（1）排除放射性同位素标记的核苷酸进一步参入。

（2）如果放射性同位素是以 NTP 的形式参入新合成的 DNA 链之中的，则被标记的产物对碱处理是敏感的；如果放射性同位素是以 dNTP 的形式参入新合成的 DNA 链之中的，则标记的产物对碱处理是稳定的。

（3）RNA 引物在代谢上是非常不稳定的；它们在 DNA 复制的过程中很快被降解，降解后留下的空缺被脱氧核苷酸取代。

2. 不能。因为 DNA 母链是高度甲基化的，而新生链甲基化程度较低，或者还没有来得及甲基化，如果直接将大肠杆菌从 ^{14}N 培养基改放在 ^{15}N 的培养基上培养，则子链的 DNA 会因为 ^{15}N 的参入，浮力密度会提高，但原来的母链因为甲基化，其密度会比未甲基化的 DNA 高，两种因素作用正好抵消，使得不同代数的 DNA 不容易分开。

3. 由于此单链 DNA 特殊的碱基组成使得该 DNA 能够形成以下所示的发夹结构（或茎环结构）：

DNA 聚合酶 Ⅰ 或 *Taq* DNA 聚合酶都以该结构的 3′-OH 作为引物，5′端的序列作为模板而催化聚合反应的进行。但对于 DNA 聚合酶 Ⅰ 来说，在催化聚合反应之前，会通过其 3′→5′的外切酶活性将末端错配的 T 水解掉而换上正确的 G，然后再进行延伸反应，最终得到的产物是：

而对于 *Taq* DNA 聚合酶来说，无 3′→5′的外切酶活性，因而错配的碱基依然保留，最终得到的产物应该是：

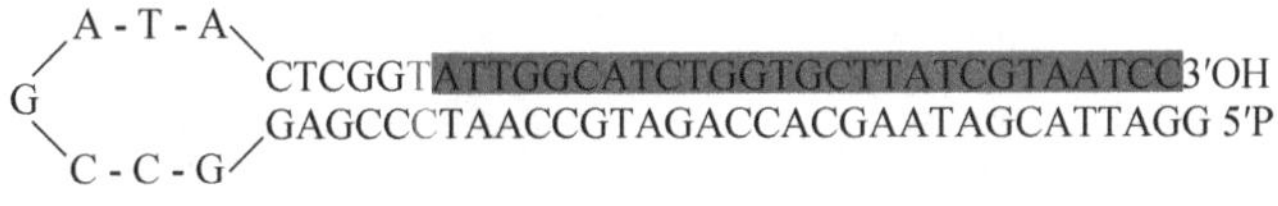

4. 最有可能的是编码 O^6-烷基鸟嘌呤烷基转移酶的基因。因为这个基因的缺陷将严重影响果蝇修复烷基化损伤的能力。在 MMS 的作用下，果蝇的基因组 DNA 将出现大量的烷基化损伤，造成 DNA 双螺旋的扭曲，很可能干扰 DNA 复制，极有可能是致命的。

5. DNA 重组首先需要 DNA 链发生断裂。如细胞内的 dUTPase 活性有缺陷，则细胞内的 dUTP 的浓度就比较高，在 DNA 进行复制的时候，dUTP 代替 dTTP 参入子链中的可能性就大大提高，而细胞内碱基切除修复系统会识别错误参入的尿苷酸，在切除修复的时候，需要将 DNA 链切开。显然 dUTP 参入的机会越大，DNA 链断裂的机会就越大，因而重组的可能性就提高。如果 DNA 连接酶活性有缺陷，同样会使 DNA 链断裂的机会提高，所以同样能够刺激重组的发生。

6. 有利于细胞内的修复系统区分由 C 脱氨基形成的 U 和细胞内正常的 T。

7. DNA 聚合酶 Ⅰ 具有 5′到 3′的核酸外切酶活性而 Klenow 酶没有，因此用前者进行实验时，当 DNA 合成到起始引物处时，DNA 聚合酶 Ⅰ 的 5′到 3′核酸外切酶活性将切除引物，导致放射性标记和突变碱基的丢失，而 Klenow 酶会在引物的 5′端停下。

8. 你得到的双链环状 DNA 中的一条模板链是野生型序列，体外合成的一条链带有突变碱基，也就是说带有错配碱基对，进入大肠杆菌细胞后可以被错配修复系统修复。因此无法得到突变基因。但是大肠杆菌的 DNA 错配修复系统依靠甲基化程度的不同区分母链和新生链，确定要修复的碱基。作为模板的单链环状 DNA 来自大肠杆菌质粒，已经被甲基化，而体外合成的带突变碱基的 DNA 没有被甲基化，因此转化后很容易被错配修复系统修复。

9. 转化前先用 Dam 甲基化酶处理双链环状 DNA，可以使两条链均被高度甲基化，转化后大肠杆菌的错配修复系统无法区分两条链，只能随机修复，因此可以得到约一半的突变体。

10. ①利用 Dam 甲基化酶缺陷的大肠杆菌菌株来制备作为模板的质粒 DNA；②将体外合成的带有突变碱基的双链环状 DNA 转化错配修复系统缺陷的大肠杆菌；③利用尿嘧啶-*N*-糖苷酶或 dUTPase 缺陷的大肠杆菌来制备作为模板的质粒 DNA 等。

第十五章　RNA 的生物合成

学习指导

1. 掌握 RNA 合成的一般特征；重点掌握 RNA 聚合酶的结构和功能、原核生物 RNA 聚合酶和真核生物 RNA 聚合酶的异同。

2. 了解 RNA 转录的具体过程；重点掌握转录起始、延伸和终止的机制，特别是转录起始的调控；了解原核生物和真核生物转录机制的差异。

3. 了解转录后加工的一般过程，重点掌握真核生物 mRNA 转录后加工的过程，特别是 mRNA 的拼接机制。

基　础　题

一、填充题

1. RNA 聚合酶与 DNA 聚合酶相比最大的差异是：RNA 聚合酶________、________。
2. 大肠杆菌 RNA 聚合酶的________亚基负责识别启动子序列、________亚基负责结合模板 DNA、________亚基负责与调节蛋白和调节序列相互作用。
3. 真核生物细胞核具有三种 RNA 聚合酶，分别负责转录合成不同的 RNA。其中________负责转录 5S rRNA，________对 α-鹅膏蕈碱（α-amanitin）最敏感，________对放线菌素 D 最敏感。
4. 所有的真核细胞的 RNA 聚合酶 Ⅱ 的最大亚基的 C 端都含有一段富含________氨基酸残基的高度保守的重复序列，称为________，其一致序列是________，在体内可以被________修饰。
5. *Taq* RNA pol 的 X 射线衍射结果显示，该酶具有一个特征的钳状结构，聚合酶的________亚基和________亚基分别构成钳子的两个臂，帮助 RNA 聚合酶锚定在 DNA 模板上。
6. 确定启动子序列除了通过碱基突变分析和序列同源性比对以外，还可以借助________和________方法。
7. 原核生物的启动子特征是两段高度保守的序列，分别称为________和________，前者的一致序列是________，后者的一致序列是________。两段保守序列之间的距离对于启动子的强度也很重要，一般为________。
8. 原核生物转录延伸过程中形成的转录泡的大小一般维持在________bp 左右，形成的 RNA-DNA 杂合双链为________bp。
9. 转录延伸的速度在富含________碱基对的区域会下降。
10. 原核生物的转录终止子有两种：________和________，其中________也称为简单终止子，其主要特征是________和________。
11. 真核生物 RNA 聚合酶必须依赖于________识别启动子。

12. 真核生物 28S rRNA 基因的启动子包括________和________两部分，其中________具有物种特异性。
13. 5S rRNA 基因的启动子的结构特征是________。
14. 参与真核生物蛋白质基因转录的转录因子有两类：所有蛋白质基因表达所必需的________转录因子和特定基因表达所必需的________转录因子。真核生物三种 RNA 聚合酶共有的转录因子是________。
15. 真核生物 RNA 聚合酶Ⅰ需要两种转录因子：________和________。
16. 真核生物 RNA 聚合酶Ⅱ识别的核心启动子元件包括：________、________、________、________。
17. 真核生物 RNA 聚合酶Ⅱ负责的基因转录从起始到延伸的转换依赖于________序列的磷酸化。
18. 原核生物中________一般不需要进行转录后加工。
19. 原核生物 tRNA 前体 3′端的加工既需要核酸内切酶________，也需要核酸外切酶________。
20. 真核细胞 mRNA 前体的后加工十分复杂，包括________、________、________、________和________五种方式。
21. 真核生物 mRNA 的 5′帽子结构有三种类型，酵母中为________型帽子结构，脊椎动物中为________型帽子结构。帽子结构与被转录的第一个核苷酸之间以________键相连。
22. 绝大多数真核生物 mRNA 的 3′端约含有 250 个腺苷酸组成的 poly A 尾巴，是在转录后添加上去的，最主要的加尾信号是一段保守的六核苷酸序列，其一致序列是________，有些生物体还需要位于该序列上游的________和下游的________。
23. 真核生物 mRNA 的内部甲基化主要发生在________碱基的 C-6 位。
24. 根据拼接反应的机制可以将内含子分为四类：第一类内含子如四膜虫 26S rRNA 前体中的间插序列（IVS），其拼接机制为依赖于________的自我催化过程；第二类内含子主要存在于植物和低等真核生物的细胞器基因组中，其拼接机制依赖于________，也属于自我催化；第三类内含子是真核生物细胞核 mRNA 所具有的内含子，拼接反应依赖于三种主要的顺式元件________、________和________，以及反式因子________；第四类内含子是________内含子，其拼接机制的特点是________。
25. 真核生物 rRNA 的转录后加工方式还包括核苷酸的修饰，修饰位点的确定依赖于________。
26. 真核生物 tRNA 特有的两种转录后加工方式是________和________。
27. RNA 编辑有两种主要方式：依赖于________的 U 的插入或删除；依赖于________的碱基的转换或颠换。
28. 放线菌素 D 可以抑制________RNA 病毒的复制，但不能抑制________RNA 病毒的复制。
29. RNA 病毒的进化速度远高于它的宿主细胞是因为________。
30. 艾滋病鸡尾酒疗法主要是利用________抑制剂和________抑制剂，分别抑制病毒的________和________过程。

二、是非题

1. 大肠杆菌所有的基因转录都由同一种 RNA 聚合酶催化。
2. 由于 DNA 分子中两条链的互补配对关系,可以用一条链的碱基序列表示某特定基因的序列。在 Gen Bank 等数据库中查到的基因序列一般是模板链的序列。
3. 大肠杆菌染色体 DNA 由两条链组成,其中一条链充当模板链,另外一条链充当编码链。
4. 不同种细菌的 RNA 聚合酶大小比较恒定。
5. 原核细胞中,构成 RNA 聚合酶的 σ 因子的浓度低于核心酶的浓度。
6. 利福霉素阻断转录起始,但不能阻断转录延伸。
7. 原核生物 RNA 聚合酶的 α 亚基决定聚合酶对利福霉素的敏感性。
8. 真核生物 RNA 聚合酶对 α-鹅膏蕈碱敏感。
9. 真核生物细胞核 RNA 聚合酶与原核生物 RNA 聚合酶具有相似的三维结构。
10. 在原核生物基因启动子的-10 序列与-35 序列之间插入或者删除少量碱基序列不影响启动子的强度。
11. 真核生物 RNA 聚合酶 Ⅰ 只能转录 rRNA 基因。
12. 7SK RNA 基因由 RNA pol Ⅲ负责转录,具有内部启动子。
13. U6 snRNA 由 RNA 聚合酶Ⅱ负责转录。
14. 逆转录病毒基因组含有两条 RNA 链,属于双链 RNA 病毒。
15. 逆转录病毒的基因组 RNA 实际上是一种多顺反子 mRNA。
16. 逆转录病毒的复制不需要引物。
17. 真核生物 RNA 聚合酶 Ⅰ 催化的基因转录产物是多顺反子。
18. 真核生物细胞核中也发现了由 RNA 和蛋白质组成的 RNase P,但是其 RNA 部分不具有催化活性。
19. 帽子结构是绝大多数真核生物细胞核 mRNA 所特有的结构。
20. tRNA 的 3′端所具有的 CCA 序列都是通过转录后加工才加上的。
21. 真核生物 mRNA 的内部甲基化只发生在外显子序列上。
22. 真核生物基因的大小主要取决于基因中所含外显子的数目和大小。
23. 基因的内含子没有任何功能。
24. 不同于加帽反应和加尾反应,拼接反应必须在转录完成之后才能进行,属于转录后事件。
25. DNA 聚合酶、RNA 聚合酶和逆转录酶一般都含有锌离子。
26. 放线菌素 D 既可以抑制原核细胞的基因转录,又可以抑制真核细胞的基因转录。
27. SARS 病毒是一种逆转录病毒。
28. 狂犬病病毒带有病毒自身的复制酶。
29. 禽流感病毒带有正义链 RNA,感染宿主后可以直接作为模板进行翻译。
30. RNase 和蛋白酶处理都可以使 RNase P 失活。
31. 真核生物三种 RNA 聚合酶都需要的转录因子称为基础转录因子,某种 RNA 聚合酶特有的转录因子称为特异性转录因子。

32. 真核生物的细胞核和细胞质中都有 poly(A)聚合酶。
33. TBP 是真核生物三种 RNA 聚合酶催化基因转录都需要的蛋白质因子。
34. RNA pol Ⅰ所需要的转录因子 SL1 与 RNA pol Ⅱ的转录因子 TFⅡD 的组成相似。
35. TATA box 是真核生物所有细胞核基因都具有的核心启动子元件。
36. CTD 不仅与 RNA pol 的转录活性密切相关,也与 mRNA 的转录后加工密切相关。
37. 拼接体的组装是一个复杂有序的过程,需要消耗 ATP。
38. 原核生物基因转录时,第一个磷酸二酯键形成以后,σ 因子与全酶解离,转录从起始状态转入延伸状态。
39. rRNA 基因的启动子序列在不同种属中变化很大,超过 RNA pol Ⅱ识别的启动子序列。
40. 第二类内含子在体外能够完成自我拼接,但在体内需要特定蛋白质的帮助。

三、选择题

(一) 单项选择题(下列各题均有五个备选项,其中一个是正确的,请将其代码填入括号内)

1. 大肠杆菌 RNA 聚合酶由 5 个亚基组成,其中哪个亚基可以与模板 DNA 结合?( )
   A. α　B. β　C. β′　D. ω　E. σ
2. 组成大肠杆菌 RNA 聚合酶的各个亚基中,哪一个负责与调节蛋白或调节序列相互作用?( )
   A. α　B. β　C. β′　D. ω　E. σ
3. 利福霉素(rifamycin)是临床上治疗结核病的特效药,其作用机制是与原核生物 RNA 聚合酶的哪一个亚基结合?( )
   A. α　B. β　C. β′　D. ω　E. σ
4. snRNA 的合成( )。
   A. 不受 α-鹅膏蕈碱的抑制　B. 受低浓度的 α-鹅膏蕈碱的抑制
   C. 只受高浓度 α-鹅膏蕈碱的抑制　D. 利福霉素的抑制
   E. 3′-叠氮胸苷(AZT)的抑制
5. 真核生物 RNA pol Ⅱ的组成十分复杂,包含除哪个亚基以外,大肠杆菌 RNA 聚合酶所有亚基的同源物?( )
   A. α　B. β　C. β′　D. ω　E. σ
6. 真核生物 RNA 聚合酶Ⅱ的哪一个亚基具有 CTD(C 端)?( )
   A. RPB1　B. RPB2　C. RPB3　D. RPB4　E. RPB5
7. Pribnow Box 属于下列哪一种顺式作用元件?( )
   A. 增强子　B. 沉默子　C. 启动子　D. 终止子　E. 衰减子
8. 下列参与原核生物 RNA 转录后加工的核酸内切酶中哪一个属于核酶?( )
   A. RNase P　B. RNase F　C. RNase Ⅲ　D. RNase E　E. RNase D
9. 既可以利用上游启动子,又可以利用下游启动子的 RNA 聚合酶是( )。
   A. 原核生物 RNA 聚合酶　B. 真核生物 RNA 聚合酶Ⅰ
   C. 真核生物 RNA 聚合酶Ⅱ　D. 真核生物 RNA 聚合酶Ⅲ
   E. 线粒体 RNA 聚合酶

10. 致癌 RNA 病毒一般属于(　　)。

A. 带正义链 RNA 病毒　B. 带反义链 RNA 病毒
C. 双链 RNA 病毒　D. 逆转录病毒
E. 不一定

11. 禽流感病毒属于哪一类病毒?(　　)

A. 双链 RNA 病毒　B. 正链 RNA 病毒　C. 负链 RNA 病毒
D. DNA 病毒　E. 逆转录病毒

12. 在真核生物主要拼接途径中负责识别 5′拼接点的核内小分子核糖核蛋白(snRNP)是(　　)。

A. U_1-snRNP　B. U_2-snRNP　C. U_4-snRNP　D. U_5-snRNP　E. U_6-snRNP

13. 参与拼接反应的核内小分子核糖核蛋白(snRNP)是由 snRNA 和蛋白质组成的复合物,其中的蛋白质的功能是(　　)。

A. 在第一步转酯反应中,充当核酸内切酶
B. 保护 snRNA 免受降解
C. 识别拼接点交界处的 GU-AG 序列
D. 促进 snRNA 的正确折叠,有利于 RNA 调节的催化
E. 促进已加工的 mRNA 运输出细胞核

14. 同时参与主要拼接途径和次要拼接途径的 snRNP 是(　　)。

A. U_1-snRNP　B. U_2-snRNP　C. U_4-snRNP　D. U_5-snRNP　E. U_6-snRNP

15. 在 RNA 聚合酶催化下,某一 DNA 分子的一条链被完全转录成 mRNA。假定 DNA 编码链的碱基组成是:G = 24.1%,C = 18.5%,A = 24.6%,T = 32.8%。那么,新合成的 RNA 分子的碱基组成应该是(　　)。

A. G=24.1%,C=18.5%,A=24.6%,U=32.8%
B. G=24.6%,C=24.1%,A=18.5%,U=32.8%
C. G=18.5%,C=24.1%,A=32.8%,U=24.6%
D. G=32.8%,C=24.6%,A=18.5%,U=24.1%
E. 不能确定

16. 下列有关逆转录酶的说法,错误的是(　　)。

A. 具有 RNA 指导的 DNA 聚合酶活性
B. 具有 DNA 指导的 DNA 聚合酶活性
C. 具有 DNA 指导的 RNA 聚合酶活性
D. 具有 RNaseH 的活性
E. 具有与其他 DNA 聚合酶相似的特征

17. 关于某一个基因的增强子的说法哪一种是错误的?(　　)

A. 增强子的缺失可导致该基因转录效率的降低
B. 增强子序列与 DNA 结合蛋白相互作用
C. 增强子能够提高该基因 mRNA 的翻译效率
D. 增强子的作用与方向无关
E. 某些病毒基因组中也含有增强子

18. 雌激素反应元件(ERE)的一致序列为 AGGTCAnnnTGACCT。如果将该序列方向改变,则依赖于雌激素的基因转录将受到什么样的影响?(　　)
A. 只有 3′端基因将被关闭
B. 只有 5′端基因将被关闭
C. 5′端和 3′端基因都将被关闭
D. 对 5′端和 3′端基因没有什么影响
E. 由 ERE 编码的所有氨基酸都将改变
19. 四膜虫 rRNA 前体的拼接属于自我拼接过程,不需要蛋白质的参与,也不需要 ATP,但是需要鸟苷或鸟苷酸的帮助,下面哪一种鸟苷酸不能作为四膜虫 rRNA 前体拼接的辅助因子?(　　)
A. GMP　B. GDP　C. GTP　D. 3′,5′-cGMP　E. 2′,3′-ddGMP
20. 下列有关真核生物 tRNA 前体转录后加工的说法错误的是(　　)。
A. 需要添加 CCA 序列
B. 内含子都很短,而且没有一致序列
C. 内含子的位置一般都在反密码子的 3′端
D. 内含子的切除需要消耗 ATP
E. 拼接过程是一系列的酶促反应
21. RNA 编辑需要哪一种特殊的 RNA?(　　)
A. snRNA　B. snoRNA　C. gRNA　D. tmRNA　E. hnRNA
22. 下列有关 RNA 编辑的说法错误的是(　　)。
A. RNA 编辑实际上是遗传信息从一种 RNA 传递到另一种 RNA
B. RNA 编辑都依赖于一种特殊的小分子 RNA
C. 在 RNA 编辑过程中插入或删除的核苷酸以 UMP 为主
D. RNA 编辑都需要一系列蛋白质的参与
E. RNA 编辑是一种重要的转录后加工方式,有些 RNA 编辑的缺失突变甚至是致死型突变
23. 人类基因组计划的结果表明,人体只有 3 万个左右的蛋白质基因,却能编码产生几十万种蛋白质,这主要归功于(　　)。
A. 多数 RNA 前体可以进行选择性加尾
B. 多数 RNA 前体可以进行选择性拼接
C. 多数 RNA 前体可以进行 RNA 编辑
D. 各种因素引起的 DNA 突变
E. 复杂多变的基因调控手段
24. 下列有关断裂基因的说法正确的是(　　)。
A. 所有的真核生物基因都是断裂基因
B. 只有真核生物的蛋白质基因是断裂基因
C. 高等真核生物基因断裂现象多,低等真核生物基因断裂现象少
D. 断裂基因的大小取决于所含外显子的大小和数目
E. 断裂基因中外显子序列所占比例高于内含子序列所占比例

25. 大肠杆菌在受到热震惊时,将由下列哪一种 σ 因子与 RNA pol 核心酶结合,识别热震惊相关基因的启动子?( )

A. σ^{70} B. σ^{32} C. σ^{28} D. σ^{54} E. σ^{s}

(二) 多项选择题(下列各题均有四个备选项,其中两个或两个以上为正确选项,请将正确选项的代码填入括号内)

1. ρ 因子具有哪些酶活性?( )

A. ATP 酶 B. 拓扑异构酶 C. 解链酶 D. 旋转酶

2. 下列哪些病毒属于逆转录病毒?( )

A. SARS 病毒 B. 艾滋病毒 C. 禽流感病毒 D. 白血病病毒

3. 原核生物 rRNA 前体的转录后加工依赖于哪些核酸内切酶?( )

A. RNase P B. RNase F C. RNase Ⅲ D. RNase E

4. 真核生物 rRNA 前体的转录后加工( )。

A. 在细胞核的核质中进行 B. 需要 snoRNA 的帮助

C. 甲基化程度更高 D. 有些 rRNA 前体需要拼接

5. 下列 RNA pol 中哪些属于多亚基 RNA pol 家族?( )

A. 原核生物 RNA pol B. 真核生物细胞核 RNA pol

C. 线粒体 RNA pol D. 叶绿体 RNA pol

6. 影响原核生物基因启动子强弱的因素有( )。

A. -10 序列与一致序列的吻合程度

B. -35 序列与一致序列的吻合程度

C. -10 序列与-35 序列间隔区的长短

D. -10 序列与-35 序列间隔区的序列

7. 下列有关大肠杆菌转录起始复合物形成的说法正确的是( )。

A. RNA pol 首先与-35 区形成开放复合物

B. 开放复合物可以异构为封闭复合物

C. 开放复合物的形成是转录起始的限速步骤

D. 开放复合物非常稳定,半衰期在几个小时以上

8. 有关原核生物转录终止子的说法正确的是( )。

A. 简单终止子是强终止子

B. 简单终止子与依赖于 ρ 因子的终止子基本结构相似

C. 简单终止子在 ρ 因子存在时不能使转录终止

D. 终止子必须被转录后才能与 RNA 聚合酶相互作用,造成转录终止。

9. 下列 RNA 中哪些具有核酶活性?( )

A. M1 RNA B. L19-IVS C. 23S rRNA D. 端粒酶中的 RNA 组分

10. 有关增强子的说法哪些是正确的?( )

A. 增强子的作用没有方向性

B. 增强子的作用没有基因特异性

C. 增强子的作用没有组织特异性

D. 增强子只能作用于位于同一染色体上的基因

四、名词解释

1. 转录(transcriotion)
2. 编码链(coding strand)
3. 启动子(promoter)
4. 终止子(terminator)
5. 基本 σ 因子(principal sigma factor)
6. 选择性 σ 因子(specific sigma factor)
7. 反义链(antisense strand)
8. -10 序列(-10 sequence/Pribnow box)
9. -35 序列(-35 sequence)
10. 简单终止子(Rho-independent terminator)
11. 依赖于 ρ 因子的终止子(Rho-dependent terminator)
12. 初级转录物(primary transcript)
13. 转录后加工(posttranscriptional processing)
14. 核内不均一 RNA(heterogeneous nuclear RNA,hnRNA)
15. 断裂基因(interrupted gene)
16. 外显子(exon)
17. 内含子(intron)
18. RNA 拼接(RNA splicng)
19. 选择性拼接(alternative splicing)
20. 转录因子(transcription factor)
21. 增强子(enhancer)
22. 逆转录(reverse transcription)
23. 羧基端结构域(carboxyl-terminal domain)
24. 帽子结构(cap)
25. 多聚腺苷酸尾巴(poly A tail)
26. 加尾信号(polyadenylation signal)
27. GU-AG 规则(GU-AG rule)
28. 拼接体(spliceosome)
29. RNA 编辑(RNA editing)

五、问答题

1. 请比较原核生物 RNA 转录机制与真核生物转录机制的差异。
2. 转录的忠实性比 DNA 复制要低得多,为什么生物体能忍受较低的转录忠实性?
3. RNA 聚合酶对 NTP 的 K_m 值在起始阶段高于在延伸阶段。你认为这对基因表达的调节有何意义。
4. 在任何给定的时间内,细菌合成的 RNA 中有 40%~50% 是 mRNA,但细胞中的 mRNA 却只占总 RNA 的 3% 左右,为什么?试预测真核生物 mRNA 占总 RNA 的比例与原核生物会有什么不同?

5. 与真核细胞的其他蛋白质基因相比,组蛋白的基因的结构具有一些不同寻常的性质,如基因的拷贝数属于中等拷贝、基因无内含子及成熟的 mRNA 无 poly A 尾巴,你认为这些性质对于组蛋白合成的特殊要求具有什么样的优势。
6. Tac 启动子是一种人工构建的启动子,它使用了乳糖启动子的-35 区序列和色氨酸启动子的-10 区序列。将这种启动子引入一表达质粒,发现它引导基因转录的效率比乳糖启动子或色氨酸启动子都要高,试解释这种现象。
7. 在野生型的大肠杆菌细胞内能否得到 rRNA 基因的初级转录物?
8. 抑制大肠杆菌 DNA 旋转酶(gyrase)的活性,会抑制乳糖操纵子的转录活性,请解释可能的原因?
9. 每到春天来临,往往是流感爆发季节,为什么注射流感疫苗不能完全预防流感病毒的感染?
10. 一种特殊的真核细胞 RNA 病毒被发现能从一个基因区域编码出一长一短的两个 mRNA 转录物。分析它们的翻译产物,发现两条多肽链具有相同的 N 端氨基酸序列,但 C 端序列不同,更令人奇怪的是两条多肽中较长的一条是由短的 mRNA 所编码。试对这些现象给予合理的解释。
11. 与 DNA 病毒相比,RNA 病毒的基因组大都比较小,试提出一种理由解释这种性质对 RNA 病毒的生存是有益的。
12. 如果将乳糖操纵子启动子区的 Pribnow box 序列从 TATGTT 突变为 TATATT,那么对乳糖操纵子启动子会有什么影响?
13. 增强子(enhancer)是一种可以增强基因转录起始的顺式作用元件,其作用特点是没有方向性,无论位于靶基因上游、下游或者内部都可以增强基因的转录,试分析增强子增强基因转录的机制。
14. 正常情况下 σ 因子不能单独与启动子序列结合,但是在大肠杆菌的一种突变菌株中,突变的 σ 因子可以单独结合启动子区,预测这种突变对大肠杆菌基因转录的影响。
15. DNA 聚合酶和 RNA 聚合酶都以 DNA 为模板,都需要解开 DNA 双链,以单链 DNA 为直接模板合成互补链,为什么 DNA 聚合酶需要单链 DNA 结合蛋白(SSB)而 RNA 聚合酶不需要?
16. 某原生动物体内有一种酶可以催化尿嘧啶与磷酸核糖焦磷酸(PRPP)反应,生成 5′-假尿苷单磷酸,假如有一种抑制剂可以抑制该酶活性,有人认为这种抑制剂将对该原生动物体内 tRNA 的正常合成产生影响,你认为这种观点有依据吗?
17. 真核生物 mRNA 前体所含的内含子属于第三类内含子,这类内含子在拼接点具有高度保守的一致序列,即 5′拼接点的前两个核苷酸为 GU,而 3′拼接点的最后两个核苷酸为 AG,那么在含有多个内含子的 mRNA 前体中如何保证拼接的准确性——总是由特定的 5′拼接点与相应的 3′拼接点连接?
18. TATA box 是大多数真核生物基因共有的启动子元件,假如某基因中该序列突变为能与 U_1-snRNA 互补的序列,会不会影响该基因 mRNA 前体的拼接?
19. 虽然组蛋白 mRNA 前体的转录后加工方式既没有拼接,也没有加尾,但是却保留了加帽过程,为什么?

20. 原核生物中基因转录的三个主要步骤是什么？这些步骤的相对速度怎样？与复制相比，转录的总体速度如何？
21. 某真核生物基因野生型结构示意图为：5′-exon1-intron1-exon2-intron2-exon3-3′。如果内含子 2 的 5′端序列发生突变，不能被 U_1-snRNP 识别，那么野生型和突变型得到的成熟 mRNA 分别是？
22. 研究发现在真正的转录延伸之前，可能发生几百次的无效合成，RNA 聚合酶产生很多短的核苷酸片段，然后重新起始转录。请解释这个看似很浪费的过程的意义是什么。
23. 如何通过实验证明大肠杆菌 RNA 聚合酶的全酶只能以非对称的方式进行转录，而核心酶可以以对称方式进行转录？
24. 大肠杆菌 *rrnB* 基因的启动子 P1 具有的 UP 元件通过与 RNA 聚合酶的 α 亚基的 C 端结构域相互作用，促进基因的转录，如何证明？
25. 只有真核生物 mRNA 和部分 snRNA 的 5′端才有帽子结构。加帽酶如何识别 mRNA 并催化其加帽反应？加帽反应是否依赖于 mRNA 中特定的识别序列？

提　高　题

一、填充题

1. σ 因子的作用除了识别启动子以外，还负责识别________。
2. 真核生物成熟 mRNA 的 5′端起第二个核苷酸通常是________。
3. 有些超强启动子在−40 到−60 之间的区域还含有一种富含 AT 的启动子序列，称为________；可以与 RNA 聚合酶的________亚基的________端结构域相互作用，促进转录起始。
4. ρ 因子具有________酶活性和________酶活性。
5. RNA 聚合酶没有 3′外切酶活性，但是转录过程中可以依靠________编辑和________编辑两种方式进行校对。
6. 真核生物 RNA 聚合酶Ⅱ识别的核心启动子元件之一：TATA 框不是所有基因启动子中都包含的，有些基因如________和________没有 TATA 框，而________一般都具有 TATA 框。
7. 负责原核生物 rRNA 和 tRNA 转录后加工的核酸内切酶包括________、________、________和________，它们的共同特征是识别核酸的________。
8. 一些 snRNA 具有特殊的帽子结构：________。
9. 加尾反应是由多种蛋白质因子参与的复杂反应，包括识别和结合主要加尾信号的________，负责剪切反应的核酸内切酶________，RNA 聚合酶________及 poly A 结合蛋白(PABP)等。
10. 同一种基因在肝细胞中表达的终产物是 Apo B-100，而在小肠上皮细胞中表达的终产物是相对分子质量较小的 Apo B-48，这种差别是通过________机制实现的。
11. 同一种基因在 B 淋巴细胞分化早期表达产生的抗体能够定位在膜上，在分化后期产生的抗体则被分泌到细胞外，造成这种差异的原因是________。

二、是非题

1. 大肠杆菌 RNA 聚合酶依靠 σ 因子识别强启动子中的 UP 元件。
2. 最近研究显示在原核生物基因转录起始阶段结束,向转录延伸转换时,σ 因子并未与核心酶解离,而是由紧密结合转为松散结合。
3. 逆转录病毒都是肿瘤病毒。
4. DNA 病毒的生活史中不可能具有逆转录事件。
5. 放线菌素 D 与利福霉素一样都是临床上有效的抗生素。
6. mRNA 的选择性拼接可以改变外显子的连接次序。
7. 真核生物中不存在逆转录现象。
8. snoRNP 由 snRNA 与特定蛋白质组成,其中蛋白质的主要作用是帮助确定 rRNA 前体的修饰位点。
9. 由 RNA 聚合酶识别的转录起点与转录终点之间的序列为一个转录单位,通常只包含一个基因的信息。
10. 真核生物 mRNA 的帽子结构和多聚腺苷酸尾巴都有助于 mRNA 的拼接。

三、选择题

(一) 单项选择题(下列各题均有五个备选项,其中一个是正确的,请将其代码填入括号内)

1. 大肠杆菌 RNA 聚合酶的核心酶由五个亚基组成,其中哪个亚基可以与肝素结合?(　　)
   A. α　　B. β　　C. β′　　D. ω　　E. σ
2. RNA 聚合酶使用双金属离子作用机制(two-metal ion mechanism)催化原核生物转录起始过程中第一个磷酸二酯键的形成,其中的金属离子指的是(　　)。
   A. Mg^{2+}　　B. Zn^{2+}　　C. Mn^{2+}　　D. Cu^{2+}　　E. Ca^{2+}
3. 使用纤维素-Oligo dT 分离真核生物的 mRNA 时,哪一种条件比较合理?(　　)
   A. 在有机溶剂存在下上柱,低盐溶液洗脱　　B. 低盐条件下上柱,高盐溶液洗脱
   C. 高盐溶液上柱,低盐溶液洗脱　　D. 酸性溶液上柱,碱性溶液洗脱
   E. 碱性溶液上柱,酸性溶液洗脱
4. 同时具有 ATP 酶、解链酶、蛋白质激酶活性的转录因子是(　　)。
   A. TFⅡB　　B. TFⅡE　　C. TFⅡF　　D. TFⅡH　　E. TFⅡD
5. 3′-叠氮胸苷(AZT)作为胸苷的类似物能够抑制艾滋病毒(HIV)的复制。抑制机制是它在细胞内被转变为 3′-叠氮胸苷焦磷酸(AZTPP),AZTPP 可代替 dTTP 参入 HIV RNA 的 cDNA 之中,从而造成 cDNA 合成的末端终止。但 AZT 对人细胞基因组 DNA 复制的抑制作用明显低于对 HIV 病毒的抑制。你认为最可能的原因是(　　)。
   A. AZT 能够与 HIV RNA 中的 A 配对,但不能与人 DNA 中的 dA 配对
   B. 在错配修复中被正常的脱氧核苷酸取代
   C. 不能够进入正在进行 DNA 复制的细胞
   D. 被细胞核内的酶水解为胸苷
   E. 与人细胞内的 DNA 聚合酶的 K_m 远大于对 HIV 逆转录酶的 K_m

6. 下列有关内含子的说法错误的是(　　)。

A. Ⅰ型、Ⅱ型内含子都可以形成特征性的二级结构

B. Ⅰ型、Ⅱ型内含子都可以作为转座子

C. Ⅰ型、Ⅱ型内含子都可以编码逆转录酶

D. Ⅰ型、Ⅱ型内含子的拼接都属于自我拼接

E. Ⅰ型、Ⅱ型内含子的拼接都不依赖于特定的蛋白质

7. 大肠杆菌中负责识别热震惊相关基因启动子的 σ 因子是(　　)。

A. σ^{70}　B. σ^{32}　C. σ^{S}　D. σ^{F}　E. σ^{E}

8. 免疫球蛋白基因的增强子只有在 B 淋巴细胞中活性才最高,表明增强子具有什么特性?(　　)

A. 增强子作用无方向性　B. 增强子作用无位置特异性

C. 增强子作用有方向性　D. 增强子作用有位置特异性

E. 增强子作用具有组织特异性

(二) 多项选择题(下列各题均有四个备选项,其中两个或两个以上为正确选项,请将正确选项的代码填入括号内)

1. 下列哪些生物过程与 RNA 聚合酶Ⅱ中最大亚基的 CTD 的磷酸化有关?(　　)

A. 转录起始转为转录延伸　B. 加帽酶与 RNA 聚合酶Ⅱ的结合

C. mRNA 的加尾过程　D. mRNA 的编辑过程

2. 同一个基因在真核生物中可能产生多种基因产物,其可能的原因包括(　　)。

A. 选择不同的转录起点　B. 选择不同的转录终点

C. 选择性拼接　D. 反式拼接

3. 下列现象最早在锥体虫中发现的是(　　)。

A. mRNA 的反式拼接　B. mRNA 的编辑

C. 内含子的自我拼接　D. 逆转录

4. 下列哪些方法可用于确定启动子结构?(　　)

A. DNase Ⅰ footprinting　B. EMSA

C. 同源序列比对　D. 碱基序列突变

四、名词解释

1. 无效合成(abortive synthesis)
2. 启动子清空(promoter clearance)
3. 基础转录因子(basal or general transcription factor)
4. 特异性转录因子(specific transcription factor)
5. 反式拼接(trans-splicing)
6. 自我拼接(self-splicing)
7. gRNA(guide RNA)
8. 小分子核内 RNA(small nuclear RNA,snRNA)
9. 小分子核仁 RNA(small nucleolar RNA,snoRNA)
10. 主要拼接途径(major splicing pathway)

11. 次要拼接途径(minor splicing pathway)

五、问答题

1. 如何证明 U_5-snRNP 既参与主要拼接途径,又参与次要拼接途径?
2. 某研究生设计了一组转录实验,研究由 RNA pol Ⅱ负责转录的 A 基因的启动子。已知 A 基因的正常转录除了需要 RNA pol Ⅱ的基础转录因子以外,还需要两种特殊转录因子 X 和 Y。该研究生构建了一系列 A 基因启动子区的缺失突变体,分别在有或无转录因子 X 和 Y 存在的条件下,进行转录实验,结果如图 15-1 所示。

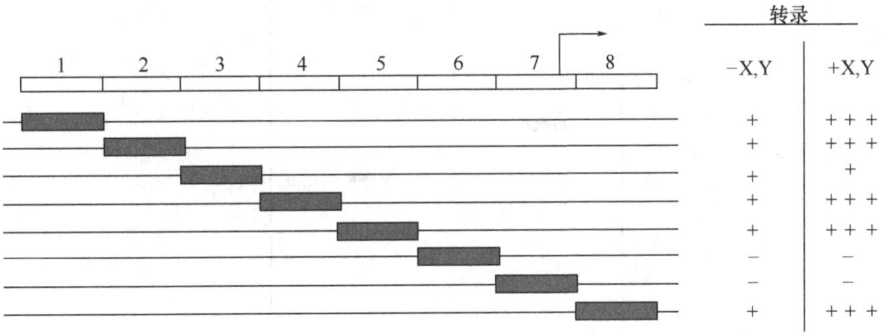

图 15-1

根据实验结果判断:启动子区的 3、6、7 元件的功能是什么?

3. (接上题)该研究生又进行了凝胶电泳泳动性变化分析实验(EMSA)以进一步鉴定转录因子 X 和 Y 的作用机制,实验结果如图 15-2 所示。

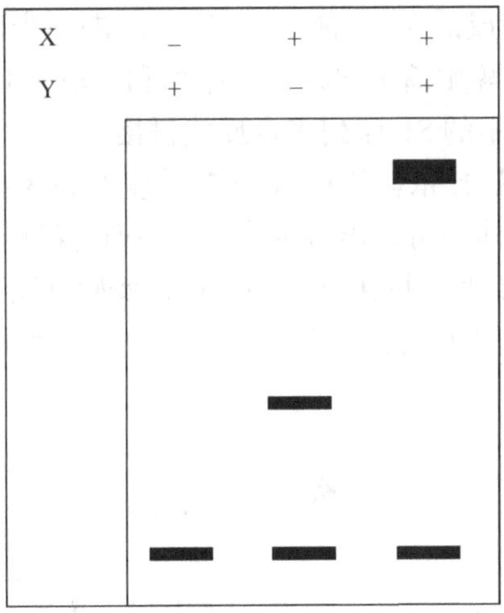

图 15-2

根据实验结果判断 X 和 Y 的功能。

4. 某村庄忽然暴发一种由病毒引起的疾病,从患者体内得到的细胞样品中发现,以 rRNA 为对照,患者细胞质中总的 $polyA^+$-mRNA 的量明显减少,将患者的受感染细胞与正常人细胞株一起培养，发现正常细胞可以被感染，并出现 polyA$^+$-mRNA 的量明显减少的现象。至少指出四种可能导致 polyA$^+$-mRNA 的量明显减少的机制。

5. 如何通过 Northern blot 鉴定某基因是否存在选择性拼接产物？如何进一步验证实验结果？
6. 初步的实验结果显示某肿瘤的发生与蛋白 P 密切相关，你分别提取了正常细胞和肿瘤细胞的总蛋白，用蛋白 P 的单抗进行 Western blot，实验结果如图 15-3 所示，提出至少三种可能导致肿瘤细胞中蛋白 P 相对分子质量减小的原因。

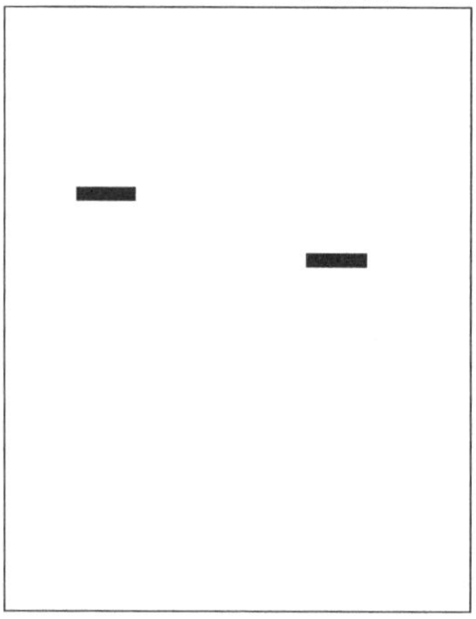

图 15-3

7. 1982 年在一种原生动物锥体虫中发现：锥体虫所有的成熟 mRNA 的 5′端都带有相同的一段由 35 个核苷酸组成的序列，称为 SL 序列。进一步研究发现 SL 序列由基因组中一个短的重复基因编码，该基因编码 SL 序列和一段 100 个核苷酸的序列。如何通过实验证明成熟 mRNA 中的 SL 序列来自反式拼接？
8. 真核生物 mRNA 前体的拼接依赖于内含子 5′拼接点和 3′拼接点的保守序列（GU-AG 规则），但是在 mRNA 前体中可能出现多个 AG 序列，真核生物依靠内含子中的分支点保守序列决定下游的 AG 为 3′拼接点。如何设计实验证明？
9. 真核生物中可能有哪些不同的转录、转录后加工方式导致同一个基因产生不同的基因产物？

答　　案

基　础　题

一、填充题

1. 不需要引物　没有核酸外切酶活性（没有校对作用）
2. σ　β′　α
3. RNA pol Ⅲ　RNA pol Ⅱ　RNA pol Ⅰ
4. 羟基　CTD　YSPTSPT　磷酸化
5. β　β′
6. 电泳泳动变化分析（EMSA）　DNA 酶Ⅰ-足印分析（DNase I footprinting assay）
7. −10 区　−35 区　TATAAT　TTGACA　17bp

左右

8. 17 8~9
9. GC
10. 不依赖于 ρ 因子的终止子 依赖于 ρ 因子的终止子 不依赖于 ρ 因子的终止子 富含 GC 碱基对的茎环结构 下游的连续的 U 序列
11. 转录因子
12. 核心启动子(core promoter) 上游控制元件(upstream control element) 上游控制元件
13. 内部启动子
14. 基础或普通 特异性 TBP
15. UCE 结合因子(UBF) 选择因子 1(SL1)
16. TATA box 起始子 TF Ⅱ B 识别元件(BRE) 下游启动子元件(DPE)
17. CTD
18. mRNA
19. RNase F RNase D
20. 5′端加帽 3′端加尾 内部甲基化 拼接 编辑
21. 0 Ⅱ 5′,5′-三磷酸二酯键
22. AAUAAA 富含 U 的模体(U-rich motif) 富含 GU 的模体(GU-rich motif)
23. 腺嘌呤
24. 鸟苷或鸟苷酸 内含子中分支点的保守腺苷酸 GU-AG 规则 3′拼接点上游的富含嘧啶的保守序列 内含子内部的分支点序列 snRNP tRNA 拼接酶识别内含子共同的二级结构,而不是共同的序列
25. snoRNA
26. 添加 CCA 序列 拼接
27. gRNA 核苷酸脱氨酶
28. 致癌 一般/其他
29. RNA 生物合成缺少校对机制
30. 逆转录酶 HIV 蛋白酶抑制剂 逆转录反应 病毒颗粒外被蛋白的成熟

二、是非题

1. 对。
2. 错。模板链序列与转录产物 mRNA 反向互补,而编码链序列与转录产物 mRNA 一致(在 mRNA 中 U 取代了 DNA 中的 T),因此在 GenBank 等数据库中查到的基因序列一般是编码链的序列。
3. 错。不同的基因使用不同的链作为其编码链和模板链。
4. 错。不同种细菌的 RNA 聚合酶都由核心酶和 σ 因子组成,其中核心酶大小比较恒定,而 σ 因子变化比较大。
5. 对。原核细胞 RNA 聚合酶全酶中的 σ 因子只参与转录的起始,当起始完成以后即与核心酶解离,并可以重新利用参与新一轮的转录起始,因此它的浓度不需要与核心酶一样。
6. 对。
7. 错。原核生物 RNA 聚合酶的 β 亚基决定聚合酶对利福霉素的敏感性。
8. 错。真核生物 RNA 聚合酶对 α-鹅膏蕈碱敏感程度不同,RNA 聚合酶Ⅰ对 α-鹅膏蕈碱完全不敏感。
9. 对。
10. 错。原核生物基因启动子的 −10 序列与 −35 序列之间的间隔区的碱基序列本身不影响启动子强度,但是间隔区的长度影响启动子强度,所以插入或者删除碱基都会影响启动子的强度。
11. 对。
12. 错。RNA pol Ⅲ负责转录的基因的启动子有两种类型,7SK RNA、7SL RNA 和 U_6-snRNA 等基因的启动子位于基因上游,属于外部启动子。tRNA、5S rRNA 等基因的启动子位于基因内部,属于内部启动子。
13. 错。U_6-snRNA 由 RNA 聚合酶Ⅲ负责转录。
14. 错。逆转录病毒基因组含有两个拷贝的正链 RNA,与带有正负链 RNA 的双链 RNA 病毒不同。
15. 对。逆转录病毒基因组 RNA 的 5′端具有帽子结构,3′端具有 poly A 尾巴,基因组中都含有 *gag*、*pol* 和 *env* 三个基因,因此它实际上就是一种多顺反子 mRNA。
16. 错。逆转录病毒在合成负链 DNA 时,需要以结合在基因组 RNA 上的 tRNA 作为引物,在合成正链 DNA 时,需要以降解的基因组 RNA 片段作为引物。
17. 对。RNA pol Ⅰ催化 28S rRNA、18S rRNA、5.8S rRNA 的转录,这三种 rRNA 共享一个启动子,作为一个多顺反子由 RNA pol Ⅰ催化合成,经历复杂的后加工过程后,释放出各个

rRNA。

18. 对。
19. 错。某些 snRNA 的 5′端也有帽子结构。
20. 错。原核生物 tRNA 基因的 3′端编码链上就含有 CCA 序列,它不需要通过后加工的方式产生。真核生物 tRNA 基因的 3′端编码链上没有 CCA 序列,需要在转录后加工过程中添加 CCA 序列。
21. 错。真核生物 mRNA 的内部甲基化既可以发生在外显子序列上,也可以发生在内含子序列上。
22. 错。真核生物基因的大小主要取决于基因中所含内含子的数目和大小。
23. 错。细菌的Ⅱ型内含子可以编码逆转录酶,有些Ⅰ型内含子可以编码核酸内切酶。
24. 错。与加帽反应和加尾反应一样,拼接反应也属于共转录事件。
25. 对。
26. 对。放线菌素 D 能够插入到 DNA 链的 GC 碱基对之间,导致 DNA 结构改变,阻止 RNA 聚合酶向前移动,从而抑制基因的转录。因此既可以抑制原核细胞的基因转录,又可以抑制真核细胞的基因转录。
27. 错。SARS 病毒是一种带有正义 RNA 链的 RNA 病毒。
28. 对。
29. 错。禽流感病毒带有反义链 RNA,感染宿主后依靠自身的复制酶合成正链 RNA。
30. 对。
31. 错。参与蛋白质基因转录的因子分为两类:基础转录因子是所有蛋白质基因表达所需要的,特异性转录因子是特定的基因表达所需要的。
32. 对。
33. 对。TBP 即 TATA box 结合蛋白,是 RNA pol Ⅰ需要的转录因子 SL1 的组分,也是 RNA pol Ⅱ需要的转录因子 TFⅡD 的组分,RNA pol Ⅲ需要的转录因子 TFⅢB 的组分。
34. 对。都由 TBP 和 TAF 两种成分组成。
35. 错。TATA box 是大多数真核生物核基因具有的核心启动子元件,但有例外,一些持家基因(housekeeping gene)如腺苷脱氨酶等和一些发育调节基因如果蝇的同源异型基因(hemeotic gene)缺少 TATA box。
36. 对。CTD 是 RNA polⅡ特有的结构域,是 RNA polⅡ活性所必需的,而且也参与 mRNA 前体的加帽、加尾和拼接过程。
37. 对。U_2-snRNP 与分支点的结合需要 ATP 水解,U_5-snRNP 需要经过依赖于 ATP 的重排才能将上下游的两个外显子拉到一起。
38. 错。实际上在合成大约十聚核苷酸以后,σ 因子才与 RNA pol 全酶解离,RNA pol 开始移位,转录进入延伸阶段。
39. 对。
40. 对。需要内含子编码的逆转录酶的帮助,以便内含子折叠成正确的构象。

三、选择题

(一) 单项选择题

1. (C) β′亚基负责与模板 DNA 结合。
2. (A) α 亚基的 N 端结构域参与核心酶的组装,C 端结构域负责与调节蛋白或调节序列相互作用。
3. (B) 原核生物 RNA 聚合酶的特异性抑制剂利福霉素和利链霉素(streptolydigin)的作用对象都是 β 亚基。
4. (B) snRNA 由 RNA 聚合酶Ⅱ负责转录,而 RNA 聚合酶Ⅱ对 α-鹅膏蕈碱高度敏感,因此低浓度的 α-鹅膏蕈碱就可以抑制 snRNA 的合成。利福霉素和 AZT 分别是原核 RNA 聚合酶和逆转录酶的抑制剂。
5. (E) 真核生物 RNA polⅡ的组成亚基中没有任何亚基与大肠杆菌 RNA 聚合酶的 σ 因子相似。
6. (A)CTD 是真核生物 RNA 聚合酶Ⅱ的最大亚基所特有的结构域。
7. (C)Pribnow box 即原核生物基因启动子中的-10 序列。
8. (A)RNase P 是一种特殊的酶,由 RNA(M1RNA)和蛋白质两部分组成,其中的 M1RNA 在特定条件下可以单独切断 tRNA 的 5′端序列。
9. (D)
10. (D)
11. (C)
12. (A) U_1-snRNA 含有与 mRNA 前体 5′拼接点互补的序列,在拼接反应中负责识别 5′拼接点。U_2-snRNA 含有与分支点的互补序列,负责识别分支点;U_5-snRNA 含有与 3′拼接点互补的序列,负责识别3′拼接点;U_4-snRNP可以与U_6-snRNP结合,帮助U_6-snRNP维持正确构象;U_6-snRNP可以与5′拼接点及U_2-snRNP结合,促进第一次转酯反应。

13. (D) 在拼接反应中起主要作用的是snRNA而不是蛋白质,snRNA的正确折叠对于拼接反应十分重要,而蛋白质的作用是帮助snRNA的正确折叠。
14. (D) 次要拼接途径中U_{11}和U_{12}-snRNP取代了主要拼接途径中的U_1和U_2-snRNP,U_4atac和U_6atac-snRNP代替U_4和U_6-snRNP,只有U_5-snRNP同时参与了两种拼接途径。
15. (A) mRNA的碱基组成应该与它的基因的编码链是一致的,只不过是由U代替了T。
16. (C)。
17. (C) 增强子是调节基因转录的碱基序列,与mRNA的翻译无关。
18. (D) AGGTCAnnnTGACCT是一段回文序列,当将它以反方向插到启动子上游的时候,理应对两侧基因的表达没有影响。
19. (E) 四膜虫rRNA前体拼接过程的第一步是鸟苷或鸟苷酸的3′羟基亲核进攻5′拼接点的磷酸二酯键,2′,3′-ddGMP没有3′羟基,不能启动亲核进攻。
20. (D) 内含子的切除由特定的核酸内切酶催化,产生两个tRNA半分子,这一步不需要ATP,但是两个半分子的连接由RNA连接酶催化,这一步需要ATP。
21. (C) 核苷酸的插入或缺失一般需要指导RNA(guide RNA,gRNA)的帮助。
22. (B) RNA编辑有两种方式,一种依赖于gRNA,另一种依赖于特定的核苷酸脱氨酶。
23. (B) 人体内超过50%的基因产生的mRNA前体会发生选择性拼接。
24. (C) 绝大多数真核生物基因是断裂基因,但有例外,如组蛋白基因是连续基因;许多rRNA基因和tRNA基因也有内含子;断裂基因的大小取决于所含内含子的大小和数目;一般来说,一个典型的真核生物蛋白质基因,外显子序列所占比例只有约10%,其余为内含子序列。
25. (B)

(二) 多项选择题

1. (A、C) ρ因子具有ATP酶和解链酶活性。
2. (B、D) SARS病毒是带有正链RNA的单链RNA病毒;禽流感病毒是带有负链RNA的单链RNA病毒。
3. (C、D) RNase Ⅲ识别16S rRNA和23S rRNA前体形成的茎环结构;RNase E识别5S rRNA前体形成的茎环结构。
4. (B、C、D) 真核生物rRNA前体的转录后加工在细胞核的核仁中进行。
5. (A、B、D) 原核生物、真核生物细胞核RNA pol和叶绿体RNA pol都是由多个亚基组成的,噬菌体和线粒体RNA pol一般由单个亚基组成。
6. (A、B、C) −10序列与−35序列与一致序列的吻合程度,以及这两个序列之间间隔区的长短对启动子的强度同样重要。
7. (C、D) RNA pol首先与−35区形成封闭复合物,然后在σ因子的促进下异构为开放复合物。
8. (A、B、D) ρ因子存在时可以增强简单终止子的转录终止作用。
9. (A、B、C) RNase P中的RNA组分M1 RNA在特定条件下可以单独催化大肠杆菌tRNA前体5′端的剪切;四膜虫rRNA前体的间插序列(IVS)可以催化四膜虫rRNA前体的拼接,而且拼接产生的L19-IVS在体外可以催化五聚胞苷酸转化为六聚胞苷酸;已经证明23S rRNA具有肽酰基转移酶活性;端粒酶中的RNA组分只是作为端粒合成的模板,而不具有催化活性,不属于核酶。
10. (A、B、D) 增强子的作用没有方向性,无论位于靶基因上游、下游或者内部都可以增强基因的转录;增强子的作用没有物种和基因的特异性,可以连接到异源基因上发挥作用;增强子只能调节位于同一染色体上的靶基因,对于其他染色体上的基因没有作用;但是增强子的作用具有组织特异性,同一个增强子在不同细胞中的效率不同。

四、名词解释

1. 转录(transcriotion):以DNA为模板合成RNA的过程称为转录。转录由RNA聚合酶催化,是基因表达的核心步骤。
2. 编码链(coding strand):对于某一特定基因而言,DNA分子中作为转录模板的那一条链称为模板链,而与模板链互补的那一条DNA链称为编码链。编码链的碱基顺序与转录产物 mRNA 的碱基顺序相对应(只是 DNA 中的 T 在 RNA 中被 U 取代)。

3. 启动子(promoter):与转录起始有关的一段 DNA 序列,一般位于结构基因 5′端,通过与 RNA 聚合酶的相互作用起始转录。

4. 终止子(terminator):提供转录终止信号的 DNA 序列,转录后产生的 RNA 可以形成富含 GC 的发夹结构及下游连续的 U 序列。分为两类:简单终止子和依赖于 ρ 因子的终止子。

5. 基本 σ 因子(principal sigma factor):负责转录营养生长阶段的基因、识别其启动子的 σ 因子。

6. 选择性 σ 因子(specific sigma factor):负责转录特异基因如热震惊基因、芽孢基因等,识别其启动子的 σ 因子。

7. 反义链(antisense strand):对于某一特定基因而言,DNA 分子中作为转录模板的那一条链(模板链),与转录产物 mRNA 的碱基顺序互补配对,称为非编码链或反义链。对应的非模板链称为编码链或正义链。

8. -10 序列(-10 sequence/Pribnow box):原核生物启动子区的保守序列,一致序列为 TATAAT,其中心区位于基因转录起始位点上游-10 位点附近,因而称为-10 序列,又因由 David Pribnow 于 1975 年最早提出,也称 Pribnow box。富含 AT,有助于 DNA 的局部解螺旋。

9. -35 序列(-35 sequence):原核生物启动子区的保守序列,一致序列为 TTGACA,其中心区位于基因转录起始位点上游-35 位点附近,因而称为-35 序列,是 RNA 聚合酶识别和结合的位点。

10. 简单终止子(Rho-independent terminator):不依赖于 ρ 因子的终止子,形成的发夹结构中含有较多的 GC 对、下游有更多的连续的 U。不依靠其他蛋白质因子的帮助就可以实现转录终止。

11. 依赖于 ρ 因子的终止子(Rho-dependent terminator):与简单终止子结构相似,但形成的发夹结构中 GC 对含量较少,下游连续的 U 也较少。单独不能造成转录终止,必须依靠 ρ 因子的帮助才能实现转录终止。

12. 初级转录物(primary transcript):基因转录的直接产物,一般没有功能,需要经历转录后加工过程才能成为有功能的产物。

13. 转录后加工(posttranscriptional processing):初级转录物在细胞内经历结构和化学上的改变,成为成熟的有功能的 RNA 的过程称为转录后加工。

14. 核内不均一 RNA(heterogeneous nuclear RNA, hnRNA):真核生物 mRNA 的初级转录物是相对分子质量极大的前体,在核内加工过程中形成分子大小不等的中间物,称为核内不均一 RNA。

15. 断裂基因(interrupted gene):大多数真核生物基因的编码序列中间插有非编码序列,编码序列称为外显子(exon),外显子之间的非编码序列称为内含子(intron),含有内含子的基因称为断裂基因或不连续基因。

16. 外显子(exon):见 15。

17. 内含子(intron):见 15。

18. RNA 拼接(RNA splicng):去除内含子、连接外显子、成为成熟 RNA 的过程称为 RNA 拼接。

19. 选择性拼接(alternative splicing):同一种 mRNA 前体的不同拼接方式称为选择性拼接。

20. 转录因子(transcription factor):帮助真核生物 RNA 聚合酶识别启动子的蛋白质因子。三种 RNA 聚合酶都需要转录因子,有些是三种酶共有的,有些则是各 RNA 聚合酶特有的。

21. 增强子(enhancer):可以大幅度增强真核生物基因转录效率的一种顺式作用元件,可位于转录起始位点的上游、下游或基因内部,通过与调节蛋白的相互作用,促进基因转录。增强子的作用没有方向性。

22. 逆转录(reverse transcription):以 RNA 为模板合成 DNA 的过程。最早在逆转录病毒中发现,实际上是一种普遍现象,不仅存在于逆转录病毒的生活史之中,也存在于原核生物和真核生物中。

23. 羧基端结构域(carboxyl-terminal domain):位于所有真核生物 RNA pol Ⅱ 最大亚基 C 端的一段富含羟基氨基酸残基的七肽重复序列,其一致序列为 YSPTSPT,是 RNA pol 活性所必需的。

24. 帽子结构(cap):绝大多数真核生物的细胞核 mRNA 和部分 snRNA 的 5′端含有帽子结构。

mRNA 的帽子结构有 0 型、1 型和 2 型三种形式:0 型帽子结构是指 7-甲基尿苷酸通过 5′,5′-三磷酸二酯键与 mRNA 5′端第一个被转录的核苷酸相连;1 型帽子结构是在 0 型帽子结构的基础上,mRNA 5′端第一个被转录的核苷酸的 2′-核糖羟基被甲基化;2 型帽子结构是在 1 型帽子结构的基础上,mRNA 5′端第二个被转录的核苷酸的 2′-核糖羟基也被甲基化。

25. 多聚腺苷酸尾巴(poly A tail):位于绝大多数真核生物细胞核 mRNA 的 3′端的一段连续的多聚腺苷酸序列,约由 250 个腺苷酸组成,是在转录后添加上去的。

26. 加尾信号(polyadenylation signal):在真核生物和病毒 mRNA 的 3′端附件的一段保守序列,指导在其下游 20 个核苷酸左右的位置进行多聚腺苷酸化,称为加尾信号。

27. GU-AG 规则(GU-AG rule):真核生物细胞核 mRNA 前体的内含子含有与拼接有关的顺式作用元件,其中之一是在 5′拼接点、内含子的前两个核苷酸为 GU,在 3′拼接点、内含子的最后两个核苷酸是 AG,这样的序列特征称为 GU-AG 规则。

28. 拼接体(spliceosome):是由 mRNA 前体、各种拼接因子、五种 snRNP 等在细胞核内按照一定次序组装起来的超分子复合物,是拼接反应发生的场所。

29. RNA 编辑(RNA editing):主要发生在某些真核生物的细胞器基因组编码的 mRNA 的后加工过程中,是指在 mRNA 的编码区内增减或改变基因编码信息的过程。有两种主要方式:一种是在 mRNA 的编码区内增减一定数目的核苷酸(主要是尿苷酸),另一种是 mRNA 编码区的碱基发生转换或颠换。

五、问答题

1. ①原核生物中所有 RNA 由同一种 RNA 聚合酶负责转录、真核生物中不同的 RNA 由三种不同的 RNA 聚合酶负责转录;②原核生物中 RNA 聚合酶含有 σ 因子,由 σ 因子负责识别启动子、真核生物 RNA 聚合酶没有对应于 σ 因子的亚基,由其他的转录因子负责识别启动子;③原核生物 RNA 聚合酶与真核生物 RNA 聚合酶的抑制剂不同;④原核生物依靠终止子序列实现转录终止,真核生物的转录终止机制不明。

2. 第一,DNA 是生物体的遗传物质,每一个细胞内只有一个拷贝,一旦出现错误,就会影响遗传信息的稳定性。但是 RNA 只是在 DNA 与蛋白质之间传递遗传信息的介导分子,不直接遗传给子代;而且 RNA 分子有一定的寿命,最终将被降解;RNA 有很多拷贝,可以从一个 DNA 分子转录多个 RNA 分子;这些都让生物体对 RNA 出现的错误有更高的容忍度。第二,考虑到多数 RNA 是作为蛋白质合成的模板,而遗传密码具有简并性,即使个别碱基出错,也不一定影响所编码的氨基酸;或者即使改变了所编码的氨基酸,也不一定影响蛋白质的正常功能。因此生物体能容忍 RNA 合成较低的忠实性。第三,对于某些 RNA 病毒来讲,RNA 合成出现一定的错配,正是 RNA 突变的原因,可以产生病毒的变异,以躲避宿主的免疫机制。

3. RNA 聚合酶对 NTP 的 K_m 在起始阶段高于在延伸阶段意味着 RNA 聚合酶在延伸阶段对 NTP 的亲和力高于起始阶段 RNA 聚合酶对 NTP 的亲和力,在 NTP 的浓度较低的情况下,不多的 NTP 优先与催化延伸反应的 RNA 聚合酶结合,这显然可以保证已进入延伸阶段的转录反应能够最终完成,这时新的基因转录的起始受到限制。

4. 在给定的时间内,尽管细菌合成的 RNA 中有 40%~50% 是 mRNA,但转录出来的 mRNA 很容易水解,甚至在其 3′端还没有合成好,5′端就开始水解。因而它的半衰期极短,在细胞中不容易积累,只占细胞总 RNA 的很小的一部分。然而,虽然 tRNA 和 rRNA 转录的效率低,但是稳定性高于 mRNA,所以它们在细胞中容易堆积,占细胞总 RNA 的比例反而大。与原核生物的 mRNA 相比,真核生物 mRNA 的 5′端有帽子结构,3′端有 polyA 尾巴的保护,因而其稳定性要比原核生物 mRNA 高得多。因此它占细胞中总 DNA 的比例应高于原核生物。

5. 组蛋白的合成与 DNA 的复制是高度同步的,都集中在细胞周期的 S 期。在合成以后两者要组装成核小体的结构,这需要在较短的时间内合成大量的组蛋白。组蛋白基因的结构所具有的一些不同寻常的性质,如基因的拷贝数属于中等拷贝、基因无内含子及它的成熟的 mRNA 无

polyA 尾巴等都有益于它在短时间内得到大量拷贝的成熟 mRNA。

6. 原核生物基因启动子的一致序列是：-35 区为 TTGACA，-10 区为 TATAAT。一个基因的启动子序列越接近上述一致序列，则转录的效率就越高，反之就低。Tac 启动子融合了乳糖启动子的-35 区序列和色氨酸启动子的-10 区序列，它与一致序列非常接近。而乳糖启动子的-10 区和色氨酸启动子的-35 区序列与一致序列中相应的序列差别比较大。因此将 Tac 启动子引入一表达质粒后，它引导基因转录的效率比乳糖启动子或色氨酸启动子都要高。

7. 不能。大肠杆菌 rRNA 转录后加工过程并非绝对发生在转录以后，一些后加工反应在转录还没有完成的时候就已经开始，其中包括某些剪切反应，因此在野生型大肠杆菌体内，等转录结束后得到的并不是原始的初级转录物。只有当大肠杆菌某些参与后加工的酶有缺陷以后，才有可能得到真正的初级转录物。

8. 乳糖操纵子受到阻遏蛋白和 CAP（降解物激活蛋白）的双重调节。CAP 和 cAMP 形成的复合物可以与乳糖操纵子基因上游的 CAP 结合位点结合，促进基因转录。CAP 是一种二聚体的激活蛋白，与 cAMP 结合以后，其构象发生变化，从而能够与 CAP 结合位点结合。CAP 结合位点是 DNA 上一段长为 30bp 的特殊的回文排列。CAP-cAMP 复合物结合以后，诱导这段 DNA 环绕其上，并弯曲约 90°的角。这种弯曲在刺激 RNA 聚合酶活性方面起着重要的作用。作为大肠杆菌细胞内的拓扑异构酶Ⅱ，即旋转酶可能参与调节此处 DNA 的弯曲。因此抑制它的 DNA 旋转酶（Gyrase）的活性会抑制乳糖操纵子的转录。

9. 流感病毒属于 RNA 病毒，RNA 的复制过程由于 RNA 聚合酶缺少校对作用，忠实性较低，容易发生突变。流感疫苗是利用已有的流感病毒研制的，不能预防突变后的流感病毒的感染。

10. 该基因的转录产物经历了选择性拼接，产生一长一短两种转录产物。在长的转录物中，一含有终止密码子的内含子没有被去除，仍然保留在成熟的 mRNA 之中。当它作为模板被翻译的时候，会提前遇到终止密码子，因而翻译产物的肽段要短；而在短的转录物中，含有终止密码子的内含子已被去除。当它作为模板被翻译的时候，不会提前结束，因而翻译出来的产物反而比长转录物翻译出来的产物长。

11. 无论是催化 RNA 病毒复制的 RNA 复制酶，还是催化逆转录 RNA 病毒的逆转录酶都没有 3′→5′核酸外切酶的活性，因此当 RNA 进行复制或者 RNA 进行逆转录的时候，错误参入的核苷酸无法通过校对的机制除去。因而 RNA 病毒极容易突变。当发生的突变是有害的突变的时候，其生存就会受到影响。显然如果 RNA 病毒基因组越大，则复制或逆转录时发生错误的机会就越大，因而更容易发生突变；反之，发生突变的可能性就低。所以 RNA 病毒基因组大都比较小是有利于其生存的。

12. Pribnow box 的一致序列是 TATAAT，富含 AT，有利于 DNA 双螺旋的局部解链。启动子区的 Pribnow box 序列与一致序列越接近，启动子的效率越高，因此如果将乳糖操纵子启动子区的 pribnow box 序列从 TATGTT 突变为 TATATT，则可以提高乳糖操纵子启动子的效率，提高乳糖操纵子基因的转录水平。这种启动子突变属于上升突变。

13. 增强子可能通过影响染色质 DNA-蛋白质结构或改变超螺旋密度而改变模板的整体结构，从而使得 RNA 聚合酶更容易与模板 DNA 结合，起始基因转录。

14. 在突变菌株中，游离的 σ 因子与 RNA 聚合酶全酶竞争性结合启动子，导致转录起始的竞争性抑制。

15. DNA 聚合酶催化双链 DNA 复制时，需要解开双链，分别以两条单链 DNA 为模板进行半不连续合成，后随链合成时总是有较长的一段 DNA 模板处于单链状态，因此需要 SSB 维持 DNA 的单链状态；RNA 聚合酶催化 DNA 转录时，DNA 解链的长度很短，转录泡的大小维持在 17bp 左右，在转录泡之前不断解开 DNA 双链，而在转录泡之后，DNA 不断重新形成双链，因此不需要 SSB 的帮助。

16. 没有依据。tRNA 中的假尿苷是在转录后加工过程中由尿嘧啶核苷酸修饰而来的，并不是在转录过程中由假尿嘧啶核苷酸直接参入的，因此抑制剂只能抑制 5′-假尿苷单磷酸的生成，而不会影响该原生动物体内 tRNA 的正常合成。

17. 真核生物 mRNA 的拼接是一个共转录事件，即在转录的同时进行，在已经转录出来的 mRNA 前体上，一般只有有限的拼接位点，在后一个内含子被完全转录出来之前，前一个内含子往往已经开始拼接或完成拼接了。
18. 不会。因为 TATA box 位于基因转录起始位点的上游，不被转录，不会出现在该基因 mRNA 前体中，所以即使突变为 U_1-snRNA 的互补序列也不会影响 mRNA 前体的拼接。
19. 组蛋白的合成与 DNA 的复制都集中在细胞周期的 S 期，需要在较短的时间内合成大量的组蛋白。组蛋白 mRNA 前体的后加工既没有拼接，也没有加尾，可以缩短转录后加工时间，便于在短时间内得到大量的成熟 mRNA。但是戴帽反应是一种共转录反应，它并不需要专门的时间来完成，因此组蛋白 mRNA 前体的后加工保留了加帽反应。
20. 原核生物中基因转录的三个主要步骤及各步骤的相对速度是：起始和无效起始阶段（最慢，非进行性模式）、延伸阶段（快速，RNA 聚合酶的进行性模式）、终止阶段（RNA 聚合酶暂停或延宕，然后从模板上解离）。37℃ 时大肠杆菌中复制的速度（大约 800 bp/s）比转录速度（大约 40 nts/s）快得多。
21. 野生型：5′cap-exon1-exon2-exon3-polyA-3′
突变型：5′cap-exon1-exon2-intron2-exon3-polyA-3′
22. 转录起始包括四个步骤，需要一定的时间，在真正的转录延伸之前，RNA 聚合酶保持与模板的结合及转录起始状态，有助于快速地从转录起始转向转录延伸，缩短基因表达调控所需的响应时间。
23. 将 RNA 聚合酶全酶或者核心酶在体外与 T4 噬菌体 DNA 进行转录实验的产物，分别与天然的 T4 噬菌体中分离得到的 RNA 分子进行杂交，然后检测杂交产物对 RNase 的抗性，结果显示核心酶在体外转录产物与天然 RNA 分子的杂交产物对 RNase 具有部分抗性，说明产生了部分双链 RNA；而全酶在体外转录产物与天然 RNA 分子的杂交产物对 RNase 没有抗性，说明不能形成双链。证明全酶进行不对称转录，转录产物与天然 RNA 序列一样，所以不能形成双链；核心酶进行对称转录，产生两种具有互补序列的 RNA 产物，其中一种可以与天然 RNA 分子互补，形成双链。
24. 构建 RNA 聚合酶 α 亚基的不同突变体（缺失 C 端结构域、缺失 N 端结构域），将变体及野生型 α 亚基与其他亚基组装成 RNA 聚合酶，检测其对 P1 启动子控制下的报告基因的转录效率，结果缺失 C 端结构域的 α 亚基突变体构建的 RNA 聚合酶失去对 UP 元件的应答能力，即不能高效转录报告基因。
25. 加帽酶可以与 Ser5 被磷酸化的 CTD 结构域结合，CTD 结构域是催化 mRNA 合成的 RNA pol Ⅱ特有的，因此只有 mRNA 的 5′端才能被加帽。加帽反应不依赖于 mRNA 中的任何识别序列，而只依赖于加帽酶与 RNA pol Ⅱ 的 CTD 结构域的相互作用。

提　高　题

一、填充题

1. 模板链
2. A 或者 G［真核生物基因的转录一般从嘌呤（A 或者 G）开始，但在转录后加工过程中 5′端被加上一个甲基化的鸟嘌呤，因此第二个核苷酸才是转录起始的 A 或者 G］。
3. 增强元件（up element）　α　C
4. ATPase　解链酶
5. 焦磷酸解　水解
6. 持家基因　发育调节基因　特异性基因
7. RNase P　RNase F　RNase Ⅲ　RNase E　特定的空间结构（发夹结构的双链区）
8. 2,2,7-三甲基鸟嘌呤
9. 剪切/多聚腺苷酸化特异性因子（CPSF）　剪切因子Ⅰ和Ⅱ（CF Ⅰ和 CF Ⅱ）　Poly A 聚合酶（PAP）
10. RNA 编辑
11. mRNA 前体的选择性拼接

二、是非题

1. 错。大肠杆菌 RNA 聚合酶依靠 α 亚基识别强启动子中的 UP 元件。
2. 对。
3. 错。HIV 是一种逆转录病毒，但并不是肿瘤病毒。

4. 错。某些 DNA 病毒，如乙型肝炎病毒（HBV）和花椰菜镶嵌病毒（CaMV）尽管都是 DNA 病毒，但它们的生活史中有 DNA→RNA→DNA 的过程，其中 RNA→DNA 就是逆转录。
5. 错。放线菌素 D 既可以抑制原核细胞的基因转录，又可以抑制真核细胞的基因转录。因此不能在临床上用作抗生素。
6. 错。外显子连接次序不会改变。
7. 错。逆转录现象是一种普遍现象，不仅存在于逆转录病毒的生活史之中，也存在于原核生物和真核生物中。真核生物中端粒酶催化的反应就是逆转录反应。
8. 错。snoRNP 依靠其中的 RNA 与 rRNA 前体中的特定序列互补配对，确定 rRNA 前体的修饰位点。
9. 错。转录单位可以包含一个或多个基因的信息，如操纵子为原核生物的一个转录单位，但包含多个相关基因的信息。
10. 对。帽子结构有助于去除第一个内含子，多聚腺苷酸尾巴有助于最后一个内含子的去除。

三、选择题

（一）单项选择题

1. （C）β′亚基含有两个 Zn^{2+}，是一种碱性蛋白，可以与带负电荷的肝素分子结合而抑制聚合酶活性。
2. （A）
3. （C）高盐可中和多聚核苷酸链上磷酸根的负电荷，有利于互补链的结合。
4. （D）
5. （E）AZT 对人细胞的 DNA 聚合酶的 K_m 远大于对 HIV 逆转录酶的 K_m，意味着 AZT 对 HIV 逆转录酶的亲和力远大于它对宿主细胞的 DNA 聚合酶的亲和力。在宿主细胞内它优先与逆转录酶结合，而阻止 HIV RNA 的 cDNA 的正常合成。但如果 AZT 的浓度过高，同样也会抑制宿主细胞 DNA 的复制。
6. （C）Ⅰ型内含子编码核酸内切酶、Ⅱ型内含子编码逆转录酶。
7. （B）
8. （E）增强子的作用与特异性的转录因子相关，在特定细胞中存在特异性的转录因子，与特定的增强子结合，使其发挥最高的活性，因此增强子具有组织特异性。

（二）多项选择题

1. （A、B、C）
2. （A、B、C）
3. （A、B）
4. （A、B、C、D）DNase Ⅰ footprinting 和 EMSA 属于生物化学方法，同源序列比对和碱基序列突变属于遗传学方法。

四、名词解释

1. 无效合成（abortive synthesis）：原核生物转录起始过程中，在进入真正的转录延伸之前，RNA 聚合酶往往会重复催化合成并释放短的 RNA 分子，长度一般在 6 个核苷酸左右，称为无效合成。
2. 启动子清空（promoter clearance）：指 RNA 聚合酶离开启动子，实现从转录起始到转录延伸的过程。此时 σ 因子与核心酶解离，NusA 作为延伸因子与核心酶结合。
3. 基础转录因子（basal or general transcription factor）：参与蛋白质基因转录所需要的转录因子有两类，一类是所有蛋白质基因表达所必需的，称为基础转录因子。一类是特定基因表达所必需的，称为特异性转录因子。
4. 特异性转录因子（specific transcription factor）：见 3。
5. 反式拼接（trans-splicing）：发生在两个不同的 mRNA 分子之间的拼接称为反式拼接。
6. 自我拼接（self-splicing）：有些内含子的拼接如Ⅰ型内含子、Ⅱ型内含子的拼接不需要其他蛋白质因子的参与，可以进行自我催化，称为自我拼接。
7. gRNA（guide RNA）：指导 RNA 编辑的小分子 RNA，可以与被编辑的 RNA 配对，作为模板指导 UMP 的插入或者删除。
8. 小分子核内 RNA（small nuclear RNA，snRNA）：真核生物细胞核内一些序列高度保守的小分子 RNA，富含 U，与蛋白质构成复合物 snRNP，参与 mRNA 前体的拼接。
9. 小分子核仁 RNA（small nucleolar RNA，snoRNA）：真核生物细胞核核仁内的小分子 RNA，与蛋白质构成复合物 snoRNP，其中的一部分参与 rRNA 前体核苷酸修饰位点的确定。

10. 主要拼接途径(major splicing pathway):遵守GU-AG 规则的拼接途径,适用于绝大多数断裂基因。

11. 次要拼接途径(minor splicing pathway):以AT-AC 保守序列代替 GU-AG 保守序列的少数断裂基因的拼接途径,这类内含子的拼接途径在分支点保守序列、参与的 snRNP 等方面均与主要拼接途径不同。

五、问答题

1. 在体外主要拼接途径和次要拼接途径的拼接体系中,分别加入 U_5-snRNP 的单克隆抗体,结果两种体系中的拼接反应都受影响,说明 U_5-snRNP 参与了两种拼接途径。也可以在上述拼接体系中分别加入与 U_5-snRNP 中的 snRNA 互补的 DNA 片段,然后再加入 RNaseH,DNA 与 snRNA 结合,RNaseH 水解杂交链中的 snRNA,最终影响两种体系中的拼接反应,说明 U_5-snRNP 参与了两种拼接途径。

2. 元件 3 可能是某激活因子的结合位点,缺失后有转录因子 X 和 Y 存在时,基因的转录活性下降,说明该元件是 X 和 Y 激活基因转录所必需的,因此可能是其中一种因子的结合位点。元件 6 和元件 7 可能是核心启动子的组分,如 TATA box 和起始子序列,缺失后基因的转录活性完全丧失,这也与它们在基因中的相对位置及图 15-1 中所示的基因转录起点位置相吻合。

3. EMSA 结果提示因子 X 是一种 DNA 结合蛋白,因子 Y 单独存在时不能与 DNA 结合,但是在有 X 存在时,可以与 DNA 结合。

4. mRNA 的转录被抑制;mRNA 前体的拼接出现异常,导致加尾信号缺失;加尾反应异常,不能正常加尾;mRNA 前体 3′端的剪切反应异常,切除了加尾信号;mRNA 稳定性下降,在细胞质中被核酸酶从 3′端开始降解;mRNA 不能从细胞核中转运到细胞之中。

5. 根据该基因的特异性编码序列设计探针,提取细胞内的总 mRNA,进行 Northern blot 实验,如果出现两条或两条以上的不同杂交条带,说明可能存在选择性拼接产物。设计引物,通过 RT-PCR 获得这些 mRNA 的 cDNA 序列,通过序列比对验证这些 mRNA 是否为同一 mRNA 前体的选择性拼接产物。

6. 正常细胞中蛋白 P 被磷酸化或糖基化修饰,而肿瘤细胞中未被修饰;肿瘤细胞中蛋白 P 的 mRNA 前体经历了选择性拼接或选择性加尾;肿瘤细胞中蛋白 P 发生降解。

7. 如果成熟 mRNA 中的 SL 序列来自反式拼接,则在拼接过程中会出现 Y 型的中间产物,如图 15-4 所示。

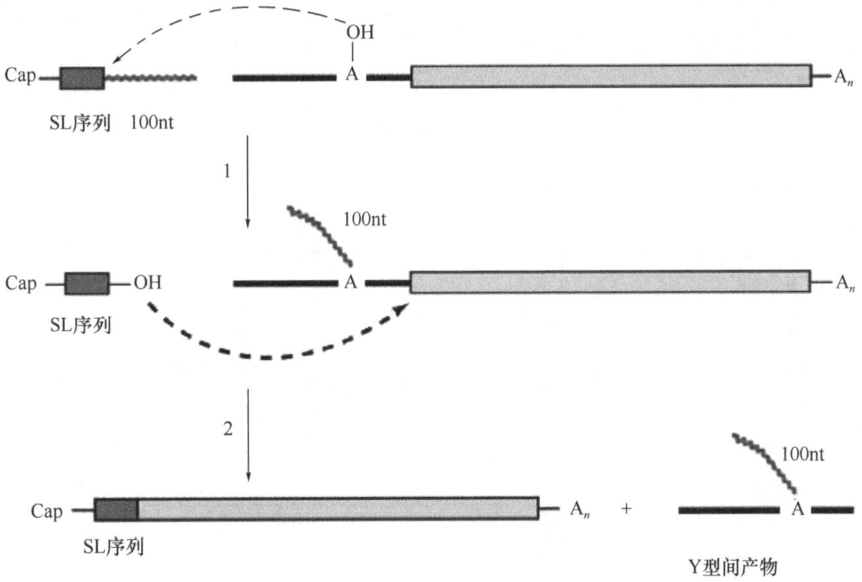

图 15-4

8. 构建一组重组质粒，野生型的包含上游外显子、含有分支点序列的内含子和下游外显子，结果可以正常拼接：上游外显子与下游外显子正确连接。如果删除内含子中的分支点序列，则上、下游外显子无法拼接；如果在内含子中、分支点序列下游插入一段含有 AG 序列的序列，则突变体会以这段插入序列中的 AG 为 3′拼接点，上游外显子与插入序列进行拼接；如果将分支点序列转移到下游外显子中，则突变体会以下游外显子中、分支点序列下游的第一个 AG 为 3′拼接点，上游外显子与下游外显子的部分序列拼接，见图 15-5。

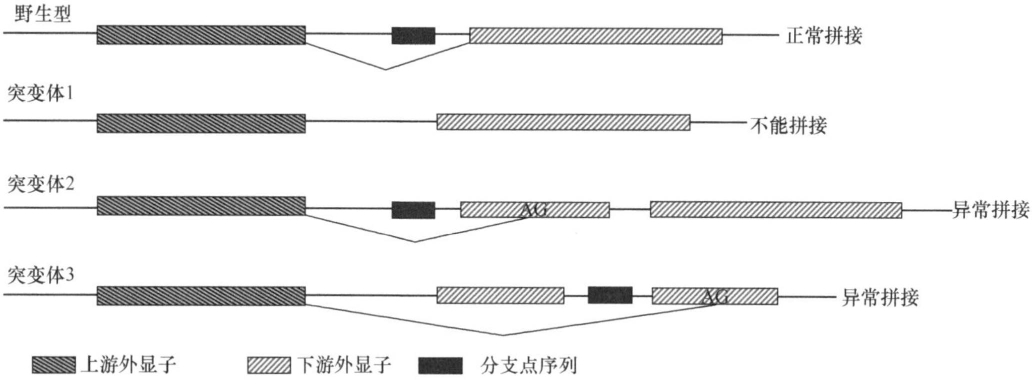

图 15-5

9. ①使用不同的启动子序列，导致从不同的起始位点开始转录；②使用不同的终止子序列，导致在不同的终止位点终止转录；③选择不同的加尾信号；④选择性拼接；⑤RNA 编辑等。

第十六章 蛋白质的生物合成

学习指导

1. 掌握蛋白质合成的基本特征，熟悉核糖体、mRNA、rRNA、tRNA 在蛋白质合成中的作用。

2. 掌握蛋白质合成的机制，包括氨基酸的活化、肽链起始、延伸和终止的机制，重点掌握各种蛋白质因子在其中的作用。

3. 了解蛋白质合成以后的加工过程，重点掌握蛋白质折叠、共价修饰及转运和定位的机制。

4. 了解异常 mRNA 的翻译机制。

5. 了解蛋白质合成的抑制剂类型。

基 础 题

一、填充题

1. 核糖体上能够结合 tRNA 的部位有________部位、________部位和________部位。起始氨酰 tRNA 进入________，用于肽链延伸的氨酰 tRNA 进入________位点。
2. 核糖体由大小亚基组成，亚基之间存在相互作用，这种作用主要是________之间的相互作用。
3. 核糖体中的蛋白质组分按照相对分子质量从________到________编号。原核生物核糖体小亚基中最小的亚基为________。
4. 核糖体中含有多个功能部位，其中主要的功能部位已经定位，如 mRNA 结合部位主要位于________，肽酰转移酶活性主要位于________。
5. 真核生物中核糖体可以与________结合形成________，参与蛋白质的定向与分拣。
6. 原核生物 mRNA 一般为________顺反子，真核生物 mRNA 一般为________顺反子。
7. tRNA 是一类小分子 RNA，长度通常为________，3′端为________序列，含有大量的________。tRNA 的二级结构为________，三级结构为________。维持 tRNA 空间结构的作用力包括碱基与碱基之间、________之间、________之间的相互作用，大多数的碱基与碱基之间的相互作用发生在保守或________碱基之间。
8. tRNA 在翻译中的功能主要有两方面：一是________，二是________。一个细胞中通常含有________种 tRNA，负责转运________种氨基酸。
9. 生物体总共有________个密码子，其中________是使用最多的起始密码子，少数情况下________和________也可以作为起始密码子，大肠杆菌 IF-3 则使用________作为起始密码子。
10. 除了终止密码子以外的其他密码子都编码相应的氨基酸，起始密码子编码________，________只有一个对应的密码子，而其他 18 种基本氨基酸都有 2 种以上的密码子。

11. 编码同一种氨基酸的同义密码子的差别一般在第________位核苷酸。极性氨基酸的密码子的第二位核苷酸通常为________,非极性氨基酸的密码子的第二位核苷酸通常为________。
12. 不同生物体使用同一套密码子,但是自20世纪80年代以来在人、牛、酵母等很多非植物线粒体基因组中发现密码子的通用性有例外。例如,使用________作为起始密码子,UGA编码________而不是终止密码子等。在玉米线粒体中也发现了CGG编码________而不是精氨酸,在某些生物的核基因组中发现的例外多数与终止密码子有关,但在一些非孢子生的酵母菌中CUG编码________而不是亮氨酸。
13. 密码子与反密码子的碱基配对遵循摆动规则,当反密码子的第一位碱基是________时,只能识别一种密码子;当反密码子的第一位碱基是________时,可以识别两种密码子;当反密码子的第一位碱基是________时,可以识别三种密码子。
14. 氨基酸在参入多肽链之前必须被活化,即在________的催化下,氨基酸的________通过________与对应的tRNA的3′端________苷酸的________基相连。
15. 大多数生物含有________种氨酰tRNA合成酶,每一种酶对应于一种氨基酸。少数例外,如大肠杆菌有________种氨酰tRNA合成酶。
16. 每一种氨酰tRNA合成酶对底物tRNA和氨基酸都有高度的特异性,通过________识别正确的tRNA,通过________选择正确的氨基酸。
17. 细胞内多肽链合成的方向是从________端到________端,而mRNA的阅读方向是从________端到________端。
18. 原核生物肽链合成的起始氨基酸是________,起始tRNA是________;真核生物肽链合成的起始氨基酸是________,起始tRNA是________;
19. 原核生物依靠mRNA 5′端的________序列与16S rRNA 3′端的________序列相互作用识别起始密码子。
20. 原核生物中负责与起始tRNA结合,帮助其正确进入核糖体的起始因子是________,与小亚基结合,帮助mRNA与16S rRNA相互作用的起始因子是________。
21. 真核生物依靠________机制识别起始密码子,同时要求该起始密码子位于一定的保守序列中,即符合________规则。
22. 真核生物中负责识别帽子结构的帽子结合蛋白由________、________与________三部分组成。其中________具有帽子结合活性,________具有RNA解螺旋酶活性。
23. 原核生物的肽链延伸因子________负责携带氨酰tRNA进入核糖体,________促进核糖体移位。真核生物中负责氨酰tRNA进位的延伸因子是________,促进核糖体移位的延伸因子是________。
24. 原核生物蛋白质合成终止释放因子________识别UAA和UAG,________识别UAA和UGA。真核生物终止释放因子________可以识别三种终止密码子。
25. 蛋白质的半衰期通常与________端的氨基酸性质有关。
26. 已发现体内大多数蛋白质正确的构象的形成需要________的帮助,某些蛋白质的折叠还需要________酶和________酶的催化。
27. 信号肽识别颗粒(SRP)即________,由________和________组成,是一种双功能分子,既可以与________结合,又可以与________结合。

28. 磷酸化是最常见的翻译后共价修饰方式，由________酶催化，主要发生在________三种氨基酸残基上，对微生物而言，被修饰的氨基酸主要是________。
29. 决定蛋白质进入过氧化物酶体的信号肽是________。
30. 蛋白质的________修饰是蛋白质降解的信号。
31. 某一 tRNA 的反密码子是 GGC，它可识别的密码子为________和________。
32. 细胞有专门的机制处理异常 mRNA。原核生物利用________通过________机制处理无终止密码子的缺陷 mRNA，以释放核糖体，并水解合成的异常多肽。真核生物依靠________机制处理提前出现终止密码子的 mRNA，依靠________机制处理无终止密码子的 mRNA。

二、是非题

1. 密码子具有简并性，每一种氨基酸都有两种或者两种以上的密码子编码。
2. tRNA 中含有大量修饰碱基，完全没有修饰的 tRNA 是没有功能的。
3. 氨酰-tRNA 合成酶总是将氨基酸直接转移到 tRNA 3′端腺苷酸的 3′羟基上。
4. 氨酰-tRNA 合成酶总是与 tRNA 受体茎和反密码子茎的大沟结合。
5. 密码子的使用频率与其对应的同工 tRNA 的丰度成正相关。
6. 氨酰-tRNA 合成酶可通过其催化的逆反应对误载的氨基酸进行校对。
7. 原核生物的起始氨基酸与起始 tRNA 形成 Met-tRNA 后被甲酰化，甲酰化是原核生物所有蛋白质合成起始所必需的。
8. 核糖体释放因子 RRF 是原核生物和真核生物翻译过程所必需的蛋白质因子。
9. 在蛋白质生物合成中，所有的氨酰-tRNA 都是首先进入核糖体的 A 部位。
10. 由于遗传密码的通用性，因此真核细胞的 mRNA 可在原核翻译系统中得到正常的翻译。
11. 核糖体蛋白不仅仅参与蛋白质的生物合成。
12. 所有的氨酰-tRNA 的合成都需要相应的氨酰-tRNA 合成酶的催化。
13. EF-Tu 的 GTPase 活性越高，翻译的速度就越快，但翻译的忠实性就越低。
14. fMet-$tRNA_f^{Met}$与 Met-$tRNA_m^{Met}$的合成由同一种氨酰-tRNA 合成酶催化。
15. 对于某一种氨酰-tRNA 合成酶来说，在它的催化下，被识别的氨基酸随机的与其相应的 tRNA 的 3′端 CCA 的 3′-OH 或 2′-OH 形成酯键。
16. tRNA 的个性即是其特有的三叶草结构。
17. 密码子与反密码子的配对符合摆动学说，即密码子的第 1 位与反密码子的第 3 位之间的配对有一定的自由度。
18. tRNA 的个性即第二套密码子由除反密码子(第一套密码子)以外的其他碱基组成。
19. 氨酰-tRNA 进入 A 部位之前，与 EF-Tu 结合的 GTP 必须水解。
20. 真核生物 mRNA 以 5′端的第一个 AUG 作为起始密码子。
21. 蛋白质翻译一般以 AUG 作为起始密码子，有时也以 GUG 为起始密码子，但以 GUG 为起始密码子，则第一个被参入的氨基酸为 Val。
22. 大肠杆菌丙氨酰-tRNA 的合成并不需要 $tRNA^{Ala}$具有完整的三叶草结构。
23. 在大肠杆菌里表达人组蛋白，可直接从人基因组中获取目的基因。

24. 已发现许多蛋白质的三维结构不是由其一级结构决定的，而是由分子伴侣决定的。
25. 肽链的折叠在蛋白质合成结束以后才开始。
26. 线粒体内的翻译系统中，第一个被参入的氨基酸也都是甲酰甲硫氨酸。
27. 甲硫氨酸能够刺激蛋白质的生物合成。
28. 蛋白质的拼接过程是一个自我催化的过程。
29. 没有帽子结构的 mRNA 在真核细胞中无法起始翻译。
30. 内含肽仅存在于单细胞生物。
31. 翻译的起始、延伸、终止都需要 G 蛋白的参与。
32. 有些蛋白质包含内含肽，需要经过反式拼接才能得到有功能的蛋白质。
33. 蛋白质的泛素化修饰是真核生物特有的。
34. 指导蛋白质在细胞内转运和定位的信号序列由蛋白质中连续的氨基酸序列组成。
35. 任何一种氨基酸的缺乏或者氨酰 tRNA 合成酶的失活都可以引起细菌的严谨反应。
36. 原核生物中的三种终止与释放因子分别识别三种终止密码子。
37. 真核生物的转肽酶活性可能由核糖体蛋白提供。
38. 线粒体 tRNA 在识别密码子时遵循更为宽松的摆动原则。
39. eIF5 在真核生物翻译起始过程中的作用是促使 60S 大亚基与 40S 预起始复合物的结合。
40. 新发现的一种抗生素可以抑制大肠杆菌的肽酰转移酶活性，它很可能与 23S rRNA 结合。

三、选择题

（一）单项选择题（下列各题均有五个备选项，其中一个是正确的，请将其代码填入括号内）

1. Ala-$tRNA^{Cys}$可以识别的密码子是(　　)。

A. ACA　　B. UGU　　C. GCG　　D. CGC　　E. UGU 或 GCG

2. 将 $tRNA^{Ala}$作如下突变后，哪一个依然可以携带 Ala？(　　)

A. 将 G3:U70 碱基对突变为 G3:C70

B. 删除 G3:U70 碱基对

C. 将 G3:U70 碱基对突变为 U3:G70

D. 删除其他序列，只保留包含 G3:U70 和反密码子环在内的 24 个核苷酸，组成 $tRNA^{Ala}$微螺旋

E. 都不可以

3. 线粒体翻译体系中存在多少种不同的 tRNA？(　　)

A. 20　　B. 21　　C. 31　　D. 61　　E. 不确定

4. 原核生物中携带起始氨基酸的起始 tRNA 是(　　)。

A. $tRNA_f^{Met}$　　B. $tRNA_i^{Met}$　　C. $tRNA_m^{Met}$　　D. $tRNA^{Met}$　　E. $tRNA_f$

5. 某一种 tRNA 的反密码子为 5′-IUC-3′，它识别的密码子序列是(　　)。

A. AAG　　B. CAG　　C. GAG　　D. GAA　　E. AGG

6. 根据摆动学说，当一个 tRNA 分子上的反密码子的第一个碱基为次黄嘌呤时，它可以和 mRNA 密码子的第三位的几种碱基配对？(　　)

A. 1　B. 2　C. 3　D. 4　E. 5

7. 大肠杆菌中有多少种氨酰 tRNA 合成酶？(　　)

A. 20　B. 21　C. 19　D. 22　E. 不确定

8. 以下蛋白质中哪一个不属于 G 蛋白家族？(　　)

A. IF-1　B. IF-2　C. EF-G　D. EF-Tu　E. EF-2

9. 以下哪一种抑制剂只能抑制真核生物细胞质的蛋白质合成？(　　)

A. 氯霉素　B. 红霉素　C. 放线菌酮　D. 嘌呤霉素　E. 四环素

10. 既能抑制原核又能抑制真核细胞及其细胞器蛋白质合成的抑制剂是(　　)。

A. 氯霉素　B. 红霉素　C. 放线菌酮　D. 嘌呤霉素　E. 蓖麻毒素

11. 白喉毒素能够抑制真核生物细胞质的蛋白质合成，是因为它抑制了蛋白质合成的哪一个阶段？(　　)

A. 氨基酸的活化　B. 起始　C. 氨酰-tRNA 的进位

D. 转肽　E. 移位反应

12. 一个 N 端氨基酸为丙氨酸的 20 肽，其开放的阅读框架至少应该由多少个核苷酸残基组成？(　　)

A. 60　B. 63　C. 66　D. 57　E. 69

13. 使用 $(GUA)_n$ 作为模板在无细胞翻译系统中进行翻译，可得到几种多肽？(　　)

A. 1 种　B. 2 种　C. 3 种　D. 4 种　E. 不确定

14. 大肠杆菌素 Col E_3 能够抑制原核细胞的蛋白质合成，其抑制的机制是(　　)。

A. 作为一种核酸内切酶切掉 16S rRNA 的 3′端的一段核苷酸序列

B. 作为一种核酸内切酶切掉 16S rRNA 的 5′端的一段核苷酸序列

C. 作为一种核酸内切酶切掉 23S rRNA 的 3′端的一段核苷酸序列

D. 作为一种核酸内切酶切掉 23S rRNA 的 5′端的一段核苷酸序列

E. 作为转位酶的抑制剂

15. 以下哪一种蛋白质因子在 GTP 的存在下，至少可以局部地保护 Met-$tRNA_m^{Met}$ 防止核酸酶对它的降解？(　　)

A. EF-Ts　B. EF-Tu　C. EF-G　D. IF-2　E. RF-3

16. 真核细胞的蛋白质可经历泛酰化修饰，被修饰的氨基酸残基是(　　)。

A. Gly　B. Ala　C. Lys　D. Arg　E. Gln

17. 在蛋白质分子中下面所列举的氨基酸哪一种最不容易突变？(　　)

A. Arg　B. Gly　C. Val　D. Asp　E. Met

18. 以下哪一种氨基酸取代突变最容易出现表现型的改变？(　　)

A. Arg→Lys　B. Asp→Glu　C. Ser→Thr　D. Val→Ile　E. Trp→Pro

19. 一个突变细胞系的甘露糖-6-磷酸的受体基因缺失，预测该细胞系将发生(　　)。

A. 在高尔基体内不能发生 O-联结的寡糖链的添加

B. 溶酶体酶将不能正确地定向

C. 受体介导的内吞事件将增加

D. 细胞液中的甘露糖-6-磷酸的浓度将提高

E. 从内质网上产生的小泡将不能和高尔基体顺面融合

20. 蛋白质可以通过下列哪一种共价修饰而被锚定在细胞膜上？(　　)
A. 磷酸化　B. 糖基化　C. 脂酰基化　D. 乙酰化　E. γ-羧基化
21. 分子伴侣通常具有什么酶活性？(　　)
A. 蛋白激酶　B. 核酸内切酶　C. 磷酸化酶　D. ATPase　E. 蛋白水解酶
22. 蛋白质内含肽通常具有什么酶活性？(　　)
A. 蛋白激酶　B. 核酸内切酶　C. 磷酸化酶　D. ATPase　E. 蛋白水解酶
23. 下列蛋白质中哪一种的信号序列位于多肽链内部？(　　)
A. 分泌蛋白　B. 线粒体蛋白　C. 叶绿体蛋白　D. 核蛋白　E. 内质网蛋白
24. 下列哪一种蛋白质因子具有依赖于 ATP 酶(ATPase)的 RNA 解螺旋酶(RNA helicase)活性？(　　)
A. eIF4A　B. eIF4B　C. eIF4C　D. eIF4E　E. eIF4G
25. 下列哪一种蛋白质因子具有帽子结合活性？(　　)
A. eIF4A　B. eIF4B　C. eIF4C　D. eIF4E　E. eIF4G
26. 反式翻译依赖于下列哪一种 RNA 分子？(　　)
A. 反义 RNA　B. microRNA　C. snRNA　D. tmRNA　E. gRNA
27. 下列哪一种由核基因编码的蛋白质在粗面内质网上合成？(　　)
A. 溶酶体蛋白　B. 线粒体蛋白　C. 叶绿体蛋白
D. 核蛋白　E. 过氧化物酶体蛋白
28. 信号肽识别颗粒(SRP)的化学本质是(　　)。
A. 蛋白质　B. RNA　C. DNA
D. 蛋白质与 RNA 的复合物　E. 蛋白质与 DNA 的复合物
29. 下列哪一种处理会导致原核生物核糖体大亚基的转肽酶活性完全丧失？(　　)
A. 蛋白酶 K 消化　B. SDS 抽提　C. DNase 处理
D. RNase 处理　E. 碱性溶液处理
30. 在大肠杆菌中终止密码子后出现频率最高的核苷酸是(　　)。
A. A　B. G　C. U　D. C　E. I

(二) 多项选择题(下列各题均有四个备选项,其中两个或两个以上为正确选项,请将正确选项的代码填入括号内)

1. 蛋白质合成所需要的能量主要来自下列哪些高能化合物？(　　)
A. ATP　B. GTP　C. CTP　D. UTP
2. 原核生物和真核生物蛋白质合成起始的主要差异是(　　)。
A. 识别的起始密码子不同　B. 识别起始密码子的方式不同
C. 起始氨基酸不同　D. 运载起始氨基酸的 tRNA 不同
3. 哪些抑制剂可以抑制原核生物的转肽酶活性？(　　)
A. 氯霉素　B. 林可霉素　C. 稀疏霉素　D. 放线菌酮
4. 哪些蛋白质在细胞质中已经完全折叠成有功能的形式？(　　)
A. 过氧化物酶体蛋白　B. 线粒体蛋白　C. 叶绿体蛋白　D. 核蛋白
5. 细胞内蛋白质的定向与分拣有共翻译途径和翻译后途径两种机制。下列蛋白质的定向与分拣哪些属于翻译后途径？(　　)

A. 溶酶体蛋白 B. 线粒体蛋白 C. 叶绿体蛋白 D. 核蛋白

6. 下列有关嘌呤霉素的描述正确的有(　　)。
   A. 分子结构与氨酰-tRNA 非常相似
   B. 可以与核糖体 A 部位结合
   C. 可以抑制肽酰转移酶的活性
   D. 既可以抑制原核生物的蛋白质合成,又能抑制真核生物的蛋白质合成
7. 下列有关氨酰-tRNA 合成酶的描述正确的有(　　)。
   A. 每一种氨酰-tRNA 合成酶一般只能识别一种 tRNA
   B. 每一种氨酰-tRNA 合成酶一般只能识别一种氨基酸
   C. 大多数生物体内只含有 20 种氨酰-tRNA 合成酶
   D. 每一种氨酰-tRNA 合成酶对底物:tRNA 和氨基酸都具有高度的特异性
8. 下列有关蛋白质翻译后共价修饰的描述正确的是(　　)。
   A. 蛋白质的共价修饰可以调节被修饰蛋白质的活性
   B. 蛋白质的共价修饰既可以发生在氨基酸残基侧链上,也可以发生在 N 端氨基或 C 端羧基上
   C. 蛋白质的磷酸化是由蛋白激酶催化的可逆反应
   D. 泛酰化是真核生物特有的共价修饰方式
9. 下列有关 EF-Tu 和 EF-G 的描述正确的是(　　)。
   A. EF-Tu 和 EF-G 空间结构非常相似
   B. EF-Tu 和 EF-G 都是 G 蛋白
   C. EF-Tu 和 EF-G 与核糖体的结合部位相同或相近
   D. EF-Tu 和 EF-G 离开核糖体都依赖于 GTP 的水解
10. 下列哪些蛋白质因子可以与核糖体 A 部位结合?(　　)
    A. IF-2 B. eRF-1 C. RRF D. EF-G
11. 下列哪些突变可能导致翻译的忠实性下降?(　　)
    A. 氨酰-tRNA 合成酶的突变 B. EF-Tu 突变使其 GTP 酶活性升高
    C. EF-Tu 突变使其 GTP 酶活性下降 D. 真菌的 eEF-3 发生突变
12. eIF4F 实际上是多种蛋白质因子形成的复合物,下列蛋白质因子中哪些是 eIF4F 的组分?(　　)
    A. eIF4A B. eIF4B C. eIF4E D. eIF4G
13. 下列哪些抑制剂只抑制真核生物的蛋白质合成?(　　)
    A. 白喉毒素 B. 蓖麻毒素 C. 嘌呤霉素 D. 梭链孢酸
14. 蛋白质的翻译后加工反应有些在肽链合成尚未结束之前就已经展开。下列哪些加工方式在肽链合成结束之前已经开始?(　　)
    A. 信号肽序列的切除 B. 多肽链的折叠
    C. 糖基化修饰 D. 蛋白质的拼接
15. 下列哪些信号肽位于新生肽链的 N 端?(　　)
    A. 引导新生肽链进入内质网的信号肽
    B. 核基因编码的线粒体蛋白的导肽序列

C. 指导蛋白质进入细胞核的核定位序列

D. 指导蛋白质进入过氧化物酶体的过氧化物酶体定向序列

四、名词解释

1. 翻译(translation)
2. 多聚核糖体(polysomes)
3. 开放阅读框(open reading frame,ORF)
4. 核糖体结合位点(ribosome binding site,RBS)
5. SD 序列(Shine-Dalgarno sequence)
6. 反 SD 序列
7. 多顺反子(polycistron)
8. 单顺反子(monocistron)
9. 同工 tRNA(isoaccepting tRNA)
10. 遗传密码(genetic code)
11. 密码子(codon)
12. 反密码子(anticodon)
13. 密码子的兼并性(degenerate)
14. 同义密码子(synonym codon)
15. 密码子的偏爱性(codon bias)
16. 密码子的摆动性(wobble rule)
17. tRNA 的个性(tRNA identity)
18. 起始因子(initiation factor,IF)
19. 延伸因子(elongation factor,EF)
20. 释放因子(release factor,RF)
21. 扫描机制(the scanning model)
22. Kozak 规则(Kozak's rule)
23. 蛋白质翻译后加工(post-translation processing)
24. 蛋白质拼接(protein splicing)
25. 内含肽(intein)
26. 外显肽(extein)
27. 蛋白质的定向与分拣(protein targeting and sorting)
28. 信号肽(signal peptide)
29. 信号斑(signal patch)
30. 信号学说(signal hypothesis)

五、问答题

1. 根据中心法则,有三个过程涉及遗传信息从一个分子传递到另一个分子:复制(DNA→DNA)、转录(DNA→RNA)和翻译(RNA→蛋白质),这三个过程通过相关的化学机制传递遗传信息,请解释为什么说翻译中使用的遗传信息传递机制与另外两个过程相似。

2. 如何通过实验证明:SD 序列与反 SD 序列之间的相互作用而不是 SD 序列本身是原核生物识别起始密码子的关键?
3. 标出下列序列中的 SD 序列、起始密码子、终止密码子,并写出该 mRNA 所编码的多肽的氨基酸序列。

   5′-AUUCCCAGGAGGUUUGACCUAUGAAACCCGCAGGGACAGAGAATTCTUAGUUUUUU- 3′
4. 什么是无细胞翻译系统? 经常被使用的无细胞翻译系统有哪些? 一个无细胞翻译系统中需要有哪些成分才能满足翻译条件?
5. 为什么 m^7GTP 能够抑制真核细胞的蛋白质合成,但不抑制原核细胞的蛋白质合成? 相反人工合成的 SD 序列能够抑制原核细胞的蛋白质合成,但不抑制真核细胞的蛋白质合成?
6. 嘌呤霉素和蓖麻毒素都能够抑制真核细胞的蛋白质合成,但嘌呤霉素抑制的效果明显低于同剂量的蓖麻毒素,试解释这种现象。
7. 简述原核细胞与真核细胞细胞质蛋白质生物合成的主要区别。如果要在原核细胞中高效表达真核细胞的基因,需要注意什么?
8. 使用等物质的量的 ADP 和 UDP 在多聚核苷酸磷酸化酶的作用下,得到的随机共聚物作为 mRNA,放入无细胞翻译系统中进行翻译,会有哪些氨基酸被参入? 各种氨基酸的比例是多少?
9. IF-2、EF-Tu、EF-G 和 RF-3 在蛋白质合成中的作用显著不同,但这四种蛋白质中都有一个氨基酸序列十分相似的结构域。推测该结构域的功能会是什么?
10. 蛋白质合成的准确性跟哪些因素有关?
11. 虽然密码子存在通用性,但是不同生物体对密码子的使用仍然有偏爱性,分析基因中使用密码子的情况可以提供哪些有用信息?
12. 影响蛋白质正确折叠的因素有哪些?
13. 一种 α-地中海贫血症的病因是其 α-珠蛋白基因的起始密码子周围序列从 ACCAUGG 突变成了 CCCAUGG,请解释。
14. 尽管蛋白质的水解在热力学上是有利的,但是由泛素介导的蛋白质选择性降解却需要消耗 ATP。试解释 ATP 对于这种形式的降解为什么是必需的。
15. 在肽链延伸过程中,氨基酸进位和核糖体移位两步都需要 GTP 提供能量,但肽键形成这一步却不依赖于 GTP,那么转肽反应的能量来自哪里?
16. 一种 mRNA 的 5′UTR 序列特别长,而且其 AUG 处于不利的翻译起始环境,但是当细胞受到细小 RNA 病毒感染后,该 mRNA 的翻译水平显著升高,请解释。
17. 实验发现同一基因编码的两种蛋白质序列高度同源,但是一种是分泌蛋白,一种位于细胞质中,请解释可能的机制。
18. 某些细菌的某些蛋白质基因(如大肠杆菌乳糖操纵子的阻遏蛋白 lac I)以 GUG 而不是 AUG 作为起始密码子,对此现象请回答以下问题:

    (1) 这些基因的翻译产物第一个参入的氨基酸仍然是甲酰甲硫氨酸吗?

    (2) 为什么其基因内部的 AUG 不能作为起始密码子?

    (3) 如果将此 GUG 突变成 AUG,这些基因的翻译效率会有何变化?

(4) 起始 tRNA 如何识别 GUG？这种现象可以用摆动规则解释吗？

19. 如果甲硫氨酰 tRNA 转甲酰基酶发生突变，不能区分底物 Met-tRNA$_f^{Met}$ 和 Met-tRNA$_m^{Met}$，都可以进行甲基化，预测将对翻译产生什么影响？
20. 作为遗传信息传递和表达的三个关键步骤，复制、转录、翻译都需要有一定的忠实性，请解释这三种过程分别依靠哪些机制保证忠实性。
21. 指导蛋白质定向与分拣的信号序列有些最终被切除，有些不被切除。指导蛋白质进入细胞核的核定位序列（NLS）在蛋白质进入细胞核后也不被切除，分析其意义？

提　高　题

一、填充题

1. 生物体使用的三种终止密码子是________，其中________在特定环境下还兼作含硒半胱氨酸（Sec）的密码子，________在特定环境下还兼作吡咯赖氨酸的密码子。
2. 生物体对终止密码子的使用有选择性，三种终止密码子中________使用频率最高；终止密码子之后的第一个核苷酸的使用频率也不同，原核生物更倾向于使用________，而真核生物更倾向于使用________。
3. 某些蛋白质基因的编码链上并无终止密码子，但可以通过 Pre-mRNA 的________和________两种后加工方式引入终止密码子。
4. 无细胞翻译系统翻译出来的多肽链通常比在完整细胞中翻译的产物要长，这是因为________。
5. 环状 RNA 不能有效地作为真核翻译系统的模板是因为________。
6. 蛋白质的________与________共价修饰在细胞内的信号传导过程中具有重要意义。
7. 组蛋白的________与________共价修饰在真核生物基因转录调控中起重要作用。
8. 在游离核糖体上合成的线粒体蛋白一般以________状态穿过线粒体膜，进入线粒体。
9. EF-Tu 与氨酰-tRNA 形成的复合物与________具有相似的空间结构。
10. ________因为与________结构相似，因此既可以抑制原核生物，又能够抑制真核生物的蛋白质合成。

二、是非题

1. 含硒半胱氨酰-tRNA 是由游离的含硒半胱氨酸与 tRNA^{Sec}合成而来。
2. 含硒半胱氨酸的参入需要一种新的延伸因子。
3. 绝大多数含硒蛋白是氧化还原酶。
4. 磷酸化的 eIF4E 与帽子结构的亲和力下降。
5. 干扰素促进 eIF2α 的磷酸化而抑制翻译。
6. 多顺反子 mRNA 具有一个翻译起始密码子和多个翻译终止密码子。
7. 真核生物 mRNA 5′端的二级结构会影响起始密码子的识别，如果 AUG 处在一个发夹结构的配对区，则无法被识别，起始翻译。
8. 蛋白质合成过程中核糖体也具有校对作用，氨酰-tRNA 在将其携带的氨基酸转移到多肽链上之前，核糖体可以排斥错误的氨酰-tRNA。

9. 反式翻译只存在于原核生物。

10. 组氨酸蛋白激酶只存在于原核生物中。

三、选择题

（一）单项选择题（下列各题均有五个备选项，其中一个是正确的，请将其代码填入括号内）

1. 预测下列哪一种氨酰-tRNA 合成酶不需要有校对的功能？（　　）

A. 甘氨酰-tRNA 合成酶　B. 丙氨酰-tRNA 合成酶
C. 精氨酰-tRNA 合成酶　D. 谷氨酰-tRNA 合成酶
E. 色氨酰-tRNA 合成酶

2. 将某种抗生素和^{14}C标记的 Leu 一起加入大肠杆菌培养基之中，一段时间后，从细菌中分离所有的蛋白质，包括仅部分合成的蛋白质（在蛋白质纯化过程中，残留的肽酰-tRNA 的键很容易被水解），发现蛋白质具有放射性。如果使用酶法将样品中所有蛋白质的 C 端氨基酸切除以后，蛋白质不再有放射性。推测这种抗生素的作用机制是（　　）。

A. 选择性抑制肽酰转移酶的活性　B. 抑制亮氨酰-tRNA 合成酶的活性
C. 抑制 RF-1 和 RF-2 的活性　D. 选择性抑制移位因子（EF-G）的活性
E. 抑制起始复合物的形成

3. 大肠杆菌 Met-$tRNA_f^{Met}$转甲酰酶的一种突变使其能够以 Met-$tRNA_m^{Met}$为底物，这种突变给翻译带来的最可能的后果是（　　）。

A. 抑制转肽翻译，降低翻译速度　B. 起始 AUG 参入 Met
C. 产生以 fMet 结束的短肽　D. fMet 参入内部的 AUG 密码子
E. 翻译的延伸完全被抑制

4. 如果核酸分子只有两种类型的核苷酸组成，那么为了决定 20 种氨基酸，组成一个密码子至少需要几个核苷酸（　　）。

A. 3　B. 4　C. 5　D. 6　E. 10

5. 猜测下列哪一种突变对生物体的影响最小？（　　）

A. RF-1　B. RF-2　C. RF-3　D. EF-Tu　E. EF-G

6. 凝血酶原的活性依赖于下列哪一种共价修饰？（　　）

A. 磷酸化　B. 乙酰化　C. 羟基化　D. 脂酰基化　E. γ-羧基化

7. 如果有一种抑制剂可以与 EF-G 结合，使其失活，那么这种抑制剂将对蛋白质合成产生什么影响？（　　）

A. 几乎没有影响　B. 蛋白质不能合成
C. 合成的蛋白质肽链比预期的短　D. 合成的蛋白质没有正常功能
E. 蛋白质合成的准确率下降

8. 假如内质网中的信号肽酶失活，对粗面内质网上蛋白质的合成可能产生什么影响？（　　）

A. 几乎没有影响　B. 蛋白质不能正常合成
C. 合成的蛋白质肽链比预期的短　D. 合成的蛋白质没有正常功能

E. 合成的蛋白质不能正确定位

（二）多项选择题（下列各题均有四个备选项，其两个或两个以上为正确选项，请将正确选项的代码填入括号内）

1. 下列蛋白质因子哪些具有与 tRNA 相似的空间结构？（ ）

A. EF-Tu　B. EF-G　C. eRF-1　D. RRF

2. 下列有关 non-stop mRNA 的说法正确的是（ ）。

A. non-stop mRNA 对原核生物和真核生物都有害

B. 原核生物和真核生物中 non-stop mRNA 的翻译都依赖于 tmRNA

C. 在原核生物和真核生物中 non-stop mRNA 的命运都是被降解

D. 不同生物体中的 tmRNA 结构相同

3. 下列哪些共价修饰与赖氨酸残基有关？（ ）

A. 乙酰化　B. 甲基化　C. 羟基化　D. 泛素化

4. 迄今已在下列哪些生物体中发现内含肽的存在？（ ）

A. 酵母　B. 细菌　C. 病毒　D. 高等植物

四、名词解释

1. 稀有密码子（rare codon）
2. 稀有 tRNA（rare tRNA）
3. 丰富密码子（abundant codon）
4. 丰富 tRNA（abundant tRNA）
5. 双筛机制（double sieve mechanism）
6. 遗漏扫描（the leaky scanning）
7. 分子伴侣（molecular chaperon）
8. 内部核糖体进入位点（internal ribosome entry sequence，IRES）
9. 蛋白质的反式拼接（trans-splicing of protein）
10. 细胞核定位序列（nuclear localization sequence，NLS）
11. 反式翻译（trans-translation）
12. 转运-信使 RNA（transfer-messenger RNA，tmRNA）

五、问答题

1. 如何确定一个蛋白质在翻译过程中经历了跳跃翻译？
2. 如何证明某一种蛋白质在后加工过程中经历了蛋白质拼接？
3. 在来源于大肠杆菌的无细胞翻译系统之中，使用 AUGUUUUUUUUUUUU 作为模板，指导 fMet-Phe-Phe-Phe-Phe 的合成，在抑制剂 farsomycin 存在下，该模板只能指导 fMet-phe 合成，试问：

（1）farsomycin 抑制多肽链合成的哪一步？

（2）无抑制剂条件下得到的寡肽和有抑制剂条件下得到的二肽，哪一个在反应的最后与 tRNA 相结合的，为什么？

（3）有哪些抑制剂与 farsomycin 作用方式相似？

4. 从一个表现型回复的 T4 噬菌体的突变体中,通过蛋白质指纹分析得到一变异的九肽,其氨基酸序列是 Cys-Glu-Thr-Met-Ser-His-Ser-Tyr-Arg,而野生型 T4 噬菌体相当于这种九肽的肽段序列是 Cys-Glu-Asp-His-Val-Pro-Gln-Tyr-Arg。试问这种突变是怎样产生的?推测以上肽段在蛋白质中的功能。
5. 简述蛋白质糖基化修饰的类型和生物学意义。
6. 一些抑制原核生物翻译机制的抗生素会对人体产生副作用,请解释。

答　案

基　础　题

一、填充题

1. A　P　E　P　A
2. rRNA
3. 大　小　S21
4. 小亚基　大亚基
5. 内质网　粗面内质网
6. 多　单
7. 73~93 核苷酸　CCA　修饰核苷酸　三叶草结构　倒 L 结构　碱基与骨架　骨架与骨架　半保守
8. 转运氨基酸到达核糖体　通过反密码子与密码子的相互作用解码遗传信息　70 多　20
9. 64　AUG　GUG　UUG　AUU
10. Met　Trp
11. 三　嘌呤核苷酸　嘧啶核苷酸
12. AUA　Trp　Trp　Ser
13. A 或 C　G 或 U　I
14. 氨酰-tRNA 合成酶　α 羧基　高能酯键　腺羟
15. 20　21
16. tRNA 的个性　双筛机制
17. N　C　5′　3′
18. 甲酰甲硫氨酸　$tRNA_f^{Met}$　甲硫氨酸　$tRNA_i^{Met}$
19. SD　反 SD
20. IF-2　IF-3
21. 扫描　Kozak
22. eIF4E　eIF4A　eIF4G　eIF4E　eIF4A
23. EF-Tu　EF-G　eEF-1　eEF-2
24. RF-1　RF-2　eRF-1
25. N
26. 分子伴侣　二硫键异构酶　脯氨酰肽酰异构酶
27. 信号识别颗粒　RNA　蛋白质　新生肽链 N 端的信号肽　内质网膜上的 SRP 受体
28. 蛋白激酶　Ser、Thr、Tyr　His
29. SKF 或 SKL
30. 泛素化
31. GCC　GCU
32. tmRNA　反式翻译　无义介导的 mRNA 降解　无终止 mRNA 降解

二、是非题

1. 错。色氨酸和甲硫氨酸只有一个密码子。
2. 对。
3. 错。氨酰-tRNA 合成酶分为两类,第一类先将氨基酸转移到 tRNA 3′端腺苷酸的 2′羟基上,然后再转移到 3′羟基上。第二类总是将氨基酸转移到 tRNA 3′端腺苷酸的 3′羟基上。
4. 错。氨酰-tRNA 合成酶分为两类,第一类与 tRNA 受体茎和反密码子茎的小沟结合。第二类与 tRNA 受体茎和反密码子茎的大沟结合。
5. 对。
6. 错。氨酰-tRNA 合成酶是通过其水解酶活性进行校对,并非逆反应(焦磷酸解)。
7. 错。Met-$tRNA_f^{Met}$ 的甲酰化对原核生物的蛋白质合成非常重要,不能甲酰化的突变体有严重的生长缺陷,但是甲酰化并不是原核生物所有蛋白质合成起始所必需的。
8. 错。核糖体释放因子 RRF 是原核生物而非真核生物翻译过程所必需的蛋白质因子。
9. 错。在蛋白质生物合成中,起始氨酰-tRNA 进入核糖体 P 位,其他的氨酰-tRNA 都是首先进入核糖体的 A 位。

10. 错。真核细胞 mRNA 的 5′端无 SD 序列，因此在原核细胞翻译系统中，不能有效地翻译。
11. 对。核糖体蛋白质可在核糖体外参与复制、转录、后加工等过程。
12. 错。某些生物缺乏谷氨酰胺酰-tRNA 合成酶或天冬酰胺酰-tRNA 合成酶，相应的 Gln-$tRNA^{Gln}$ 或 Asn-$tRNA^{Asn}$ 的合成先是由谷氨酰-tRNA合成酶或天冬氨酰-tRNA 合成酶催化形成误载的 Glu-$tRNA^{Gln}$ 或 Asp-$tRNA^{Asn}$，再经过酰胺化反应生成 Gln-$tRNA^{Gln}$ 或 Asn-$tRNA^{Asn}$。
13. 对。EF-Tu 的 GTPase 活性越高，允许密码子和反密码子校对的时间就越短，因而忠实性就降低，而翻译的速度反而提高。
14. 对。fMet-$tRNA_f^{Met}$ 与 Met-$tRNA_m^{Met}$ 的合成由同一种氨酰-tRNA 合成酶催化。
15. 错。20 种氨酰-tRNA 合成酶可分为两类，一类将氨基酸转移到相应 tRNA 的 3′端 CCA 的 2′-羟基上，另一类将氨基酸转移到相应 tRNA 的 3′端 CCA 的 3′-羟基上。但对于某一种氨酰-tRNA 合成酶来说，将氨基酸转移到哪一位的羟基上是确定的，并不是随机的。
16. 错。tRNA 是一个 tRNA 分子上决定所携带氨基酸性质的核苷酸序列和阻止其他氨基酸被携带的核苷酸序列。不同种的 tRNA 的个性是不同的。
17. 错。密码子的第三位与反密码子的第一位之间的配对有一定的自由度。
18. 错。有些 tRNA 的个性包含反密码子，如 $tRNA^{Phe}$；有些 tRNA 的个性不包含反密码子，如 $tRNA^{Ser}$。
19. 错。氨酰-tRNA 进入 A 部位以后，与 EF-Tu 结合的 GTP 才被水解，水解的意义在于释放出 EF-Tu。
20. 错。真核生物 mRNA 一般以 5′端的第一个 AUG 作为起始密码子，但是少数情况下，如果第一个 AUG 处在一个不合适的环境中，会发生遗漏扫描，继续寻找下一个 AUG。
21. 错。不管哪一个是起始密码子，被参入的氨基酸仍然是 Met。
22. 对。$tRNA^{Ala}$的个性是一个特殊的 G3:U70 碱基对，保留该碱基对的 $tRNA^{Ala}$类似物也能被大肠杆菌丙氨酰-tRNA 合成酶识别，不需要完整的三叶草结构。
23. 对。组蛋白基因不含内含子，因此可从基因组中直接获取它的基因。
24. 错。分子伴侣在多肽链的折叠过程中起辅助作用，对蛋白质三维结构起决定性的因素仍然是它的一级结构。
25. 错。翻译过程中，核糖体可以保护 30~40 个氨基酸残基，一旦多肽链从核糖体中伸出，就开始多肽链折叠和翻译后修饰。
26. 错。哺乳动物线粒体翻译的蛋白质第一个氨基酸不是甲酰甲硫氨酸。
27. 对。由于蛋白质生物合成中第一个被参入的氨基酸通常是甲硫氨酸，因此甲硫氨酸能够刺激翻译。
28. 对。
29. 错。一些病毒 mRNA 没有帽子结构，但是可以依靠内在的核糖体进入位点起始翻译。
30. 对。迄今为止发现的 150 多种内含肽都存在于单细胞生物。
31. 对。翻译的起始因子 IF-2、延伸因子 EF-Tu、EF-G、终止与释放因子 RF-3 都是 G 蛋白。
32. 对。
33. 对。
34. 错。指导蛋白质在细胞内转运和定位的氨基酸序列有些是连续的，有些是不连续的。
35. 对。任何一种氨基酸的缺乏或者氨酰 tRNA 合成酶的失活都可以导致空载 tRNA 进入核糖体 A 位而引起细菌的严谨反应。
36. 错。原核生物中的三种终止与释放因子：RF-1 识别 UAA 和 UAG，RF-2 识别 UAA 和 UGA，RF-3 起辅助作用。
37. 对。
38. 对。线粒体中的 tRNA 种类比原核生物和真核生物细胞质中的 tRNA 种类少，要识别 60 多种密码子，需要遵循更为宽松的摆动原则。
39. 错。eIF5 的作用是促进 eIF2 的 GTPase 活性。
40. 对。

三、选择题

（一）单项选择题

1. (B) $tRNA^{Cys}$的反密码子是 ACA，可以识别的密码子是 UGU。
2. (D) $tRNA^{Ala}$的个性是一个非常规的 G3:U70 碱

基对，将 G3:U70 突变成 G:C、A:U 或 U:G 都会使之不能携带 Ala，但是保留包含 G3:U70 和反密码子环在内的 24 个核苷酸组成的 $tRNA^{Ala}$ 微螺旋可以被丙氨酰-tRNA 合成酶识别，携带 Ala。

3.（B）线粒体翻译体系中只有 21 种不同的 tRNA，可能存在更为宽松的摆动规则。

4.（A）原核生物中携带起始氨基酸的起始 tRNA 是 $tRNA_f^{Met}$。

5.（D）根据摆动规则，tRNA 反密码子第一位的 I 可以与密码子第三位的 U、C 或 A 配对。

6.（C）见上一题。

7.（B）大多数生物体含有 20 种氨酰 tRNA 合成酶，但是少数例外，如大肠杆菌有 21 种氨酰 tRNA 合成酶。

8.（A）IF-2、EF-Tu、EF-G、EF-2 都能够与 GTP 结合，并都有 GTPase 活性，因此都属于 G 蛋白家族。

9.（C）四环素、氯霉素和红霉素专门抑制原核细胞的蛋白质合成，嘌呤霉素既能抑制原核细胞的蛋白质合成，又能抑制真核细胞的蛋白质合成，只有放线菌酮才是真核细胞细胞质合成的特异性抑制剂。

10.（D）见上一题。

11.（E）白喉毒素的 A 亚基催化 NAD^+ 上的 ADP-核糖基转移到 EF-2 上，导致移位因子失活，因此白喉毒素抑制的是真核细胞细胞质蛋白质合成的移位反应。

12.（C）该 ORF 由 20×3+3（起始密码子）+3（终止密码子）= 66 个核苷酸组成。

13.（B）$(GUA)_n$ 含有 GUA、UAG 和 AGU 三种密码子，其中 UAG 为终止密码子，翻译从 GUA 或 AGU 开始可得到两种多肽。

14.（A）原核细胞对起始密码子的识别需要 mRNA 5′端的 SD 序列与 16S rRNA 3′端的反 SD 序列之间的互补作用，大肠杆菌素 Col E_3 能够将 16S rRNA 3′端的一段包括反 SD 序列在内的核苷酸序列切下，而抑制原核细胞的蛋白质合成。

15.（B）EF-Tu 作为蛋白质合成的延伸因子，能够与 $Met\text{-}tRNA_m^{Met}$ 及 GTP 形成三元复合物，从而保护 $Met\text{-}tRNA_m^{Met}$ 防止核酸酶对它的降解。

16.（C）泛素 C 端的羧基与靶蛋白 Lys 残基的 ε-氨基形成酰胺键。

17.（A）5 种氨基酸中，Arg 的同义密码子最多，为 6 个，因此碱基突变对它的影响最小。

18.（E）在 5 种突变中，只有 Trp→Pro 的变化最大，因此它对蛋白质的功能影响最大，很容易导致生物体出现表型的变化。

19.（B）定位于溶酶体的蛋白质需要在高尔基体经历甘露糖-6-磷酸化修饰，修饰以后可被特殊的受体蛋白识别，缺乏受体蛋白必然导致有关的蛋白质不能正确地定位。

20.（C）

21.（D）分子伴侣通常具有 ATPase 酶活性，可以水解 ATP，为蛋白质折叠提供能量。

22.（B）蛋白质内含肽通常具有核酸内切酶活性，可以催化自身 DNA 转移到其他基因内部。

23.（D）核蛋白的信号序列被称为核定位序列，位于多肽链内部。

24.（A）eIF4A 是一种依赖于 ATPase 的 RNA helicase。

25.（D）eIF4E 具有帽子结合活性。

26.（D）原核生物利用 tmRNA 进行反式翻译，tmRNA 是一种特殊的 RNA，兼有 tRNA 和 mRNA 的功能，可以携带氨基酸，并有一段带有终止密码子的开放阅读框。

27.（A）溶酶体蛋白在与内质网结合的核糖体中合成。

28.（D）SRP 是由 RNA 与蛋白质形成的复合物。

29.（D）原核生物的转肽酶活性由核糖体大亚基中的 23S rRNA 承担，RNase 处理可以使转肽酶活性完全丧失，蛋白酶 K 消化或 SDS 抽提都可以保留部分转肽酶活性，DNase 不能水解 RNA，而且 RNA 对碱溶液也比较稳定。

30.（C）不同生物对位于终止密码子后的第一个核苷酸的使用频率不同，原核生物更倾向于使用 U，而真核生物更偏爱使用 G。

（二）多项选择题

1.（A、B）蛋白质合成所需的能量主要由 ATP 和 GTP 提供。

2.（B、C、D）原核生物和真核生物蛋白质合成识别的起始密码子都是 AUG，但是识别的方式不同：原核生物依靠 SD 序列，真核生物依靠帽子结构和扫描机制。起始氨基酸不同：原核生物是甲酰甲硫氨酸，真核生物是未甲酰化的甲硫氨酸。运载起始氨基酸的 tRNA 不同:原核生物是 $tRNA_f^{Met}$,真核生物是 $tRNA_i^{Met}$。

3. (A、B、C) 氯霉素、林可霉素和稀疏霉素可以抑制原核生物的转肽酶活性,放线菌酮抑制真核生物的转肽酶活性。
4. (A、D) 过氧化物酶体蛋白和核蛋白在细胞质中已经完全折叠成有功能的形式,线粒体蛋白和叶绿体蛋白分别以去折叠形式穿过线粒体膜和叶绿体膜,在线粒体基质或叶绿体基质中重新折叠成有功能的形式。
5. (B、C、D) 定位于线粒体、叶绿体、细胞核和过氧化物酶体的蛋白质的定向与分拣属于翻译后途径。
6. (A、B、D) 嘌呤霉素的分子结构与氨酰-tRNA 非常相似,因此能够冒充氨酰-tRNA 进入核糖体 A 位,肽酰转移酶照样可以将 P 位上的肽酰-tRNA 分子中的肽酰基转移到嘌呤霉素的氨基上,但是形成的肽酰嘌呤霉素不能移位,很快与核糖体解离,使肽链合成提前结束。
7. (B、C、D) 氨酰-tRNA 合成酶对底物:tRNA 和氨基酸都具有高度的特异性。每一种氨酰-tRNA 合成酶一般只能识别一种氨基酸,因此大多数生物体内只含有 20 种氨酰-tRNA 合成酶。但是每一种氨酰-tRNA 合成酶可以识别针对同一种氨基酸的几种同工 tRNA。
8. (A、B、D) 蛋白质的共价修饰既可以发生在氨基酸残基侧链上,也可以发生在 N 端氨基或 C 端羧基上;对氨基酸残基的修饰不仅可以改变蛋白质的理化性质,也可以调节被修饰蛋白质的活性;泛酰化是真核生物特有的共价修饰方式,是蛋白质被蛋白酶体降解的标记;蛋白质的磷酸化由蛋白激酶催化,去磷酸化由磷酸酶催化,磷酸化反应本身消耗了 ATP 提供的能量,反应不可逆。
9. (B、C、D) EF-Tu-氨酰-tRNA 复合物和 EF-G 的空间结构非常相似;EF-Tu 和 EF-G 都是 G 蛋白,具有 GTPase 活性;EF-Tu 和 EF-G 与核糖体的同一部位结合,因此不能同时与核糖体结合;EF-Tu 和 EF-G 离开核糖体都依赖于 GTP 的水解。
10. (A、B、C、D) IF-2、eRF-1、RRF、EF-G 都可以与核糖体 A 部位结合。
11. (A、B、D) 氨酰-tRNA 合成酶的突变可能使之对底物氨基酸或 tRNA 的特异性降低,从而导致翻译的忠实性下降;EF-Tu 突变使其 GTP 酶活性升高,允许密码子和反密码子校对的时间就越短,因而翻译的忠实性就降低;真菌需要第三种延伸因子 eEF-3,其作用是维持翻译的忠实性,突变可能导致翻译的忠实性下降。
12. (A、C、D) eIF4F 实际上是帽子结合蛋白 eIF4E、依赖于 ATP 的 RNA 解链酶 eIF4A 和接头分子 eIF4G 组成的复合物。
13. (A、B) 白喉毒素催化 eEF-2 的 ADP 核糖基化,使之失活,抑制真核生物的移位反应;蓖麻毒素作为一种 *N*-糖苷酶,切下 28S rRNA 上的一个酰嘌呤,使核糖体失活,抑制真核生物的蛋白质合成;嘌呤霉素是氨酰-tRNA 的结构类似物,导致原核生物和真核生物肽链合成的提前释放,因此既抑制原核生物又抑制真核生物的蛋白质合成;梭链孢酸与 EF-G · GDP 结合,阻止其与核糖体大亚基解离,因此抑制原核生物肽链合成的延伸反应。
14. (A、B) 引导新生肽链进入内质网的信号肽在穿过内质网膜后不久就被信号肽酶切除,而新生肽链继续延伸;翻译过程中,核糖体可以保护 30~40 个氨基酸残基,一旦多肽链从核糖体中伸出,就开始多肽链折叠和翻译后修饰;糖基化修饰和蛋白质的拼接在肽链合成结束后进行。
15. (A、B) 引导新生肽链进入内质网的信号肽和核基因编码的线粒体蛋白的导肽序列位于新生肽链的 N 端;指导蛋白质进入细胞核的核定位序列位于肽链内部;指导蛋白质进入过氧化物酶体的过氧化物酶体定向序列通常位于肽链的 C 端。

四、名词解释

1. 翻译(translation):以 mRNA 为模板合成蛋白质的过程称为翻译。
2. 多聚核糖体(polysomes):在一个 mRNA 分子上同时结合多个核糖体形成的结构,形成多聚核糖体可以提高翻译的效率。
3. 开放阅读框(open reading frame, ORF):mRNA 上从一个起始密码子开始到终止密码子结束的一段连续的核苷酸序列构成一个开放阅读框,开放阅读框内的核苷酸序列直接编码多肽链的氨基酸序列。

4. 核糖体结合位点(ribosome binding site,RBS):位于原核生物 mRNA 5′端,含有富含嘌呤的保守序列(SD 序列),是核糖体最初识别并结合的位点,与翻译的正确起始有关。

5. SD 序列(Shine-Dalgarno sequence):位于原核生物 mRNA 5′端的一段富含嘌呤的保守序列,由 4~5 个碱基组成,一般位于起始密码子上游约 7 个碱基的位置。

6. 反 SD 序列:位于原核生物 16S rRNA 3′端的一段富含嘧啶的保守序列,可以与 mRNA 5′端的 SD 序列互补配对,帮助识别下游的起始密码子。

7. 多顺反子(polycistron):含有多个开放阅读框,翻译后可以产生多种多肽链的 mRNA。原核生物的 mRNA 一般为多顺反子 mRNA。

8. 单顺反子(monocistron):只有一个开放阅读框,翻译后只能产生一种多肽链的 mRNA。真核生物的 mRNA 一般为单顺反子 mRNA。

9. 同工 tRNA(isoaccepting tRNA):携带同一种氨基酸的几种不同 tRNA 分子称为同工 tRNA。

10. 遗传密码(genetic code):mRNA 中的核苷酸排列顺序称为遗传密码,mRNA 中的核苷酸序列决定蛋白质中的氨基酸序列。

11. 密码子(codon):mRNA 上每三个相邻的核苷酸构成密码子,也称三联体密码子,每一个密码子决定一个氨基酸。

12. 反密码子(anticodon):tRNA 反密码子环上的三个相邻的核苷酸构成反密码子,通过与 mRNA 上密码子的互补配对解码遗传密码。

13. 密码子的兼并性(degenerate):大多数氨基酸都有两种以上的密码子,不同密码子编码同一种氨基酸,这种性质称为密码子的兼并性。

14. 同义密码子:编码同一种氨基酸的不同密码子称为同义密码子。

15. 密码子的偏爱性(codon bias):不同生物体对编码同一种氨基酸的不同密码子(同义密码子)的使用频率不同,即对不同密码子的偏爱性不同。

16. 密码子的摆动性(wobble rule):密码子与反密码子之间进行碱基配对时,前两对碱基严格遵守标准的碱基配对规则,第三对碱基则具有一定的自由度,这种性质称为密码子的摆动性。

17. tRNA 的个性(tRNA identity):tRNA 中特定的一套序列元件,可以被氨酰-tRNA 合成酶识别,决定所携带的氨基酸,也称为第二套遗传密码(the second genetic code)。

18. 起始因子(initiation factor,IF):参与蛋白质翻译起始的蛋白质因子称为起始因子,原核生物中有三种:IF-1、IF-2 和 IF-3。作用包括识别起始密码子、帮助起始氨酰-tRNA 进入核糖体 P 位、促进核糖体与 mRNA 的结合、促进起始复合物的形成等。

19. 延伸因子(elongation factor,EF):参与蛋白质合成过程中肽链延伸的蛋白质因子称为延伸因子。原核生物中有三种:EF-Tu、EF-Ts 和 EF-G。作用包括促进氨酰-tRNA 进入核糖体、促进核糖体移位等。

20. 释放因子(release factor,RF):参与蛋白质合成过程中终止密码子的识别、实现肽链合成过程终止的蛋白质因子,原核生物中有三种:RF-1、RF-2 和 RF-3。

21. 扫描机制(the scanning model):真核生物通过帽子结合蛋白与 mRNA 5′端的帽子结构结合,然后从 5′端开始向 3′端扫描,寻找第一个 AUG 作为翻译的起始密码子。这种确定起始密码子的方式称为扫描机制。

22. Kozak 规则(Kozak's rule):真核生物通过扫描机制,从 mRNA 5′端的帽子结构开始向 3′端扫描,寻找第一个 AUG 作为翻译的起始密码子。但是这个 AUG 还必须处在一个合适的环境中才能被识别,即要求有一定的保守序列:只有处在 CCRCCAUGG 这样的保守序列中的 AUG 才能被识别作为起始密码子,称为 Kozak 规则。

23. 蛋白质翻译后加工(post-translation processing):无论原核生物还是真核生物,在细胞中直接翻译出来的蛋白质产物通常是没有功能的,需要经过适当的加工,才能成为有特定空间结构和细胞定位的功能分子,这个过程称为翻译后加工。包括剪切、共价修饰、折叠、拼接、分拣和定位等多种方式。

24. 蛋白质拼接(protein splicing):将一条多肽链中的一段氨基酸序列切除、同时将两端的氨基酸序列连接在一起的翻译后加工方式。

25. 内含肽(intein):在蛋白质拼接过程中被切除

的肽段称为内含肽。

26. 外显肽(extein):在蛋白质拼接过程中被保留并连接在一起的肽段称为外显肽。
27. 蛋白质的定向与分拣(protein targeting and sorting):蛋白质在细胞质中合成,但是合成以后不同蛋白质在细胞中的最终定位由多肽链本身所具有的特定氨基酸序列决定,蛋白质合成以后所经历的转移和定位的过程称为蛋白质的定向与分拣。
28. 信号肽(signal peptide):指导蛋白质定向与分拣的多肽链中在一级结构上连续的氨基酸序列称为信号肽。
29. 信号斑(signal patch):指导蛋白质定向与分拣的多肽链中在一级结构上不连续的氨基酸序列称为信号斑。
30. 信号学说(signal hypothesis):由 Blobel 和 Dobberstein 于 1975 年提出,主要内容为蛋白质在细胞中的转运和定位由多肽链本身所具有的特定氨基酸序列决定,这些特定的氨基酸序列称为信号序列,如果缺失,蛋白质将留在细胞质中。

五、问答题

1. 复制和转录都依靠 Watson-Crick 碱基配对原则传递遗传信息,翻译也是依靠 mRNA 中的密码子与 tRNA 中的反密码子之间的碱基配对传递信息的。
2. 将 mRNA 中的 SD 序列突变为富含嘧啶的序列,同时将 16S rRNA 中的反 SD 序列突变为相应的富含嘌呤的序列,只要保证突变后的 SD 序列、反 SD 序列仍然可以互补配对,则不影响起始密码子的识别和 mRNA 翻译的正确起始。上述实验可以证明 SD 序列与反 SD 序列之间的相互作用而不是 SD 序列本身是原核生物识别起始密码子的关键。
3. 5′-AUUCCCAGGAGGUUUGACCUAUGAAAC

　　SD 序列　　　起始密码子

CCGCAGGGACAGAGAATTCTUAGUUUUUU- 3′

　　终止密码子

编码八肽:Lys-Pro-Ala-Gly-Thr-Glu-Asn-Ser。

4. 无细胞翻译系统是指保留蛋白质生物合成能力的细胞抽取物。常见的无细胞翻译系统有:大肠杆菌无细胞翻译系统、兔网织红细胞无细胞翻译系统、麦胚无细胞翻译系统和某些肿瘤细胞制备成的无细胞翻译系统。无细胞系统需要包含以下成分:核糖体、各种 tRNA、各种氨酰-tRNA 合成酶、蛋白质合成需要的起始因子和延伸因子及终止释放因子、GTP、ATP、20 种基本氨基酸。
5. m^7GTP 是真核细胞 mRNA 的 5′-帽子结构的类似物,能够竞争性地结合真核细胞蛋白质合成起始阶段所必需的帽子结合蛋白,因此能够抑制真核细胞的蛋白质合成。原核细胞 mRNA 的 5′端没有帽子结构,因此 m^7GTP 不会影响原核细胞的翻译起始。SD 序列是存在于原核细胞 mRNA 的 5′端非编码区的一段富含嘌呤碱基的序列,它能够与核糖体小亚基上的 16S rRNA 的 3′端的反 SD 序列互补结合,这种结合对原核细胞翻译过程中起始密码子的识别非常重要,将人工合成的 SD 序列加到翻译体系中,必然会干扰到 mRNA 所固有的 SD 序列与 16S rRNA 的反 SD 序列的相互作用,从而竞争性抑制原核细胞蛋白质合成的起始。真核生物 mRNA 缺少 SD 序列,因此人工合成的 SD 序列不会抑制真核生物的蛋白质合成。
6. 嘌呤霉素和蓖麻毒素抑制蛋白质生物合成的机制不同,蓖麻毒素作用机制是作为糖苷酶切下 28S rRNA 上的一个腺嘌呤而导致核糖体失活,是以催化剂量发挥作用的;而嘌呤霉素作为氨酰-tRNA 的类似物,当"冒名顶替"进入核糖体的 A 部位以后,肽酰转移酶将 P 部位上的肽酰基转移到嘌呤霉素的氨基上,形成肽酰-嘌呤霉素,结果导致肽链合成提前释放。由于嘌呤霉素在作用的时候,自己也被消耗了,因此是以化学计量起作用的。显然两种抑制剂要达到相同的抑制效果,嘌呤霉素的用量要大。
7. (1) 原核生物的蛋白质合成与真核生物细胞质蛋白质合成的主要差别表现在以下几个方面:①原核生物翻译与转录是偶联的,而真核生物不存在这种偶联关系;②原核生物的起始氨酰-tRNA 经历甲酰化反应,形成甲酰甲硫氨酰-tRNA,真核生物起始氨酰-tRNA 不被甲酰化;③采取完全不同的机制识别起始密码子,原核生物依赖于 SD 序列,真核生物依赖于帽子结构;④在原核生物蛋白质合成的起始阶段,不需要消耗

ATP,但真核生物需要消耗 ATP;⑤参与真核生物蛋白质合成起始阶段的起始因子比原核复杂,释放因子则相对简单;⑥原核生物与真核生物在密码子的偏爱性上有所不同;⑦对抑制剂的敏感性不同。

(2) 要想在原核系统之中高效地表达真核生物的基因必须注意以下几点:①对于含有内含子的基因不能直接从基因组中获取,可以通过人工合成的方法获得,从 cDNA 库中获取,或者从 mRNA 逆转录获得;②需要在真核生物基因的上游加入 SD 序列;③使用原核生物的强启动子;④如果是人工合成某一蛋白质的基因,需要考虑原核生物对密码子的偏爱性。

8. AAA=(1/2)(1/2)(1/2)=12.5% Lys

AAU=(1/2)(1/2)(1/2)=12.5% Asn

UAA=(1/2)(1/2)(1/2)=12.5% 为终止密码子,不决定任何氨基酸

UUU=(1/2)(1/2)(1/2)=12.5% Phe

UUA=(1/2)(1/2)(1/2)=12.5% Leu

AUU=(1/2)(1/2)(1/2)=12.5% Ile } 共 25%

AUA=(1/2)(1/2)(1/2)=12.5% Ile }

UAU=(1/2)(1/2)(1/2)=12.5% Tyr

9. 这四种蛋白质都能够结合 GTP,并且有 GTPase 的活性,因而都属于 G 蛋白超家族的成员。推测该结构域可能负责与 GTP 结合。

10. 第一,氨酰-tRNA 合成酶的高度特异性;第二,核糖体的校对作用,在肽键形成之前(氨酰-tRNA 将其氨基酸转移到多肽链上之前),核糖体可以排斥错误的氨酰-tRNA;第三,EF-Tu 的 GTPase 活性,活性越高,翻译速度越快,则翻译的准确性越低,因此在准确性与速度之间存在微妙的平衡,而 EF-Tu 的 GTPase 活性即水解 GTP 的速度影响该平衡。

11. ①预测该基因的表达水平:表达水平越高的基因更倾向于使用偏爱密码子。②推测基因的来源:密码子偏爱性与其他基因显著差异的基因,可能来自其他物种。

12. 蛋白质的一级结构决定高级结构;有些蛋白质的正确折叠依赖于分子伴侣的帮助;二硫键异构酶、脯氨酰顺反异构酶可以促进蛋白质的正确折叠。蛋白质的浓度、溶液的选择、温度等也会影响蛋白质的正确折叠。

13. 真核生物基因的起始密码子的正确识别还要求起始密码子所处的上下游序列符合 Kozak 规则,即满足 CCRCCAUGG(R 代表嘌呤)的保守序列,所以当患者的 α-珠蛋白基因的起始密码子周围序列从 ACCAUGG 突变成 CCCAUGG 后,导致遗漏扫描,翻译效率降低,患者的 α-珠蛋白合成减少,出现贫血症。

14. 由泛素介导的蛋白质定向水解不同于消化道内发生的蛋白质的非特异性降解,它需要存在一种识别机制以识别将要被水解的蛋白质,为了保证在识别过程中不发生错误,也许还存在一种校对机制。正像其他的校对事件,如 DNA 复制过程中的校对及氨酰-tRNA 合成酶在氨基酸活化反应中的校对等,都是以消耗能量为代价的。因此在泛素介导的蛋白质降解之中,消耗 ATP 可能有利于识别过程的高度忠实性。

15. 转肽反应发生在 P 位上的肽酰-tRNA 和 A 位上的氨酰-tRNA 之间,氨酰-tRNA 中储存了氨基酸活化反应中消耗的两个高能磷酸键的能量,在转肽反应中用来驱动肽键形成。

16. 细小 RNA 病毒感染宿主细胞后,可以抑制起始因子与帽子结构结合,从而抑制细胞中依赖于帽子结构的蛋白质合成,病毒本身的 RNA 含有 IRES 位点,可以通过 IRES 位点直接起始翻译,该 mRNA 中一定也含有 IRES 序列,病毒感染后可以通过依赖于 IRES 位点的机制起始翻译,因而翻译效率反而增加。

17. 分泌蛋白在内质网中合成,其新生肽链在 N 端含有特异的信号肽序列,可以引导新生肽链到达内质网,在内质网中继续合成;留在细胞质中的蛋白质在游离核糖体上合成,N 端没有信号肽序列。可能该基因有两个翻译起始位点,这两种蛋白质分别从两个不同的起始密码子起始翻译,较长的肽链含有信号肽序列,短的没有;也可能该基因转录产生的 mRNA 前体存在选择性拼接机制,一种拼接机制保留编码信号肽序列的第一个外显子,一种拼接去除了第一个外显子;还有可能通过 RNA 编辑产生或破坏了翻译起始位点,导致该基因可以翻译产生两种 N 端序列不同的蛋白质。

18. (1) 仍然是甲酰甲硫氨酸,因为识别起始密码子的始终是起始 tRNA,它携带的总是甲

酰甲硫氨酸。

(2) 因为内部的 AUG 离 SD 序列或 RBS 太远，无法被核糖体识别。

(3) 这些基因的翻译效率会有所增加，因为它更容易被起始 tRNA 识别和结合。

(4) 起始 tRNA 主要识别 AUG，故它的反密码子是 CAU。要让起始 tRNA 识别 GUG，就需要 CAU 能够与 GUG 配对，即密码子的第一个 G 跟反密码子的第三个 U 配对，实际上，这在 RNA 链之间是允许的。不能。因为摆动规则指的是密码子的第三个碱基可以和反密码子的第一个碱基不严格地配对。

19. EF-Tu 与 fMet-$tRNA_m^{Met}$结合并将之带到核糖体 A 位，但是因为 Met 的氨基被甲酰化，而不能发生转肽反应，导致翻译抑制。

20. 复制的忠实性最高，首先 DNA 聚合酶本身对底物有高度的选择性，还有依赖于聚合酶的 3′外切核酸酶活性的校对作用，此外错配修复机制可以对复制过程中产生的错配碱基进行修复，参与复制的各种酶和蛋白质形成复制体，通过复杂的机制保证复制的忠实性。

转录的忠实性主要依靠 RNA 聚合酶本身对底物的高度选择性，虽然没有核酸外切酶活性，不能通过与 DNA 聚合酶类似的校对作用进行校对，但是可以通过焦磷酸解编辑和水解编辑这两种方式进行转录校对。

翻译的忠实性主要依赖于氨酰-tRNA 合成酶对底物的高度特异性，该酶通过 tRNA 的个性识别 tRNA 同工体，依靠双筛机制识别氨基酸，保证形成正确的氨酰-tRNA；后者依靠 tRNA 中的反密码子与 mRNA 中的密码子互补配对，将氨基酸带到肽链中相应的位置；EF-Tu 依靠两种机制保证正确的氨酰-tRNA 进入核糖体 A 位：阻止氨酰-tRNA 的 N 端进入核糖体 A 位；非常低的内在 GTPase 活性，以提供足够多的时间让密码子与反密码子相互作用。

21. 因为在细胞分裂过程中，细胞核发生解体，在重新形成细胞核的时候，核蛋白可以依靠核定位信号回到细胞核内。

提　高　题

一、填充题

1. UAA、UGA、UAG　UGA　UAG
2. UAA　U　G
3. 加尾　编辑
4. 没有经历后加工，如剪切
5. 缺乏帽子结构，无法识别起始密码子
6. 磷酸化　去磷酸化
7. 乙酰化　去乙酰化
8. 去折叠
9. EF-G
10. 嘌呤霉素　氨酰-tRNA

二、是非题

1. 错。细胞中并无游离的含硒半胱氨酸，Sec-$tRNA^{Sec}$是由 Ser-$tRNA^{Sec}$经过修饰产生的。
2. 对。含硒半胱氨酸的参入需要新的延伸因子，它能识别含硒半胱氨酸密码子所处环境的核苷酸序列。
3. 对。
4. 错。磷酸化的 eIF4E 与帽子结构的亲和力是非磷酸化形式的 4 倍。
5. 对。干扰素激活 eIF2α 激酶，促进 eIF2α 的磷酸化，磷酸化的 eIF2α 与 eIF2B 紧密结合，使后者无法将与 eIF2 结合的 GDP 置换成 GTP，从而抑制翻译起始。
6. 错。有些多顺反子 mRNA 有多个翻译起始密码子和多个翻译终止密码子。
7. 错。真核生物 mRNA 5′端的二级机构会影响起始密码子的识别，处在发夹结构配对区的 AUG 能否被识别，还取决于这个发夹结构的稳定性、距离帽子结构的距离等。有些仍然可以被识别，起始翻译。
8. 对。
9. 对。
10. 错。组氨酸蛋白激酶主要存在于原核生物，但最近在真菌及某些高等植物中也有发现。

三、选择题

(一) 单项选择题

1. (A) 甘氨酸是 20 种氨基酸中唯一的一个不具旋光性的氨基酸，甘氨酰-tRNA 合成酶很容易将它与其他的氨基酸分开，不会出现误载的情况。
2. (D) 放射性能参入蛋白质中，说明该抗生素不可能抑制肽酰转移酶的活性。然而，当将 C 端氨基酸切除后，放射性消失，这说明放射性标记的氨基酸只出现在 C 端，即在放射性标记的氨基酸参入以后没有新的氨基酸参入，这足以说明后面的核糖体移位被抑制了。

3. (E) 这样的突变意味着 Met 的氨基端都被甲酰基封闭住了，使 mRNA 在 AUG 的位置无法参入 Met，翻译的延伸在此位置完全被抑制。
4. (C) 由 5 个核苷酸组成的“五联体”密码子共有 $2×2×2×2×2=32$ 种，超过了 20 种氨基酸的数目。
5. (C) RF-3 的突变不是致死性的，只会造成对三种终止密码子的误读。而其他因子的突变会影响翻译的延伸或终止，从而影响蛋白质的合成，最终造成蛋白质合成的完全抑制。
6. (E) 凝血酶原的 N 端有多个谷氨酸，这些谷氨酸的 γ-羧基化是凝血酶原活性所必需的。
7. (B) EF-G 是移位酶，负责催化核糖体移位，如果活性被抑制，则核糖体在第一个肽键形成后即无法移位，肽链合成终止，因此无法合成任何蛋白质，最多得到一个二肽。
8. (B)在粗面内质网上合成的蛋白质依靠信号肽引导新生肽链进入内质网腔，SRP 与信号肽的结合导致蛋白质合成的暂停，只有当信号肽酶切掉信号肽以后，肽链合成才能继续。因此，如果信号肽酶失活，则蛋白质无法继续合成。

(二) 多项选择题

1. (B、C、D) EF-G、eRF-1 和 RRF 都具有与 tRNA 相似的空间结构，可以与核糖体 A 位点结合，EF-Tu 与氨酰-tRNA 形成的复合物也具有与 tRNA 相似的空间结构。
2. (A、C) non-stop mRNA 对原核生物和真核生物都有害，最终都将被降解，但是原核生物和真核生物采用不同的方式处理 non-stop mRNA，原核生物依靠 tmRNA 进行反式翻译，但是不同生物体中的 tmRNA 结构相似但不完全相同。
3. (A、B、C、D) 组蛋白的乙酰化可以发生在 N 端氨基酸和赖氨酸残基上；甲基化发生在组蛋白的精氨酸和赖氨酸残基上；羟基化发生在胶原蛋白的脯氨酸和赖氨酸残基上；泛素化是被修饰蛋白的赖氨酸 ε-氨基与泛素的 C 端羧基形成异肽键。
4. (A、B、C) 自 1990 年在酵母中首次发现蛋白质拼接现象以来，迄今已在酵母、细菌、病毒等单细胞生物钟发现 150 多种内含肽。但仅存在于单细胞生物中。

四、名词解释

1. 稀有密码子(rare codon)：不同生物体对编码同一种氨基酸的不同密码子(同义密码子)的使用频率不同，使用频率比较低的密码子称为稀有密码子。
2. 稀有 tRNA(rare tRNA)：与稀有密码子对应的同工受体 tRNA 在细胞内的含量也比较低，称为稀有 tRNA。
3. 丰富密码子(abundant codon)：不同生物体对编码同一种氨基酸的不同密码子(同义密码子)的使用频率不同，使用频率比较高的密码子称为丰富密码子。
4. 丰富 tRNA(abundant tRNA)：与丰富密码子对应的同工受体 tRNA 在细胞内的含量也比较高，称为丰富 tRNA。
5. 双筛机制(double sieve mechanism)：氨酰-tRNA 合成酶在选择正确的氨基酸时，首先依靠酶的活性中心优先结合正确的同源氨基酸，排除体积比同源氨基酸大的氨基酸；其次在酶的校对中心选择性编辑错误的非同源氨基酸，水解误载的氨酰-AMP 或氨酰-tRNA；这两种机制结合起来称为双筛机制。
6. 遗漏扫描(the leaky scanning)：真核生物翻译起始时核糖体小亚基会首先识别 mRNA 5′端的帽子结构，然后沿着 mRNA 向下游扫描，一般以离 5′端最近的一个 AUG 作为起始密码子，但是如果该 AUG 所处环境与一致序列差别较大，则小亚基会越过第一个 AUG 而选用下游处于更好环境中的 AUG 作为起始密码子，这种扫描称为遗漏扫描。
7. 分子伴侣(molecular chaperon)：帮助细胞内大多数蛋白质正确折叠的特殊蛋白质。
8. 内部核糖体进入位点(internal ribosome entry sequence，IRES)：真核生物利用扫描机制，从 mRNA 5′端开始识别第一个 AUG 序列作为翻译的起始密码子，但有些 mRNA 缺乏帽子结构，核糖体可以通过 mRNA 内部的核糖体结合位点与 mRNA 结合，识别内部的起始密码子，这种内部的核糖体结合位点称为内部核糖体进入序列。

9. 蛋白质的反式拼接(trans-splicing of protein):两个基因片段各自独立的转录和翻译,得到的多肽前体均含有内含肽,通过蛋白质拼接将两个多肽前体上的外显子连接得到完整的、有功能的蛋白质,这个过程称为反式拼接。
10. 细胞核定位序列(nuclear localization sequence, NLS):指导蛋白质进入细胞核的信号肽序列称为细胞核定位序列,一般位于肽链的内部,由碱性氨基酸组成,肽链折叠后位于分子表面。
11. 反式翻译(trans-translation):原核生物利用tmRNA介导无终止密码子mRNA的翻译,即当核糖体到达无终止密码子mRNA的3′端时,荷载的tmRNA进入核糖体A位,首先将荷载的丙氨酸转移到停滞的多肽上,然后以自身的一段开放阅读框为模板,继续翻译,合成一段特定序列,直至终止密码子处终止翻译,这个过程称为反式翻译,可以帮助异常mRNA完成肽链合成,并使合成的肽链带上特定序列,以便识别而被水解。
12. 转运-信使RNA(transfer-messenger RNA, tmRNA):原核生物中的一种特殊RNA,约长300nt,其5′端和3′端可以通过碱基互补配对形成类RNA结构域,并且可以荷载氨基酸(丙氨酸),形成丙氨酰-tmRNA,行使转运氨基酸的功能;同时tmRNA还含有一段短的带有终止密码子的开放阅读框,可以作为翻译的模板,行使mRNA的功能。tmRNA参与原核生物异常mRNA:无终止密码子mRNA的反式翻译。

五、问答题

1. 跳跃翻译是指某些蛋白质(如T_4噬菌体的基因60编码的蛋白质)在翻译的时候,其阅读框(ORF)中的一段核苷酸被忽略,由核糖体在移位反应中直接跳过,而接着翻译后面的核苷酸序列的现象。被跳过的这段核苷酸序列由于在翻译过程中并不决定任何氨基酸,因此被称为翻译水平的内含子。

   确定某一个蛋白质在翻译过程中是否经历了跳跃翻译的方法是:①比较蛋白质基因ORF所决定的氨基酸序列与该蛋白的实际氨基酸序列,两者不对等,后者缺失了部分序列;②通过测序或杂交实验证明缺失序列所对应的核苷酸序列存在于该蛋白的mRNA/cDNA序列中;③将该蛋白质基因转入其他翻译系统中翻译,翻译产物可能包含缺失序列。
2. 证明某一种蛋白质在后加工过程中经历了蛋白质拼接的方法参考上题,但需要通过对内含肽两端保守序列的定点突变证明蛋白质终产物中的序列缺失是由蛋白质拼接而不是跳跃翻译造成的(突变后不能进行蛋白质拼接)。
3. (1) 在farsomycin存在下,还能够形成fMet-Phe,说明进位反应和转肽反应并没有受抑制,受抑制的阶段只能是移位反应。

   (2) 两种情况下,形成的肽链都是与tRNA结合在一起的。因为模板mRNA缺乏终止密码子,因而释放因子的活性不能被激活。

   (3) 梭链孢酸(fusidic acid)和白喉毒素。
4. 变异的九肽中连续出现了五个氨基酸残基的变化,说明阅读框架发生了变化,因此所发生的突变极有可能是移框突变,但是后面的氨基酸序列又恢复正常,表明可能又经历了一次移框突变使得阅读框架恢复。由于该九肽片段中有五个氨基酸残基发生突变也不大影响完整的蛋白质的功能,因此该肽段似乎与蛋白质的功能关系不大。
5. 蛋白质的糖基化修饰一般发生在Asn(*N*-苷键)或者Ser/Thr/Hyp(*O*-苷键)残基的侧链上,形成*N*-苷键和*O*-苷键两种类型。*O*-苷键在高尔基体中形成,*N*-苷键在内质网中形成。蛋白质的糖基化修饰一方面可以保护蛋白质,另一方面也可以提高多样化的识别信号,真核生物细胞内的很多信号分子、受体蛋白等都是糖蛋白。
6. 真核生物的线粒体有自己的蛋白质合成体系,该体系与原核生物的蛋白质翻译体系相似,因此一些抑制原核生物翻译机制的抗生素,会抑制真核生物线粒体中的蛋白质合成,而产生副作用。

第十七章　基因表达的调节控制

学习指导

1. 重点掌握基因表达调控的方式，尤其是基因的转录调控。

2. 掌握原核生物与真核生物基因表达调控的异同。

3. 掌握原核生物基因表达调控的操纵子模型。

4. 了解真核基因转录激活调节中各种顺式作用元件及不同的转录调控因子的相互作用。

基　础　题

一、填充题

1. ________和________因发现乳糖操纵子而获得诺贝尔奖。
2. 正调控和负调控是基因表达的两种最基本的调节形式，其中原核细胞常用________调控而真核细胞常用________调控模式。
3. Pribnow 盒是________，真核生物中的对应物为________。
4. 在胚系细胞之中，抗体重链的基因可分为________、________、________和________四个区域。
5. 在基因表达的调控之中，________和________与________和________之间的相互作用十分重要。
6. 基因扩增或基因放大是指________，它是通过局部 DNA 的来实现，________扩增可导致细胞癌变。
7. 存在于反式作用因子上负责激活基因转录的结构花色通常有________、________和________三种形式。
8. 反式作用因子通常通过________、________和________与相应的顺式作用因子结合。
9. 转录因子通常以________结合于 DNA 上，并且大多数家族的转录因子以________形式起作用。
10. 真核细胞核基质的主要成分是________。
11. 组蛋白可经历________、________和________修饰而调节基因的表达。
12. 原核细胞 DNA 的甲基化位点主要是在________序列上，真核细胞核 DNA 的甲基化位点则主要是在________序列上。

二、是非题

1. 原核细胞与真核细胞的基因表达调节的主要发生在转录水平上。
2. 操纵子结构是原核细胞特有的。
3. 真核细胞的基因转录也具有抗终止作用。

4. 真核细胞核的三类基因的转录都受到增强子的调节。
5. 某一个基因的转录活性越强,则该基因所处的 DNA 序列对 DNase Ⅰ 就越敏感。
6. 由于增强子的作用与距离无关,因此某一个增强子可同时提高与它同在一条染色体 DNA 上所有的基因的转录效率。
7. DNA 序列自动分析仪使用的测序法是化学断裂法。
8. 基因重叠的现象只出现在一些病毒基因组中。
9. 大肠杆菌 *lac* 操纵子阻遏蛋白是以相同亚基组成二聚体形式起作用的。
10. 乳糖操纵子是酶合成阻遏的例子。
11. 利用操纵子控制酶的合成属于翻译水平的调节。

三、选择题

(一) 单项选择题(下列各题均有五个备选项,其中一个是正确的,请将其代码填入括号内)

1. IPTG 能够诱导 β-半乳糖苷酶的表达是因为(　　)。
   A. 刺激乳糖操纵子阻遏蛋白的活性
   B. IPTG 与乳糖操纵子结合诱导转录
   C. IPTG 与 *lac*I 基因的产物结合,抑制它的活性
   D. 抑制 β-半乳糖苷酶的降解
   E. IPTG 作为 β-半乳糖苷酶的别构效应物,直接刺激它的活性
2. 真核细胞参与基因表达调节的调控区比原核细胞复杂是因为(　　)。
   A. 真核细胞的细胞核具有双层膜
   B. 原核细胞的基因总是以操纵子的形式存在
   C. 原核细胞调节基因表达主要是在翻译水平
   D. 真核细胞需要控制细胞特异性的基因表达
   E. 真核细胞基因组含有太多的重复序列
3. *cro* 基因的产物是一种(　　)。
   A. 抗阻遏蛋白　　B. DNA 结合蛋白　　C. 负调节因子
   D. 抗终止因子　　E. DNA 水解酶
4. 下列关于锌指结构模体的叙述哪一个是错误的?(　　)
   A. 由大约 30 个氨基酸残基组成
   B. 4 个半胱氨酸或 2 个半胱氨酸加上 2 个组氨酸与一个 Zn^{2+} 形成配位键结合
   C. 锌指结构模体存在于许多真核生物的 DNA 结合蛋白中
   D. 锌指结构模体广泛存在于原核生物的 DNA 结合蛋白中
   E. 含有锌指结构模体的蛋白不一定能和 DNA 特异性结合
5. 分解代谢物基因激活蛋白(CAP)对乳糖操纵子表达的影响是(　　)。
   A. 正性调控　　B. 负性调控　　C. 正/负性调控
   D. 无调控作用　　E. 可有可无
6. 关于管家基因的叙述,错误的是(　　)。
   A. 在生物个体的几乎所有细胞中持续表达
   B. 在生物个体的几乎各生长阶段持续表达

C. 在一个物种的几乎所有个体中持续表达
D. 在生物个体的某一生长阶段持续表达
E. 在生物个体全生命过程的几乎所有细胞中表达

7. 一个操纵子通常含有(　　)。
A. 一个启动序列和一个编码基因　B. 一个启动序列和数个编码基因
C. 数个启动序列和一个编码基因　D. 数个启动序列和数个编码基因
E. 两个启动序列和数个编码基因

(二) 多项选择题(下列各题均有四个备选项,其中两个或两个以上为正确选项,请将正确选项的代码填入括号内)

1. 属于乳糖操纵子诱导物的是(　　)。
A. 异乳糖　B. 乳糖
C. IPTG　D. *O*-硝基苯酚-β-半乳糖苷(ONPG)

2. 原核生物精确转录所必需的序列有(　　)。
A. -35 区　B. -10 区
C. SD 序列　D. 终止子

3. 下面关于启动子的描述,正确的是(　　)。
A. 作为模板转录成 RNA　B. 是 DNA 上的专一转录调控组件
C. 具有多聚 U 尾巴和回文结构　D. 作为 RNA 聚合酶的结合位点

4. 真核基因结构特点包括(　　)。
A. 基因不连续性　B. 单顺反子
C. 含重复序列　D. 一个启动基因后接有几个编码基因

5. 起转录激活作用的蛋白质(　　)。
A. 多属 DNA 结合蛋白类　B. 多属反式作用因子范畴
C. 多属顺式作用因子范畴　D. 在真核生物普遍存在

6. 活性染色质通常具有的理化性质是(　　)。
A. 对核酸酶敏感　B. 有超螺旋构象变化
C. 有组蛋白化学修饰　D. CpG 序列甲基化修饰

四、名词解释

1. 操纵子(operon)
2. 诱导(induction)
3. 阻遏作用(repression)
4. 辅阻遏物(corepressor)
5. 阻遏蛋白(repressor)
6. 基因组(genome)
7. 多顺反子(polycistron)
8. 管家基因(housekeeping gene)
9. 奢侈基因(iuxury gene)
10. 组成型表达(constitute expression)

五、问答题

1. 试写出一个基因可产生不同的表达产物的所有可能机制。
2. 试写出两个基因共表达出一条多肽链的可能机制。
3. 为什么多细胞的真核生物的基因表达比原核生物要复杂？为什么研究真核生物的基因表达更困难？
4. 什么是严谨反应？某些抗生素如四环素能够解除严谨反应。为什么？
5. 蛋白质合成的自体调控是某一种蛋白质与自身的 mRNA 结合而阻止自身的翻译。这实际上是一种翻译水平上的反馈。试提出其他形式的反馈，同样也能导致某一种蛋白质量的降低。
6. 试设计一种方法定向水解 $tRNA^{Ala}$ 的反密码子环。
7. 使用定点突变得到的突变体克隆通常比预期的低 50% 左右，为什么？
8. 高盐浓度可减弱组蛋白与 DNA 的相互作用，但它对许多调节蛋白影响甚小，你如何解释这种现象？
9. 预测下列基因的缺失会对 λ 噬菌体的生活史产生什么影响：(1) *N*；(2) *c* Ⅱ；(3) *cro*。
10. 为什么 *lac* 操纵子结构基因的表达通常处在被阻遏的状态，而 *trp* 操纵子的结构基因的表达通常处在消阻遏的状态？
11. 在大肠杆菌 *lac* 操纵子的启动子中，-10 区的一段顺序是：5′…TATGTT…3′。一种称为 UV5 的突变使这一顺序改变成：5′…TATAAT…3′。由 *lac* UV5 启动子发动的转录不再依赖于 CAP-cAMP 复合物。为什么？
12. 请预测前导肽顺序的去除对 *trp* 操纵子调节的影响。
13. 请解释为什么自然选择对 RNA 的不稳定性有利。

提　高　题

一、填充题

1. tic RNA 是指________；mic RNA 是指________。
2. 大肠杆菌细胞内参与 His 合成有关酶的基因表达受________和________两种机制的调节。
3. ________或________可诱导原核细胞出现严谨反应。
4. ________和________被称为魔斑分子，它作为________的别构效应物调节此酶的活性。
5. 鼠伤寒沙门氏菌两种鞭毛蛋白表达之间的转换是通过________机制实现的。
6. 哺乳动物细胞对氨基蝶呤产生抗性，是因为细胞内的 *DHFR* 基因经历了________。
7. 女性两条 X 染色体只有一条 X 染色体具有转录的活性是因为________和________。
8. SPO1 噬菌体通过________级联调节早、中和晚期基因在不同时间内的表达。
9. 依赖 DNA 的转录调节因子通常含________结构域和________结构域。
10. 锌指蛋白以一个含有________残基的氨基酸保守序列与锌结合。该转录因子家族的成员大部分具有________锌指结构，它们通过锌指的________端形成 α 螺旋而与

DNA 相结合。

11. 类固醇受体通过________个保守的半胱氨酸残基与锌结合。
12. 锌指结构的 C 端部分与 DNA 结合而 N 端部分主要参与________的形成。这种因子通常具有三个结构域：________活化区、________结合区和________结合区。
13. 同源异型蛋白有相同的形成三个 α 螺旋的 60 个氨基酸：其中________螺旋在________处与 DNA 相结合。这一家族的转录因子在很多生物体的________进程中起重要的调节作用。
14. HLH 蛋白是以 DNA 结合结构域命名的。这些转录因子的螺旋-环-螺旋结构域与________有关。该结构域形成由一个环区隔开的两个________α 螺旋。这一家族的很多成员在与 DNA 结合的 HLH 蛋白结构域附近具有一个________氨基酸区域，所以称为 bHLH 蛋白。
15. 亮氨酸拉链家族与 HLH 家族有几点相同之处。________残基形成一个与________的形成有关的双亲 α 螺旋。
16. 胰岛素在胰岛的 β 细胞表达，而在 α 细胞不表达，称为基因表达的________特异性，又称为________特异性。
17. 决定基因转录基础频率的 DNA 元件是________，它是________的结合位点。

二、是非题

1. 衰减子这种调控模式不可能出现在真核细胞。
2. 某些蛋白质既可以作为阻遏蛋白又可以作为激活蛋白参与基因表达的调控。
3. 转录因子都具有负责与 DNA 结合的结构花色。
4. 锌指蛋白与锌的结合必须有 DNA 的存在。
5. 某些反式作用因子通过亮氨酸拉链这种结构花色与 DNA 结合。
6. HLH 蛋白与原核生物螺旋-转角-螺旋蛋白的序列相关。
7. 某些 DNA 序列既可以作为增强子也可作为沉默子。
8. 一个蛋白质具有锌指结构，则这个蛋白质一定能与 DNA 特异性地结合。
9. GAL80 的突变可导致 GAL1、GAL7 及 GAL10 基因在缺乏半乳糖的环境中也能持续表达，证明 GAL80 基因的产物是一种转录激活蛋白。
10. 真核生物 mRNA 聚合酶不能直接结合到启动子上，需借助于转录因子和辅助转录因子。真核生物的转录调节以正调节为主。
11. 许多转录因子是原癌基因的产物，其突变可能导致细胞的癌变。
12. 甲基化的基因一般是没有活性的。

三、选择题

（一）单项选择题（下列各题均有五个备选项，其中一个是正确的，请将其代码填入括号内）

1. 将乳糖加到以葡萄糖为碳源的大肠杆菌培养基之中，则大肠杆菌细胞内参与乳糖代谢的酶（　　）。

   A. 将被合成，因为乳糖是乳糖操纵子的诱导物

   B. 将被合成，但没有活性

C. 将不被合成，因为在葡萄糖存在时，有分解物阻遏作用
D. 将部分地被合成，接着在翻译水平上被中断
E. 将不受影响，无论葡萄糖存在与否

2. 真核生物基因的 TATA box 从 AATAAAT 突变成 TATAAAT 后将(　　)。
A. 增强基因表达　　B. 减弱基因表达
C. 表达水平不变　　D. 使基因表达沉默
E. 沉默或减弱基因表达

3. 当一个真核基因处于活跃状态(转录)时(　　)。
A. 其启动子一般不带核小体　　B. 整个基因一般不带核小体
C. 基因中的外显子一般不带核小体　　D. 基因中的内含子一般不带核小体
E. 都不对

4. 同一个基因在肝细胞中表达的终产物是 Apo B-100，而在小肠上皮细胞中表达的终产物是相对分子质量较小的 Apo B-48，这是因为同一个基因在不同的细胞中(　　)。
A. 使用不同的启动子进行转录
B. 使用相同的启动子转录，但初级转录物经历了选择性剪接
C. 使用相同的启动子转录，但初级转录物经历了选择性加尾
D. 使用相同的启动子转录，但其中一种初级转录物经历了编辑
E. 表达的终产物(多肽链)经历了不同形式的后加工

5. 一种大肠杆菌的突变株在含有乳糖没有葡萄糖的培养基中不能合成 β-半乳糖糖苷酶最可能是因为编码哪一种蛋白质的基因无义(Nonsense)造成的？(　　)
A. RNA 聚合酶的 α 亚基　　B. RNA 聚合酶的 σ 因子
C. 降解物激活蛋白(CAP)　　D. lac 阻遏蛋白
E. lac 转乙酰酶

6. 噬菌体 ΦX174 的基因组是一个由 5386 个碱基组成的单链 DNA，该基因组编码有 11 种不同的蛋白质，这些蛋白质约有 2380 个氨基酸残基。这种病毒基因组编码的蛋白质似乎超过了它能编码的能力。对这种现象最好的解释是(　　)。
A. 它的基因组含有重叠基因
B. 氨基酸由二联体密码编码
C. 细胞核糖体翻译它的每一个密码子不止一个
D. 蛋白质在使用后即被后加工
E. 它所编码的蛋白质经历了剪接

7. 直接识别并结合真核基因 TATA 盒的是(　　)。
A. TFⅡA　　B. TFⅡ B　　C. TFⅡD
D. TFⅡF　　E. TFⅡH

8. 决定基因表达空间特异性的因素是(　　)。
A. 器官分布　　B. 个体差异　　C. 细胞分布
D. 发育时间　　E. 生命周期

9. 真核生物采用多种调节蛋白协同的基因表达调控方式，发挥的生物学效应是(　　)。
A. 提高 RNA 聚合酶的转录效率

B. 降低 RNA 聚合酶的转录效率
C. 提高 DNA-蛋白质相互作用的特异性
D. 降低 DNA-蛋白质相互作用的特异性
E. 与 RNA 聚合酶的转录效率无关

10. 顺式作用元件是指(　　)。
A. 基因的 5′侧翼序列　B. 基因的 3′侧翼序列
C. 5′、3′侧翼序列　D. 基因的 5′、3′侧翼序列以外的序列
E. 具有转录调节功能的特异 DNA 序列

11. 对大多数基因来说,CpG 序列甲基化是(　　)。
A. 抑制基因转录　B. 促进基因转录
C. 与基因转录无关　D. 对基因转录影响不大
E. 与基因转录后加工有关

12. 增强基因组织特异性表达的序列是(　　)。
A. 启动子　B. 增强子　C. 沉默子
D. 操纵子　E. 外显子

(二) 多项选择题(下列各题均有四个备选项,其中两个或两个以上为正确选项,请将正确选项的代码填入括号内)

1. 下面哪些表述是正确的?(　　)
A. DNA 的甲基化随着发育阶段的改变而改变
B. 具有活性的 DNA 是非甲基化的
C. 基因必须经过完全的甲基化才能表达
D. DNA 复制时,通过识别半甲基化的酶,甲基化得以保存

2. 经常饮酒者醇氧化酶将发生的变化是(　　)。
A. 活性升高　B. 活性降低　C. 基因被诱导　D. 适应性表达

3. 启动子或启动序列结构与功能的特点是(　　)。
A. 包括转录起始点　B. 包括 RNA 聚合酶结合位点
C. 决定转录基础频率　D. 决定转录起始的准确性

4. 参与原核基因表达调控的有(　　)。
A. 阻遏蛋白　B. 激活蛋白　C. 通用转录因子　D. σ 特异因子

5. 顺式作用元件必须与下列哪些因子特异结合才能发挥转录调节活性?
A. 反式作用因子　B. 增强子　C. 沉默子　D. 蛋白因子

6. 基因表达产物可以是(　　)。
A. tRNA　B. mRNA　C. rRNA　D. 多肽链

7. 转录因子的作用机制包括(　　)。
A. 蛋白质-蛋白质相互作用　B. DNA-RNA 相互作用
C. DNA-蛋白质相互作用　D. RNA-蛋白质相互作用

四、名词解释

1. 核心启动子(core promotor)

2. 沉默子(silencer)
3. 锌指结构(zinc finger)
4. 亮氨酸拉链(leucine zipper)
5. 内部控制区(internal control regions,ICG)
6. 顺式作用(*cis*-acting)
7. 顺式作用元件(*cis*-acting element)
8. 反式作用因子(*trans*-acting element)

五、问答题

1. 以转铁蛋白受体和铁蛋白合成的调节为例,说明 mRNA 的二级结构是如何调节基因的表达的? 如何确定这两种蛋白质浓度随着铁离子变化而表现出的波动不是通过基因转录的调节而实现的。
2. 在研究细菌 SOS 调谐子(regulon)的作用机制时,有人通过巧妙地使用"Mud"噬菌体发现了几个新的受 SOS 调谐子控制的基因。Mud 噬菌体是 Mu 噬菌体的衍生物,在这些噬菌体 DNA 的特殊位点上插入了一个无启动子的 β-半乳糖苷酶的基因。你认为使用 Mud 噬菌体如何能够确定那些在受到紫外线照射后被诱导表达的基因?
3. *E. coli* 的 rRNA 基因有多个拷贝,这有利于细菌快速生长时期对大量 rRNA 拷贝的需要。如果核糖体蛋白和 rRNA 以 1∶1 的比例组装成核糖体,那么为什么单拷贝的核糖体蛋白基因就能表达足够的核糖体蛋白质?
4. 大肠杆菌的一个操纵子含有以下三个结构基因(依次排列):核糖体蛋白 S21(rpsU)、参与 DNA 复制的引发酶(DnaG)和 RNA 聚合酶的 σ 因子(rpoD)。在不考虑 RNA 降解的因素下,试提出一种机制解释 DNA 引发酶表达量比 σ 因子表达量低 60 倍。
5. 小鼠唾液腺和肝脏都能合成 α-淀粉酶,合成的淀粉酶由同一个基因编码。然而在唾液腺里,有 2% 的 mRNA 编码 α-淀粉酶,可是在肝细胞里只有 0.02% 的 mRNA 编码 α-淀粉酶。而且这两种 mRNA 的 5′端相差 48 个核苷酸,唾液腺 α-淀粉酶的 mRNA 多一段序列。你如何解释上述现象?
6. 预测参与葡萄糖降解的酶合成调控的方式,是组成型的还是可诱导的?
7. 酵母细胞的一个突变株被发现它的 GAL4 蛋白其 N 端缺失了 70 个氨基酸序列,蛋白质其他的部分是正常的。你认为这种突变株对半乳糖代谢酶的诱导有什么改变?
8. 据估计哺乳动物大概有 80 000 不同的基因,然而免疫系统确能合成至少 100 000 种不同的抗体蛋白,你如何解释以上事实?
9. 假如你正在研究一种新发现的生物内一组参与有丝分裂的蛋白质的合成的调控。当你将 5-氮胞苷(5-azacytidine)加到此种生物的细胞之中,结果你惊奇地发现:有丝分裂不能再正常地进行了。根据上述信息判断参与控制有丝分裂的一组基因表达以何种方式调节?
10. 在一个实验系统中,你将一克隆的基因、RNA 聚合酶、转录因子 X 和四种核苷三磷酸混合在一起,结果你检测到了转录。然而你如果在系统中同时加入组蛋白,则没有转录发生。但是如果你先让转录因子与 DNA 保温一段时间后再加入组蛋白和 RNA 聚合酶,则仍然能观测到转录的进行。试问你从以上实验中能得到什么结论?

11. 有两种乳糖操纵子 Z 基因的突变株：一种突变株（Z1）不能产生正常的 β-半乳糖苷酶，但是透性酶和转乙酰酶的合成并不受影响（在有乳糖无葡萄糖的情况下）；另一种突变株（Z2）也丧失了合成正常的 β-半乳糖苷酶的能力，同时其他两种酶的合成减少了 30%（在有乳糖无葡萄糖的情况下）。试提出上述现象的分子机制。
12. 假如你刚得到一种新的细菌，发现它的 DNA 的 GC 含量为 80%。你现在需要通过 PFGE（脉冲场凝胶电泳）的方法确定这种细菌基因组的大小。如果你手头只有一种限制性内切酶，此酶识别的碱基序列是 3′TATATA5′，你认为这种酶能派上用场吗？如果使用此酶消化，你得到的 DNA 片段大概的长度是多少？
13. 简述真核基因转录因子分类及功能。
14. 举例说明什么是管家基因及其基因表达特点？
15. 简述真核生物基因表达调控的特点。

答　案

基　础　题

一、填充题

1. Jacob　Monod
2. 负　正
3. 原核生物启动子　TATA 盒
4. V 区　D 区　J 区　C 区
5. 蛋白质　核酸　蛋白质　蛋白质
6. 某一基因的拷贝数的增加　滚环复制
7. 富含脯氨酸　富含酸性氨基酸　富含谷氨酰胺
8. 氢键　离子键　疏水键
9. α 螺旋　二聚体
10. 拓扑异构酶Ⅱ
11. 磷酸化　甲基化　泛酰化
12. GATC　GC

二、是非题

1. 对。转录是基因表达的第一步，因此当然是基因表达调节的主要位点。
2. 错。某些低等的真核生物也具有类似操纵子的结构，几个功能相关的结构基因作为一个共同的转录单位被转录，但与原核细胞不同的是转录以后，各个结构基因的产物通过后加工的方式被释放出来。
3. 对。抗终止作用即是转录水平上的通读，某些真核细胞基因的转录在特定的条件下可以发生这种现象。
4. 错。真核细胞由 RNA 聚合酶Ⅰ和Ⅱ负责的基因转录通常存在增强子调控元件，RNA 聚合酶Ⅲ所负责转录的基因一般没有增强子调控元件。
5. 对。某一个基因处于转录的活性状态，则它所处的染色质构象就越松散，核小体结构可能发生有利于转录的变化，这时对 DNase Ⅰ更为敏感。
6. 错。增强子的作用尽管与所控制的基因的距离关系不大，但并不能够同时增强多个基因的转录效率，增强子一般对离它最近的基因效率最高。
7. 错。DNA 序列自动分析仪使用的测序法是末端终止法。
8. 错。如大肠杆菌 trpE 和 trpD 是重叠的，trpB 和 trpA 是重叠的。
9. 错。是以相同亚基组成的四聚体。
10. 错。色氨酸是酶合成阻遏的例子，乳糖操纵子是酶诱导合成阻遏的例子。
11. 错。操纵子在酶合成的调节中是通过操纵基因的开闭来控制结构基因表达的。所以是转录水平的调节。

三、选择题

（一）单项选择题

1. （C）IPTG 作为乳糖操纵子的安慰诱导物，能够

与调节基因 *lac*I 编码的阻遏蛋白结合，阻止它与操作子结合，而诱导 β-半乳糖苷酶的表达。

2. (D)多细胞的真核生物出现了细胞分化现象，分化的细胞内的许多基因具有组织特异性表达的性质，这大大增加了基因表达调节的复杂性。
3. (A)*cro* 基因是 λ 噬菌体前早期基因之一，编码的蛋白质抑制溶原型阻遏蛋白基因 *c* Ⅰ 的转录，噬菌体进入营养繁殖周期，因此 *cro* 基因的产物是一种抗阻遏物。
4. (D)
5. (A)*lac* 操纵子的调节包括：阻遏蛋白的负性调节、分解代谢基因激活蛋白(CAP)的正性调节与协调调节三种形式。CAP 的正性调节是在没有葡萄糖及 cAMP 浓度较高时，以 cAMP 与 CAP 结合，此时 CAP 结合在 *lac* 启动序列的 CAP 位点，刺激 RNA 转录活性，使其提高 50 倍；当有葡萄糖存在时，cAMP 浓度降低，cAMP 与 CAP 结合受阻，因此 *lac* 操纵子表达下降。
6. (D)管家基因产物对生命全过程都是必需的或必不可少的，如编码三羧酸循环反应催化酶的基因。这类基因在一个生物个体的几乎所有细胞中持续表达，故被称为管家基因。而在生物个体的某一生长阶段持续表达的基因属于可被诱导或阻遏的基因。
7. (A)一个操纵子只含一个启动序列及数个可转录的编码基因。

(二) 多项选择题

1. (A、C) 在乳糖操纵子中，异乳糖是乳糖操纵子的天然诱导物，IPTG 是乳糖的类似物，能代替异乳糖作为诱导物，但不能作为 β-半乳糖苷酶的底物进入代谢途径。
2. (A、B、D)-35 区位于复制起点(+1)上游 35 个核苷酸处的 6 核苷酸序列，能被 RNA 聚合酶全酶识别并结合。-10 区(Pribnow 盒)位于复制起点(+1)上游 10 个核苷酸处的 6 核苷酸序列。RNA 聚合酶结合到-35 区后，它沿着 DNA 移动几个核苷酸使-10 区约 10bp 解链，形成一个紧密结合的 DNA 与 RNA 聚合酶的复合体。-10 区使 RNA 聚合酶能够识别 DNA 双链中的反义链，确保转录的链和方向。于是，RNA 聚合酶在反义链的+1 碱基的相对处插入一个核糖核苷三磷酸，起始 RNA 的合成。终止子是 DNA 链上存在的一段含有终止转录信号的序列。
3. (B、D)启动子是 RNA 聚合酶结合位点周围的转录调控组件。启动子包括至少一个转录起始点及一个以上的机能组件。
4. (A、B、C)真核基因的结构特点包括：基因组结构庞大，基因转录产物为单顺反子，真核基因组中普遍含重复序列，真核结构基因两侧及编码基因内部尚有不被转录的非编码序列。因此真核基因具有基因不连续性。而"一个启动基因后接有几个编码基因"是原核基因的结构特点。
5. (A、B、D)除少数顺式作用蛋白，大多数转录调节因子以反式作用调节基因转录。大多数转录因子是 DNA 结合蛋白。
6. (A、B、C、D)对核酸酶敏感。DNA 拓扑结构变化：当基因活化时 RNA 聚合酶前方的转录区 DNA 拓扑结构为正性超螺旋构象，而在其后面的 DNA 则为负性超螺旋构象。DNA 碱基的甲基化修饰变化：处于转录活化状态的基因 CpG 序列一般是低甲基化的。组蛋白变化。

四、名词解释

1. 操纵子(operon)：原核生物基因表达的协调单位。一些相关基因被串连排列在染色体上一起转录，转录起始由一个启动子位点调节，这种基因串列，启动子及其他在基因表达调节中起作用的附属顺序组成的结构称为操纵子。操纵子一般含有 2~6，它们一起被转录，构成一个转录单位。有些操纵子含有多达 20 个以上的基因。
2. 诱导(induction)：某些基因产物的数量随着分子信号的变化而变化，这些基因属于被调节基因。这些基因的产物随着某些分子浓度的增加而增加的过程称为诱导。
3. 阻遏作用(repression)：基因产物因信号分子浓度的增加而减少，这类基因称为可阻遏基因。造成基因表达减少的现象称为阻遏作用。
4. 辅阻遏物(corepressor)：能与阻遏蛋白结合而阻断转录的效应物称为辅阻遏物。
5. 阻遏蛋白(repressor)：调节基因编码的一种蛋白，能与 DNA 的特异位点结合，阻止 RNA 聚合酶对启动子的结合。在原核生物细胞中，阻遏蛋白结合的 DNA 顺序称为操纵基因。
6. 基因组(genome)：指来自一个遗传系统的整套遗传信息。原核生物的基因组就是单环状染色体所含的全部基因，真核生物基因组指一个生物体染色体所包含的全部 DNA，也称为染色体基因组。

7. 多顺反子(polycistron)：原核基因绝大多数按功能相关性成簇地排列，共同构成一个转录单位，在同一启动序列控制之下，转录生成一条 mRNA，称为多顺反子。
8. 管家基因(housekeeping gene)：一些基因的产物是细胞所有时间都需要的，因此这些基因的表达水平在所有细胞或组织中近乎是不变的，这类基因称为管家基因。
9. 奢侈基因(luxury gene)：在特定细胞类型中表达的不同于其他细胞类型中基因的基因。
10. 组成型表达(constitute expression)：基因表达受环境因素的影响较小，在个体各个生长阶段中几乎所有组织中持续表达，表达水平变化较小。

五、问答题

1. (1) 使用不同的启动子进行转录。
   (2) Pre-mRNA 的选择性剪接。
   (3) Pre-mRNA 的选择性加尾。
   (4) 编辑。
   (5) 再次程序化的遗传解码。
   (6) 翻译后水平的选择性加工。
2. (1) 反式剪接可将两个基因分别编码的 mRNA 连接成一条 mRNA，由这一条 mRNA 作为模板翻译出的是一条多肽链。
   (2) 反式翻译。
3. (1) 真核细胞含有更多的遗传信息，作为遗传信息载体的 DNA 分子与组蛋白形成核小体结构，并在此基础上形成染色质。
   (2) 真核生物的遗传信息有多个染色体 DNA 携带，这使得各个基因的协调表达变得复杂。
   (3) 真核生物的转录与翻译在时空上是分开的，这使得信使 RNA 的运输成为必要。
   (4) 真核生物的基因转录物在运输到细胞质之前需要经历复杂的后加工，许多被转录序列从来没有离开过细胞核。
   (5) 真核生物内的高度分化细胞经常合成大量的单一基因产物，尽管各种分化细胞含有一套完整的基因组。
4. 严谨反应是指某一种氨基酸的缺乏可导致细菌 tRNA 和 rRNA 生物合成大幅度地降低的现象。产生严谨反应的直接原因是空载的 tRNA 进入核糖体的 A 部位，从而激发 Rel 蛋白的活性。Rel 蛋白催化 ppGpp 或 pppGpp 的形成，ppGpp 或 pppGpp 作为别构效应物改变 RNA 聚合酶的构象，最终导致 tRNA 和 rRNA 合成的降低。某些抗菌素如四环素能够解除严谨反应是因为它们能够抑制氨酰-tRNA(包括空载的 tRNA)进入 A 部位，这样 Rel 蛋白就不能被激活。
5. 蛋白质作为自身基因的阻遏蛋白，与自己的启动子结合，从而阻止自身的转录；蛋白质与自己的 mRNA 结合，从而促进自身 mRNA 的水解。
6. 根据 $tRNA^{Ala}$ 反密码子环的序列，人工合成一段与此段序列互补的寡聚脱氧核苷酸。然后，将合成好的寡聚脱氧核苷酸与 $tRNA^{Ala}$ 混合保温，相应的两段互补的序列之间将配对，这时加入 RNaseH。因为 RNaseH 专门水解与 DNA 杂交的 RNA 序列，因此反密码子环中的核苷酸将被该酶水解掉。
7. 细胞内由甲基化引导的错配修复系统会将定点突变中引入的错配的核苷酸切除掉，换上正确配对的核苷酸。
8. 组蛋白与 DNA 的相互作用是靠的是离子键(带正电荷的组蛋白与带负电荷的 DNA)，是一种非特异性作用；而调节蛋白如各种转录因子主要通过次级键(氢键和疏水键)与 DNA 上特殊的核苷酸序列结合，表现出高度的特异性。高盐浓度可破坏组蛋白与 DNA 的形成的离子键而减弱组蛋白与 DNA 的相互作用，但对次级键影响不大，甚至增强次级键，所以对许多调节蛋白影响甚小。
9. (1) *N* 基因编码的是一种抗终止蛋白，没有它，噬菌体将无法转录那些复制所必需的蛋白质。在这种情况下，噬菌体只能处于溶原状态(lysogenic)。
   (2) *c*Ⅱ 编码的蛋白质是噬菌体处于溶原状态所必需的，没有它，噬菌体将不得不走裂解(lytic)的道路。
   (3) *cro* 基因编码的蛋白质是一种阻遏蛋白，它可以阻止包括 λ 阻遏蛋白在内的所有基因的转录。没有 *cro*，λ 阻遏蛋白将持续表达，噬菌体只能处于溶原状态。
10. 细菌通常优先利用葡萄糖作为碳源，且葡萄糖也是最通用的一种碳源。在有葡萄糖存在的条件下合成与乳糖代谢有关的酶则是一种浪费。因此在有葡萄糖存在的情况下,编码与乳糖代谢有关的酶的基因总是处在被阻遏的状态。只有当以乳糖作唯一碳源时,乳糖的别构形式别乳糖起到一种诱导剂的作用,诱导与乳糖代谢有关酶的表达。因此 *lac* 操纵子是酶合成被诱导的例子。

色氨酸是合成蛋白质的前体,随时都需要。因此,编码与色氨酸合成有关的酶的基因通常处在消阻遏的状态,此时阻遏物处在无活性状态。只有当 *trp* 操纵子的结构基因表达的产物催化色氨酸合成过量的情况下,色氨酸作为一种辅阻遏物激活阻遏蛋白,使其结合到操纵基因上,阻抑结构基因的继续表达。所以 *trp* 操纵子是酶合成阻遏的例子。

11. 由于野生型的 *lac* 启动子是相对较弱的启动子,最大的转录速度需要激活剂 CAP。UV5 突变改变了-10 区,使其成为一种更强的启动子。在 lac 阻遏物缺乏下,这个新的启动子就变成为不依赖 CAP 的启动子。
12. 前导肽顺序是由弱化基因 5′端的一段顺序(顺序 1)编码的。弱化基因存在于 *trp* L 内,它的转录产物含有 4 个互补的片段,它们能形成 1,2-茎环和 3,4-茎环。由于 3,4-茎环及其后面连续的 UUU…(类似不依赖 ρ 因子的转录终止信号)是一种有效的转录终止信号。因此转录就会在此部位终止。如果顺序 1 缺乏,不能形成 1,2-茎环,则导致 2,3-茎环的形成。2,3-茎环阻止了 3,4-茎环的形成,转录因此而继续进入 *trp* 操纵子余下部分。在这样的情况下,*trp* 操纵子只受阻遏物的调节。
13. RNA 对体内降解的敏感性产生这样一种可能,即通过调整 RNA 降解的速度来调节基因的表达,这是自然选择的结果。如果 RNA 是稳定的,它也许继续指导翻译,即使细胞不再需要该基因编码的蛋白质,从而造成极大的浪费。

提　高　题

一、填充题

1. 抑制转录的互补 RNA　干扰翻译的互补 RNA
2. 操纵子　衰减子
3. 某一种氨基酸的饥饿　某一种氨酰-tRNA 合成酶的缺失
4. ppGpp　pppGpp　RNA 聚合酶
5. 基因重排
6. 基因扩增
7. 这一条 X 染色质高度浓缩　DNA 高度甲基化
8. 不同的 Sigma 因子(σ 因子)
9. DNA 结合　活化
10. Cys-Cys-His-His　多　C
11. 四
12. 二聚体　转录　DNA　激素
13. 第 3 个　大沟　发育
14. 二聚体化　双亲　碱性
15. 亮氨酸　二聚体
16. 细胞(或组织)　空间
17. 启动子(启动序列)　RNA 聚合酶

二、是非题

1. 对。衰减子需要转录与翻译的偶联,在真核细胞中,不存在这种偶联关系,因此,真核细胞不可能具有这种调节模式。
2. 对。某些蛋白质能够与 DNA 分子的不同区域结合,分别充当激活蛋白和阻遏蛋白发挥作用。
3. 错。某些转录因子本身并不具有专门结合 DNA 的结构花色,但它们可以通过与其他转录因子的相互作用与 DNA 结合。
4. 错。不需要 DNA 的存在,是通过保守的胱氨酸和组氨酸残基间协调进行的。
5. 错。亮氨酸拉链这种结构花色是将某些蛋白质“拉”在一起,组装成寡聚体,通过亮氨酸拉链形成的反式作用因子需要通过其他的部分与 DNA 结合。
6. 错。HLH 蛋白能够形成两亲螺旋,其中疏水残基位于螺旋的一面。
7. 对。某些 DNA 序列可以和不同的转录因子结合。当和一种转录因子结合是作为增强子时,而和另一种转录因子结合则是作为沉默子。
8. 错。可以举出一个例外,PKC(蛋白质激酶 C)具有锌指结构,但并不能和 DNA 特异性结合。
9. 错。是一种转录抑制蛋白。
10. 对。真核生物 DNA 与组蛋白形成较为致密的核小体和染色质结构,使 RNA 聚合酶难以发现启动子,因此,可以认为基因的默认状态是关闭的。真核生物的转录调节以正调节为主,其转录起始必须借助多种转录因子和辅助转录因子的参与才能进行。

11. 对。突变的转录因子可能不正确的激活促使细胞分裂的基因,导致细胞的癌变。

12. 对。

三、选择题

(一) 单项选择题

1. (C)参与乳糖代谢的三种酶的表达同时受控于正、负调控两种机制,只有在正调控发挥作用,负调控不起作用的时候,这三种酶才能有效地表达。当培养基中加入乳糖的时候,参与负调控的阻遏蛋白将失去活性,但如果培养基中含有葡萄糖,则细菌优先利用葡萄糖,这时参与乳糖代谢的酶仍然不能有效地表达,这是因为葡萄糖降低了细胞内 cAMP 的水平,而 cAMP 浓度的降低,导致降解物激活蛋白丧失活性,正调控机制失去作用,这时三种酶不可能正常地表达。
2. (A)
3. (A)当一个真核基因处于活跃状态(转录)时,核小体始终存在,RNA 聚合酶如何经过核小体的机制至今不得而知,但启动子区一般不带有核小体。
4. (D)Apo B 蛋白的基因在肝细胞内的转录与在小肠上皮细胞内的转录是完全是一样的,但转录后形成的初级转录物在小肠上皮细胞内通过特有的编辑过程在开放的阅读框架之中引入新的终止密码子,导致在翻译的时候提前结束,得到的翻译终产物是相对分子质量较小的 Apo B-48。
5. (C)降解物激活蛋白的失活可导致乳糖操纵子失去正调控,在这种情况下,β-半乳糖苷酶不能有效地表达,lac 阻遏蛋白的无义突变只会导致β-半乳糖苷酶基因表达。
6. (A) 噬菌体 ΦX174 的基因组具有重叠基因,这提高了它的信息含量。
7. (C)反式作用因子又称转录调节因子,按功能可分为两类:一类是通用转录因子;二类是 RNA 聚合酶结合启动子必需的蛋白因子。在基本转录因子中。只有了 TFⅡD 具有识别特异序列 DNA 的功能。
8. (C)基因表达伴随时间或阶段顺序所表现出的空间分布差异,实际上是由细胞在器官的分布所决定的,因此基因表达的空间特异性又称细胞特异性。
9. (C)真核基因组结构庞大,在不适当位点出现特异性结合序列机会增多,使 DNA-蛋白质相互作用特异性降低。如果采用多种调节蛋白可提高调节蛋白与 DNA 相互作用的特异性,这是因为功能上并列、相关的几种蛋白质结合位点重复发生的概率是极小的。
10. (E)所谓顺式作用元件就是指可影响自身基因表达活性的 DNA 序列。顺式作用元件通常是非编码序列,但是并非都位于转录起始点上游(5′端)或下游(3′端)。
11. (A)CpG 岛甲基化范围与基因表达程度成反比关系。处于转录活化状态的基因 CpG 序列一般是低甲基化的,而不表达或处于低表达水平的基因其 CpG 序列则高度甲基化。
12. (B)增强子就是远离转录起始点、决定基因的时间、空间特异性表达、增强启动子转录活性的 DNA 序列。

(二) 多项选择题

1. (A、B、D)一般来讲,甲基化的基因是没有活性的,不能表达。
2. (A、C、D)在特定环境信号刺激下,相应的基因被激活,基因表达产物增加,即这种基因表达是可诱导的。生物体调节基因表达、适应环境是普遍存在的。经常饮酒者体内醇氧化酶活性较高,即与相应基因表达水平升高有关。
3. (A、B、C、D)原核启动序列或真核启动子是由转录起始点、RNA 聚合酶结合位点及控制转录活性的调节元件组成,控制转录起始的准确性及频率。
4. (A、D、B)
5. (A、D)
6. (A、B、C、D)
7. (A、C)

四、名词解释

1. 核心启动子(core promotor):指在特定的启动子中,那些位于转录起始点附近的启动子元件。最多包括三个元件:TATA 盒、起始子和下游组件。

2. 沉默子(silencer):远距离调节启动子以降低转录效率的DNA序列,是与增强子作用相反的顺式作用元件,作用机制与增强子相似,但效应相反。
3. 锌指结构(zinc finger):基因表达调节蛋白的结构"模块",组成与DNA的结合区;由30个氨基酸组成,其中含有两个Cys和两个His或四个Cys,四个氨基酸残基位置在正四面体四个角,锌离子位置相当在中心,锌离子和氨基酸之间形成配位键,使这段肽链成指状,故称锌指。
4. 亮氨酸拉链(leucine zipper):亮氨酸拉链这种模体是一种一侧集中着许多疏水性氨基酸的双α螺旋。其疏水性表面是两个蛋白质之间形成二聚体的接触点,其重要特点是两蛋白质接触面的α螺旋常常排列着亮氨酸残基,且每七个氨基酸残基出现一次,这样就使亮氨酸残基在这种α螺旋的疏水表面形成一直线,一种早期的蛋白质-蛋白质相互作用模型想象两蛋白质这种α螺旋之间的亮氨酸残基是交错对插的,因而称为亮氨酸拉链。
5. 内部控制区(internal control regions,ICG):tRNA和5S rRNA基因的启动子位于转录起始点的下游,即转录区内,称为ICG。
6. 顺式作用(*cis*-acting):位于DNA上的序列组件只对其自身下游的序列起作用,这种作用称为顺式作用。
7. 顺式作用元件(*cis*-acting element):是指可影响自身基因表达活性的真核DNA序列,这种DNA序列通常不编码蛋白质,多位于基因旁侧或内含子中。真核生物的顺式作用元件分为启动子、增强子、沉默子等。
8. 反式作用因子(*trans*-acting element):调节蛋白通过扩散结合于细胞内的多个靶位点,发生突变后将同时影响不同染色体上等位基因的表达,这种作用为反式作用,这些调节蛋白即称为反式作用因子。

五、问答题

1. (1) 转铁蛋白受体mRNA的5′端含有一个特殊的发夹结构,可被一种特殊的蛋白质因子识别并结合,后来证明这种特殊的蛋白质其实就是顺乌头酸酶。然而这种蛋白质因子只有在高浓度的铁离子的存在下,才有活性。当这种蛋白质因子与转铁蛋白受体mRNA的5′端发夹结构结合以后,就阻止了转铁蛋白的合成;当上述发夹结合没有结合蛋白质的时候,转铁蛋白受体可正常地合成。
(2) 铁蛋白mRNA的3′端含有五个特殊的发夹结构,也可被一种特殊的蛋白质因子识别并结合。当细胞内铁离子浓度比较高的时候,该蛋白质因子有活性,能与发夹结构结合。铁蛋白mRNA的3′端上的发夹结构因结合了蛋白质以后,稳定性提高,可以更为有效地作为模板,因而翻译的效率将有所提高;当上述发夹结构没有结合蛋白质的时候,铁蛋白mRNA很容易降解,翻译的效率大幅度降低。
(3) 可使用Northern blotting确定转录效率在高铁和低铁两种情况下有无变化。或者使用突变的方法去除两种蛋白质mRNA的发夹结构,再测定翻译效率的变化。
2. Mu噬菌体随机地整合到细菌的基因组DNA上,当它插入到受损伤诱导的启动子的下游的时候,它所携带的β-半乳糖苷酶基因的基因将会受到这种启动子的控制。当细胞受到紫外线的照射的时候,β-半乳糖苷酶基因就会表达。
3. 虽然核糖体蛋白的基因是单拷贝基因,但是它的转录产物需经历翻译后才能得到目标蛋白。而在翻译的过程中,本身就有放大作用,即一个mRNA分子可被翻译成多个蛋白质分子。因此体内合成的核糖体蛋白足以和rRNA组装成核糖体。
4. 一种解释可能是因为因为引发酶(dnaG)的起始密码子AUG处于特殊的二级结构之中(如茎环结构的茎中),而不能被有效地识别,从而导致其翻译的效率下降;另外一种可能性是它的起始密码子上游的SD序列与标准的SD序列有较大的差异,这同样可以导致翻译效率的降低。
5. 这是因为α-淀粉酶的基因上游具有两个启动子(PL和PR,PL位于PR的上游),而且剪接的方式有所不同:在小鼠唾液腺内,α-淀粉酶基因的转录使用PL启动子,其初级转录物含有S、L、2和3四个内含子,经过剪接后保留S、2和3外显子;而肝细胞内α-淀粉酶的转录使用PR启动子,其初级转录物含有L、2和3三个内含子,经过剪接后保留 S、2 和 3 外显子。S 与 L 的序列和长度是不同的。

6. 参与葡萄糖降解的酶是细胞能量代谢所必需的,因而相关的基因应属于管家基因(housekeeping gene)。它们的表达应该是组成型的。

7. GAL4 蛋白参与半乳糖分解代谢有关酶合成的诱导。此蛋白具有两个结构域,一个位 N 端,具有锌指结构,它参与和 UAS(upstream activator sequence)的结合,另一个位于 C 端,负责与另外一种称为 GAL80 的蛋白质结合。当细胞中有半乳糖时,半乳糖就与结合在 UAS 上的 GAL4/GAL80 复合物结合,而启动下游的参与半乳糖分解代谢有关酶的转录。如果酵母细胞这个突变株的 GAL4 蛋白其 N 端缺失了 70 个氨基酸序列,也就意味着它丧失了负责与 UAS 结合的位点,在这种情况下,参与半乳糖分解代谢酶将不会在被半乳糖诱导。

8. 抗体的基因数目是有限的,但是其基因的组织却很特别:就 H 链来说,它由 V 区、D 区,J 区和 C 区组成,L 链也至少由 V 区、J 区和 C 区,每一区都有多种选择。在 B 淋巴细胞的分化过程中,各区经历了重组,不同的排列组合产生了抗体基因的多样性。此外体细胞突变,选择性剪接和末端核苷酸转移酶的作用可进一步提高多样性。

9. 5-氮胞苷是胞苷的类似物,在细胞内可转变为 5-氮胞苷三磷酸,但是其嘧啶环上 5 号位是 N 原子,而不是通常的 C 原子。当将它加到正在分裂的细胞之中,它可以代替胞苷酸参入新合成的 DNA 链上。由于 5-氮胞苷的嘧啶环上 5 号位是 N 原子,所以参入 DNA 链上的 5-氮胞嘧啶是不能被甲基化修饰的。已经知道,真核细胞 DNA 的甲基化样式是可遗传的,而且甲基化是抑制基因的表达的。如果将 5-氮胞苷加到刚发现的此种生物的细胞之中,结果你观察到有丝分裂不能再正常地进行了,这意味控制这类细胞有丝分裂的一组基因编码的是一些细胞分裂抑制因子。它们原来是被甲基化的,因而不能表达出来而抑制细胞的分裂,当加入的 5-氮胞苷到 DNA 分子中以后,原来不表达的基因就表达,从而使细胞的有丝分裂不能正常地进行。

10. 这意味着:转录因子与 DNA 模板特别是启动子序列的正常结合是启动基因转录所必需的。组蛋白与 DNA 模板的结合可阻止转录因子与 DNA 的结合,从而抑制基因的转录。但是如果你先让转录因子与 DNA 保温一段时间后加入组蛋白和 RNA 聚合酶,则转录因子已结合上去,所以仍然能观测到转录的进行。

11. 在乳糖操纵子之中,Z 基因(β-半乳糖苷酶的基因)位于 Y 基因和 A 基因(分别编码透性酶和转乙酰酶)的上游,通常上游基因的突变会影响到下游基因的表达,这就是所谓的极性突变(polar mutation)。然而并不是所有形式的上游基因的突变都会影响到下游基因的表达。如果突变的形式是错义突变(missense mutation)而不是无义突变(nonsense mutation)。根据上述原理可以判定:突变株(Z1)是一种移框而产生的错义突变,而突变株(Z2)是因为提前产生了终止密码子可产生的无义突变。

12. 此酶是再合适不过了,这是因为:既然这种细菌 DNA 的 GC 含量为 80%,那么它的 AT 含量应是 20%,在整个基因组中出现 3′TATATA5′序列的概率是 $(1/10)^6$,即相当于每 10^6 个碱基对(约数百万个)含有一个此种限制性内切酶的切点。考虑到细菌基因平均大小为 400 万个碱基对,因而当使用此酶消化这种细菌基因组 DNA 时,大概可得到四个片段,这四个片段通过 PFGE 手段应该很容易分开。在有相对分子质量 Marker 的存在下,各片段的大小可以确定,这时整个细菌基因组的大小也就确定了。

13. ①通用转录因子:这类转录因子是 RNA pol Ⅱ结合启动子所必需的,为所有 mRNA 转录启动所共有,包括 TFⅡ D、TFⅡ A、TFⅡ B、TFⅡ E、TFⅡ F、TFⅡ G、TFⅡ H 和 TFⅡ J 等类型。②转录调节因子:这类调节蛋白(转录因子)能识别并结合 DNA 分子中的特异调控序列,进而发生蛋白质-DNA 相互作用而影响转录活性。③共调节因子这类调节蛋白不与顺式作用元件直接结合,而是先与其他转录因子发生蛋白-蛋白相互作用而影响后者构象,进而调节转录活性。

14. 在一个生物个体的几乎所有细胞中持续表达的基因通常被称为管家基因。例如,三羧酸循环是一枢纽性代谢途径，催化该反应过程的酶蛋白编码基因就属于这类基因。管家基因较少受环境因素影响，在个体各生长阶段的大多数或几乎全部组织中持续表达，或变化很小，这类基因表达只受启动子与 MA 聚合酶相互作用的影响，而不受其他机制调节。

15. ①DNA、染色体水平的变化特点：染色质结构变化、组蛋白修饰、DNA 拓扑结构变化、DNA 甲基化修饰、转录活性区对核酸酶的敏感性变化；②正性调节占主导；③翻译与转录分隔进行；④转录后加工。

第十八章　现代生物技术

学习指导

1. 了解常用生物化学技术的概念。
2. 掌握基因工程技术的基本原理和应用。
3. 掌握 PCR 技术的基本原理和用途。
4. 了解各种生物大分子相互作用的研究技术和应用。
5. 了解克隆和鉴定疾病相关基因的常用生物化学技术。
6. 了解生物芯片的基本原理和应用。
7. 了解酵母双杂交技术的基本原理和应用。

基　础　题

一、填充题

1. 基因工程需要的最常用的工具酶包括________、________和________等。
2. 把重组 DNA 导入动物细胞常用________或________。
3. 限制性核酸内切酶有________类，基因工程中使用的主要是________型限制酶。
4. Cohen 等在________年构建了第一个有功能的重组 DNA 分子。
5. 克隆基因的主要目的有四个：________；________；________；________。
6. 基因工程的基本程序包括________、________、________、________等方面。
7. 限制性核酸内切酶通常保存在________浓度的甘油溶液中。
8. 就克隆基因来讲，最简单的质粒载体必须包括三部分：________、________、________。另外，一个理想的质粒载体必须具有低相对分子质量。
9. 质粒拷贝数是指细胞中________。
10. pUC 系列的载体是通过________和________两种质粒改造而来。它们的复制子来自________，Amp 抗性基因则是来自________。
11. 在基因型的表示中，符号 Ω 表示________，符号 Δ 表示________。
12. 能在 *E. coli* 又能在酵母菌中自我复制的载体 DNA 称为________。
13. 第一个使用体细胞克隆出来的哺乳动物是________。
14. PCR 即是________。
15. 人类基因组计划的主要内容是________。
16. 生物芯片技术过程包括________、________和________。
17. 目的基因可来自________、________、________、人工合成 DNA 等几种途径。

二、是非题

1. Berg 的创造性工作是在体外构建了重组 DNA 分子，所用的载体是一种具有复制能力的细胞质质粒。

2. 导致基因工程技术诞生的关键技术是Ⅱ类限制性核酸内切酶的分离纯化。
3. 修饰和限制现象是宿主的一种保护体系,它是通过对外源 DNA 的修饰和对自身 DNA 的限制实现的。
4. 从 *Escherichia coli* K 中分离的核酸限制性内切酶命名为 *E. co* K。
5. 迄今发现的质粒都是环状的。
6. 所谓穿梭质粒载体是能够在两种以上的不同的宿主细胞中复制的质粒,所用的复制起点不同。
7. 所谓引物就是同 DNA 互补的一小段 RNA 分子。
8. 低丰度的 mRNA 不仅拷贝数少,而且种类也少。
9. Northern blot 和 Southern blot 都是用来检测结构基因的表达。
10. "基因组"是某物种所有基因的组合。
11. PCR 不能扩增单链 DNA。

三、选择题

(一) 单项选择题(下列各题均有五个备选项,其中一个是正确的,请将其代码填入括号内)

1. 下面哪些信息无法从 cDNA 克隆中获得?(　　)
   A. 外显子序列　　B. 启动子序列　　C. 序列的相似性
   D. 编码产物的氨基酸序列　　E. mRNA 序列
2. 用寡脱氧胸苷酸纤维素(oligo-dT 纤维素)分离纯化 mRNA 的层析方法称为(　　)。
   A. 离子交换　　B. 排阻层析　　C. 亲和层析
   D. 反相层析　　E. 疏水层析
3. 下列哪种载体对外源 DNA 的容载量最大?(　　)
   A. 质粒　　B. 黏粒　　C. 酵母人工染色体(YAC)
   D. BAC 载体　　E. 噬菌体载体
4. 第一个作为重组 DNA 载体的质粒是(　　)。
   A. pBR322　　B. ColE1　　C. pSC101
   D. pUC18　　E. pBEU1
5. 用考马斯亮蓝 G250 测蛋白质浓度,波长是(　　)。
   A. 280nm　　B. 510nm　　C. 465nm
   D. 595nm　　E. 720nm
6. "Southern blot"的含义是(　　)。
   A. 将 DNA 转移到膜上,用 DNA 探针杂交
   B. 将蛋白质转移到膜上,用抗体做探针杂交
   C. 将 RNA 转移到膜上,用 DNA 探针杂交
   D. 将 DNA 转移到膜上,用 RNA 探针杂交
   E. RNA 转移到膜上,用 RNA 探针杂交
7. 下列不能用做探针的分子是(　　)。
   A. 人工合成的寡核苷酸片段　　B. 克隆的基因组 DNA

C. cDNA　　D. 蛋白质
E. RNA 片段

8. 不能用 PCR 操作的技术是(　　)。
A. 目的基因的克隆　　B. 基因的体外突变　　C. DNA 的微量分析
D. DNA 序列测定　　E. 蛋白质含量测定

9. 检测体内 DNA-蛋白质相互作用的技术是(　　)。
A. 染色质免疫沉淀(chIP)　　B. 电泳迁移率变动测定(EMSA)
C. GST pull down 实验　　D. 酵母双杂交实验
E. 免疫沉淀(CoIP)

(二) 多项选择题(下列各题均有四个备选项,其中两个或两个以上为正确选项,请将正确选项的代码填入括号内)

1. ColE1 是用作基因工程载体的自然质粒,这种质粒(　　)。
A. 是松弛复制型　　B. 具有四环素抗性
C. 能被绿霉素扩增　　D. 能产生肠杆菌素

2. 蛋白质盐析中最常用的中性盐是硫酸铵,其优点有(　　)。
A. 溶解度大　　B. 温度系数小
C. 不易引起蛋白质变性　　D. 干扰双缩脲反应

3. 研究蛋白质-蛋白质相互作用的技术有(　　)。
A. 电泳迁移率变动测定　　B. 标签蛋白沉淀
C. 酵母双杂交技术　　D. 免疫共沉淀

四、名词解释

1. 基因工程(gene engineering)
2. 基因载体 (gene vector)
3. 表达载体(expression vector)
4. 质粒(plasmid)
5. cDNA 文库(cDNA library)
6. 转染(transfection)
7. 同源重组(homologous recombination)
8. PCR(polymerase chain reaction)
9. 细胞工程(cell engineering)
10. 酶工程(enzyme engineering)
11. 蛋白质工程(protein engineering)

五、问答题

1. 你如何使用重组 DNA 技术获得大肠杆菌染色体 DNA 复制起始区的 DNA 序列?
2. 一个线形的 DNA 分子分别被两种限制性内切酶或同时被两种内切酶消化,消化的结果见下表:

限制性内切酶	片段大小/kb
*Bam*H Ⅰ	8.0,7.5,4.5,2.9
Bgl Ⅱ	13,6,3.9
*Bam*H Ⅰ/*Bgl* Ⅱ	7.5,6,3.5,2.9,2,1

根据以上结果,画出该 DNA 的物理图谱。

提　高　题

一、填充题

1. 限制性核酸内切酶在细菌细胞内的功能是识别和降解________,而细胞________因被甲基化酶甲基化而不被切割。
2. 限制性核酸内切酶是按属名和种名相结合的原则命名的,第一个大写字母取自________,第二、第三个字母取自________,第四个字母则用________表示。
3. Ⅰ类限制性核酸内切酶识别和切割位点是________。Ⅱ类限制性核酸内切酶既有专一性,也有________专一性,一般切割位点在________内,切割方式有________,产生________末端或________末端的 DNA 片段。
4. 1970 年,Smith 和 Wilcox 从流感嗜血杆菌中分离到一种限制酶,能够特异性切割 DNA 这个酶后来被命名为________,这是第一个分离到的Ⅱ类限制性核酸内切酶。
5. 完全的回文序列具有两个基本特点:________,________。
6. 复制子由三部分组成:________、________和________。
7. 噬菌体之所以被选为基因工程载体,主要有两方面的原因:________和________。
8. 假定克隆一个编码某种蛋白质的基因,必须考虑其表达的三个基本条件:________、________和________。
9. 将携带有外源基因并能遗传给子代的动物称为________动物,这些外源基因就称为________。
10. 两个基因融合所编码的新蛋白质称为________。
11. 基因克隆的载体通常是由________、________和________改造而来。
12. 体外转录通常需要使用________、________或________RNA 聚合酶。
13. 脉冲场凝胶电泳(pulsed field gel electrophoresis)被用来分离________。
14. 一种基因的启动子序列与启动子的一致序列越相近,该基因的转录效率就越________。
15. 基因敲除(gene knockout)即是________,它是研究________的好方法。
16. Southern blot、Northern blot 和 Western blot 分别被用来检测________、________和________。
17. ________是应用于蛋白质工程中的最主要的手段。
18. RFLP 即________。
19. 噬菌体展示(phage display)技术中常用的噬菌体是________。

20. SDS-聚丙烯酰胺凝胶电泳其蛋白质分子的迁移率主要取决于________，而聚丙烯酰胺凝胶电泳，蛋白质分子的迁移率取决于________。
21. 测定天然蛋白质相对分子质量的层析方法是________，电泳方法是________。
22. 产生单克隆抗体的杂交骨髓瘤技术就是将________细胞与________细胞融合，此融和细胞既有前者不断分泌________的活力，又有后者所指令的与________结合的专一性。
23. 基因组文库含有组织或细胞的________信息，cDNA 文库含有组织或细胞的________信息。
24. RT-PCR 可分为________、________和________三大阶段。

二、是非题

1. 能够产生防御病毒侵袭的限制性核酸内切酶的细菌，其本身的基因组中没有被该酶识别的序列。
2. 已知某一核酸内切酶在一环状 DNA 上有四个切点，因此，用此酶切割该 DNA，可得到五个片段。
3. 基因工程使用的Ⅱ类核酸限制性内切酶不仅具有内切核酸酶的活性，而且有甲基化酶的活性。
4. 有 a、b、c 三个质粒，因为 a 和 b 能够共存于一个细胞中，a 和 c 也可共存于同一个细胞中，因此 b 和 c 一定能够共存于同一个细胞中。
5. 只有完整的复制子才能进行独立复制，一个失去了复制起点的复制子不能进行独立复制。
6. cDNA 克隆较之基因组克隆最重要的优越性就是它们含有一个基因的完整序列。
7. 为了保证重组 DNA 分子在受体细胞中能够稳定独立地存在下来，通常用 $rec^{-}r^{-}m^{-}$表型的细胞株作为受体菌。
8. 限制性核酸内切酶 *Bgl* Ⅱ识别的序列为 A↓GATCT，*Bam*H Ⅰ识别的序列为 G↓GATCC，用它们分别切割载体 DNA 和供体 DNA，不必使酶失活就可以直接通过黏性末端连接法进行连接。
9. 不匹配的黏性末端是不能通过黏性末端连接的。
10. DNA 疫苗即是以 DNA 直接作为抗原的疫苗。

三、选择题

(一) 单项选择题(下列各题均有五个备选项，其中一个是正确的，请将其代码填入括号内)

1. 下面关于多克隆位点(multiple clone site，MCS)的描述，不正确的是(　　)。
   A. 仅位于质粒载体中　　B. 具有多种酶的识别序列
   C. 不同酶的识别序列可以有重叠　　D. 一般是人工合成后添加到载体中
   E. 上面描述全部正确
2. 当用过量的 RNA 与有限的 DNA 杂交时(　　)。
   A. 所有的 RNA 杂交　　B. 50%的 DNA 杂交　　C. 50%的 RNA 杂交
   D. 所有的 DNA 杂交　　E. 25%的 DNA 杂交

3. 哪项技术适于分离完整染色体长度级别的 DNA 分子？(　　)
   A. Southern blot　　B. Northern blot　　C. 转化
   D. 脉冲场凝胶电泳　　E. Western blot
4. 识别 8 个碱基序列的限制性核酸内切酶，大约每隔多少个碱基进行一次切割？(　　)
   A. 2^4　　B. 10^4　　C. 2^{10}
   D. 10^2　　E. 4^8
5. “Northern blot”的含义是(　　)。
   A. 将 DNA 转移到膜上，用 DNA 探针杂交
   B. 将 RNA 转移到膜上，用 DNA 探针杂交
   C. 将 DNA 转移到膜上，用蛋白质做探针杂交
   D. 将 RNA 转移到膜上，用 RNA 探针杂交
   E. 将 DNA 转移到膜上用 RNA 探针杂交
6. 印迹技术的操作程序是(　　)。
   A. 电泳—转移—杂交—显色　　B. 杂交—电泳—转移—显色
   C. 电泳—显色—转移—杂交　　D. 转移—电泳—杂交—显色
   E. 显色—电泳—转移—杂交
7. “Western blot”的含义是(　　)。
   A. 将 DNA 转移到膜上，用 DNA 探针杂交
   B. 将蛋白质转移到膜上，用抗体做探针杂交
   C. 将 RNA 转移到膜上，用 DNA 探针杂交
   D. 将 DNA 转移到膜上，用 RNA 探针杂交
   E. 将 RNA 转移到膜上，用 RNA 探针杂交
8. 检测蛋白质—蛋白质直接相互作用的技术是(　　)。
   A. GST pull down 实验　　B. 免疫沉淀(CoIP)　　C. 原位杂交
   D. Western blot　　E. PCR 技术
9. 体外检测 DNA-蛋白质相互作用的技术是(　　)。
   A. 染色质免疫沉淀(chIP)　　B. 电泳迁移率变动测定(EMSA)
   C. GST pull down 实验　　D. 酵母双杂交实验
   E. 免疫沉淀(CoIP)

(二) 多项选择题(下列各题均有四个备选项，其中两个或两个以上为正确选项，请将正确选项的代码填入括号内)

1. 下列几种序列中最有可能被Ⅱ类限制性核酸内切酶识别的序列是(　　)。
   A. GAATCG　　B. AAATTT　　C. GATATC　　D. ACGGCA
2. 当使用两种作用条件不同的限制性核酸内切酶时，应该(　　)。
   A. 先低盐，后高盐　　B. 先高盐，后低盐　　C. 先低温，后高温　　D. 使用通用缓冲液

四、名词解释

1. 亲和层析(affinity chromatography)
2. 双向电泳(two dimensional electrophoresis，2-DE)

3. SDS-聚丙烯酰胺凝胶电泳(SDS-PAGE)
4. 疏水作用层析(hydrophobic interaction chromatography)
5. 反相层析(reversed phase chromatography)
6. 功能基因组学(functional genomics)
7. 蛋白质组学(proteomics)
8. 基因敲除(gene knock-out)
9. RNA 干扰(RNA interference)
10. 双杂交体系(two-hybrid system)
11. DNA 微芯片(DNA microchip)
12. 后基因组研究(post genome study)

五、问答题

1. 含有突变的乳糖操纵子被克隆到一质粒中,然后将这种质粒转化到含有野生型乳糖操纵子的细菌中,结果发现细菌染色体上的乳糖操纵子不再受乳糖的诱导。试问:(1)质粒操纵子中什么样的突变会产生以上的结果?(2)假定质粒转化的结果导致质粒上三个与乳糖代谢有关的酶呈高水平的组成型表达,则含有什么样突变的质粒能产生这种结果?
2. 不允许使用核酸酶 S1,如何使用逆转录酶制备某一真核细胞基因的 cDNA?
3. 假如某一种哺乳动物有 A 和 B 两种细胞,其中 A 细胞只比 B 细胞多表达一种蛋白质 X,你如何快速地得到蛋白质 X 的 cDNA。
4. 假如你在研究一种逆转录病毒的整合机制,需要你确定整合位点处的核苷酸序列,你如何分离到足够量的包括整合点的 DNA 以满足测序的要求。
5. 有两个纯的蛋白质 a 和 b,相对分子质量都是 100 000 的近似球形的蛋白质。其中蛋白质 a:由两个相对分子质量为 40 000 的亚基和两个相对分子质量为 10 000 的亚基组成的四聚体,该蛋白的 $pI=6.0$。蛋白质 b:由相对分子质量为 25 000 的单一亚基组成的四聚体,该蛋白的 pI 也是 6.0。试预测这两种蛋白质在聚丙烯酰胺凝胶电泳和 SDS-聚丙烯酰胺凝胶电泳中的电泳结果。
6. 某 mRNA 经胰核糖核酸酶消化后,分离到一个寡核苷酸片段,用下列实验分析其核苷酸顺序。碱水解产生 1pAp、2Ap、2Cp、2Gp 和 2Up。核糖核酸酶 T1 消化产生 1Cp、1 个三核苷酸和 1 个五核苷酸。所得到的五核苷酸经碱性磷酸酶处理后,再用蛇毒磷酸二酯酶进行处理,产生 2pA、1U、1pG 和 1pC。当原来的寡核苷酸经碱性磷酸酶作用后再用蛇毒磷酸二酯酶进行消化,可分离到一个五核苷酸,后者经碱水解产生 1A、Ap、1Gp 和 2Up。

   (1) 根据以上实验结果写出原来寡核苷酸片段的顺序。

   (2) 此 mRNA 编码的蛋白质的前三个氨基酸是什么?
7. 一个人类疾病基因被定位在 7 号染色体一段 140kb 的区域内,并已分离到此染色体区段的克隆,但是并不知道该基因定位在此区域的哪一个位置,可用什么方法找到该基因?
8. λYES(酵母-大肠杆菌穿梭质粒)是构建 cDNA 文库的高效载体,这种载体是噬菌体基因组与一个在大肠杆菌和酵母中都能复制的质粒巧妙结合而成，它兼有病毒和质粒载体的优点。cDNA 被插入载体的质粒部分，然后它能在体外被包装入病毒颗粒中，包装起来的载体感染大肠杆菌的效率比质粒本身要高得多。一旦进入了大肠杆菌，λYES 中的质粒序列能够被诱导重组出基因组，并进行独立复制，这就可以从质粒中分离出来，以便进行进一步的遗传操作。为了最大限度地提高克隆效率，载体用只有一个切点的限制性内切核酸酶 *Xho* Ⅰ(5′-C↓TCGAG)进行切割，然后在 dTTP 存在的情况下，同 DNA 聚合酶一起进行温育。将一种具有平末端的双链 cDNA 同一段含由两段寡聚核苷酸组成的双链寡聚核苷酸接头接起来，这两段寡聚核苷酸的序列是：5′-CGAGATTTACC 和 5′-GGTAAATC，它们的 5′端都是磷酸。然后将载体和 cDNA 混合并连接在一起。采用这种方法用 2μg 的载体和 0.1μg 的 cDNA，构建了一个有 4×10^7 个克隆的 cDNA 文库。问：

(1) 假定载体长为 43kb，cDNA 的平均长度是 1kb，请估计在连接混合物中，载体分子同 cDNA 的比例是多少？

(2) 在此过程中，载体分子转变成重组体的频率是多少(每对核苷酸的平均分子质量是 660Da)？

(3) 说明怎样处理载体和 cDNA 分子，才能把它们连接到一起。处理过的载体本身能自连吗？cDNA 呢？

(4) 载体和 cDNA 分子要经过怎样的处理才能提高产生重组 DNA 分子的效率？

(5) 能够用 *Xho* Ⅰ从重组质粒中切出 cDNA 吗？

9. 今有以下四种蛋白质的混合物：

(1)相对分子质量为 15 000，p*I*=10；(2)相对分子质量为 62 000，p*I*=4；(3)相对分子质量为 28 000，p*I*=8；(4)相对分子质量为 9000，p*I*=6；

若不考虑其他因素，当(A)用 CM-纤维素层析柱分离时(B)用 Sephadex G50 凝胶层析柱分离时，写出这些蛋白质的洗脱顺序。

10. 用限制性核酸内切酶消化 DNA 时，所得的片段的长度与该酶所专一作用的核苷酸序列的碱基对数有关。

(1) 如果一个含有 50%GC 核苷酸对的高相对分子质量的 DNA 分子的均一群体，用限制性核酸内切酶 *Hae*Ⅲ(专一性识别序列为 GGCC)进行消化，并假定 DNA 核苷酸序列是随机的，片段长度是多少？

(2) 如果同一 DNA 用 *Hind*Ⅲ(专一性识别序列为 AAGCTT)消化，片段的平均长度应该是多少？

答　　案

基　础　题

一、填充题

1. 限制性核酸内切酶　DNA 连接酶　DNA 聚合酶
2. 电穿孔法　微注射法
3. 3　Ⅱ
4. 1973
5. 扩增 DNA　获得基因产物　研究基因表达调控　改良生物的遗传性

6. DNA 的制备　体外 DNA 重组　遗传转化　转化细胞的筛选
7. 50%
8. 复制区　选择标记　克隆位点
9. 质粒的份数与染色体的比值，即质粒/染色体
10. pBR322　M13 pMB1　转座子
11. 插入　缺失
12. 穿梭质粒
13. 克隆羊多莉(Dolly)
14. 聚合酶链式反应
15. 利用 1990~2005 年共 15 年的时间，花费 30 亿美元，测定出人类 46 条染色体 DNA 的全序列
16. 样品制备　分子杂交　检测分析
17. 制备基因组文库　构建 cDNA 文库　PCR 扩增

二、是非题

1. 错。使用的是具有复制能力的动物病毒 DNA。
2. 对。
3. 错。对外源 DNA 的限制，对自身 DNA 的修饰。
4. 错。应是 *Eco* K。
5. 错。也有线性的，如链霉菌属的质粒。
6. 对。
7. 错。引物可以是 DNA 或 RNA 分子。
8. 错。种类多。
9. 错。Northern blot 用于检测基因的转录，Southern blot 只是证明是否有外源 DNA 的存在。
10. 对。
11. 错。单链 DNA 在第一轮反应中，可形成双链 DNA。

三、选择题

(一) 单项选择题

1. (B) cDNA 是利用反转录酶合成与 mRNA 互补的 DNA，mRNA 分子上没有启动子序列。
2. (C) mRNA 分子 3′端带有多聚 A 尾，可与寡脱氧胸苷酸纤维素上多聚 T 特异结合
3. (C) 各种载体可装载 DNA 的容量；YAC 1000~2000kb，BAC 300~500kb，黏粒 30~45kb，噬菌体载体 5~23kb，质粒小于 10kb。
4. (C)
5. (D) G250 在酸性溶液中呈棕红色，最大吸收峰在 465nm；当它与蛋白质结合成复合物时变为蓝色，最大吸收峰在 595nm，在一定蛋白质浓度范围(1~1000μg/ml)，蛋白质-染料复合物在 595nm 处的光吸收与蛋白质含量成正比，故可用于蛋白质的定量分析。
6. (A) Southern blot 是将 DNA 转移到膜上，用 DNA 探针杂交。
7. (D) 探针是带有特殊可检测标记的核酸片段，它具有特定的序列，能够与待测的核酸片段互补结合，因此可以用于检测核酸样品中的特定基因。人工合成的寡核苷酸片段、克隆的基因组 DNA、cDNA 均可在 DNA 印迹和 RNA 印迹中作探针，为了提高 RNA 印迹的敏感性，也可选用 RNA 片段作为探针，而蛋白质不符合探针的定义。
8. (E) PCR 技术除了不能用于蛋白质含量测定之外，其余选项均适用。
9. (A) 检测体内 DNA-蛋白质相互作用的技术是染色质免疫沉淀技术，该技术是在或细胞状态下用化学交联试剂固定 DNA-蛋白质复合物，并将其随即切断为一定长度范围内的染色质小片段，然后通过免疫学方法沉淀该复合物，再用 PCR 技术特异性富集目的蛋白结合的 PCR 片段，能比较客观地反映体内蛋白质-DNA 相互作用的信息。

(二) 多项选择题

1. (A、C、D) ColE1 没有四环素抗性基因，因此不具有四环素抗性。
2. (A、B、C) 25℃时每升水大约可溶解硫酸铵 767g，许多蛋白质和酶都可以被盐析沉出来。温度系数小表明硫酸铵的溶解度受温度的影响不大，有利于低温下蛋白质的分离纯化。硫酸铵不易引起蛋白质的变性，对多种酶有保护作用。硫酸铵的缺点是干扰双缩脲反应，给蛋白质定量分析带来困难。
3. (B、C、D) 研究蛋白质-蛋白质相互作用的技术有：标签蛋白沉淀、酵母双杂交技术、免疫共沉淀。

四、名词解释

1. 基因工程(gene engineering)：应用人工方法进行基因重组，然后将重组的基因导入细胞或细

菌,进行复制、转录及翻译的过程。基因工程所采用的基本技术称为 DNA 体外重组技术或分子克隆技术,即将不同的 DNA 片段按照人们的设计方案定向地连接起来,并在特定的受体细胞中与载体一起得到复制与表达,使受体细胞获得遗传特性。

2. 基因载体(gene vector):外源 DNA 片段(目的基因)要进入受体细胞,必须有一个适当的运载工具将其带入细胞内,并载着外源 DNA 一起进行复制与表达,这种运载工具称为载体。
3. 表达载体(expression vector):为使插入的外源 DNA 序列可转录,进而翻译成多肽链而特意设计的克隆载体。
4. 质粒(plasmid):是一种在细菌染色体以外的遗传单元,一般由环形双链 DNA 构成,其大小为 1~200kb。
5. cDNA 文库(cDNA library):以 mRNA 为模板,利用反转录酶合成与 mRNA 互补的 DNA 称为 cDNA,单链的 cDNA 再复制双链的 DNA 片段,与适当的载体连接后,转入受体菌,所建立的文库称为 cDNA 文库。
6. 转染(transfection):将携带目的基因的表达载体导入真核细胞的过程和方法。
7. 同源重组(homologous recombination):重组生物体中的 DNA 序列的重新组合发生在同源序列间称为同源重组,又称基本重组。
8. PCR(polymerase chain reaction):体外模拟自然 DNA 复制过程的 DNA 扩增技术。它以一条待扩增的 DNA 链为模板,加入人工合成的与目的 DNA 序列互补的寡聚脱氧核苷酸作为引物,通过 DNA 聚合酶促反应快速体外扩增特异的 DNA 序列。
9. 细胞工程(cell engineering):人类按照自己的需要,通过各种手段改造细胞的组成结构,调整细胞的功能,创造具有特定功能或用途的细胞、组织、器官等新产品,以满足人类的需要。
10. 酶工程(enzyme engineering):是一项利用酶、含酶细胞器或细胞作为生物催化剂来完成重要的生物化学反应,并将相应底物转化成有用物质的技术。
11. 蛋白质工程(protein engineering):又称第二代基因工程,1981 年由美国基因公司 Ulrner 提出,是通过对蛋白质分子结构的合理设计,利用基因工程手段生产出具有更高活性或独特性质的蛋白质的过程。

五、问答题

1. 首先使用特定的限制性内切酶将大肠杆菌染色体 DNA 切成小的片段,同时将含有青霉素抗性标记的质粒用同样的内切酶消化。然后使用连接酶将质粒中含有青霉素抗性基因的片段(无质粒的复制起始区序列)与大肠杆菌酶切后得到的各片段连接,再将连接产物进行转化,最后通过含有青霉素的培养基进行筛选。能够生存下来的菌落应含有具有大肠杆菌复制起始区的质粒。
2. 在双酶切时,有三个片段(7.5kb、2.9kb 和 6kb)没有被切成更小的片段,这说明它们内部没有其他酶的切点(如 7.5kb *Bam*H Ⅰ 片段内无 *Bgl* Ⅱ 切点)。*Bgl* Ⅱ 消化产生 3 个片段说明整个 DNA 分子上具有两个 *Bgl* Ⅱ 切点,同样可以推断 DNA 上还有三个 *Bam*H Ⅰ 切点。13kb 和 3.9kb *Bgl* Ⅱ 酶切片段在双酶切后消失了,这说明这两个片段内部具有 *Bam*H Ⅰ 切点。而 2.9kb 与 1kb 之和为 3.9kb,这提示 3.9kb 的 *Bgl* Ⅱ 酶切片段内有一个 *Bam*H Ⅰ 切点。2kb、7.5kb 与 3.5kb 之和为 13kb 则说明 13kb 的 *Bgl* Ⅱ 酶切片段内含有两个 *Bam*H Ⅰ 切点。此外,3.5kb 与 1kb 之和为 4.5kb 则说明,4.5kb 的 *Bam*H Ⅰ 酶切片段内含有一个 *Bgl* Ⅱ 切点。综合以上结果,原来的线形 DNA 的物理图谱为:

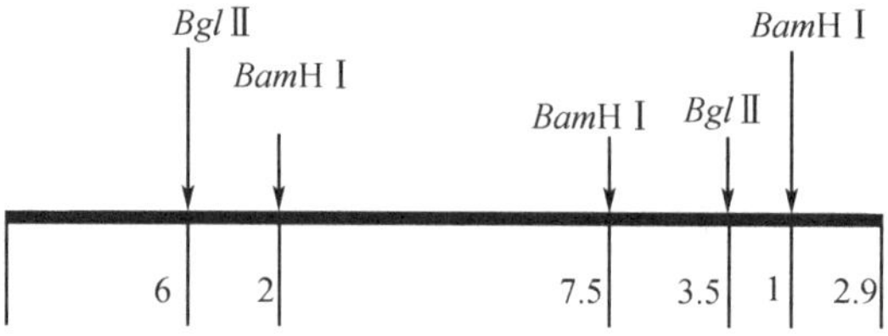

提　高　题

一、填充题

1. 外来的 DNA　本身的 DNA
2. 属名的第一个字母　种名的前两个字母　株名
3. 不同的　识别位点　切割位点　识别位点　平切和交错切　平头　黏性

4. *Hind* Ⅱ
5. ①能够在中间划一个对称轴，两侧的序列两两对称互补配对　②两条互补链的5′→3′序列组成相同，即将一条链旋转180°，则两条链重叠
6. 复制起点　复制区　复制终点
7. 它在细菌中能够大量繁殖，这样有利于外源DNA扩增　对某些噬菌体的遗传结构和功能研究得比较清楚，其大肠杆菌宿主系统的遗传也研究得比较详尽
8. 保持正确的可读框　能够使其转录的启动子具有翻译的起始和终止信号
9. 转基因的　转移的基因
10. 融合蛋白
11. 质粒　噬菌体　真核细胞病毒
12. T7　T3　SP6
13. 大相对分子质量的DNA
14. 高
15. 将特定的基因失活的过程　新基因功能
16. DNA　RNA　蛋白质
17. 定点突变
18. 限制性内切酶片段长度的多态性
19. 丝状噬菌体
20. 相对分子质量　所带净电荷及分子形状和大小
21. 凝胶过滤　聚丙烯酰胺凝胶电泳
22. 抗体生成　骨髓瘤　抗体　骨髓瘤
23. DNA　mRNA
24. 提取RNA　RT　PCR

二、是非题

1. 错。细菌本身基因组中核酸酶的识别序列因C和A残基的甲基化作用而受到保护，可免遭切割。
2. 错。可得到四个片段。
3. 错。Ⅱ类核酸限制性内切酶没有甲基化酶的活性。
4. 错。a和b能够共存于一个细胞中，说明a和b具有不同的复制机制，a和c也可共存于同一个细胞中，说明a和c具有不同的复制机制。但是不能说明b和c一定能够共存，因为b和c的复制机制有可能是相同的，也有可能是不相同的。
5. 对。
6. 错。cDNA克隆含有一个基因的连续编码序列，而不是完整的基因序列。在mRNA的加工过程中，内含子被切除了。
7. 对。
8. 对。
9. 错。有时可通过部分填补后得到的黏性末端进行连接。
10. 错。DNA疫苗即是以抗原的基因制备的疫苗。

三、选择题

(一) 单项选择题

1. (A)多克隆位点存在于载体DNA中的一段能被多种限制性内切酶切割的序列，基因工程中可在此处插入带有相应内切酶位点的外源序列并使之扩增。
2. (B)双链DNA分子只有其中一条与RNA互补的DNA才能和RNA杂交。
3. (D)脉冲场凝胶电泳是一种分离大分子DNA的方法。在普通的凝胶电泳中，大的DNA分子(>10kb)移动速度接近，很难分离形成足以区分的条带。在脉冲场凝胶电泳中，电场不断在两种方向(有一定夹角，而不是相反的两个方向)变动。DNA分子带有负电荷，会朝正极移动。相对较小的分子在电场转换后可以较快转变移动方向，而较大的分子在凝胶中转向较为困难，因此小分子向前移动的速度比大分子快。Southern blot用于DNA的检测鉴定，Northern blot用于RNA的检测鉴定，Western blot用于蛋白质的检测鉴定，转化是指DNA进入细菌细胞的过程，上述四种技术都不能分离完整染色体长度级别的DNA分子。
4. (E)DNA是由四种类型的单核苷酸组成，假定DNA的碱基组成是均一的，而限制性核酸内切酶的识别位点是随机分布的，那么对于任何一种限制酶的切割频率，理论上应为$1/4^n$，n表示该限制酶识别的碱基数，如识别4个碱基的限制酶，其切割频率应为$1/4^4$(1/256)，即每隔256个碱基有一个识别序列和切割位点，识别8个碱基的内切酶，应每隔4^8个碱基有一个切割位点。
5. (B) Northern blot是将RNA转移到膜上，用DNA探针杂交。

6. (A)印迹技术的操作程序是先进行生物大分子的电泳分离再将其转移至能结合生物大分子的膜上，随后进行杂交显色。
7. (B)Western blot 是将蛋白质转移到膜上，用抗体做探针杂交。
8. (A)GST pull down 技术是采用带有 GST 标签的纯化融合蛋白做钓饵，在体外与待检测的纯化蛋白温育，然后用可结合 GST 蛋白标签的琼脂糖珠将融合蛋白沉淀回收(pull down)，如果两种蛋白有直接的相互作用，则在电泳中有条带出现，如果是间接作用则用该方法检测不到。
9. (B)在体外检测 DNA-蛋白质相互作用技术是电泳迁移变动实验，该技术是在体外将核抽提物与标记的待测寡核苷酸探针温育，然后将反应后产物进行非变性聚丙烯酰胺凝胶电泳，最后根据 DNA 条带泳动的滞后与否判断核抽提物是否含有与标记探针 DNA 结合的蛋白质(如特异的转录因子)。

(二) 多项选择题

1. (B、C)AAATTT 和 GATATC 是回文序列。
2. (A、C、D)先高盐，后低盐易产生星号(*)活性。

四、名词解释

1. 亲和层析(affinity chromatography)：依据流动相中的生物大分子与固定相表面偶联的特异性配基发生亲和作用，选择性吸附混合物溶液中的溶质而进行的层析分离方法。
2. 双向电泳(two dimensional electrophoresis, 2-DE)：是目前唯一能同时分辨上千个蛋白质点的技术。原理是根据蛋白质的两个一级属性：等电点和相对分子质量的特异性，将蛋白质混合物在电荷(等电聚焦)和相对分子质量(SDS-聚丙烯酰胺凝胶电泳)两个水平上进行分离。由于等电聚焦和 SDS-PAGE 可在各自方向上分辨 100 个不同的蛋白质条带，因此，理论上的双向电泳的分辨能力可达到 1000 个点。
3. SDS-聚丙烯酰胺凝胶电泳(SDS-PAGE)：在去污剂十二烷基硫酸钠(SDS)存在下的聚丙烯酰胺凝胶电泳。SDS-PAGE 的电泳迁移率主要取决于被分离物的相对分子质量，而与原来所带的电荷和分子形状无关。
4. 疏水作用层析(hydrophobic interaction chromatography)：是在不带电荷的载体上偶联疏水基团制备成疏水吸附剂，然后根据这些基团与不同蛋白质分子疏水区之间相互作用的差异达到分级分离目的的层析技术。
5. 反相层析(reversed phase chromatography)：根据蛋白质表面疏水性的不同来分离蛋白质的一种层析技术。层析介质是一类在支持物上固定疏水配体的凝胶，疏水配体通常用的是 C4、C8、C18 烷基，配体链越长其疏水性越强。反相层析的介质骨架为硅酸，能耐高压，因而被广泛用于高压层析。反相层析的分离能力较强，用于蛋白质的精细纯化。
6. 功能基因组学(functional genomics)：依附于对 DNA 序列的了解，应用基因组学的知识和工具去了解影响发育和整个生物体的特定序列表达谱的科学。
7. 蛋白质组学(proteomics)：以蛋白质组为研究对象，研究细胞内所有蛋白质结构及功能的科学。
8. 基因敲除(gene knock-out)：有目的地使基因灭活或抑制其表达，从而研究该基因的功能。
9. RNA 干扰(RNA interference)：通过在细胞内转入基因的插入而引起特异的 mRNA 降解来控制基因的表达。
10. 双杂交体系(two-hybrid system)：利用两种融合基因共同转化受体细胞，通过报告基因的表达与否来检测两种融合基因所表达的蛋白质是否存在相互作用的系统。
11. DNA 微芯片(DNA microchip)：指结合有大量寡核苷酸片段的芯片，这些寡核苷酸分布于芯片的各个微小空间内，用于斑点杂交以检测大量基因的表达。
12. 后基因组研究(post genome study)：指在基因组研究计划中，对基因组的核苷酸序列了解以后，进一步对各个基因的详尽结构和其功能及各基因所表达蛋白质的结构与功能等方面的研究，如转录组学、蛋白质组学、比较基因组学、药物基因组学等方面的研究。

五、问答题

1. (1) 质粒 i 基因编码的阻遏蛋白不能与诱导物结合。
   (2) 质粒操作子不能结合阻遏蛋白。

2. 在水解模板 RNA 的时候，注意反应的条件，以使 mRNA 部分水解，然后加入 DNA 聚合酶Ⅰ，剩余的 mRNA 片段将会作为引物，通过这样方式合成双链的 cDNA 不需要核酸酶 S1。

3. (1) 提取 A 细胞的总 mRNA，以总 mRNA 作为模板制备总 cDNA。
(2) 提取 B 细胞的总 mRNA。
(3) 将 A 细胞的总 cDNA 与 B 细胞的总 mRNA 进行杂交，因为 B 细胞不表达 X 基因，因而只有 X 基因的 cDNA 没有相应的 mRNA 杂交。这使得只有 X 基因的 cDNA 保持单链状态。
(4) 使用羟基磷灰石可以将呈单链状态的 X 基因的 cDNA 与其他的 cDNA 分开。

4. (1) 克隆含有整合病毒的细胞的 DNA。
(2) 以放射性标记的病毒 DNA 作为探针，使用 Southern blot 法筛选含有病毒 DNA 的菌落。
(3) 鉴定比非整合病毒 DNA 大的片段，这就代表了你所需要的含有整合位点周围序列的 DNA。
(4) 将得到的上述 DNA 先进行亚克隆，再进行序列分析。

5. 在聚丙烯酰胺凝胶电泳中，第一种蛋白质和第二种蛋白质呈现出同一条带；在 SDS-聚丙烯酰胺凝胶电泳中第一种蛋白质呈现两条带，一条为大亚基的带，另一条为小亚基的带；第二种蛋白质仍然呈现一条带，如果两种蛋白质同时电泳，则出现三条带，从点样端开始，依次顺序是：第一种蛋白质大亚基、第一种蛋白质小亚基、第二种蛋白质亚基。

6. (1) 由实验资料可推出该核苷酸顺序为：pApUpGpUpApCpApGpC 或 pApUpGpU-pApApCpGpC。但在后一种中，紧挨着起始密码就是终止密码 UAA，所以实际上这种密码是不存在的。
(2) 肽链的前三个氨基酸是 Met-Tyr-Ser。

7. 将 140kb 的克隆片段分成一系列更小的片段，以每一个片段作为探针对其他哺乳动物的 DNA 进行印迹实验，种间保守的片段将出现信号；这些片段可能编码外显子。用外显子片段作为 Southern 印迹实验的探针来检测带病患者的 DNA，通常，遗传性疾病都是因为重要基因内的 DNA 发生了变化所致。如果患者的 DNA 与对照 DNA 的某一片段有着不同的杂交类型，那么这一片段很可能与疾病有关。从患者和正常对照组中分离 RNA，用这一片段作为探针进行 Northern 杂交。如果患者和对照组的 RNA 的总量不同，则这一片段很可能包含致病的基因。

8. (1) 在连接混合物中，载体分子和 cDNA 分子的比例大约是 1∶2。在长度上载体大约是 cDNA 的 40 倍（43kb∶1kb），但在质量上，载体只有 cDNA 的 20 倍（2μg∶0.12μg）。因此，连接混合物中，载体分子的数量只有 cDNA 分子的一半。
(2) 2μg 中，载体分子的数目是：4.2×10^{10}。

$$分子数=\frac{1\ 分子}{43\text{kb}}\times\frac{\text{kb}}{1000\text{bp}}\times\frac{\text{bp}}{660\text{d}}\times\frac{6\times10^{17}\text{d}}{\mu\text{g}}\times 2\mu\text{g}=4.2\times10^{10}分子$$

因为这些载体分子得到了 4×10^{7} 的重组体，所以产生重组体的效率大约是 0.1%：

$$效率=\frac{4\times10^{7}\ 重组体}{4.2\times10^{10}载体分子}\times100\%=0.1\%$$

(3) 把 *Xho* Ⅰ 切割的载体 DNA 与 dTTP 和 DNA 聚合酶一起温育，使每个末端都加上一个 T：

5′-CT　　　　　TCGAG-3′
3′-GAGCT　　　TC-5′

这种转接体寡聚核苷酸有了可同被修饰的载体末端互补的单链尾巴：

5′-CT　　　　　CGAGATTTACC-3′
3′-GAGCT　　　　　CTAAATGG-5′

这样，修饰过的载体末端可以同转接头修饰的 cDNA 连接。修饰后的载体末端不再相互互补，因而载体本身也就不能连接在一起。对 cDNA 也有同样情况。
(4) 载体和 cDNA 修饰后，载体分子只能同 cDNA 分子连接，反之亦然。由于限制了载体自身的连接，因此大大提高了形成重组体分子的效率。
(5) 修饰的载体末端同连接头分子的连接可在载体和 cDNA 的两个结合处重新产生 *Xho* Ⅰ 的识别位点，因此，可用 *Xho* Ⅰ 从重组的质粒 DNA 中切出 cDNA。由于 *Xho* Ⅰ 具有六个碱基对的识别位点，在 DNA 上切割的频率很低,所以大多数 cDNA 都可以完整地切出来。

9. CM-纤维素是阳离子交换剂,所以 A 的顺序为(2)(4)(3)(1)。用 Sephadex G50 凝胶层析柱分离时,相对分子质量大的先洗脱下来,所以 B 的顺序为(2)(3)(1)(4)。

10. (1) *Hae*Ⅲ识别一个四核苷酸序列 GGCC,在含有 50%GC 的随机顺序的 DNA 中,某一位置上出现任意给定核苷酸的概率是 1/4,因此,任意给定四核苷酸序列出现的概率是$(1/4)^4$,即 1/256。所以,用 *Hae*Ⅲ酶解 DNA 时,所得片段的平均长度应为 256 个核苷酸。

(2) *Hind*Ⅲ识别一个六核苷酸序列 AAGCTT,同样此顺序出现的概率是$(1/4)^6$,即 1/4096。所以,用此酶解 DNA 后,所得片段的平均长度应为 4096 个核苷酸。

附　　录

中国科学院研究生院

2012年招收攻读硕士学位研究生入学统一考试试题

科目名称：生物化学

考生须知：

1. 本试卷满分为150分，全部考试时间总计180分钟。
2. 所有答案必须写在答题纸上，写在试题纸上或草稿纸上一律无效。

一、名词解释（每题2分，共20分）

1. 结构基因(structural gene)
2. 错义突变(missense mutation)
3. 反密码子(anticodon)
4. 反转录(reverse transcription)
5. 甲基化酶(methylase)
6. 开放阅读框(open reading frame)
7. 配体(ligand)
8. 启动子(promoter)
9. 转染(transfection)
10. cDNA

二、单项选择题（每题1分，共20分，请在答题纸上标清题号，并将答案写在题号后）

1. 核酸对紫外线的最大吸收峰在哪一波长附近？

   A. 280nm　　B. 260nm　　C. 200nm　　D. 340nm

2. 在鸟氨酸循环中，尿素由下列哪种物质水解而得？

   A. 鸟氨酸　　B. 胍氨酸　　C. 精氨酸　　D. 精氨琥珀酸

3. 下列哪个氨基酸含有两个羧基？

   A. 赖氨酸　　B. 谷氨酸　　C. 色氨酸　　D. 甘氨酸

4. 蛋白质所形成的胶体颗粒，在下列哪种条件下不稳定：

   A. 溶液pH等于p*I*　　B. 溶液pH小于p*I*　　C. 溶液pH大于p*I*　　D. 水溶液

5. 蛋白质变性是由于：

   A. 氨基酸排列顺序的改变　　B. 氨基酸组成的改变

   C. 蛋白质空间构象的破坏　　D. 肽键的断裂

6. 下列哪个激素可使血糖浓度下降？

   A. 肾上腺素　　B. 胰岛素　　C. 胰高血糖素　　D. 糖皮质激素

7. 参与嘧啶合成的氨基酸是：

   A. 谷氨酸　　B. 赖氨酸　　C. 天冬氨酸　　D. 精氨酸

8. 有关转录的错误叙述是：

A. RNA 链按 3′→5′方向延伸　　B. 只有一条 DNA 链可作为模板

C. 以 NTP 为底物　　D. 遵从碱基互补原则

9. 反密码子 CAU 所识别的密码子是：

A. CUA　　B. GUA　　C. AUG　　D. GTA

10. 糖代谢中间产物中含有高能磷酸键的是：

A. 6-磷酸葡萄糖　　B. 6-磷酸果糖

C. 1,3-二磷酸甘油酸　　D. 3-磷酸甘油醛

11. 具有四级结构的蛋白质特征是：

A. 在两条或两条以上具有三级结构多肽链的基础上，肽链进一步折叠，盘曲形成

B. 每条多肽链都具有独立的生物学活性

C. 依赖肽键维系四级结构的稳定性

D. 由两条或两条以上具有三级结构的多肽链组成

12. 三羧基酸循环中不提供氢和电子对的步骤是：

A. 柠檬酸→异柠檬酸　　B. 异柠檬酸→α-酮戊二酸

C. α-酮戊二酸→琥珀酸　　D. 琥珀酸→延胡索酸

13. 合成后无需进行转录后加工修饰就具有生物活性的 RNA 是：

A. tRNA　　B. rRNA　　C. 原核细胞 mRNA　　D. 真核细胞 mRNA

14. 胆固醇含量最高的脂蛋白是：

A. 极低密度脂蛋白　　B. 低密度脂蛋白

C. 中间密度脂蛋白　　D. 高密度脂蛋白

15. 酰基载体蛋白含有：

A. 核黄素　　B. 叶酸　　C. 泛酸　　D. 钴胺素

16. 下列过程不能脱去氨基的是：

A. 联合脱氨基作用　　B. 氧化脱氨基作用

C. 嘌呤核苷酸循环　　D. 转氨基作用

17. 不具四级结构的蛋白质是：

A. 血红蛋白　　B. 乳酸脱氢酶　　C. 肌红蛋白　　D. 琥珀酸脱氢酶

18. 谷氨酸甘氨酸可共同参与下列物质合成的是：

A. 辅酶 A　　B. 叶绿素　　C. 嘧啶碱　　D. 嘌呤碱

19. 下面关于 RNA 的描述哪项是错误的：

A. tRNA 是分子质量最小的一种 RNA　　B. 组成核糖体的主要 RNA 是 rRNA

C. hnRNA 在细胞质中加工成 mRNA　　D. mRNA 分子中含有遗传密码

20. 2009 年导致世界流感大流行中的病原体甲型 H1N1 病毒是一种什么病毒？

A. 双链 DNA 病毒　　B. 单链 DNA 病毒　　C. 双链 RNA 病毒　　D. 单链 RNA 病毒

三、判断题（每题 1 分，共 30 分，请在答题纸上标清题号，并将答案写在题号后，其中表述正确的写“对”，表述错误的写“错”）

1. 逆转录酶催化 RNA 指导的 DNA 合成不需要 RNA 引物。（　　）

2. 原核细胞 DNA 复制是在特定部位起始的，真核细胞则在多位点同时起始复制。（　　）

3. 鸟氨酸循环(一般认为)第一步反应是从鸟氨酸参与的反应开始,首先生成瓜氨酸,而最后则以精氨酸水解产生尿素后,鸟氨酸重新生成而结束一个循环的。(　　)
4. 生物膜是由极性脂和蛋白质通过非共价键形成的片状聚集体,膜脂和膜蛋白都可以自由地进行侧向扩散和翻转扩散。(　　)
5. 胰蛋白酶只断裂赖氨酸和酪氨酸残基参与形成的肽键。(　　)
6. 各类生物膜的极性脂均为磷脂、糖脂和胆固醇。(　　)
7. 构型指立体异构体中取代原子或基团在空间的取向,构型的改变必须通过共价键的断裂。构象是指这些取代基团当单键旋转时可能形成的不同的立体结构,构象的改变不涉及共价键的改变。(　　)
8. 中心法则概括了 DNA 在信息代谢中的主导作用。(　　)
9. 可以用测定 OD_{260}最大吸收峰的方法来判定 DNA 是否降解。(　　)
10. 非必需氨基酸和必需氨基酸是针对人和哺乳动物而言的,它们意即人或动物不需或必需而言的。(　　)
11. 因为 DNA 两条链是反向平行的,在双向复制中,一条链按 5′→3′方向合成,另一条链按 3′→5′方向合成。(　　)
12. 密码子是否编码氨基酸是由与之相应的 tRNA 所决定的,终止密码子的识别则是由蛋白质因子直接决定的。(　　)
13. 限制性内切酶切割的片段都具有黏性末端。(　　)
14. 主动运转有两个显著特点:一是逆浓度梯度进行,因而需要能量驱动,二是具有方向性。(　　)
15. 糖酵解是指葡萄糖在无氧条件下转变为丙酮酸所经历的一系列反应,在此过程中净生成 3 个 ATP。(　　)
16. 磷酸果糖激酶催化的反应是糖酵解过程中的限速步骤,磷酸果糖激酶受高浓度 ATP 的抑制。(　　)
17. 真核细胞电子传递和氧化磷酸化都在细胞的线粒体内膜中进行,而原核细胞在细胞质膜上进行。(　　)
18. RNA 合成时,RNA 聚合酶以 3′→5′方向沿 DNA 的反义链移动,催化 RNA 链按 5′→3′方向增长。(　　)
19. 细胞质中的 NADH 只有通过甘油-3-磷酸穿梭再氧化,而不能跨过线粒体内膜进入线粒体进行再氧化。(　　)
20. 核酸在核酸酶的作用下水解成寡聚核苷酸和单核苷酸,核苷酸在核苷酸酶的作用下水解成核苷和磷酸。(　　)
21. B 型双螺旋是 DNA 的普遍构型,而 Z 型则被确定为仅存在于某些低等真核细胞中。(　　)
22. 在真核细胞中已发现五种 DNA 指导的 DNA 聚合酶:a、b、g、d、e。其中 DNA 聚合酶 g 复制线粒体的 DNA;b 和 e 在损伤修复中起着不可替代的作用;DNA 聚合酶 a 和 d 是核 DNA 复制中最重要的酶。(　　)
23. 启动子是 RNA 聚合酶识别、结合和开始转录的一段 DNA 序列,原核生物和真核生物的 RNA 聚合酶都可以直接识别和结合到启动子上。(　　)

24. 增强子对启动子的作用无方向性、无远近性和无生物种族特异性,不受发育影响。(　　)
25. 逆转录病毒的长末端重复序列中含有整合位点、加工位点及启动子和增强子序列,对于前病毒的整合和表达非常重要。(　　)
26. 合成后无需进行转录后加工修饰就具有生物活性的 RNA 是原核细胞 mRNA。(　　)
27. 在 DNA 合成中,大肠杆菌 DNA 聚合酶Ⅰ和真核细胞中的 RNaseH 均能切除 RNA 引物。(　　)
28. 外显子中的突变会影响蛋白质的序列,但内含子中的突变会影响 RNA 的剪接从而抑制蛋白质的产生。(　　)
29. 转录组是指特定条件下表达的一组完整的基因,转录组定义的基因组数目与基因组定义的数目一致。(　　)
30. 假基因是指具有与功能基因相似的序列,但不能翻译成为功能蛋白质的基因片段。(　　)

四、简答题(每题 5 分,共 30 分)

1. 生物氧化的特点和方式是什么?
2. 简述 DNA 半保留复制的机制。
3. 简述三羧酸循环(TCA)的生物学意义。
4. 大肠杆菌的 DNA 聚合酶和 RNA 聚合酶有哪些重要的异同点?
5. 简述被动扩散和主动运输的基本方式和特征。
6. 简述内含子的功能。

五、问答题(每题 10 分,共 50 分)

1. 一个单链 DNA 和一个单链 RNA 分子质量相同,简述可以用几种方法将它们区分开?
2. 简述通过 RNA 干扰引起的基因沉默与基因敲除两者之间的差异。
3. DNA 突变有哪几种类型,简述其生物学意义。
4. 简述将重组 DNA 导入哺乳动物细胞的方法。
5. 论述转基因的基本操作步骤及其应用意义,并介绍你所了解的我国动植物基因工程近年研究进展(可根据自身专业背景任选动物或植物开展论述)。

中国科学院研究生院

2012年招收攻读硕士学位研究生入学统一考试试题

科目名称:生物化学(甲)

考生须知:

1. 本试卷满分为150分,全部考试时间总计180分钟。
2. 所有答案必须写在答题纸上,写在试题纸上或草稿纸上一律无效。

一、名词解释(每题2分,共20分)

1. 异头物
2. 限制性内切酶
3. 变构效应
4. 干扰素
5. 同源蛋白质
6. 结构域
7. 多克隆抗体
8. 脂质体
9. 主动运输
10. 糖酵解

二、选择题(每题1分,共30分)

1. 下列哪种物质不是由垂体分泌的________。
   A. 促甲状腺激素　B. 促肾上腺皮质激素释放因子
   C. 生长激素　D. 催产素
2. 哪类激素不属于多肽类激素________。
   A. 催乳激素　B. 催产素　C. 肾上腺素　D. 降钙素
3. 血红蛋白由两条α肽链和两条β肽链构成,属于寡聚蛋白质;血红蛋白的每条肽链之间通过________而相互缔合。
   A. 非共价键　B. 二硫键　C. 碳-碳单键　D. 酰胺键
4. 稳定蛋白质三维结构的________主要是由蛋白质溶液系统的熵增效应所驱动。
   A. 氢键　B. 范德华力　C. 疏水作用　D. 酰胺键
5. 蚕丝具有抗张强度高、质地柔软、不能拉伸的特性。这是由蚕丝中丝心蛋白的______结构所决定的。
   A. 左手α螺旋　B. 右手α螺旋　C. β转角　D. 反平行β折叠
6. 在湿热烫发过程中,需要在头发上涂上一种含巯基的化合物溶液,其目的是破坏头发纤维中含有的________。
   A. 氢键　B. 二硫键　C. 碳-碳单键　D. 酰胺键
7. 核酸变性时会发生________。
   A. 糖苷键断裂　B. 磷酸酯键断裂　C. 氢键断裂　D. 碱基解离
8. 嘌呤核苷酸是通过形成________而合成的。

A. 嘌呤环　B. 次黄嘌呤核苷酸　C. 乳清苷酸　D. 黄素核苷酸

9. 1972 年 Singer 与 Nicolson 提出的生物膜“流体镶嵌”模型，主要区别于其他的模型在于：一是突出了膜的流动性；二是显示了________。

A. 膜蛋白的运动性　B. 膜脂分子以双分子层排列
C. 膜蛋白分布的不对称性　D. 膜脂流动的不均匀性

10. 在物质跨膜传递实验中，下列物质中________最容易通过人工脂双层膜。

A. H^+　B. Mg^{2+}　C. 蔗糖　D. O_2

11. 动物细胞摄取胆固醇的过程是通过________实现的。

A. 受体介导的内吞作用　B. 被动运输
C. 胞饮作用　D. 静电吸附作用

12. 当一个神经冲动传递到骨骼肌肉细胞时，会引起肌质网释放________，从而调控肌动蛋白和肌球蛋白之间的相互作用，引发肌肉收缩。

A. Ca^{2+}　B. Mg^{2+}　C. Fe^{2+}　D. K^+

13. 视紫红质是嗜盐菌质膜中的一种膜内在蛋白。它利用其结合的配基________来吸收光子，介导 H^+跨膜传递到胞外，完成太阳能到化学势能的转化。

A. 叶绿素　B. 视黄醛　C. 血红素　D. NADPH

14. 1997 年诺贝尔化学奖授予 Jens C. Skou 等对钠钾 ATP 酶的研究贡献。他们发现该酶每水解 1 个 ATP 分子，可以促使________。

A. 3 个 Na^+泵出，2 个 K^+泵入　B. 3 个 Na^+泵入，2 个 K^+泵出
C. 2 个 Na^+泵出，3 个 K^+泵入　D. 2 个 Na^+泵入，3 个 K^+泵出

15. 以下________是酸性氨基酸。

A. 天冬氨酸　B. 天冬酰胺　C. 谷氨酰胺　D. 组氨酸

16. 蛋白质在 SDS 聚丙烯酰胺凝胶电泳中的迁移率，主要取决于蛋白质原有的________。

A. 相对分子质量　B. 电荷数　C. 分子形状　D. 三级结构

17. PCR 实验中，若已知引物的变性温度为 62℃，则反应退火温度最可能是________。

A. 60℃　B. 72℃　C. 37℃　D. 94℃

18. 下列关于呼吸链的叙述________是正确的。

A. 呼吸链存在于胞质　B. 呼吸链存在于线粒体内膜
C. 呼吸链存在于线粒体外膜　D. 呼吸链存在于细胞外

19. 氰化物中毒是由于抑制了细胞色素________。

A. Cyt a　B. Cyt b　C. Cyt c　D. Cyt aa3

20. 细胞代谢的直接供能物质是________。

A. 葡萄糖　B. GMP　C. AMP　D. ATP

21. 胞质中的 NADH 通过________进入线粒体。

A. 3-磷酸甘油-磷酸二羟丙酮穿梭　B. 柠檬酸-丙酮酸穿梭
C. 苹果酸-天冬氨酸穿梭　D. 草酰乙酸-丙酮酸穿梭

22. 解偶联剂的作用是如何产生的________。

A. 抑制传递氢　B. 抑制传递电子

C. 抑制氧化磷酸化　D. 抑制 ATP 酶

23. 下列有关转录的叙述________是错的。

A. RNA 链延伸方向是 5′→3′方向　B. RNA 链延伸方向是 3′→5′方向

C. DNA 双链中有一条是模板链　D. RNA 聚合酶催化 RNA 合成时无需引物

24. 真核细胞的 mRNA 加工不包括________过程。

A. 剪接　B. 5′端加“帽”

C. 3′端加多聚 A“尾”　D. 3′端加多聚 A“尾”和“CCA”保守序列

25. 合成 DNA 的原料是________。

A. dNMP　B. dNDP　C. dNTP　D. NTP

26. 蛋白质生物合成中,多肽链上氨基酸顺序取决于________。

A. 相应 mRNA 上密码子顺序　B. 相应 tRNA 上的反密码子

C. 氨基酰-tRNA 合成酶的特异性　D. 核糖体的特异性

27. 下列关于乳糖操纵子调节基因的叙述________是对的。

A. 阻遏蛋白的结合位点　B. 诱导物的结合位点

C. 编码阻遏蛋白　D. 编码乳糖代谢的酶

28. 以下有关 G 蛋白的叙述________是不对的。

A. 大多数存在于细胞膜上　B. 有水解 GTP 的活性

C. 能传递激素信息给腺苷酸环化酶　D. 为 7 次跨膜蛋白

29. 变构剂引起酶活性改变是由于________。

A. 与酶的活性中心结合,影响酶与底物结合

B. 使酶的亚基解聚

C. 使酶的亚基聚合

D. 与酶活性中心以外的某一部位特异结合,改变酶的构象

30. 以下有关葡萄糖激酶的叙述________是不对的。

A. 属于己糖激酶　B. 主要存在于肝脏

C. 餐后活性增高　D. 受葡萄糖-6-磷酸的反馈抑制

三、填空题(每空 1 分,共 30 分)

1. 激素按其化学本质可分为____(1)____、____(2)____和____(3)____三大类。

2. 当一根毛发纤维被拉伸延展时,其中的主要成分 α-角蛋白的二级结构,会从____(4)____的二级结构转变成____(5)____。

3. 脊椎动物的骨骼肌中的粗肌丝的主要成分是____(6)____蛋白;细肌丝的主要成分是____(7)____蛋白。

4. 生物膜的主要功能可归纳为:____(8)____、____(9)____、信息识别与传递。

5. 在物质跨膜运输过程中,如果一种物质的运输与另一种物质的运输相关而且方向相反,则该运输称为____(10)____,它和同向运输又统称为____(11)____。

6. 线粒体存在有两条重要的呼吸链:____(12)____氧化呼吸链和____(13)____氧化呼吸链。

7. DNA 通过____(14)____传递遗传信息,通过____(15)____和____(16)____表达遗传信息。

8. 核糖体是由＿＿(17)＿＿和＿＿(18)＿＿组成，与 mRNA 结合的是＿＿(19)＿＿亚基。
9. 真核生物转录调控多通过顺式作用元件和反式作用因子相互作用，常见的顺式作用元件有＿＿(20)＿＿、＿＿(21)＿＿和＿＿(22)＿＿。
10. 非竞争抑制使酶的＿＿(23)＿＿下降，但＿＿(24)＿＿不变。
11. 维生素＿＿(25)＿＿和＿＿(26)＿＿是合成辅酶 $NADP^+$ 和 FAD 的基本原料，它们属于＿＿(27)＿＿族维生素。
12. 戊糖磷酸途径的主要生理意义是产生＿＿(28)＿＿和＿＿(29)＿＿。
13. 糖蛋白中的＿＿(30)＿＿成分在细胞识别、细胞黏着和精卵识别等生物学过程中起重要作用。

四、简答题(每题 5 分，共 30 分)

1. 生物合成一条含 10 个氨基酸残基的肽段，要消耗几个高能磷酸键？
2. 质粒在基因工程中有何作用？
3. 在竞争性抑制作用中，为什么酶的最大反应速度并不下降？
4. 稳态和平衡态的区别是什么？
5. 底物浓度为米氏常数的三倍时，酶反应速度是最大反应速度的多少倍？
6. 磷酸肌酸是高能化合物吗？它的生理作用是什么？

五、问答题(共 40 分)

1. 试举两例说明蛋白翻译后修饰的重要性。(10 分)
2. 为什么无氧条件下柠檬酸循环不能进行，并且酵解产物不能停止在丙酮酸而要生成乳酸？(10 分)
3. 动物的脂肪酸合成是脂肪酸氧化的逆反应吗？如果不是，请说明它们的不同。(20 分)

中国科学院研究生院

2012 年招收攻读硕士学位研究生入学统一考试试题

科目名称：生物化学（乙）

考生须知：

1. 本试卷满分为 150 分，全部考试时间总计 180 分钟。
2. 所有答案必须写在答题纸上，写在试题纸上或草稿纸上一律无效。

一、选择题（共 40 分，每小题 1 分）

（第 1~30 小题，请从 4 个选项中选出 1 个正确答案；第 31~40 小题，请从 4 个选项中选出 2 个正确答案）

1. 单糖游离羰基能与几分子苯肼作用生成糖脎

A. 1 个　　B. 2 个　　C. 3 个　　D. 4 个

2. 下列有关糖苷性质的叙述正确的是

A. 在稀盐酸中稳定　　B. 在稀 NaOH 溶液中稳定

C. 糖苷都是还原性糖　　D. 无旋光性

3. 下列糖不具有变旋现象的是

A. 果糖　　B. 乳糖　　C. 淀粉　　D. 半乳糖

4. 下列蛋白质中不是糖蛋白的是

A. 免疫球蛋白　　B. 溶菌酶　　C. 转铁蛋白　　D. 胶原蛋白

5. 1 分子葡萄糖在肝脏中完全氧化可以产生的 ATP 数为

A. 31　　B. 30　　C. 37　　D. 32

6. 在糖原合成中，活化 1-磷酸葡萄糖的物质是

A. ATP　　B. CTP　　C. UTP　　D. GTP

7. 在生理条件下（pH=7.3），其侧链能向蛋白质分子提供电荷的氨基酸是

A. 甘氨酸　　B. 赖氨酸　　C. 酪氨酸　　D. 谷氨酸

8. 蛋白质变性时

A. 相对分子质量发生改变　　B. 溶解度降低

C. 溶液的黏度增加　　D. 只有高级结构受到破坏，一级结构无变化

9. 用下列方法测定蛋白质含量时，哪种方法需要完整的肽键？

A. 双缩脲法　　B. 凯氏定氮法　　C. 紫外吸收法　　D. 茚三酮反应法

10. 下列哪种蛋白质是水不溶性的？

A. 血红蛋白　　B. 酶蛋白　　C. 卵清蛋白　　D. 骨胶原蛋白

11. 在最适反应条件下，酶的催化效率可比一般的化学试剂高

A. 10~100 倍　　B. 10^2~10^4倍　　C. 10^4~10^6倍　　D. 10^6~10^{12}倍

12. 唾液淀粉酶经透析后活性降低的原因是

A. 失去 Cl^-　　B. 酶蛋白变性　　C. 缺乏 ATP　　D. 失去 Cu^{2+}

13. 下列化合物中哪个不是呼吸链成员？

A. CoQ　　B. 细胞色素 c　　C. 辅酶Ⅰ　　D. 肉毒碱

14. 用苔黑酚法可以鉴定

A. RNA　B. DNA　C. 蛋白质　D. 所有核酸

15. 热变性后的 DNA

A. 紫外吸收增加　B. 磷酸二酯键断裂　C. 形成三股螺旋　D. (G+C)含量增加

16. 使胰岛 β 细胞分泌胰岛素的最重要的信号是

A. 肠蠕动增强　B. 血糖浓度增高　C. 血脂浓度增高　D. 下丘脑刺激

17. 下列哪种激素能够促进脂肪分解

A. 胰岛素　B. 胰高血糖素　C. 睾酮　D. 雌二醇

18. 脂双层是许多物质的通透屏障,能自由通透的极性物质是

A. 水　B. 相对分子质量在 50 以下

C. 所有的极性物质　D. 葡萄糖

19. 胆固醇是

A. 糖的衍生物　B. 氨基酸的前体

C. 所有类固醇激素的前体　D. 有机醇类化合物

20. 下列哪一种过程不在线粒体中进行

A. 三羧酸循环　B. 脂肪酸氧化　C. 电子传递　D. 糖酵解

21. 能促进脂肪动员的激素有

A. 肾上腺素　B. 胰高血糖素　C. 促甲状腺素　D. 以上都是

22. 可由呼吸道呼出的酮体是

A. 乙酰乙酸　B. β-羟基丁酸　C. 乙酰乙酰 CoA　D. 丙酮

23. 胆汁酸来源于

A. 胆色素　B. 胆红素　C. 胆绿素　D. 胆固醇

24. 具有调节细胞生长作用的胺类是

A. 组胺　B. 5-羟色胺　C. 精胺　D. 多巴胺

25. 参与生物转化作用的氨基酸是

A. 酪氨酸　B. 色氨酸　C. 谷氨酸　D. 半胱氨酸

26. 能指导多肽合成,编码的 DNA 最小单位是

A. 操纵子　B. 顺反子　C. 启动子　D. 复制子

27. 细胞内编码 20 种氨基酸的密码子总数为

A. 16　B. 64　C. 20　D. 61

28. 决定基因表达空间特异性的因素是

A. 器官分布　B. 个体差异　C. 细胞分布　D. 发育时间

29. 我国正常人的血浆白蛋白和球蛋白的比值是

A. 0.8~1.0　B. 1.5~2.5　C. 1.8~2.0　D. 1.2~1.6

30. 生理条件下,合成血红素的限速步骤是合成

A. 胆色素原　B. 线状四吡咯　C. 原卟啉Ⅸ　D. δ-氨-γ-酮戊酸

(第 31~40 小题,请从 4 个选项中选出 2 个正确答案)

31. 肝脏合成的血浆脂蛋白主要有

A. 低密度脂蛋白　B. 高密度脂蛋白　C. 乳糜微粒　D. 极低密度脂蛋白

32. 催化氨基酸联合脱氨基所需的酶是
A. D-氨基酸氧化酶　　B. 转氨酶
C. L-谷氨酸脱氢酶　　D. 谷氨酰胺酶
33. 同工酶是这样的一类酶
A. 催化的化学反应不同　　B. 酶蛋白分子结构相同
C. 存在于同一个体的不同组织　　D. 存在于同一组织的同一细胞
34. 血浆蛋白的生理功能是
A. 维持血浆晶体渗透压　　B. 维持血浆正常 pH
C. 维持血浆胶体渗透压　　D. 运输某些物质,尤其是水溶性物质
35. 不对称转录指的是
A. DNA 分子上一股可转录　　B. 双向转录
C. 复制后转录　　D. 模板链并非永远在同一链上
36. 妨碍 α 螺旋形成的氨基酸是
A. Leu　　B. Glu　　C. Gly　　D. Pro
37. 2,3-DPG 支路有何意义
A. 增加 Hb 对氧的亲和力　　B. 降低了 Hb 对氧的亲和力
C. 促进氧合血红蛋白向组织释放更多的氧　　D. 在富氧环境中更为重要
38. 蛋白质生物合成中正确的说法是
A. mRNA 作为直接模板　　B. ATP 和 GTP 作为能源
C. 不需要各种酶和辅助因子　　D. 20 多种 aa 作为原料
39. 真核细胞中 RNA 聚合酶Ⅲ的产物是
A. mRNA　　B. rRNA　　C. tRNA　　D. snRNA
40. 人类缺乏维生素 B_2时,常出现
A. 脚气病　　B. 胃肠功能障碍　　C. 舌炎　　D. 口角炎

二、填空题(共 30 分,每小题 2 分)

1. 蔗糖是由一分子 D-葡萄糖和一分子________组成。
2. 在各种 RNA 中________的半衰期最短。
3. 复制子是指________。
4. 在 α 螺旋中氢键主要在________和________之间形成。
5. 磺胺类药物是________酶的抑制剂。
6. 磷酸吡哆醛促进氨基酸的消旋作用、转氨基作用和________作用。
7. 脊椎动物的载氧蛋白质包括________和________。
8. 糖酵解途径中两个底物水平磷酸化反应分别由磷酸甘油酸激酶和________催化。
9. 细胞内合成脂肪的场所是________,脂肪合成的前体是________。
10. 除人和猿以外的哺乳类动物嘌呤代谢的排泄物是________。
11. 大多数转氨酶需要________作为氨基受体。
12. 一个脂肪分子经 β 氧化,每一轮回产生________、________和乙酰 CoA 各 1 个。
13. 蛋白质、脂肪和淀粉降解后进入三羧酸循环代谢的必经之路是都必须先转化成________。

14. 米氏常数等于________时的底物浓度。
15. 细菌的遗传转化是指________。

三、判断题(共 20 分,每小题 2 分)(正√,误×)

1. 淀粉遇碘呈蓝色,糖原遇碘呈紫色。
2. 蛋白质之所以能够出现各种各样丰富的构象,主要是因为 C_α—C 键和 C_α—N 键能有不同程度的转动。
3. 诱导酶是指当细胞加入特定的诱导物后,诱导产生酶,这种诱导物往往是该酶的产物。
4. Asp 和 Ser 都是酶活性中心常出现的氨基酸残基。
5. 呼吸链上位于细胞色素 c 之后的一个成分是细胞色素 c_1。
6. 丙酮酸脱氢酶系催化底物脱下的氢都交给 FAD 生成 $FADH_2$。
7. 动物摄入过量的氨基酸可以以蛋白质的形式储存起来。
8. 核糖核酸中稀有碱基含量最高的是 tRNA。
9. 真核生物 DNA 复制起点的序列专一性要低于细菌和病毒。
10. 反转录酶催化 RNA 指导的 DNA 合成反应,不需要引物。

四、问答题(共 32 分,第 1 至 8 小题每小题 3 分,第 9、10 小题每小题 4 分)

1. 为什么说 DNA 变异是产生癌症的分子基础?
2. 蛋白质在生物体内的主要功能之一是作为生物酶,但为什么现在却不能说酶都是蛋白质?
3. DNA 与 RNA 结构的两个主要差别是什么?
4. 糖尿病是导致人类死亡的第二大疾病,请说明其生化原因并提出一种检测糖尿病的常用化学方法?
5. 生命体中,蛋白质的氨基酸与核酸的核糖有明显的手性(不对称)选择性,请说明分别是什么手性?
6. 请说明目前常用的 DNA 测序的两种主要方法是什么?
7. 为什么鸡蛋清可明显减轻铅中毒或汞中毒效应?
8. 核酸的变性与降解有什么不同?
9. 蛋白质合成过程中主要需要哪些核糖核酸参与,它们各自发挥什么作用?
10. 蛋白质的结构域是指什么?

五、计算题(共 28 分,第 1 小题 5 分,第 2 小题 11 分,第 3 小题 12 分)

1. 某蛋白质按质量计算含有亮氨酸 1.650% 和异亮氨酸 2.475%,问其最低相对分子质量为多少?
2. 某酶(M_r = 150 000)的活性位点有一个 Cys 残基,假定为了使 5ml 蛋白质含量为 1.2mg/ml 的酶完全失活,需要 3.0×10^{-2}mg 碘乙酰胺(M_r = 185),计算酶的催化亚基数目(按每个亚基只含一个活性中心计算)。
3. 在 pH 7.0,0.165mol/L 的 NaCl 条件下,测得某一 DNA 样品的 T_m = 89.3℃。求四种碱基的百分组成。

中国科学院大学

2013 年招收攻读硕士学位研究生入学统一考试试题

科目名称:生物化学(甲)

考生须知:

1. 本试卷满分为 150 分,全部考试时间总计 180 分钟。
2. 所有答案必须写在答题纸上,写在试题纸上或草稿纸上一律无效。

一、名词解释(每题 2 分,共 20 分)

1. 穿梭质粒
2. 多顺反子 mRNA
3. 半保留复制
4. 冈崎片段
5. 酶的比活性
6. 逆转录
7. 反馈抑制
8. 氨酰 tRNA
9. DNA 切除修复
10. 受体

二、单项选择题(每题 1 分,共 30 分)

1. 以下(　　)不属于芳香族氨基酸。
   A. Phe　B. Tyr　C. Trp　D. Pro
2. 蛋白质多肽链中只要有(　　)存在时,α 螺旋就会被中断。
   A. 蛋氨酸　B. 组氨酸　C. 脯氨酸　D. 色氨酸
3. 生理 pH 条件下,有明显缓冲容量的氨基酸残基是(　　)。
   A. Thr　B. Cys　C. His　D. Tyr
4. 圆二色性(CD)光谱技术常用来检测蛋白质的(　　)结构。
   A. 一级　B. 二级　C. 三级　D. 四级
5. 以下(　　)不是呼吸链的组成成分。
   A. CoQ　B. 细胞色素 c　C. 细胞色素氧化酶　D. 辅酶 A
6. 糖酵解的场所是在(　　)。
   A. 细胞核　B. 线粒体　C. 细胞质　D. 内质网
7. 以下(　　)不能异生成葡萄糖。
   A. 乳酸　B. 丙酮酸　C. 赖氨酸　D. 甘油
8. 光合生物中 Calvin 循环,不包括以下(　　)。
   A. 核酮糖-5-磷酸　B. 3-磷酸甘油醛　C. 1,3-二磷酸甘油酸　D. 6-磷酸葡萄糖
9. 人类嘌呤碱代谢的终产物是(　　)。
   A. 尿酸　B. 尿素　C. 尿囊酸　D. 乙醛酸
10. 以下(　　)不参与核糖核苷酸还原为相应的脱氧核糖核苷酸。

A. 核糖核苷酸还原酶B. NADPH　　C. 硫氧还蛋白　　D. 谷胱甘肽

11. RNA 转录过程的底物是(　　)。

A. NTP　　B. NDP　　C. dNTP　　D. NMP

12. 大肠杆菌的 RNA 聚合酶不包括以下(　　)。

A. Sigma 亚基　　B. Alpha 亚基　　C. Beta 亚基　　D. Gamma 亚基

13. 启动子是指 RNA 聚合酶识别、结合和开始转录的一段(　　)。

A. mRNA 序列　　B. DNA 序列　　C. 氨基酸序列　　D. rRNA 序列

14. tRNA 不与以下(　　)发生反应。

A. mRNA　　B. 氨基酰 tRNA 合成酶　　C. 氨基酸　　D. AMP

15. 蛋白质的翻译开始于(　　)。

A. Met　　B. Ser　　C. Cys　　D. His

16. 储存糖原的主要脏器是(　　)。

A. 肝脏　　B. 心脏　　C. 大脑　　D. 脂肪组织

17. 氧化磷酸化的主要部位是(　　)。

A. 线粒体内膜　　B. 线粒体外面　　C. 核糖体　　D. 内质网

18. 糖原磷酸化酶是催化(　　)。

A. 糖原分解　　B. 糖原合成　　C. 葡萄糖磷酸化　　D. 果糖磷酸化

19. 以下(　　)不参与光合作用中的光吸收。

A. 叶绿素　　B. 藻胆素　　C. 类胡萝卜素　　D. 血红素

20. RNA 的合成部位是在(　　)。

A. 细胞质　　B. 细胞核　　C. 内涵体　　D. 核糖体

21. 磷酸戊糖途径的主要生物学功能之一是合成(　　)。

A. 糖原　　B. NADH　　C. 乳酸　　D. NADPH

22. 以下(　　)不是三羧酸循环的中间物。

A. 柠檬酸　　B. 琥珀酸　　C. 乙酸　　D. 苹果酸

23. 胆固醇在体内不能代谢转变为(　　)。

A. 肾上腺皮质激素　　B. 胆汁酸　　C. 胆色素　　D. 维生素 D_3

24. 脂肪酸 β-氧化在细胞的(　　)部位进行?

A. 细胞核内　　B. 细胞质膜　　C. 线粒体　　D. 胞液

25. 激素作用方式中不包括(　　)。

A. 通过 cAMP 途径　　B. 通过磷酸肌醇级联反应

C. 负反馈作用　　D. 酪氨酸激酶途径

26. 胆固醇在皮肤可转变为(　　)。

A. 维生素 K　　B. 性激素　　C. 胆酸　　D. 以上都不是

27. 以下(　　)具有抗氧化剂的作用。

A. 维生素 B_1　　B. 叶酸　　C. 维生素 E　　D. 硫辛酸

28. 以下(　　)不是水溶性维生素。

A. 硫胺素　　B. 抗坏血酸　　C. 生物素　　D. 生育酚

29. 转氨酶的辅酶是(　　)。

A. 焦磷酸硫胺素　　B. 磷酸吡哆醛　　C. 硫辛酸　　D. 四氢叶酸

30. 表皮生长因子(EGF)的信号转导通路与下列(　　)有关。

A. 受体型酪氨酸蛋白激酶　　B. G 蛋白偶联受体

C. CGMP　　D. 腺苷酸环化酶

三、填空题(每空 1 分,共 30 分。请在答题纸上标清题号,答案写在题号后)

1. 按照生物学功能的不同,可将脂质分为________脂质、________脂质和活性脂质。
2. 核糖体中的________能够催化肽键形成,从而控制蛋白质合成。
3. 对比 DNA 和 RNA,________的磷酸酯键更易被碱水解。
4. 核酸在 260nm 处有最大紫外吸收,是因为其结构中的________与________的贡献。
5. 将外源基因导入原核细胞的主要方法是________与________。
6. 酶的活性部位包括________与________。
7. B 细胞是在________中完成发育的;T 细胞是迁移到________中完成后期发育的。
8. 蛋白质的酸、碱和酶三种水解方法中,________水解会产生消旋作用。
9. 氨基酸序列决定蛋白质三维结构的这一结论的最直接和最有力证据来自某些蛋白质的________实验。
10. 乙酰辅酶 A 在细胞内可以参与合成________、________和________。
11. 核糖体是由________与________两个亚基组成的。
12. 氨基酸参入多肽链过程中的延伸反应包括 3 步,即________、________和________。
13. 由 hnRNA 转变成 mRNA 的加工过程,包括在 5′端加________和 3′端加________的结构。
14. 脂肪酸进入细胞后先被活化,形成________,它需要借助载体________,该反应需要消耗________个高能磷酸键。
15. 参与调控脂肪酸分解代谢的激素有________、________、________。

四、简答题(每题 6 分,共 30 分)

1. 在加热变性时,为什么双链螺旋 DNA 中的 GC 碱基含量比例越高,其解链温度 T_m 值也越高?
2. 聚合酶链反应(PCR)中,初始反应物包含哪些成分?
3. 蛋白质二级结构包括哪些常见类型?
4. 蛋白质合成的起始复合物包括哪几种成分?
5. 简述糖蛋白中糖链的生物功能。

五、问答题(共 40 分)

1. 列举四种 6-磷酸葡萄糖在肝细胞内的代谢去向。(8 分)
2. 糖酵解过程中,哪些反应需消耗 ATP?(8 分)
3. 如何由动力学参数变化判断酶抑制剂和底物之间的竞争关系?(9 分)
4. 已知混合蛋白溶液中只含蛋白 A 与蛋白 B,A 与 B 不发生相互作用。A 与 B 均在缓冲液(20mmol/L Tris-HCl,pH 7.0;150mmol/L NaCl)中稳定,不发生聚合现象。蛋白 A 的氨基酸残基数为 200,等电点为 5.0,C 端有 6 个连续的组氨酸序列。蛋白 B 的氨基酸残基数为 400,等电点为 9.0,不含 6 个连续的组氨酸序列。请根据以上数据,设计能将蛋白 A 与 B 分离开的三个独立实验,并简述其主要原理依据。(15 分)

中国科学院大学

2013 年招收攻读硕士学位研究生入学统一考试试题

科目名称:生物化学(乙)

考生须知:

1. 本试卷满分为 150 分,全部考试时间总计 180 分钟。
2. 所有答案必须写在答题纸上,写在试题纸上或草稿纸上一律无效。

一、选择题(共 40 分,每小题 1 分)

(第 1~30 小题,请从 4 个选项中选出 1 个正确答案;第 31~40 小题,请从 4 个选项中选出 2 个正确答案)

1. 天冬氨酸的 pK_1(-COOH) = 2.09, pK_2($-NH_3^+$) = 9.82, pK_3(-R) = 3.86,其等电点是

   A. $(pK_1+pK_2)/2$　　B. $(pK_2+pK_3)/2$
   C. $(pK_1+pK_3)/2$　　D. $(pK_1+pK_2+pK_3)/2$

2. 对具四级结构的蛋白质进行一级结构分析时

   A. 有一个自由的 α-NH_2和一个自由的 α-COOH
   B. 只有自由的 α-NH_2
   C. 只有自由的 α-COOH
   D. 有一个以上自由的 α-NH_2和 α-COOH

3. 蛋白质变性在于

   A. 一级结构被破坏　B. 亚基的解聚　C. 空间构象的破坏　D. 辅基的脱落

4. 下列氨基酸中哪些不是蛋白质的组分?

   A. 组氨酸　B. 鸟氨酸　C. 谷氨酸　D. 亮氨酸

5. 免疫球蛋白是一种

   A. 糖蛋白　B. 脂蛋白　C. 简单蛋白　D. 铜蛋白

6. 酶制剂纯度的主要指标是

   A. 蛋白质的浓度　B. 酶的总量　C. 酶的总活力　D. 酶的比活力

7. 变构酶一般是一种

   A. 单体酶　B. 寡聚酶　C. 多酶复合体　D. 米氏酶

8. tRNA 在发挥其功能时的两个重要部位是

   A. 反密码子臂和反密码子环　B. 氨基酸臂和 D 环
   C. C 环和可变环　D. 氨基酸臂和反密码子环

9. 哺乳动物细胞核糖体的大亚基沉降系数为

   A. 30S　B. 40S　C. 60S　D. 70S

10. 下列哪个试剂常用于鉴定肽链 N 端的氨基酸

    A. 溴化氰　B. 尿素　C. 苯异硫氰酸酯　D. 胰凝乳蛋白酶

11. 对 DNA 片段做物理图谱分析,需要用

    A. 核酸外切酶　B. DNA 连接酶　C. 限制性内切酶　D. DNA 聚合酶

12. 可预防夜盲症的维生素是

A. 维生素 B　B. 维生素 A　C. 维生素 D　D. 维生素 C

13. 下列激素中不是由垂体前叶分泌的是

A. 生长激素　B. 加压素　C. 促黄体生成激素　D. 促卵泡激素

14. 生理条件下，膜脂大都处于什么状态？

A. 液态　B. 固态　C. 液晶相　D. 凝胶相

15. 胆固醇是

A. 苯的衍生物　B. 17-酮类胆固醇

C. 酸性固醇　D. 所有类固醇的前体

16. α-淀粉酶的特征是

A. 耐 70℃左右高温　B. 不耐 70℃左右高温

C. 在 pH 为 3.3 时活化　D. 在 pH 为 3.3 时活性高

17. 酵解过程中的限速酶是

A. 醛缩酶　B. 磷酸果糖激酶

C. 烯醇化酶　D. 3-磷酸甘油脱氢酶

18. 在动物细胞中，下列物质不能转变为糖的是

A. 草酰琥珀酸　B. 甘油　C. 乙酰辅酶 A　D. 3-磷酸甘油醛

19. 氰化物中毒时呼吸链中受抑制的部位存在于

A. NADH→FMN　B. FMN →CoQ

C. CoQ →细胞色素 c　D. 细胞色素氧化酶→O_2

20. 血液中非蛋白氮主要的来源是

A. 尿素　B. 尿酸　C. 肌酐　D. 游离氨基酸

21. 体内转运氨的形式有

A. 丙氨酸　B. 谷氨酰胺

C. 谷氨酸　D. 谷氨酰胺和丙氨酸

22. 下列哪种物质标记的大肠杆菌 DNA，首次证明了 DNA 的半保留复制特性

A. ^{13}C　B. ^{1}H　C. ^{15}N　D. ^{14}N

23. 下列哪一种物质不是高铁血红蛋白的还原剂

A. NADPH　B. NADH　C. GSH　D. 葡萄糖醛酸

24. 胸腺嘧啶除了在 DNA 出现，还经常出现在

A. mRNA　B. tRNA　C. 5S rRNA　D. 18S rRNA

25. 痛风症治疗的原则是

A. 激活尿酸分解酶　B. 激活黄嘌呤氧化酶

C. 抑制鸟嘌呤脱氢酶　D. 抑制黄嘌呤氧化酶

26. 合成后无需进行转录后加工修饰就具有生物活性的是

A. tRNA　B. rRNA

C. 原核细胞 mRNA　D. 真核细胞 mRNA

27. 氨基酸与 tRNA 结合的化学键是

A. 糖苷键　B. 酯键　C. 氢键　D. 酰胺键

28. 蛋白质生物合成中多肽的氨基酸排列序列取决于

A. 相应的 tRNA 的专一性
B. 相应氨酰-tRNA 合成酶的专一性
C. 相应 mRNA 中核苷酸排列顺序
D. 相应的 tRNA 上的反密码子

29. 下列关于转录的陈述哪一个不正确？
A. RNA 的合成方向为 5′→3′
B. 在真核细胞中,不同的 RNA 聚合酶分别催化不同的 RNA 合成
C. 当遇到 DNA 结合蛋白时,转录终止
D. 对每个基因来说,仅 DNA 的一条链被转录

30. 与 mRNA 的 5′ACG3′相对应的 DNA 的碱基序列是
A. 5′UGC3′ B. 5′TGC3′ C. 5′GCA3′ D. 5′CGT3′

(第 31~40 小题,请从 4 个选项中选出 2 个正确答案)

31. 下列糖类中不含糖苷键的是
A. 半乳糖 B. 甘露糖 C. 纤维二糖 D. 蔗糖

32. 下列哪些酶是 DNA 复制需要的酶
A. 引物合成酶 B. DNA 水解酶 C. 拓扑异构酶Ⅱ D. RNA 聚合酶

33. 下列叙述正确的是
A. 生物体内的尿酸一般是通过尿素循环产生的
B. 氨基酸的碳骨架进行氧化分解时先形成能够进入三羧酸循环的化合物
C. 氨基酸是生物体内“一碳单位” 的直接提供者
D. 以上都是

34. 下列关于氨基酸代谢正确的是
A. 磷酸吡哆醛是氨基酸代谢中多种酶的辅酶
B. 氨基酸脱羧得到的胺往往具有重要的生理功能
C. 鸟类属于排氨动物
D. 体内尿素的直接前体是鸟氨酸

35. 能参加转氨基作用的氨基酸是
A. 赖氨酸 B. 苏氨酸 C. 谷氨酸 D. 天冬氨酸

36. 下列与 DNA 解链有关的是
A. 单链 DNA 结合蛋白
B. DNA 解螺旋酶
C. RNA 酶
D. DNA 酶

37. 关于酶的修饰,叙述错误的是
A. 酶以有活性(高活性)和无活性(低活性)两种形式存在
B. 变构调节是快速调节,化学修改是慢速调节
C. 是酶促反应
D. 无级联放大效应

38. 下列哪些酸属于三羧酸循环中的三羧酸
A. 顺乌头酸 B. 丙酮酸 C. 琥珀酸 D. 异柠檬酸

39. 胰岛素可促进下列哪些代谢过程
A. 葡萄糖经质膜转运 B. 糖原合成 C. 脂肪分解 D. 糖异生作用

40. 有关酮体的论述,不正确的是

A. 酮体是肝脏输出脂肪类能源的一种形式

B. 脂肪动员减少时,肝内酮体生成和输出增多

C. 酮体的生成和利用是一种生理现象

D. 酮体输出时,必与血浆蛋白结合才能通过血脑屏障

二、填空题(共 30 分,每空 2 分)

1. 动植物细胞中含有一种三肽,称为还原型谷胱甘肽(即 γ-谷氨酰半胱氨酰甘氨酸),其结构式为________。这种三肽在红细胞中可以维持蛋白质______________残基处于还原状态。
2. 在 Haworth 式中,α-D-吡喃葡萄糖中的 α 表示________。
3. 参与蛋白质组成的 20 种基本氨基酸中,只有三种氨基酸在近紫外区(200~400nm)有吸收,这三种氨基酸的三字母简写分别为________。
4. 蛋白质 α 螺旋的结构特征之一是每圈螺旋________个氨基酸残基。
5. 催化乙酰 CoA 转变成丙二酰-CoA 的酶是________,根据国际系统命名法,这种酶的标准名称是________。
6. 糖原主要存在于人体的________和________两个部位。
7. 1 分子葡萄糖经糖酵解途径和三羧酸循环彻底氧化过程中通过底物水平磷酸化净产生的 ATP 分子是________个(GTP 按 ATP 计);整个过程产生的 NADH 个数是________个。
8. 丝心蛋白中包含的最大量的二级结构是______________。
9. 维生素 K 可促进凝血酶原中谷氨酸发生________反应故有________作用。
10. 一般来说,DNA 中(G+C)含量越高则 T_m 值越高,原因是________。

三、判断题(共 20 分,每小题 2 分)(正√,误×)

1. 在动物体内,乙酰 CoA 的去路包括进入三羧酸循环氧化供能、合成脂肪酸、合成胆固醇、合成酮体、通过糖异生合成葡萄糖。
2. 亚油酸和亚麻酸是人体必需脂肪酸。两者都属于不饱和脂肪酸,前者含有两个双键,后者具有三个双键。
3. 蛋白质一级结构分析中,断裂巯基之间形成的二硫键可以使用巯基乙醇在碱性条件下处理。
4. 蛋白质结构一般被分为四个组织层次(折叠层次),分别为一级、二级、三级和四级结构,而结构域是介于三级结构和四级结构之间的组织层次。
5. 硬角蛋白和软角蛋白拉伸性能差别主要决定于各自分子中氢键的数量和强度。
6. 生物体内脂肪酸是由二碳单位从头合成的,所以多数情况下天然的脂肪酸的碳骨架的碳原子数是偶数。
7. 抗体酶的本质是具有催化活性的免疫球蛋白。
8. C_4 植物与 C_3 植物的不同主要在于吸收 CO_2 的方式不同。在 C_4 植物中,CO_2 先在外部的叶肉细胞中通过与磷酸烯醇式丙酮酸的反应被固定,这样产生的四碳分子被转运到内部的维管束鞘细胞,并在这里释放 CO_2 使之用于 Calvin 循环。
9. 在磷脂酶 A_1 的催化下,磷脂酰肌醇二磷酸分解为二酯酰甘油和肌醇三磷酸。
10. 溴化乙锭-氯化铯密度梯度平衡超离心时,下列各组分的沉降速度是:超螺旋 DNA >

开环及线性 DNA>闭环质粒 DNA >蛋白质。

四、问答题(共 32 分,第 1~8 小题每小题 3 分,第 9、10 小题每小题 4 分)

1. 试述生物膜的两侧不对称性表现在哪些方面?
2. 天然氨基酸是否都具有一个不对称 α-碳原子? 请说明理由。
3. 生物体内 RNA 有哪些功能?
4. DNA 片断可以通过电泳很好地区分开来,其原理是什么?
5. 用含 EDTA 配制的缓冲溶液为什么可能干扰蛋白酶的活性?
6. 为什么蚕豆必须煮熟后食用,否则容易引起不适?
7. 什么是钙调蛋白? 简述其主要功能。
8. 什么是差向异构体? 葡萄糖和甘露糖是差向异构体吗?
9. 简述人体内氨基酸分解代谢的主要方式?
10. 遗传密码的简并性有何意义?

五、计算题(共 28 分,第 1 小题 16 分,第 2 小题 12 分)

1. 向 1L 1mol/L 的处于等电点的甘氨酸溶液加入 0.2mol HCl,问所得溶液中带正电荷的甘氨酸离子浓度是多少(结果保留小数点后 1 位有效数字)? 溶液的 pH 是多少? (已知甘氨酸 $pKa_1 = 2.34$, $Ka_1 = 0.0046$, $\sqrt{0.65} = 0.807$, $\log 4 = 0.602$)
2. 3μg 纯酶(相对分子质量为 92×10^3)在最适条件下催化反应速率(以产物的生成速率计)为 1.5μmol/min,试计算酶的比活力[U/mg]和转换数[s^{-1}]。酶活力单位 U 规定为每分钟产生 1μmol 产物所需要的酶量,假定每个酶分子只有一个活性中心。

中山大学

2013年硕士学位研究生入学考试试题

科目名称:生物化学一

一、填空题(共30分)

1. 胸苷酸是由________甲基化而合成。
2. 嘌呤核苷酸在人体内分解的终产物是________。
3. 转氨酶的辅基是________。
4. 完整的尿素循环仅存在于________细胞。
5. GABA合成的直接前体是________。
6. 为尿素循环直接提供N的代谢物是________。
7. 真核生物的翻译通过________机制发现起始密码子。
8. DNA复制通常需要以________为引物。
9. 大肠杆菌的DNA聚合酶Ⅰ具有________种酶的活性。
10. 蛋白质生物合成过程中,氨基酸需活化生成________。
11. 美国的两位科学家因研究________的杰出贡献而获得2012年诺贝尔化学奖。
12. Tyrosine的等电点是________。
13. 蛋白质依据其二级结构组成,可以分为全α、全β、α+β和________四类。
14. 牛角中含量最丰富的氨基酸是________。
15. 蛋白质在体内的折叠需要辅基脯肽异构酶、二硫键异构酶和________。
16. 细肌丝由肌动蛋白、肌钙蛋白和________构成。
17. 纤维素是D-葡萄糖单体通过________糖苷键连接而成的聚合物。
18. 联合多糖包括脂多糖、糖脂、糖蛋白和________。
19. 膜脂可分为固醇、糖脂和________。
20. 膜筏中的膜脂主要是固醇和________。
21. 胆固醇在动物皮肤可被氧化为7-脱氢胆固醇,经紫外线照射转变为________。
22. siRNA多数来自________,其作用方式通常为高度特异性的。
23. 乳酸循环是耗能过程,两分子乳酸异生成葡萄糖时需消耗________分子ATP。
24. 来源于肿瘤细胞的转化生长因子α(TGFα),其功能类似于________。
25. 哺乳动物解除氨毒的方式是将氨转变为________,而爬行动物和鸟类则是把氨转变为________。
26. 哺乳动物嘧啶核苷酸合成的限速酶是________;而细菌嘧啶核苷酸合成的限速酶是________。
27. 用于特异性纯化DNA结合蛋白质的层析方法是________。
28. 硝化甘油能用于治疗心血管疾病是因为其在人体内可转变为________。

二、是非题(每题1分,共30分)

1. (　　)嘌呤核苷酸从头合成的所有反应都发生在细胞液。
2. (　　)细胞内的CMP直接由UMP转变而来。

3. ( )嘌呤核苷酸的从头合成和补救合成都需要 PRPP。
4. ( )同源重组(homologous genetic recombination)就是位点特异的重组(site-specific recombination)。
5. ( )UAA 是终止密码子,将(UAA)加到体外翻译系统中,得不到任何多肽。
6. ( )通常 tRNA 二级结构决定不同 tRNA 的个性。
7. ( )含硒蛋白质分子上的硒半胱氨酸(selenocysteine)是半胱氨酸的翻译后修饰产物。
8. ( )SAM 是体内甲基化反应中甲基的直接供体。
9. ( )SD 序列是原核生物 mRNA 分子上位于起始密码子上游的一段富含嘌呤碱基的序列。
10. ( )哺乳动物线粒体内的翻译第一个被掺入的氨基酸是甲硫氨酸。
11. ( )具有手性碳原子的化合物都是手性化合物。
12. ( )motif 与 structural domain 是同义语。
13. ( )朊病毒是一种易于被诱导发生构型变化的蛋白质。
14. ( )阳离子交换层析的固相介质带负电荷。
15. ( )经 SDS-PAGE 处理的蛋白质,在缓冲溶液中的电泳迁移率基本相同。
16. ( ) α-D-吡喃葡萄糖与 β-D-吡喃葡萄糖是一对旋光异构体。
17. ( )膜脂中不饱和脂肪酸主要是顺式构型。
18. ( )活细胞中 tRNA 的空间结构呈“三叶草”形。
19. ( )二级主动运输消耗一级主动运输的成果。
20. ( )非变构蛋白与其配体结合过程中没有构象变化。
21. ( )在基因文库中获取的组蛋白基因可直接在大肠杆菌中表达。
22. ( )Ti 质粒一般用于双子叶植物的克隆载体。
23. ( )某些低等的真核生物体内也存在弱化现象。
24. ( )eIF4A 的功能是水解 ATP 去除 mRNA 的二级结构。
25. ( )原核生物的转肽酶属于核酶,其催化机制属于广义的酸碱催化。
26. ( )腺苷脱氨酶对于的 RNA 编辑非常重要,将其基因敲除的小鼠将是致命的。
27. ( )与原核生物不同,几乎所有的真核细胞都发现有端聚酶。
28. ( )硫氧还蛋白是核苷酸还原酶的底物。
29. ( )三羧酸循环的所有中间产物均可循环再生。
30. ( )ADP 的磷酸化对电子传递起限速作用。

三、问答题(每题 10 分,共 70 分)

1. 简述 Ach 受体通道的结构和工作机制(可结合草图说明)。
2. 简要分析缺乏维生素 B_{12}引起恶性贫血的分子机制。
3. 一种 DNA 聚合酶发生了点突变,使其能够与 RNA 链强烈结合,你认为这种 DNA 聚合酶能当 RNA 聚合酶使用吗?为什么?
4. 富含甲基胞嘧啶的 DNA 区域突变率如何?为什么?
5. 为什么限制修饰系统可消化外源 DNA 而不会消化宿主细胞自身的 DNA?
6. 发生在编码蛋白基因的内含子范围的突变是否有害,为什么?
7. 部分万艾可(Vigra,伟哥)服药者可发生短暂的视力模糊,请解释其可能的生化原理。

华东师范大学

2014年硕士学位研究生入学考试试题

一、名词解释(每题5分,共50分)

1. 外显子(exon)
2. 第二信使学说
3. 端粒及端粒酶
4. 锌指结构
5. 泛素-蛋白酶体系统
6. 染色体同源重组
7. Open Reading Frame
8. Chromatin immunoprecipitation (Chip)
9. Sum Oylation
10. Necros's

二、简答题(共100分)

1. 什么是信使序列?试总结不同类型蛋白质信使序列的特点。(10分)
2. 请简述RNA在一级结构上的主要差别?并说明为什么这些差别对于两种核酸的功能来说十分重要。(10分)
3. 什么是有氧糖酵解?请简述有氧糖酵解与肿瘤发生的关系。如何证明某蛋白质是否参与有氧糖酵解。(10分)
4. 某同学发现转录因子X的过表达上调基因Y的蛋白水平,试举出转录因子X对基因Y蛋白调控的三种可能的分子调控机制及其验证方法。(10分)
5. 加入某药物后,发现B蛋白磷酸活化水平降低,请分析药物A可能的作用方式。(10分)
6. 某老师安排他的学生对一新发现的蛋白质进行生化特性研究,请任选两个你所熟悉的蛋白质生化特性,描述这些特性的本质。并设计相关实验对这些特性加以论证。(15分)
7. 你的前期数据提示蛋白质中半胱氨酸(cysteine)有可能被磷酸化,如何设计实验来进一步确定这一发现是否正确,以及是否有生物学意义。(15分)
8. 简述真核细胞催化DNA甲基化修饰的酶体系和DNA甲基化调控转录的分子机制。(20分)

南京大学

2012年硕士研究生入学考试药学基础综合部分生物化学试题(100分)

一、是非题(判断对错,分别用"+""-"代表对和错。每题2分,共20分)

1. 琥珀酸脱氢酶是线粒体内膜的标志酶。
2. 生理状态下,血红蛋白中的铁离子在与氧结合时是二价,去氧后变成三价。
3. 糖原和支链淀粉分子中都含有α-1,4糖苷键和α-1,6糖苷键。
4. 枯草芽孢杆菌蛋白酶属于丝氨酸蛋白酶家族的成员。
5. 胰岛素是第一个被发现的激素。
6. 对于苯丙酮患者来说酪氨酸也是必需氨基酸。
7. 肌肉组织中肌肉收缩所需要的大部分能量是以ATP的形式储存的。
8. 蛋白质翻译一般以AUG作为起始密码子,有时也以GUG为起始密码子,但以GUG为起始密码子时,第一个被参入的氨基酸是缬氨酸。
9. EMSA是研究蛋白质与核酸相互作用的一种技术。
10. 真核细胞染色体DNA结构特点之一是具有高度重复序列,高度重复序列一般位于着丝点附近,通常不转录。

二、单项选择题(每题2分,共20分)

1. 醛固酮主要生理作用是( )

   A. 核酸代谢　B. 水盐代谢　C. 脂代谢
   D. 氨基酸代谢　E. 糖代谢

2. 分泌脂瘦素的细胞是( )

   A. 脑细胞　B. 脂肪细胞　C. 肾细胞
   D. 肝细胞　E. 成纤维细胞

3. 下列哪种金属离子可用来治疗狂躁症( )

   A. Na^+　B. Zn^{2+}　C. Mg^{2+}
   D. Li^+　E. Ca^{2+}

4. 呼吸链上与质体蓝素相当的成分是( )

   A. 细胞色素a　B. 细胞色素b　C. 细胞色素c
   D. CoQ　E. FeS蛋白

5. 下面哪种脱氢酶不以FAD作为辅助因子( )

   A. 脂酰CoA脱氢酶　B. 二氢硫辛酰胺脱氢酶　C. β-羟脂酰CoA脱氢酶
   D. 琥珀酸脱氢酶　E. 线粒体内的磷酸甘油脱氢酶

6. 下面哪种化合物是脂肪酸合成途径中的还原剂( )

   A. FAD　B. NAD^+　C. NADH
   D. NADPH　E. $FADH_2$

7. 下列物质中的哪个负责将游离的脂肪酸从脂肪组织运输到肌肉组织内进行氧化降解( )

   A. 低密度脂蛋白(LDL)　B. 高密度脂蛋白(HDL)　C. 血浆清蛋白

D. 酰基载体蛋白(ACP)　　E. 固醇载体蛋白(SCP)

8. 阿斯匹林抑制下面哪种酶的活性(　　)

A. 脂肪氧合酶　　B. 环氧合酶　　C. 脂蛋白酯酶

D. 磷脂酶 A_2　　E. 磷脂酶 D

9. 脂肪酸酯化作用的增加会导致(　　)

A. 酸中毒　　B. α-脂蛋白缺乏　　C. 肥胖病

D. 酮症　　E. 脂蛋白脂肪酶缺乏

10. 丙氨酸循环的功能是(　　)

A. 将肌肉中的 C 和 N 运输到肾脏　　B. 将肌肉中的 C 和 N 运输到肝脏

C. 将肾脏中的 C 和 N 运输到肝脏　　D. 将肝中的 C 和 N 运输到肾脏

E. 将脑中的 C 和 N 运输到肝脏

三、问答题(每题 15 分,共 60 分)

1. 比较氧化磷酸化、光合磷酸化和底物水平磷酸化三者的异同。
2. 由 P. Mitchell 提出的化学渗透学说的主要内容是什么?有哪些主要的证据支持该学说?
3. 简述原核细胞与真核细胞细胞质蛋白质生物合成的主要差别。
4. 有两个相对分子质量都是 100kd 的球形蛋白,蛋白 A 是由 2 个 40kDa 的相同亚基和 2 个 10kDa 的相同亚基组成的 4 聚体,该蛋白的 $pI=6.0$;蛋白 B 由 25kDa 的 4 个相同亚基组成的 4 聚体,该蛋白的 pI 也是 6.0。试预测这两种蛋白在聚丙烯酰胺凝胶电泳和 SDS-聚丙烯酰胺凝胶电泳中的电泳结果。

答　　案

一、是非题

对错对对错　对错错对对

二、单项选择题

BBDCC　DCBCB

三、问答题

1. 相同点是都产生 ATP。

不同点:①光合磷酸化只存在于光合生物细胞中,底物水平磷酸化存在于所有生物细胞中,氧化磷酸化则存在于需氧生物的细胞中;②细胞定位不同,光合磷酸化发生于光合生物细胞的叶绿体或载色体,底物水平磷酸化发生于细胞液或线粒体基质中,氧化磷酸化则发生在线粒体或细菌细胞质膜上;③推动底物水平磷酸化和氧化磷酸化的能量来自于有机物,而光合磷酸化的能量则来自光;④底物水平磷酸化不需要氧气,氧化磷酸化利用氧气氧化[H]生成水,而光合磷酸化正好相反,利用光能分解水生成了氧气和[H];⑤底物水平磷酸化不需要电子传递,氧化磷酸化和光合磷酸化都需要进行电子传递,但它们所使用的电子传递链和辅酶不同;⑥磷酸化机制不同,底物水平磷酸化是指底物氧化还原反应过程中,分子内部能量重新分布,使无机磷酸酯化,形成高能磷酸键,后者在酶作用下将能量转给 ADP,生成 ATP。氧化磷酸化和光合磷酸化都是依靠膜两侧的质子浓度差,当质子顺浓度差流动时推动了 ATP 的生成。

2. P. Mitchell 提出的化学渗透学说的主要内容是当电子沿着呼吸链传递时,释放出的自由能转变为跨线粒体内膜或细菌质膜的质子梯度。质子通过 F_1/F_0-ATP 合酶回到线粒体基质或细菌细胞质的时候,推动 ADP 与磷酸基团结合形成 ATP。支持化学渗透学说的主要证据有:①氧化磷酸化需要完整的线粒体内膜;②随着细胞呼吸的进行,线粒体外室的 pH 降低;③人为建立的 pH 梯度可驱动 ATP 合成；④破坏线粒体内膜的电化学梯度的解偶联剂或离子载体能抑制氧化磷酸化，相反能够提高线粒体外室 pH 的化合物能刺激 ATP 的合成；⑤分离纯化到 F_1/F_0-ATP 合酶，将该酶在体外与一种细菌视紫红质重组到脂质体上，光照时，能形成跨膜的质子梯度，可合成 ATP。

3. ①原核细胞翻译与转录是偶联的，真核细胞没有偶联；②原核细胞的起始氨酰-tRNA 经历甲酰化反应，形成甲酰甲硫氨酰-tRNA，真核细胞起始氨酰-tRNA 不被甲酰化；③识别起始密码机制不同，原核细胞依赖于 SD 序列，真核细胞依赖于帽子结构；④原核细胞合成起始不需消耗 ATP，真核细胞需要消耗 ATP；⑤真核细胞蛋白质合成的起始因子比原核细胞的复杂，释放因子则相对简单；⑥密码子的偏爱性不同；⑦对抑制剂的敏感性不同。

4. SDS 是一种表面活性剂，可以将多亚基蛋白质的各个亚基分开，并与亚基结合使其全部带上负电荷，因此在 SDS-聚丙烯酰胺凝胶电泳时，多亚基蛋白不是以聚合体，而是以亚基的形式被分开，在聚丙烯酰胺凝胶电泳多亚基蛋白仍以聚合体形式存在。本题中；A 蛋白和 B 蛋白聚合体分子质量相同，p*I* 也相同，因此在聚丙烯酰胺凝胶电泳时呈现同一条带。在 SDS-聚丙烯酰胺凝胶电泳中，由于聚合体的亚基被分开，故 A 蛋白呈现两条带，一条为大亚基，另一条为小亚基，B 蛋白呈现一条带。如将两种蛋白放在一起进行 SDS-聚丙烯酰胺凝胶电泳，则有三条带，从点样端开始，依次为 A 蛋白大亚基、B 蛋白的亚基、A 蛋白的小亚基。

南京大学

2013年硕士研究生入学考试药学基础综合部分生物化学试题(100分)

一、是非题(判断对错,分别用"+""-"代表对和错。每题2分,共20分)

1. O. Avery和他领导的小组经过多年的肺炎双球菌转化实验研究,于1944年第一次证明了DNA是遗传物质,他因此获得了诺贝尔奖。
2. 甲状腺素是苯丙氨酸的衍生物。
3. 茶叶中含有水解cAMP的磷酸二酯酶的抑制剂,因而可以延长cAMP的半衰期。
4. α-淀粉酶和β-淀粉酶的区别在于α-淀粉酶水解α-1,4糖苷键,β-淀粉酶水解β-1,4糖苷键。
5. 原核细胞的细胞膜不含胆固醇,而真核细胞的细胞膜含有胆固醇。
6. 对于一个典型的真核生物编码蛋白质的基因来说,外显子序列所占的比例小于内含子序列所占的比例。
7. 测定蛋白质的分子质量可以用十二烷基硫酸钠(SDS)-聚丙烯酰胺凝胶电泳。
8. 呼吸链上电子流动的方向是从高标准氧化还原电位到低标准氧化还原电位。
9. 一种酶有几种底物就有几种K_m。
10. 生物体内存在的游离核苷酸多为5′-核苷酸。

二、单项选择题(每题2分,共20分)

1. 有关断裂基因的正确说法是
   A. 高等真核生物基因断裂现象多,低等真核生物基因断裂现象少
   B. 断裂基因的大小取决于所含外显子的大小和数目
   C. 所有的真核生物基因都是断裂基因
   D. 只有真核生物的蛋白质基因是断裂基因
   E. 断裂基因中外显子序列所占比例高于内含子序列所占比例
2. 生物体代谢中不能产生乙酰CoA的是
   A. 酮体　B. 脂肪酸　C. 胆固醇　D. 磷脂　E. 葡萄糖
3. 利福霉素(rifamycin)是临床上治疗结核病的特效药,其作用机制是与原核生物RNA聚合酶的哪一个亚基结合
   A. α　B. β　C. σ　D. β′　E. Ω
4. 一个N端氨基酸为亮氨酸的30肽,其开放的阅读框架至少应该由多少个核苷酸残基组成
   A. 90　B. 93　C. 96　D. 99　E. 84
5. 双链DNA热变性后
   A. 黏度下降　B. 260nm处的光密度值下降
   C. 沉降系数下降　D. 浮力密度下降
   E. 都不对
6. 生物体中组成核酸的核糖主要来源于哪条途径
   A. 糖酵解　B. 三羧酸循环　C. 磷酸戊糖途径　D. 糖异生　E. 尿素循环

7. 5-溴尿嘧啶进入细胞后最终会产生什么结果
   A. 代替 T 参入正在合成的 DNA 中,被 NER 系统识别并修复
   B. 代替 T 参入正在合成的 DNA 中,不改变 DNA 序列
   C. 代替 T 参入正在合成的 DNA 中,并最终导致 AT 碱基对转换为 GC 碱基对
   D. 代替 U 参入正在合成的 DNA 中,被尿嘧啶-*N*-糖苷酶系统识别并修复
   E. 作为碱基类似物插入 DNA 碱基对之间,造成移码突变
8. 分离完整染色体 DNA 分子的技术是
   A. EMSA　　B. Western blot　　C. Northern blot
   D. Southern blot　　E. 脉冲场凝胶电泳
9. 将抗体固定在层析柱的载体,使抗原从流经此柱的蛋白质样品中分离出来,这项技术属于
   A. 凝胶过滤　　B. 离子交换层析　　C. 亲和层析
   D. 吸附层析　　E. 分配层析
10. 胆固醇是下列哪种化合物的前体分子
   A. 泛醌　　B. CoA　　C. 维生素 D
   D. 维生素 A　　E. 维生素 E

三、问答题(每题 15 分,共 60 分)

1. 写出酶促反应的米氏方程并简述米氏常数(K_m)的意义。
2. 简述 DNA 与 RNA 在一级结构和二级结构上的主要差别。
3. 生物氧化与非生物氧化的有哪些异同点?
4. 将叶绿体悬浮在 pH4 的酸性环境中,以使其基质和类囊体的 pH 呈酸性,然后在将叶绿体转移到 pH8 的碱性环境中。这种迅速提高基质 pH,而使类囊体内部的 pH 暂时维持在 pH4 的做法可导致 ATP 的合成并使得类囊体和基质的 pH 的差异消失,请解释:(1)ATP 为什么能被合成?(2)该实验需要光才能工作吗?(3)如果是先将叶绿体悬浮在 pH8 的酸性环境中,以使其基质和类囊体的 pH 呈碱性,然后在将叶绿体转移到 pH4 的酸性环境中,则会发生什么变化?(4)这个实验是支持还是否定化学渗透学说?

答　　案

一、是非题

错错对错对　对对错对对

二、单项选择题

ACBCA　CCECC

三、问答题

1. 米氏方程 $v=\dfrac{V[S]}{K_m+[S]}$

   K_m 意义:①K_m 是酶反应速率为最大反应速率一半时的底物浓度,单位为浓度单位;②不是酶底复合物(ES)单独的解离常数,而是 ES 在整个酶促反应中的解离常数;K_m 代表整个反应中底物浓度和反应速率的关系;③是酶的重要的物理常数;④表示酶与底物的亲和力;K_m 小表示亲和力大,反之则小;⑤酶有几种底物,就有几个 K_m。

2. 一级结构差别:RNA 组成单位是核糖核苷酸,DNA 组成单位是脱氧核糖核苷酸,DNA 分子上用 T 取代 RNA 上的 U。

   二级结构差别:RNA 通常为单链,DNA 为互补双链,DNA 只能形成双螺旋结构,而 RNA 还可

以形成更多的二级结构，与RNA有关的双螺旋总是A型，DNA的双螺旋主要是B型，也有A和Z型。

3. 相同点：①反应的本质相同，脱氢、失电子、加氧；②被氧化物质相同；③总终产物和释放的能量相同。

不同点：①生物氧化在酶的催化下进行，因此条件温和；②生物氧化能量逐步释放；③生物氧化的主要方式是脱氢；④生物氧化可以被多种因素调控。

4. (1) 类囊体膜上有CF_1/F_0-ATP合酶，将叶绿体从pH4的酸性环境转移到pH8的碱性环境中，这种转换在类囊体膜两侧造成了人为的质子梯度，质子通过CF_1/F_0-ATP合酶从类囊体内部进入叶绿体基质时推动了ATP的合成。

(2) 该实验不需要光就能工作，这是因为不需要光驱动的光合链产生质子梯度。

(3) 不会合成ATP，因为生成的质子梯度的方向不对。

(4) 这个实验说明单靠质子梯度就能驱动ATP合成，因而它是化学渗透学说的有力证据。

南京大学

2014 年硕士研究生入学考试药学基础综合部分生物化学试题(100 分)

一、是非题(判断对错,分别用"+""-"代表对和错。每题 2 分,共 20 分)

1. 基因表达的最终产物产物都是蛋白质。
2. 艾滋病病毒(HIV)是一种单链 RNA 病毒。
3. 核糖体也是一种核酶。
4. DNA 序列特异性结合蛋白一般在大沟里识别和结合 DNA。
5. 高密度脂蛋白的功能是将肝内的胆固醇转运到肝外代谢。
6. 肌酸是尿内的重要含氮成分,是由肌肉内的磷酸肌酸环化而成的,需要酶的催化。
7. 嘌呤核苷酸的从头合成是先合成嘌呤环,然后再与糖形成 N 糖苷键。
8. 多数肿瘤细胞内的糖酵解水平升高。
9. 大肠杆菌染色体 DNA 由两条链组成,一条为模板链,另一条为编码链。
10. 真核生物中没有逆转录现象。

二、单项选择题(每题 2 分,共 20 分)

1. 在代谢的研究中,第一个被阐明的循环途径是

A. 三羧酸循环　B. 卡尔文循环　C. 尿素循环
D. 丙氨酸循环　E. 乳酸循环

2. mRNA 的序列为 UCAGCCGUC, 它的 DNA 编码链的序列是

A. UCAGCCUGC　B. TCAGCCGTC　C. GACGGCTGA
D. AGUCGGCAG　E. CTGCCGACT

3. 对 DNA 片段作物理图谱分析,需要用

A. DNA 聚合酶Ⅱ　B. DNA 连接酶　C. DNase Ⅰ
D. 限制性内切酶　E. 核酸外切酶

4. 下列化合物中哪个不含有腺苷酸组分

A. FAD　B. FMN　C. CoA
D. NAD^+　E. $NADP^+$

5. 参与胶原蛋白形成的维生素是

A. 维生素 A　B. 维生素 C　C. 维生素 D
D. 维生素 E　E. 维生素 B_1

6. SDS-聚丙烯酰胺凝胶电泳测定蛋白质的相对分子质量是根据各种蛋白质的

A. 分子大小不同　B. 分子极性不同
C. 在一定条件下所带的静电荷不同　D. 溶解度不同
E. 以上说法都不对

7. 葡萄糖和甘露糖是

A. 顺反异构体　B. 差向异构体　C. 对映体
D. 异头体　E. 非对映异构体但不是差向异构体

8. 下列方法中的哪个可使 IgG 的重链和轻链分开

A. 巯基乙醇　　B. 胃蛋白酶　　C. 乙醇胺
D. 木瓜蛋白酶　　E. 胰蛋白酶

9. 断裂有 Met 羧基形成的肽键,可用
A. 胃蛋白酶　　B. 溴化氢　　C. 尿素
D. 硫酸铵　　E. 盐酸胍

10. 下列哪一种氨基酸取代的突变最容易出现表现型的改变
A. Arg→Lys　　B. Trp→Pro　　C. Ser→Thr
D. Val→Ile　　E. Asp→Glu

三、问答题(每题 15 分,共 60 分)

1. 何谓蛋白质分子的变性,哪些因素可以导致蛋白质变性?
2. 脂肪酸的从头合成和脂肪酸的 β-氧化是否互为逆过程?它们之间有什么差别?
3. 检测细胞凋亡的方法有哪些?简述其原理。
4. 有一球状蛋白,在 pH7.0 的水溶液中能折叠成一定的空间结构。通常非极性氨基酸侧链位于分子内部形成疏水核,极性氨基酸侧链位于分子外边形成亲水面。
问:(1) Val、Pro、Phe、Asp、Lys、Ile、和 His 中哪些氨基酸侧链位于分子内部?哪些氨基酸侧链位于分子外部?
(2) 为什么蛋白质分子的内外部都可以发现 Gly 和 Ala?

答　　案

一、是非题

错对对对错　错错对错错

二、单项选择题

CBDBB　ABABB

三、问答题

1. 当天然蛋白质受到某些物理因素和化学因素的影响,使其分子内部原有的高级构象发生变化时,蛋白质的理化性质和生物学功能都随之改变或丧失,但并未导致其一级结构的变化,这种现象称为变性作用。
导致蛋白质变性的因素有:①强酸和强碱;②有机溶剂破坏疏水作用;如尿素、β-硫基乙醇;③去污剂都是两亲分子,破坏疏水作用;④盐浓度,盐析、盐溶;⑤重金属离子,Hg^{2+}、Pb^{2+},能与—SH 或带电基团反应;⑥温度;⑦机械力,如搅拌和研磨中的气泡;⑧射线。
2. 这两个过程并非逆过程,是显然不同的过程,差别如下:①脂肪酸合成在细胞质中,氧化在线粒体内;②运载系统不同,脂肪酸合成时线粒体内的乙酰 CoA 需要以柠檬酸的形式运出线粒体,而脂肪酸氧化时细胞质中的脂酰 CoA 需要以肉碱的形式运进线粒体内;③酰基载体,合成是 ACP,氧化 CoA;④二碳单位参加的形式,合成时为丙二酸单酰 CoA,氧化时为乙酰 CoA;⑤中间产物 β-羟脂酰基构型,合成时是 D-型,氧化是 L-型;⑥电子供体或受体,脂肪酸合成时的电子供体是 NADPH,脂肪酸氧化时的电子受体是 FAD 和 NAD^+;⑦CO_2作为参加者,脂肪酸合成时 CO_2是参加者,而 CO_2不参与脂肪酸的氧化;⑧脂肪酸合成的酶是多酶复合物,而脂肪酸氧化的酶不是复合物。
3. (1) 细胞形态学检测:普通光镜检查,染色观察,凋亡细胞的细胞核固缩、碎裂及凋亡小体形成。荧光镜检,荧光染料染色,检查凋亡细胞核固缩和碎裂等。透射电镜检查,效果更好。
(2) 细胞膜改变检测:膜完整性检测,用膜非通透性染料鉴别如苔盼蓝,碘化乙啶等,坏死细胞着色,而正常和凋亡细胞不着色;膜不对称性检测,常用流式细胞术,用萤光分子探针或 DNA 染料。
(3) DNA 片段化检测:电泳法,凋亡细胞 DNA 电泳呈梯带状。流式细胞术,检测膜通透

性，小分子 DNA 外漏等。酶联免疫法，用针对核小体的抗体，特异而定量的测定凋亡中裂解的核小体。

4.（1）Val、Pro、Phe 和 Ile 是非极性氨基酸，所以位于分子内部。Asp、Lys 和 His 是极性氨基酸，位于分子外部。

（2）Gly 的侧链是—H，Ala 的侧链是—CH_3，这些侧链比较小，疏水性不强，所以既能在分子的内部，也能在分子的外边。

南京大学

2015年硕士研究生入学考试药学基础综合部分生物化学试题(100分)

一、是非题(判断对错,分别用"+""-"代表对和错。每题2分,共20分)

1. 异麦芽糖是由2分子β-D-葡萄糖按α-1,6糖苷键缩合、失水而成,它存在于支链淀粉和糖原中。
2. 不同种属来源的细胞可以互相融合,是因为所有的细胞膜都由相同的组分组成。
3. 生物体中的不饱和脂肪酸一般是反式的。
4. 蛋白质中的氨基酸有左旋的,也有右旋的。
5. CNBr能裂解Gly-Met-Pro-Ser-Ile五肽。
6. 典型的α螺旋是3.6_{13}。表示每圈螺旋包含3.6个氨基酸残基,氢键所封闭的环的原子数是13。
7. 真核生物染色体DNA高度重复序列一般位于着丝点附近,通常不转录。
8. 酶的最适温度与酶的作用时间有关,作用时间长,则最适温度高,作用时间短,则最适温度低。
9. 光合作用都在叶绿体中进行。
10. 一段DNA片段的T_m与其所含的GC对含量成正比,与AT对含量成反比。

二、单项选择题(每题2分,共20分)

1. 下列氨基酸分子中含有两个不对称碳原子的氨基酸是

   A. Pro　B. Tyr　C. Ile
   D. Arg　E. Ser

2. 卵磷脂分子中含有的成分为

   A. 脂肪酸,甘油,磷酸,肌醇　B. 脂肪酸,磷酸,胆碱,甘油
   C. 磷酸,脂肪酸,丝氨酸,甘油　D. 脂肪酸,磷酸,胆碱
   E. 脂肪酸,磷酸,甘油

3. 乳糜微粒(CM)、中间密度脂蛋白(IDL)、低密度脂蛋白(LDL)和极低密度脂蛋白(VLDL)都是血清脂蛋白,这些颗粒若按密度从低到高排列,正确的次序应是

   A. CM,VLDL,IDL,LDL　B. LDL,IDL,VLDL,CM　C. VLDL,IDL,LDL,CM
   D. CM,VLDL,LDL,IDL　E. LDL,VLDL,IDL,CM

4. 线粒体内DNA的存在形式一般是

   A. 共价闭环正超螺旋　B. 共价闭环负超螺旋　C 共价闭环松弛型
   D. 线性负超螺旋　E. 线性正超螺旋

5. 下列常见抑制剂中,除哪个外都是不可逆抑制剂?

   A. 有机磷化合物　B. 有机汞化合物　C. 有机砷化合物
   D. 磺胺类药物　E. 氰化物

6. 下列哪个化合物是脂肪酸合成途径中的还原剂

   A. $NADP^+$　B. $NADPH_2$　C. $FADH_2$
   D. FAD　E. $NADH_2$

7. 可以从呼吸道呼出的酮体是
   A. 乙酰乙酸　　B. β-羟丁酸　　C. 乙酰乙酰 CoA
   D. 丙酮　　E. 乙酰 CoA
8. 下列哪一种氨基酸与尿素循环无关
   A. Asp　　B. Lys　　C. 鸟氨酸
   D. 瓜氨酸　　E. Arg
9. 如果质子不经过 F_1/F_0-ATP 合酶回到线粒体基质,则会发生
   A. 主动运输　　B. 还原　　C. 解偶联
   D. 紧密偶联　　E. 氧化
10. ATP 合酶又可称为复合体Ⅴ,相关描述正确的是
   A. ATP 合酶参与 Na^+,K^+-ATP 酶的组成
   B. F_1和 F_0组分中都含有寡霉素敏感蛋白
   C. F_1和 F_0都是亲水的
   D. F_0是 H^+的通道
   E. ATP 合酶仅存于线粒体膜内

三、问答题(每题 15 分,共 60 分)

1. 生物膜的两侧不对称性表现在哪些方面?
2. 试分析高蛋白低糖饮食减肥方法的利弊。
3. 简述你所知道的研究蛋白质相互作用的技术方法及其原理(至少五种)。
4. 正常人血红蛋白(HbA)的 β 链经胰蛋白酶水解可得一肽段为:

   Val-His-Leu-Thr-Pro-Glu-Glu-Lys

   镰刀状贫血病血红蛋白(HbS)的 β 链经胰蛋白酶水解可得一肽段为:

   Val-His-Leu-Thr-Pro-Val-Glu-Lys

   试分析在 pH5.0 和 8.0 时,这两个八肽的电泳行为。

   注:各解离基团的 p*K* 值如下:末端—NH_3^+ 7.0, 末端—COOH 3.4, 咪唑基 6.0 γ-COOH 4.0,ε-NH_3^+ 10.8。

答　　案

一、是非题

错错错对对　对对错错对

二、单项选择题

CBABD　BDBCD

三、问答题

1. ①磷脂组分在膜的两侧分布是不对称的;②膜上的糖基(糖蛋白或糖脂)在膜上分布不对称,在哺乳动物质膜都位于膜的外表面;③膜蛋白在膜上有明确的拓扑学排列;④酶分布的不对称性;⑤受体分布的不对称性。
2. 减肥的一般原理是,当身体在缺乏热量来源的情况下,肝糖原会先开始分解成葡萄糖来供给能量,然后分解肌肉的蛋白质,最后燃烧脂肪提供能量。①由于高蛋白质减肥者饮食中的糖类不足,因此肝脏和肌肉的蛋白质都会迅速分解,体重在初期快速减轻,但这主要是因为减少了体内水分和肌肉,而不是脂肪。因此,高蛋白质低碳水化合物减肥方法效果不能持久;②糖类摄取过低,会造成脂肪代谢障碍,会产生大量酮体,造成酮酸中毒;③长期高蛋白质饮食,会造成高血氨症,对肝脏和肾脏的代谢造成影响;④长期高蛋白质饮食会造成钙质大量流失和尿

钙增加,引发骨质疏松症或肾结石等疾病。

3.(1) 酵母双杂交:构建两种杂合反式作用引子,将蛋白质 X 与报道基因转录因子的 DNA 特异结合区融合成为“诱饵”蛋白,蛋白质 Y 与特异的转录激活结构域融合成为“猎物”蛋白质,两种融合蛋白在同一细胞核内表达时,如有相互作用,会使 DNA 特异结合区和转录激活结构域相互靠近,激活转录,使报道基因表达。

(2) 免疫共沉淀:裂解细胞→加入抗体→抗原被结合分离→去除非特异性结合物→分析复合体中的蛋白,确定被抗体结合的特异蛋白及与这些特异蛋白相互作用的其他蛋白质。

(3) 蛋白质亲和层析:蛋白质与柱上蛋白特异结合被分离,分析及鉴定。

(4) 亲和印记:蛋白用 PAGE 分离→转到 PVDF 膜上→用特异蛋白、肽段或配体作探针检测能与其结合的蛋白质。

(5) 化学交联法:带有光激活标记的交联试剂→与蛋白质偶联→与提取物温育→如有作用光激活标记被激活则表明有蛋白质与其作用。

(6) 荧光共振能量转移法:当两个不同的荧光基团靠近时,发生能量转移,导致光谱变化,蛋白质分别用不同的荧光试剂标记,当有相互作用时,光谱发生变化表明存在相互作用。

(7) 生物传感器:蛋白质固定于表面,当有其他特异蛋白结合时,因其作用表面折射率的变化而被检测。

(8) 噬菌体展示:噬菌体能在其表面表达一种融合蛋白,该融合蛋白包含外源肽段,可与抗体结合,将文库基因构建到噬菌体中,然后筛选出与特异抗体相互作用的蛋白质。

(9) 基于生物信息学基础的软件预测法:通过软件和数据库蛋白质的结构特性,预测可能的蛋白质之间的相互作用。

(10) 蛋白质组学:揭示蛋白质组中各成员间的相互作用,图谱化,相互作用的网络图。

4.(1) pH5.0 时,HbA 肽段中各氨基酸残基可解离基团的带电情况如下:

$^{+}$Val-His^{+}-Leu-Thr-Pro-Glu^{-}-Glu^{-}-Lys$^{\pm}$

由此算出该肽段的净电荷为零,在电场中不移动。

HbS 肽段中各氨基酸残基可解离基团的带电情况如下:

$^{+}$Val-His^{+}-Leu-Thr-Pro-Val-Glu^{-}-Lys$^{\pm}$

由此算出该肽段的净电荷为+1,在电场中向阴极移动。

(2) pH8.0 时,HbA:Val-His-Leu-Thr-Pro-Glu^{-}-Glu^{-}-Lys$^{\pm}$

净电荷为-2,向阳极移动。

HbS:Val-His-Leu-Thr-Pro-Val-Glu^{-}-Lys$^{\pm}$

净电荷为-1,向阳极移动。

由于 HbA 带的净负电荷比 HbS 的多,因此在 pH8.0 时 HbA 肽段向阳极移动的速度比 HbS 肽段快。

南京大学

2013年硕士研究生入学考试

生物化学(一)试题

适用专业:植物学、动物学、生理学

一、选择题(下列为单选题,每题2分,共20分)

1. 驱动蛋白质三级结构折叠的首要因素是

A. 肽键　B. 氢键　C. 范德华力

D. 疏水氨基酸分布于蛋白质内部,避开外界的极性环境

2. 下列因素中,会造成血红蛋白释放氧能力降低的是

A. 2,3-二磷酸甘油酸(2,3-BPG)含量增加　B. 血液酸度提高

C. 一氧化碳中毒　D. 低温麻醉手术时

3. 下列原子排布属于典型肽键骨架的是

A. C_α- C- N- C_α- C- N　B. C_α- N- C- C- N- C_α

C. C - N- C_α- C_α- C- N　D. C_α- N- C_α- C- C_α- N- C_α- C

4. 下列因素或试剂均能造成蛋白质变性,除了

A. pH10的缓冲液　B. SDS　C. 碘乙酸　D. 尿素

5. 下列生物分子的合成,来源于固醇类物质的是

A. 神经节苷脂　B. 前列腺素　C. 维生素D　D. 脑苷脂

6. 呼吸链上与质体蓝素类似的成分是

A. Fe-S蛋白　B. CoQ　C. 细胞色素c　D. 细胞色素b

7. 不能被常用的化学修饰剂(如DFP、TPCK)修饰的氨基酸残基有

A. H　B. S　C. C　D. W

8. 哺乳动物成熟的红细胞内,能进行的代谢途径是

A. β-oxidation　B. EMP

C. TCA　D. Oxidative phosphorylation

9. 嘌呤环上没参与Watson-Crick配对,但可以形成氢键的原子是

A. 仅N-3　B. 仅N-7　C. N-3和N-7　D. C-8

10. 腺苷酸可以作为多种辅酶合成的前体物质,除了

A. TPP　B. CoA　C. FAD　D. NAD

二、判断题(每题1分,共10分)

1. 相对于成人血红蛋白$\alpha_2\beta_2$,胎儿血红蛋白$\alpha_2\gamma_2$与氧的亲和力更高。
2. 阳离子交换柱层析法分离Ser和Ala的混合液,层析缓冲液的pH为7.0,先流出柱子的是Ser。
3. 端粒酶本质上是一种核酶,仅发现于真核生物。
4. 组成蛋白质的两种不常见氨基酸是含硒半胱氨酸和吡咯赖氨酸,分别由终止子UAG和UGA编码。
5. 人体内调控血液凝固和溶栓过程的主要方式是共价修饰。

6. 组蛋白带正电荷的碱性基团与 DNA 带负电荷的磷酸根基团之间通过静电吸引力而结合,因此稀酸处理染色质可以使得组蛋白和 DNA 发生解离。
7. 发夹结构可以在双链 DNA 中形成,也可以在单链 RNA 分子内部形成。
8. 自由的嘌呤核苷更容易形成顺式构象,而在 DNA 和 RNA 螺旋中的嘌呤核苷主要为反式。
9. 碱基、核苷和核苷酸均具有等电点。
10. RNA 双螺旋中除了标准的 AU 和 CG 配对,还常常可以发现 GU 配对。

三、问答题(每 15 分,共 120 分)

1. 翻译并解释下列名词

   (1)carnitine　(2) plasmid　(3)RFLP　(4) insulin　(5)stem cell
2. 什么是别构酶？别构效应有哪些类型和动力学特征？阐述别构酶的重要生理学作用。
3. 课题组拟从混合体系中分离纯化一种 DNA 结合蛋白质 X,并分析其亚基组成。已知该蛋白的 pI 为 7.8,相对分子质量为 400 000。混合体系中还有另外三种蛋白质 A,B 和 C,其 pI 和相对分子质量分别是 A(3.5,410 000),B(7.8,405 000),C(8.0,250 000),(1)设计一个合理的分离纯化方案并说明原理;(2)将蛋白质 X 分别进行不同的凝胶电泳,结果如下:(a)凝胶中加入 SDS,显示三条带,分子质量分别为 200kDa、120kDa 和 80kDa;(b)凝胶中加入 SDS 和 DTT,也显示三条带,分子质量分别为 120kDa、100kDa 和 80kDa。根据实验结果,分析蛋白质的亚基组成,并解释原因。
4. 在细菌营养物质代谢研究中分离得到三种细菌突变型,它们均属于单一突变,即只有一个基因发生变异。突变型Ⅰ和Ⅱ的生长需要 A、B 和 C 三种氨基酸,突变型Ⅲ仅需 A 和 B 氨基酸就能生长。在缺乏 A、B、C 三种氨基酸的情况下观察到如下现象:

   (1)有一种代谢物 X 能维持Ⅰ型和Ⅱ型的生长,但不能维持Ⅲ型的生长;(2)由突变型Ⅰ累积并释放到培养基中的第二种代谢物 Y 能维持Ⅱ型的生长,但不能维持Ⅲ型的生长;(3)第三种代谢物 Z 能维持Ⅲ型的生长,但不能维持Ⅰ型和Ⅱ型的生长。画出 A、B、C、X、Y 和 Z 生物合成的线路图,注明三种突变型受阻的部位。
5. 简述青霉素类抗生素药理学作用的分子机制。为什么这类药物容易产生抗药性？如何解决这个问题？
6. 基因敲除腺苷酸转运蛋白的小鼠能够生存,但具有了以下的病理特征:(1) 血清中含有高水平的乳酸、Ala 和琥珀酸;(2) 电子传递链几乎不工作;(3) 线粒体内 H_2O_2的水平比正常小鼠增加近 8 倍。腺苷酸转运蛋白的功能是什么？其可能的亚细胞分布在哪里？解释上述病理特征的分子机制。

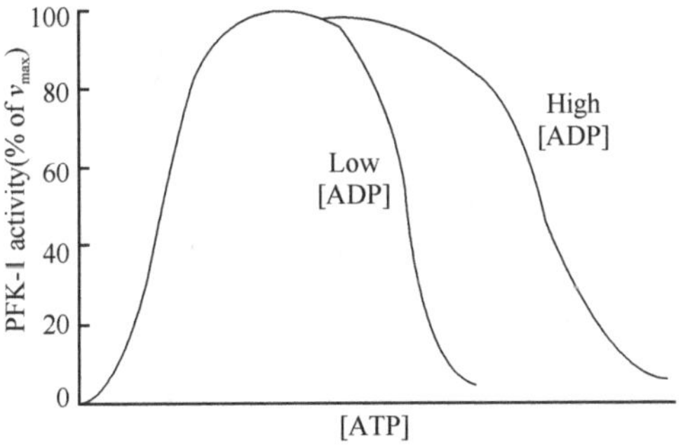

7. 磷酸果糖激酶-1(PFK-1)是 EMP 途径的限速酶,是一个别构酶。当底物浓度一定的时候,PFK-1 的活性与细胞内 ATP 和 ADP 的浓度密切相关,如左图所示。(1)写出 PFK-1 催化的代谢反应;(2)为什么[ATP]和[ADP]可以如图所示影响到 PFK-1 的活性,其生理学作用何在？(3)另外一种果糖磷酸激酶-2

(PFK-2)虽然不是 EMP 途径的酶,但它缺乏或者表达低下时,EMP 途径同样不能正常进行,为什么?

8. 2012 年诺贝尔生理或医学奖授予 Brian K. Kobilka 和 Robert J. Lefkowitz,以表彰他们在研究 G 蛋白偶联受体方面的贡献。另外,有五个诺贝尔生理或医学奖所表彰的内容如下:

1967 年　视觉产生的分子过程
1971 年　cAMP 在信号转导中的作用
1988 年　Propranolol(心脏病治疗药物)的药理作用是阻断 β-肾上腺素受体的功能
1994 年　异源三聚体 G 蛋白在细胞转导中的作用
2004 年　嗅觉受体家族及其功能

阐述这些奖项所探讨的共同科学问题及其生理学意义。

答　　案

一、选择题

DDACC　BDBCA

二、判断题

对对对错错　对对对错对

三、问答题

1. 略
2. 别构效应物结合,活性改变。协同效应(正,负,底物),别构效应(底物以外的分子,激活剂,抑制剂)。少数,关键酶,调控位点。
3. (1)分子筛层析去除 C;离子交换层析去除 A;亲和层析 DNA 结合于树脂上,得到 X。(2)4 个亚基。分子质量为 120kDa、100kDa、100kDa、80kDa。其中 2 个 100kDa 的亚基可能相同或不同,以 1 个或多个—S—S—相连。其余亚基以非共价键结合。
4.

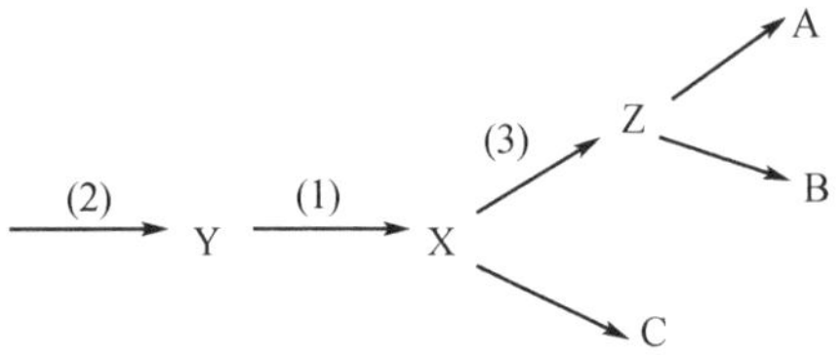

5. β-内酰胺类抗生素,转肽酶,细菌细胞壁合成,β-内酰胺酶。
6. 细胞质 ADP 和线粒体 ATP 的交换运输,线粒体内膜蛋白。①NADH 只能通过丙酮酸转变成乳酸而再生,因此乳酸堆积;丙酮酸转氨成为 Ala;呼吸链受阻,则琥珀酸不能被氧化,导致水平升高。②ATP 无法离开线粒体,ADP 无法进入,氧化磷酸化受阻。③氧气不能有效还原,超氧化物自由基增多,生成 H_2O_2。
7. 果糖磷酸化反应,消耗 ATP。ATP 是底物,激活 PFK-1 活性。同时也是别构抑制剂,指示能量富足,别构抑制 PFK-1 的活性。ADP 浓度增加削弱 ATP 的抑制作用,因为 ATP 消耗会导致 ADP 增加。因此 PFK-1 的活性是感受[ATP]/[ADP]。
8. GPCR 介导的信号转导。

南京大学

2014 年硕士研究生入学考试

生物化学(一)试题

适用专业:植物学、动物学、生理学

一、选择题(请从 4 个备选答案中选择一个最合适的答案,每题 2 分,共 40 分)

1. 下列哪一组氨基酸为碱性氨基酸:

A. E 和 D　　B. Y 和 W　　C. R 和 K　　D. S 和 T

2. 肽键的最大吸收波长是:

A. 215nm　　B. 260nm　　C. 280nm　　D. 340nm

3. 下列哪一个肽段可以形成 α 螺旋?

A. Gly-Gly-Gly-Gly-Gly-Gly-Gly-Gly　　B. Lys-Lys-Lys-Lys-Lys-Lys-Lys-Lys

C. Ala-Ala-Ala-Ala Ala-Ala-Ala-Ala　　D. Asp-Asp-Asp-Asp-Asp-Asp- Asp-Asp

4. 对 DNA 双螺旋结构的稳定性起决定性作用的因素是:

A. 碱基对之间的氢键　　B. 碱基堆积力

C. 磷酸基团之间的静电作用力　　D. 碱基的分子内能

5. 酶的共价修饰可以调节酶的活性。下列方式中仅在原核生物中存在的调节方式是:

A. 磷酸化　　B. 腺苷酸化　　C. ADP-核糖基化　　D. 甲基化

6. D-葡萄糖与 D-甘露糖互为:

A. 对映异构体　　B. 非对映异构体　　C. 差向异构体　　D. 异头体

7. 下列化合物中哪一个不属于萜类化合物?

A. 叶绿素　　B. 维生素 A　　C. 鲨烯　　D. 胆固醇

8. 人体消化道内因为缺乏________酶,所以不能消化分解纤维素。

A. α-1,4 糖苷酶　　B. β-1,4 糖苷酶

C. α-1,6 糖苷酶　　D. β-1,6 糖苷酶

9. 下列酶催化的反应中,除哪一个以外,都是糖酵解中的限速步骤?

A. 己糖激酶　　B. 磷酸果糖激酶 1

C. 磷酸甘油酸激酶　　D. 丙酮酸激酶

10. 乙醛酸循环每一轮消耗 2 分子乙酰 CoA,净生成 1 分子:

A. 苹果酸　　B. 草酰乙酸　　C. 琥珀酸　　D. 延胡索酸

11. 下列化合物中哪一个不能作为糖异生前体?

A. 甘油　　B. 乳酸　　C. 丙酮酸　　D. 乙酰 CoA

12. 下列有关循环式光合磷酸化和非循环式光合磷酸化的描述错误的是:

A. 都有电子的传递　　B. 都能在类囊体膜内外产生质子梯度

C. 都能产生 ATP　　D. 都能产生 NADPH

13. 下列有关脂肪酸 α-氧化的描述错误的是:

A. 脂肪酸不需要活化　　B. 支链脂肪酸的氧化依赖于 α-氧化

C. 不能直接产生 ATP　　D. 只在内质网中进行

14. 下列哪一种酶可以作为线粒体内膜标志酶？
   A. 苹果酸脱氢酶　B. 柠檬酸合成酶　C. 琥珀酸脱氢酶　D. 单胺氧化酶
15. dTMP 的直接前体是：
   A. TMP　B. UMP　C. dUMP　D. dCMP
16. 合成甘油三酯能力最强的组织是：
   A. 肝脏　B. 肾脏　C. 脂肪组织　D. 脑
17. 人体肠道细菌可以合成下列哪一种维生素？
   A. 维生素 A　B. 维生素 D　C. 维生素 D　D. 维生素 K
18. NO 作为一种信号分子，在体内由下列哪一种氨基酸转变而来？
   A. 组氨酸　B. 精氨酸　C. 鸟氨酸　D. 瓜氨酸
19. 植物细胞有、动物细胞没有的酶是：
   A. 柠檬酸合成酶　B. 顺乌头酸酶　C. 异柠檬酸脱氢酶　D. 异柠檬酸裂解酶
20. 食物中很少被机体利用的组分是：
   A. 单糖　B. 氨基酸　C. 脂肪酸　D. 碱基

二、填空题（每题 2 分，共 30 分）

1. 请写出胞嘧啶和腺嘌呤的结构式________。
2. DNA 正超螺旋是________（左/右）手超螺旋。
3. 核酸变性时紫外吸收________。
4. 米氏方程是酶促反应动力学的核心，请写出米氏方程式________。
5. 生物体内合成 ATP 的主要途径包括氧化磷酸化、光合磷酸化和________。
6. 呼吸链的电子传递在线粒体内膜的两侧产生了质子浓度梯度，内膜内侧（线粒体基质内）质子浓度________外侧。
7. 糖、脂肪酸、氨基酸分解代谢的最后的共同代谢途径是________。
8. 除了经糖酵解途径分解以外，体内葡萄糖还可以通过________分解。
9. 卡尔文循环主要发生在植物的________细胞中。
10. 脂肪酸的 β-氧化主要发生在________。
11. 脂肪酸的从头合成途径除了需要乙酰 CoA、ATP 以外，还需要________。
12. 蛋白质的泛素化是指泛素分子通过其末端的 Gly 与蛋白质中的________残基形成异肽键而使蛋白质带上降解标记。
13. 尿素循环主要发生在哺乳动物的________细胞中。
14. 别嘌呤醇是黄嘌呤氧化酶的________抑制剂，因此可以用于治疗痛风。
15. 2013 年的诺贝尔生理学或医学奖颁给了来自美国和德国的三位科学家，获奖理由是“发现了细胞内的主要运输系统——________的调节机制”。

三、问答题（每题 10 分，共 80 分）

1. 影响蛋白质正确折叠的因素有哪些？
2. 酶是生物体中特有的催化剂，请简述其特性。
3. 在血液生化指标的检测中有 VLDL、LDL、HDL 等项目，请解释其含义，以及各自的生物学功能。
4. 什么是 G 蛋白？举例说明 G 蛋白在生物体中的重要作用（至少 3 例）。

5. 多糖和蛋白质都是生物体中的重要的生物大分子,试比较两者的结构功能差异。
6. 生物体内的物质代谢受到严格的调控,请举例说明有哪些常见的调控方式。
7. 生化实验中有哪些常用的研究技术?
8. 在从生物样品中分离提纯特定蛋白质时,需要了解蛋白质的哪些性质?如何根据这些性质确定相应的纯化方法?

答　　案

一、选择题

CACBB　CDBCC　DDDCC　ADBDD

二、填空题

1. 略　2. 左　3. 增加　4. 略　5. 底物水平的磷酸化　6. 低于　7. 三羧酸循环　8. 磷酸戊糖途径/磷酸己糖支路　9. 维管束鞘细胞　10. 线粒体基质　11. NADPH　12. Lys　13. 肝　14. 自杀性　15. 囊泡运输

三、问答题

1. ①一级结构决定高级结构;②蛋白质的折叠伴随着自由能的降低(-83.68~-20.92J/mol),但是蛋白质折叠并不是通过随机尝试找到自由能最低的构象的;③蛋白质的折叠是协同和有序的过程;④驱动蛋白质(特别是球状蛋白质)折叠的主要作用力是疏水键,其他次级键也有作用;⑤在细胞内,不同的蛋白质可能具有不同的折叠路径;⑥体内绝大多数蛋白质折叠需要分子伴侣的帮助;⑦某些蛋白质折叠还需要蛋白质二硫化物异构酶(PDI)和肽酰脯氨酸异构酶(PPI)的帮助;⑧最终得到的蛋白质构象不是僵硬的,而是具有一定的柔性。
2. ①高效性;②酶在活性中心与底物结合;③专一性;④反应条件温和;⑤对反应条件敏感,容易失活;⑥受到调控;⑦许多酶的活性还需要辅助因子的存在,作为辅助因子的多为维生素或其衍生物。
3. 极低密度脂蛋白——将内源性的脂肪运送到肝脏;低密度脂蛋白——将胆固醇和胆固醇酯运输到肝外组织;高密度脂蛋白——胆固醇的逆向运输:将肝外细胞多余的胆固醇运回肝细胞。
4. 可以与 GDP 或者 GTP 结合的蛋白质称为 G 蛋白。例如,在激素信号传导中的 Gs、Gi、Gq 蛋白;Gs 和 Gi 在依赖于 cAMP 的信号传导系统中分别起到激活和抑制腺苷酸环化酶的作用;Gq 在依赖于 DG 和 IP3 的信号传导系统中起作用,可以激活磷脂酶 C。

   在蛋白质的合成过程中一些翻译的起始因子、延伸因子和释放因子也是 G 蛋白。例如,IF-2 负责与起始 tRNA 结合,使之正确进入核糖体 P 位;EF-Tu 负责与氨酰 tRNA 结合,引导其进入核糖体 A 位;RF-3 负责增强 RF-1 与 RF-2 的作用。
5. 多糖由单糖单位、通过糖苷键聚合而成、蛋白质由氨基酸、通过肽键聚合而成。组成多糖的单糖种类更多、糖苷键种类更多;有 α 型、β 型之分,L 型、D 型之分;糖链有直链和支链之分,因此多糖的结构变化更多。组成蛋白质的氨基酸种类只有 20 种、肽键以 α 肽键为主、肽链一般为直链,很少有分支,因此蛋白质的结构变化比多糖少。

   更多的结构变化可以携带更多的信息。
6. 比如产物的反馈抑制;酶活性的调节(比如磷酸化修饰改变酶活性、酶的部分水解激活酶活性等);酶量的调节等。
7. SDS-PAGE、离子交换柱层析、凝胶过滤层析、分光光度检测等。
8. 蛋白质的相对分子质量、溶解性、等电点、对酸碱的稳定性、对热、光等因素的稳定性;生物活性、定量方式、有没有特定的抗体等。

   如果相对分子质量与其他杂质蛋白质相差比较大,可以考虑凝胶过滤层析;如果等电点与其他杂质蛋白质相差比较大,可以考虑离子交换层析;如果特别耐热,可以考虑用加热使其他蛋白质变性沉淀去除;如果特别耐酸(或碱),可以考虑通过改变 pH 使其他蛋白质变性沉淀去除等。

南京大学

2015 年硕士研究生入学考试

生物化学(一) 试题

适用专业:植物学、动物学、生理学

一、选择题(下列为单选题,每题 2 分,共 20 分)

1. 下列氨基酸中,侧链的可解离基团 pK_a 均在 3~7,除了

A. C　B. D　C. E　D. H

2. 二级结构主要是 β 折叠的蛋白质是

A. 肌红蛋白　B. 免疫球蛋白　C. 细胞色素 c　D. 血红蛋白

3. 下列蛋白质中属于多聚体蛋白的是

A. 细胞色素 c　B. G 蛋白　C. 免疫球蛋白　D. 谷氨酰胺合酶

4. 不具有还原性的糖是

A. 蔗糖　B. 麦芽糖　C. 乳糖　D. 葡萄糖

5. 激活 1 分子的 PKA,需要几个分子的 cAMP

A. 1　B. 2　C. 3　D. 4

6. 己糖激酶是个同工酶,其中主要用于糖合成的是

A. Ⅰ型　B. Ⅱ型　C. Ⅲ型　D. Ⅳ型

7. 光呼吸包含下列传递体,除了

A. pheophytin　B. CoQ　C. Fe-S　D. plastocyanin

8. ATP 合酶分子中,催化 ATP 合成的亚基是

A. α　B. β　C. γ　D. δ

9. 对糖酵解有激活作用的是

A. ATP　B. 葡糖-6-磷酸　C. 果糖-2,6-二磷酸　D. 柠檬酸

10. 乙酰 CoA 羧化酶是脂肪酸合成的限速酶,下列哪个因素抑制其活性

A. 柠檬酸浓度升高　B. 细胞[AMP]/[ATP]降低

C. 肾上腺素分泌　D. 进食糖类物质

二、判断题(每题 1 分,共 10 分)

1. 与 DNA 相同,所有 RNA 的变性均导致生物功能的破坏。
2. B-D-吡喃葡萄糖比 α-D-吡喃葡萄糖谁更稳定。
3. 新鲜配制的 α-D-吡喃甘露糖苷溶液在放置一段时间后,其旋光活性保持不变。
4. 视觉,嗅觉和味觉的信号转导通路均涉及 G 蛋白的参与。
5. NADH 脱氢酶是呼吸链 Complex Ⅰ的主要成分。
6. 新陈代谢中生成的 $FADH_2$均通过 $FADH_2$呼吸链氧化转变成 ATP。
7. 植物细胞可以进行乙醛酸循环,与三羧酸循环类似,均是利用乙酰 CoA 的氧化过程释放能量。
8. 近年来发现的第 21 和第 22 种氨基酸分别为含硒半胱氨酸和吡咯赖氨酸,分别由两种终止密码子编码。

9. 带正电荷的蛋白质可以牢固地结合到阳离子交换树脂上，因此需要用一种比原来缓冲液 pH 更高和离子强度更小的缓冲液，才能将次蛋白质洗脱下来。
10. SDS-PAGE 可以用来测定所有蛋白质的相对分子质量。

三、问答题(每 15 分，共 120 分)

1. 翻译并解释下列名词
   (1) prosthetic group　(2) amide plane　(3) gs　(4) prion　(5) chaperon
2. 详述蛋白质一级结构测定的基本步骤，原理及相关实验技术。
3. 比较肌红蛋白与血红蛋白结合 O_2 的动力学过程有哪些不同？为什么会造成这样的差别？哪些因素影响血红蛋白与 O_2 亲和力，分析其原理？
4. 基因组计划的顺利完成使得模式生物的 DNA 序列被全部测定，从而进入基因功能鉴定的时代。试述鉴定基因功能的主要方法及技术。
5. 比较和分析高等动物视紫红质和细菌视紫红质结构和功能上的异同点。

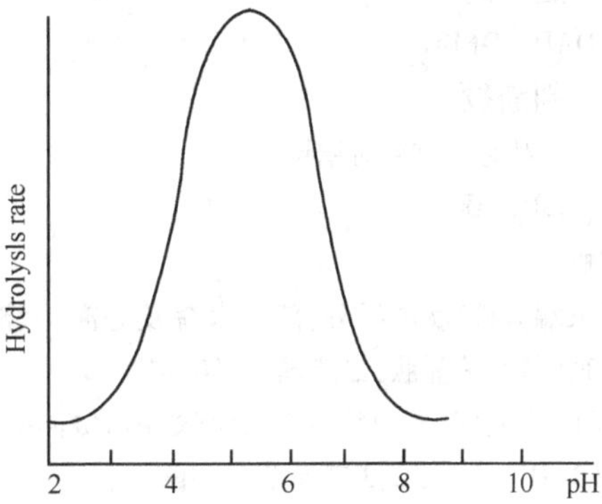

6. 溶菌酶的活性中心是 Glu 和 Asp 两种氨基酸。如图所示为溶菌酶的水解速率与体系 pH 之间的关系。试从溶菌酶的催化活性及酶的作用机制学说，推测并分析 Glu 和 Asp 在溶菌酶催化过程中所起的作用，以及水解速率与溶液 pH 之间的关系。
7. 胰凝乳蛋白酶，弹性蛋白酶和胰蛋白酶同属丝氨酸蛋白酶家族，具有类似的催化机制和不同的底物特异性。(1) 试述其详细的催化机制；(2) 图中所示为三种蛋白水解酶活性中心部位的氨基酸组成，分析并推断 A、B、C 分别代表哪种蛋白水解酶，解释原因。

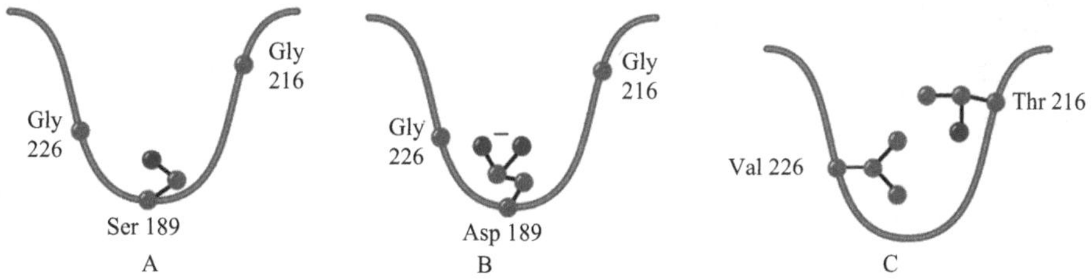

8. 以下三种化合物常用于信号通路的研究。试从其化学结构推测，其最有可能影响哪条信号转导系统？描述该通路的信号转导过程，并解释化合物对该通路是如何影响的。

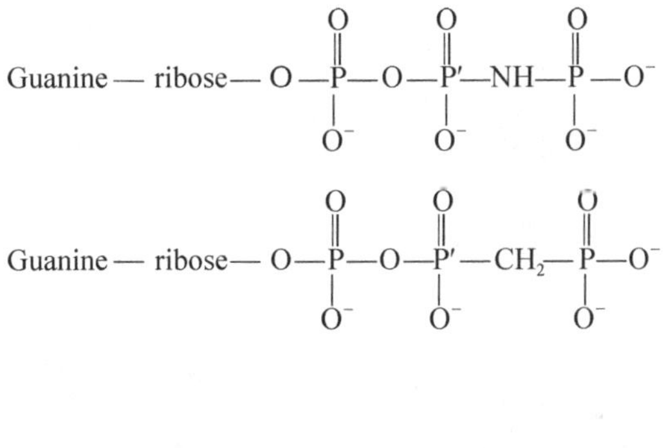

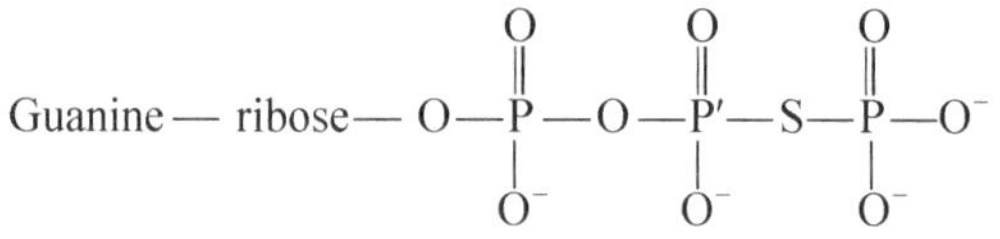

答　案

一、选择题

ABDAD　DBBCB

二、判断题

错对对对对　错错对错错

三、问答题

1. 略
2. 末端分析，肽链拆分，部分水解及分离，肽链序列测定，重叠肽，二硫键位置确定。
3. (1)双曲线，S 曲线；(2)血红蛋白，协同效应；(3)H^+，CO_2，2,3-二磷酸甘油酸。
4. (1)DNA 芯片：反相 Northern 技术。
   (2)基因敲除，RNA 干扰。
   (3)蛋白质组学：二维电泳，质谱分析。
   (4)遗传学技术：正向-利用突变体研究基因功能。
5. 视网膜细胞上光子受体：光驱动，11-顺视黄醛变成全反，G 蛋白偶联，离子通道，去极化，视觉生成。盐细菌紫膜上的色素蛋白：光驱动跨膜质子泵，11-顺视黄醛变成全反，质子梯度产生 ATP。
6. Glu：质子化启动反应，酸碱催化。Asp：一直为解离形式，稳定 C+离子中间物。小于 pH5.3：Asp 质子化，不带电。大于 pH 5.3：Glu 去质子化，带负电，不能启动反应。
7. (1)Asp-His-Ser 催化三联体。(2)A：胰凝乳蛋白酶，底物芳香族氨基酸，侧链大。B：胰蛋白酶，底物碱性氨基酸形成的肽键。C：弹性蛋白酶，底物疏水氨基酸。
8. GPCR，GTP 类似物，延长激素作用，因为不能被水解为 GDP。

南京大学

2012 年硕士研究生入学考试

生物化学(二) 试题

适用专业:生物化学与分子生物学

一、选择题(下列为单选题,每题 1 分,共 20 分)

1. 为了研究胰岛素在代谢综合征中的作用,研究人员利用 gene knock-out 技术获得了胰岛素受体缺失的小鼠。这些小鼠表现出如下代谢指标的变化,除了

   A. 肝脏中的果糖-6-磷酸酶活性升高　　B. 餐后血糖水平大幅度升高

   C. 血浆中胰岛素水平降低　　D. 胰岛素抵抗

2. 将某种抗生素和^{14}C-标记的 Leu 一起加入大肠杆菌的培养液中。一段时间后,收集菌体裂解得到胞内所有蛋白并检测其放射性,发现所有蛋白质均具有放射性。如果用酶法水解样本中所有蛋白质的 C 端氨基酸,蛋白质则失去了放射性。请你分析这种抗生素的可能作用机制是

   A. 选择性抑制肽酰转移酶的活性　　B. 选择性抑制 Leu-tRNA 合成酶的活性

   C. 选择性抑制 RF-1 和 RF-2 的活性　　D. 选择性抑制 EF-G 的活性

3. 参与拼接反应的核内小分子核糖核蛋白 snRNP 是由 snRNA 和蛋白质组成的复合物,其中的蛋白质的功能是

   A. 在第一步转酯反应中,充当内切核酸酶　　B. 识别拼接点交界处的 GU-AG 序列

   C. 促进 snRNA 的正确折叠　　D. 促进已加工的 mRNA 运输出细胞核

4. 利用定点突变技术研究一个新得到的蛋白质的结构和功能,第一次定点突变发生在分子内部的 A→V,结果造成蛋白质活性丧失;接着在该突变体的分子内部进行第二次突变,下列哪种突变最有可能恢复蛋白质的活性?

   A. I→G　　B. G→S　　C. D→K　　D. F→Y

5. 八肽 AGLWEVDS 经胰凝乳蛋白酶水解,产物用下列哪种层析方法分离效果最好?

   A. 离子交换柱层析　B. 凝胶过滤层析　C. 疏水层析　　D. 亲和层析

6. NMR 证实多肽的二级结构与溶液的 pH 有直接关系。预测这两种多肽链形成 α 螺旋最合适的条件

   A. Poly-L-lysine pH11 Poly-L-glutamate pH3

   B. Poly-L-lysine pH7 Poly-L-glutamate pH7

   C. Poly-L-lysine pH3 Poly-L-glutamate pH11

   D. Poly-L-lysine pH11 Poly-L-glutamate pH7

7. 溶液体系中包含了 DNA 聚合酶,Mg^{2+}和 4 种 dNTP,将下列 DNA 模板加入体系中,哪种模板可以引发 DNA 的合成反应

   A. 单链闭合环状 DNA,包含 1000 个核苷酸

   B. 双链闭合环状 DNA,包含 1000 个核苷酸对

   C. 单链闭合环状 DNA,包含 1000 个核苷酸,互补结合一段包含 500 个核苷酸并具有游离 3′-OH 的单链 DNA

D. 双链线性 DNA,包含 1000 个核苷酸对,两端均有游离 3′-OH

8. 自然环境中,DNA 分子中的胞嘧啶以很低的频率进行着自发的脱氨基化,导致基因突变。如果母代 DNA 发生了这种突变,经过 1 次和 2 次复制后,子代中错配碱基的比例分别是

A. 25%　25%　　B. 50%　25%　　C. 50%　50%　　D. 100%　50%

9. 限制性内切酶 *Hind* Ⅲ 的酶切序列是 5′-AAGCTT-3′,如果用 *Hind* Ⅲ 酶切一段足够长的 DNA 双链,其产生的酶切片段平均大小为(假设 DNA 双链含有等量的 4 种核苷酸)

A. 256　　B. 1296　　C. 3125　　D. 46 656

10. 临床上肺气肿与 α1-抗胰蛋白的缺失有密切关系。一个制药公司计划用重组 DNA 技术改造并生产出相比天然 α1-抗胰蛋白具有更好抗氧化能力的定点突变体,你认为最好的替代氨基酸种类是

A. A　　B. L　　C. S　　D. G

11. 实验构建了一系列酶的突变体,以研究肝脏细胞中的 EMP 途径。下列哪些突变体对肝脏中的 EMP 过程具有抑制效应

A. 果糖磷酸激酶的 ATP 结合位点缺失

B. 果糖磷酸激酶的柠檬酸结合位点缺失

C. 调控果糖-2,6-二磷酸水平的双功磷酯酶位点缺失

D. 丙酮酸激酶上果糖-1,6-二磷酸的结合位点缺失

12. 抗生物素蛋白 Avidin 在鸡蛋清中含量非常丰富。在肝脏匀浆中加入 Avidin,下列哪个过程受到抑制

A. 葡萄糖→丙酮酸　　B. 丙酮酸→葡萄糖

C. 苹果酸→草酰乙酸　　D. 甘油醛-3-磷酸→果糖-1,6-二磷酸

13. 休克患者的临床症状之一是酸中毒,二氯乙酸 (dichloroacetate, DCA) 是临床常用的药物之一,其药理作用可能激活下列哪个酶的活性

A. 己糖激酶　　B. 丙酮酸脱氢酶　　C. 乳酸脱氢酶　　D. 丙酮酸激酶

14. 限制性片段长度多态性(RFLP)是第一代应用于遗传学研究的 DNA 分子标记技术,RFLP 技术也应用于亲子鉴定中。右图是一个亲子鉴定案例的电泳图谱。M 代表母亲样本,F 代表父亲样本,C1、C2 和 C3 分别代表 3 个不同孩子的样本。哪个孩子肯定不是这个父亲的亲生后代?

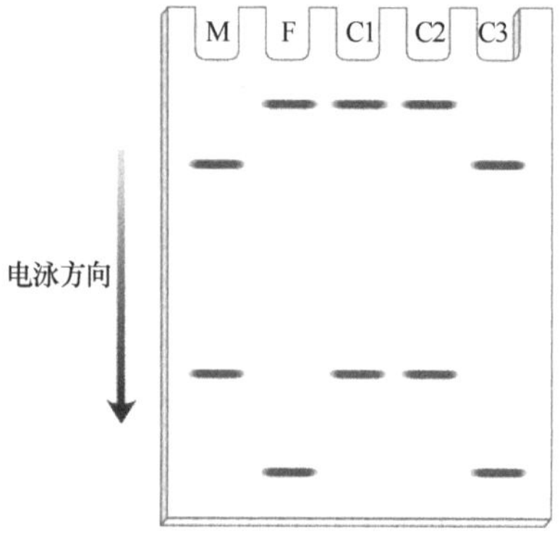

A. C1　　B. C2

C. C3　　D. 都不能排除

15. 下列酶的催化机制中,对其过渡态描述错误的是

A. 溶菌酶　碳正离子　　B. 胰凝乳蛋白酶　四面体中间态

C. 胃蛋白酶　五价磷　　D. 羧肽酶 A　Zn^{2+}活化水

16. 下列分子彻底氧化分解,释放的 ATP 最多的是

A. 磷酸二羟丙酮　B. 乳糖　　C. 磷酸烯醇式丙酮酸　D. 丙酮酸

17. 实验人员选择化学修饰法研究 ATP 合酶的质子传递功能，下列试剂中，你认为最合适的是

A. DCCI　B. DNS-Cl　C. PITC　D. TPCK

18. 2011 年 9 月，中国药理学家屠呦呦获得美国拉斯克奖临床医学奖，以表彰她发现的青蒿素在治疗下列哪种疾病中的重大意义

A. 霍乱　B. 疟疾　C. 乙肝　D. 癌症

19. 3′-叠氮胸苷（AZT）可以抑制艾滋病毒（HIV）的复制。抑制机制是它在细胞内被转变为 3′-叠氮胸苷焦磷酸（AZTPP），AZTPP 可以代替 dTTP 导致 HIV 的 cDNA 合成中断。但 AZT 对人细胞基因组的 DNA 复制抑制作用明显低于对 HIV 的抑制。你认为最可能的原因是

A. AZT 能够与 HIV RNA 中的 A 配对，但不能与人 DNA 中的 dA 配对

B. 在错配修复中被正常的脱氧核苷酸取代

C. 被细胞核内的酶水解为胸苷

D. 与人细胞内的 DNA 聚合酶的 K_m 远大于对 HIV 逆转录酶的 K_m

20. 已经发现的天然血红蛋白突变体大约有 500 种，其中大部分是由单个氨基酸突变引起的。下列突变体中，最有可能提高与氧亲和力的是

A. Hb Cowtown：维系 T 态稳定的一个离子键消失

B. Hb Bibba：一段 α 螺旋中的一个 Pro 替代一个 Leu

C. Hb Providence：一个 Asn 替代四聚体表面口袋中心位置的一个 Lys

D. Hb Philly：一个 Phe 替代一个 Tyr，破坏亚基之间的氢键

二、判断题（每题 1 分，共 10 分）

1. Poly-L-leusine 相比 Poly-L-Isoleusine 更易形成 α 螺旋的二级结构。
2. 具有不对称碳原子的药物，其 D-型和 L-型对映体的生理学效应一般是相同的。
3. 在血红蛋白的溶液中加入咪唑，会增强血红蛋白的正协同效应。
4. 脂肪可以通过乙酰 CoA 进入 TCA 循环，大量运动后体内消耗的糖类物质可以通过储存的脂肪转变生成，不需要另外的食物补充糖类物质。
5. 衰减子这种基因转录调控的模式是原核生物所特有的。
6. 血糖浓度的实时监测对于糖尿病的治疗和监控具有重要意义，目前市场上主流的家用血糖仪是利用葡萄糖氧化酶电极来检测血糖浓度的。
7. 霍乱毒素和百日咳毒素都可以催化 G 蛋白的 ADP 核糖基化，均导致 cAMP 的水平提高。
8. 水分子进出细胞属于自由扩散，不需要任何蛋白质的辅助。
9. 琥珀酸脱氢酶既可以催化 TCA 循环中琥珀酸脱氢的反应，也是呼吸链复合体Ⅱ的主要成分，因此丙二酸既能抑制 TCA 循环，也能抑制呼吸链。
10. 基因表达的最终产物既可以是蛋白质，也可以是 RNA。

三、问答题（1~6 每题 10 分，7~10 每题 15 分，共 120 分。可用英文或中文回答）

1. 翻译下列常用生化技术名词并简述原理

（1）ELISA　（2）SDS-PAGE　（3）RT-PCR

（4）Affinity chromatography　（5）Flow cytometer

2. 比较下列每组概念或过程,分析其相互的联系和各自的功能。
 (1) 糖酵解　糖异生
 (2) CPT-Ⅰ　CPT-Ⅱ
 (3) 人工酶　抗体酶
 (4) 氧化磷酸化　光合磷酸化
 (5) Cori 循环　Ala 循环
3. 这些试剂经常出现在蛋白质或核酸分析技术中:
 A. CNBr　B. 6N HCl　C. DCCI　D. Boc
 E. EB　F. Bromophenol blue　G. β-Mercaptoethanol
 选出在下列实验方法中需要的试剂(单选或多选)
 (1) 小肽的测序
 (2) 破坏蛋白质的二硫键
 (3) 小肽的人工合成
 (4) 琼脂糖凝胶电泳
 (5) SDS-PAGE
4. 孢子是在细菌处于不利的外界环境中,形成的自我保护机制。枯草杆菌(*Bacillus subtilis*),是土壤中的常见的非致病菌。当环境中营养物质匮乏时,就启动孢子的形成以使新陈代谢转为休眠状态。*Bacillus subtilis* 孢子具有一系列的保护机制以抵抗外界环境的各种不利因素(如温度、紫外线、氧化剂等)所造成的 DNA 损伤,以保证孢子能存活很长时间直至营养条件恢复时转化成正常的细菌。解释下列实验现象并说明理由:(1)研究人员发现,孢子中水的含量发生了明显的变化,你推测其变化是增加还是减少,并说明理由;(2)在细菌孢子中有一组酸溶蛋白(SASPs),实验发现 SASPs 可以与 *Bacillus subtilis* 的 DNA 发生结合并阻止 DNA 损伤的发生,请设计一个实验方案,检测 DNA 上与 SASPs 发生结合的部位;(3)经(2)的实验后,对 SASPs 的结合部位进行序列分析,发现其结合部位具有特征的相邻嘧啶核苷酸,分析 SASPs 在 DNA 保护作用的可能机制和意义。
5. 从袋鼠尾巴的胶原蛋白中分离得到一些脯氨酸的修饰化产物,它们的结构式和各解离基团的 pK_a 值如下,计算每种氨基酸的 pI,说明理由或计算过程。
 (1) 羧基脯氨酸

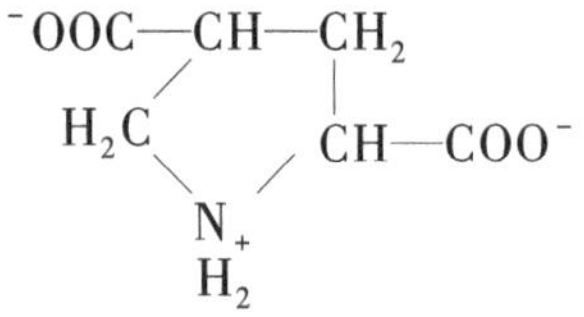

基团	pK_a
α-COOH	2.0
$\alpha\text{-}NH_2^+$	10.5
γ-COOH	3.8

 (2) 氨基脯氨酸

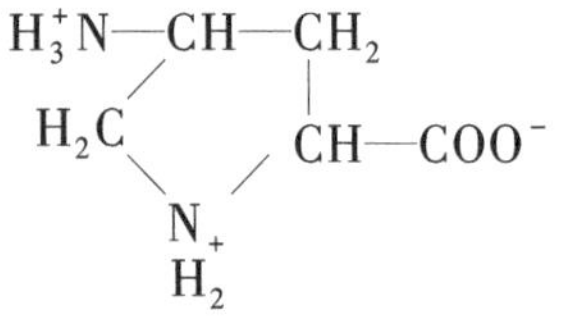

基团	pK_a
α-COOH	1.9
$\alpha\text{-}NH_2^+$	9.8
$\gamma\text{-}NH_3^+$	10.0

（3）巯基脯氨酸

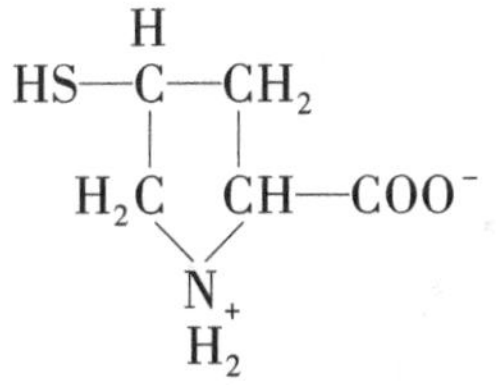

基团	pK_a
α-COOH	1.9
$\alpha\text{-}NH_2^+$	9.9
γ-SH	9.9

6. 临床上发现一组患者无法代谢清除体内的代谢废物，造成代谢紊乱。其病理机制可能与基因 X 有关，其编码的蛋白定义为 Y。对 6 个患者的组织样本进行分组诊断，A 是正常人，B 是隐性携带者，但其后代表现出代谢异常，C～F 是患者。右图是三种印迹法的放射自显影结果。（1）如何设计三种印迹法所用的探针？（2）患者 B 为什么不表现出临床症状？（3）推测患者 C～F 可能的致病机制，并说明理由。

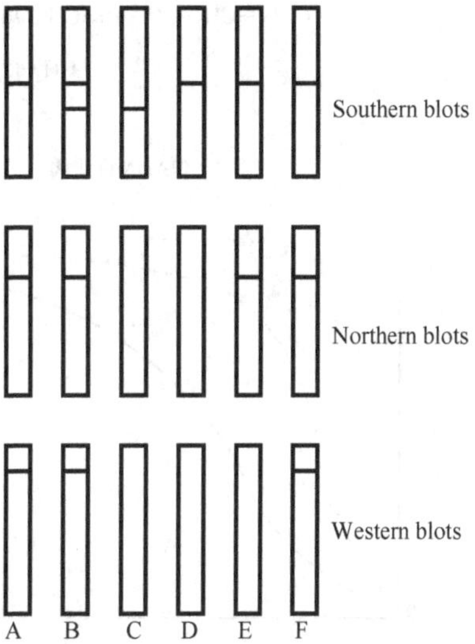

7. 胰凝乳蛋白酶除了具有蛋白酶活性以外，还有缓慢的酯酶活性，其水解酯键的机制与蛋白酶的水解机制很相似。对硝基苯酚乙酸酯（结构式如下）是其酯酶活性的底物之一，也可作为研究胰凝乳蛋白酶作用机制很好的底物。下图中所示胰凝乳蛋白酶水解硝基苯酚乙酸酯的动力学曲线，显示了两种产物释放的过程。（1）实线和虚线分别代表哪种产物？（2）两种产物释放的动力学差异在哪里？说明了什么问题？（3）描述其酯酶水解的酶学机制和过程。

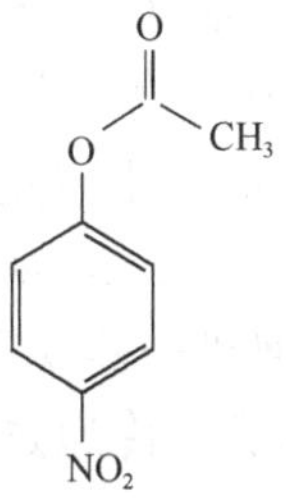
对硝基苯酚乙酸酯

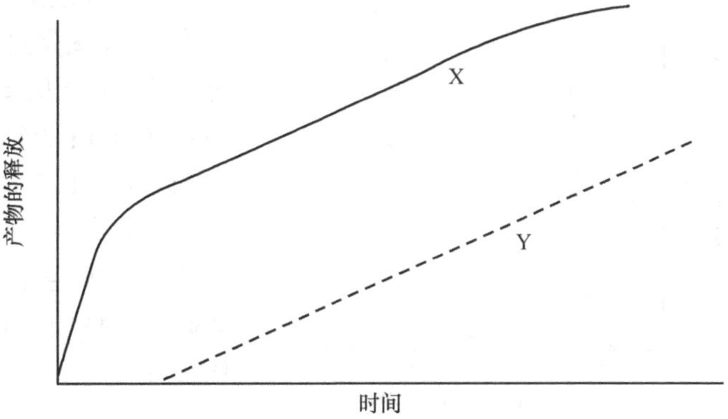

8. 天冬氨酸转氨甲酰酶（ATCase）是催化嘧啶核苷酸从头合成途径中的第一步反应的酶。在研究 ATCase 的调控机制中，发现 PALA（*N*-膦乙酰基-L-天冬氨酸）是该酶的一种有效的抑制剂。（1）PALA 结构式如下，试分析其对 ATCase 抑制的可能的类型，并说明原因；（2）实验中发现，当加入不同浓度的 PALA 时，ATCase 的酶活性发生明显变化，其动力学曲线如图所示。图中告诉我们哪些信息？为什么 PALA 对 ATCase 活性的影响呈现出这样的变化？

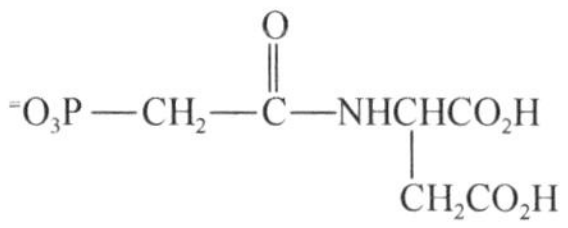

PALA的结构

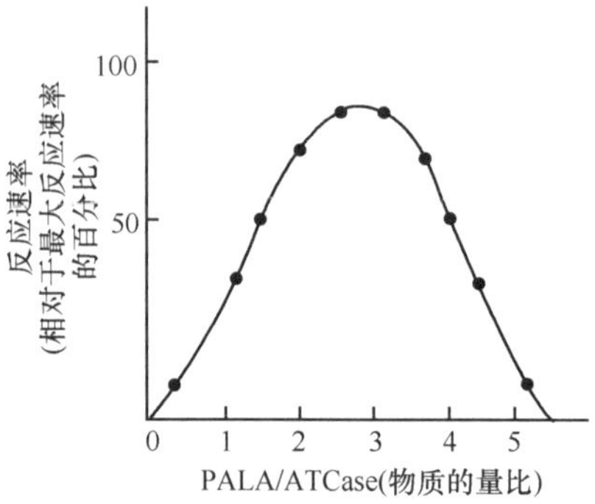

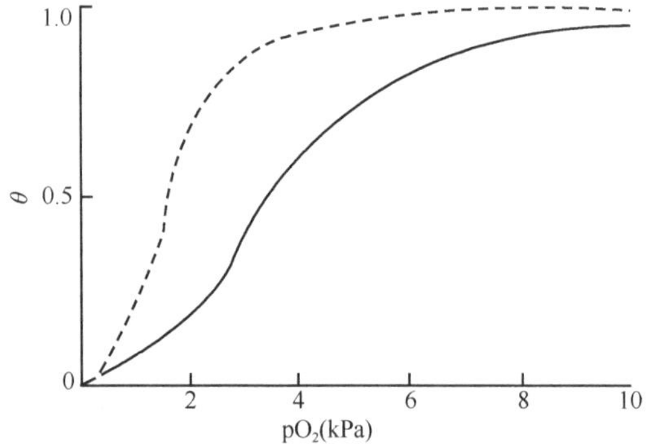

9. 胎儿血红蛋白 HbF（$\alpha_2\gamma_2$）和成人血红蛋白 HbA（$\alpha_2\beta_2$）的氧合能力有明显差异。研究两种蛋白的动力学得到的氧合曲线如图所示。

（1）图中两条曲线分别代表哪种血红蛋白？哪种血红蛋白氧合能力更强？说明原因。

（2）分析两种血红蛋白氧亲和力差异所具有的生理学意义。

（3）进一步研究发现，BPG 可能是影响血红蛋白对氧的亲和力的重要因素。请你设计一个实验方案，证实 BPG 的作用，并就实验现象来进一步解释两种血红蛋白氧亲和力的差异。

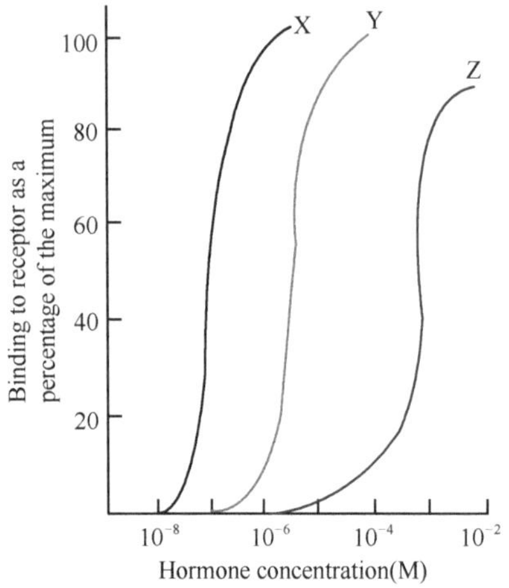

10. 在你的实验中新发现了一个细胞膜蛋白，推测它可能是作为某种激素的受体发挥作用。你选择了三种激素，X、Y 和 Z 分别与这种受体相互作用，左图是这种蛋白与三种不同激素的结合曲线。(1)从图中所示结果判断，哪种激素与该膜蛋白的结合亲和力最高，说明理由；(2)设计一个实验方案，研究 G 蛋白是否参与该膜蛋白介导的信号传递过程；(3)如果证实了 G 蛋白发生了活化，如何进一步实验，分析和研究这种膜蛋白介导的信号传递过程的具体过程？

答　案

一、选择题

CDCAA　ACBDB　DBBDC　AABDC

二、判断题

对错错错对　对对错对对

三、问答题

1~2. 略

3. (1) A,B　(2) G　(3) C, D　(4) E, F
   (5) F, G

4. (1) 水分含量降低,很多酶促反应需要水分子的参与。
   (2) DNA 结合实验,步行法,EMSA
   (3) 胸腺嘧啶二聚体,土壤,紫外线

5. (1) (2.0+3.8)/2=2.9
   (2) (10+9.8)/2=9.9
   (3) (1.9+9.9)/2=5.9

6. (1) Southern blots 和 Northern blots:标记的 X CDNA; Western blots:标记的 Y 抗体。
   (2) B 的一个等位基因正常。另外一个发生突变,相对分子质量变小,可能发生的是缺失。正常 copy 转录和翻译,不表现出形状。
   (3) C:只有缺失突变的基因,不转录 ,不翻译。
   D:正常基因,不转录,不翻译,可能是启动子部位发生突变。
   E:正常基因,转录,不翻译,翻译过程受阻,机制很多。
   F:正常基因,正常蛋白。蛋白质水平发生突变,如酶的活性部位突变。

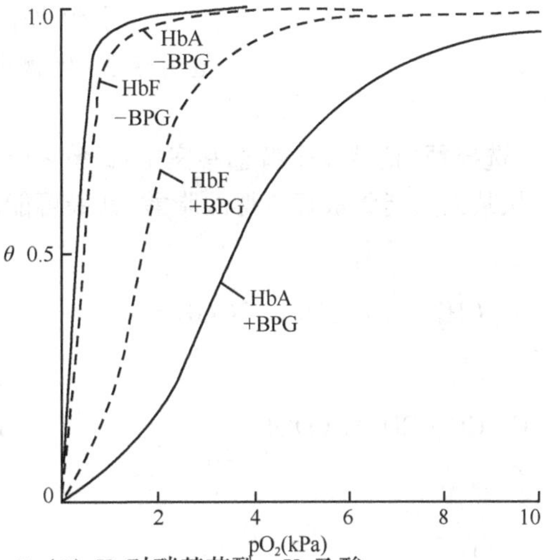

7. (1) X:对硝基苯酚　Y:乙酸
   (2) 乙酸释放为限速步骤
   (3) 同蛋白水解机制

8. (1) 过渡态中间物类似物,竞争性抑制剂
   (2) 每个 ATCase 结合 2 分子 PALA;双相效应

9. (1) 虚线:HbF 氧亲合力高　实线:HbA
   (2) HbF 亲合力高,利于胎儿从胎盘(氧分压低)摄取氧。
   (3) 移除 BPG,再加入 BPG,前后氧合曲线的变化。

10. (1) X
    (2) Western blots,ELISA 等
    (3) 检测不同通路特异的效应器或第二信使

南京大学

2015 年硕士研究生入学考试

生物化学(二)试题

适用专业:生物化学与分子生物学

一、选择题(请从 4 个备选答案中选择一个最合适的答案,每题 2 分,共 40 分)

1. 从某天然脂肪水解所得的脂酸,其最可能的结构是:

A. $CH_3—CH(CH_3)(CH_2)_{11}COOH$（$CH_3$ 位于 CH 上方支链）　　B. $CH_3(CH_2)_{12}COOH$

C. $CH_3(CH_2)_{13}COOH$　　D. $CH_3—C(H){=}C(H)(CH_2)_6COOH$

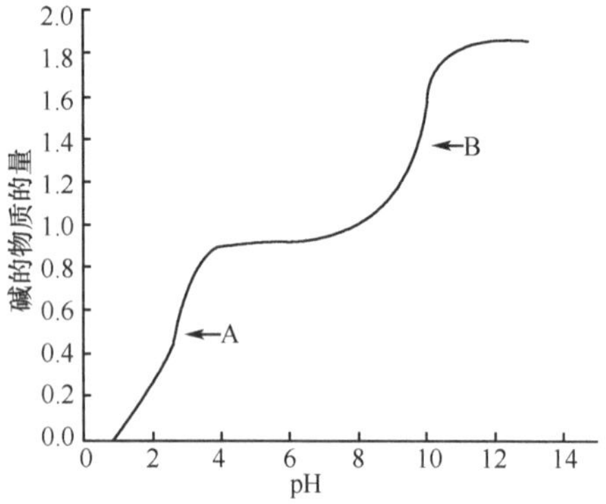

图　常见生化物质的滴定曲线

2. 左图为一个常见生化物质的滴定曲线,下列关于这图的叙述中除哪个外都是正确的?

A. 这化合物有两个可解离基团

B. 这化合物是一个简单的氨基酸

C. 这化合物在 pH 5~7 显示最大缓冲能力

D. A 代表羧基的解离范围

3. 进行疏水吸附层析时,以下哪种条件比较合理?

A. 在有机溶剂存在时上柱,低盐溶液洗脱

B. 在有机溶剂存在时上柱,高盐溶液洗脱

C. 低盐条件下上柱,高盐溶液洗脱

D. 高盐溶液上柱,按低盐、水和有机溶剂顺序洗脱

4. 对于下列哪种抑制作用,抑制程度为 50% 时,$[I]=k_i$?

A. 不可逆抑制作用　　B. 竞争性可逆抑制作用

C. 非竞争性可逆抑制作用　　D. 反竞争性可逆抑制作用

5. 从两种不同的生物体中纯化得到催化相同反应的两种酶,那么两种酶促反应肯定具有相同的:

A. 最适 pH　　B. 最适温度　　C. 最大反应速度　　D. 平衡常数

6. 下列化合物中除哪个外都是环戊烷多氢菲的衍生物?

A. 维生素 D　　B. 胆汁酸　　C. 促肾上腺皮质激素　D. 肾上腺皮质激素

7. 以下激素除了哪一种例外,都是糖蛋白?

A. FSH　　B. LPH　　C. HCG　　D. TSH

8. 下列哪一种酶磷酸化后被激活:

A. 柠檬酸合酶　B. 丙酮酸激酶　　C. 糖原合酶　　D. 对激素敏感的脂肪酶

9. Refsum 氏病患者的组织和血液中堆积了高浓度的植烷酸(3,7,11,15-四甲基十六烷酸)。这是由于下列哪个酶促途径被损害?

A. 脂酶的 α -氧化　　B. 脂酶的 β-氧化

C. 脂酸的 ω-氧化　　D. 丙酰 CoA 转变为琥珀酰 CoA

10. Ala 循环的功能是:

A. 将肌肉中的 C 和 N 运输到肾脏　　B. 将肌肉中的 C 和 N 运输到肝

C. 将肾脏中的 C 和 N 运输到肝　　D. 将肝中的 C 和 N 运输到肾脏

11. 如果蛋白质使用标准的交联试剂(如戊二醛)处理,那么发生交联效率最高的氨基酸是:

A. Gly　　B. Pro　　C. Lys　　D. Val

12. HbA 的 α 亚基和 β 亚基:

A. 具有几乎相同的一级结构和三级结构

B. 具有几乎相同的一级结构,但三级结构差别很大

C. 具有的一级结构差别很大,但三级结构非常相似

D. 一级结构和三级结构差别都很大

13. 下列对蛋白质消化影响最为严重的缺陷来自:

A. 胰凝乳蛋白酶　　B. 羧肽酶 A

C. 弹性蛋白酶　　D. 胰蛋白酶

14. 以下适用于大多数别构酶的性质是:

A. 在没有效应物的时候,它们通常遵守米氏动力学

B. 在与底物结合的时候,具有协同性

C. 别构激活剂与催化位点结合

D. 别构位点结合不可逆的别构抑制剂

15. 以下在细胞凋亡的时候从细胞膜内层转移到外层的磷脂是:

A. 磷脂酰乙醇胺　　B. 磷脂酰胆碱

C. 磷脂酰肌醇　　D. 磷脂酰丝氨酸

16. 在 24h 禁食期间,肝糖原会迅速被耗尽,而肌糖原储存基本上还得到维持。导致这种差别的原因是:

A. 肌细胞缺乏胰高血糖素的受体　　B. 肌肉缺乏腺苷酸环化酶

C. 肌细胞缺乏胰岛素受体　　D. 肌细胞缺乏肾上腺素受体

17. 在长时间饥饿状态下,仍然以葡萄糖作为主要能源的细胞是:

A. 肌肉　　B. 红细胞　　C. 肝细胞　　D. 肾

18. 家族性高胆固醇血脂症的分子病因是缺乏下列哪一种脂蛋白的正常受体?

A. HDL　　B. VLDL　　C. LDL　　D. IDL

19. 乳清酸尿症患者的尿中含有较高水平的乳清酸,服用下列哪一种物质可以减轻此病的症状?

A. 腺嘌呤　　B. 鸟嘌呤　　C. 胸腺嘧啶　　D. 尿嘧啶

20. 大肠杆菌 Gln 合成酶可以被腺苷酸化而改变活性,受到共价修饰的氨基酸残基是:

A. Tyr　　B. Thr　　C. Ser　　D. His

二、填空题(每题 2 分,共 30 分)

1. DNA 的 T_m 与其 GC 对的含量成________比。
2. 蛋白质的最大光吸收峰在________nm,核酸的最大光吸收峰在________nm。
3. 酶与某种底物的 K_m 越大,反映酶与该底物的亲和力越________。
4. 利用凝胶过滤层析柱分离纯化蛋白质时,相对分子质量________的蛋白质首先被洗脱。
5. 纤维素中的葡萄糖单位通过________糖苷键相连。
6. 肾上腺素通过第二信使________激活蛋白激酶 A。
7. 氧化磷酸化的效率可以用________值表示。
8. TCA 循环中唯一的一个存在于线粒体内膜的酶是________。
9. 卡尔文循环中 CO_2的固定是由________酶催化的。
10. 长链脂肪酸/脂酰辅酶 A 需要形成________才能实现跨线粒体内膜的转运。
11. 一种蛋白质的半衰期与其________端氨基酸的性质有关。
12. 嘌呤核苷酸在人体内分解代谢的终产物是________。
13. 埃博拉病毒是一种________RNA 病毒。
14. 2014 年诺贝尔生理学或医学奖的获奖工作与________有关。

三、问答题(每题 10 分,共 80 分)

1. 写出三种人体必需氨基酸和三种人体必需脂肪酸的结构式。
2. 常见的蛋白质二级结构有哪几种类型?简述其特征。
3. 乙酰辅酶 A 是一种重要的代谢中间产物,试归纳其在物质代谢中的作用。
4. 叶酸是一种水溶性 B 族维生素,缺乏叶酸容易导致巨红细胞性贫血,以及胎儿发育异常,请结合生化原理进行解释。
5. 简述 ELISA、Western Blot 的原理、基本步骤和应用范围。
6. 假设你需要在大肠杆菌中表达一种在人体中新发现的蛋白质,前期你需要了解哪些方面的信息、做哪些准备?
7. 假如你的研究课题是某种酶的克隆表达,试述对你最后得到的表达产物需要进行哪些方面的性质鉴定和研究?
8. 假设前期实验发现苯甲酸可能通过蛋白质 X 活性中心的 K150、L200 与蛋白质 X 相互作用,现在导师希望你通过定点突变来验证这一相互作用确实与 K150、L200 直接相关,请提出你的实验方案(定点突变技术可省略,但要说清楚突变的方案、预计的实验结果并给出合理解释)。

答　　案

一、选择题

BCDCD　CBDAB　CCDBD　ABCDA

二、填空题

1. 正　2. 280　260　3. 低/小　4. 大　5. β-1,4
6. cAMP　7. P/O　8. 琥珀酸脱氢酶
9. 核酮糖-1,5-二磷酸羧化酶　10. 脂酰肉碱
11. N　12. 尿酸　13. 单链、反义链
14. 人脑定位系统

三、问答题

1. 人体必需氨基酸有 8 种:苏氨酸、缬氨酸、亮氨酸、异亮氨酸、苯丙氨酸、色氨酸、赖氨酸、甲硫氨酸。人体必需脂肪酸有:亚油酸、亚麻酸、花生四烯酸。任选其中各三种即可。
2. α 螺旋:肽链围绕中心轴形成螺旋;依靠肽链骨

架上第 n 位氨基酸残基上的—C ═O 与 n+4 位上的—NH 之间形成的氢键稳定 α 螺旋；每一圈螺旋包含 3.6 个氨基酸残基、螺距 0.54nm。

β 折叠：肽链比较伸展；依靠相邻肽链之间的肽键形成氢键稳定 β 折叠；分为平行式和反平行式两种 β 折叠。

β 转角：肽链骨架以 180° 回折改变肽链的方向；由肽链上四个连续的氨基酸残基组成，其中 n 位氨基酸残基的—C ═O 与 n+3 位氨基酸残基的—NH 形成氢键；Gly 和 Pro 经常出现在这种结构之中。

无规卷曲：无规则的二级结构；以环或其他形式存在。

3. 乙酰辅酶 A 是沟通体内糖、脂、蛋白质代谢的重要中间产物。葡萄糖通过 EMP 途径产生丙酮酸，丙酮酸脱羧产生乙酰辅酶 A，进入 TCA 循环彻底分解；脂肪酸通过 β 氧化分解为乙酰辅酶 A，再借助 TCA 循环分解。蛋白质分解产生各种氨基酸，其中有一些氨基酸在分解过程中产生乙酰辅酶 A。

   乙酰辅酶 A 是合成脂肪酸、部分氨基酸及胆固醇的前体。

4. 叶酸以四氢叶酸的形式作为辅酶体内很多"一碳单位"转移的反应，因此与核苷酸、某些氨基酸的合成密切相关，从而进一步影响核酸和蛋白质的合成。缺少叶酸，核酸和蛋白质的合成受阻，红细胞不能分裂成熟，导致巨红细胞贫血及胎儿发育异常。

5. 酶联免疫吸附检测（enzyme linked immunosorbent assay，ELISA）的基本原理是将抗原（或者抗体）固定到固相载体的表面（如酶标板），加入待测样品（含有能与固相载体上的抗原特异结合的待测抗体、或者含有能与固相载体上的抗体特异结合的待测抗原），利用抗原抗体的特异性反应，使待测的抗体（或者抗原）固定到固相载体上，然后再利用特定酶标记的抗原（或者抗体）与结合到固相载体上的抗体（或者抗原）结合，最后加入酶的底物，利用酶促反应使底物转化为可以被检测的有色产物，通过检测有色产物的量（光吸收值）来定量样品中待测抗体（或者抗原）的量。

   Western Blot 的原理也是基于抗原抗体之间的特异性结合。通过 SDS-PAGE 将待测样品进行电泳分离，然后将电泳后分离的蛋白条带转移到特定的硝酸纤维素（或其他）膜上，然后与特定的抗体一起孵育，抗体与特定的蛋白条带（抗原）结合而检测样品中是否含有特定的蛋白（抗原）及含有的量。

6. 尽可能多地了解有关这个蛋白质的一切信息，这将有助于你更好地完成实验。例如，蛋白质的相对分子质量、是否由多个亚基组成？氨基酸序列、基因序列、是否含有二硫键？有几个？蛋白质的溶解性、是否是膜蛋白？有哪些活性？有没有合适的检测方法？与其他蛋白的同源性等等。

7. 首先需要确定表达产物是否是你的目标蛋白。例如，相对分子质量是否与理论相对分子质量一致？序列是否正确？结构是否正确（可溶性怎样）？其次对于酶蛋白这样具有特定生物活性的蛋白质，还需要鉴定表达产物是否具有正确的生物活性及活性的高低。

8. K150 即赖氨酸、L200 为亮氨酸。突变时可以考虑分别将 K150 突变为酸性氨基酸、中性氨基酸；将 L200 突变为酸性氨基酸、碱性氨基酸；以及 K150、L200 的单独突变和组合突变来验证苯甲酸与蛋白质 X 的相互作用对这两个位点的依赖性。

一些常用单位和希腊字母

1. 长度单位及换算

米(m)	分米(dm)	厘米(cm)	毫米(mm)	微米(μm)	纳米(nm)	埃(Å)	皮米(pm)
1	10	10^{2}	10^{3}	10^{6}	10^{9}	10^{10}	10^{12}

2. 体积单位及换算

升(L)	分升(dl)	厘升(cl)	毫升(ml)	微升(μl)
1	10	10^{2}	10^{3}	10^{6}

3. 质量单位及换算

千克(kg)	克(g)	分克(dg)	厘克(cg)	毫克(mg)	微克(μg)	纳克(ng)	皮克(pg)
1	10^{3}	10^{4}	10^{5}	10^{6}	10^{9}	10^{12}	10^{15}

4. 希腊字母和读音

大写	A	B	Γ	Δ	E	Z
小写	α	β	γ	δ	ε	ζ
读音	[ˈælfə]	[ˈbiːtə, ˈbeiːtə]	[ˈgæmə]	[ˈdeltə]	[epˈsailən, ˈepsilən]	[ˈziːtə]
大写	H	Θ	I	K	Λ	M
小写	η	θ	ι	κ	λ	μ
读音	[ˈiːtə, ˈeitə]	[ˈθiːtə]	[aiˈoutə]	[ˈkæpə]	[ˈlæmdə]	[mjuː]
大写	N	Ξ	O	Π	P	Σ
小写	ν	ξ	o	π	ρ	σ
读音	[njuː]	[gzai, zaikasai,]	[*ou*ˈmaikren]	[pai]	[rou]	[ˈsigmə]
大写	T	Υ	Φ	X	Ψ	Ω
小写	τ	υ	φ	χ	ψ	ω
读音	[tɔː]	[juːpˈsailən, ˈjuːpsilən]	[fai]	[kai]	[psai]	[ˈoumigə]